普通高等院校土木工程专业“十三五”规划教材
国家应用型创新人才培养系列精品教材

BIM 技术与应用

主　编　姜晨光　王智　杨迪

中国建材工业出版社

图书在版编目（CIP）数据

BIM技术与应用/姜晨光，王智，杨迪主编．--北京：中国建材工业出版社，2020.9

普通高等院校土木工程专业“十三五”规划教材　国家应用型创新人才培养系列精品教材

ISBN 978-7-5160-2937-4

Ⅰ.①B…　Ⅱ.①姜…　②王…　③杨…　Ⅲ.①建筑设计—计算机辅助设计—应用软件—高等学校—教材　Ⅳ.①TU201.4

中国版本图书馆CIP数据核字（2020）第097686号

内容简介

本书较系统、全面地介绍了BIM技术的内核及其关联技术，包括BIM技术的作用与特点、BIM技术的基本工具和参数化建模要求、BIM技术的互操作特征、BIM与业主和设备运营商的关系、BIM与建筑师和建造师的关系、施工企业（承包商的BIM应用）、BIM与分包商和制造商的关系、BIM的实施策略、国家层面的BIM体系、Revit族的特点及基本使用方法、BIM的发展趋向、BIM的应用案例等。全书的撰写体现了实用性和可操作性原则，充分借鉴了国际最新的前沿资料和信息，全景式地展示了当代BIM的理论成果和实践经验，为读者提供了一块研究BIM、应用BIM、开发BIM的敲门砖。

本书是大土木工程行业各个领域从业人员必读的基础读物，可作为大土木工程行业各个相关专业（比如土木工程、工程管理、石油工程、石化工程、交通运输工程、铁道工程、水利工程、水利水电工程、电力工程、矿业工程、建筑学、城市规划、环境工程等专业）的通识教材。本书除教材功能外还兼具工具书的特点，是大土木工程行业各个领域从业人员案头必备的、简明的工具型手册，也是BIM培训工作不可多得的基本参考书。

BIM技术与应用
BIM Jishu yu Yingyong
主　编　姜晨光　王 智　杨 迪

出版发行：中国建材工业出版社
地　　址：北京市海淀区三里河路1号
邮　　编：100044
经　　销：全国各地新华书店
印　　刷：北京鑫正大印刷有限公司
开　　本：787mm×1092mm　1/16
印　　张：23
字　　数：520千字
版　　次：2020年9月第1版
印　　次：2020年9月第1次
定　　价：79.80元

本社网址：www.jccbs.com，微信公众号：zgjcgycbs

《BIM技术与应用》

编写委员会

主　　　编　姜晨光　王　智　杨　迪

副　主　编（排名不分先后）

张　婷　郭凌峰　周煜东　孙胡斐

张协奎　刘兴权　时永宝　盖玉龙

主要参编人员（排名不分先后）

苏高华　陈惠荣　陈伟清　崔　专

巩亮生　郭立众　姜文波　姜学东

李明国　李瑞青　李少红　刘葆华

任　荣　任忠慧　石伟南　宋金轲

宋卫国　宋志波　王斐斐　王风芹

王世周　严立明　杨吉民　张　斌

前言

BIM（Building Information Modeling）的含义是建筑信息建模，其与建筑信息模型（Building Information Model）有着本质的区别。BIM到底是何方神圣，它有什么本领，又有哪些用途，它的未来前景又如何，这些问题正是本书中讲述的核心问题。BIM不是一种事物或一种软件，而是一种人类活动，反映的是建设过程中各种信息的变化。BIM的起源可以追溯到四十多年前，许多软件都为BIM的发展做出了不可估量的贡献，代表性的软件包括AllPlan、Archi-CAD、AutodeskRevit、Bentley Building、Digital Project、Vector Works等，BIM正在改变建筑物的外观表达方式、运作方式和建造方式。BIM代表了一种范式的转变，不仅对建筑业和社会有着深远影响，也可使建筑物的建造能耗更少并最大限度地降低劳动力成本和资本资源成本。为了普及BIM知识，编者结合常年对BIM发展的跟踪研究，编写了本书。希望本书的出版能有助于我国土木工程行业的发展以及与国际同业的接轨，有助于我国建筑业在世界舞台上的繁荣与健康可持续发展，对我国的土木工程专业教育有所帮助、有所贡献。

全书由江南大学姜晨光主笔完成，中铁建设集团有限公司、中铁建设集团南方工程有限公司王智、杨迪，中铁建南沙投资发展有限公司苏高华，莱阳市环境卫生管理中心宋金轲、张斌、王世周，上海市地下空间设计研究总院有限公司郭凌峰，山东盛隆集团有限公司严立明、任忠慧、宋志波，莱阳市人民政府信访局郭立众，中国矿业大学孙胡斐，广西大学陈伟清、张协奎，中南大学刘兴权，青岛农业大学李明国、姜学东、杨吉民、李少红、任荣、盖玉龙、崔专、陈惠荣，山东省淄博市工业学校刘葆华，烟台市数字化城市管理服务中心时永宝，机械工业第四设计研究院有限公司宋卫国，上海烯牛信息技术有限公司周煜东，青岛金日阳光置业有限公司姜文波，山东省水利外资项目服务中心石伟南，山东省小清河管理局李瑞青，山东省海河流域水利管理局巩亮生，国网山东省电力公司电力科学研究院王斐斐，江南大学王风芹等同志（排名不分先后）参与了相关章节的撰写工作，湖南工贸技师学院张婷负责部分图文的整理工作。初稿完成后，我国土木工程界泰斗级专家、《建筑技术》杂志创始人彭圣浩老先生不顾耄耋之躯审阅全书提出了不少改进意见，为本书的最终定稿做出了重大奉献，谨此致谢！

限于水平、学识和时间关系，谬误与欠妥之处敬请读者提出批评及宝贵意见。

姜晨光

2020年9月于江南大学

目　　录

第 1 章　BIM 技术的作用与特点

1.1　BIM 技术的基本特征

建筑信息建模（BIM-Building Information Modeling）是建筑、工程和施工（AEC-The Architecture，Engineering And Construction）行业最有前景的发展方向之一，借助 BIM 技术建筑物的精确虚拟模型可通过数字方式构建，构建完成后计算机生成的模型中包含了精确的几何形状和相关数据，并可支持营建建筑物所需的施工、制造和采购活动。BIM 还可模拟建筑生命周期内的各种功能，为新的改造施工获得提供基础依据。BIM 的应用改变了传统项目团队之间的角色和关系，BIM 的合理实施有助于提高设计、施工一体化流程的水平，因而，可以更低的成本和更短的项目周期提高建筑的质量。BIM 与二维和三维计算机辅助设计（CAD）存在明显的不同之处，其可以解决 CAD 解决不了的各种问题并具有与之迥异的新业务模式。

1.2　目前通行的 AEC 营造模式的基本特征

目前土木工程设施的交付过程仍然处于分散状态且采用书面沟通模式，纸质文件中的错误和遗漏常会导致项目团队各方产生意外的现场成本，并可能导致工程延误以及最终诉讼，这些问题也会导致相关方的矛盾以及增加财务费用和工期延误，解决这些问题的办法包括重构组织结构（比如设计-构建方法）、使用实时技术（比如通过项目网站共享计划和文件）、采用 3D-CAD 工具等，尽管这些方法改善了信息的及时沟通问题，但却没有改变纸质文件相互矛盾的严重程度和发生频率。设计阶段与书面通信相关的最常见问题之一是增加了拟议设计关键信息沟通所需的时间和费用，包括成本估算、能源使用分析、结构细节等，这些分析通常是在最后一次性完成的，此时已无法对设计做出重要改变，由于这些渐进性变更不会在设计阶段发生，因此必须通过价值工程解决相关的不一致问题，这样必然要求改变原始设计。

无论采取何种合同方式，几乎所有的国际性大型项目（10 亿美元或以上）都包含大量的统计数据，这些数据与参与项目的人数和产生的信息量有关，比如，北美地区一大型项目的参与公司代表有 420 人（包括所有供应商和次级分包商）、参建人数达 850 人，生成的不同类型文档卷数达 50 卷，文件总页数达 56000 页，保有项目文件的银行机构数量达 25 家，储存文件的 4 抽屉超大文件柜的数量达 6 个，要生成这些文件所需的纸需要 0.5m 直径、20 年树龄、15m 高的大树 6 棵，容纳这些纸质文件扫描件的电子数据的等效字节数为

3000MB，需要6张CD光盘存储。可见，无论采取何种合同方式，对这些众多的人员和文件进行管理都是非常不容易的。目前美国的建设合同主要有Design-Bid-Build和Design-Build两种主要模式，当然，这两种模式还存在许多变体。

1.2.1 DBB模式

2002年以前，北美地区几乎90%的公共建筑和约40%的私人建筑都采用DBB模式（即设计-招标-建设模式）营造。DBB模式的两大好处是通过更具竞争力的竞标以使业主获得最低的价格，极大地降低了选择一个给定承包商带来的政治压力，后者对公共项目尤为重要。目前的AEC商业模式涉及业主、结构、工程师、承包商、建筑师、设计师、计划程序估算、政府、机构、保险公司、财务、分包商、加工商、制造商、供应商、施工、经理、组织、设施、用户、建造、设计、领域等诸多因素。

欧美发达国家的DBB模式中，客户（业主）通常会聘请一名建筑师（Architect），然后由他制定一个建筑要求的清单（一个程序）并确定项目的设计目标。建筑师依序进行系列阶段设计工作，包括概念性设计（Schematic Design）、深化设计（Design Development）和合同文档（Contract Documents），最终文件必须符合该计划并满足当地建筑和分区代码要求。建筑师聘请雇员或合同顾问协助进行结构设计、暖通空调设计、管道和管道部件设计，这些设计都标记在图纸上（包括平面图、立面图、三维可视化图），然后必须满足协调一致原则以反映所有变化，最终形成的一套图纸和文件必须包含足够详细的细节以便于施工投标。由于潜在的责任，建筑师可能会选择在图纸中反映较少的细节或插入表示不能依赖图纸进行尺寸测量的警示语言，这些做法通常会导致与承包商发生纠纷，并会导致因发现错误和遗漏而重新分配责任和额外费用的问题。第二阶段工作是总承包商的投标，业主和建筑师可以在确定哪些承包商可以投标时发挥作用，必须向每个承包商发送一套图纸和文件以便其进行独立调查和编制工程量，这些工程量连同分包商的投标一起用于确定其成本估算。承包商选择分包商时必须按照他们所参与的项目部分采用相同的流程。由于需要付出努力，承包商（总包商和分包商）编制投标文件的成本通常为整个项目成本的1%左右，如果承包商在他们投标的每6～10个项目中赢得一个，则每次中标的成本平均为整个项目成本的6%～10%，这笔开支会被添加到总包商和分包商的间接费用中。中标承包商通常是标价最低的承包商，其中包括由总承包商和选定的分包商完成的工作。在开始工作之前，承包商通常需要重新绘制一些图纸以反映施工过程和分阶段工作，这些图纸被称为总体布置图。分包商和制造商还必须制作自己的施工图以反映某些项目的准确细节，比如预制混凝土单元、钢结构、墙壁构造、管道铺设等。准确和完整的图纸要求延伸到工程图中，因为这些均要求最详细的表示并用于实际制造，如果这些图纸不准确或不完整，或者存在包含错误、不一致或遗漏的图纸，那么在该工程区域将会出现耗时且费时的冲突，与这些冲突相关的成本可能很大。设计上的不一致性、不准确性和不确定性会使异地制造材料难以为继，因此，大多数制造和施工必须在现场进行且只能在条件确切已知的情况下进行，但这样做成本更高，耗时更长，且容易产生错误，如果这些工作在成本较低且质量控制较好的工厂环境中执行则不会发生错误。

施工阶段由于以前未知的错误和遗漏、意外的现场条件、材料可用性的变化、有关设计的问题、客户的新要求和新技术等原因，通常会对设计进行许多变更，这些变更需要由项目团队来解决，每次变更都需要按照一定的程序来确定原因、分配责任、评估其对时间和成本的影响。另外，这其中还包括复制相关图纸和文件将其转送给每个分包商以及传送数量和成本估算工序的成本，采用电子文件方式有时可降低为每个投标人复制和传送图纸和文件的成本。以上问题如何解决是关键，变更程序无论是采用书面形式还是使用基于网络的工具进行都涉及信息请求问题（RFI-Request For Information），然后由建筑师或其他相关方回答。接下来发布变更单（CO-Change Order）并将有关变更通知所有受影响方，这些变更应与图纸中的必要变更一起传达，这些变化和解决方案通常会导致法律纠纷并增加成本和延长工期，用于管理这些交易的网络产品确实能够帮助项目团队按每次变更的优先顺序工作，但因为他们没有从根本上解决问题，所以利用它们获得的利益微乎其微。当承包商招标低于预计成本而赢得工作时通常会出现问题，然后，他们会滥用变更流程来收回原始投标中产生的损失，这样，必然会导致业主和项目团队之间产生更多的争议。

另外，DBB程序要求所有材料的采购都要招标直到满足业主批准的招标要求为止，这意味着材料的交付时间很长且项目不能提前订购，项目应按计划进行，由于这个原因和其他原因，DBB方法通常比DB方法需要更长的时间。最后一个阶段是建筑调试，该阶段在施工结束后进行，这项工作包括测试建筑系统（比如加热、冷却、电气、管道、喷水灭火等）以确保它们正常工作。调试完成后生成最终的合同和图纸以反映所有已完成的变更情况，还应将这些变更和所有已安装设备的手册一起交付给业主，至此，DBB过程完成。由于提供给业主的所有信息都是以二维（书面）形式传达的，业主必须付出相当大的努力才能将所有相关信息转达给负责维护和运营建筑物的设施管理团队，这个过程非常耗时、容易出错、成本高昂，仍然是一项艰巨的任务。由于存在上述问题，DBB方法可能不是设计和施工中最快捷或成本效益高的方法，因此，人们又采用了其他一些新的方法来解决这些问题。

1.2.2　DB模式

DB模式（即设计-建造模式）的特点是将设计和施工的责任合并为单一的承包实体，从而简化了业主的管理任务。采用DB模式时，业主直接与设计团队建立合作关系，共同制定一个明确的建筑方案和设计原理图。随后DB承包商对建造该建筑所需的总成本和时间进行估算，业主的所有要求得到满足后计划得到批准和实施，同时还确定了项目的最终估算成本。值得注意的是，由于DB模式允许在工程的早期对建筑物的设计进行修改，因此由于这些变更所需的金钱和时间也会减少。根据需要，DB承包商可与专业设计师和分包商建立合同关系，随后可开始工程施工，以后发生的任何设计变更（在预先约定的范围内）都属于DB承包商的责任，错误和遗漏也是如此。采用DB模式时，在基础施工开始之前没有必要完成建筑所有部分的详细施工图，这些步骤的简化使得建筑通常能更快地完成，附带的法律风险也会少得多，且总体成本也会有所降低。当然，在初始设计获得批准并确定合同金额后业主的灵活性将非常低。

DB模式在美国的使用越来越普遍，在欧美发达国家也得到了广泛推广，美国DB模式的应用情况尚无官方统计结果，但美国设计建造协会（DBIA-the Design Build Institute of America）估计，目前美国约50%的建筑项目依赖DB模式建设，一些政府组织（比如海军、陆军、空军和GSA）采用DB模式的百分比较高（可达60%～75%），DB模式的发展势头非常强劲。

1.2.3　DB模式是使用BIM时最好的建筑物营造方式

从设计到施工的业务流程可有很多种变化，包括项目团队的组织、团队成员的报酬支付以及各自应承担的各种风险。有一种总付合同方式，其特点是成本加固定费用或百分比费用，另外，还有各种形式的谈判合同等，其中的每一种方式都有特定的相关利益和问题，限于篇幅不再赘述。

BIM的使用使技术的提供发生了积极的变化，一般问题的增加或减少取决于项目团队在数字模型上的合作方式以及在什么阶段进行协作，模型开发和共享越早就越有用。DB模式为BIM技术的利用提供了极好的机会，因为该模式只有一个单独的实体负责设计和营造，且在设计阶段这两个体系都参与其中。当然，其他营造方式也可以从使用BIM中获益，但获得的利益可能只是局部的，尤其是在设计阶段不使用BIM技术的情况下。

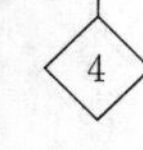

1.3 传统营造模式采用组件化的状况

前已述及，传统做法会造成不必要的浪费和错误，相关的统计给出了其现场生产力差的证据，同时也说明了信息量不足和冗余的影响。欧美发达国家科学家通过各种研究估算出了与传统设计和施工实践相关的额外成本以及数十年的行业生产率情况，数据的计算方法是将总合同金额除以实地人员的数量以及合同的劳动时间。这些合同金额包括建筑和工程成本以及材料成本和向工地交付非现场组件的成本，但不包括与安装重型生产设备相关的成本，比如印刷机、冲压机等。劳动所需的工时数不包括钢结构车间、预制混凝土等非现场工作。在这数十年的时间里，欧美发达国家的非农产业（包括建筑业）生产力增长了一倍多，但建筑业的劳动生产率比数十年前下降了10%，劳动力在建筑业估算成本的占比为40%～60%，同样一栋大楼业主实际支付的费用比数十年前高出了约5%，当然，经过了数十年的岁月建筑物在物质条件和相关技术方面都有了很大的改进，结果可能比统计数据优越一些，因为建筑物的质量有了很大的提高。另外，制造的产品也比过去更复杂，但现在可以大大降低生产成本。目前，欧美发达国家用自动化设备取代手工劳动导致其劳动力成本降低、营造质量提高，各种土木工程建设活动也不例外。

欧美发达国家承包商大量地利用借助厂外条件和专用设备生产的场外组件，显然，与现场工作比，这些部件的质量更高、成本更低，虽然这些组件的成本已包含在项目的建筑成本中，但人工作业并非如此，因而常会使现场施工的生产力远高于实际情况，当然，这种方式发生错误的概率很难评估，因非现场生产成本的总费用很难全面地统计。尽管前述建筑生产率明显下降的原因错综复杂，但这些统计数据仍然具有说服力，其可在一定程度上揭示建筑行业内的组织缺陷。很明显，自动化和信息系统的使用、更优越的供应链管理、协作工具的改进，这些在制造业中提高效率的方式在土木工程现场施工中并未有效地利用，可能的原因包括建筑公司员工人数少（欧美发达国家65%的建筑公司职工总数不到5人），使他们难以将资金投资于新技术，即使欧美发达国家中最大的公司在新技术领域的投资占比也不超过建筑总量的0.5%，且无法形成领军团队。欧美发达国家近50年间，因通货膨胀调整的工资和建筑工人的福利待遇已停滞不前，工会的干预率下降，移民工人数量增加，这些都影响了对节省劳动力的创新技术的需求，尽管土木行业已经引入了诸如射钉枪、更大更有效的土方移动设备、更好的起重机等创新技术，但与之相关的生产率提高仍不足以改变现场劳动生产率。另外，除了大公司以外，在设计和施工中采用新的和改进的业务手段的进程仍然非常缓慢，新技术的引入也不够普遍。很多时候，仍然有必要恢复纸质或2D CAD图纸，以便项目团队的所有成员都能够相互沟通，并维持足够数量的潜在承包商和分包商对项目进行投标。

虽然制造商通常会与合作伙伴达成长期协议并以协商一致的方式进行协作，但建设项目中相关的不同的合作伙伴通常会在一段时间内共同工作然后又各奔东西，因此，很少或根本没有机会通过应用中的学习实现长期的可持续的技术提高，相反，每个合作伙伴在工作中都在尽力避免可能导致法律纠纷的各种潜在争议的发生，由于他们一直在依赖过时且耗时的工艺流程，使得他们难以或不可能快速有效地实施解决方案，这样势必导致更高的成本和更长的时间。

欧美发达国家建筑行业生产率停滞不前的另一个原因是现场施工没有因自动化而获益，因此，现场生产力的提高依赖于对民间劳动力的合格培训。相关统计数据显示，近几十年来，随着非工会移民工人使用量的增加和小时工的薪酬逐渐下降，又因为这些人事先没有接受过培训，使得与这些工人相关的低成本妨碍了用自动化（或非现场）解决方案取代现场劳动力的努力。当然，建筑行业存在的其他问题还包括与使用先进技术无关的问题，比如，招标营造方式会限制新型创新工具采用的速度，同时，全球化竞争的压力越来越大，使得海外公司可以参与当地项目的服务和/或材料供应。为了应对这种压力的增加，领先的美国公司开始实施变革，以使他们能够更快速、更高效地开展工作。

美国国家标准与技术研究院（NIST-The National Institute of Standards And Technology）对由于互操作性不足而导致的建筑物业主的额外费用增加进行了系统的研究，研究内容反映出了信息交换和管理、个别系统无法访问、从其他系统导入使用信息等方面存在的问题。在建筑行业，系统之间的不兼容往往会影响项目组成员快速而准确地共享信息，这是导致许多问题发生的原因，比如增加成本等。NIST 的研究包括商业建筑、工业建筑和公共建筑，且侧重于近 20 年内进行的和新的现场营造项目，结果表明，互操作性的低效导致新建筑的建筑成本每平方米增加 61.20 美元，每平方米的运营和维护（O&M）成本增加 2.30 美元，成本的总增加量超过千亿美元。NIST 的研究中，互操作性不足的成本是通过对当前的业务活动和成本与无缝信息流且没有多余数据输入的假设情景比较获得的。NIST 认定以下成本是由于互操作性不足造成的，即冗余计算机系统、低效的业务流程管理、冗余 IT 支持人员配置（这些因素应避免）；数据的人工再入、信息管理需要申请（这些因素应解决）；闲置员工和其他资源（这些因素应缓解）。在上述互操作性不足造成的成本中，大约 68%是由业主和运营商承担的，由于不可能提供准确的数据，因为这些数据是推测性的，且它们的重要性不容低估，所以必须认真考虑和努力创造条件以尽可能地减少或避免它们出现。在建筑的整个生命周期中广泛采用 BIM 以及使用全面的数字模型将是消除数据互操作性不足而导致成本增加的有效手段。

1.4　BIM 技术的作用与功能特点

1.4.1　BIM 模型创建工具的功能特点

所有 CAD 系统都会生成数字文件，较早的 CAD 系统可生成绘制图。它们生成的文件主要由矢量、关联的线型和层标识组成，随着这些系统的进一步开发，允许将额外的信息添加到这些文件中以形成数据块和相关文本，随着 3D 建模的引入，又新增了高级定义和复杂曲面工具。

随着 CAD 系统变得更加智能化，更多的用户想要共享与发布设计相关数据，问题的焦点就从绘图和3D图像转移到了数据本身。由BIM工具生成的建筑模型可以支持集中绘图，即包含数据的多个不同视图，包括2D和3D视图，建筑模型可以通过其内容（即描述的是什么对象）或其功能（即它可以支持哪种信息需求）来描述。后一种方法是可取的，因为它告诉你的是可以用模型做什么，而不是数据库是如何构建的（数据库会随每个目标的实现而变化）。因此，可以将BIM定义为通过建模技术和相关化过程以生成、交流和分析建筑模型，BIM建筑模型的特点可概括为以下四个方面，即构建用智能数字标识（对象）表示的可识别它们的组件，并且可以与可计算的图形和数据属性以及参数规则相关联；包含描述其行为的数据的组件，比如分析和工作流程所需的组建，包括启动、规格和能量分析；一致的和非冗余的数据，以便在组件的所有视图中反映组件数据的变更；协调数据，以便以协调的方式表示模型的所有视图。如果BIM系统不使用单个数据库就可能会导致大型和/或精细的项目出现问题，当然，也可以使用涉及自动协调的多个文件的替代方法，这是软件供应商需要解决的一个重要的实际问题。

BIM起源于数十年前的计算机辅助设计研究，但它至今仍没有单一的、能被广泛接受的定义，一家在其实践中广泛使用BIM工具的建筑承包公司Mortenson认为BIM是“建筑的智能模拟”，为了使工程项目能够综合交付，这种模拟必须展现出以下六个关键特征，即数字、空间（3D）、可衡量（可量化、可维度和查询能力）、全面（装饰和传达设计意图，建设绩效，可施工性，并包括手段和方法的顺序以及财务方面的信息）、可互操作（可通过可互操作和直观的界面访问整个AEC/业主团队）、耐用（可用于设施生命的各个阶段）。

根据这些定义，人们可能会认为目前很少有设计或施工团队真正使用BIM，事实上，土木工程行业可能在很多年后也达不到这个高标准，但这些特点对于综合实践目标的达成至关重要。另外，目前还没有符合所有BIM技术标准的BIM软件，随着时间的推移，BIM的能力将随着更好和更广泛的实践能力的支持而增长。

1.4.2 BIM参数化对象的功能特点

参数化对象的概念对理解BIM与传统2D对象的区别至关重要。BIM参数化对象是由几何定义和相关的数据和规则组成的，其几何图形非冗余地集成在一起且不存在任何不一致，当以3D形式显示对象时，其形状不能在内部冗余表示，比如给出多个2D视图。给定对象的布局和高程必须始终保持一致且尺寸不能含糊。对象参数规则的特点是在插入建筑物模型或对关联对象进行变更时会自动修改相关的几何图形，比如，一扇门会自动装入墙壁，一个电灯开关会自动定位在门一侧的正确位置，墙会自动调整大小并自动与天花板或屋顶对齐等。可以在不同级别的聚合中定义对象，因此，可以定义墙及其相关组件。还可以在任意层次结构和数量级别上定义和管理对象，比如，如果墙体部件的重量发生变化，则墙体的重量也应该改变。BIM对象规则可以识别特定的变更在何时违反了对象的可行性，包括大小、可制造性等。BIM对象具有链接或接收、广播或输出的集合属性，比如结构材料、声学数据、能量数据等，因而具有嵌入其他应用程序和模型的能力。

允许用户生成由参数对象组成的建筑模型的技术就是所谓的BIM创作工具。这些参数化技术应遵守专门的规则并具备BIM工具应有的常用功能，包括自动提取一致性图形以及提取几何参数报告的功能，这些能力和其他功能对各种AEC的从业者和建筑物业主具有潜在的益处。

1.4.3　BIM支持项目团队协作的功能特点

BIM的开放式接口允许导入相关数据（用于创建和编辑设计）以及以各种格式导出数据（以支持与集成其他应用程序和工作流程）。这种集成有以下两种主要方法，即保留在一个软件供应商的产品中，使用来自不同供应商的可使用行业支持标准交换数据的软件。第一种方法允许在多个方面上更紧凑地集成产品，比如，对体系构造模型的变更会导致对结构模型的变更，反之亦然。当然，其要求设计团队的所有成员都使用由同一供应商提供的软件。第二种方法使用专有的或开源的软件体系，通过公开可用的和支持的标准来创建定义建筑对象（Industry Foundation Classes或IFC），这些标准可以为具有不同内部格式的应用程序之间的互操作性提供关联机制，这种方法以降低互操作性为代价形成了更大的灵活性，尤其是在某个项目中使用的各种软件程序均不支持相同的交换标准时，这种允许条件可使一个BIM应用程序的对象从另一个BIM应用程序中导出或导入到另一个应用程序中。

1.5　非BIM技术的典型特征

BIM是目前软件开发人员用来描述其产品所提供功能的流行术语，因此，BIM技术的含义常常会发生变化和被混淆，为了避免出现这种乱象，对不使用BIM技术的建模解决方案进行合理描述至关重要。这些非BIM技术包括创建以下四种类型模型的工具：仅包含3D数据且不包含对象属性的模型，这些模型只能用于图形可视化且在对象级别上没有智能，但不支持数据集成和设计分析；不支持行为的模型，这些模型属于定义对象的模型，但不能调整它们的位置或比例，因为它们没有利用智能参数，这种模型会导致其变化过程非常耗费人力，且无法防止产生不一致或不准确的模型视图；由多个2D CAD参考文件组成的模型，这些参考文件必须进行组合才能定义建筑物，其不可能确保生成的3D模型可行、一致、可数并显示关于其中包含的对象的智能特征；允许在一个视图中变更尺寸的模型，这些模型不会自动反映在其他视图中，在这些允许变更的模型中很难检测到错误（其类似于在电子表格中人工输入公式或覆盖公式）。

1.6　BIM技术的优势和适用范围

BIM技术可以支持和改进许多工程实践活动，尽管目前AEC/FM（设施管理-Facility Management）行业处于BIM使用的早期阶段，但与传统的2D CAD或基于书面的工程实践相比，其已经表现出了显著的进步。尽管BIM的所有优点目前都不太可能被使用，但了解这些优点对明确BIM技术发展可能给未来带来的变化非常重要。

1.6.1　BIM给业主施工前带来的利益

1）概念设计和可行性方面的优势。业主聘用建筑师之前有必要确定是否可以在给定的成本和时间预算范围内构建给定尺寸、质量水平和期望计划要求的建筑物，即给定建筑物是否能够满足业主的财务要求。如果这些问题能够相对确定地回答，则业主可以继续对他们的目标实现抱有期望。如果在耗费大量时间和精力之后发现特定设计明显超出了预算就会空耗时间，因此，在成本数据库中建立与之相关的近似（或宏观）建筑模型对业主而言具有巨大

的价值，并可对业主提供帮助。

2）提高建筑的性能和质量。在生成详细的建筑模型之前构建示意图模型可以对提议的方案进行更仔细的评估，以确定其是否符合建筑物的功能性要求和可持续性要求。使用分析/仿真工具对设计模型进行早期评估可提高建筑物的整体质量。

1.6.2 BIM设计的优点

1）更早且更精确地进行设计可视化。由BIM软件生成的3D模型是直接设计的，而不是由多个2D视图生成的，它可以用于建造流程任何阶段的可视化设计，且可期望它在每个视图中都具有尺寸一致性。

2）在进行设计变更时自动进行低级别更正。如果设计中使用的对象由确保正确对齐的参数规则控制，则3D模型将是可构建的，这样就减少了对用户管理设计变更的要求。

3）在设计的任何阶段均可生成精确和一致的2D图纸。BIM可以为任何一组对象或指定的项目视图提取准确和一致的图纸，这样就显著减少了为所有专业设计生成施工图相关的错误数量和工作时间，当需要变更设计时只要输入设计修改即可生成完全一致的图纸。

4）早期的多学科设计合作。BIM技术有利于多个设计领域同步工作。尽管BIM也可能与绘图合作，但与使用一个或多个协调的3D模型比，其本体的构建可能更加困难和耗时，其可以更好地管理变更控制。这样就可缩短设计时间并显著减少设计错误和遗漏，还可以提前发现设计中的问题并为设计的不断改进提供机会。采用传统方法时只有设计接近完成后才有成本效益，只有在做出主要设计决策后才能估算其造价。

5）轻松检查设计意图。BIM可较早地提供3D可视化并对其空间区域和其他材料数量进行量化，从而可更早地提供更准确的成本估算结果。对于一些技术性很强的建筑物（比如实验室、医院等）其设计意图通常是定量的且允许通过建筑模型来检查这些要求。对于质量方面的要求3D模型可以支持自动评估（比如某个空间应该靠近另一个空间等）。

6）在设计阶段提取成本估算数据。BIM技术允许在设计的任何阶段提取准确的工程量清单和可用于成本估算的区域。设计早期阶段的成本估算主要是基于每平方米单位成本的，随着设计的进行会有更详细的数据供用户使用，并实现更准确和详细的成本估算。在设计工作达到施工投标要求的详细程度之前，可以让所有各方均意识到与给定设计相关的成本影响问题。在设计的最后阶段，以模型中包含的所有对象的数量为基础可给出更准确的最终成本估算结果，因此，可以使用BIM系统而不是纸质设计资料做出基于成本的更明智的设计决策。

7）提高能源效率和可持续性。将建筑模型与能源分析工具相链接可以在早期设计阶段评估能源使用情况。这些工作是使用传统2D工具不可能实现的，因为传统的2D工具需要在设计过程结束时进行单独的能量分析，因而，也就减少可能改善建筑物能源性能的修改机会。BIM将建筑模型与各种分析工具联系起来的能力为改善建筑质量提供了许多机会。

1.6.3 BIM在结构和制造方面的优势

1）设计和施工计划同步。使用4D CAD的施工规划需要将施工计划与设计中的3D对象相关联以便可以模拟施工过程并显示建筑物和场地在任何时间点的外观情况。这种图形模拟可以深入了解建筑物如何构建并揭示潜在问题的来源和可能改善的机会（比如场地、人员和设备、空间冲突、安全问题等），这种类型的分析不适用于纸质投标文件。但如果模型包

括临时施工对象（比如支撑、脚手架、起重机和其他主要设备）则可以获得额外的好处，BIM 可以将这些对象与计划活动相关联并反映在所需的施工计划中。

2）在施工前发现设计错误和漏洞（即碰撞检测，Clash Detection）。由于 BIM 的虚拟三维建筑模型是所有二维和三维图纸的来源，因此，其可消除由不一致的二维图纸引起的设计错误。此外，由于所有的相关专业系统可以汇集在一起并进行比较，系统分析（针对软硬碰撞）和可视化（针对其他类型的错误）都可轻松地检查多系统的接口情况，冲突会在应用于现场之前被发现和识别出来。这样。参与项目的设计师和承包商之间的协调就得到了加强，遗漏和错误也会显著减少，从而加快了施工流程，降低了成本，最大限度地减少了引起法律纠纷的风险和可能性，并为整个项目团队提供了更顺畅的工作流程。

3）快速响应设计问题或现场问题。建议的设计变更变化可以输入到建筑模型中，且设计中其他对象的变更会自动更新，一些更新会根据已建立的参数规则自动进行，其他跨系统更新可通过视觉进行检查和更新。变更的后果可以准确地反映在模型中以及随后的所有视图中。此外，BIM 系统可以快速地解决设计变更问题，因为其可以在不使用耗时的书面交流的情况下实现共享、可视化并估算和解决修改问题。在书面交流方式中进行更新是非常容易出错的。

4）使用设计模型作为构造组件的基础。如果将设计模型转移到 BIM 制造工具并详细描述制造对象（车间模型）的规格，则其将准确表示并包含在制造和建造的建筑物中。由于组件已经在 3D 中定义，因此便于使用数控机械进行自动化制造。这种自动化方法是当今钢铁制造和一些钣金工作的标准做法，它们已成功用于组件的预制以及开窗和玻璃制造。这样可使分布全球的供应商均能够详细了解该模型，并能制定制造所需的工艺流程，进而与反映设计意图的链接保持一致，这样会有利于非现场制造工作、降低成本并减少建造时间。由于可能需要在现场进行变更（返工）且无法预测确切的尺寸，有时还需要在现场构建其他部件，BIM 的准确性允许在不正常情况下将设计的较大部件的制造工作在异地进行，其可采用 2D 图纸。

5）更好地协作实现精益施工。精益施工技术需要总承包商和分包商之间的仔细协调，以确保在现场提供适当资源时能够进行工作，因而可最大限度地减少工作量的浪费并减少了对现场材料库存的需求。由于 BIM 可提供准确的设计模型以及每个工作段所需的物质资源，这样就为改进分包商的计划和时间安排奠定了必要的基础，并有助于确保人员、设备和材料的及时到达，不仅可以降低成本还可以在工作现场创造更好的协作条件。

6）采购与设计和施工同步。BIM 提供的完整的建筑模型中包含设计的全部（或大部分，具体取决于 3D 建模的水平）材料和对象，且可为所有材料提供准确的数量，这些数量、规格和属性要求可用于从产品供应商和分包商（比如预制混凝土楼板）处采购材料。由于很多原因，目前许多制造产品的对象定义还没有全部开发出来以使这种能力能够完全成为现实，但如果模型可用（比如钢构件、预制混凝土构件），则其结果仍然是非常有益的。

1.6.4 采用 BIM 的施工后效益

1）更好地管理和运营设施。BIM 建筑模型为建筑物中使用的所有系统提供了信息源（包括图形和规格）。这些信息源在施工阶段主要用于对机械设备、控制系统和其他所购买产品进行分析并将确定的结果提供给业主，且可作为在建筑物使用后验证设计效果的手段，这些信息可用于检查建筑物完工后所有系统是否正常工作。

2）与设施运营和管理系统集成。BIM 建筑模型已经在施工过程中完成了所有变更工作，其提供的是关于建筑空间和系统的准确信息来源并为建筑物的管理和运营提供了有价值的初始信息。BIM 支持对实时控制系统的监测，可为传感器和设施的远程操作管理提供一个自然的界面。尽管有许多这些功能尚未开发，但 BIM 已为其部署提供了一个理想的备用平台。

1.7 BIM 技术面临的挑战

优化每个阶段的设计和施工流程将减少与传统做法相关的错误数量和严重性，但 BIM 的智能使用还会引起项目参与者之间的关系以及它们之间的合同协议发生重大变化，而传统的合同文件则是根据纸质文件通用条款量身订做的。此外，建筑师、承包商和其他专业设计师之间的早期合作非常重要，因为专家提供的知识在设计阶段更加有用。

1.7.1 协作和团队合作面临的挑战

虽然 BIM 提供了新的协作方法，但它也带来了有关开发团队效能的其他问题。确定允许项目团队成员充分分享模型信息的方法是一个重要问题。如果建筑师使用传统的基于纸张的图纸，则承包商（或第三方）就有必要构建模型以便其可以用于建筑规划、估算和协调等工作。在设计结束、创建模型完成后会增加项目的成本和工时，但考虑到机械、管道、其他分包商和制造商、设计变更解决方案、采购等环节，将 BIM 用于建筑规划和详细设计可能仍然是合理且具有优势的。如果项目团队使用不同的建模工具，然后需要利用这些建模工具将模型从一个环境移动到另一个环境中或组合起来，此时就会增加工作的复杂性并为项目引入潜在的错误，通过使用 IFC 标准交换数据可以减少这些问题，也可以使用符合 IFC 或专有标准与所有 BIM 应用程序通信的模型服务器以减少这些问题。

1.7.2 文档所有权和生产规则的变更

BIM 应该考虑的问题包括谁拥有多少个设计、制造、分析和施工数据集；谁为其支付费用；谁负责其准确性；谁负责生产规则的制定。随着工程实践的进行，BIM 项目中的这些使用性问题正在得到解决。随着业主对 BIM 优势的更多了解，他们可能需要借助 BIM 建筑模型来支持运营、维护和随后的整修工作。AIA 和 AGC 等专业团体正在制定这方面的契约语言准则以解决使用 BIM 技术可能导致的各种问题。

1.7.3 实践和信息使用的变化

BIM 的使用鼓励在设计过程的早期将各种施工技术集成在一起。设计、建造一体化能够协调设计的各个阶段，并从一开始就与施工技术结合，这样可以使项目公司受益最多。需要良好协作的合同安排时可借助 BIM 进行，从而为业主创造更大的优势。项目公司在实施 BIM 技术时面临的最重大变化是使用共享建筑模型作为所有工作流程和协作的基础，这种转变需要一定的接受时间和教育，所有技术和工作流程的重大变化都是如此。

1.7.4 BIM 实施中的问题

用 BIM 系统替代 2D 或 3D CAD 界面涉及的不仅仅是购买软件、培训和升级硬件的问

题。BIM 的有效使用需要对项目公司的几乎所有业务领域进行变更（不仅仅局限于采用新方式完成相同的事情），在转换开始之前需要彻底地理解和实施计划。尽管每家公司的具体变化将取决于其 AEC 业务部门，但其需要考虑的常规步骤是相似的，主要包括以下两方面内容，即为开发 BIM 采用计划分配顶级管理责任制，该计划将涵盖公司业务的所有方面，应考虑拟议的变更对内部部门和外部合作伙伴及客户的影响问题；创建一个由负责实施计划的首席经理组成的内部团队，其中应包括成本、时间和绩效预算以考核他们的绩效。一开始，应在与现有技术并行的一个或两个较小（可能已完成）的项目中使用 BIM 系统并根据 BIM 建筑模型生成传统文档，这将有助于发现建筑对象、输出能力、分析计划链接等方面的不足之处，还可为领导层提供教育机会。借助初步结果来进行 BIM 软件的教育和指导工作，推进 BIM 的深度应用和新增员工的培训工作，让高层管理人员了解 BIM 的进展情况、存在问题并提出建议等。

将 BIM 的使用扩展到新的项目中并开始与项目团队的外部成员合作，采用新的协作方法以便使用 BIM 建筑模型尽早集成和共享知识。继续将 BIM 功能集成到公司职能的各个方面并在与客户和业务合作伙伴的合同文件中反映这些新的业务流程。定期重新规划 BIM 实施的流程以反映迄今为止所观察到的收益和问题，并为绩效、时间和成本设定新的目标，继续扩大 BIM 对公司内新部门和新职能的改变。应重视 BIM 在建筑物生命周期中的具体应用，参与建筑过程的每个参与方都应遵守相关的附加准则。

1.7.5　BIM 技术对未来的影响

BIM 技术对未来的 AEC 产业和整个社会都可能产生深远的影响。BIM 技术及其相关的工作流程应合理。尽管大多数 BIM 技术的重点放在设计和施工阶段，但 BIM 技术应涵盖建筑生命周期的整个范围。

第 2 章 BIM 工具和参数化建模的特点

BIM 工具和参数化建模是 BIM 设计应用程序与其他 CAD 系统的主要区别技术，基于对象的参数化建模萌芽于 20 世纪 80 年代，其不代表具有固定几何和属性的对象，其通过参数和规则来表示对象以确定其几何以及某些非几何属性和特征，参数和规则允许对象根据用户控制或变更在上下文中自动更新。在其他领域，项目公司使用参数化建模来开发自己的对象表示并反映企业信息和最佳实践效果。在体系结构中，BIM 软件公司已经为用户预先定义了一套基础构建对象系列，并可以对其进行扩展、修改或添加。一个对象族允许创建任意数量的对象实例，其中的表单依赖于参数以及与其他对象的关系。项目公司应该具备开发用户定义的参数对象和企业对象库的能力，以实现定制的质量控制并建立自己的最佳实践体系。自定义参数对象允许对复杂几何体进行建模，这在以前是不可能的或者不切实际的。对象属性需要与分析、成本估算和其他应用程序接口，这些属性必须首先由公司或用户定义。

目前的 BIM 工具在许多方面有其特殊性，比如其预定义的基础对象的复杂性；用户可以轻松定义新的对象族；方便的更新对象的方法；易于使用；大量的可以使用的表面类型；绘图能力强；能够处理大量的对象；留有与其他软件的接口。大多数建筑 BIM 设计工具允许用户将 3D 建模对象与 2D 绘制部分混合在一起，使用户可以确定 3D 详图的级别，同时仍然能够生成完整的绘图。以 2D 绘制的对象不会自动包含在材料清单、分析和其他支持 BIM 的应用程序中。另外，制作级别的 BIM 工具通常以 3D 形式完整地表示每个对象。3D 建模的级别是不同 BIM 实践中的主要变量。

2.1 建筑模型技术的发展历史

2.1.1 早期的建筑物 3D 建模

三维几何的建模是一个广泛的研究目标，其有很多潜在的用途，包括电影、设计和最终的游戏。其能够代表一组固定的多面体形式（由一组表面封闭另一组表面定义的体积），其查看用途是 20 世纪 60 年代末开发的，因此而诞生了第一部计算机图形电影《Tron》（1987 年）。这些早期的多面体形式可用于组成图像，但不能用于设计更复杂的形状。1973 年，剑桥大学（Cambridge University）的 Ian Braid 和斯坦福大学（Stanford University）的 Bruce Baumgart 以及罗切斯特大学（the University of Rochester）的 Ari Requicha 和 Herb Voelcker 分别开发了任意三维立体形状的简单创建和编辑方式，这些努力被称为实体建模并产生了第一代实用的三维建模设计工具。有两种形式的实体模型在争夺主导地位。一种边界表示法（the Boundary Representation，B-Rep）使用联合、交叉和减法运算（称为布尔运算）

在多个多面体形状上定义形状且还利用精益操作（比如倒角、断面或在单个形状内移动孔）。将这些原始形状和布尔运算符结合在一起开发的复杂编辑系统允许生成一组表面，这些表面集合在一起可确保装饰成一个卷。相比之下，构造实体几何（Constructive Solid Geometry，CSG）则代表了一种形状，即作为一种操作树，其最初依靠不同的方法来评估最终形状。后来，人们将以上两种方法合并，并允许在 CSG 树中进行编辑（有时也称其为未评估形状），且通过使用通用 B-rep（称为评估形状）来改变形状，对象可以根据需要进行编辑和重新生成。比如一个最简单的建筑形状，其由一个单一的形状与一个单一的地板空间与山墙屋顶和门洞空心构成，所有位置和形状都可以通过 CSG 树中的形状参数进行编辑，但形状编辑仅限于布尔操作或其他编辑操作。第一代工具支持使用相关属性进行 3D 剖面和圆柱形对象建模，这些对象可以组成工程装配形体，比如发动机、加工厂或建筑，这种融合的建模方法就是现代参数化建模的重要先导。

基于三维实体建模的方式萌芽于 20 世纪 70 年代末和 80 年代初，比如卡内基梅隆大学（Carnegie-Mellon University）和密歇根大学（the University of Michigan）的 CAD 系统，再比如 RUCAPS（后来演变成索纳塔 Sonata）、TriCad、Calma、GDS，这些大学的研究系统对它们的基本功能进行了开发，这些工作与机械、航空航天、建筑和电气产品设计同步并行进行，也就诞生了早期的产品建模、综合分析和模拟概念。在计算机辅助设计方面的早期成果被整合到工程和设计的所有领域中并产生了高水平的协同效应，如第 7 届至第 18 届的年度设计自动化会议（ACM 1969—1982），工程和科学数据管理会议（NASA 1978—1980），CAD76、CAD78、CAD80 会议（CAD1976，1978，1980）。实体建模 CAD 系统在功能上很强大，且往往超越了现有的计算能力，但生产的某些方面（比如绘图和报告生成）却没有得到很好的开发。另外，对大多数设计师来说，设计 3D 对象在概念上是非常陌生的，他们在 2D 中工作会得心应手、舒适无比。当然，这些系统也非常昂贵，每个软件的价格高达 35000 美元。制造业和航空航天业在集成分析能力、减少错误和实现工厂自动化方面看到了这些系统潜在的优势，他们与 CAD 公司合作解决了该技术的一些早期缺陷，但建筑行业大多数人都没有认识到这些好处，因此，他们采用了 AutoCAD® 和 Microstation® 等建筑图纸编辑器，这些编辑器增强了当时的工作方法并支持了传统 2D 施工文档的数字化生成。

2.1.2　基于对象的参数化建模

具有实用价值的第一代 BIM 建筑设计工具包括 Autodesk Revit® Architecture and Structure、Bentley Architecture 及其相关产品；Graphisoft ArchiCAD® 系列；Gehry Technology 的 Digital Project™ 以及制造级 BIM 工具等。因为 Tekla Structures、SDS/2 和 Structure Works 都是为机械系统设计开发的基于对象的参数化建模功能，这些概念是 CSG 和 B-rep 技术的延伸，是大学研究和工业发展紧密结合的产物，特别是 20 世纪 80 年代的 Parametric Technologies Corporation（PTC），其基本思想是可以根据装配和子装配级别以及单个对象级别的参数层次来定义和控制形状实例和其他属性，一些参数取决于用户定义的值，其他参数则取决于一些固定值，还有一些取自或相对于其他形状，这些形状可以是 2D 或 3D 形式的。

在参数化设计中，设计者不是设计一个像墙或门这样的建筑元素的实例，而是定义一个模型系列或元素类（族），它是通过一组关系和规则来控制可以生成元素实例的参数，但会根据它们的个体情况而变化。对象使用涉及距离、角度和规则的参数定义，比如附加到、平行于和距离。这些关系允许元素类的每个实例可根据其自身的参数设置和上下文关系而变化，也可以将规则定义为设计必须满足的要求以允许设计人员在规则检查和更新过程中进行变更，从而保持设计元素的合法性并在这些定义得不到满足时向用户发出警告，基于对象的参数化建模支持两种解释。在传统三维 CAD 中其元素几何的每个方面都必须由用户人工编辑，而参数化建模人员给出的形状和装配几何会自动适应上下文和高级用户控制的变化。

通过检查墙体系列的结构可大致了解参数化建模的工作过程，其中包括形状属性和关系，这个结构可称为墙系列（墙壁族），因为它能够在不同的位置和不同的参数中生成许多实例类型，虽然墙壁族可能会将着眼点集中在直墙和垂直墙上，但有时也需要各种几何功能，比如具有弯曲和非垂直表面的墙。墙壁形状是由多个连接面限定的体积，一些现状由上下文定义，另一些则由显式值定义。对大多数墙体可根据标称厚度或建筑类型定义，厚度被明确定义为相对于墙体控制线的两个偏移量，具有锥形构造或不同厚度的壁则有多个偏移量或可能存在铅直轮廓。墙的高度形状由一个或多个基层平面定义，其顶面可能是一个明确的高度，也可能由一组相邻的平面定义。墙的末端由墙的交叉点确定，具有固定的端点（独立式）或与其他墙的关联关系。墙的控制线有一个起点和终点，所有的墙都是这样。一面墙与所有绑定它的对象实例以及它分离的多个空间相关联。门或窗户开口从其端点之一到开口中心且其所需参数沿着墙壁的长度限定了放置点，这些开口位于墙的坐标系中，因此它们可以作为一个整体来移动。当地面平面布局发生变化时，墙体会随着移动、放大或收缩而调整其端部，同时门窗也在移动和更新。边界墙的一个或多个表面随时都会发生变化，墙也会自动更新以保留其原始布局的位置。一个精心设计的参数墙的定义必须解决一系列特殊情况，这些情况包括以下五个方面，即门和窗的位置，必须检查它们是否完全位于墙内且不相互重叠或超出墙壁边界，如果这些条件失败则通常应显示警告；墙控制线可以是直的或弯曲的，从而使墙可以具有不同的形状；墙壁可以与地板、天花板或侧壁相交，其中任何一个都可由多个表面组成，因而可以形成更复杂的墙壁形状；如果墙壁由混凝土或其他可延展材料制成，则墙壁可能有锥形部分；由混合类型的建筑和饰面组成的墙壁可能会在墙的局部范围内发生变化。正如这些条件所表明的那样，必须非常小心地定义一个通用墙。参数化建筑类为其定义提供超过一百个的初级规则通常是很常见的，这些规则也说明了为什么用户可能会遇到意想不到的墙的布局问题，因为它们不受内置规则的覆盖，其定义可能在无意中受到了墙定义的限制，因而也变得非常容易。比如将天窗壁和设置在其内的窗户放在墙的某一位置，这种情况下墙壁必须放置在非水平的地面上，此外，修剪天窗墙壁的墙壁与修剪墙壁不在同一基准平面上，早期的 BIM 建模工具是无法处理这种条件组合的。

需要强调的是，上述参数化建模功能远远超出以前基于 CSG 的 CAD 系统提供的功能，它们支持布局的自动更新和设计者设置的关系的保存，这些工具非常高效。

2.1.3 建筑物的参数化建模

在制造业中，参数化建模已被许多公司用来将设计、工程和制造规则嵌入其产品的参数化模型中。比如，波音公司进行 777 的设计时就确定了飞机内饰定义的外观、制造和装配规则，他们通过数以百计的气流模拟（称为计算流体动力学 CFD-Computational Fluid Dynamics）对外部形状进行了精细调整以满足空气动力学性能要求，从而实现许多其他形状和参数的调整，他们事先组装了这架飞机从而消除了 6000 多个变更请求，还将空间重新调整从而减少了 90%的无效空间。据估计，波音公司投资超过 10 亿美元购买并建立了 777 系列飞机参数化建模系统。与此类似，约翰迪尔公司与比利时 LMS 公司合作确定了他们希望如何建造拖拉机的想法，他们基于约翰迪尔的制造设计（Design-For-Manufacturing，DFM）规则开发了各种模型，使用参数化建模后，公司通常会定义如何设计和构造其对象系列，如何以参数化方式改变对象系列，并根据功能和其他生产标准将其关联到装配中。总之，这些公司正在根据过去在设计、生产、装配和维护方面的做法嵌入企业知识，包括哪些方法有效、哪些方法不可行，这种做法在一家公司生产多种产品时尤其值得提倡，这是大型航空航天、制造和电子公司的标准做法。如上所述，从概念上讲，建筑信息建模（BIM）工具是基于对象的参数化模型，具有预定义的一组对象系列，每个对象系列都具有编程的行为。目前。人们已经为主要 BIM 体系结构设计工具提供了预定义对象系列的完整体系，它们是预先定义的对象系列集合，并可以很容易地应用到每个系统的建筑设计中。比如，主要 BIM 工具中的内置基础对象系列涉及数字化项目、实体模型、场地模型（等高模型，地形表面）、空间定义、人工房间、自动房间、墙、门、窗口、屋顶、楼梯、板坯、地板、墙壁、天花板、梁、天窗、窗口、轴地板、窗帘、体系、栏杆、基础、幕墙、轮廓、开挖等。

建筑物是在 BIM 系统中定义的装配对象。建筑模型配置由用户定义为使用网格，楼层和其他全局参考平面的尺寸控制参数化结构，当然，这些可以是简单的地板平面、墙中心线或它们的组合。结合嵌入式对象实例和参数设置，模型配置可定义一个建筑物。除供应商提供的对象系列外，许多网站还提供其他对象系列供下载和使用，这些可等同于现代的起草块库，其可用于早期的 2D 绘图系统，它们其实更有用且功能强大，它们中的大多数属于通用对象，但其能力的增长可形成特定的产品模型。BIM 中使用的专门开发的参数化建模工具与其他行业中使用的参数化建模工具间存在许多细节上的差异，建筑物是由很多简单部件组成的，其再生依赖性比一般机械设计系统更具可预测性，当然，即使是中型建筑中的施工级细节信息量也会导致相应的性能问题，即使最高端的个人电脑也是如此。BIM 参数化建模工具与其他参数化建模工具的另一个区别在于其有一套广泛的标准实践和代码，可以很容易地通过调整和嵌入来定义对象行为，这些差异导致修改时只需要借助少数通用参数化建模工具并使其可用于建筑信息建模。

BIM 设计工具在功能方面与其他行业不同，它们需要明确表示建筑元素所包围的空间，环境友好的建筑空间是建筑物的主要功能体现，内部空间的形状、体积、表面和属性是建筑的关键方面。以前的 CAD 系统不擅长空间显示，其通常被隐含地定义，就像在墙壁、地板和天花板之间留下的空间那样。2007 年，美国总务管理局（the General Services Administration，GSA）要求 BIM 设计工具能够推导出 ANSI/BOMA 空间量，在此之前，大多数 BIM 系统为了简化工作均忽略了此功能，GSA-BIM 指南要求必须准确评估政府建筑物的真实空间形态，目前所有 BIM 设计工具都提供这种功能。GSA-BIM 指南可在 www. gsa. gov/bim 中在线获取，GSA 每年都会扩展其信息需求。参数化建模是一项关键的生产力功能，其允许进行低级变更并可自动更新。客观地讲，如果没有通过参数化功能实现的自动更新功能，则 3D 建模在建筑设计和生产中的作用微乎其微。每个 BIM 工具都会根据其提供的参数化对象系列、嵌入其中的规则以及最终的设计行为而有所不同。

2.1.4 用户定义的参数对象

虽然每个 BIM 设计工具都有一套预先定义的参数化对象系列，但这些工具仅适用于大多数标准类型的构造，它们在以下两个方面是不完整的，即它们对预定义对象系列的设计行

为的内置假设是规范性的，但并没有解决在现实世界中遇到的一些特殊情况；其基础对象系列包括最常见的基础对象系列，但省略了许多特殊类型的建筑和建筑类型所需的基础对象系列。换句话说，BIM设计工具中的基础对象系列代表标准实践，Ramsey和Sleeper的建筑图形标准也是如此。尽管标准实践反映的是行业惯例，但最佳实践应反映对细节的调整，设计师或公司应获得关于元素如何被详细描述的经验。最佳实践不同于大多数成功设计实践提供的设计质量，即其属于一个带预定义的对象。BIM设计工具遵循设计惯例而非专业知识，任何认为自己拥有BIM能力的公司都应该有能力定义自己的自定义参数对象系列库。所有的BIM模型生成工具都支持定制对象系列的定义。如果BIM工具中不存在所需的参数化对象系列，则设计和工程团队可以选择使用固定的B-rep或CSG几何布局对象实例，并记住应人工更新这些详细信息或者定义一个新的参数，这个新的参数应包含适当的设计规则和自动更新行为。比如，这种嵌入式方式可反映如何构造特定的楼梯样式，如何处理不同材料的连接（比如钢筋混凝土或合成水泥与铝材料的挤压）。这些对象一旦创建就可以将它们嵌入任何项目中。显然，对细节进行定义是一个行业范围内的基本工作，其定义了标准的建筑实践和一个可以获得最佳效果的公司级活动。详图被Kenneth Frampton等学者称之为建筑构造（the Tectonics of Construction），它们在建筑艺术和工艺中具有重要作用。如果一家公司经常与某些涉及特殊对象家族的建筑企业一起工作，那么用参数来定义这些对象，则超额的劳动就可很容易地得到证明，他们可在不同项目的不同环境中自动插入公司的最佳实践方式，这些对布局或细节而言可能处于高级别水平，且他们的复杂程度可能各不相同。

用于定义大多数自定义参数化对象系列的标准方法是使用作为所有参数化建模工具一部分的草图工具模块，这些模块主要用于定义扫掠形状（Swept Shapes）。扫掠形状包括挤压型材（比如钢构件）、截面不断变化的形状（比如管道配件）、旋转形状（比如以围绕圆圈扫掠穹顶部分轮廓）和其他形状。扫掠形状是创建自定义形状最常用的工具，其结合与其他对象和布尔运算（Boolean Operations）的关系形成的一个草图工具，允许构建几乎任何形状系列。草图工具允许用户组织绘制一个由点、点之间的线条、弧线或更高级别曲线组成的2D封闭部件，其不一定按比例绘制，然后对草图进行标注并应用其他规则以反映设计意图规则的参数化方面的要求。扫掠曲面可以用多个曲线定义，也可以在它们之间进行插值，某些情况下还可以进行阶跃变化。每个工具都有不同的规则和约束词汇表，可以应用于草图，也可以与其参数行为进行关联操作。使用B-rep或参数开发自定义对象系列时的关键问题在于对象必须具有对象系列实例必须支持的各种评估所需的属性，比如成本估算、结构分析或能量分析，这些属性也是以参数方式导出的。

2.1.5 为施工而设计

尽管所有BIM工具都允许用户根据2D截面将图层分配到墙段，但一些架构BIM创作工具还包括在通用墙内的对象嵌套装配（比如螺栓框架）的参数化布局。其允许生成详细的框架和衍生的切割木材时间表，可减少浪费且允许木材或金属双层框架结构进行快速安装。大型结构中类似的框架和结构布局选项是制造过程的必要扩展，在这些情况下，对象和规则会将对象作为零件将它们组合成一个系统（包括结构、电气、管道等）。在更复杂的情况下，系统的每个部件都由内部组成部件组成，比如木框架或钢筋混凝土框架。

用于建筑设计的BIM工具专注于建筑级别的对象，但人们已经为制造级别的建模开发了一套不同的创作工具，这些工具为嵌入不同类型的专业知识提供了不同的对象系列。此类创作工具的早期例子是为钢结构制造开发的，比如 Design Data 的 SDS/2®，Tekla 的 X-steel®和 AceCad 的 StruCad®，最初，这些都属于简单的 3D 布局系统，其具有用于连接的预定义参数化对象系列，可以在连接钢结构部件周围修剪构件以及执行其他编辑操作，后来这些功能得到了增强，并可以支持基于负载、连接和部件的自动设计，随着相关的数控切割和钻孔机械的发展，这些系统已成为自动化钢构件制造的一个组成部分。随后，人们以类似的方式为预制混凝土、钢筋混凝土、金属管道系统、管道和其他建筑体系开发了相应的系统。后来又在现浇混凝土和预制混凝土等混凝土工程方面取得了进展，比如在嵌入式预制钢筋以满足结构要求时布局会自动调整为截面尺寸和柱、梁的布局，从而使其适用于接头、不规则部件和切口周围的加固。参数化建模操作可以包括形状的减法和加法操作，通过这些操作可以创建显示、凹槽、牛腿和由其他部件放置以及切除的定义。每个建筑子系统都需要自己的一套参数化对象系列和管理系统布局的规则，规则中应定义系统中每个对象的默认行为。

参数化规则编制时应首先对每个建筑系统领域内的大量建模专业知识进行编码，以了解应如何布置和详细布置部件，在 BIM 工具中作为基础对象通常可为当前参数化对象系列提供相应的建筑图形标准以及与其信息类似对应的信息，同时支持在计算机中自动定义片段、布局、接头和细节的形式。目前，一些建筑材料协会正在为此积极地开展工作，这些组织成员的财团共同起草规范用于在预制和钢结构设计中定义构件的布局和行为。需要强调的是，尽管制造商直接定义了这些基础对象系列和默认行为，但它们通常需要进一步的定制以便使嵌入软件中的细节能够反映公司的工程实践做法。需要特别说明的是，建筑师尚未走上这条道路，他们依靠 BIM 设计工具开发人员来定义其基础对象系列，最终的设计手册将以这种方式提供并成为一组参数化模型和规则。

在制造建模中，细部设计人员会根据常识对其参数化对象进行细化，比如最大限度地减少劳动力、实现特定的视觉外观效果、减少不同类型工作人员的干扰、使材料的类型或尺寸数量最小化。采用标准设计指导实施时，通常应给出多种可接受方法中的一种以进行详细说明，某些情况下可以使用标准详细实践（标准工法）来实现各种目标，其他情况下可将这些实践细节覆盖，对于特定的制造设备可能需要对公司的最佳实践或标准接口做进一步的定制。

2.1.6　基于对象的 CAD 系统

目前使用的几种 CAD 系统不是基于通用参数化建模 BIM 工具的，比如那些迄今为止已经被检验过的工具，它们属于传统的 B-rep 建模器，其中一些可能带有一个基于 CSG 的构造树和一个给定的对象类库，这些基于 Auto CAD® 的构建级建模工具［比如 CAD Pipe，CAD DUCT 和 Architectural Desktop（ADT）］是早期软件技术的范例，含有固定词汇表的宾利产品（Bentley Products）也属于这种类型，在这些 CAD 系统环境中用户可以选择参数大小并用相关属性布置 3D 对象，这些对象实例和属性可以导出并用于其他应用程序，比如材料清单、制造要求以及其他用途。

当存在一组使用固定规则组成的对象类的固定集合时，这些系统可以很好地工作。适合的应用领域包括用于电气布局的管线系统、管道系统和电缆桥架系统。Autodesk 正在以这种方式开发 ADT，并逐渐扩展其可以建模的对象类（族）以涵盖在建筑中最常遇到的对象类（族）。ADT 还支持自定义形状和其他 B-rep 形状，但不支持用户定义的对象在实例之间交互。新的对象类（族）通过 ARX 或 MDL 编程语言接口添加到这些系统中。这些基于对象的CAD系统与BIM的一个重要区别在于用户可以定义比3D CAD更容易定义的复杂对象族和关系结构而不需要进行编程级别的软件开发。借助BIM可以由知识渊博的非程序员从头开始定义连接到柱和楼板的幕墙系统，这样的工作在3D CAD中需要借助主要扩展应用程序开发。基于对象的CAD系统与BIM的另一个根本区别在于参数化建模器，用户可以定义自定义对象系列，并将它们与现有对象或控制网格关联起来而无须借助计算机编程。这些新功能使项目公司能够以自己的方式定义对象系列并支持自己的详细设计和布局方法，这种能力对于制造应用而言至关重要，比如那些不同制造处理工艺和产品设计的应用。在建筑领域，这些能力同样可很好地被制造级水平的工具所利用，比如那些允许钢铁制造商定义接头构造的工具，以及用于定义连接和加强布局的预制混凝土和现浇混凝土构造。参数化建模将建模从几何设计工具转换为知识嵌入工具，这种能力对建筑设计和施工的影响正在逐渐显现。

2.2 参数模型的多种能力

通常，在参数化建模系统中定义的对象实例内部结构是有向图，其中节点是具有构造或修改对象的参数或操作的对象系列（族），以及节点间图形引用关系中的链接。在这个层面上系统会预先定义和嵌入对象（比如钢结构）以及参数对象，并可以嵌套到较大的参数化装配体中，然后再根据需要嵌入到更大的装配体中。某些系统提供了使参数图可见以进行编辑的选项。早期的参数化建模系统通过搜索整个图形来响应模型编辑，从而完整地重建零件和装配模型。目前的参数化建模系统在内部标记编辑的地方，只重新生成模型图形中受影响的部分，使更新工序最小化。一些系统允许根据所做的改变来优化结构的更新图，并且可以改变再生的顺序。还有一些称为变分系统（Variational Systems）的系统使用联立方程来求解方程。以上这些功能都可以处理涉及大量对象实例和规则的各种性能的可伸缩性项目，可以嵌入参数图形中的规则范围决定了系统的普适性。参数对象系列的使用涉及距离、角度和规则参数的定义问题，比如附加到、平行于和距离，大部分都允许采用“如果-然后”（If-Then）的条件。对它们进行定义是一项复杂的工作，涉及它们在不同情况下的行为的知识应该如何嵌入其中的问题。“如果-然后”条件的特点是根据某些条件的测试结果将条件替换为另一个对象族或设计特征，这些通常用于结构细部设计，比如根据负载和连接的构件选择所需的连接类型，需要通过这些规则自动插入正确指定的弯头和三通来有效地布置管道节点和管道。一些BIM设计工具支持复杂曲线和曲面的参数关系，比如样条曲线和非均匀B样条曲线（NURBS），这些工具可以对复杂的曲线进行定义和控制，其方法与其他几何类型类似，市场上有几种主要的BIM工具可能出于性能或可靠性原因而没有包含这些功能。参数化对象的定义也为后期在图纸中标注尺寸提供了指导，如果窗口根据从墙到墙的中心偏移量放置在墙上，则默认尺寸标注将在稍后的图纸中按此方式完成（某些系统中这些默认值可以被覆盖），墙控制线和端点的交点会决定墙的放置尺寸。

三维参数化建模系统的基本功能是对彼此进行空间交叉的对象进行冲突检测，这些冲突既可能属于硬冲突（比如梁与管道发生碰撞），也有可能属于过于靠近的物体的软冲突（比如混凝土加固中过于靠近骨料，或钢梁或管道的间隙无法满足绝缘或混凝土保护层的要求等），通过参数化规则自动放置的对象可能会考虑这些冲突问题，并会自动变更布局以规避它们，其他系统则没有这种功能，这个问题的解决方法会因布局的具体对象以及嵌入其中的规则不同而有所不同。

封闭空间是大多数建筑施工中实现的主要功能单元，它们的面积、体积、表面积组成以及它们的形状和内部布局是实现建筑项目目标的最关键问题之一。空间是指结构固体中的空隙，通常决定于固体的边界。空间会以不同方式在当前工具中派生出来并自动定义和更新而无须用户干预，其可按需更新，还可在由多边形定义的平面中生成，然后挤压天花板的高度。这些方法提供了各种级别用户管理的一致性和准确性，同时，空间定义还包含了大多数建筑物功能的位置且许多分析应用也需要它们，比如能量分析、声学分析和气流模拟等。尽管美国总务管理局在这方面只规定了第一级的能力，但这一能力对于一些专门的用途变得越来越重要。BIM 设计工具可用于空间定义的功能非常重要。

参数化对象建模提供了创建和编辑几何图形的强大方法，没有它则模型生成和设计将非常麻烦且容易出错，这与机械工程界在实体建模初步开发后非常失望的发现如出一辙。如果没有平台可以进行有效的低级别自动设计编辑，则一个包含一百万或更多对象的建筑设计将是难以想象的。

2.2.1 拓扑结构

当用户在建筑物的参数化模型中放置墙时，用户会自动将墙与其边界表面、底部平面、端部邻接的墙壁、各种墙壁对接以及天花板表面及其高度进行修剪，因而也就限制了双方的空间。当用户把一扇窗户或门放在墙上时说明用户正在定义窗户和墙壁之间的连接关系。同样，在管道系统中确定接头是采用螺纹连接、对接焊接、法兰连接，还是螺栓连接非常关键。数学中将这些连接称为拓扑结构，这个概念与几何学不同，其对建筑模型的表示和参数化建模至关重要，是最基本的方法之一。连接应包含三种重要的信息，即可以连接什么，连接由什么组成，如何根据不同情况组成连接。一些系统会对对象以及可以连接的对象类型加以限制，比如，某些系统中的墙可以连接到墙壁、天花板和地板，但墙边可能不能连接到楼梯、窗户（竖向）或橱柜。一些好的系统编码操作可以排除这种关系。同时，对它们的限制可能会迫使用户在某些特殊情况下采取其他措施。对象间的连接可在构建模型时以不同的方式进行处理，将插塞或木头用钉子固定到底板上通常只有书面说明而很少有详图，在其他情况下则必须明确定义接头的构造，比如将窗口嵌入预制建筑面板中，在这里用户可使用“接头”这个词来概括地表示所有部件之间的接头和其他附件。拓扑和连接是 BIM 工具的关键特征，其指定了规则中可以定义的关系类型，将其作为设计对象时也很有意义，通常需要给出详细介绍或详细说明。在架构式 BIM 工具中接头很少被定义为显式元素，在制造级别的 BIM 工具中它们始终需要被定义为明确的元素。

2.2.2 属性和属性处理

基于对象的参数化建模可以解决几何和拓扑问题，但如果对象需要被其他应用程序解释、分析、估价和采购，则它们还需要带有各种属性，这些属性主要涉及以下几方面内容，即制造所需的材料规格，比如钢或混凝土的强度以及螺栓和焊接规格；与声学、光反射率和热流等不同性能问题相关的材料属性；组件的性能，比如墙体和地板到天花板的系统的荷重，钢和预制混凝土组件的结构性能等；能源分析所需占用的空间以及各种因子和设备等的空间属性等。

属性很少单独使用，比如照明应用时需要包括材料颜色、反射系数、镜面反射指数以及

可能的纹理和凹凸贴图等，为了进行准确的能量分析需要采用不同的墙壁组合，因此，属性通常应被适当地组织成集合体系并与某个功能相关联。用于不同物体和材料的属性集合库是开发良好的BIM模型生成工具和工具所在环境的组成部分。产品供应并不总是可用的，且通常必须由用户、用户公司或官方的数据来模拟，美国测试与材料协会（ASTM-the American Society of Testingand Materials）经常会发布一些数据，美国建筑规范研究所（the Construction Specifications Institute）等组织也在不断地研究这些问题，但支持各种仿真和分析工具的资产集的开发问题尚未得到彻底的解决，因此，一些问题只能留给用户进行设置。

当前的BIM生成工具默认大多数对象的最小属性集并提供添加可扩展集的功能，目前的几种BIM工具提供Uniformat™类功能以将元素与成本估算关联在一起，用户或应用程序必须为每个相关对象添加属性以产生某种类型的模拟结果（比如成本估算或分析），且还必须对各项任务进行适当的管理。目前，财产集合的管理是一个重要问题，因为对于相同功能的不同应用可能需要对其属性和单位稍做改变，比如能量和照明。至少有以下三种不同的方式可以满足一组应用程序管理属性的要求，即通过在对象库中对其预定义以便在创建对象实例时将它们添加到设计模型中；用户将其进行添加，使存储的属性集库中的应用程序满足所需要求；通过其属性被自动分配，此时它们会被导出到分析或模拟应用程序中。第一种方法适用于包含一组标准构造类型的生产工作，但需要对自定义对象进行仔细的用户定义，每个对象都应为所有相关应用程序提供广泛的属性数据，当然其中只有一些数据可能被实际使用，未利用的定义可能会降低应用程序的性能并扩大其对象的大小。第二种方法允许用户选择一组类似的对象或属性集来导出到应用程序，因而会出现一个耗时的出口过程，仿真工具的迭代使用可能需要每次运行应用程序时都要添加属性，比如，需要研究替代的窗户和墙体系统以提高能源效率。第三种方法可使设计应用程序保持轻量级水平，但需要给出完整的材料标签供所有导出解译人员使用，以便为每个对象关联属性集。第三种方法是属性处理所需的长效方法，必须给出这种方法所需的对象分类和名称标记，目前必须给出多个对象标签且每个应用程序都应有一个。

为了支持不同类型的应用程序，对象属性集合和恰当的对象分类库的开发是问题的关键，为此，美国建筑规范研究所和其他国家规范编制机构正在不断地追踪相关问题，以便给出解决办法，但至今仍没有全面的解决方案，仍需要进一步开发，以满足BIM技术的需要。代表公司最佳实践和特定商业建筑产品的对象库是BIM环境的重要组成部分。

2.2.3 图纸的生成

即使建筑物模型具有建筑物及其系统的完整几何布局且对象具有属性和可能的规格，因此，可以从模型中提取报告，但图形仍将继续需要保留一段时间直到其使命结束。目前的合同流程和工作文件的不断变化仍然集中在图纸上，无论是纸质的还是电子的，如果BIM工具不支持有效的图纸提取且用户必须进行繁重的人工编辑才能从切割部分生成每组图纸，则BIM的优势将显著降低。通过建筑信息建模可将每个建筑物对象实例（包括其形状、属性和在模型中的位置）仅定义一次，然后可从建筑对象实例的整体布局中提取绘图、报告和数据集，由于这种非冗余的建筑表示方式，使所有的图纸、报告和分析数据集从同一版本的建筑模型中获取时会保持信息的完全一致，这种能力本身就解决了重要的错误来源问题，并保证了图纸集内部的一致性。使用普通的2D建筑图纸时，设计人员必须人工将各种变更或编辑转移到多个图纸上，从而导致潜在的人为错误，进而无法正确地更新所有图纸，相关统计数据表明，在预制混凝土施工项目中这种二维绘图导致的错误造成的损失占建筑成本的1%左右。

众所周知，建筑图纸不依赖于正射投影，平面图、剖面图和立面图之类的图形包含复杂的公约集合，其通常用于在纸张上以图形方式记录设计信息，其中包括以下几方面内容，即一些物理对象的象征性描述；在平面图中截取平面后的几何图形表示；截取平面前隐藏物体的专门选择的虚线表示；线踵和注释。机械、电气和管道系统（MEP-Mechanical, Electrical and Plumbing Systems）通常以示意图（拓扑结构）的形式进行布置，在设备选定结束后将最终布局留给承包商，这些约定要求BIM设计工具在其图纸提取功能中嵌入一套强大的表现规则；另外，必须将个别公司的绘图惯例添加到内置的工具约定中，这些问题既会影响模型在工具中的定义方式，也会影响工具的绘图提取设置。

如前所述，给定图形定义的一部分来自定义对象的方式，该对象具有关联的名称、注释，某些情况下还应带有一些特定的内容，比如对象库中携带的不同视图中呈现的行权重和格式。当然，对象的位置也对其有影响，如果物体相对于网格交叉点或墙壁端点放置则应在图形中确定其位置。如果物体相对于其他物体的关系以参数方式定义，则除非系统被告知在绘图生成时会导出线段长度，否则绘图生成器不会自动确定长度的尺寸，比如放置在可变位置的支撑物之间的梁的长度。

大多数建筑物的BIM模型不包括建筑物所有部分的3D信息和属性信息，许多信息仅在部分构造中显示。大多数BIM设计工具提供了在3D模型中定义的构造级别提取绘制截面的方法，绘图部分的位置会自动用平面或立面上的截面符号作为交叉引用进行标记，且如果需要，可以移动其位置，然后人工详细描述该部分所需的木块、挤压件、硅珠、挡风雨条等，并在完整详细的绘制部分中提供相关的注释。大多数系统中，这些构造都与它依托的断面相关联，当部件中的3D元素发生变更时它们会在部件中自动更新，但手绘构造必须人工更新。

为了生成图纸，每个平面图、剖面图和高程图都是根据上述规则从切割3D剖面和对齐的2D绘制剖面的组合中分别组成的，然后将它们分组为具有正常边框和标题表的表单，工作表布局在各个会话中进行维护且是整个项目数据的一部分。根据详细的3D模型生成图纸经历了一系列的改进过程，目前已非常高效和容易。尽管目前大多数系统尚未满足高端绘图的要求，但用户可从最基础的层面开始形成图纸，目前可以在技术上支持一定质量水平的序列表单有以下三类。第一种类型的特点是一个满足基本要求的绘图生产可支持从三维模型切割出的正交剖面的生成，且用户人工编辑了线格式并添加了尺寸、构造和注释，这些构造是关联的，也就是说，只要该部分存在于模型中，则注释设置就会在各个绘图版本之间进行维护，这种关联功能对于有效重新生成多个版本的图纸至关重要，这种情况下的图纸是根据模型生成的详细图纸。第二种类型是第一种类型的改进，其特点是定义和使用与投影类型（平面、剖面、高程）元素相关联的绘图模板，该模板会自动生成元素的尺寸标注、分配线条权重，并根据定义的属性生成注释，这样就极大地加快了初始绘图设置速度并提高了生产力，尽管为每个对象系列设置已经付出了烦琐的劳动。第二种类型只有在图纸中才能变更数据的显示方式，对图纸的编辑不会改变模型。在前述两种情况下应提供管理报告以通知用户模型已变更，但直到重新生成之前图纸无法自动更新以反映这些变更。目前的顶级绘图功能支持模型和绘图之间的双向编辑，如果图纸是模型数据的专用视图则应该允许对图形进行形状变

更并将其转移到模型中，这种情况下图纸会被更新，如果需要在3D模型视图旁边的窗口中显示，则可以在其他视图中立即反映任何视图中的更新，双向视图和强大的模板生成功能进一步减少了绘图生成所需的时间和精力。

门、窗和硬件时间表的定义与上述三种替代方法类似，即时间表也属于模型视图且可以直接更新，静态报告生成器方法效果最差，而强大的双向方法效果最好。双向方法的双向性的重要好处体现在其按照时间表推荐硬件使用以及硬件的能力而不是通过模型，在制造级别的BIM建模系统中这种混合的原理图三维布局和二维详图系统尚未得到使用，其仍假定设计主要由三维对象模型生成，在这些情况下相关的托梁、立柱、板、胶合板门槛和其他部件等都将以3D形式布置。

线粗和剖面线采用剖面类型定义并自动应用，一些系统会存储和放置与对象部分相关联的注释，尽管这些注释经常需要转换以实现良好组成的布局。其他注释通常反映一个整体的细节，比如名称、比例和其他一般性解释，这些注释必须与整体构造相关联，这些功能可以通过自动绘图提取，但目前尚无法实现自动化。绘图表通常能比建筑平面图、剖面图和立面图提供更多的信息，它们通常包括一个场地平面图，该平面图显示了相对于规划的地理空间数据以及建筑物在地面上的位置。一些BIM设计工具具有完善的现场规划功能，而其他一些BIM设计工具却没有。目前BIM的一个重要的目标是尽可能实现绘图生产过程的自动化，因为大多数设计的生产力效益（和成本）取决于最初自动成图的详细程度，某些时候参与建筑交付过程的大多数参与方都会将其实践应用于BIM技术，比如建筑检查员和金融机构，用户正在慢慢地转向无纸化世界。当然图纸将继续使用，但其仅作为施工人员和其他用户相关工作的标记记录。随着无纸化进程的发展，相关建筑图纸的惯例可能也会发生变化，从而使它们可以根据其特定的使用任务进行定制。

需要强调的是，BIM技术通常允许设计师在不同程度上使用3D建模或2D绘图部分填补缺失的构造。由于数据交换、物料清单、详细成本估算和其他行为的BIM优势会在二维剖面图中定义的那些元素上丢失，因此，BIM技术允许用户确定他们希望使用的3D建模构造的级别，因此，完整的3D对象建模是不合理的。很少有人会认为建筑模型中需要将尘埃、闪光和某些形式的水汽障碍作为3D对象，同时，目前的大部分项目都只是部分支持BIM，只有制造级模型才可能是（或应该是）完整的BIM，这种混合技术对BIM入门企业也很有利，因为他们可以逐步利用这项技术。

2.2.4 可扩展性

许多用户遇到的问题是可扩展性问题。如果项目模型由于内存容量较大而变得太大并导致无法实际使用就会遇到缩放问题，此时的操作会变得非常迟缓，即使是简单的操作也非常困难。其原因在于建筑模型很大，即使是简单的3D形状也需要大量的内存空间。因为一个大型建筑可以包含数百万个物体，而每个物体都有不同的形状。可扩展性受建筑物尺寸（比如楼面面积）以及模型细节水平的影响。即使是一个简单的建筑物，如果每颗钉子和螺钉都被建模则也会遇到可伸缩性问题。

参数化建模包含了将一个对象的几何或其他参数与其他对象的几何或其他参数相关联的设计规则，变更一个控制网格可能会将更新传播到整个建筑物，因此，很难将项目划分为单独的部分开发。为体系结构开发的BIM工具通常不具备管理跨多个对象文件的项目的手段，一些系统必须同时将所有更新的对象存储在内存中并被认为是基于内存的，当模型变得太大

而无法保存在内存中时就会发生虚拟内存交换，这样就会导致严重的时间等待现象。一些系统具有跨文件传播关系和更新的方法且可以在单个操作的范围内打开、更新并关闭多个文件，这些系统被称为基于文件的系统。对于小型项目，基于文件的系统的运行速度通常比较慢，但随着项目规模的增长其速度下降也会很缓慢。

基于上述定义，Revit 和 ArchiCAD 都是基于内存的系统，Bentley、Digital Project 和 Tekla Structures 则是基于文件的系统，采用特定工具的工作流程可以缓解与可伸缩性(Scalability）相关的一些问题，这些都是应该与产品供应商讨论的问题。随着计算机速度越来越快，相关的内存和处理问题也会自然减少，64 位处理器和操作系统将有助于这方面的工作，但对于更详细的建筑模型将可能需要采用并行计算机，可扩展性问题将是一段时间内影响用户的因素。

2.2.5 开放问题

1）基于对象的参数化建模的优缺点。参数化建模的一个主要优点是对象具有智能设计行为，但这种信息是需要付出代价的。每种类型的系统对象都有自己的行为和关联，因此，BIM 设计工具本身就很复杂。每种类型的建筑系统都是由创建和编辑的不同对象组成的，有效使用 BIM 设计工具通常需要几个月的时间训练才能熟练掌握。一些设计者喜欢的建模软件并不是基于参数化建模的工具，比如 Sketchup、Rhino 和 FormZ，这些软件采用固定的几何编辑对象的方式，它们只能根据所使用的表面类型而变化，且这些相同的功能适用于所有的对象类型，因此，应用于墙壁的编辑操作与应用于管道时相同，这些系统中的定义对象类型及其功能意图的属性（如果需要使用的话）可在用户选择时添加而不是在创建时添加。有人认为对设计使用而言，BIM 技术及其对象的特定行为并不总是能够满足所有要求的，但事实并非如此。

2）不同的参数化建模方式无法实现模型间的交换。人们通常会提出疑问，为什么项目公司不能直接在 Revit 与 Bentley Architecture 之间交换模型或者将 ArchiCAD 与数字项目转换。从前面的讨论不难理解，以上互操作性缺乏的原因是因为不同的 BIM 设计工具依赖于其对基础对象的不同定义，这些是 BIM 工具中设定的规则类型导致功能不同的结果，也是在对象系列（族）的定义中采用的规则，此规则仅适用于参数对象而不适用于具有固定属性的对象，如果相关组织就对象定义的标准达成一致则这些问题可能会消失，但在此之前某些对象的交换将会受到限制或无法实现。随着解决这些问题的需求越来越高，相关的改进就会变得极有价值，持续的努力有利于解决多个相关问题，这些改进工作会逐步实现。制造业中同样存在这样的问题且一直没有得到解决。

3）施工、制造和建筑的 BIM 设计工具的差异。有人会问“同一个 BIM 平台能否同时支持设计和制造过程”。由于所有这些系统的基础技术都有很多共同之处，因此建筑、设计和制造的 BIM 工具无法在对方业务领域提供产品的技术原因并不是很多，Revit Structures 和 Bentley Structures 在某种程度上会发生这种情况，因此，他们正在为制造级 BIM 工具的开发提供一些功能，比如双方正在解决工程市场问题并在承包商市场领域有了一点进展，但在这些信息丰富的领域能否全面支持生产使用所需的专业知识将主要取决于前端嵌入必需对象的行为，这些对每个建筑系统而言都是截然不同的。特定建筑系统对象行为的专业知识在编制时更容易嵌入，比如在结构系统设计中，但界面、报告和其他系统问题可能会有所不同，因此，用户很可能会在相当长的一个历史时期内仍会看到小规模的冲突问题，因为每种

软件产品都在试图扩大其市场领域。

4）面向制造的参数化建模工具和BIM工具之间的差异。机械设计的参数化建模系统能否适用于BIM也是人们关心的问题，本书前面已经介绍了这些系统架构的一些差异，当然，机械参数化建模工具已经适应了AEC市场，基于CATIA的数字项目就是一个明显的例子。此外，Structureworks也满足了基于Solidworks的预制混凝土构造和加工产品的要求。在其他领域用户也有望看到机械参数化建模工具与建筑和制造级BIM工具的市场争夺，比如管道、幕墙制造和管道系统设计。各个市场要求提供的功能范围仍在整理中，市场就是战场。

作为基于对象的参数化设计工具开发BIM设计工具的基本功能可见一斑，用户应关注的是主要的BIM设计工具及其功能差异。

2.3 主要BIM模型发生系统的基本情况

下面对不同BIM设计系统的主要功能和性能特点做一个初步的总结。前已述及，这些BIM工具的功能适用于设计以及制造系统，区别这些功能的目的是为那些希望借助替代系统完成第一级审查和评估的人提供依据，以便为项目、办公室或企业的平台做出明智的决策提供参考，这种选择会影响生产实践、互操作性并在某种程度上影响设计组织执行特定类型项目的功能。目前的各种软件产品在互操作性方面各有不同的功能，因而可能会影响它们的协作能力，并可能导致工作流程和复制数据的混乱和复杂化。需要强调的是，没有任何一个平台能适合所有类型的项目，理想情况下，一个组织可以拥有多个支持和切换特定项目的平台，在引进平台的早期采用任何可用的BIM设计工具都是一项值得努力的重要任务，通过它们可以了解新技术并预设新的组织技能，继而就可以学习和管理这些技能。随着时间的推移，困难的挑战会逐渐消退，因为学习一个系统的弯路会越来越少。由于BIM设计工具的功能正在迅速发生变化，因此，经常查看AEC Bytes、Cadalyst或其他AEC CAD日志中当前版本的介绍至关重要。

2.3.1 BIM能力的判别

在提供基于对象的参数化建模的通用框架中，BIM创作工具表现出了许多不同类型的功能，用户可根据它们的重要程度来对它们进行粗略的分级。

1）用户界面（User Interface）。BIM工具相当复杂，其功能远远超过以前的CAD工具。一些BIM设计工具具有相对直观且易于学习的用户界面，其功能采用模块化结构，而另一些BIM设计工具则更强调功能并不总是很好但却可以集成到整个系统中。因此，要考虑的标准应包括以下三个方面，即按照标准惯例贯穿系统功能的菜单应具有一致性；菜单应能隐藏、消除对当前活动环境无意义的无关行为；应具有不同类型功能的模块化组织和在线帮助功能，且能够提供实时提示和对操作与输入的命令行进行解释。虽然用户界面问题可能看起来是个小问题，但糟糕的用户界面会导致学习时间变长、错误变多，且通常无法充分利用应用程序中内置的功能。

2）绘图生成（Drawing Generation）。生成绘图和绘图集并通过多个更新和一系列发布来维护它们也是一个重要问题，对这个问题的评估应该包括模型变化对图纸的影响以及快速可视化、关联度的强弱、模型变更能否快速直接地传递到绘图系统，或者有效模板的生成以

及是否允许绘图类型尽可能多地自动执行格式化。

3）易于开发自定义参数对象。这是评估有关的定义参数对象的草图绘制工具的存在和易用性的指标，通过它可确定系统约束或规则集的范围（一般约束规则集应该包括距离、反映正交性的角度以及相邻面和线的相切规则），通过它可将对象接口连接到用户界面以便于在项目中完成嵌入工作以及支持参数化对象的组装能力。

4）可伸缩性。良好的可伸缩性能够处理大型项目规模和高级构造建模的组合问题。因此，其涉及系统保持互动和响应的能力，而并不考虑项目中 3D 参数对象的数量。一个根本性的问题是系统在数据管理方面是基于磁盘容量的而不是基于内存的。对小型项目，基于磁盘的系统速度较慢，但随着项目规模的增长其延迟时间会逐渐增加，一旦内存空间耗尽则基于内存的系统性能会迅速下降，这些问题部分受操作系统限制，比如，Windows XP 支持单个进程最多 2GB 的工作内存、Win 7 及以上则可超过 4GB，64 位的体系结构可消除对内存的使用限制。另外，显卡的性能对某些系统也很重要。

5）互操作性。模型数据的生成部分是为了与其他应用程序共享的，以便用于早期项目的可行性研究，以及与工程师和其他顾问或后来的施工单位合作。BIM 工具通常提供有与其他特定产品的直接接口，一般情况下会支持开放数据交换标准的进口和出口。

6）可扩展性。BIM 创作工具既可用于最终用途，也可用作定制和扩展的平台。可扩展性功能是基于它们是否能提供脚本支持来评估的，这是一种交互式语言，它增加了系统功能或自动执行低级别任务的能力（类似于 AutoCAD 中的 Auto LISP），它是一种 Excel 格式的双向接口，并带有通用且良好的文档应用程序编程接口（API）。脚本语言和 Excel 接口通常面向最终用户，而 API 则适用于软件开发人员。这方面的功能取决于公司希望定制的程度，尤其是在互操作性方面。

7）复杂曲面的建模。通常应支持基于二次曲面、样条曲线和非均匀 B 样条创建和编辑复杂曲面模型，这对于那些执行此类工作或计划的公司非常重要。BIM 工具中的这些几何建模功能是基础性的功能，它们不能在以后被添加。

8）多用户环境。一些系统支持设计团队之间的协作。它们允许多个用户直接从单个项目文件创建和编辑同一项目的部分内容并管理用户对这些不同信息部分的访问。

以上概述了主要建筑模型生成平台的当前功能，有些平台只支持建筑设计功能，其他则只支持各种制造级别的建筑系统，还有两种兼顾的系统。以上每项评估都应针对所提到的软件系统的版本进行，以后的版本可能性能更好或更差，用户应根据上面给出的标准对其进行审查。

2.3.2　用于建筑设计的 BIM 工具

每个 BIM 建筑设计平台都是根据其传统、企业组织、产品系列设定的，其指标涉及每个项目是使用单个文件还是多个文件、支持开发使用、支持的接口、对象系列范围、常规价格体系、支持建筑物的分类系统、可扩展性、绘图生成的简易性、对二维绘制剖面的支持、对象类型和派生属性以及易用性。众所周知，购买的软件包可能与用户制造的大多数其他产品截然不同，鉴于购买的版本是基于非常特定的产品和功能集的，软件包中包括其当前功能和定期发布的增强功能的开发路径，软件包至少每年更新一次。按照软件公司的预测可发现购买者正在购买当前产品并评估未来的发展，若其中一家也在购买另一家公司的产品且至少有一个人正在处理其支持系统，则支持系统就会响应，因此，支持系统是对 BIM 工具内置

的用户提供的文档和在线支持的扩充。除了供应商的支持网络之外，软件系统业主也是更广泛的用户领域的成员，应为大多数人提供博客通讯（Blog Communication）以便进行点对点帮助并为对象族的交流提供开放门户，提供这些服务可能是免费或低费用的。

1）Revit。Revit Architecture是在建筑设计中使用BIM的最著名和最新潮的市场领导者。Autodesk于2002年在公司获得该计划后初创公司推出产品。Revit是一个完全独立于AutoCAD的平台，其具有与AutoCAD不同的代码库和文件结构。Revit是一个集成产品系列，系列产品包括Revit Architecture、Revit Structure和Revit MEP。其能力可大致概括为以下四个方面：用于能量模拟和负载分析的gbXML接口；直接接口到ROBOT和RISA结构分析；从Sketchup、概念设计工具和其他工具导出DXF文件的系统；导入模型的能力。其可查看的界面包括DGN、DWG、DWF™、DXF™、IFC、SAT、SKP、AVI、ODBC、gbXML、BMP、JPG、TGA和TIF。Revit依靠2D部分来详细说明大多数类型的装配情况。Revit的优势可概括为以下六个方面：易于学习，其功能按照设计良好且用户友好的界面进行组织；它有一个由第三方开发的广泛的对象库；基于其市场定位，直接链路接口是它的首选接口；其双向绘图支持允许基于绘图和模型视图的更新进行信息生成和管理；它支持同一项目的并发操作；它包含一个支持多用户界面的优秀对象库。Revit的弱点可概括为以下三个方面：Revit是一个内存系统，对于大于220兆字节的项目其速度会显著减慢；它对处理角度的参数规则有限制；它不支持复杂的曲面，因而限制了其支持设计或参考这些类型曲面的能力。

2）Bentley Systems。Bentley Systems为建筑、工程和施工提供广泛的相关产品。他们的建筑BIM工具Bentley Architecture于2004年推出，是Triforma的进化后裔。与宾利建筑（Bentley Architecture）集成的产品有宾利结构（Bentley Structural）、宾利建筑机械系统（Bentley Building Mechanical Systems）、宾利建筑电气系统（Bentley Building Electrical Systems）、宾利设施（Bentley Facilities）、宾利水工（Bentley Power Civil，用于场地规划）以及宾利生成部件（Bentley Generative Components）。这些都是基于文件的系统，这意味着所有操作都会立即写入文件并降低内存负载。第三方已经在文件系统上开发了许多不同的应用程序，这些程序有些与同一平台内的其他应用程序不兼容，因此，用户可能必须将模型格式从一个Bentley应用程序转换为另一个。Bentley Architecture与外部应用程序的接口包括Primavera和其他调度系统以及用于结构分析的STAAD和RAM，其接口包括DGN、DWG、DXF™、PDF、STEP、IGES、STL和IFC。Bentley还提供了一个名为Bentley Project Wise的多项目和多用户模型库。Bentley系统的优势可概括为以下五个方面：Bentley提供有非常广泛的建筑建模工具，几乎可处理AEC行业的所有问题；Bentley支持使用复杂曲面进行建模，包括Bezier和NURBS；它包含对开发自定义参数对象的多个级别的支持，包括Parametric CellStudio和Generative Components；其参数化建模插件Generative Components能够定义复杂的参数化几何组件，并已用于许多获奖建筑项目中；Bentley可为具有多个对象的大型项目提供可扩展的支持。Bentley系统的弱点可概括为以下四个方面：它有一个很难学习和导航的大型非集成用户界面；其异构功能模块包含不同的对象行为，使其难以学习；它具有比同类产品少得多的广泛对象库；其整合各种应用程序的弱点降低了这些系统单独提供支持的价值和范围。

3）ArchiCAD。ArchiCAD是当今最早持续销售的BIM建筑设计工具。Graphisoft在20世纪80年代初开始推销ArchiCAD。它是在AppleMacintosh上运行的唯一面向对象模型的建筑 CAD 系统。总部位于布达佩斯的 Graphisoft，后来被 Nemetschek 收购，Nemetschek 是一家风靡欧洲的德国 CAD 公司，其拥有强大的土木工程应用经验。今天，除了 Windows 以外，ArchiCAD 还继续为 Mac 平台提供服务，发布有 MacOSX（UNIX）版本。Graphisoft 在 ArchiCAD 平台上内置有一些面向建筑的应用程序。Nemetschek 的施工应用程序后来被分离出来并由 Vico 软件公司向外推销。ArchiCAD 支持一系列的直接界面，Maxon 用于曲面建模和动画，ArchiFM 用于设备管理和 Sketchup。它带有一系列用于能源的可扩充性的接口，比如 gbXML、Ecotect、Energy、ARCHiPHISIK 和 RIUSKA 接口。其自定义参数对象主要使用 GDL（几何描述语言）脚本语言来定义，该语言依赖于 CSG 类型的构造和类似 Basic 的语法。Basic 是一种通常教给初学者的简单编程语言。它包含面向用户的大量的对象库并且带有 OBDC 接口。ArchiCAD 的优势可概括为以下三个方面：它有一个直观的界面，使用起来相对简单；它拥有大型的对象库，以及在建筑和设施管理方面的丰富的支持应用程序套件；它是目前唯一可用于 Mac 的强劲 BIM 产品。Archi CAD的缺点表现为它的参数化建模功能存在一些限制，不支持程序集中对象之间的更新规则或对象间布尔操作的自动应用。虽然 ArchiCAD 是一个内存系统且可能遇到大型项目的扩展问题，但它具有管理大型项目的有效方法，它可以将大型项目很好地划分为模块以管理它们。

4）Digital Project（DP，数字项目）。DP 软件由 Gehry Technologies 开发，数字项目（DP）采用的是达索 CATIA（Dassault's CATIA）的建筑和建筑定制，CATIA 是世界上应用最广泛的航空航天和汽车行业大型系统的参数化建模平台。DP 需要一个功能强大的工作站才能良好运行，但它甚至可以处理最大的项目。它能够对任何类型的曲面建模并且可以支持精心设计的自定义参数化对象，这正是它的设计目的。CATIA 的逻辑结构包括一个称为工作台的模块。在版本 5 之前的版本中没有包含建筑物的内置基础对象，用户可以重复使用其他人开发的对象，但这些均不受 DP 本身的支持。随着其体系结构和结构工作台的推出，Gehry Technologies 为该基础对象增加了重要的高附加值产品。尽管没有做广告，但 DP 还是提供了其他几个工作台，其中的 Knowledge Expert 支持基于规则的设计检查；Project Engineering Optimizer 允许基于任何明确定义的目标函数轻松优化参数化设计；Project Manager（项目经理）负责跟踪模型的各个部分并管理它们的发布工作。它还有一个能源研究的 Ecotect 接口。DP 支持 VBA 脚本并开发有强大的 API 附加组件。DP 嵌入了 Uniformat© 和 Masterformat© 分类系统，有助于整合规范进行成本估算。DP 支持以下交换格式，即 CIS/2、SDNF、STEPAP203 和 AP214、DWG、DXF™、VRML、STL、HOOPS、SAT、3DXML、IGES 和 HCG，其第 3 版还支持 IFC 格式。DP 的优势在于它提供了非常强大和完整的参数化建模功能，且能够对大型复杂组件直接建模以控制其表面和组件，DP 依赖三维参数化建模来处理大多数构造。DP 的弱点可概括为以下四个方面：它需要一个狭窄的学习曲线，具有复杂的用户界面和高初始成本；其预定义的建筑物对象库仍然有限；外部第三方对象库也非常有限；建筑使用的绘图功能尚不完善，一个完整的绘图系统包括很多用户输出工序。

5）AutoCAD-based Applications（基于 AutoCAD 的应用程序）。Autodesk 在 AutoCAD 平台上的主要建筑应用程序是 Architectural Desktop（ADT）。在收购 Revit 之前，ADT 是 Autodesk 的原始 3D 建筑建模工具。它基于 AutoCAD 的实体和曲面建模扩展，并提供从 2D 绘图到 BIM 的过渡。它有一组预定义的体系结构对象，虽然其不是完全参数化的，但它提供了参数化工具的许多功能，包括使用自适应行为创建自定义对象的功能。外部参考文件（XREF）对于管理大型项目很有用。其绘图文件与3D模型保持独立且必须由用户管理，尽管其仍具有一定程度的系统版本控制能力。它依靠AutoCAD著名的绘图生产功能。其接口包括DGN、DWG、DWF™、DXF™和IFC。其编程扩展包括Auto LISP、Visual Basic、VB脚本和ARX（C++）接口。在AutoCAD上开发的其他3D应用程序来自世界各地的大型开发人员群体，其中包括提供大量结构设计和分析包的计算机服务顾问（CSC，Computer Services Consultants）、提供CADPIPE的AEC设计集团、提供管道和工厂设计软件的COADE工程公司、开发控制系统软件的SCADA软件公司，其他各种团队可为管道、电气系统设计、钢结构、消防喷淋系统、管道系统、木结构等提供3D应用。基于AutoCAD的应用程序的优势表现在以下两个方面：由于用户界面的一致性，便于AutoCAD用户采用；由于它们基于AutoCAD著名的2D绘图功能和界面，因此易于使用。基于AutoCAD的应用程序的缺点可概括为以下四个方面：它们的基本限制因素是它们不是参数化建模器，它允许非程序员定义对象规则和约束；与其他应用程序的接口有限，使用XREF（具有先天的集成限制）来管理项目；是一个典型的内存系统，如果不依赖XREFs会产生缩放问题；需要提供图纸集中人工传递变更。

6）Tekla Structures。Tekla Structures由Tekla Corp. 开发，该公司成立于1966年，在全球设有办事处。Tekla有多个部门，比如建筑和施工、基础设施和能源等。其最初的建筑产品是Xsteel，该产品于20世纪90年代中期推出并迅速成长为世界范围内使用最广泛的钢结构详图应用软件。为满足欧洲和北美地区预制混凝土制造商的需求（以专门的预制混凝土软件联盟为代表），该软件的功能进行了显著的扩展以支持预制混凝土结构和外墙的制造级详图，与此同时，还增加了对结构分析的支持，其可与有限元分析软件包（STAAD-Pro和ETABS）直接链接，并带有开放式应用程序编程接口。2004年，其扩展后的软件产品更名为Tekla Structures，以反映其对钢结构、预制混凝土结构、木结构、钢筋混凝土结构和通用结构工程的支持。Tekla Structures支持以下接口，即IFC、DWG™、CIS/2、DTSV、SDNF、DGN和DXF™文件格式。Tekla Structures还带有CNC加工设备出口和制造工厂自动化软件的接口，比如Fabtrol（钢铁）和Eliplan（预制）。Tekla Structures的优势可概括为以下三个方面：它能够模拟包含各种结构材料和细节的结构的多功能能力；它能够支持同一项目上的非常大的模型和并发操作，并支持多个并发用户；它支持编程很少或不编程的复杂参数通过自定义组件库进行编译。Tekla Structures的弱点可概括为以下四个方面：虽然它是一个强大的工具，但它的全部功能相当复杂，无法全面学习和充分利用；其参数组件设施的强大能力要求高级操作员操作且必须具有高水平的技能；它无法从外部应用程序中导入复杂的多曲面，有时会导致构件变形；价格相对昂贵一些。

7）DProfiler。DProfiler是位于美国德克萨斯州达拉斯（Dallas，Texas.）的Beck Technologies的产品。在PTC决定不进入AEC市场之后，它基于20世纪90年代中期从Parametric Technologies Corporation（PTC）收购的参数化建模平台开始研发工作。DProfiler是一个基于名为DESTINI的平台的应用程序，该平台已从PTC收购的软件发展而来。DProfiler支持某些建筑类型概念设计的快速定义，然后提供有关建筑成本和时间的反馈结果。对于酒店、公寓和办公大楼等创收设施，它可提供一个完整的经济现金流发展模式。它支持各种建筑物的布局设计，比如20层以下的办公楼、1～2层的医疗建筑、24层以下的公寓楼和酒店、中小学校（小学、初中和高中）、市政厅、教堂、电影中心，等等，通过财务和进度报告用户可获得一组概念设计图，用户可以输入他们自己的成本数据或使用RSMeans的数据，他们的费用布告在其业务计算中的偏差率为5%，但这些都是非正式评估的结果。它支持Sketchup和DWG导出以便进行二次开发。其接口包括Excel和DWG。目前DESTINI平台上开发的其他应用功能还包括能量分析。DProfiler的优势可概括为以下两个方面：DProfiler作为封闭系统进行销售，其主要用于实际设计开始前的初步可行性研究；其对项目计划进行快速经济评估的能力是独一无二的。DProfiler的缺点可概括为以下三个方面：DProfiler不是通用BIM工具；它的目的单一，即针对建筑项目进行经济评估（包括成本估算和适当的收入预测）；一旦模型完成，其支持在其他BIM设计工具中全面开发的界面仅限于2D-DWG文件。

2.3.3 参数化建模的前景

基于对象的参数化建模是建筑行业的一项重大变更，它极大地促进了绘图和手工技术向基于可与其他应用程序交换的数字可读模型的转变。参数化建模有助于在3D中设计大型和复杂的模型，但也添加了许多用户所特有的建模和规划风格。像CADD一样，它可直接用作与设计分开的文档工具，但越来越多的公司将其直接用于设计并产生令人欣喜的结果。

从建筑模型中提取几何和属性信息以用于设计、分析、施工计划、制造或运营的能力将对AEC行业的各个方面产生巨大影响。这种支持能力的全部潜力至少在近期是无法完全知晓的，因为其影响和新用途正在逐渐被发现。目前已知的潜力是，基于对象的参数化建模解决了体系结构和构造中的许多基础性的代表性问题，即使仅部分实施BIM也可以通过各种转换使使用者快速受益。这些收益包括由于中央建筑模型的内置一致性以及基于空间干扰的设计错误消除技术（碰撞检测）而减少的绘图错误。

虽然基于对象的参数化建模对BIM的出现和接受具有催化作用，但它并不是BIM工具或建筑模型生成的代名词。还有许多其他设计、分析、检查、显示和报告工具可在BIM程序中发挥重要作用，需要许多信息组件和信息类型来完成设计和构建建筑物。各种类型的软件都可以促进BIM的发展和成熟。以上介绍的BIM工具只是几代工具中最新的工具，各种应用事实证明，这些工具对土木工程的影响是革命性的。

第3章 BIM的互操作性特征

3.1 BIM互操作性的由来

没有一种计算机应用程序能够支持与建筑设计和生产相关的所有任务。互操作性（Interoperability）反映的是在应用程序之间传递数据的需求，其允许多种类型的专家系统和应用程序为手头的工作做出贡献。互操作性传统上依赖于基于文件的交换格式，比如DXF（绘图交换格式）和仅交换几何图形的IGES。从20世纪80年代后期开始，在ISO-STEP国际标准的引领下，数据模型被开发出来并用于支持不同行业内的产品和对象模型的交换。数据模型标准是符合ISO组织和行业标准规定的，它们使用的技术相同，尤其是借助EXPRESS数据建模语言开发的数据模型。EXPRESS是机器可读的且有多种实现的途径，其包括紧凑的文本文件格式、SQL和XML对象数据库，所有这些目前均在使用。

两个主要建筑产品数据模型是用于建筑规划、设计、施工和管理的工业基础类（IFC，the Industry Foundation Classes）以及用于钢结构工程和制造的CIM钢结构集成标准第2版（CIS/2，CIMsteel Integration Standard Version 2）。IFC和CIS/2均借助EXPRESS语言表达设计和生产所需的几何形状、关系、工艺和材料、性能、制造要求和其他性能。根据用户需求的不同，两者的结构都会经常扩展。

由于EXPRESS支持具有多种冗余属性和几何类型的应用程序，因此，以上两个应用程序均可以导出或导入用于描述同一对象的不同信息，人们一直在致力于特定工作流程的标准化规则制定工作以交换所需的数据，美国主要通过被称为国家BIM标准（NBIMS）的项目推进这项工作。互操作性要求企业必须在学习和管理软件的过程中严格遵守建模规定，某些模型格式具备解决某些类型的互操作性问题的功能，比如3D PDF和DWF。虽然文件支持两个应用程序之间的交换，但通过建筑模型库协调多个应用程序中的数据的需求会日益增加，只有这样，大型项目才能实现数据和变更管理的一致性，但建筑模型库的一般使用方法仍然存在一些未解决的问题。

一个建筑物的设计和建造是一项团队活动，每项活动和每种类型的专业工作都越来越多地借助自己的计算机应用程序获得支持和提高，这些应用程序除了具备支持几何和材料布局的能力外，还涉及结构和能量分析、成本估算和安排以及每个子系统的制造等问题。互操作性满足了在应用程序之间传递数据的需求，也满足了多个应用程序共同辅助手头工作的需求。互操作性消除了对已经生成的数据进行复制和输入的需要，并且促进了工作流程的流畅和自动化。就像架构师和建造师协同工作一样，这些工具也支持它们之间的协作。即使在20世纪70年代末和80年代早期的二维CAD时代，不同应用之间交换数据的需求也随处可见，当时使用最广泛的AECCAD系统是Intergraph，大量的企业开始着手编写软件以便将Intergraph项目文件转换为其他系统文件，特别是在工厂设计过程中，比如在管道设计软件和管道物料清单或分析应用程序之间交换数据。后来，在后人造卫星时代，美国宇航局（NASA）发现他们为所有相关的CAD开发数据之间的转换花费了大量的经费，于是，NASA的代表Robert Fulton将这些相关的CAD软件公司召集到一起要求他们就公共领域交换格式达成一致，美国宇航局资助的两家公司（波音和通用电气公司，Boeing and General Electric）给出了他们分别改编完成的一些初步性工作成果，并将由此产生的交换标准命名为IGES（即初始图形交换规范，Initial Graphics Exchange Specification）。使用IGES，每家软件公司只需开发两个翻译器（需要时）用于从应用程序中导出和导入应用数据，而不是为每对智能交换过程开发翻译器。IGES成为一个早期的成功范例，其至今仍在所有设计和工程领域中广泛使用。BIM设计工具发展的推动力之一是用于支持许多施工活动的已有的基于对象的参数化设计的开发。任何访问家得宝（Home Depot）的人都可在购买时选择、配置和检查厨房设计，但却可能无法看到这些工具是如何规划切割硬木、胶合板或其他建筑材料的，也无法知道软件是如何自动编制细木工工序甚至生产计划，自20世纪90年代中期以来采用三维设计，其对钢结构的分析和制造中也借助类似的工具，自那时起钣金和管道系统的制造也开始采用这些工具。实际上，大多数建筑系统的下游制造工作已经转向了参数化建模和计算机辅助制造的模式，差距较大的领域位于建筑系统的前端工作，其中包括建筑设计本身，当然，还包括结构、能源使用、照明、声学、气流等要求进行设计的各种相关的分析应用程序，这些设计最后的审查也需要这些工具，这些工具也是今天主要使用的。由于BIM设计工具是在这些已经存在不同应用的行业中开发的，因此，其基本要求是满足与这些工具进行接口或更密切地互操作需要。

3.2 不同种类的交换格式

两个应用程序之间的数据交换通常以下列四种主要方式之一进行，即特定BIM工具之间的直接专有链接；专有文件交换格式（主要处理几何问题）；公共产品数据模型交换格式；基于XML的交换格式。

直接专有链接可提供两个应用程序之间的集成连接，通常可从一个或两个应用程序用户界面中调用，直接链接依赖中间件软件接口功能，比如ODBC或COM或专有接口，典型的是ArchiCad的GDL或Bentley的MDL，这些都是编程级别的接口，其依赖于C、C++或现在的C#语言，这些接口使应用程序的一些构建模型可以被创建、导出、修改或删除。

专有文件交换格式是由商业组织为与该公司的应用程序进行接口而开发的，虽然应用程序的直接链接是运行时的二进制接口，但交换格式是以可读的文本格式作为文件实现的，AEC领域中家喻户晓的专有交换格式是由Autodesk定义的DXF（数据交换格式，Data eXchange Format）。其他专有文件交换格式还包括SAT（是ACIS几何建模软件内核的实施者）、用于立体光刻的STL、用于3D-Studio的3DS，因为这些格式都有自己的目的，所以它们可以解决功能上的特定要求。公共层面的交换格式涉及使用开放的标准建筑模型，其中IFC（工业基础类）（IAI，2007开发）或CIS/2（CIS/2，2007开发）用于钢结构，属于原则性的选择格式。需要强调的是，产品模型格式除了几何外还包含对象和材质属性以及对象之间的关系，这些对于连接分析和施工管理应用至关重要。

软件公司比较喜欢或倾向于使用直接链接向特定公司提供交换数据，因为这些公司可以更好地支持软件公司，且可使这些客户不使用竞争对手的应用程序，所支持的功能通常由两家公司（或同一公司内的多个部门）确定，但由于它们是由两家公司开发、调试和维护的，因此它们通常只针对为其设计的软件版本并满足其功能强大要求，由此产生的界面通常只反映了与营销和销售的联合业务协议相关的内容。只要业务关系持续接口就会被维护。当然，人们更希望能够"混搭应用"以提供超越任何单一软件公司提供的功能，整合方法对涉及大型团队的项目变得至关重要，因为获得团队使用的不同系统的互操作性比将所有团队公司移动到单一平台更容易。公共部门也希望避免专有解决方案对任何一个软件平台造成垄断。目前只有 IFC 和 CIS/2（针对钢结构）是公共的和国际认可的标准，因此，IFC 的数据模型很可能成为建筑行业内数据交换和集成的国际标准。

XML（eXtensible Markup Language）是可扩展标记语言，是 HTML 的扩展，它是 Web 的基础语言。XML 允许定义一些感兴趣的数据结构和含义，该结构被称为模式。不同的 XML 模式支持应用程序之间交换许多类型的数据。当为这种交换设置在两个应用程序之间交换少量业务数据时 XML 尤其有用。

AEC 应用程序中的常用交换格式有图像格式（或称栅格格式，Image Formats 或 Raster Formats）、2D 矢量格式（2D Vector Formats）、3D 表面和形状格式（3D Surface and Shape Formats）、3D 对象交换格式（3D Object Exchange Formats）、游戏格式（Game Formats）、GIS 格式（GIS Formats）、XML 格式（XML Formats）。常见的栅格格式有 JPG、GIF、TIF、BMP、PIC、PNG、RAW、TGA、RLE，栅格格式具有紧凑性，每个像素可能在颜色和数量方面有所不同，某些数据在压缩时会导致部分数据丢失。常见的 2D 矢量格式有 DXF、DWG、AI、CGM、EMF、IGS、WMF、DGN，矢量格式的紧凑性受线宽和图案控制，在颜色、分层和曲线类型方面会有所不同。常见的 3D 表面和形状格式有 3DS、WRL、STL、IGS、SAT、DXF、DWG、OBJ、DGN、PDF（3D）、XGL、DWF、U3D、IPT、PTS，3D 表面和形状格式与所表示的表面和边缘的类型有关，比如它们是否代表表面和/或实体、形状的任何材料属性（颜色、图像位图、纹理图）或视点信息。常见的 3D 对象交换格式有 STP、EXP、CIS/2，产品数据模型格式以所代表的 2D 或 3D 类型表示几何图形，它们还携带对象属性和对象之间的关系。常见的游戏格式有 RWQ、X、GOF、FACT，游戏文件格式会因表面类型而异，而与是否具有层次结构、材质属性类型、纹理和凹凸贴图参数、动画和蒙皮无关。常见的 GIS 格式有 SHP、SHX、DBF、DEM、NED，是地理信息系统（Geographical Information System）的格式。常见的 XML 格式有 AecXML、Obix、AEX、bcXML、AGCxml，XML 模式用于交换建筑数据，它们会因交换的信息和支持的工作流程不同而有所不同。

以上是 AEC 领域最常见的交换格式的汇总，其针对主要用途对文件交换格式进行了分组，其中包括用于图像的基于像素的 2D 栅格图像格式，用于线条图的 2D 矢量格式，用于 3D 形式的 3D 表面和立体形状格式。基于 3D 对象的格式对 BIM 使用尤其重要，前面已根据其应用领域进行了分组，其中包括基于 ISO-STEP 的格式，里面包括 3D 形状信息以及连接关系和属性，其中的 IFC 建筑数据模型是最重要的。以上还列出了各种游戏格式，这些格式支持三维地形、土地使用、固定几何图形的基础设施、照明、纹理、布景，动态移动几何图形、地理信息系统（GIS）公共交换格式。

所有互操作性的方法都必须注意版本问题，当应用程序使用新功能进行更新时可能会导致交换机制出现故障，尤其是在系统没有维护且标准版本管理不善时。

3.3　产品数据模型的背景

20 世纪 80 年代中期以前，几乎所有设计和工程领域的数据交换都是基于各种文件格式的，DXF 和 IGES 就是最常见的格式，这些为形状和其他几何构造提供有效交换的格式满足了他们的设计目的，目前人们正在开发管道、机械、电气和其他系统的对象模型。如果数据交换的目的是通过复杂对象的几何形状、属性和关系来处理复杂对象模型，则各种固定的文件交换格式会变得相当庞大而复杂以至于无法使用，这些问题最早是在欧洲和美国同时出现的。瑞士日内瓦（Geneva，Switzerland）的国际标准化组织（ISO，the International Standards Organization）组建了一个 TC-184 技术委员会，委员会下设了一个 SC4 小组委员会，SC4 为解决这些问题编制了一个 ISO 10303 标准，这个标准称为产品模型数据交换标准（Standard for The Exchange of Product Model Data，STEP）。ISO-STEP 组织开发了一套新技术，其依据主要是以下四个：使用机器可读的建模语言而不是文件格式；该语言强调数据阐述，但包括规则和约束的程序功能；该语言具有对不同目的物的映射能力，包括文本文件格式、数据库模式定义以及最近的 XML 模式；参考子模型可共享并可重复使用更大的标准模型子集，以用于几何测量并满足分类表达和其他通用需求。

ISO-STEP 的主要产品之一采用的是 EXPRESS 语言，该语言由 Douglas Schenck 开发，后来由 Peter Wilson 完成。EXPRESS 采用了许多面向对象的概念，包括多重继承，这里的对象是指一种计算机语言的概念，其内容比仅仅表示物理对象的方式更广泛，因此，这个对象可用于表示概念或抽象对象，比如材质、几何图形、装配体、流程和关联关系，等等。EXPRESS 已成为支持各行业产品建模的核心工具，比如机械和电气系统、加工厂、造船、工艺、家具、有限元模型以及 AEC 等领域。EXPRESS 还包括大量的功能以构成产品数据模型的共同基础，这些功能包括几何、分类、测量和其他信息库。EXPRESS 支持公制和英制测量。EXPRESS 作为一种机器可读的语言非常适合计算使用，但对个人用户而言是很难的，因此，人们开发出了该语言的图形显示版本且被普遍使用，这个图形显示版本被称为 EXPRESS-G。EXPRESS 应用程序域的产品数据模型被称为应用程序协议（An Application Protocol）或 AP，所有的 ISO-STEP 信息都可在公共领域使用。由于 EXPRESS 是机器可读的，所以它可以通过多个途径实现，这些途径包括紧凑的文本文件格式（称为 Part-21 或 P-21 文件）、SQL 格式、基于对象的数据库格式、XML 格式（Part28 格式）。围绕 STEP 标准展开开发工作的是一组软件公司，它们基于 EXPRESS 软件提供了用于实施和测试的工具包，这些有助于各种实现途径基于 STEP 的交换功能完成测试和部署工作，这些工具包包括图形浏览器和模型导航器、测试软件和其他实施工具。

3.3.1　IFC 与 STEP 的关系

AEC 组织可以参加 TC-184 会议并利用 STEPAP 开发项目，非 TC-184 组织可以使用 STEP 技术开发基于行业的产品数据模型。AEC 中都有这两种方式的范例，这些范例都是基于 ISO-STEP 技术的。其中 AP225 为使用显式形状表示的建筑元素（Building Elements Using Explicit Shape Representation），是 TC-184 开发和批准的唯一可以完成面向建筑产品数据模型的技术，该技术涉及建筑几何的交换问题；IFC 为产业基础系列（Industry Foun-

dation Classes)，是由 IAI 支持的一种行业开发的建筑设计和完整生命周期产品数据模型；CIS/2 为 CimSteel 集成标准第 2 版（CimSteel Integration Standard，Version 2），是由美国钢结构研究所（the American Institute of Steel Construction）和英国建筑钢结构研究院（the Construction Steel Institute of the UK）支持开发的钢结构设计、分析和制造行业标准，CIS/2 得到了广泛应用和开发；AP241 为 AEC 设施的生命周期支持通用模型（Generic Model for Life Cycle Support of AEC Facilities)，其针对的是工业设施，其与 IFC 存在功能性的重叠，是由德国国家委员会（the German National Committee）于 2006 年提出并持续开发的，是一种新的 AP。

作为 DXF 的替代品，AP225 的使用几乎遍及整个欧洲（尤其是德国），很多 CAD 应用程序都支持它。IFC 在全球范围内的使用不是很普及但用户也在增长，大部分 BIM 设计工具都在不同程度上支持它。CIS/2 广泛用于北美钢结构制造业。AP241 是德国 STEP 委员会提出的一项方案，其完全符合 ISO-STEP 的格式并可为工厂及其部件开发产品数据模型，目前这种与 IFC 平行的工作正在推进中，一些重复性的研发受到争议。

不难看出，上述多个建筑产品数据模型具有重叠功能，所有这些数据模型都是用 EXPRESS 语言定义的，它们所代表的 AEC 信息各不相同，描述它们的方法也各有千秋。IFC 可以像 AP225 那样代表建筑物的几何形状，CIS/2 和 IFC 在钢结构的示意图设计中存在重叠，尽管存在这种重叠但相关的双方都有显著的独到之处。IFC 和 CIS/2 的协调工作由佐治亚理工学院（Georgia Institute of Technology）承担、AISC 资助，因此，在钢结构布局和设计方面两种产品数据模型的定义已调整为兼容，另外，他们还开发了一个支持通用交换工作流程的翻译器，这方面的详细信息可登录网站 http：//www. arch. gatech. edu/～aisc/cisifc/查询。

3. 3. 2 IAI 的组织体系

IFC 历史悠久，是 1994 年年末由欧特克（Autodesk）创建的一个行业联盟，其目的是根据公司的建议开发一系列可由 C＋＋支持的集成应用程序，有 12 家美国公司加入了这个联盟。该联盟最初的名称为互操作性行业联盟（the Industry Alliance For Interoperability)，1995 年 9 月成为所有相关方的联合体并于 1997 年更名为国际互操作联盟（the International Alliance for Interoperability)，这个重组后的新联盟为非营利性行业主导的国际组织，新联盟的目标是将 IFC 变成响应 AEC 建筑生命周期的中立的 AEC 产品数据模型。有关 IFC 的发展历史可登录 IAI 网站 http：//www. iai-international. org/About/History. html 了解。目前，IAI 在全球数十个国家拥有数十个部门和近千家企业成员，成为一个真正的国际合作体系，其所有的部门都可以参加区域委员会（Domain Committees)，其中每一个区域委员会都涉及 AEC 的一个技术领域，这些技术领域包括 AR（架构，Architecture)、BS（建筑服务，Building Services)、CM（施工，Construction)、CM1（采购物流，Procurement Logistics)、CM2（临时建筑，Temporary Construction)、CS（代码和标准，Codesand Standards)、ES（成本估算，Cost Estimating)、PM（项目管理，Project Management)、FM（设施管理，Facility Management)、SI（仿真，Simulation)、ST（结构工程，Structural Engineering)、XM（跨域，Cross Domain)。

通过参加一个区域委员会，所有成员都会对 IFC 中符合其利益的部分做出贡献，不同国家的部门会侧重于不同的领域。国际理事会执行委员会（the International Council Execu-

tive Committee）是IAI的总体领导机构，其由八名成员组成。北美分会（the North American Chapter）由华盛顿特区国家建筑科学研究所（the National Institute of Building Science，in Washington D. C.，NIBS）负责管理。

3.3.3 IFC的特征

开发IFC的目的是创建大量可用于AEC应用软件之间交换的建筑信息，这些信息具有数据一致性，它们借助ISO-STEP的EXPRESS语言和概念来定义，并对语言的使用有一些小的限制。虽然大多数ISO-STEP的努力方向均侧重于特定工程领域内的详细软件交换，但有人认为其会在建筑行业导致信息的碎片化并催生一系列不兼容的标准。因此，IFC被设计成了一个可扩展的框架模型（Framework Model），即它的初始开发人员设计提供广泛的对象和数据的一般定义，从中可定义支持特定工作流交换的更详细信息和特定任务的模型。IFC的设计旨在解决整个建筑生命周期中的所有建筑信息，从可行性和规划到设计（包括分析和模拟）、建造，再到交付和运营。IFC的版本信息可登录http：//www.iai-international.org/Model/IFC（ifcXML）Specs.html查阅。EXPRESS中的所有对象都称为实体。IFC实体底部是26组基本实体，可定义基础或重建构造，比如几何、拓扑、材质、测量、装饰、角色、演示和属性，这些对于所有类型的产品都是通用的，且与ISO-STEP资源基本一致，当然略有小的扩展。然后可利用AEC中常用的对象对组合基础实体进行定义，这些称为IFC模型中的共享对象，它包含建筑元素，比如通用墙、地板、结构元素、建筑物服务元素、处理元素、管理元素和通用特征。因为，IFC被定义为一个可扩展的数据模型且是面向对象的，所以可以通过子类型来制作任意数量的子实体以便对基础实体进行详细和专门化的阐述。IFC数据模型的顶层是特定于域的扩展，这些扩展涉及特定用途所需的不同特定实体，因此，有结构元素和结构分析扩展，也有建筑、电气、HVAC、建筑物控制元素的扩展。其系统体系结构图中的每个几何形状都标识了一组EXPRESS语言实体、数量和类型，因此，该体系结构在IFC模型中带有索引系统的功能，该系统也在EXPRESS中进行定义。IFC的模式非常庞大且仍在不断增长，以2.3版本为例，共有383个内核级实体、150个中间级共享实体以及114个特定于领域的顶级实体。IFC通常由一个对象和属性定义库组成，它可以用来表示建筑项目并支持为特定用途使用该建筑信息，其可包括建筑视图、机械系统视图、结构视图。IFC的对象或实体还可包括样本属性和其他属性。IFC的子类型可提供一个新类的定义（类似子继其父的属性），并通过添加新的属性使其不同于其父也不同于其他可能存在的“兄弟”类属性。IFC的超类（Superclasses）、子类（Subclasses）和继承行为（Inheritance Behavior）符合公认的面向对象分析原理。

鉴于IFC分层对象子类型结构，交换中使用的对象会嵌套在深度子实体树中，比如墙体在树上会有一个轨迹Ifc Root→Ifc Object Definition→Ifc Product→Ifc Element→Ifc Building Element→Ifc Wall。IFC子模板的系统架构中每个资源和子模式都有一个用于定义模型的实体结构，该结构由互操作性和域层指定，可根据http：//www.iai-international.org/Model/的IFC版本中的IAI国际IFC/ifcXML在线规范进行调整。HTM包括资源层（基础实体）、核心层、互操作层、域层（域），典型的构造涉及共享建筑、服务元素、建造、控制、水暖、消防、结构单元、结构分析、暖通空调、电气结构、建筑管理、设备管理、灰色的实体集合、非平台部分、共享组件单元、共享建筑单元、共享管理单元、共享设施单元、控制、延期产品、延期处理、延期核心材料、属性、工作时间、外部参考、

几何约束、几何模型、几何材料测量成本、尺寸介绍、定义介绍、组织介绍、时间介绍、系列约束、审批结构、轮廓属性等内容；配置文件、属性数量表示拓扑实用程序；树的每个级别向墙体引入不同的属性和关系；Ifc Root 分配全局 ID 和其他标识符信息；Ifc Object Definition 可选择地将墙放置为更多聚合程序集的一部分且还标识墙的组件（如果已定义的话）；Ifc Product 定义了墙的位置及其形状；Ifc Element 反映了这个元素与其他元素的关系，比如墙壁边界关系以及墙体分离的空间（包括外部空间），它还在墙内标注了各种开口并可选择通过门或窗进行填充，许多这些属性和关系是可选的，允许实施者从其例程中导出并排除一些信息。包括墙壁在内的产品可能具有多种形状表示，具体取决于其预期的用途。在 IFC 中，几乎所有对象都在由 Ifc Object Definition 定义的合成层次结构中，即它们都是构图的一部分并有自己的组件。IFC 也有一个通用的 Ifc Relation，它带有不同类型关系的子类型，其中一个是 Ifc Rel Connects，而 Ifc Rel Connects 又带有用于引用墙连接的子类型 Ifc Rel-Connects with Realizing。以上介绍可展示 IFC 模式的广泛性，所有 IFC 建模对象都遵循这种方法。

3.3.4 IFC的覆盖面

虽然 IFC 能够广泛反映建筑设计、工程和生产信息，但在 AEC 行业可能交换的信息范围很大。IFC 的覆盖范围会随每个版本和区域的限制而增加，以满足用户和开发人员的需求。所有应用程序定义的对象在转换为 IFC 模型时都由相关的对象类型和关联的几何图形、关系和属性组成，且在几何、关系和属性方面遇到的限制最多。除了组成建筑物的对象外，IFC 还包括表示构建建筑物活动的过程对象以及用于运行各种分析的输入和结果的分析属性。

1）几何。IFC 具有代表性相当广泛的几何形状方法，包括挤压由闭合连接的一组面（B-Reps）定义的实体，以及由形状树和并集相交操作定义的形状（构造实心几何）。其表面可以是由挤出形状（包括沿曲线挤出的形状）和 Bezier 表面定义的表面，这些实体和表面满足了大部分施工要求，IFC 忽略了可以在诸如 Rhino®、Form-Z®、Maya®、Digital Project 和某些宾利等设计应用程序中定义的多曲面构造的形状，比如 B 样条曲线和非均匀 B 样条曲线（NURBS）的应用，在这些情况下，具有这些表面的形状将被转换为缺少表面并可能发生其他错误，此时必须识别这些错误后再以某种其他方式管理几何体，或通过变更导出应用程序中的几何表示形式。在大多数应用程序中从 NURBS 曲面到网格的转换是自动进行的，且只有一种方法。IFC 几何设计可用于支持系统间简单参数模型的交换，比如墙体系统和挤压成型等，但很少有编译人员利用这些功能，这些功能的效果尚处于探索验证阶段。

2）关系。FC 的数据模型中应关注一些代表性 BIM 设计工具及其与翻译成的 IFC 对象之间的复杂关系。根据关系的特征可以将其抽象分类为分配、分解、关联、定义、连接等五大形式。分配的作用是处理异构对象和组之间的关系，或者为特定用途选择部件的部件，比如由特定交易安装的所有实体实例可以由分配关系引用。分解的作用是处理组件和分解的总体关系，以及组件及其部件的关系。关联的作用是将共享的项目信息（如外部设备规格）与模型实例相关联，比如一个可能是一个模型化的机械设备的例子，它与供应商目录中的规格相关联。定义的作用是处理对象的共享描述与该对象的各种实例之间的关系，比如对窗口类型和窗口的各种实例进行的描述。连接的作用是定义两个对象之间的一般拓扑关系，它是由

子类在功能上定义的，墙与墙壁、地板或天花板的“连接”。有很多 Ifc Relations 的子类涵盖了几乎所有需要的关系，没有遗漏现存的各种情况。

3）属性（Properties）。IFC 关注财产集合或 P 集合。其将这些属性集合一起用于定义材料、性能和上下文属性，如风、地质或天气数据。其对各种类型的建筑物：普通屋顶、墙壁、窗户玻璃、窗户、横梁、加强件等都有收集并成为 P 集合。此外，许多属性与不同材料的行为有关，如热材料、燃烧产物、机械性能、燃料、混凝土等。IFC 属性还包括成本、时间、载量、空间、消防安全、建筑物使用、现场使用等。当然也存在几种遗漏情况，其专用空间功能的性能也非常有限，如剧院之类的公共建筑安全或功能区划所需的性能。其测量属性缺乏宽容度，没有采用明确的方式来表示不确定性问题。在上述情况下可用选项来定义和描述用户定义的属性集，这些必须由用户协议管理。

4）元属性（Meta-properties）。IFC 的设计人员充分考虑了随着时间的推移使用信息以及处理信息管理所需的元数据问题。IFC 在解决信息所有权、识别、变更管理以及跟踪变更、控制和审批方面表现出色。IFC 具备为描述意图确定约束和目标的能力，用户会在不知情的情况下使用这些功能。

IFC 在详细的承包层面上建有完善的建筑物类，总体而言，其在制造以及制造所需的细节方面表现不是非常理想，比如它只能部分解决混凝土、金属焊缝及其规格、混凝土混合和表面光洁度的定义问题以及窗墙系统的制造细节，这样的详细程度既可在更详细的产品数据模型（如 CIS/2）中定义也可随后添加到 IFC 中。各种不同的描述汇集在一起反映某些设计应用程序中表示的信息，或被某个其他应用程序或存储库中的建筑应用程序接收。当然，这些局限性并不是其本身固有的，它反映了迄今为止用户的优先需求。如果需要通过扩展来处理前面所提到的制约问题，可通过阶段性的定期扩展过程来添加扩展。

3.3.5 IFC 的使用

在典型的数据交换中，源应用程序对要由接收应用程序使用的信息进行了建模。源应用程序为其编写了一个翻译器以用于从应用程序的本机数据结构中提取信息实例并将它们分配给适当的 IFC 实体类，然后将实体实例数据从 IFC 对象映射为（在这种情况下）由 ISO-STEPPart-21 定义的文本文件格式，然后该文件由其他应用程序接收并由接收应用程序的翻译器获得它所代表的 IFC 对象实例的条款，最后由接收应用程序中的翻译器将相关 IFC 对象写入其本机数据结构以供使用。

不同的 BIM 工具采用自己的专有数据结构来表示建筑物和其他设计信息，也表示一些显式存储属性和关系，而另一些则按需求计算它们，它们在内部使用不同的几何表示方式，因此，两个建筑建模工具都可以拥有完美的 IFC 翻译器来输出和输入数据，但可以交换的有用数据仍然非常少。翻译器的功能和对象覆盖面应该在翻译器的文档中定义，由于这些原因，目前 IFC 模型交换需要进行细致的初始测试，以确定交换应用程序所携带的信息。

1）IFC 的伙伴。许多公司都为 IFC 模型开发有形状、几何以及属性查看器，其中大多数可免费下载，常见的可用的 IFC 几何和属性查看器包括以下 6 种，即 DDS Ifc Viewer，可登录 http：//www. dds. no 免费获得；Ifc Storey View，可登录 http：//www. iai. fzk. de/ifc 免费获得；IFC Engine Viewer，可登录 http：//www. ifcviewer. com 免费获得；IS-PRASIFC/VRML Converter，可登录 http：//www. ispras. ru/～step 免费获得；Octaga Modeler，可登录 http：//www. octaga. com 付费（commercial）获得；Solibri Model

Viewer™，可登录 http：//www. solibri. com/免费获得。两种应用程序之间最常见 IFC 交换类型涉及资源应用、接收应用、出口、翻译器、进口、数据、结构体、P-21 格式、IFC 格式、产品型号、视图、数据交换等问题。一些查看器可显示选定对象的属性并提供打开和关闭实体集的方法。IFC 查看器可用于调试 IFC 翻译器并验证翻译的数据。

2）IFC 的立场。由于 IFC 中的对象采用变量表示，更精确地定义 IFC 子集的工作正在不断地并行推进。在上述两种情况下，数据交换都是根据特定的任务和工作流程来规定的。美国国家建筑信息管理标准（NBIMS，the National BIM Standard）由设施信息委员会（the Facilities Information Council）编制，设施信息委员会由美国国家建筑信息理事会和美国政府采购和设施管理组织联合组建，该委员会受美国国防部和国家建筑科学研究所（NIBS，the National Institute of Building Sciences）管理。欧洲的相关工作由挪威牵头，已编制出了信息传递手册（IDM，Information Delivery Manual）。美欧的工作目标都针对指定 IFC 视图的特定的 IFC 子集，以便在特定的工作流程中用于交换，美欧这两个组织都借助 IAI 通过的 building SMART™名称来推广 IFC。

在美国，IFC Views 的发展和实施计划旨在对建筑行业内不同的业务领域进行鼓励以确定数据交换方式，如果实现自动化则会获得高价值的收益，这些由 AEC 业务领域在功能级别上给予指定。假设相关的建筑协会（比如美国建筑师协会、相关总承包商、预制混凝土研究所、波特兰水泥协会、美国钢结构协会）和其他机构将作为业务领域的代表，其一旦被指定，则其业务领域将与 NIBS building SMART®组织合作，信息技术专家指定要交换的 IFC 视图将会获得资助，进而制定出相应的功能规范，最后，NIBS-building SMART® 和 AEC 域将与 BIM 软件工具开发人员合作开发与推进 View 翻译器建设，并开展相关的认证工作。当实施这些特定的基于工作流程的翻译器时，他们将根据 P-21 文件或数据库查询确认纳入的翻译器，一些信息不断为单向传递数据集而定义，另一些信息则不断按预期的设定进行多次迭代交换以允许设计的交互式性能得以改进，比如设计和分析工具之间可能需要的交互式交换。这些视图在获得认证后将大大增加 IFC 交易所的稳健性，并消除目前要求的预先测试和交换的规定。

可通过一个精细化的工作流程交换的示例展示一下建筑设计师和结构工程师之间的交流过程，共有六个信息交换，其中包括三个迭代交换。首先布置概念性结构系统；然后结构工程师进行迭代分析，应根据工程师对项目的了解给出一个好的设计；接着设计师与结构工程师之间通过交流协调构造以及其他建筑系统以反映设计意图。其间，结构工程师可选择两个应用程序，一个是结构设计应用程序，比如 Revit® Structures，Bentley Structures 或 Tekla Structures，另一个是结构分析应用程序，在很多情况下两者会通过应用程序的 API 直接集成。当然，覆盖所有相关的 AEC 域名交易地址需要定义数百个工作流程，且每个工作流程都有不同的意图和数据。建筑设计师和结构工程师之间的工作流程涉及建筑设计、研发、获得建筑物要求、设计、定义/编辑、结构设计、申请设计信息、候选建筑设计、候选结构设计、修订建筑设计、提交结构分析、返回分析结果等，可在同一软件中完成传输任务。

3）IFC 的倡议。目前，世界各地都在为应用 IFC 做出巨大努力。比如 CORENET 由新加坡建筑局与其他公共和私人组织合作推动，其对重建建筑行业的业务流程进行重新设计以整合建筑项目生命周期的主要流程，包括主要基础设施支持、支持电子提交和记录、检查和审批流程、处理提交资料的沟通方法、文书工作、审核记录以及文件和培训。澳大利亚的工作方式与新加坡相似，其项目名称为 Design Check™。美国国际规范委员会制订的一个计划与CORENET不同，其项目名称为SMART codes。挪威政府和建筑业正在共同努力改变建筑行业，包括楼宇控制（自动代码检查）、规划（电子提交建筑计划）以及设计、采购、建造和设施管理的整合，他们的项目名称为Building Smart®，其正在对两种不同的并行工作进行协调，并预计会对挪威建筑业的效率、生产力和质量产生重大影响。美国政府总务管理局也针对各种应用开展了一系列的BIM示范项目，许多项目依靠基于IFC的交流，相关的工作表明，所有的GSA建筑项目都可利用BIM设计工具和使用IFC格式的导出模型以支持根据特定项目的程序化空间要求检查初步概念设计，为了推进这些工作，正在探索其他领域的授权应用。芬兰、丹麦、德国、韩国、日本、中国和其他一些国家也在为此做着自己的努力。

3.3.6 IFC使用的相关影响

随着IFC的数据模型被各个政府组织采用进行代码检查和设计审查（如GSA和新加坡），它将对建筑和承包商的工作产生越来越强烈的影响，这种影响反过来又会影响用户和BIM设计工具开发人员。在传统的工程实践中完成一套合同图纸通常都会在最后一版图纸中强调相关的要求和必须执行的条款，在用于代码检查和设计审查的建筑模型创建和定义中，这种条款执行的要求和严谨性会得到进一步加强，比如要求根据ANSI-BOMA空间计算方法计算，这种对设计早期严格要求的例子是GSA根据建筑计划提出的要求，包括检查与计算建筑面积，为了确保此类规定的执行，建筑模型必须提供以下两方面信息：所有房间和空间都必须以符合空间计划的方式加贴标签；所有空间的三维边界必须由它们的边界表面来定义并以允许的面积和体积计算方式关闭，如果BIM设计工具不能自动计算和维持空间体积和面积的一致性，则用户必须创建并维护它们以使其符合ANSI-BOMA面积计算方法中规定的方式，最终的面积计算应通过申请由审查者确认以保证工程能以一致的方式进行。这些要求表明，后续的相关公司必须认真准备并可预先检查他们的模型结构以确保其模型能适合自动审查要求，可以通过已经存在的程序检查GSA-BIM的使用情况，例如，可以运行一个检查程序将所有空间标记为封闭空间，并使用适当的代码定义其预期功能。首先，应对概念设计阶段的模型进行设计审查，这些模型不包括材料、硬件或细节，甚至审查可以忽略这些建筑模型信息；其次，应针对其他程序性问题进行更详细的测试使其形式更适用于详细设计；最后，形成完整的构建级模型。目前，大多数建筑模型都没有将3D设计引入内部装饰表达，而是使用2D来表示这些局部的细节，这种做法必须与预期的模型和其他用途审查以及预期结果的准确性相协调。这种严谨性也适用于设计与分析应用程序的接口以及BIM工具与制造级别工具之间的接口。在建筑信息模型的定义中应特别关注其更广泛的含义，因为这些信息将被其他应用程序使用。目前为设计审查或渲染而开发的草图模型通常会与将来用于分析和设计审查的严格制作的建筑模型之间存在很大差异。

3.3.7 IFC的未来发展

IFC是目前唯一的公共、非专利和较完善的建筑模型和建筑数据模型，事实上已成为世界各地的标准并正在被世界各地不同的政府和机构正式采用，它在公共部门和私营部门都受到追捧，且用途越来越多，在由AIA建筑工程知识领域技术部管理（the Technology in Architectural Practice Knowledge Community）的BIM奖励计划中1/5的项目使用了IFC，尽管这些奖励计划旨在为IFC使用提供最佳的范例，但其也间接地充分展示了IFC的使用已

被广泛接受。

IFC的数据模型标准一直在不断发展完善中，反映其功能扩展的新版本每两年发布一次。新版本的建设通常分两个阶段进行，首先，各种专门领域的团队围绕专门问题或目标用途进行组装，比如结构分析或钢筋混凝土结构，每个小组都仔细地生成一组要求，其次，IFC的候选扩展由建模专家生成并给出，随后应由其参与者投票表决通过并批准，最后，应收集两年周期内完成的不同扩展情况并由模型支持组（MSG，the Model Support Group）按逻辑方式进行集成以便为下一个版本提供一致的扩展。新的IFC版本应被记录并分布，还应与AEC软件一起接受公司的审查，AEC软件公司随后会开发出IFC模型扩展的翻译器实现这些功能，最后还应对其进行认证测试。最近的认证结果会在IFC发布中体现，IFC实体的一些子集会被正确地读取和/或书写，且这些能力也会被记录。

目前，building SMART® 正在美国国家BIM标准（the National BIM Standard）和欧洲标准中被不断开发以便能支持各种特定交易的IFCViews，目前的IFC翻译人员通常缺乏数据判别所需的可靠性，因而，无须进行大量的预先测试工作。随着IFC视图的定义和实施，这些制约因素应该会逐渐减少。IFC和NBIMS目前正在试图依托最少的资金和大量的志愿者的努力得以完善，其支持的强度可能成为这一重要技术获得广泛使用的致命弱点。

3.4 XML模式

另一种交换数据的方式是通过XML。XML是HTML的扩展，HTML是用于通过Web发送信息的语言。HTML有一组固定的标签（一个标签代表了接下来的数据类型），其专注于演示领域，包括不同类型的媒体和其他类型的固定格式Web数据。XML通过提供用户定义的标签来扩展HTML，并为数据传输规定一个预期的含义，属于允许用户定义的模式。XML在Web应用程序之间交换信息非常流行，比如其支持电子商务交易或收集数据。

自定义标签的定义有很多方法，其中包括文档类型声明（DTD，Document Type Declarations）。DTD已经被用于数学公式、矢量图形和业务流程等的开发。也可采用其他方法定义XML模式，这些方法包括XML Schema（即XML模式，可登录http：//www. w3. org/XML/Schema查询）、RDF（资源描述框架，Resource Description Framework，可登录http：//www. w3. org/RDF/查询）、OWL Web本体语言（OWL Web Ontology Language，可登录http：//www. w3. org/TR/查询）。相关的研究机构正在继续围绕XML和更强大的模式开发更强大的工具，这些工具基于称为本体的精确语义定义，但迄今为止这些更高级的方法的实际应用仍存在一些制约因素。

利用当前可用的模式定义语言，AEC领域已经开发了一些有效的XML模式和处理方法。AEC领域的XML模式主要有OGC（Open Geospatial Consortium）、gbXML（Green Building XML）、aecXML。OGC由OpenGIS® Geographic Objects（GO）Implementation Specification开发，它定义了一组用于描述、管理、渲染和操作应用程序编程环境中的公开的几何和地理对象，是与语言无关的抽象模式。绿色建筑XML（gbXML）是一种为建筑过程、施工区域和机械设备模拟结果进行初步能量分析传输所需信息而开发的模式。aecXML由FIATECH管理，FIATECH是支持AEC和IAI研究的主要建筑业财团，它可以用来表达合同和项目文件、属性（Attributes）、材料和部件（Materials and Parts）、产品（Products)、设备（Equipment)、元数据（Meta Data)，合同和项目文件包括征求建议书（RFP, Request For Proposal)、报价申请（RFQ, Request For Quotation)、信息申请（RFI, Request For Information)、规范（Specifications)、增编（Addenda)、变更单（Change Orders)、合同（Contracts)、采购订单（Purchase Orders）等，元数据包括组织（Organizations)、专业人士（Professionals)、参与者（Participants）或其他。AGC（联合总承包商，The Associated General Contractors）致力于 agcXML 的开发，并将其作为其建筑业务流程的模式。

这些不同的 XML 模式中的每一个都定义有它自己的实体、属性和关系，使其能够很好地支持一群协作公司的工作，这些协作公司采用一个模式并围绕它开发应用程序。但每个 XML 模式都不相同且不兼容。IFC XML 提供了一个能全局映射到 IFC 建筑数据模型的模式并可交叉引用。OGC-GIS 模式正在努力实现与 IFC 的协调。XML 格式会比 IFC 明文文件占用更多空间（是 IFC 所占空间的 2～6 倍)，使各种 XML 模式之间实现等价映射并使数据模型表示协调一致，这是一个长期的工作目标，其典型事例是美国的铁路系统可在全美迅速建立起轨道，每个轨道都有自己的轨迹，他们在自己的领域内工作得很好但却无法联系起来。

3.5　可移植的基于 Web 的 DWF 和 PDF 格式

有两种广泛可用的格式是 Adobe® 开发的 3D PDF（可移植文档格式，Portable Document Format）和 Autodesk® 开发的 DWF（设计 Web 格式，Design Web Format)，这两种格式都支持“发布”信息工作流程，但均没有解决 IFC 支持的互操作性问题以及 XML 模式交流，比如提案、项目、设计、评估、调度和构建。它们载有建筑物及其部件的描述和规格，但不采用几何形状或分析方式对其进行建模。

IFC XML 是映射到 XML 的 IFC 模式的一个子集，其由 IAI 支持，它也依赖 XML Schema 进行映射，它目前支持以下应用，比如材料目录、工程量清单、添加用户设计数量，当然也包括计划支持以外的用途。BLIS-XML 是 IFC Release 的一个子集，仅用于支持少量的应用，其开发目的是使用 IFC 实用和高效的版本，BLIS-XML 将 BLIS 模式与 Secom Co. Ltd. 开发的模式转换器（A Schema Converter）结合使用。

前面已经介绍过 AEC 领域的 XML 模式，这些 Web 格式为设计和工程专业人员提供了一种通过标记和查询功能发布建筑信息模型进行审查和查看的方法，但其不能启用对模型信息的修改，这些格式的广泛应用可能会使它们在交换和查看项目信息方面发挥重要作用，这些格式的一些特性可简要概括为以下五个方面。

1）通用的、非特定领域的和可扩展的模式。这些格式没有特定于专业领域的模式，而是具有普通类实体的模式，从几何多边形形状和实体到标记对象和工作表对象。这些格式旨在满足工程和设计领域的广泛需求，包括制造业和 AEC 行业。PDF 最初设计用于交换基于文本的文档，并将格式扩展为包括对 U3D（通用 3D, Universal 3D）元素的支持。DWF 模式专为交换智能设计数据而设计，是基于 XPS（XML 文件规范，XML Paper Specification）格式和扩展的 Microsoft 的 XML（Microsoft's XML)，其允许任何人添加对象、类、视图和行为。当然，PDF 是 ISO 标准，但 DWF 和 3D PDF 扩展格式则都不是 ISO 标准。

2）项目信息的嵌入视图。两种格式均表示模型数据和该数据的视图。数据视图包括 2D 绘图视图、3D 模型视图或栅格图像视图。2D 和 3D 模型的表示是完全可导航的，具有可选择性并支持查询。它们均包括对象元数据，但对象参数不可编辑。

3）广泛可用的查看工具。这两种格式均可按免费的公开可用的查看器发布。

4）高保真度、高精度和高准确性。这两种格式均为高精度和高准确性绘图功能打印而设计。

5）高度可压缩性。两种格式都针对可移植性进行了优化，并且具有高度可压缩性。但IFC和许多其他的XML格式或3D格式都没有。

3.6 文件交换与建筑模型库

基于IFC的数据交换和基于XML的电子商务交换已在生产过程的文件交换中使用。但使用不久人们就发现管理数据的版本、更新和变更与日益复杂的异构应用程序相关的数据管理会使数据管理工作步履维艰，由此出现的各种问题最好由存储库解决，包括支持读取和写入项目数据的多个并发应用程序之间的交换，即工作流程不是线性的；传播和管理影响多个应用程序数据集的变更；当有多个创作应用程序必须合并以供以后使用；支持多个应用程序用户之间进行非常频繁或实时的协调。与解决这些类型问题相关的技术以及实现应用程序组合之间数据平滑交换的是建筑模型库。建筑模型库是一个数据库系统，其模式基于已发布的基于对象的格式，它与现有的项目数据管理（PDM，Project Data Management）系统和基于网络的项目管理系统不同，因PDM系统是基于文件的且带有CAD和分析包项目文件。构建模型库是基于对象的，其允许从潜在的异构应用程序集中查询、传输、更新和管理各个项目对象。唯一符合各种级别建筑物对象的模式是IFC，当然个别应用程序也可以采用CIS/2和AP225。欧美发达国家许多公司都使用IFC开发出了建筑模型库。

目前的建筑模型存储库可采用以下五类，即Jotne EDM模型服务器、LKSoft IDA STEP数据库、Euro STEP模型服务器、Euro STEP SABLE服务器、Oracle协作式建筑信息管理。

IFC存储库可支持多个应用程序生成的数据集成以用于其他应用程序，还支持对部分设计进行迭代，并可跟踪对象级别的变更。其可提供访问控制、版本管理和各种级别的设计历史记录，并可将代表建筑物的各种几何材料和性能数据相关联。虽然其目前仅具备基本功能，但持续的开发会为构建模型存储库提供一系列有效的服务。IFC存储库的一些早期的支持软件包括查看器（用于检查建筑模型库中的几何和属性数据）、检查产品数据模型库（可检查逻辑正确性，构建有拼写和语法检查系统，用于构建程序检查或构建代码检查）。存储库未来会提供的重要服务领域包括为多种分析准备数据集（比如建筑外壳的能量分析、内部能源分配和机械设备模拟）、物料清单和采购跟踪、施工管理、建筑调试、设施管理和运营等。实际上，每个设计参与者和应用程序都无法将建筑设计和施工进行完整表达，每个参与者仅关注建筑信息模型的一个子集，这个子集被定义为建筑模型的特定视图。同样，其协调功能也不具有普遍适用性，只有少数用户才需要了解混凝土或焊接规范内的加固布局。因此，对是否需要单个集成数据库，或者多个联合数据库是否可以在分散模型之间提供有限的特定一致性检查仍然是一个悬而未决的问题。

以适当格式存储所需数据以归档和重新创建各种BIM创作工具所需的原生项目文件会存在许多问题并使这项工作更加复杂，除个别情况外，存储库携带的中性格式数据通常不足以重新创建应用程序使用的本机数据格式，因此，目前只能根据本地应用程序数据集本身重

新创建，这归因于参数化建模设计工具中内置基本功能的异质性，因此，任何中性格式交换信息（比如 IFC 模型数据）都必须由 BIM 创作工具生成的本地项目文件扩充或关联。虽然管理未来的项目数据（特别是大型项目数据）似乎属于建设模型库，但为了有效利用数据仍然有许多问题需要解决。

其他行业已经认识到产品模型服务器需求的重要性。他们在最大的行业构建起了一个主要行业涉及产品生命周期管理（Product Lifecycle Management，PLM）的模型服务器，涉及电子产品、制造业和航空航天业。这些系统通常是为单个公司定制设计的，其通常涉及一系列工具的系统集成问题，包括产品模型管理、库存管理、物料管理、资源跟踪和调度等。他们依靠支持一些专有原生格式之一的模型数据可能通过基于 ISO-STEP 的交换来增强功能，当然，这些只渗透到了最大的企业，因为目前的 PLM 业务模型是基于系统集成服务的，没有可用的即用型产品可以支持主导建筑行业公司结构的中小型组织，因此，无论是建筑业还是制造业，中小型工业都在期待 PLM 系统，因为这些系统可以轻松地使各种用途得以量身定制。

一些不同的流行交换格式以及它们在几何形状、建模方面的功能可反映用户目前的状况和相关问题，整体的互操作性问题尚未解决，有人认为 IFC 和公共标准是唯一的解决方案，而另一些人则认为公共标准解决未决问题的过程太慢，专有解决方案可能更可取。目前，以上问题都发生了重大变化，所有 BIM 设计工具现在都能够很好地支持 IFC，从而可以进行基本的交换且具有足够的完整性和准确性，其只有几个交易信息允许编辑，而大多数只有静态观看。使用 IFC 进行分析的界面有一个小功能且目前已经可用，各种 XML 模式正在用于各种不同的业务交换过程。另外，DWF 和 PDF 等格式可能会变得更加丰富并支持交换和查看。由于两者都具有 XML 功能，因此，用户希望看到两种方法并排存在，但倡导使用和决策购买过程中用户始终是这一决定的参与者，用户和业主的愿望会决定其最终结局。

第 4 章　BIM 与业主和设备运营商的关系

业主可以方便地通过使用 BIM 流程和工具获得质量更高和性能更好的建筑物，从而实现项目的重大效益，BIM 促进了项目参与者之间的协作、减少了错误和现场变更并可形成更高效、可靠的交付流程从而缩短项目时间和成本。BIM 贡献表现在很多潜在的领域，业主可以使用 BIM 来完成以下六方面的工作：①通过基于 BIM 的能源设计和分析提高建筑价值进而提高建筑的整体性能；②通过使用建筑模型来协调和预制设计、减少现场劳动时间、缩短从项目批准到完成的时间跨度；③通过从建筑模型中自动提取工程量来获得可靠和准确的成本估算结果，在对决策影响最大的项目早期提供反馈信息；④根据业主和当地法规要求对建筑模型进行持续分析来确保项目符合要求；⑤通过缩短采购决策和实际施工之间的时间满足生产市场准备设施的要求，允许选择最新技术或方式完成工作；⑥通过使用建造的建筑信息模型作为房间、空间和设备的数据库以优化设施管理和维护。以上这些好处适用于所有类型的建筑业主，包括小型和大型建筑、连续或一次性建筑、私人或公共建筑。很多业主尚未认识到与 BIM 相关的所有好处，也没有使用 BIM 的所有工具和流程。充分实施 BIM 会导致交付过程发生重大变化，对服务提供商和项目方法的选择大有裨益。目前，欧美发达国家的业主已经改变了合同语言的撰写方式使其能够满足规范和项目要求，从而尽可能地将 BIM 流程和技术的使用纳入其项目中，对 BIM 工作进行了投资的业主通过提供更高价值的设施和降低运营成本可在市场中获得优势，伴随着这些变化，一些业主会推动和支持 BIM 教育和研究并积极引导 BIM 工具在他们的项目中得以实施。

4.1　业主关注 BIM 的意义

精细流程和数字建模已经为制造业和航空航天业带来了革命性的变化，最早采用这些生产工艺和工具的业主已经获得了制造效率和商业成功，如丰田（Toyota）和波音（Boeing）。未采用者为了适应竞争要求被迫迎头赶上，虽然他们可能不会遇到早期采用者遇到的技术障碍，但他们仍然会面临工作流程的重大变化。目前的 AEC 行业也面临着类似的革命，也需要流程变革以及从基于 2D 的文档和分阶段交付流程向数字原型和协作工作流的范式转变。BIM 的基础是一个协调且信息丰富的建筑模型，其具有虚拟原型，并能分析虚拟构建项目的功能。通过这些工具可提高设计信息与业务流程（比如估算、销售预测和运营）关联的能力并大大提高当今 CAD 的功能。使用基于绘图的流程时必须独立地对建筑设计信息进行分析，通常需要重复多次，工作过程无趣乏味，数据输入容易出错，其结果是导致信息资产在各个阶段的价值受到损失并增加生产项目信息方面的工作量，因此，这种分析可能会导致与设计信息不同步且可能会导致错误。

业主可以通过基于BIM流程改进的设计流程获得更高的投资回报从而提高项目信息在每个阶段的价值并减少获得该信息所需的工作量，同时，业主可以在项目质量、成本以及未来对设施的改造中获得收益。业主可借助BIM来管理项目风险、提高项目质量并为其业务创造价值。设施经理通过使用BIM可更好地管理他们的设施。业主是启动和资助建设项目的组织者，他们通过选择服务提供商以及预定的交付流程类型在设施交付流程中制定战略决策，这些最终会控制和决定BIM在项目中的范围和有效性。各种类型的建筑业主和设施经理均有其特定的BIM应用范围，不同的应用程序可以解决不同类型业主的问题，比如业主运营商与业主开发商、分阶段建设还是一次性建设、私人与政府的沟通、本地与全球的差异等。不同的项目交付方法会影响各种BIM应用程序的实施，协作交付流程是在项目中成功应用BIM的最佳途径。

业主应选择更适合或更好的BIM工具，目前提供的大多数BIM工具都是针对服务提供商的，比如建筑师、工程师、承包商和制造商，它们并不是专门针对业主的。因此，业主应该合理选择工具，业主应确立在BIM的合适地位和视角以及详细的工作范围和程度。业主在建筑行业扮演着重要的教育和领导角色，业主在其项目中实施BIM应用程序可采用不同的方式，包括服务提供商的预认证、教育和培训研讨会、合同要求以及改变其内部流程等。业主应关注与审视BIM实施相关的风险以及流程和技术障碍，制定成功实施BIM的指导方针。

4.2　BIM中业主的应用领域

传统意义上的业主并不是建筑行业内的变革推动者，他们长期以来一直关注典型的建设项目问题，比如成本超支、工期延误和质量问题，有时甚至不得不引咎辞职。与生命周期成本或随着时间推移而产生的其他运营成本比，许多业主将建设视为相对较小的资本支出，然而，不断变化的现代市场条件迫使业主重新思考他们的传统观点，并更加重视建筑交付过程及其对业务的影响。

向业主提供服务的公司（AEC专业人员）通常会指出业主的问题，业主也会经常要求进行变更，这些最终会影响设计质量、施工成本和时间。由于BIM可能对这些问题产生巨大的潜在影响，因此业主可以从中受益。所以，各类业主必须了解BIM应用如何具备竞争优势，并使其组织能够更好地响应市场需求进而获得更好的资本投资回报。当服务提供商领导BIM实施时，在发现自身竞争优势的情况下，受过教育的业主可以更好地利用其设计和施工团队的专业知识和专业技能。

应激励各类业主采用BIM技术的驱动程序，使其了解当前可用的不同类型的BIM应用程序，这些驱动程序主要解决下列七个方面问题：成本可靠性和管理、交付时间、基础设施和市场日益复杂、可持续发展、劳动力短缺、语言障碍、资产管理等。应要求从业主的角度审查BIM的功能以及与这些功能相关的各种利益，合理引用各种应用程序，关注相关的案例研究成果。

4.2.1　成本可靠性和管理

业主常常会面临成本超支或意外超支成本问题，因此他们的造价工程师（Value Engineer）不得不做出超出预算决定或取消项目。欧美发达国家进行的大量业主调查表明，超过

三分之二的业主均存在超支问题。为了降低超支和估算不准确的风险，业主和服务提供商通常会增加应急预算或为了应对施工过程中的不确定性问题而预留预算。业主及其服务提供商应合理预估各种意外事故的范围，根据项目阶段的不同，一些典型意外事故的发生概率在5%～50%之间。不可靠的估算会使业主面临重大风险并可能人为地增加所有项目的成本。

成本估算的可靠性受多种因素影响，包括随时间变化的市场条件、估算与执行之间的时间差、设计变更以及质量问题等。BIM的精益和可计算的性质可为业主提供更可靠的资源来进行工程量的推算和估算，且还可更快地提供设计变更成本的反馈，这一点非常重要，因为概念设计和早期的可行性设计对成本的影响力最高。估计人员与项目参与者之间的交流时间不足（特别是业主和估算者之间的交流不足）、文档缺陷、通信故障是造成估计偏差的主要原因。

业主可以使用BIM应用程序管理成本，其优点可体现在以下两个方面，即在早期的概念设计阶段BIM估算过程中即可获得更可靠的估算结果，估算时使用概念性建筑信息模型进行；BIM中包含具有历史成本信息、生产力信息和其他估算信息的组件可以为业主提供与各种设计方案相关的快速反馈，准确的估计在项目早期非常有价值，特别是在评估项目的预测现金流量和采购融资方面。整体项目成本对项目生命周期具有显著影响，目前BIM的使用通常仅限于设计和工程的后期阶段或建筑设计的早期阶段，早期在设计过程中使用BIM将对成本产生较大影响，提高总体成本可靠性是采用基于BIM的成本估算方法的关键优势。业主通常会增加项目不同阶段的估算并兼顾意外事故和可靠性的上限和下限，还会考虑潜在的目标以及基于BIM估算的相关可靠性优化问题。

使用BIM算量启动工具可以更快、更详细、更准确地进行工程估算，业主和估算人员都在努力应对设计和需求变化，并了解这些变化对整体项目预算和估算的影响。项目团队将设计模型与估算流程联系起来可以加快计算速度、优化整体估算流程，还可对建议的设计变更获得更快的反馈，比如业主可以自动获得准确的数量然后梳理和验证设计师和分包商的工程估值。在设计初期用BIM进行估算获得估计值可比人工方法减少92%的时间，而人工和基于BIM的过程之间的估价偏差不超过1%。基于BIM的估算的可靠性和准确性，业主能够在其预算中预留较低的意外事故费用。当然，业主必须认识到，基于BIM的施工组织和估算只是整个估算过程的第一步，它并没有彻底解决遗漏问题，此外，BIM提供的组件的更精确的推导工作没有考虑具体的场地条件或设施的复杂性，这通常取决于估算量时采用的专业知识。

4.2.2　与交付时间相关的进度管理

进度管理（Schedule Management）非常重要。交付时间（Time to Market）会影响所有行业，其也往往是设施建设的一个瓶颈问题。机械制造领域通常具有明确的交付时间要求，公司必须探索能使他们更快、更好、更便宜地交付设施的方法和技术，通过使用创新的BIM流程有助于提前完成项目，该流程可为业主及其项目团队提供自动化设计服务并会成为模拟操作和异地制造的工具，这些创新最初只针对制造或加工设施领域，目前其可用于一般商业设施行业及其服务提供商，这些创新为业主提供了各种BIM应用流程以满足对交付时间的要求，具体体现在以下四个方面。

1）通过使用参数化模型可以缩短交付时间，建筑周期长会增加市场风险，在经济良好时期融资的项目可能会在经济低迷时期进入市场，这样就会极大地影响项目的投资回报率

(Return On Investment，ROI)。BIM 流程可以大大缩短项目从项目审批到设施完成的持续时间，比如基于 BIM 的设计和预制。BIM 模型的组件参数性质可使得设计变更变得更加简单且能自动更新文档，其可以在项目早期支持快速场景规划，这种类型的 BIM 应用程序允许业主更好地响应市场趋势或贴近施工的业务任务，并可通过与设计团队合作调整项目需求。

2）通过 3D 协调和预制可降低计划持续时间。各种业主支付工程延期或冗长项目的费用包括贷款利息支付、延迟租金收入或其他销售货物或产品的收入。应用 BIM 支持协调和预制可提高现场生产力、减少现场工作量并提高整个施工进度，从而为业主准时交货。

3）使用基于 BIM 的计划可降低计划的相关风险。各种计划通常会受到包括高风险、依赖性、组织成员多、活动序列复杂对工程的影响，这些经常发生在诸如改造现有设施的项目中，其中施工必须与正在进行的作业相协调，比如，代表业主的建筑经理使用 4D 模型向医院工作人员公布时间表并减轻施工对医院业务的影响。

4）利用 4D 协调的 BIM 模型快速响应无法预见的现场条件。业主及其服务提供商经常会遇到无法预料的情况，即使是最好的数字模型也无法预见。使用数字模型的团队往往能够更好地应对不可预见的情况并按时反馈。比如，一个零售项目预定在春节前为假日购物季节开放，项目进行三个月后不可预见的情况迫使项目停工三个月，承包商可使用 4D 模型来帮助恢复计划并准时开放设施。

4.2.3 建设基础设施和建筑环境的复杂性

现代建筑和设施在物理基础设施以及用于营造它们时涉及的组织、财务和法律结构方面的问题都很复杂。复杂的建筑法规、法定的要求和责任问题，现在在各种建筑市场上司空见惯，它们往往成为项目团队工作的瓶颈或重大障碍。通常情况下，业主必须同时协调设计和审批工作。另外，建设项目的基础设施日益复杂，传统的 MEP 系统正在与数据/电信、建筑传感器或仪表以及某些情况下的复杂制造设备或电气设备集成。BIM 工具和流程可以支持业主通过以下四种方式协调日益复杂的建筑基础设施和监管流程。

1）通过完全集成的 MEP 构成建筑和结构系统的 3D 模型来协调基础设施。建筑信息模型能够跨越所有学科对建筑物的基础设施进行虚拟协调，设施的业主可以包括其维护和运营人员自己的代表以便完成模型的输入和审查工作，这样，由于设计风险而导致的返工可能会被避免，业主应与施工团队合作时可使用数字 3D 模型协调 MEP 系统。

2）通过对协调模型进行交互式审查可营造质量更高和可维护的基础设施。许多业主需要超越典型的 MEP 协调机制以确保 MEP、数据/电信和设备的可访问性和可维护性，这对于那些严重依赖这些系统的公司尤其重要，比如生物技术公司，这些公司需要可靠的全天候服务。模型的交互式审查允许业主虚拟访问和模拟维护程序。

3）通过基于 BIM 的自动代码检查可检查代码是否符合要求。通常，业主及其设计团队必须与各种司法领域人员一起工作以确保其设施符合设计、性能和工作场所安全法规要求。监管人员在确保设计和施工过程中的合规性和一致性方面也面临着挑战。建筑信息模型的潜在好处是能够通过自动分析和检查程序检查模型和代码的合规性，新加坡政府和建筑业在十年前就已经实施了名为 CORENET 的电子审批流程。建筑模型的使用可以通过给监管机构提供的更好的工具来分析设施设计以解决审查中的各种瓶颈问题。BIM 的功能超越了基本代码的约束，当然其检查效果仍然需要验证后才能供法定机构采用。

4）通过协作创建和签署建筑信息模型来防止诉讼。目前许多项目通过诉讼来解决因变更而导致的付款问题，这些问题包括设计师执行了业主要求的变更、业主认为设计师没有达到合同要求、承包商争辩工作范围、项目文件信息缺乏或不准确等。以建筑模型为中心的管理过程可以减少上述情况的发生，其仅仅对创建模型所需的准确度和分辨率级别给出要求，合作创建模型的工作往往会使项目的参与者之间更好地分清责任。

4.2.4 可持续性问题

绿色建筑的发展趋势正在引导许多业主考虑其设施的能源效率以及项目的整体环境影响问题。可持续建筑已成为良好的商业惯例，其可以带来更大的商机。由于进行能量或其他环境分析所需的对象信息非常丰富，建筑模型比传统的2D模型具备许多优点，其BIM分析工具也极有特色，从业主的角度看BIM流程具有以下两方面优势。

通过能源分析可以降低能耗。欧美发达国家的调查结果表明，平均而言，每平方米的年运营成本能耗为15～20美元，对于一个5千平方米的设施，其运营成本每年可达75～10万美元，投资建筑节能等建筑系统（比如增强绝热）可将能耗降低10%，因此，该设施每年可节省8～10万美元营业成本，预计投资额为5万美元的盈亏平衡点将在运营的第六年发生。进行此类评估时的挑战在于计算任何特定设计可实现的实际能耗降低，业主可采用许多工具评估节能投资的收益和回报，包括生命周期分析等。虽然这些分析工具并不一定需要使用建筑信息模型进行输入，但模型可以极大地方便它们的使用。欧美发达国家使用BIM工具集成的各种节能分析非常普遍。

使用模型创建和模拟工具可提高运营效率。可持续设计并极大地影响整体工作场所的生产力。以欧美发达国家为例，92%的运营成本是花费在工作人员身上的，研究表明，零售和办公室的日常照明可提高生产率并减少人员缺勤问题。与项目成本和总体项目需求相比，BIM技术可为业主提供所需的工具，通过这些工具可为采光使用、减少眩光、太阳能热利用方案的评估提供适当的帮助，通过不同的情景比较可以使采光的潜在利益最大化。

4.2.5 克服劳动力短缺问题以及教育和语言障碍

业主通常会面临全球和当地市场的种种问题。所有的项目均必须符合当地批准，且通常需要依靠当地资源完成现场工作。即使是当地的项目通常也会遇到多种语言问题。许多项目需要整合全球资源，尤其是国际项目，许多工业化国家的建筑和设施行业的技术工人和劳动力队伍日益短缺，因此，基于BIM的项目交付可以通过以下三种方式潜在地减轻这些趋势的影响。

1）通过与预制造和现场规划相关的BIM设计使劳动效率最大化。结合精益建设等管理方法，BIM可以帮助项目团队提高劳动生产率并减少对现场劳动力的需求，比如使用3D信息模型通过虚拟协调和规划来支持现场活动的预制和优化从而减少对现场劳动力的需求。事实上，由于精益建设需要超越单个公司在建设项目的范围内的流程变更，所以最成功的应用方式是业主推广应用，BIM在推动精益技术应用方面发挥着核心作用，典型的表现是对劳动力和物流的序贯控制（Pull Flow Control）。

2）通过BIM模拟和BIM通信可克服语言障碍。在国内和国外，大多数项目会涉及在办公室和现场讲多种语言或方言的人员。将翻译工具嵌入到CAD甚至BIM中尚有很多困难，原因在于相关术语和特定的交易信息通常是标注在图纸上的，通过BIM可向外地工作人员传达日常现场安排，这种交互式的类似 Game Boy 的视图为工作人员提供了一种高度互动的方式，使其能浏览和查询项目信息。

3）通过交互式 BIM 评论可以对项目团队进行培训。一个项目通常会持续很长时间并会涉及众多服务提供商，项目团队必须在项目的每个阶段不断对新项目参与者进行培训。3D 建筑信息模型的可计算性使其成为快速对团队成员进行培训的绝佳工具，因为他们可以通过 BIM 了解项目的范围、要求和状态，这种沟通至关重要，尤其是在项目不断增加或新参与者加入团队时。可使用 3D、4D 和模拟操作模型来培训有关方面的各种人员，包括当地机构、管理人员和潜在投标人以及新员工。BIM 信息丰富的互动性可极大地提高人们对项目的理解。与目前分散的 2D 项目文档甚至 3D 模型不同，BIM 设计和审查工具可提供高度互动的功能，其不仅允许相关成员查看项目，还允许其查询模型查看并探讨有关项目组件的各种信息。

4.2.6　设计评估

业主必须能够在项目的每个阶段根据自己的要求管理和评估设计的深度。在概念设计期间通常需要进行空间分析，随后应通过分析评估设计是否满足其功能需求。目前人们主要通过人工过程实现，业主依靠设计师用图画、图像或渲染动画来演示项目，然而，由于各种要求会经常发生变化，即使有明确的要求也很难确保能满足业主的所有要求。

此外，欧美发达国家越来越多的项目均涉及对既有设施或城市建筑进行改造的问题，这些项目经常对周围领域或当前设施的用户产生影响。如果不能充分解释和理解项目图纸和时间安排，则从所有项目利益相关者那里寻求投资是很困难的，业主可以与他们的设计团队合作使用建筑信息模型来解决问题。

通过 BIM 空间分析可提高计划的合规性。比如可以利用 BIM 制作工具进行快速空间分析，根据房间的尺寸和功能自动赋予不同的颜色，某些情况下颜色编码可以提醒那些超出或不符合现有要求的房间设计者或业主，这种视觉反馈在概念设计和原理图设计中是无价之宝，因此，业主可以更好地确保其组织的要求得到满足且可以满足该计划的运营效率要求。

可通过视觉模拟接收项目利益相关者提供的更多有价值的信息，业主往往需要来自项目利益相关者的充分反馈，他们常常会没有时间或者很难理解项目提供的信息。通过四维快照可以传达每个部件的建筑顺序，并获得关于它将如何影响建筑运营的反馈。建筑信息模型和场景的快速比较可大大强化审查过程。传统的使用实时和高度渲染的漫游技术是一次性事件，而 BIM 和 4D 工具可使设计讨论更容易、更经济。

BIM 可快速重新配置和修改设计方案，但实时配置可以在模型生成工具或专用配置工具中使用。BIM 可用于快速评估情景并分析需求、要求、预算并向业主反馈。BIM 工具允许业主快速配置可视化并确定空间的不同布局。这些对象的规则和功能会限制基于间隙和邻接关系的配置，其允许设计团队快速布局房间并在其周围挪动。BIM 空间建模可使用空间信息根据程序要求检查设计并在概念设计过程中评估自然光照和能源效率等的情况。

BIM 可模拟设施运营。业主可能需要通过额外类型的模拟来评估无法演练或视觉模拟的设计质量，这些情况可能包括人群行为或紧急疏散情景，此时可使用仿真建筑信息模型作为生成这些场景的起点，这种模拟是劳动密集型的且会涉及专门工具和服务的使用。对那些性能要求非常高的设施，由于这些专业工具需要更精确的 3D 输入，因此，建筑信息模型中的初始投资是可以得到回报的。

4.2.7 设施和信息资产管理

目前的每个行业都面临着如何将信息作为资产的问题，设施的业主也不例外。目前的信息是在每个项目阶段产生的，其经常会在不同阶段和组织的切换期间重新输入或产生，这些信息的价值会在大多数项目结束时急剧下降，因为它通常不会再更新或以易于访问或可管理的形式来反映已建立的条件。比如一个涉及协作创建和更新建筑模型的项目可能会发生极少的重复信息输入或信息丢失。查看其项目总生命周期所有权的业主可以战略性地、有效地使用建筑模型来解决以下三方面问题。

1）BIM可快速填充设施管理数据库。通过使用建筑信息模型填充和编辑设施管理数据库可节省95%左右的时间，这些节省归因于输入空间信息所需的劳动力的减少。

2）使用BIM资产管理工具管理设施资产。可将BIM整合到项目投资组合和资产管理中。可采用基于Web的资产管理工具，该工具应集成各种设施的GIS数据和建筑模型，建筑组件和装配应与设施信息相关联以用于支持关键分析，比如任务准备等。也可通过4D财务模型将每个建筑物或多个物体与一段时间的状况评估关联起来。业主可以定期查看设备或设施以获得其状况评估的“全貌”视图。

3）BIM可快速评估改造或维护工作对设施的影响。比如使用视觉和智能模型来帮助设施管理人员评估改造或维护工作的影响。可采用基于BIM的FM系统，维护团队可使用该模型直观地评估维修工作会影响哪些区域。

4.3 不同类型业主的BIM建立原则

前面已经介绍了一些BIM应用程序的广泛用途和好处，对许多业主来说，这些好处必须直接与他们的商业模式相结合。不同的BIM应用程序也可支持各类业主的高级别的特定需求。

4.3.1 BIM的商业价值

启动项目时每个业主都会考虑建设设施的整体经济性问题，因此，应用BIM技术的决定往往会得到经济层面的支持，以便满足降低首次或经常性成本或潜在收入增长的要求。为了证明BIM请求的合理性必须降低首次或经常性成本或增加收入。欧美发达国家的经常性成本可能会比第一次成本高出2倍，因此，在考虑BIM应用程序时业主不应简单地考虑其对首次成本的影响，而应考虑经常性成本。用户应考虑不同业主和交付流程如何影响分析的问题。

4.3.2 BIM对业主和开发商的影响

建设经营的业主会有强烈的动机考虑拥有和经营设施的长期成本，占有建筑的业主包括公司、零售店、医疗保健设施、大学和各类学校、体育和娱乐设施以及政府，在欧美发达国家这类建筑物占建筑总数的近50%，其中包括占市场最大部分的一般商业和教育。同时，业主开发商则致力于销售并积极推动它们以便实现土地和设施上的投资回报率最大化，与经营业主相比，开发商出售的所有权生命周期较短。出售业主通常是房地产开发商或多户或单户的房屋建筑商，他们的财务模型主要由土地成本和许可、与市场低迷和市场趋势变化相关的风险等。在这些商业模式中，建筑成本的变化比其他因素的影响更小。来自设计和施工服务的间接成本可以通过以下四种方式影响其业务模型：不可靠或差的估计会导致不必要的持有成本更高；漫长的许可阶段会导致更高的运输成本和错失市场机会；返工和糟糕的计划会增加工期并增加运输成本、交付/销售时间；早期设计承诺，在工期和时间表设计过程中减少对市场变化做出的反应并使销售价格和机会的最大化。业主开发商可以通过在项目中应用 BIM 来避免这些隐性成本并提高投资回报率，从而提高估值的可靠性（比如概念估算或概算），并可更好地向各个专业领域传达项目，从而缩短交付时间并提高项目的市场化程度。

4.3.3 一次性建设和分阶段建设的业主需求

与业主商业模式相关的另一个因素是他们建立模型的频率。由于缺乏时间进行研究和培训或者认为价值问题而变更投资，一次性建造的业主最初是不太可能变更投资流程的。但大学、开发商或零售业主等分阶段建设的业主往往会认识到目前交付方式的效率低下及其对整体项目成本的影响，这些分阶段建设者更有可能考虑建立不以最小化为基础的交付流程，而不考虑住宅建筑商市场及其自身服务提供商集团的独特需求。尽管前面提到的许多好处同样适用于住宅建筑商，但本节讨论的技术和工具主要针对商业建筑。应采用初始首要成本-交付模型，应根据可靠的成本和时间表优化整个建筑交付流程并形成高质量设施，因此，分阶段建设者倾向于在早期采用 BIM 的比例较高。不过，一次性建设的业主可以像分阶段业主一样受益，且可以通过与熟悉 BIM 流程的设计和施工提供商合作轻松完成。大量的案例证明服务提供商使用 BIM 的项目均效果良好。

4.4 业主的采购

业主可以采用多种采购方法，所选方法的类型将影响业主管理 BIM 的流程以及实现其优势的能力。不同业主之间最重要的区别在于他们参与设计和施工或设施开发过程的程度，比如，雇用包括建筑师和规划师在内的项目管理人员，业主将在他们自己的组织体系内使用 BIM。雇用服务提供商的业主也可指导他人通过合同义务使用 BIM，或依靠选择使用 BIM 的服务提供商。这些方法通常取决于业主采购项目的方式。尽管采购项目有多种方式，但主要的设施交付流程主要有以下三种：单一阶段方法或传统方法（设计-招标-建造，Design-Bid-Build）、设计-建造（Design-Build）方法、协作方法。三种不同的交付流程对应用 BIM 潜在用途的影响各不相同。

4.4.1 设计-招标-建造方式

欧美发达国家 60％的设施设计和施工仍采用设计-招投标过程进行。单一阶段方法（The Single Stage Method）或传统方法要求业主维持与设计者和建造者之间的合同关系并管理两组之间的关系和信息流，建筑师和建造师负责管理他们的子组织和分包商之间的关系和信息流，这种合同划分导致了在特定时间段内具有特定交付成果的连续过程，它们在组织之间制造了信息屏障并经常妨碍项目信息的及时交换。某些情况下，业主可雇用一名建筑经理（无论是外部的还是内部的）来监督和管理设计和施工组织内部的沟通，由于许多契约之间存在分歧，这个过程并不能很好地支持整个项目团队采用 BIM 技术或流程，通常情况下，这个过程可由可交付成果的“墙”来定义，从而在每个阶段结束时可交付成果，在每个阶段的参与者之间很少或根本没有整合或协作的情况下将其交给“墙”，可交付成果通常以纸质为基础。通常在每个阶段开始时信息会被重新创建或复制从而降低项目文档的价值，因而也会导致项目信息的丧失。承包商或其分包商和制造商经常会以配置图的形式重新绘制建筑师的施工文件，因建筑和工程图纸没有确定尺寸、布局空间或详细说明需要分包商协调的连接。项目团队的传统组织涉及业主与主要架构师（结构师）和建造者之间的合同时，可维护这些组织和子组织之间的合同，这种合同通常会阻碍信息流通、责任以及最终有效使用BIM工具和流程的能力。传统的单一阶段方法涉及在下一个阶段开始之前完成每个阶段的工作，通常需要有不同的组织在非整合过程中参与每个阶段的工作。设计-建造过程涉及开发阶段的重叠并会导致总体进度缩短且需要设计者和建造者之间的整合。协作方法要求尽可能早地使所有相关参与者参与并持续合作。

这种可交付使用的方法使得基于模型切换的BIM工具和流程难以成功地在那些需要的组织之间进行，在这些情况下，各组织应在模式本身的格式和内容上达成一致，因此，DBB项目中的BIM应用程序通常局限于单相BIM应用程序，比如4D或能源分析。但业主可在DBB项目上扩展潜在的BIM应用程序，其中包括在每个交付阶段指定建筑模型的格式和范围以及其他信息的合同要求；要求各个组织在各自的阶段支持或促进BIM流程的合作。

4.4.2 设计-建造方式

前已叙及，欧美发达国家日益普遍的设施交付模式是设计-建造（DB）模式，即在业主和单一组织之间建立合同关系并经常以建筑师和建造者作为单一公司或合伙企业代表。在设计-建造模式中，各个阶段不一定缩短，但阶段的重叠可减少整个项目的持续时间。在某些情况下，早期施工过程中的构造集成可以为设计提供信息并可提高协调性和施工性、缩短施工时间。

通过对这些方法进行比较研究可得出以下结论，某些项目采用DB模式在项目时效性和时间表可靠性方面确有好处，另一些项目采用DB模式在成本和质量方面有益处，但大多数项目并未显示出两种方法之间的显著成本差异或质量差异。DB交付流程可以在设计和施工组织之间创建一种更流畅的信息流，其仍然要求组织（或团队）在项目开始时花费时间来编制工作流程、建立和维护建筑模型、制定其具体用途，其中包括每个参与组织的范围和责任以及测试流程。与DBB方法不同，DBB方法通常仅限于特定的交接周期或交付成果，DB团队可以跨项目阶段协作识别BIM应用程序，且更少关注组织之间的具体交付内容，但更重视对业主的整体交付。

4.4.3 协作方式

采购项目的第三种新方法是设计-构建的一种变体，其强调业主与AEC服务提供商之间基于联盟的协作关系，故暂称协作方式。通常认为业主和承包商之间的非协作关系和协作关系可从“中标第一次使用”到“联盟首选供应商”看出，即业主正在摆脱基于DBB模式中常见的对“低投标”的传统供应商的选择，而不再将其选择为首选供应商。许多研究表明，从业主和承包商的角度来看采用协作关系的项目更容易取得成功。

这种协作方式涉及尽可能早地选择所有的重要项目参与者并使其尽早参与项目，可采用单一主要（代表多个组织）合同关系或多个主要合同关系。在可行性阶段服务提供商的参与

可能产生最大的影响，且可以帮助定义项目需求。采用设计-建造过程通常会存在设计师和建造者的工作交叉，而协作过程则需要从项目初始阶段开始就与更多参与者进行交叉且需要业主或业主代表更亲密的参与。协作模式可能不一定会缩短整个项目的持续时间或提前开始施工，但它确实能够实现施工团队的全体参与，包括早期和经常参与项目的制造商和供应商，这种方法通常应与整个项目团队的激励措施相结合以达成具体的项目目标和个体目标，同时也可以完善风险分担机制。协作模式与设计-建造模式的主要区别在于集体共享风险、激励措施和创建设施文件的方法。协作方法是一种理想的采购和交付方法，可以从项目中获得BIM应用程序的好处，所有项目参与者均参与建筑信息模型的创建、修改和更新，会迫使参与者共同合作并模拟建造项目。

以上介绍的技术挑战将持续存在，业主和整个项目团队应该遵循相关的指导原则以最大限度地提高团队的工作效率。

4.4.4 内部或外部建模

外包是许多业主的共同向往。有一些业主组织拥有施工管理和施工监督人员，在这种情况下，业主必须首先评估其内部能力和工作流程，可交付成果的“墙”可在内部存在，定义内部组之间的模型交接要求同样重要，业主必须确保所有参与者（内部或外部）能够对建筑模型的创建、修改和审查做出贡献，这可能涉及业主需要使用特定的软件或数据格式来交换数据。但外包对BIM的整体工作确实存在影响，选择雇佣独立于项目的第三方生产，业主应认真考虑采用完全外包模式时内外部服务提供商团队的建筑信息模型要求。通常情况下，外包工作会导致建筑信息模型使用不当、过时且质量差。出现这些情况有以下三方面原因：内部或外部团队必须达到项目中的特定点才能移交传统文档；外包团队必须花费大量时间，因为他们之间通常几乎没有联系，团队始终在忙于为下一个交付项目工作而了解和模拟项目；外包团队通常不具备高技能或有经验的员工以及系统的建设技能，因此，应该强化对外包的关注和管理监督，或者用BIM来支持其工作而不是取代它。比如，可利用外部资源开发建筑模型，同时将其资源整合到项目团队的物理环境和虚拟环境中。当然，业主也可以雇用一家外部公司来建造和维护建筑模型。在上述两种情况下，成功的关键因素都归因于将资源带到现场并强制要求所有项目参与者参与。

4.5 业主的BIM工具使用规则

前面介绍了业主及其服务提供商所采用的几种BIM技术，这些BIM工具旨在满足业主需求，特定业主的BIM应用程序应充分发挥这些工具的功能。这些特定的BIM设计和建造技术包括模型生成工具、能量分析、4D和设计协调。

4.5.1 BIM估算工具

业主使用估算值来为他们的项目成本制定规则并进行财务预测或形式分析，通常，这些估算以平方米为单位或采用单位成本方法，相关的细则由业主代表或估算顾问（造价师）创建。一些估算软件包可协助进行上述工作，比如美国费用成功估算器（U. S. Cost Success Estimator），这些软件通常是专门为业主设计的。但最常用于估算的软件是Microsoft Excel。美国的Cost软件（U. S. Cost）为其客户提供了从Autodesk Revit®中创建的建筑模

型中提取起止工程量信息的功能。面向业主的另一种产品是 Exactal 的 CostX® 软件，该软件可导入建筑模型并允许用户进行自动提取和人工提取。业主应评估和考虑这些基于 BIM 的应用程序的以下七方面功能。

1）估算细节的级别。大多数业主依靠单位成本或平方米估算方法，并使用特定设施类型的值。一些估算工具是为这一基本估算方式而设计的。另一些人则使用“组件”估算项目，其中包括详细的项目成本。业主需要确保估算工具按照所需详细程度提取 BIM 组件信息，比如每个组件的数量或面积。

2）组织格式。大多数业主将他们的估计组织到工作分解结构（WBS，Work Breakdown Structure）中。在欧美发达国家，许多业主使用 Master Format 或 Uniformat WBS。美国 GSA 已经与施工规范研究所（CSI，the Construction Specification Institute）合作扩展了这种格式，并要求估算软件支持这些格式扩展的工具。

3）与定制成本/组件数据库集成。基于 BIM 的评估通常需要在 BIM 组件之间建立链接，并通过特定的组件属性或通过可视化界面来评估项目和组件。这可能需要强化设置和标准化工作。

4）人工干预。人工修改、调整或输入工程量起止信息的能力至关重要。

5）模型聚合支持。能够导入多个模型并结合不同模型的起止时间估计信息。U. S. Cost 等工具允许业主汇总和重复使用项目中的估算工具。在基于 BIM 的估算中，业主可能需要从多个模型、多个设施或多个域模型（比如建筑、结构等）中进行工程量提取。

6）版本比较。BIM 工程量提取和估算工具最重要的潜在功能之一是能够比较版本并发现任何两个或更多设计方案或版本之间的差异。比如，Exactal CostX® 在设计的两个版本之间提供了一个可视比较以显示已经进行的变更以及它们对工程量提取信息的影响。此功能对寻求理解设计变更成本影响的业主具有潜在的价值。

7）报告功能。大多数估算工具都提供报告功能以打印提取和估算的硬拷贝报告。一些估算软件工具为查看者配置了一个查看器，以使业主能够交互式查看费用信息并以二维、三维或电子表格格式查看。

4.5.2 模型验证检查程序和代码的合规性

有一组 BIM 软件工具被称为模型检查器，这些工具的许多功能都与设计人员提供的服务有关，从业主或施工经理的角度看，这些工具可执行各种重要功能。这些功能主要体现在以下两个方面。

1）检查程序要求。这种功能将业主要求与当前设计进行比较。这些比较可能包括特定空间或空间之间的空间、能量、距离和高度要求以及邻接要求。业主可能会安排自己的员工做这些检查，也可能会要求设计团队或第三方进行检查。

2）验证建筑信息模型。目前业主已能够快速而全面地评估建筑信息模型的质量，如果业主需要特定类型的信息输入则可以确定该信息是否存在且是否采用指定格式。Solibri Model Checker™ 等工具提供了两种类型的验证方法。在通用验证级别业主可以测试重复组件、组件内的组件或缺少关键属性的组件、不符合团队制定的标准的组件。Solibri Model Checker™ 还允许用户进行更复杂的查询和测试，比如模型是否包含指定的信息类型。这些功能也考虑了施工后阶段该模型的使用问题，这些与需要操作特定信息的业主有关。

4.5.3 项目沟通和模型评审工具

项目沟通会在各个层面正式和非正式地进行。业主通过合同约定确定与项目可交付成果相关的沟通形式、时间安排和方法，通过这种方式他们通常会建立基准项目文件格式、项目信息交换模式和预期的项目工作流程。在这种正式的沟通中，项目参与者之间每天都应交换信息，这项工作经常会受到这些参与者与整体采购方法之间合同关系的影响。传统的单阶段交付方式易于限制学科之间的信息交换，每个学科都开发自己内部的项目交流方法。因此，基于 BIM 的项目交流与建筑信息模型数据的交换相比大不一样，其与传统的基于纸张或“发布”信息的交换模式也不同，因此，团队（包括业主）需要建立协议和工具以支持建筑信息模型得以持续交换、修改和审查。某些情况下业主可能会选择控制这种沟通，在另一些情况下，设计-建造团队又会共同开发和维护沟通及模型管理工具。

在这些不同的通信结构中有详细的技术要求和管理该通信的协议，用户对这些问题的讨论仅限于交换建筑模型信息，却无法解决各种项目信息（如合同、规范、RFI、变更单等）的管理、沟通和存储问题。建筑信息模型有以下四种不同类型的交流格式，这些交流格式的性质与前面介绍的交流内容没有任何关系。

1）已发布的快照是建筑信息模型的单向静态视图，它使接收方只能访问视觉或过滤的元数据，比如位图图像。

2）发布的建筑信息模型视图和元数据为接收方提供了对模型和相关数据的查看访问权限，但编辑或修改数据的能力受限。PDF 或 DWF 允许用户查看 2D 或 3D 并标记、评论和变更某些视图参数或在模型上按示例执行查询功能。

3）建筑信息模型的已发布文件包括专有文件格式和标准文件格式（.dwg、.rvt、.ifc），通过它可以访问本地数据。

4）直接数据库（DB，Direct Database）访问使用户可在专用项目服务器或分布式项目服务器上访问项目数据库。模型数据通过访问权限进行控制，并且可能只允许创建内容的用户对其进行编辑，当然数据库还可能会提供更复杂的编辑和变更功能。BIM 交换的“发布”方法在今天的 BIM 实践中很常见，项目参与者可以访问的项目数据库的使用较少见，比如，一个基于 BIM 的项目的示例信息工作流程，其中包括所有这些信息交换。大多数项目将继续使用各种交换方法来支持项目团队中的各种角色。

虽然服务提供商可以选择工具并执行与建筑信息模型沟通和管理相关的许多功能，但他们必须根据业主和项目的需求和要求进行操作。作为一个经验法则，对每个使用 BIM 工具的设计师或工程师来说，将会有很多人试图查看和审查建筑信息模型，因此，需要专有工具和狭窄学习的通信方法，通过后两种实施格式进行可能是不切实际的。前面两种限制交换方法的格式也会阻碍各种协作创建和修改建筑信息模型的能力。支持这些通信方法的审查工具分为两类，即模型查看和审查工具以及模型管理工具。

4.5.4 模型的评价

目前人们使用最多的数字模型查看技术有两种类型。第一种是在桌面上运行的专用模型查看工具，其可以导入和集成各种模型格式，这些工具允许用户浏览模型并以交互方式查询它，还可查看部件或查看局部模型，这些工具支持上述后三种交换格式。第二种类型包括导入标准格式（如 Adobe® PDF 或 DWF™）并支持上述前两种交换格式，属于基于 Web 的查

看工具，这些工具还提供交互式导航功能，但需要模型创建者以这些格式发布。业主很可能会在他们的项目中遇到前述两种类型的工具，应根据项目团队情况考虑将使用哪些类型的功能，包括评论/标记、提取（尺寸查询）、查看、演示、往返标记以及谁将有权访问该模型。第一种模型的代表性示例是 Adobe® Acrobat® Professional、Autodesk® Design Review 和 Navis Works™Roamer，基于 Web 的模型的代表性示例是 Navis Works™Freedom 和 Actify Spinfire™Reader。

评估这些工具时业主应考虑以下相关的功能。文件导入功能应考虑该工具导入的格式是什么；整合模型该工具是否可以合并并将不同类型的文件格式整合到一个视图和模型中；数据导入类型工具导入哪些类型的非几何数据，以及用户如何查看元数据或模型属性；多用户支持此工具是否支持多用户访问文件或模型或通过网络“共享”查看模型。标记和评论工具应考虑用户是否可以标记和评论这些工具，这些加价是否有时间标记和追踪以供审查；模型视图是否支持用户可以同时查看多个视图，比如计划、部件和 3D 视图；该文档视图工具是否支持查看相关文档，如文本文件或图像或电子表格；维度查询用户是否可以轻松测量 2D 和 3D；属性查询用户是否可以选择建筑物对象并查看对象属性或执行查询以查找具有特定属性或属性值的所有对象；冲突检测模型检查工具是否支持冲突检测，如果是，则用户是否能跟踪冲突的状态或对冲突分类；4D 模型评估工具是否包含链接模型对象以安排活动或支持其他类型的基于时间的模拟的功能。重新组织模型应考虑用户是否可以将模型重新组织到功能或用户定义的组中，并使用这些自定义组来控制查看或其他功能。比如基于 BIM 的项目上可能发生不同类型的通信交换，涉及项目使用中央存储库的内容、建筑师、业主和承包商可以访问该模型，建筑师发布快照和模型让相关方和业主审查，工程师与设计人员交换模型文件（比如 DWG、RVT、DGN 文件），承包商、分包商对交换模型发表意见（PDF 或 DWF 文件）。

4.5.5 模型服务器

模型服务器旨在存储和管理对模型及其数据的访问，无论其是来自主机站点还是在内部服务器和网络。目前，大多数组织使用基于文件的服务器，从 BIM 的角度来看，这些服务器利用标准文件传输协议在服务器和客户端之间交换数据，基于文件的服务器尚未直接链接到这些模型中构建信息模型或构建对象或与它们一起工作，因为它们只存储数据并仅在文件级别提供访问功能。

现代 BIM 项目的大多数协作管理都涉及模型管理器人工集成模型和创建项目模型文件问题。大多数情况下，这些组织与他们的内部 IT 小组一起工作来设置和维护一台服务器并托管模型文件。一些汽车生产厂使用宾利的 Project Wise®-One Island East Office Tower 的 Digital Project™内置功能来支持模型管理。现成的商业模式服务器解决方案尚未得到广泛应用，通常需要定制安装和经过培训的 IT 人员进行操作和维护。典型的模型服务器包括 Bentley Project Wise®（可登录 www.bentley.com 查询）、Enterprixe 模型服务器（Enterprixe Model Server，可登录 www.enterprixe.com 查询）、EPM Technology EDMserver（可登录 www.epmtech.jotne.com 查询）、IFC Eurostep 模型服务器（Eurostep Modelserver For IFC，可登录 www.eurostep.com 查询）、SABLE（由 EuroSTEP 开发）。

4.5.6 设施和资产管理工具

目前现有的大多数设施管理工具（Facility and Asset Management Tools）一般依靠多

边形的 2D 信息来表示输入到电子表格中的空间或数字数据，从大多数设施经理的角度看，管理空间及其相关设备和设施资产不需要 3D 信息，但基于组件的 3D 模型可以增加设施管理功能的价值。建筑模型在输入设施信息并与该信息交互的初始阶段具有明显的益处，借助 BIM 的业主可利用“空间”组件来定义 3D 空间边界，从而大大减少创建设施数据库所需的时间，因传统方法在项目完成后需要人工创建空间。相关的应用表明，使用建筑信息模型生产和更新设施管理数据库的时间和工作量与传统方法相比可减少 95%左右。目前只有很少的工具可以接受 BIM 空间组件或代表固定资产的其他设施组件的输入，目前可用的一些工具主要有 Active Facility（可登录 www. activefacility. com 查询）、Archi FM（可登录 www. graphisoft. co. uk/products/archifm 查询）、Autodesk® FMDesktop™（可登录 www. autodesk. com 查询）、ONUMA Planning System™（可登录 www. onuma. com/products/OnumaPlanningSystem. php 查询）、Vizelia 套件的 FACILITY 管理产品（Vizeliasuite of FACILITY Management Products，可登录 www. vizelia. com 查询）。

除了各种 FM 系统应支持的一般功能外，业主还应考虑以下三方面与建筑模型使用此类工具有关的问题：空间物体支持（Space Object Support.），比如该工具是否可通过本地或 IFC 从 BIM 创作工具导入“空间”对象，如果是则该工具可导入哪些属性；合并功能（Merging Capabilities），即数据是否可以从多个来源更新或合并，比如来自一个系统的 MEP 系统和另一个系统的空间；更新（Updating），比如，如果对设施进行改造或重新配置则系统能否轻松更新设施模型，以及它能否跟踪各种变化。

利用建筑信息模型进行设施管理可能需要迁移到特制的 BIM 设施工具，比如 Autodesk® FMDesktop™或第三方 BIM 附加工具。目前使用 BIM 支持设施管理尚处于起步阶段，业主应与他们的设施管理组织合作以确定当前的设施管理工具是否可以支持 BIM 空间，或者是否需要通过过渡计划迁移到支持 BIM 的设施管理工具。

4.5.7 操作仿真工具

操作仿真（模拟）工具（Operation Simulation Tools）是业主使用建筑信息模型数据的另一类软件工具，这些工具包括人群行为、制造、医院程序模拟、紧急疏散或响应模拟，它们中的各种人都是由提供服务来执行模拟并添加必要信息的公司提供的。在所有情况下这些工具都需要额外输入信息来执行模拟，某些情况下它们只从建筑信息模型中提取几何属性。

操作仿真工具更多地应用于非专门仿真领域，其使用实时可视化或渲染工具将建筑信息模型作为输入数据。比如在 3D/4D 模型基础上通过专门的工具和服务使用相同的模型来模拟乘坐过山车的紧急情况，再比如使用模型来评估疏散和应急过程。

4.6 业主和设备运营商的建筑模型

业主不仅需要熟悉各种 BIM 工具，还需要提出他们对项目建筑模型的期望和详细程度。设计人员、工程师、承包商和制造商为建立信息模型而创建和添加的信息类型可以支持许多 BIM 应用程序，为了充分利用建设后期的 BIM 应用程序业主需要与他们的服务提供商密切合作以确保建筑模型提供的范围、详细程度和信息预期目的足够。比如应让业主了解模型中的细节层次（质量、空间和建筑层面的细节）与模型范围之间的关系，其应包括空间和特定领域的元素，比如建筑和详细的 MEP 元素。

业主建筑信息模型主要涉及以下 11 个方面的信息，即模型信息的目的类型，包括支持程序合规性和设施管理，在典型的设计过程中空间信息被定义为符合程序合规性并支持代码检查分析，这些对于计划合规性和使用 BIM 进行设施管理至关重要；空间和功能，支持调试活动，比如性能规格；HVAC 和其他设备操作设备的性能规范，用于施工后分析和追踪以及未来预测的数据；竣工时间表和成本信息，用于预算和计划维护；制造产品信息；有关重置成本和时间段以及评估信息；金融资产管理数据；计划和准备疏散以及其他紧急危机；紧急信息；监控和跟踪设计，施工或维护活动的进度；各种活动的状态。

每个服务提供商通常都会定义他们工作所需的详细信息的范围和级别，业主可以规定模型施工后使用所需的详细范围和级别，比如，在可行性阶段的区域和空间应足以支持大多数 BIM 应用程序进行概念设计，如果业主需要更多的综合性 BIM 应用程序则模型（横向）中的集成水平和细节水平（竖向）都会增加以便生成该模型。建筑模型需要支持的一些关键类型信息的部件列表以便在施工后使用，这些信息中有一些代表了 IFC 的模式，IAI 内有一个工作组，即“设施管理域”（可登录 www. iai-na. org/technical/fmdomain _ report. php 查询），该功能可设定特定情景，比如移动管理、工单流程、成本、账户和设施管理中的财务要素等，IAI 专注于在建筑模型中表达这些信息。业主在了解和确定建筑信息要求的其他资源主要有以下 3 个方面。

1）OSCRE®（开放标准房地产协会，Open Standards Consortium for Real Estate，可登录 www. oscre. org 查询）。该非营利组织正在为交易场景定义信息要求和标准，包括评估、商业资产信息交换和设施管理工单。

2）资本设施信息交接指南（Capital Facilities Information Handover Guide，NIST 和 FIATECH 开发）。本文档定义了设施交付每个阶段和建筑物生命周期的信息交接准则并阐述了本节中介绍的许多信息问题。

3）OGC（开放地理空间联盟，Open Geospatial Consortium，可登录 www. open geo-spatial. org 查询），这个非营利标准组织正在制定地理空间数据标准，且有一个特定的工作组正在研究 GIS 和建筑模型数据的集成问题。

4.7 BIM 项目的实施引导

业主控制设计服务提供商的选择、采购和交付流程的类型以及设施的总体规格和要求。令人遗憾的是，许多业主愿意接受目前的现状，他们可能并不认为其有能力改变或控制建筑物的交付方式，他们甚至可能不知道可以从 BIM 流程中获得好处。业主的想法影响了标准设计或施工合同的变更，比如美国建筑师协会（the American Institute of Architects，AIA）或总承包商协会（the Association of General Contractors，AGC）等协会制定的设计标准或施工合同。另外，美国联邦政府在合同变更方面也面临很多障碍，因为这些通常是由企业和立法机构负责的。在美国这些影响非常明显，AIA、AGC 和联邦机构（比如 GSA）和陆军工程兵团（Army Corps of Engineers）正在努力制定必要的合同方法来支持协作和综合性更好的采购方法。业主可在当前合同安排下采用各种方式工作以克服相应的障碍问题，业主的领导和参与是在项目中优化使用 BIM 的先决条件。业主可以通过建立内部领导机构和规则选择具有 BIM 项目经验和专有技术的服务提供商，并通过对服务提供商的网络培训变更合同要求，从而为其组织实现最大价值。

4.7.1 建立内部领导机构和规则

业主可首先制定有关BIM技术的内部规则，由业主设置专职负责人领导相关工作，比如，业主可细致地检查其内部工作流程并确定可更有效地交付设施的工具和精益方法，业主不需要充分了解如何实施各种BIM应用程序但需要创建一个项目环境，服务提供商可以建设性地应用适当的BIM应用程序。

相关实践表明，不同的业主建立这种规则的方法会略有不同。一些地产公司业主可通过广泛的研究以提高公司更好地交付和管理其设施和财产的能力，可发现与二维信息管理有关的障碍以及各种各样的项目信息，当他们利用建筑信息建模的概念时可通过内部规则获知在哪里可应用那些可用的BIM技术。

以美国为例，美国海岸警卫队（The U. S. Coast Guard）建立了其内部规则并确定了实施BIM的路线图，这个路线图是在整个组织和各种设施项目中实施BIM的分阶段方法，制定这样一个路线图所需的规则经过了缜密的考虑，是美国海岸警卫队各部门合作完成的一项重大调查和研究工作的结果，路线图包括与管理项目信息和设施资产相关的特定BIM技术应用程序、标准，还包括使用各种BIM应用程序采购和交付设施的要求。各种成功的应用实践都反映了业主根据他们自己的内部商业模式以及与交付和运营设施相关的工作流程编制规则的优势，因为业主理解他们当前工作流程固有的低效率以及他们能够容忍的影响底线，在制定规则的过程中主要工作人员应具备领导BIM工作的知识和技能。

4.7.2 服务提供商选择

与汽车或半导体等全球制造业的情况不同，没有一个单一的业主组织会在建筑市场中占据主导地位，即使是最大的业主组织也是如此。很明显，最大的业主组织通常是政府机构，其也只占国内和全球整体设施市场的一小部分。因此，AEC行业内对流程、技术和行业标准进行标准化的努力要比具有明确市场领导者的行业更具挑战性。在没有市场领导者的情况下业主往往会将自己的竞争对手或行业组织视为最佳实践或最新技术趋势的指南。此外，许多业主通常只建立或启动一个项目，因而会缺乏掌握领导地位的专业知识。但是，所有业主都可以控制的是服务提供者的选择以及项目可交付成果的格式。业主可以使用多种方法来确保从事其项目的服务提供商熟悉BIM及其相关流程，这些方法体现在以下三个方面。

1）修改工作技能要求以包含BIM相关技能和专业知识。对于内部人员的招聘，业主可以要求潜在员工具备特定技能，比如3D和BIM或基于组件的设计知识。许多组织现在都雇用BIM专职人员，比如BIM专家、BIM高手、BIM管理员、4D专家以及虚拟设计和施工经理。业主可能雇用拥有这些头衔的员工或找到类似的服务提供商。相关的工作技能要求应与工程实际相结合。

2）包括BIM特定的资格预审标准。许多业主对建议书（Requests For Proposals，RFP）的要求均包括针对潜在投标人的一套资格预审标准，对公共工程项目其通常是所有潜在投标人必须填写的标准表格，商业业主可以制定他们自己的资格预审标准。比如医院业主制定的资格要求包括明确的体验要求和使用3D建模技术的能力，汽车生产工厂设计-建造团队会选择具有3D经验的、愿意参与使用3D建筑模型的顾问和分包商。

3）面试潜在的服务提供者。业主应该花时间在资格预审过程中与设计师会面，因为任何潜在的服务提供商都可以填写资格表，并在没有项目经验的情况下使用特定工具记录经

验。有些业主甚至更喜欢在设计师办公室开会，以便看看工作环境以及工作场所的工具和工艺类型。面试可能包括以下五类问题，您的组织使用了哪些BIM技术？您以前的项目是如何使用它们的？可使用BIM应用领域的修改列表作为参考；什么组织与您合作创建、修改和更新建筑模型？如果这个问题被问及建筑师，那么应询问结构工程师、承包商或预制器是否为该模型做出了贡献以及不同组织是如何合作的；在使用模型和BIM工具方面，对这些项目的经验教训和衡量标准是什么？这些如何纳入您的组织？这样有助于获得其组织内学习和变化的证据。有多少人熟悉组织中的BIM工具，以及如何教育和培训员工？贵组织是否具有与BIM相关的特定职位和职能（比如以前赋予出的职位）？这一条可反映BIM在其组织中的使用有了明确的承诺和认可。建筑师的基本要求如下，即工作技能方面至少有3～4年的商业建筑结构设计和/或施工经验，拥有建筑管理、建筑工程或建筑学士学位（或同等学历）；掌握建筑信息模型知识；熟练掌握BIM的主要应用软件之一，并熟悉审查工具；掌握以下任何知识以及熟练程度，比如Navisworks、SketchUp、Autodesk® Architectural Desktop和Building Systems（或您的组织使用的特定BIM应用程序）；对设计、文档和施工过程有很好的理解，与现场人员有良好的沟通能力。

4.7.3 建立和培育合格的BIM服务提供商网络

业主面临的挑战之一是寻找在现有体系中精通BIM技术的服务提供商。这会激励多个业主主动通过研讨会、交流会、座谈会和培训班积极主动地对内部和外部的潜在服务提供商进行培训。常见的方式有以下三个。

1）正规教育。比如，美国总务管理局已经建立了国家3D/4D BIM计划。这项工作的一部分包括对公众和潜在的服务提供者进行培训并改变他们的采购工作，培训工作包括与BIM供应商、AIA和AGC等专业协会以及标准组织和大学合作，赞助研讨会和交流会。十个GSA区域中的每一个都有一个指定的BIM执行官，以推动其应用于各自地区的项目。与一些商业组织不同，GSA并不认为其特定的知识和技术是专有的，且认识到GSA最终将从BIM的应用中潜在受益，所有项目参与者都需要熟悉BIM技术和流程。

2）非正规教育。一些公司的培训工作主要集中于在他们的项目中实施精益流程和BIM技术，他们会邀请服务提供商参加非正式研讨会介绍精益概念、3D和4D技术，他们还支持使用BIM技术的项目团队向行业专业人士开放类似的研讨会，这些非正式研讨会为专业人士提供了分享经验和向他人学习的途径，并最终扩大了可用于竞争未来项目服务提供商的数量。

3）培训支持。除讲授BIM概念和应用外，培训的关键部分与特定BIM工具的技术培训有关。这通常需要借助BIM概念的技术教育和从2D到3D元件参数化建模过渡的功能以及软件培训，通过这些培训使学员了解BIM工具的特定功能。对许多服务提供商来说，如果这种过渡式培训成本很高则很难证明初始培训成本是合理的，有些地产公司认为这是一个潜在的障碍并支付设计团队的培训费用以便在他们的项目中能够使用特定的BIM工具。

4.7.4 通过修改合同和合同语言变更交付要求

业主可以通过他们选择的项目交付流程类型以及BIM特定的合同或RFP要求来控制在其项目中实施哪些BIM应用程序。改变交付流程通常比改变需求更困难，许多业主应首先从以下三个方面改变RFP和合同。

1）模型信息的范围和细节。包括定义项目文档的格式以及从二维文本转换为三维数字模型。业主可以选择放弃有关3D格式的具体要求而将信息服务提供商的类型包括在模型中，业主也可以为这些要求提供详细的语言。随着业主经验的不断获得，这些要求的性质会更好地反映业主期望的BIM应用类型以及业主团队在整个交付过程和设施后续运营过程中所需的信息。

2）模型信息的使用。包括指定更容易使用BIM工具执行的服务，比如3D协调、实时设计审查、使用成本估算软件追踪价值变化、能源分析，所有这些服务都可以使用传统的2D和3D技术来执行，但使用BIM工具的供应商很可能会更具竞争力并能够提供此类服务，比如通过BIM工具可以极大地促进3D协调。

3）组织模型信息。包括项目工作分解结构，许多业主会忽略这种要求。目前的CAD图层标准或Primavera活动字段是设计人员如何组织项目文档和建筑信息的模板，同样，业主或项目团队也需要建立一个初步的信息组织结构，这可能基于项目地点的几何形状或建筑结构。一些项目团队为促进交换建筑信息模型信息和项目文档而采用了项目工作分解结构。目前，人们正在致力于建立建筑模型标准，比如国家层面的建筑信息模型标准（NBIMS，the National Building Information Model Standard），NBIMS应该为业主提供急需的定义和有用的资源以确定项目的工作分解结构，比如，美国海岸警卫队在其项目内引用了这类内容。

当然，这些要求往往难以满足，比如没有对费用结构和项目参与者之间的关系进行一些修改，或者没有使用激励计划来定义工作流程和各学科之间的数字交付方式。通常情况下，这些要求在以数字模型为中心的工作流程中更难定义，因为它们不是文件和文档。此外，批准机构仍需要像标准专业合同那样需要2D项目文件，因此，许多业主仍维护传统的基于文档和文件的可交付成果，他们将数字3D工作流程和交付成果插入相同的过程中，即每个学科应在其范围内和BIM应用程序上独立工作并在特定时间隐蔽3D数字模型。业主可以修改交付流程以支持更具协作性的实时工作流程，这些修改体现在以下三个方面。

1）修改设计-建造交付。一些汽车生产工厂项目可展示通过修改设计-建造交付流程实现的协作过程，它们聘请了设计团队并参与了分包商和其他设计顾问的选择，其目标是尽早组建团队并从一开始就参与其中。

2）基于绩效的合同。基于绩效的合同或基于绩效的收购（PBA，Performance-Based Acquisition）注重结果，其通常采用固定费用并允许服务提供商使用他们自己的最佳实践来提供设施或服务，这样就强调了业主定义的结果而不是中间过程或可交付成果。许多政府机构正在采用这种方法，使用这种方法将40％～50％的新工作作为目标。这种类型的合同通常要求业主在项目早期花费更多的时间来定义设施要求并构建合同以适应这种方法。这种做法似乎与先前的建议相矛盾，但使用BIM的服务提供商最有可能竞争入围，这些要求可以基于BIM给出。采用典型的合同交付成果时业主需要变更合同和语言以促进BIM的使用，采用传统设计招标过程或基于BIM的协作过程产生的可交付成果类型则不需进行此项工作。

3）共享激励计划。基于绩效的合同通常是通过共享激励计划来实施的。当所有成员在大多数建设阶段进行合作时没有明确划分组织的贡献。一些共享激励计划的例子反映可节省项目团队的分配成本。共享激励计划基于整体项目绩效提供财务激励，而不仅仅是单个组织绩效，但这些计划通常很难界定和实施。尽管如此，共享激励计划奖励的是团队的合作表现而不是局部优秀学科的特定表现。

4.8 风险等常见问题对BIM实施的影响

工作流程中存在各种与变更相关的风险，在项目中实施BIM应用程序的过程中也不例外，这些显而易见的工作风险会随时变化，人们将这些风险分为业务风险和技术风险两类。业务风险包括妨碍BIM实施的法律和组织问题，技术风险主要表现在准备和实施过程中。

4.8.1 过程风险

1）市场还没有准备好而仍处于创新阶段。许多业主相信，如果他们改变合同要求交付新型成果，特别是3D或建筑信息模型，则他们将无法完成竞争性投标，会限制他们潜在的投标人群并最终增加项目的成本。欧美发达国家近几年的调查显示，大多数服务提供商没有在项目中积极使用BIM技术，但BIM概念和应用的采用率和认知度在不断提高，75%的建筑师正在有限范围内使用3D，其中三分之一以BIM作为建筑资源，三分之一将其用于“智能建模”，由于客户（业主）对可视化的价值、精度、协调性和效率的要求，这些用户会首选BIM挂接传统的2D CAD，这表明BIM取得了初步的成功并获得了潜在的持续增长，这些公司正在继续投资并扩大其BIM的使用，如果业主（客户）要求则服务提供商会更多地使用3D和BIM方法。相关的应用表明，BIM应用程序正在从设计相关的创新者向早期采用者阶段过渡，随着BIM使用量的增加，业主会发现越来越多的能够使用BIM的服务提供商。

2）项目已经获得资助并且设计已经完成，实施BIM有些不值得。随着项目接近建设期，业主和项目团队确实会错过使用BIM应用程序获得收益的宝贵机会，比如概念设计的评估和程序合规性检查。但在设计的后期阶段和建设的早期阶段仍然有充足的时间和机会来实施BIM。一些BIM项目在施工文件开始后开始实施，由业主推动的BIM实施开始后进行设计容易识别设计偏差、节省成本，项目团队认识到如果早些引入BIM甚至可以实现更多的成本节约和收益。

3）培训成本和学习曲线过高。实施诸如BIM技术之类的新技术在培训和改变工作流程和工作流方面的成本很高，在软件和硬件方面的投资通常会超过培训成本并会损失初始生产力，这一点通过现金流量可以清楚地看到。通常，大多数服务提供商不愿意进行这样的投资，除非他们考虑到自己组织的长期利益和/或业主补贴了培训成本。一些项目业主认识到BIM在生产力、质量和资产管理方面的潜在收益会超过初始成本，因而会支付培训费用。

4）每个人都必须参与BIM的努力程度。通常很难确保所有项目参与者都具有参与创建或使用建筑信息模型的知识和意愿。一些应用项目反映了没有全员参与仍可以实施BIM的好处，但也暴露了从不参与建模工作的组织重新创建信息时面临的困难，业主为了减少不参与的风险会雇用第三方来管理BIM的工作并根据需要重新创建信息，随着项目的进展，第三方能够识别具有BIM建模功能的组织并让他们参与该过程，业主支持这一努力但没有要求全员参与BIM。

5）存在太多的法律障碍，而且应用BIM存在无法克服的高昂代价。需要在几个方面改变合同和法律才能促进BIM在更多合作项目团队的使用。有时项目信息的数字交换也会很困难，团队往往被迫仅仅交换纸质图纸并依靠老式的合同。公共机构面临的挑战更大，因为它们常常受到需要花费相当多时间来改变的法律制约。尽管如此，一些政府机构和私营公司

已经在克服这些障碍，正在努力采用合同语言，这样不仅改变了项目团队内信息交流的性质，也改变了与更多协作工作相关的责任和风险。其实，最主要的挑战是分配责任和风险。BIM实施集中了“广泛访问”的信息，这些风险取决于BIM的不断更新，其会使设计人员承担的责任潜在增大。法律界已认识到这些障碍以及必须对这些必要风险进行分配调整，这是一个真正的障碍并将持续存在，因此，美国一直在依赖AIA和AGC等专业机构修改标准合同和/或要求业主修改自己的合同条款。

6）对业主资源的模型所有权和管理问题要求过高。BIM可能需要跨多个组织和项目方获得信息。通常，施工经理（CM，Construction Manager）会通过管理沟通和审查项目文件来提供监督服务，CM还监督该流程与特定的可交付成果和工作计划保持一致，借助BIM可以更早、更频繁地发现和识别问题，从而使团队能够尽早解决问题，但这往往需要征求业主的意见，这应该被视为一种优点而不是缺点。目前交付过程中的懈怠问题已显著减少，因为业主已更直接地参与了项目，因而这个过程互动性更好也更加流畅。业主要求的变更将变得不那么透明，这些变更的影响将要求各方持续参与，这个过程和模型的相关管理工作将成为该项目的关键，业主需要以明确的角色、职责和方法来与项目团队沟通并确保业主代表可根据需要提供信息。

4.8.2 技术风险和障碍

1）技术已经准备好了并用于单一学科的设计但没有进行集成设计。十几年前要建立一个综合模型需要通过项目团队的广泛努力和专门的技术专长来支持整合。目前各种BIM设计工具已经成熟且在通用对象级别提供了多个学科之间的集成功能。随着模型的范围和建筑部件数量和类型的增加，其性能也会增加。因此，大多数项目团队会选择使用模型评估工具来支持集成任务，比如协调、时间表模拟和操作模拟。一些项目使用Navisworks模型评估工具来完成碰撞检测和设计协调工作。目前的BIM设计环境通常对一个或两个学科的整合有好处。建设级细节的整合更加困难，模型审查工具是实现这一目标的最佳解决方案。更大的障碍与工作流程和模型管理有关，集成多个学科需要多用户访问建筑信息模型，这确实需要专业技术知识建立协议来管理模型的更新和编辑，还应建立网络和服务器来存储和访问模型，它也为新用户向更有经验的用户学习提供了一个良好的环境。业主应该与他们的项目团队一起进行审计以确定所需的和当前可用的整合、分析能力的类型并相应地确定优先顺序，完全集成是可能的，但确实需要专业知识、专门规划和适当BIM工具的选择。

2）标准尚未定义或广泛采用，所以用户应该等待。各种标准的建立（比如IFC和国家层面的BIM标准）会大大提高互操作性并推进BIM的广泛实施。但实际上这些格式很少被使用，大多数组织都使用专有格式进行模型交换。对许多业主来说，这会对任何建筑信息建模工作中的短期和长期投资构成风险。正如前面讨论的那样，房地产交易和设施管理方面有与业主相关的标准化工作，但除个别项目外，在不依赖这些标准的情况下人们已经成功实现了各种BIM的应用，因而，这些并不是BIM实施的障碍。

4.9 业主应用BIM的规则以及应考虑的问题

单独采用BIM不一定会导致项目成功。BIM是一套不断发展的技术和工作流程，其必须得到团队、管理层和合作伙伴的支持。BIM不会取代卓越的管理、优秀的项目团队或尊贵的企业文化。业主在采用BIM时应考虑的以下五方面关键因素。

1）在短时间内完成一个试点项目，采用小型合格团队和明确的目标。最初的努力应该使用和组织与之合作的内部资源或受信任的服务提供商，业主在BIM的实施和应用方面建立的知识越多则未来的努力就越有可能成功，因为业主应通过核心竞争力来识别和选择合格的服务提供商并组建合作团队。

2）做一个原型试点。在实施试点项目时最好做一次空运行以确保工具和流程到位。这个空运行可能与给设计师一个展示所需BIM应用程序的小型设计任务一样简单，比如业主可以要求设计团队为二十人设计一个会议室，具体目标是预算和能源消耗，交付成果应包括建筑信息模型（或反映两种或三种选择的模型）以及相关的能源和成本分析，这是一个可以在一两天内完成的设计任务。建筑师可以建立模型并与MEP工程师和估价人员合作生成一组原型结果，这就要求项目参与者在这个过程中解决问题，即让业主就信息类型和演示格式给出要求以提供清晰、有价值和快速的反馈。

3）专注于明确的业务目标。虽然前面已经列举了BIM的各种好处，但没有一个项目能够完全享用所有这些好处。在很多情况下，业主仅从一个特定的问题或目标开始并取得成功。比如，几年前的一些GSA的试点项目中每项都涉及九种不同项目的BIM申请类型，应用领域包括能源分析、空间规划、激光雷达扫描以收集精确的竣工数据、4D模拟。成功实现重点突出和可管理的目标需要借助多个BIM应用程序的使用。

4）建立评估进度的指标。衡量标准对评估新流程和新技术的实施至关重要。项目中应包括项目指标，比如减少变更单或返工、与基准计划或基准成本的差异、典型单方成本的降低等。与具体业主组织或项目相关的指标或目标有几个极好的来源，比如建筑用户圆桌会议（CURT，Construction Users Roundtable），这是一个由业主主导的团队举办的研讨会和会议，其网站（www.curt.org）上会发布多个出版物以确定关键项目和绩效指标。再比如CIFE关于虚拟设计和施工的工作文件（CIFE Working Paper On Virtual Design and Construction），该文件记录了特定类型的指标和目标以及案例研究，根据该文件可了解与设计相关的评估指标的制定过程。

5）参与BIM的努力程度。业主的参与是项目成功的关键，因为业主处于领导项目团队开展合作的最佳位置，因而可充分利用BIM。所有业主担任领导角色的项目都证明了业主参与积极主导BIM实施的重要性，反映了业主持续参与这一过程的好处。BIM应用程序（比如BIM设计审查应用程序）使业主能够更好地参与BIM并更轻松地提供必要的反馈，业主的参与和领导对于利用BIM的协作项目团队的成功至关重要。

第 5 章　BIM 与建筑师和工程师的关系

建筑信息建模（Building Information Modeling，BIM）可被认为是设计实践中的一次划时代的变革，其与主要自动化传统制图生产方面的 CADD 不同，BIM 是一种范式的变化。通过部件自动化施工层次建筑模型的构造，BIM 实现了工作量的重新分配，并将重点放在了概念设计上。BIM 的其他直接好处包括通过简单的方法确保了所有图纸和报告的一致性，可自动进行空间干涉检查，为分析/模拟/成本应用的接口提供强大的基础支持，并强化了项目各个阶段和层面的可视化。可从以下几个角度审视 BIM 对设计的影响：概念设计通常包括解决选址、建筑定位和组合、建筑方案的满意度问题，解决可持续性和能源问题，解决建筑和相关的运营成本问题，有时还需要设计创新，BIM 可以为早期设计决策提供更多的集成和反馈。BIM 可实现工程服务的整合，BIM 支持新的信息工作流程并将它们与设计顾问所使用的现有仿真和分析工具更紧密地结合在一起，其施工水平建模包括详细说明、规格和成本估算，这是 BIM 的基本优势。BIM 可实现设计-建造一体化，其创新性地解决了通过协同设计-建造过程（比如设计-建造采购模式）可能实现的目标问题，不同的设计项目可以根据实现它们所需的信息发展水平进行分类，从而可对特许经营型建筑、实验性建筑等各类建筑进行预测，信息开发概念有助于区分设计和建造各种建筑物所需的各种工艺和工具。

BIM 与建筑师和工程师的关系主要涉及实践中采用 BIM 的问题，比如用 3D 数字模型取代 2D 绘图的演化过程，自动绘图和文件准备，管理建筑模型中的细节水平，组件和装配库的开发和管理，整合的规格和成本估算的新手段等。当然，设计公司在尝试实施 BIM 时会面临许多实际问题，比如 BIM 创作工具的选择和评估，BIM 训练，BIM 办公室准备，启动 BIM 项目，提前做一个基于 BIM 的设计公司的规划而转向新的角色和服务发展方向。

BIM 为设计公司提供了重大挑战和机遇，尽管制造商在使用 3D 参数化建模和互操作性以实现自动化和其他生产效益方面具有明显的经济效益，但设计的直接收益是很难量化的。BIM 与分析和模拟的整合以及设计质量的提高（特别是在早期阶段）为业主节省了建筑成本并提供了更大的额外价值，设计质量的持久性为建筑物的整个生命周期提供了相应的优势。开发这些新功能和服务，然后利用它们获得相关认可并作为新的和重复性工作的基础，这些都会鼓励所有设计公司进入 BIM 的轨道，BIM 增加了设计师可以为客户和公众创造的价值。

5.1　建筑师和工程师对 BIM 的贡献

1452 年，早期的文艺复兴时期的建筑师莱昂・巴蒂斯塔・阿尔贝蒂（Leon Battista Alberti）将建筑设计（Architectural Design）与施工设计（Construction Design）区分开来，

提出设计的本质在于与文件输送体系相关的思维过程。他的目标是将设计的智慧部分与建筑工艺区分开来。在 Alberti 之前的公元前 1 世纪，Vitruvius 指出了利用计划、高程和理念来传达设计意图的内在价值。在整个建筑历史长河中，绘画仍然是主要的代表性模式。即使是现在，当代作家也经常批评不同的建筑师如何使用绘画和素描来强化他们的思考和创造性工作。这种历史悠久的传统观念在计算机最初被用作辅助设计到建造过程的某些方面的辅助方式时表现更为明显，这个过程在术语 CADD（Computer-Aided Design and Drafting）的原始含义中被简洁地表达了出来，即计算机辅助设计和绘图。由于这一历史过程可被称为建筑信息建模（BIM），因此，建筑信息建模（BIM）可被认为具有革命性意义的，它将图形替换为表示设计的新基础并附带了基于 3D 数字模型的通信、构建和存档来传达建筑思维方式。BIM 也可被认为是在虚拟数字三维计算机环境中构建建筑比例模型的概念的等价物。与物理模型不同，虚拟模型在任何规模尺度上都是准确的，它们是数字可读和可写的，它们可以以物理比例模型无法实现的方式自动进行详细分析和判断。BIM 可以包含在物理模型中无法表达的信息，比如结构和能量分析以及与各种其他软件工具接口的现场关联代码。BIM 通过改进这些工具的信息可用性来促进不同设计工具之间的交互，它支持从分析和模拟到设计开发过程的反馈，而这些改变反过来又会影响设计者的思维方式和他们所执行的过程。BIM 还有助于将建筑和制造思想融入建筑模型中并鼓励与绘图相关的合作，因此，BIM 可能会对设计人员在不同设计阶段花费的时间和精力进行重新分配。传统的建筑服务过程可概括为以下六步。

1）可行性研究（Feasibility Studies）。可行性研究的特点是属于非空间定量和文本项目规范，其主要涉及现金流、功能或收入的生成，关联区域和所需设备，初始成本估算。其可能与预先设计重叠并重复，也可能与生产或经济计划重叠并重复。

2）前期设计（Pre-design）。前期设计的特点是修复空间和功能要求，其主要包括阶段性和可能的扩展要求，场地和环境问题，建筑规范和分区限制。其也可能包括基于附加信息的更新成本估算。

3）原理图设计（SD，Schematic Design）。原理图设计的特点是具有建筑计划的初步项目设计，其可展示预设计划的实现途径，建筑造型的模型化和概念的早期渲染，确定候选材料和饰面，按系统类型标识所有建筑物子系统。

4）设计开发（DD，Design Development）。设计开发的特点是给出详细的平面图，包括所有主要建筑系统（比如墙壁、外墙、地面和所有系统：结构、基础、照明、机械、电气、通信和安全、声学等）材料和它们的实现方式，现场排水、现场系统和景观美化。

5）建筑详图（CD，Construction Detailing）。建筑详图涉及拆除、场地准备、分级、系统和材料规格的详细计划；各种系统的构件尺寸和连接规格；主要系统的测试和验收标准；系统间整合所需的所有隔断、封闭和连接。

6）施工评估（Construction Review）。施工评估的特点是细节协调、布局审查、材料选择和审查，当构建的条件不符合预期或发生错误时根据需要进行变更。

BIM 对整个设计活动范围均有影响，从项目开发的初始阶段、处理可行性、概念设计到设计开发和施工细节。狭义上说，BIM 涉及建筑设计服务，但这个角色是由建筑或工程公司自主执行的，BIM 可作为大型集成架构/工程（AE）公司的一个部门或并入具有内部设计服务的开发公司中。在这些不同的组织结构中可以找到各种合同和组织安排。BIM 技术会不断扮演一些新角色，因此，应考虑对 BIM 新需求和实践的支持问题。

5.2 设计服务的范围

设计是一个活动，其中有关项目的大部分信息都是在最初定义的，其文档结构也是针对以后阶段添加的信息制定的。传统的建筑服务合同建议的付款时间表（可据以分配工作量）为原理图，其中设计占15%，设计开发占30%，施工文件占55%，这种分布反映了生产施工图所需的工作量。由于BIM能够自动化形成标准的详图，因此，BIM可大大缩短生产施工文件所需的时间。设计和建造过程中的决策价值与项目生命周期内的变更成本的增长密切相关，早期设计决策对建筑项目的整体功能、成本和效益具有决定性影响。如果某些项目的费用结构已经发生了变化，应通过BIM反映原理图设计过程中的决策价值以及生产施工文件所需的费用减少。

5.2.1 信息概念的演化

各种建筑项目都从不同层次的信息开发开始，包括建筑功能定义、风格和施工方法。位于信息发展领域低端的建筑是特许经营建筑（包括仓库和路边加油站，它们通常被称为“大箱子”）以及其他具有明确功能特性和固定建筑特征的建筑。对于这些建筑，必须进行最小的信息开发工作，客户通常会要求提前知道将要交付的内容并规定了预期结果的技术要求，包括设计细节、施工方法和环境性能分析等。

除此之外还有涉及最高级别的信息开发，这项工作源于有兴趣致力于新的社会功能设施开发或试图重新审视现有功能的业主，比如机场与海港项目、海底酒店或实验性多媒体演出剧场项目。其他高信息开发项目取决于业主和设计师之间的协议，它们都以探索非标准材料、结构系统或环境控制的应用为目的。十几年前，在弗兰克盖里（Frank Gehry）、诺曼福斯特爵士（Sir Norman Foster）等人的鼓励下，一些创新型建筑公司和学生表达了对使用非标准材料和形式制作建筑物的兴趣，这些项目涉及当时更高水平的信息开发，其要求这种包层或施工实践成为标准和常规实践的一部分。实践中，大多数建筑在功能上和风格上都是一个很好理解的社会功能组合，但在构造细节和程序、风格和形象方面会有一些变化。在建筑方面，大多数建筑遵循常规的大众化的建筑实践，只是偶尔在材料、制造和现场组装方面进行创新。如上所述，从信息开发水平考虑，设计服务的范围既可以是简单的也可以是精细的，具体取决于客户的需求和意图以及项目交付团队中的协调程度。传统的信息开发水平在定义建筑服务的合同范围内传达。在带有良好定义功能和建筑数据的项目中，其初始阶段的工作可以缩减或省略，设计开发（DD）和施工细节（CD）是其主要任务。其他情况下，可行性、预设计和原理图设计（SD）可能是至关重要的，因为其主要成本和功能效益已确定，这样的项目采用狭窄的费用结构是合理的。

设计中使用的技术服务范围包括财务和现金流量分析，主要功能分析（包括医院、休养所、机场、餐厅、会议中心、停车场、剧院等服务），场地规划（包括停车场、排水道、道路），所有建筑系统的设计和分析/模拟（包括结构机械和空气处理系统；紧急报警/控制系统；照明、声学、幕墙系统；节能和空气质量竖向循环安全系统），费用估算，无障碍评估，园林绿化、喷泉和种植，外部建筑清洁和维护，外部照明和标牌，等等。

5.2.2 技术合作

设计服务可能涉及各种各样的技术问题，可能涉及各种建筑系统、不同建筑类型以及它们所需的专业服务，比如用于实验室的设备或用于场馆运动场地的人造材料。这类典型服务样本的部分服务通常是由主要设计公司执行的，但更多的时候是由外部顾问进行的。一些大型建筑项目可能需要数十个不同类型的顾问。从以上描述中用户可以明白大多数大型建筑公司所熟知的内容，但许多客户、开发商、承包商甚至小型设计公司对此都不太了解，建筑设计是一项需要广泛合作的事业，其涉及各种各样的问题并需要各种各样的技术方法和专业知识。正是在这种涉猎广泛的背景下，BIM 必须通过提高质量和协调能力来运营。采用 BIM 技术的主要挑战是让设计项目的各方就新的工作方法达成一致意见并记录和传达到他们的工作中，每个人都必须适应与这种新业务方式相关的做法。目前的项目会有许多合作者参与早期设计阶段，他们是承包商和制造商，他们是执行下游项目的候选人，他们是设计-建造工作或其他类型的团队协作的基础，这些专家会处理建设、采购、时间安排以及其他类似问题。

5.3 BIM 在设计过程中的应用

前已述及，建筑信息建模的两个技术基础是参数化设计工具和互操作性，其可为传统设计实践提供许多过程方面的改进和信息方面的增强，这些好处会涵盖设计的所有阶段。当然，BIM 的一些潜在用途和好处尚未完全构思出来，但其几个发展轨迹已充分证明了其可产生显著收益。可从以下四个不同角度考虑不同项目的做法和设计过程，具体取决于他们的信息供应水平。

1）概念设计。概念设计通常是基于构思的。其中包括生成基本的建筑平面图、大体特点和整体外观，确定建筑物在场地上的布局和方向，确定结构以及项目如何实现的基本建筑计划。这些对大多数典型的和传统的建筑项目均是未知数。基于快速反馈，BIM 可以在加强此阶段决策质量方面产生巨大影响，通过这些初步决策可以更好地了解建筑计划、施工和运营成本限制以及环境因素等方面问题。

2）BIM 在建筑系统设计和分析中的应用。这方面的分析可被认为是测量实际建筑中可以预期的物理参数波动的操作。这种分析涵盖了建筑物性能的许多功能内容，比如结构完整性、温度控制、通风、照明、循环、声学、能量分配和消耗、供水和废物处理等，所有这些都在不同的使用条件或外部负载下进行。这项工作涉及与各职业部门的合作问题，这些职业部门通过整合这些专业人员所使用的分析软件来提供支持，反过来又会产生用于规划和协调各种系统的设计布局。在涉及高层次信息开发的特殊情况下，早期设计过程可能涉及结构、环境控制、施工方法、新材料或系统的使用，还会涉及用户过程的详细分析或建筑项目的其他技术方面的实验分析。没有一套固定模式的需要分析的问题体系。这些工作需要专家团队之间的密切合作，需要混合配置工具，并将这些工具结合起来形成设计工作平台。

3）传统的 BIM 观点在开发建设级信息时的使用。建筑建模软件包括布置和组合规则，可以加快生成标准或预定义的施工文档。这为加快工作流程和提高质量提供了选择条件。模型构建是目前 BIM 创作工具的基本优势，这个阶段的主要产品是施工文件。但这个局面正在改变，未来的建筑模型本身将会成为施工文件的法律依据。

4）设计和施工的整合。这种整合表现在更为明显的层面上，其适用于完美整合的传统建筑的设计-建造模式，其可促进建筑在设计之后或与之并行进行快速、高效施工。其强调越来越多地使用建筑模型直接用于施工并为制造级建模提供初始输入。其更具潜力的发展会涉及非标准制造程序的制定，其从精心开发的支持“用于制造的设计”的详细设计模型开始工作。

为了取代传统设计合同中的施工计划，应使四大领域都了解当前设计开发顺序中固有变化的流动性。BIM在其中还解决了一些实际的问题：比如基于模型的绘图和文件准备；图形库的开发和管理；成本估算的规格和细节的整合等。设计实践中还有个关注一些实际的问题：比如选择BIM创作工具，对项目进行培训和介绍以及人员配备问题。

5.3.1 概念设计和初步分析

正如前面章节所指出的那样，在建筑概念设计（Concept Design）中可对建筑的价值、性能和成本做出重大决定，因此，设计公司可为客户提供的潜在利益将越来越多地集中于他们在概念设计阶段提供的差异化服务上。基于早期分析（Preliminary Analysis）反馈的概念设计对涉及中级或高级信息开发的项目尤为重要，预计这将成为设计公司差异化的一个越来越重要的领域。

目前有越来越多的易于使用的工具可用，这些工具不是为重型生产设计而设计的，而是轻量级的、直观的工具。相对而言，这些工具比较易于使用或非常易于使用，因此它们变成了不可见的方法设计师的思考过程。每种工具都提供了对初步设计很重要的功能。一些工具专注于快速3D草图绘制和表单生成或者用于更大和更复杂的几何复杂项目，比如Google Sketch Up®、Form・Z。其他软件程序则支持根据建筑计划进行布局或简单的布局和界面，比如Facility Composer和Trelligence。还有一些软件用于能源、照明和与概念设计相关的其他形式的分析，如Eco Tect、IES和Green Building Studio。概念设计的另一个重要领域是成本评估，通常由Dprofiler和其他公司提供。令人遗憾的是，这些程序中没有一个能提供通用概念设计所需的广泛功能，且这些工具之间的顺畅互操作性尚未实现。实际上，大多数用户依赖于上述软件工具，其中，很少有人能够轻松有效地与现有的BIM创作工具进行交互。

1）3D素描工具（3D Sketching Tools）。最早可用的概念设计工具是用于3D草图绘制的工具。Form・Z可被认为是这一类的始祖，自1989年以来其一直被作为3D设计工具使用，其支持强大的三维实体和曲面建模功能，可为建筑师和产品设计人员提供任何可以想象的形式，早期人们将其视为最直观的实体建模器，但随着功能和新竞争对手的增长，Form・Z成为强大的自由曲面建模和直观性之间的权衡对象。具有类似功能的产品还包括Rhino和Maxon，它们也强调自由形式的功能。还有一些应用程序专注于建筑空间和外壳的快速草图3D布局，这类产品包括Sketch Up®和Autodesk目前已不再使用的Architectural Studio®，这些工具支持快速生成原理图设计并以传达建议空间和建筑外壳特征的方式进行渲染。这些应用程序支持在架构中使用的几何形式的简单草图定义，但通常不包含仅用于渲染的材质颜色和/或透明度以外的对象类型或属性，因此，它们不能与其他概念设计工具进行良好的互操作。

2）空间规划（Space Planning）。建筑物的要求通常集中在由程序定义的一组空间需求上，应描述客户期望的空间数量和类型、它们各自的面积数、需要的环境服务以及某些情况

下所需的材料和表面特征。这些空间之间的重要关系应根据组织实践进一步详细表述，比如医院内不同病房和治疗设施之间所需的通路。空间规划涉及组织客户定义的空间需求并将其扩展到包括存储、支持、机械和其他辅助空间，通常，这些应用程序会以两种形式描述空间计划，比如电子表格中的一系列行项目以及拟议平面图的框图布局。纳入此功能的软件产品包括 Visio Space Planner®、Vectorworks® Space Planning Tool、Trelligence®和陆军工程兵工程设施集成系统（the Army Corps of Engineers' Facility Composer）。Autodesk Revit®和 ArchiCAD®与 Trelligence 的链接在这些 BIM 设计工具中提供了类似的电子表格功能。Facility Composer 带有空间类型的程序电子表格。这些应用程序明确地表达了建筑物内的空间，以及是否有空间外壳的设计，电子表格显示与空间计划要求相关的当前布局分配情况，目前的所有空间规划方案都支持基于空白文档的群发功能而不受外壳限制，因此没有人支持在给定的建筑物外壳的范围内或在捕获目标图像的形式内生成布局，这些工具提供了另一套重要但不完整的原理图设计功能。与大多数空间规划系统一样，Facility Composer 支持基于程序电子表格开发集合图，并可与给定程序相关的当前布局进行比较。

3）环境分析。第三种类型的应用和接口侧重于解决候选设计的能源和环境方面问题。IES Virtual Building®、Ecotect®和 Green Building Studio 是这一领域的三款代表性产品。Ecotect 的一些图片可为建筑模型提供性能反馈。这些产品通过简化的建筑模型以及直接翻译器与现有的分析/模拟应用程序混合使用。Ecotect 和 IES 拥有自己的建筑模型，带有表单生成和编辑功能，还具有草绘应用程序的一些功能。使用绘图系统时准备运行应用程序的数据集非常烦琐，如果完全应用的话它们会被降级到设计的后期阶段。使用 BIM，应用程序的接口可以自动化，从而几乎可以实时反馈设计行为。这些环境分析应用程序将界面集成到一组能源、人造和自然照明分析、火灾出口和其他评估应用程序中，从而可以快速分析原理图级设计。gbXML 提供了一个从现有 BIM 设计工具到其分析应用程序集的界面。Ecotect、IES 和 gbXML 支持的不同接口。这些环境分析工具可以深入了解与给定设计相关的行为并提供总能量、照明使用情况以及预计运营成本的早期评估结果。到目前为止，这种演示主要依靠设计师的经验和经验法则，这些应用程序套件与现有的 BIM 设计工具只提供有限的兼容性。在这方面，ArchiCAD®、Bentley Architect 和 Revit®可提供 gbXML 导出界面，Ecotect 拥有与 ArchiCAD®和 DigitalProject 的 IFC 接口，IES 可与 Revit®直接链接。环境分析工具还需要大量的非项目特定信息，包括可能影响入射阳光的细节、可能限制阳光的情况、相关因素（比如地理位置、气候条件、结构或地形）对现有结构的各种影响。这些信息通常不在 BIM 设计工具中进行，而是通过次级分析工具进行。这些分布式数据集通常会引入管理级别的问题，比如确定哪些分析运行会给出哪些结果以及采用哪些版本进行设计，知识库可在这方面发挥重要作用。笼统而言，所有现有概念设计工具支持的交换格式多种多样，目前，这些工具生成的大部分信息必须在传输到 BIM 创作工具时重新生成。

4）概念设计的其他问题。为了完成传统的建筑电路原理图设计还必须定义设计的另外两个方面，即场地开发（包括现有条件）和所有建筑系统的类型识别。场地开发涉及建筑物布局、立面图、所有主要场地的定义和地面轮廓的变化和增强、场地开发的一般区域范围。网格的使用往往是整体概念设计的重要部分。一些 BIM 设计工具支持场地规划，一些环境分析工具支持场地以及外部太阳能和风力研究。外层空间功能目前可以在空间规划工具中使用分块空间来处理以进行网格布局分配。概念设计（Conceptual Design）通常涉及识别每个建筑系统的"类型"，包括结构、外部装饰、能源和暖通空调、照明和竖向环流，借助这些

信息才能在早期阶段生成初始成本估算，才能核实该项目是否在经济范围内且符合该计划。大多数现有的环境分析应用程序识别 HVAC 系统类型，而不是结构或其他系统。传统上，在概念阶段小项目的成本估算涉及基于单个总单位量度的"后包络"计算，比如面积数或房间数量。对较大项目的拟议设计概念的验证通常涉及由顾问编制的详细成本估算。通过适当的设置，BIM 支持快速生成成本估算，因此在整个概念探索和开发过程中进行成本估算是可行的。虽然在这个设计开发阶段只能产生粗略的建筑成本估算，但所提供的信息可以尽早告知设计师各种潜在的问题，或者可以确信提交的设计可以在项目预算的范围内开发，还可产生几乎实时的成本估算结果。目前唯一能代表所有建筑系统且支持概念级成本估算的软件是 DProfiler，它可以快速组成概念模型并生成成本估算，它只能用于某些预定义的建筑类型。与能源相关的概念工具一样，DProfiler 构建模型也是独特的，且仅支持将 DXF/DWG 导出到其他应用程序，比如上面列出的概念设计工具或 BIM 设计工具。了解建筑环境的另一个方面是搜集建造条件，这是改造和改建工作的关键问题，基于点云激光扫描的新型测量技术为搜集建造条件提供了一种有价值的新技术。

5）概念设计的注意事项。当首次定义和探索基本设计方案时，概念设计工具必须平衡支持直观和创造性思维过程的需要，以便能够基于各种模拟和分析工具提供快速评估和反馈从而形成更明智的设计。令人遗憾的是，这些工具中的每一个都只能完成整个任务的一个部分，因而需要在它们之间进行翻译。目前没有可用的工具支持全面的概念设计服务，它们要求用户在许多不同的软件程序中获得和保持其功能，每个软件程序都有不同的用户界面，也可依靠人工的基于文档的评估模式（或更可能是通过直觉）填补空白。这些应用程序之间的数据交换和工作流程也是非常有限的。在大型企业中，与原理图设计（及其支持应用程序）相关的各种任务可能会使用基于自定义 API 的接口在多人之间进行工作分解。由于开发自定义工作流程的成本问题，小公司可能会选择其中一种工具并放弃使用多种工具的好处。在原理图设计阶段结束时，这些应用的输出必须传输到通用 BIM 设计工具中，这样的交换在理想情况下是很容易的，双向交换允许采用简单的分析或复杂的形式且可随时进行修改和重新评估。前已叙及，目前即使在主要方向上这种转换仍没有得到现有 BIM 工具的很好支持，这些不同的概念设计应用如何被整合是一个复杂的问题。目前，至少有以下四种方法可集成原理图设计所需的不同功能：开发一个涵盖所有功能的单一应用程序，当然这项工作还没有很好的解决办法；可以基于对各公司互利的业务计划开发一套综合应用程序，使用一套直接翻译软件或插件，这项工作也没有做好，但已经有人在进行这方面的尝试；应用程序支持中立的公共标准交换接口（如 IFC）并依靠它来支持集成，这项工作已经在做，与 Ecotect 类似；扩展易于使用的 BIM 创作工具的功能以包括此处查看的功能，比如 Revit®或 ArchiCAD®。除了前述第一个整合工作方法外，其他方法都在不同程度上得到了应用。综上所述，虽然与概念设计相关的前端服务可能会随 BIM 的采用而变得越来越重要，但目前的技术基础还没有发展到支持这种变化的程度，现有的概念设计工具只提供非常有限的解决方案。同时，BIM 模型创建工具通常太复杂，无法用于草图和表单生成。纸和铅笔仍然是这种工作的主要工具。预计不久的将来这一领域将会取得进展，有效的概念设计系统解决方案是会出现的。

5.3.2　建设过程的系统设计和分析与仿真

设计进入概念阶段后系统需要详细的规范，机械系统需要确定规模、结构系统必须得到设计，这些任务通常需要通过与设计组织内部或外部的工程专家合作进行。像概念设计一样，这些活动之间的有效协作提供了一个划分市场的区域。

将分析和模拟方法应用于设计应关注一些常识性的问题。首先，应关注在设计后期阶段详细介绍建筑系统时将这些应用程序作为正常绩效评估过程的一部分。与早期的应用程序相比，这一阶段的应用程序非常复杂且通常由技术领域的专家操作。应考虑应用领域和现有软件的替代方案，包括有关其使用和交换的一些问题以及与合作有关的整合方法和其他一般性问题。应通过研究分析和仿真模型的特殊用途来完成研究工作，通过这些模拟探索新技术、新材料、新控制或其他系统在建筑物中的创新应用问题。需要强调的是，这种实验性架构通常需要借助专门的工具和配置。

(1) 分析/仿真软件

随着设计开发的进行必须确定有关建筑物各种系统的详细信息以便验证早先的估算并设计投标、制造和安装系统，这些工作涉及广泛的技术信息。所有建筑物必须满足结构、环境调节、淡水分配和废水去除、阻燃、电力或其他配电、通信和其他基本功能要求。虽然这些能力和支持它们所需的系统可能早已被确定，但它们应符合代码、认证和客户目标的规范要求，且应进行更详细的定义。另外，建筑物中的空间也是系统的流通和访问空间，应形成由空间配置支持的组织功能系统，分析这些系统的工具也在普及过程中。

在一个简单的项目中，设计团队的主要成员可以解决对这些系统的专业知识的需求，但在更复杂的设施中他们通常会由位于公司内部或作为顾问聘请的专家处理每个项目的基础问题。在过去的三十年中，早在BIM出现之前人们就开发了大量的计算机化分析功能，其中一大部分是基于建筑物理学的，需要通过起草（电子或手工）并花费大量精力准备运行这些分析所需的数据集。借助自动界面可以实现更加协调的工作流程，从而允许来自不同领域的多位专家共同合作生成最终设计。BIM创作工具与分析/模拟应用程序之间的有效接口包括以下三方面特点：可在BIM创作工具中分配符合分析要求的特定属性和关系；可编制一种分析数据模型的方法，该模型包含适当的建筑物抽象几何形状以便作为特定分析软件的建筑物的有效准确表达，从物理BIM模型中抽象出的分析模型对于每种类型的分析都是不同的；带有数据传输相互支持的交换格式，这种传输必须保持抽象分析模型与物理BIM模型之间的关联，还应包含ID信息以支持交易双方的实时更新。

以上三方面特点是BIM的基本承诺的核心，它可以消除不同分析应用程序对多个数据输入的需求，从而可在非常短的周期内直接分析模型。几乎所有现有的建筑物分析软件工具都需要对模型几何体进行大量的预处理，包括定义材料属性和应用载荷。在BIM工具包含上述三种功能的情况下，几何图形可以直接从公共模型中导出，可以为每个分析自动分配材料属性，并可以存储、编辑和应用分析的加载条件。

处理结构分析的方式很好地说明了BIM在这些方面的优势。由于建筑设计应用程序不会以适合执行结构分析的方式生成或表示结构性部件，因此一些软件公司会提供单独版本的BIM软件来实现这些功能。Revit® Structures和Bentley Structures就是两个典型，它们提供结构工程师通常使用的基本对象和关系，比如柱、梁、墙、平板等，并可以与其兄弟建筑BIM中的相同对象以完全互操作的形式应用。需要强调的是，它们具有双重表征特点并增加了理想化的“支撑和结构”的结构表示方式。它们还能够表达结构负载和负载组合以及接头的抽象行为，比如连接失效，这是用于获得建筑代码批准的分析所必需的。这些功能为工程师提供了运行结构分析应用程序的直接界面。比如，BIM工具中包含的剪力墙模型可对该墙面内侧向荷载进行分析并给出结果。

能量分析有其特殊的要求，第一组数据集用于表示太阳辐射的外壳，第二组代表内部区域和发热用途，第三组代表 HVAC 机械设备，其需要用户（通常是能源专家）准备额外的数据，默认情况下只有这些集合中的第一个集合在典型的 BIM 设计工具中显示。基于计算流体动力学（CFD，Computational Fluid Dynamics）的照明模拟、声学分析和气流模拟各自都有其特定的数据需求，虽然与生成用于结构分析的输入数据集相关的问题能够被很好地理解，大多数设计人员都对照明模拟（通过使用渲染包）也有所体会，但人们对进行其他类型分析的输入需求通常却不太了解，因此需要利用专业技能进行大量的设置。为编制这种专业数据集提供接口是专用环境分析建模模型的重要贡献，一套用于执行详细分析的准备工具很可能会嵌入未来版本的主要 BIM 设计工具中，这些嵌入式接口将有助于为每个单独的应用程序进行检查和数据准备，这些工作跟初步设计所做的一样。一个正确实施的分析过滤器具有以下四种功能：从 BIM 模型中检查最小数据的几何可用性；从模型中提取必要的几何图形；分配必要的材料或对象属性；申请改变用户分析所需的参数。设计分析/仿真应用涉及公共数据交换格式、与特定 BIM 设计工具的直接专有链接，直接链接可使用中间件公共软件接口标准（比如 ODBC 或 COM）或专有接口（比如 ArchiCAD® 的 GDL 或 Bentley 的 MDL）标准构建，这些交换使部分建筑模型可用于应用程序的开发。

CIS/2 是最常用的公共数据交换格式，是钢结构行业倾力开发的成果，它为结构分析应用提供了宽泛的交换空间，但这种分析仅限于钢结构。目前人们已经采取措施使 IFC 的模式支持结构分析并在某些情况下支持能源分析，一些初级性的工作已经完成，使 IFC 模型能够承担年度太阳辐射效应的分析工作，但无法进行照明、声学或气流模拟工作。随着 BIM 技术越来越广泛地采用，可以预期相关 IFC 模型的定制工作将会有很大的起色。当然，毋庸讳言，支持所有分析类型的统一直接交换格式是不太可能开发出来的，因为不同分析要求采用的物理模型具有不同的抽象特征，且每种分析类型具有特定的属性，大多数分析需要由设计人员或准备模型的工程师仔细构建并输入数据。

以上介绍的主要是处理建筑物物理行为的定量分析问题，但在实际工作中还必须对一些不太复杂但也不很简单的标准进行评估，比如消防安全和残疾人的通行问题，中性格式（IFC）建筑模型的可用性促进了基于规则的对上述两种模型检查的支持。通常认为 Solibri 是构建模型的拼写和语法检查工具，EDM Model Checker™ 为进行大规模建筑代码检查和其他形式的复杂配置评估提供了一个平台，EDM 是 CORENET（新加坡自动化建筑规范检查工作，The Singapore Automated Building Code Checking Effort）中使用的平台，澳大利亚也开展了类似的建筑规范工作。Solibri 为 GSA 设置了空间计划验证申请功能并开发了额外的流通布局测试功能，其空间方案验证功能可用于推算一个空间的面积。应用程序可根据 ANSI-BOMA 面积计算方法对程序区域与布局中的程序区域进行比较以确定是否符合空间程序要求，可进行定性和定量评估的这类评估应用程序会随着标准表达方式的改进变得用途更加广泛。一些 BIM 设计工具还提供空间编程评估功能，Revit® 具有空间规划评估功能，ArchiCAD® 拥有的 Trelligence Affinity™ 插件也可提供类似的功能。

（2）改善设施内的组织效能

尽管建筑外壳的特征显而易见且与设计和施工直接相关，但建筑物内也可包括各种医疗保健、商业、交通、教育或其他功能，建造的空间应有助于建筑物内设施的有效运作，这些在生产设施中是司空见惯的，其中操作布局被认为是对高效生产有影响的。基于医生和护士每天大量行走时间的统计原则，医院也采用了同样的逻辑分析方法。人们还研究了在创伤治疗单位和重症监护设施中开发空间布局以支持各种应急程序的问题。另外，机场的停留时间也是一个值得关注的问题，并可能受到机场规划的影响。随着员工队伍越来越注重创造性工作，硅谷开放的友好工作环境模式会在各地得到普遍应用。欧美发达国家用于医疗保健的GDP增长百分比表明，通过改进设计（与新程序相关）可以产生的进步是值得深入分析和研究的领域。无论建筑师是否具备这种分析能力，将建筑设计与组织过程模型、人类交通行为以及其他相关现象相结合将成为设计分析的重要工作。当然，这些问题通常因业主对需求的认可而推动。

（3）费用估算

虽然分析和模拟程序意在预测各种类型的建筑物行为，但成本估算却涉及各种类型的分析和预测问题。像前面介绍的各种分析一样，它也需要适用于不同层次的设计开发目的，需要利用现有的信息，还需要对信息的缺失部分进行规范性的假设。成本估算解决了与业主、承包商和制造商相关的一个焦点性问题。目前项目的产品或材料单位都可通过人工计数和面积计算进行测量和估计，像所有的人类活动一样，这些都会产生偏差并会花费相当的时间，但目前的建筑信息模型可以轻松地对不同对象进行计量，且可以瞬时自动计算出材料的体积和面积。从BIM设计工具中提取的指定数据可获得成本估算所需的建筑产品和材料单位的准确计量结果。与BIM设计工具集成的成本估算允许设计人员在设计时进行价值估测，并在设计时考虑各种替代方案以最大限度地利用客户资源。项目结束后按照传统做法核算项目成本时，针对变更依据是标准而不是实际的变更情况，因而通常会使估算结果偏差增大。在项目开发过程中实施增值工程可在整个设计过程中实现符合实际的评估。

（4）合作

在整个设计过程中需要设计团队和工程技术专家顾问之间进行协作，咨询工作包括向专家提供有关项目设计、使用和环境的适当信息以供评审并获得反馈、建议和变更。这种协作往往需要借助团队的力量解决问题，每个参与者只理解整个问题的一部分。传统设计方法中，这些合作依赖于图纸、传真、电话和现场会议。电子文档和图纸的电子传输，电子邮件交换和网络会议提供了在线模型和图纸评审的新形式。

多数主要的BIM系统都包括对模型和图纸审阅以及在线标记的支持。新工具可以显示三维建筑模型或二维工程图以方便审查，而不需要复杂的完整模型生成功能。这些仅供查看的应用程序依赖于类似绘图系统中使用的外部参考文件的格式，但其功能也在不断地得到强化。中性格式的可共享建筑模型（比如VRML、IFC、DWF或Adobe® 3D）易于生成，其结构紧凑易于传输，还允许标记和修订，且支持通过Web会议进行协作，其中的一些模型查看器包含用于管理哪些对象可见并用于检查对象属性的控件，客户可根据需要拿走这些扩展的模型的副本进行人工审查和评估。

如果仅凭记忆认识、阅读和理解重要的、固有的2D部件和构造是很困难的，相比之下，大多数人都可以阅读和理解3D模型，从而完成更具包容性和直观的规划和审查流程，这对于缺乏解译2D图纸经验的客户而言尤其重要。与设计或施工项目中涉及的所有参与方进行定期评审可以使用3D BIM模型以及诸如Webex®、Go To Meeting®或Microsoft Live Meeting®等工具进行，会议参与者可能在全球范围内的不同地方，仅会受到工作/睡眠模式和时区差异的限制。除了共享建筑模型的能力之外，借助语音和桌面图像共享工具还可以解决许多协调和协作问题。

协作最少会在两个层面上发生，首先会发生在所涉及的各方的交流中，比如网络会议和桌面显示，其次会涉及项目的信息共享问题。此外，顾问之间密切协作的机制要求定义数据交换结构，以便在设计修订时支持该协作并保持模型之间的一致性。为了解释自己的想法，用户可根据前面介绍的工具和交换格式来考虑结构分析的情况，还可以扩展到其他类型的共享设计信息中。

一旦建筑模型的系统准备妥当，具备分析条件且有数据交换格式可用时就可以启动数据交换功能。如前所述，工作流程可以通过精细的信息交流和对话来表达。基本层面上的交换格式可以简化为以下两种类型。

1）作为从 BIM 设计工具到分析应用程序的单向流程。比如设计师将现有的结构网络及其荷载（如果知道的话）和各种关于部件的约束交给结构设计师，结构设计师添加有关连接、载荷条件和其他结构行为的假设，结构工程师可以根据初步的分析结果尝试不同的选择，然后向设计人员提出修改建议，建议的返回是通过绘图和草图在外部进行的，所有更新都由设计人员在 BIM 工具中人工输入。这些变更可能涉及位置变更、部件大小变更、详细的支撑布局以及最初未解决的其他设计问题。因为这些变化通常是细致的和烦琐的，所以很容易被误解。结构的后续更新将使用相同的流程进行重新分析，结构工程师会在每次分析运行时插入分析假设。

2）作为双向流程，设计应用程序支持流向分析工具也接受其结果。这种模式下结构工程师的流程与之前的一样。在分析和按需替换后分析师将建议的变更以数字化传回给 BIM 设计应用程序，系统自动将这些作为模型变更进行呈现，设计人员可以接受或拒绝。这种模式要求设计应用程序可以检测更新的部件及其属性，还应将它们与初始数据集匹配并进行适当的更新。以后的分析替换仅将修改发回给结构工程师，且只需要分析数据集中的增量变更，之前分析的假设得以保留，连接和装载假设只需要更新那些被修改的部件。

综上所述，单向工作流更接近当前的工程实践特点，结构工程师在图纸上勾画有关变更的标记，但所有更新都由设计团队实际执行。第二个工作流程与结构工程师可以直接对绘图集的结构层上的信息进行修改的实践并行，因而第二个工作流程效率更高，其可以在几分钟内完成替换而不需要几天的时间，且可以支持一步一步甚至自动化的改进和优化，从而可以充分利用结构工程师的专业知识。

双向流程需要专门准备 BIM 设计工具和接收分析应用程序。为了匹配从分析应用程序接收到的变更对象，必须由设计应用程序生成识别对象 ID 以便在分析应用程序中携带该识别对象并使用更新后的数据集返回。BIM 设计工具必须生成能来回传递对象的 ID，然后将这些设计应用程序与现有对象的 ID 进行匹配以确定哪些对象已被修改、创建或删除，分析应用程序中也需要类似的匹配。这些双向功能已经在一些结构分析的接口中实现，所有建筑数据模型、IFC 和 CIS/2 均支持定义全球唯一的 ID。支持双向交换分析数据的信息流涉及 BIM 设计工具（设计师/工程师）、分析包（结构工程师）、建筑模型、执行分析、输入分析数据、电子数据交换、手册数据录入/交换、抽象几何、新的或变更的部件对象属性网格、环境的上下连接、行为的自动更新、合并变更、加载等问题。总之，通常可以在 BIM 设计应用程序和结构分析之间实现使用双向工作流程的有效协作，当然，在大多数其他分析领域建立有效的双向交流仍然需要付出艰辛的努力。

设计师和顾问之间更快迭代的基本原理是精益设计理念的一部分。长时间的迭代会导致双方任务的增大且往往会涉及多个项目。多任务模式会导致时间的浪费，需要记住每次重返项目时的设计问题和背景，且更容易造成人为错误。更长的迭代过程会导致更高水平的多任务模式。更短的周期可允许在项目上持续地工作，其结果是浪费的时间更少，可更好地完成每项设计任务。

（5）使用设计“工作台”进行实验设计

前面介绍的都是大型建筑项目的标准设计开发模式的情况，对需要借助高水平设计信息开发的创新建筑还有一个涉及应用分析问题的重要的设计过程，这是一种强调实验的设计模式，建筑师/工程师可以据此探索新的结构系统、新的能源分配系统、新的建筑物环境控制系统、新材料特性、新建筑方法、以及建筑物其他方面的问题，这些新的系统、体系和方法可能会实现有效工作也可能不会实现有效工作，这些都是现场设计必须研究的问题。比如，超高层写字楼为了最大限度地提高景观效果，并最大限度地减少办公楼层的太阳能热量，可将每块楼板的四分之一从南面凿出并在塔楼高度上从西向东移动，这样南墙上类似一块巨大整体石头的外观就可由优美扭曲的扭状墙壁代替，还可突出塔楼的标志性特征，然后，通过广泛的研究以尽量减少太阳辐射量，还需对内部不规则表面的镶嵌进行专门研究，布局的设计可借助 Visual Basic 脚本进行管理，以数字项目作为设计平台。一个现代建筑的每一个设计内容都需要依赖数百次的分析运行，其中一次必须在优化工具中进行，要完成这样的工作没有现成的方法，每个项目和实验设计都会面对与自己相关的特定的问题。结构设计和实验设计很少能通过使用鲁鲁棒模型（Stick Models）来实现，其通常需要借助三维有限元模型（3D Finite Element Models）。对于能源研究，标准建筑物分析工具无法解决材料、机械系统或关注的控制系统的某些方面问题，比如，具有自适应自动控制的双壁系统无法在 DOE-2 或 Energy＋中直接进行分析而必须更多地采取创造性的分析方法。每种情况都需要利用多种工具，且通常必须按照一种分析的输出为另一种分析的输出提供输入的方式组织这些工具，常见的数学工具通常是必不可少的，比如 MatLab® 或 Mathematica® 等。

一个特别值得关注的领域是支撑曲面的制造方法。科学家研究发现，建筑中自由形体的发展可以通过数字化定义的外壳方式进行，并根据组成形体的材料形状规划其可行的制造方式。相关的公司通常会使用计算机数字控制（CNC，Computer Numerical Control）机械来完成构造工件的部件制造工作。考虑到经济原因，采用数控设备是非常必要的，因其每个形体都是独特的，这项工作因而被称为“制造设计”，相应的建筑也被称为“再制造建筑”（Refabricating Architecture）。在建筑学校和创新办公室中如何设计建筑物使其能利用 CNC 生产方法是一个广阔的研究领域。这种生产方法的结构件由参数结构控制，允许其形状自动生成并随后进行制造。每种制造方法都有与其自己相关联的系列过程，对支持它的数字数据也有专门的要求。通过制造规则和示范工程可解决与设计过程中的各个步骤相关的各种问题，比如将几何形态转换为 CNC 的机器数据、连接方法、成型质量、公差和材料尺寸等。

人们对新形体的探索通常受益于对大量抽象替代品（比如优化）的自动搜索，而不是从几个人工生成的替代品中进行选择。开发一系列定义明确的设计是一项艰巨的任务，通过它可以自动搜索并建立明确的目标函数来确定最佳的解决方案。通过定义一个参数闭合模型可以大大地方便这项工作，这意味着可能需要预留一个封闭的、巨大的、可以配置的有限空间，比如，模拟退火软件（Simulated Annealing Software）可由 Taygeta Scientific® 获得并被纳入 Mathematica® 中，这种方法被用于复杂形体的结构优化。到目前为止，设计优化一直是少数几家公司的独门绝技，尤其是 Ove Arup 和 Partners，现在有很多机会使其用武之地越来越多。

5.3.3 施工级建筑模型

设计师至少可以通过以下两种不同的方式来开发施工级建筑模型（Construction-Level Model)。第一种方式是按传统认识进行设计，即建筑模型是一种表达设计者和客户意图的详细设计，在这种观点指导下，承包商有望开发自己独立的建筑模型和文件。第二种方式是将其作为施工、规划和制造各方面更加详细的可使用的部件详细模型，在这种视图中的设计模型是施工团队工作的起点。

建筑师习惯采用第一种方法的主要原因是通过采取不提供施工信息而只提供设计意图的方法来规避发生施工问题时的责任，这个特点在建筑图纸上的文字免责声明中表现得尤其明显，这些图纸将承担尺寸精度和正确性的责任转嫁给了承包商，当然，从技术上讲，这意味着承包商或制造商应从头开始开发他们的模型以反映设计师的意图并要求重复提交、设计审核和更正，这种严格基于设计意图的方式，对客户来说本质上是低效和不负责任的，应鼓励设计师采取第二种方法向制造商和设计师提供他们的模型信息，并允许他们根据需要详细阐述设计信息以维持设计意图并改进制造设计，一些项目中的结构工程师模型为这种方法提供了很好的榜样，这些项目中结构工程师已经提供了所有的结构几何形状，其中包括现浇混凝土钢筋和钢接头的构造，不同的制造商可以使用相同的型号来完善他们的构造以确保不同系统之间的协调。一些模型中还包含了钢结构、钢筋加工商和混凝土浇筑三个分包商的详细信息并使工程师能够确保这些系统之间的设计协调。

几乎所有现有的用于生成建筑信息模型的工具都支持全3D组件表示，也可采用2D局部表达以及符号化2D或3D示意图混合表达（比如对中心线布局)。管道布局可以根据其物理布局来定义，也可以采用中心线逻辑图表达，管道直径应标注在它们的旁边。同样，电气导管也可以放置在3D模型中或用虚线逻辑表达。由混合方式构建的建筑模型只有一部分具有机器可读性，模型的详细程度决定了它的机器可读性和可以实现的功能，自动冲突检查只能应用于3D实体，必须根据模型所需的详细程度及其3D元素的几何结构进行决策，因为结构级建模方式仍在探索过程中。

目前，产品供应商提供的推荐施工构造还不能以允许插入参数化3D模型的通用形式来表达，其原因在于不同的参数化建模器内置的基础规则系统各不相同。建筑细节仍然是最容易以传统形式提供的，比如绘制的部件。提供参数化3D细节的潜在好处在于能够加强供应商对其产品安装和详细程度的控制，且对责任和担保人都有很大影响。当然，目前设计人员对二维截面的依赖性使得他们在细节层面不采用三维建模的基本原理，这也是需要克服的质量控制障碍。

（1）建筑系统布局

与BIM相关的主要生产力优势之一是机械、电气、管道设计和合同领域。传统施工方法中的建筑师和MEP顾问从组件和总体布局（使用中心线近似值）的逻辑上定义这些系统，分包商可以为每个系统完成详细的布局和制作工作，每一项工作都必须执行详细的设计，通过零件制造和现场测量安装上述系统后形成实际的空间，通过调整（购买图纸或已制造的零部件）完成最终系统的安装，由此产生的工作过程冗长且容易出错并会导致浪费。

另一种方法是同时为所有系统进行3D详细设计，使用BIM进行协作并在现场构建工作开始之前为依托的建筑物构建虚拟建筑，这样就可使集成系统单元的预制和预组装程度更高，这些装置可以在现场安装时及时提供。与这种方法相关的好处包括减少对现场工作人员和堆放区的需求且预制单元可以更大，这样就可大大减少现场的制造时间和成本，采用这种方法进行设计意味着所有的系统布局均必须在3D制作之前准备好。模块化、规划组件化以及现场安装工作的简化是额外的设计必须考虑的因素。

不同的建筑类型和建筑系统会涉及不同类型的详细设计和布局方面的专业知识，幕墙等特别定制设计的系统都涉及专门的布局和工程。预制混凝土和钢结构涉及专业设计、工程和制造专业知识的其他领域。机械、电气和管道系统涉及大小和布局问题，它们通常都位于密闭空间内。这些情况下参与设计的专家需要采用特定的设计对象和参数化建模规则来布置他们的系统，调整他们的尺寸并设计它们。在生产过程的后期还需对布局进行进一步细化以支持一个层面的自动分析并提升另一个层面的自动制造水平和质量。然而，专业化需要借助缜密的整合方式才能实现高效率的建设，每个系统的设计者和制造者/构造者通常是独立的且分属不同的组织。

虽然设计阶段的3D布局具有许多优点，但如果过早进行则可能会产生多次迭代问题，并会因此使其优势减少或丧失，当然，如果执行得太晚则项目可能会被延迟。在选择制造商之前，建筑师和MEP工程师应该只给出“建议布局”，制造商被选中后构建的对象和布局可能会被细化，由于生产者的偏好或制造商特有的优势，该布局可能与原始版本不同，因此，每个系统所追求的细节水平取决于合同的安排。幸运的是，系统设计和制造之间的界限始终处于开通状态，所有系统设计师和制造商的分包商并行使用BIM工具时，BIM工具的效率将使其尽可能无缝，毋庸置疑，BIM工具为设计提供了强大的优势，其可为建筑系统建立合同安排，且会因此而节省成本和时间，使用建筑细节级模型（设计模型直接用于制造详图）将变得更加流行。实际上每个建筑系统都可以单独布置，且只与其他系统共享3D参考几何图形并依此作为指导，这样做的好处是可以在不需要完整编辑互操作性的情况下完成布局协调工作，主机BIM设计工具和专门的建筑系统设计应用程序都需要借助有效的参考几何体来导入和导出系统，使制造商能得以指导其布局系统的布置。

许多应用程序可用于优化A/E公司或顾问所使用的主要BIM设计工具内部或与其一致的操作。表5-3-1给出了一个具有代表性的样本，其中包含机械和HVAC、电气、管道、电梯和行程分析以及场地规划应用的情况，这些支持领域正在由专业建筑系统软件开发商迅速拓展。相关的软件不断开发并与主要的BIM设计工具集成，一些软件也被BIM供应商收购，因此，BIM供应商有能力提供日益完善的建筑系统设计软件包。

表5-3-1 建筑系统布局应用程序

建筑系统	应用
机械与暖通空调（HVAC）	载体E20-II暖通空调系统设计（Carrier E20-II HVAC System Design）；宾利建筑机械系统（Bentley Building Mechanical Systems）；Vectorworks建筑师（Vectorworks Architect）；ADT建筑系统（ADT Building Systems）；Autodesk Revit®系统（Autodesk Revit® Systems）
电气	宾利建筑电气（Bentley Building Electrical）；Vectorworks建筑师（Vectorworks Architect）；AutodeskRevit®系统（Autodesk Revit® Systems）
管道	Vectorworks建筑师（Vectorworks Architect）；ProCAD 3D智能（ProCAD 3D Smart）；Quickpen Pipedesigner 3D；Autodesk Revit®系统（Autodesk Revit® Systems）
电梯/自动扶梯	电梯6.0（Elevate 6.0）
网格规划	Autodesk Civil 3D；宾利PowerCivil（Bentley PowerCivil）；Eagle Point的景观和灌溉设计（Eagle Point's Landscape & Irrigation Design）
结构	Tekla结构（Tekla Structures）；AutodeskRevit®结构（Autodesk Revit® Structures）；宾利结构（Bentley Structural）

（2）绘图和文件制作

图纸生成是BIM生产能力的重要体现，随着时间的推移，未来的图纸将不再是设计信息的记录，模型将成为建筑信息的主要法律依据和合同来源。当然，目前每个有记录的设计公司仍然需要制作设计示意图，需要进行设计开发和施工图纸绘制以履行合同要求、满足建筑规范要求，还应满足承包商/制造商估价要求并作为设计师和承包商之间的合同文件。这些文件具有重要用途，其重要性已超出了合同范围本身，施工期间人们使用图纸来指导布局和工作。现有的合同通常都会强制要求使用图纸，甚至在某些功能不再需要的情况下也是如此。单一模型表示既可保证一致性，又可满足自动化绘图生产方面的大多数要求，因为，它们是通过单一模型实现的，这些模型可用于生成所有平面图、剖面图、立面图、结构图、机械图、电气图和其他系统图纸。在适当资料的支持下，施工文件的制作时间可以大大减少。随着BIM及其报告生成功能的发展，一旦消除了对图纸格式的法律限制，就会出现可以进一步提高设计和施工生产力的选项，采用BIM工具的制造商已经在开发新的绘图和报告生成布局以更好地满足特定目的，它们不仅适用于钢筋弯曲和材料清单，还适用于利用BIM工具的3D建模优势的布局图，BIM研究的一个方面是为不同制造商和安装商开发专门的图纸，可以在设计过程中轻松解读研究结果，这是另一个提高BIM功能的研究领域。

BIM的长期目标是从模型中完全自动生成图纸，但通过对一些特殊情况的仔细观察可以发现大多数项目都存在某些特殊的问题，且这些问题的本身非常罕见，因此对它们进行规划并制定建模规则是不值得的，因此，在发布之前应审查所有绘图报告的完整性和布局，可能仍然是不久的将来需要完成的任务。

（3）产品规格

完全详细的三维模型或建筑模型目前尚无法提供足够明确的信息来构建建筑物，该类模型（或历史上相应的图纸集）省略了材料、表面处理、质量等级、施工程序，省略了管理实现所需的建筑结果以及其他必需信息的技术规格，这些附加信息可打包为项目规格，这些规格应根据项目中的材料类型和工作类别进行组织。标准规格分类是Uniformat®（其中有两个略有不同的版本）或Masterformat®采用的模式，针对每种材料、产品类型或工作类型都规范性地定义了产品或材料的质量，并确定了需要遵循的特殊工作流程。各种IT应用程序可用于选择和编辑与给定项目相关的规范，并在某些情况下可将它们与模型中的相关组件交叉链接，与BIM设计模型交叉参考的最早规范系统之一是e-Specs®，它可与Revit®中的对象交叉链接，其通过电子规格保持参考对象和规范之间的一致性，如果引用对象发生变更则会通知用户相关规范必须更新，规格也可与库对象相关联以便在将库对象合并到设计中时能自动应用规范。一个典型的实验室礼堂的详细布局中相关图纸包括面板制作布局，其采用倾斜的结构网格且设计特别复杂。

Uniformat定义了一个构建为结构图集伴侣的文档结构，该工具的一个局限性是规范结构覆盖了给定建筑项目中具有多种可能应用的广泛区域，从而在逻辑上限制了单向函数的链接，因为单个规范子句适用于设计中的多个但可能具有多样性的对象，因此，不能直接访问规范段落适用的对象，这种局限性会影响规范质量的管理，美国施工规范研究所（Uniformat®的业主）正在分解Uniformat的结构以支持建筑物和规范之间的双向关系，一个称为Omniclass®的新分类将为模型对象的规格信息带来更容易管理的结构。

（4）设计-施工集成

设计与施工分离的历史在中世纪并不存在，其最早出现于文艺复兴时期。在长期的发展历史中，通过构建建筑工匠之间密切的工作关系可将他们分离的可能性降到最低，后者在建筑师事务所的办公室里将成为未来的“白领”，但近年来这种联系正在不断减弱，概念性设计者主要是初级建筑师，现场工匠与设计室之间的沟通渠道日趋萎缩，随之而来的是一种对抗关系，其形成归因于出现严重问题时与负债相关的风险。

更糟糕的是，现代建筑的复杂性使得越来越多的图纸之间保持一致性的工作变得异常困难，即使使用计算机绘图和文件控制系统也难以解决。随着提供信息详细程度的提高，因设计意图理解差异或不一致导致的错误概率会急剧增加，质量控制程序很少能够捕捉到所有错误信息，因此会最终在施工过程中发现所有错误。

建筑项目不仅需要进行建筑产品的设计，还需要进行施工过程设计，这是设计-施工一体化的核心，它意味着一个设计过程已成为建筑及其系统如何组装在一起的技术体系和组织体系，其中包含了成品的美学和功能特性。实际上，建筑项目依赖于建筑知识范围内专家之间的密切合作以及设计团队与承包商和制造商之间的密切合作。BIM 未来的发展是成为一个设计好的产品和工艺过程，它们是连贯的且集成了所有相关的知识。

建筑物的营造可采用不同的采购形式和合同，虽然承包商会有各种做法，但用户应首先考虑从设计师的角度进行合作，从而发现集成的好处。这些好处可概括为以下四个方面：一是及时识别长期使用的物品并缩短采购时间表，工程应随着设计的进行而不断进行成本估算和时间调整，以便通过权衡使其完全融入设计中，而不是事后以“截肢”的形式进行。二是可早期发现和设定与施工问题有关的设计限制，相关的限制因素可从承包商和制造商那里获得，这样的设计便于施工并可反映最佳实践，而不是稍后以增加成本或接受不良的细节进行变更，通过初步设计选择最佳实践时整个施工周期会缩短。三是促进安装顺序识别和设计细节之间的相互作用，并尽早减少突发问题，可缩小设计师开发的建筑模型与制造商所需的制造模型之间的差异从而消除不必要的步骤并缩短总体设计/生产过程。四是可大大缩短制造细节的周期和时间，从而减少设计方案和一致性错误审查所需的工作量，一些设计-施工协作方式可以（并且需要）决定何时需要施工人员，确定他们的参与可以从项目开始时启动，允许从一开始就考虑施工对项目的影响，项目遵循经过良好尝试的施工实践或程序非常重要，且不需要借助承包商或制造商的专业知识，此时施工人员在以后参与进来也是合理的。建筑物营造的总体发展趋势是让承包商和制造商早日参与到这一过程中，这通常会提高传统设计-招标-施工计划无法获得的效率。

（5）设计审查

以上介绍的新的实践方法会使设计模型和制造模型之间的偏离大大减少，且通常会在重叠的时间框架内进行，但最终的结果会形成两个建筑系统模型，其中的一个用于阐述设计意图以及协调所有系统的工作，其可以获得生产设计和制造以及安装所需细节的特定的系统性制造（或商用）模型。设计模型向制造模型的演变不可避免地涉及各种添加和变化，这些变更必须由设计团队审核以确认设计意图没有丧失，可根据需要采用以下两种评审方式，即更换一件设备或制造件并与另一件可能形状不同的进行连接（这种情况适用于规范评审和验收分开处理的模式）；制造和定制件的几何形状或位置与所有其他部件的位置和几何形状一致。传统的设计审查流程中包括备选设备的选择。在传统的基于文本的设计方法中，这两种评审方法要求将设计（合同）文件与制造商的图纸进行比较，通常将两套图纸叠加在轻便的桌子上进行，由于布局、格式和习惯的不同使这些比较工作的开展非常艰难，通常可能需要一周或更长的时间才能完成比较工作。在新的实践方法中，设计师和制造商之间的前期合作会导致系统产品能够尽早被选中，因此其布局可以以一致的方式只进行一次，使用完全的3D模型、商用模型审查会减少工作量且只需将两个3D模型加载到审查系统中即可检查布局和重要的曲面重叠问题，重合的曲面会自动突出显示以提醒审阅者注意，这样就减少了识别错误所需的时间和精力。不远的将来，用户预计重叠报告将通过基于规则的检查得到进一步的增强，进而可识别那些已移动或已完成的表面移动超出某个预设容差的对象，从而进一步实现审查过程的自动化。

5.4　建立单元模型和库

BIM将建筑定义为一组组合的对象。BIM设计工具提供了不同的预定义的固定几何和参数对象库。这些通常是基于标准现场施工实践的通用对象，适用于早期设计。随着设计的深入，对象定义会变得更加具体，且会与预期或目标性能（比如能量、声音和成本等）一起进行详细阐述，视觉特性也会被添加以支持渲染。还可以介绍技术和性能要求，以便通过对象定义指定最终构建或购买的产品应达到的目标，该产品规格将成为选择或构造最终对象的指南。以前，不同的模型或数据集是为了这些不同的目的而手工构建的，且不是整合在一起的，现在可以将其定义为一个对象并用于多种用途。面临的困难是需要开发一种易用且一致的方法来定义适用于当前设计阶段的对象实例并支持为平台确定的各种用途，稍后这些规范将被所选产品取代，因此，需要多层次的对象定义和规范，其范围从使用通用对象的早期阶段设计到最终对象的制造级详细设计，而不管其是作为构建组件还是商业产品。整个过程中物体会经历一系列形状材料属性的改进，这些属性用于支持分析、仿真、成本估算和其他用途。随着时间的推移，用户期望将这些序列更好地定义为与SD、DD和CD不同阶段的协调，从而使其变得更加结构化且成为日常工作的一部分。施工结束时建筑模型将包含成百上千的建筑构件模型，这些模型可以转移到设施管理组织中以支持建筑的运营和管理。

作为参考，北美地区的建筑产品制造商超过10000个，每个制造商都会生产几种到几万种产品，从而产生成千上万种产品和产品应用以实现各种复杂的体系结构表达。建筑元素模型（BEM，Building Element Model）是实体产品的二维和三维几何表示，比如门、窗、设备、家具、固定装置以及墙体、屋顶、天花板和地板的高层次组合，其中包括所需的各种详细程度，也包括特定的产品。对于涉及特定建筑类型的设计公司其空间类型的参数模型也可在模型库中进行，比如医院操作室或放射治疗室，以便能在各个项目中重复使用，用户可认为这些空间和建筑装配也属于BEM。随着时间的推移，这些模型库中编码的知识将成为战略资产，他们将成为“最佳实践”的代表，因为公司会逐步对其进行改进并用基于项目使用和经验的信息加以注释。随着公司在开发和先前的高质量模型方面取得的更大成功，错误和遗漏的风险将会进一步降低。

（1）对象库

预计BEM模型库将参考整个项目交付和设施维护生命周期中各种环境和应用的有用信息，开发和管理BEMs为AEC公司带来了新的挑战，因为需要为访问构建大量的对象、装配体和对象系列，且可能涉及多办公地点联络的问题。

组织和访问是对象库的主要特点。对当前BIM设计工具的回顾表明，它们都使用独特的对象系列定义并实现了一组异构的对象类型。这些对象需要使用标准术语进行访问并集成到项目中进行跨产品解释。这将使它们能够支持互操作性，并与成本估算、分析以及最终构

建代码和构建项目评估应用程序等相互作用，其中还会包括命名、属性结构以及可能的指定与用于定义它们的规则中反映的其他对象的拓扑接口。这些特征可能需要将对象翻译为共同结构或者定义动态映射功能使其能够保留其“原生”术语，但也可以使用同义词和下位关系进行解释。下位关系是一个更受限制或更一般的术语，然而它却是目标结构，比如，屋顶结构是空间框架的下层结构。开发BEM内容所需的复杂性和公司投资表明，需要采用管理和分发的工具以便用户能够查找、可视化和使用BEM内容及分类，比如CSI Masterformat或Uniformat就与BEM正交。门就是一扇门，无论是通过一种分类还是另一种分类都是如此。目前以CSI草案形式出现的新Omniclass™分类可能会提供更详细的对象特定分类和访问机制。鉴于这些用于索引BEM分类的新工具的特点，应该可以通过组织BEM以供任何数量的分类模式访问，设计良好的模型库管理系统应该支持这种导航BEM模型分类树的灵活性。

(2) 门户

公共和私人门户（Portals）在市场上不断涌现。公共门户网站通过论坛和索引提供其内容和推广领域、资源、博客等，内容工具主要支持分层导航、搜索、下载以及在某些情况下上传BEM文件。私人门户允许企业与其同行之间的对象共享服务器访问和管理控制下的共享协议。理解BEM内容中的价值以及不同应用领域中的价值/成本关系的公司或企业集团可能会共享BEM或共同支持其发展。私人门户网站使企业能够共享通用内容并保护编码特定专有设计知识的内容。以下是几个代表性的门户网站，这些网站的大多数内容是通用的，但其功能特点存在差异，比如，Autodesk Revit®的门户网站是http：// revit. autodesk. com/library/html/index. html；Revit City的门户网站是http：//www. revitcity. com/downloads. php；Autodesk Revit® User Group的门户网站是http：//www. augi. com/revit. exchange/rpcviewer. asp；Objects Online的门户网站是http：//www. objectsonline. com/customer/ home. php；Google Warehouse的门户网站是http：// sketchup. google. com/ 3dwarehouse/；BIMWorld的门户网站是http：//www. bimworld. com/；Form Fonts的门户网站是http：//www. formfonts. com；BIM Content Manager的门户网站是http：//www. digitalbuildingsolutions. com/；BIM Library Manager的门户网站是http：//www. tectonicbim. com。一个BIM World的门户网站专门制作产品制造商的特定内容，虽然它的覆盖面很窄，但它表明建筑产品制造商正在认识到以BEM格式分发产品信息的重要性，它为Revit®提供了完整的参数化对象以用于ADT，其对Bentley和ArchiCAD®则提供了有限的拓扑连通性。Form Fonts Edge Server™产品是服务器技术的一个范例，其支持对等之间的受控共享。Google 3D模型库是Sketch Up内容的公共存储库，考虑到它提供的工具、技术和商业机会，这项服务可能迫使人们重新思考模型库的内涵。3D模型库包含任何人创建仓库的分段区域的能力，任何人都可以通过创建架构和分类层次来支持库搜索，可免费存储和进行其他后端服务（比如可靠性、冗余等），开发人员可以将网页链接到3D模型库中的模型上从而建立一个使用3D模型库作为后端的界面。

这些功能可借助语义建模技术进行搜索，可宽带访问，其具有成熟工具和应用程序交互标准，可使新商业模式在技术层面上得以实现。比如，McGraw Hill Sweets已经开始尝试使用3D模型库创建一个McGraw Hill Sweets’Group，并在仓库中将Sweets认证的制造商BEM模型转换为Sketch Up格式。这种Google存储和搜索分布式服务技术结合了Sweets领域信息和开发AEC特定领域模型的专有技术，是新商业模式技术实现的一个范例。

Google Warehouse对象被认为适合于早期设计，其具有Sketch Up的编辑和内容功能和一定的局限性。这些不同门户中的对象格式是门户网站内容平台支持的格式。

（3）桌面/LAN库

私人模型库属于桌面软件包，其可用于管理BEM内容并与用户的桌面文件管理系统紧密集成，其通过BIM工具（比如Revit®）或用户自己的文件系统或公司网络将BEM加载到独立库中。它们提供了分类和分级以用于分类和定义属性集，其可进一步用于检索和查询。亦可协助完成搜索工作，比如基于3D可视化以检查类别、类型和属性集。提供这些工具的公司还计划在公司之间建立共享BEM（包括文件上传和下载、领域工具等）的公共门户以及为建筑产品分包制造商编制特定的BEM。这些产品的一个典型实例是构造合作伙伴的BIM库管理器，它包含Revit®平台上BEM建模的最佳实践指南，其支持设计人员从不同来源获取信息和属性数据并增加基础BEM数量、实现动态定制。一个典型的构造BIM库管理器中Revit®系列的树视图可显示文件系统中所有自动加载到库中的系列模型，BIM world还推出了一款名为BIM Content Manager的类似产品，且可与他们的门户网站一起工作，目前人们正围绕这些库功能开发各种产品。

5.5　设计实践应考虑的因素

将建筑设计的基本设想从一组图形移动到建筑模型中，即使以数字方式生成也具有许多潜在的直接益处，比如自动一致的绘图，识别和消除三维空间冲突，自动准确地准备材料清单，改进对分析、成本和调度应用程序的支持等。整个设计过程中的三维建模便于协调和设计审查工作，这些功能可以形成更精确的设计图纸，且可实现更快速、更高效的图纸生产并改进设计质量。

（1）BIM应用的理由

虽然BIM提供了实现新收益的潜力，但这些收益并不是免费的。3D模型的发展，尤其是包含支持分析和便于制造的信息的3D模型的开发需要更多的决策，且比当前的施工文件集合需要付出更多的努力。考虑到新系统实施、员工再培训和开发新程序等不可避免的额外成本，容易使人产生这些好处不明显的感觉。但大多数已经采取这些技术的公司发现，与转型相关的重要初始成本在建筑文档层面会获得生产率收益，即使是从模型生成一致图形的初期进行过渡也是值得的。在建筑行业现有的业务结构中，设计师通常按建筑成本的百分比计算费用。项目的成功在很大程度上是无法衡量的，其涉及顺畅度更好的执行过程以及越来越少的工作问题，也包括能够更好地实现设计意图并获得利润。随着对BIM技术和实践所提供功能的认识度日益提高，建筑业主和承包商正在探索新的商业模式，设计人员可以为其提供可添加到费用结构中的新服务，这些服务可以分为以下两大类。

1）概念设计开发。其基于性能的设计使用分析应用程序和模拟工具来解决：具有可持续性和能效，可对设计过程中的成本和价值进行分析，可使用模拟操作的程序化评估方式，比如对医疗机构。

2）整合设计与施工。可改进与项目团队的协作，比如结构、机械、电气工程师、钢铁、MEP、预制和幕墙制造商。BIM在项目团队中的使用改进了设计审查反馈效果，并减少了错误、降低了突发事件的发生率且加快了施工进度。施工进度的加快便于在现场制造组件并减少现场工作量。可实现采购、制造、装配的自动化以及提前采购长时间使用的物品，在概念设计阶段的附加服务可以降低建设成本、降低运营成本、提高组织生产力和效率，从而给主要业主带来好处。将初始成本与运营成本进行比较是非常困难的，因为折扣率不同且维护时间表也各不相同，另外，成本跟踪效果通常不尽如人意。人们对欧美发达国家一些医院项目的研究发现，不到18个月的功能性操作成本与其建设成本相当，这意味着医院运营成本的节约，即使先期成本较高也是可以获得丰厚收益的，医院项目的能源使用期限完全摊销成本约相当于建筑成本的八分之一，其中一些项目的百分比还有可能会增加，此外，医院项目的完全折扣工厂运营成本（包括能源和建筑安全）大致与建筑成本相当，当然，还有许多其他成本项目优势。这些例子反映了业主与运营商寻求运营成本降低和业绩增长的愿望得以实现。

BIM设计具有生产力方面的优势。间接评估诸如BIM等技术的生产效益的一种依据是错误的减少，这些数据很容易通过项目中的信息请求（RFI，Requests for Information）和变更单（CO，Change Orders）来追踪。BIM中始终包含一个基于客户心态变化或外部条件变化的组件，其可以区分基于内部一致性和正确性的变更并收集它们在不同项目上的产生数量，这些均可体现BIM的重要好处。

评估BIM技术效益的另一种方法是以生产力为参照。劳动生产率是用于实现某些任务的劳动时间和工资的总成本。对设计公司来说，这是一个经常被忽视的考虑因素。人们更喜欢根据上述的定性收益和预期的未来收益做出决策，并将其看作是建筑文化的变化。如果BIM技术可以减少产生给定结果所需的时间（比如施工文件）则可以通过计算人工成本降低值并将其与所需的各种投资进行比较来评估投资回报。

设计公司通常不熟悉生产力评估的方法。进行这种评估的第一步是建立一个比较基准，很少有公司会跟踪与设计开发和施工图细节相关的单位成本，比如建筑面积、立面面积或项目类型等，这些可以提供一个基准指标用于评估过渡到新设计技术的成本或收益。第二步是估算新技术的生产率增益，这种情况下的依据是BIM，除了由各种BIM供应商提供的生产力提升数据之外，很少有已经采用BIM的设计公司或有价值的研究文献给出过数据，人们根据结构大小、复杂性和重复性研究用螺纹钢构造生产结构工程图的生产率增益发现其增益率为21%～59%。当然，对一家特定的设计公司而言，直到真正的项目开展之前，BIM带来的好处是必然的且具有随机性，评估时应根据工作人员的平均工资和其年度劳动力成本的百分比来加权区分时间，这样将会获得加权的生产力增益，由此产生的百分比可以乘以设计活动的年度直接人工成本来计算年度收益。最后一步是计算采用的投资成本，最大的成本将是培训时间的劳动力成本，其中应包括所花时间的直接成本以及人们学习使用新工具时最初降低生产力的“学习曲线成本”，硬件和软件成本可以通过咨询BIM供应商来估算，随着时间的推移其生产力收益将全面增长。总年度收益除以总成本应能快速衡量年度投资回报和收回成本所需的时间。

本书前面介绍过选择BIM工具的指导性原则，建模工具不仅适用于内部使用。采用BIM的另一个考虑因素是频繁交流的设计合作伙伴公司的需求。理想情况下，如果存在一定的主导工作关系则应该在一定程度上进行协调。还应认识到，单个BIM工具不一定是理想的。因此，有些公司已经决定不将自己局限于单一模型生成工具而是支持多种BIM产品，并认识到某些工具具有不重叠的优点。

（2）培训和部署

BIM当然是一个较为新颖的IT环境，其需要进行培训、系统配置、库和文档模板设置以及设计审查和批准程序的调整，这些常常会结合新的业务实践进行。这些工作需要逐步与

现有生产方法一起开发，这样的学习问题不会影响执行项目的完成。应该鼓励为考虑实施BIM的公司制订详细的推进计划，计划的通过不应被视为一项特别的活动。该计划与公司的战略目标越契合则越有可能成功地实施BIM，推进计划中需要考虑一系列的问题。培训通常始于一位或少数IT专家，他们都应被纳入计划进行系统配置并为公司其他部门制订培训计划。系统配置包括硬件选择（BIM工具需要功能强大的工作站硬件，或借助云平台）、服务器设置、绘图和打印配置、网络访问、与报告和项目统计的集成、库的设置，与其他公司相关的具体的系统问题。

早期的项目应关注建筑物建模和制作图纸所需的基本技能，包括逐步编译目标库并在进行更高级的集成工作之前降低基础知识的难度，在具备项目管理的基础知识之后可以利用BIM提供的多种集成和互操作性优势开放各种扩展功能。

在采用BIM的早期阶段需要注意的一点是要尽量避免提供太多的模型构造，由于项目定义和详细说明的方法在BIM中已部分实现了自动化，因此如果过快地定义构造则设计概念可能会被误解且极有可能出现这种情况。详细模型很容易实现但仍处于概念设计阶段，其可能会由于无意中做出难以扭转的超前决策而导致错误和客户误解。对于BIM用户来说，理解这个问题的详细程度非常重要。重新审议时向顾问和合作者提供的详细程度也是值得思考的。根据角色的不同，这些参与方可以提早讨论或稍后讨论，详细的MEP 3D布局不应在该过程的后期完成以避免多次修订。同时，幕墙顾问和制造商可能会提前引入以帮助规划结构连接和详细设计。

建筑师只代表整体设计团队的一个组成部分，协作工作需要大量的工程、机械或其他专业顾问，默认的初始集成安排是以传统的依赖图纸的方式为依据的，但制作图纸所需的额外步骤会加速导致人们对基于模型交换的需求，数据交换方法必须以公司为基础来制定，使用网络会议进行基于模型的协调是管理项目的一种直接和非常有效的方法。

（3）分阶段利用

在扩展设计服务集中应对各种集成功能进行审查，这些应该牢记在心，因为新项目提供了将BIM整合推向新高度的机会。除了前面讨论的外部服务之外，其他服务几乎可以在任何情况下进行，其中包括与成本估算的整合以便在整个项目开发过程中能够持续跟踪成本。

与规范集成可实现更好的信息管理，开发详细设计、房间配置和其他设计信息的专有公司模型库可有助于将专业人员的知识变换为企业知识，每种类型的集成都涉及其自己的工作流程和方法的规划和开发，比如，数据交换方法需要测试和参与者之间进行协调定义。采取循序渐进的方法可适应批量培训以及采用先进服务的要求且不会带来不适当的风险，这将推动整个设计公司全新能力的形成。

5.6　设计公司内部新增和转岗人员的配置

实施新的设计技术的最大挑战是让设计团队高级领导者采用新的工程实践并转变知识结构，这些高级职员通常是合作伙伴，他们在客户管理、开发程序设计、项目设计、施工计划和安排以及项目管理方面通常拥有数十年的经验，这些都是任何一家成功公司的核心知识产权的组成部分，面临的挑战是如何让他们参与到转型过程中，以实现他们自己的专业技能并为BIM提供新功能。应对这一挑战可能有几种有效的方法，团队合作伙伴与年轻精明的BIM设计人员可以将合作伙伴的知识与新技术结合在一起，通过一周一次或类似时间表的

一对一的培训也可应对这一挑战，培训过程中可为设计团队构建一家俱乐部，其中还应包括对合作伙伴进行轻松的场外培训。其他高级职员也存在类似的过渡问题，比如与项目经理相关的方法可能被用来推进他们的过渡，没有办法应对挑战肯定是不行的。设计组织的转变主要是文化层面上的，高级员工通过他们的行动、支持和价值观念可将他们对新技术的态度传达给组织内的初级成员。

任何设计公司面临的第二大挑战是员工在技能方面的转换。由于 BIM 可最直接地提高设计文件的生产率，所以在任何项目上花费的时间比例都远高于施工文件。在典型的实践中，熟练使用 BIM 的设计人员可以体现项目的意图并给出详图，而这些项目所需的外部绘图或建模支持比以前的同类工作要少得多，构造、材质选择和布局只需定义一次并可传播到最终可见的所有图纸中，其结果是导致从事建筑文件工作的初级工作人员数量大幅度减少。虽然总劳动时间减少了，但总成本并未发生实质性变化，其原因是依靠了更有经验的劳动者。

虽然对入门级建筑师的需求减少了，但对多个建筑子系统进行梳理、模型细化、整合与协调仍然是重要的和有价值的工作。BIM 技术除软件投资外还有各种新的相关管理费用。正如公司已经知道的那样，通常由首席信息官（the Chief Information Officer，CIO）管理的系统管理模式已成为大多数公司的关键支持功能，人们对 IT 的依赖性不断扩大，因为它支持了更大的生产力，就像电力已成为大多数工作的必需品一样，BIM 也不可避免地会增加这种依赖性。随着 BIM 被设计公司的采用，公司将需要为以下两个非常宽泛的技术体系赋予职权，这对他们的成功至关重要。

1）系统集成商。该功能将负责与企业内外的顾问建立 BIM 数据交换方法。它还涉及设置库和供公司使用的模板。应用程序可能会限制在每个项目中使用的单个集合或根据项目类型和所涉及的顾问选择变量集。

2）模型管理器。尽管版本控制和管理版本的协议在基于图纸文档的世界（无论是纸质的还是虚拟的）中得到了很好的开发和理解，但通过不同的选择可使 BIM 更具开放性，可能采用一个主模型或一组联合模型。由于模型可全天候访问，因此可能每天会有多次发布，因此，存在模型被乱用的可能性。由于项目模型是高价值的企业产品，因此保持其数据完整性是管理工作必须明确的任务。模型管理器的确定为建立读取和更新权限奠定了基础，是将顾问的工作和其他数据合并到主模型上并实现管理模型一致性应遵循的策略。在典型项目中转变对设计技能的需求涉及领导者、项目经理、项目建筑师、建造师、实习建造师等各方面人员。应特别注意处理模型审查和发布以及管理模型的一致性，应构建一套公约使其成为标准，必须为每个项目配备模型管理员。

5.7 设计中的新合同机遇

一方面，设计服务传统上是以服务费的形式提供的，费用与建筑费用存在一定的比例关系。最后一套施工文件将设计定义为竞争性招标，其应达到成本估算和传达设计意图所需的水平。目前的 AIA 合同表格试图限制设计者对实际施工问题的责任，而不是让承包商承担责任。另一方面，建筑师已经进行了一些提供设施管理和其他下游服务的探索，据以获取更多的潜在的建筑图纸价值。

虽然长期以来人们一直对建筑师的标准收费标准提出批评，但 BIM 的出现可能是对当

前商业模式的最终挑战。目前的商业模式规定设计人员负责设计方案但不提供可靠的施工信息，这会促使一些承包商开发全新的建筑信息模型，这些模型在单独的 BIM 环境中得以重建，其实质上仍使用设计模型作为底层。新模型作为建筑的参考模型，其中集成了各种建筑系统的各种制造水平的模型，这个模型必须由建筑师审查和批准并用于最终的协调、制造和施工过程中。以下是一个 BIM 应用范例，一个典型的艺术类建筑被表现为一种 Form・Z Model 的建筑几何体，这种建筑几何体只代表了设计意图，其几何形状使用 Tekla Structures 形成的钢结构模型为基础，各种其他建筑子系统的附加模型被编译成各种类型的软件包，使用 Naviswork 的 Jetstream 软件与结构模型进行协调。

与设计和制造之间的清晰划分以及明显的建模复制工作形成鲜明对照的是模型的集成，在这种情况下，使用单一模型作为设计协调模型，尽管人们已经在不同系统中开发了制造模型以提供不同类型制造所需的专业功能。某些建筑模型的价值完全取决于其设计意图的表达，而制作模型则完全用于处理可施工性、功能性构造、建筑成本和调度方面的问题。某些发动机工厂设计模型既涉及设计意图的问题，也涉及可施工性、功能性、成本和进度问题。因此，每种情况下 BIM 提供的服务都非常不同，这一点足以证明采用不同的费用结构是合理的。

除了前面所述的额外服务外，设计公司还可以在 BIM 驱动的施工环境中提供其他服务，比如计算最终设计的预计设施运营成本（能源单位）或逐个发布基础计划。包括准备适用于代码审查的模型，该项工作由授权 BIM 的代码审查机构提供；为承包商提供模型管理服务以便使该模型可用于承包商选择的采购、调度和其他服务；空间配置协调制造水平系统，以便为特定子系统的 CNC 加工提供几何细节信息；准备建设调试的性能指标，以便为设施管理和运营提供详细的竣工信息模型。

用户鼓励设计公司明确定义他们计划实施的每个项目的业务和服务模式，方法是明确提供的服务内容以便客户能够很好地理解设计服务的范围，包括项目结束的时间点以及何时将责任转移给承包商。应注意对一些不同形式的合同进行审查。每个新服务选项都有自己的要求，必须根据该服务等级的范围和局限性仔细斟酌确定，此外，还必须考虑与法律责任相关的问题。总之，这些类型的服务为利用 BIM 技术提供了新的选择，同时可以提高建筑设计的价值并为设计人员创造额外的收入。

第6章　施工企业（承包商）的BIM应用

6.1　建筑公司应用BIM的好处

施工企业利用BIM技术的主要优点是可节省时间和金钱，一个准确的建筑模型会使项目团队的所有成员受益，它可以使计划的施工过程更顺畅、更好地进行，并可降低发生错误和冲突的可能性。承包商应开拓思路从BIM中获得这些好处，应明白施工过程所做的变更是否可取。最重要的是，承包商必须推动相关各方早期参与建设项目或寻找需要提前参与的业主，承包商和业主还应在BIM工作体系中包括分包商和制造商。传统的设计-投标方法会限制承包商在设计阶段为项目贡献知识的能力，而这些方法对项目价值的提高具有重要意义。虽然设计阶段完成后承包商知识的某些潜在价值会丧失，但通过使用建筑模型来支持各种建筑工作流程仍然可以使承包商和项目团队获得重大利益。通过与分包商和制造商的合作在内部开发模型，可使这些优势圆满地实现，一些顾问开发模型也是可取的。建筑模型中信息的详细程度取决于其将服务的功能，比如，为了准确估算成本则应要求该模型必须足够详细以便能够提供成本评估所需的物料数量。如果采用4D CAD时间表分析则一个不太详细的模型也就足够了，但它必须包含临时工程（比如脚手架、挖掘）并显示施工将如何分阶段进行（比如如何进行工作面切换等）。

应用BIM的一个最重要的好处来源于承包商的紧密协调，当所有主要分包商都参与了建筑模型的使用并详细描述他们的工作内容时就可以实现这种协调，这样就可以准确地检测冲突、纠正冲突并避免它们在现场出现问题，还可以增加异地预制工作并降低现场成本和时间、提高施工的精益度。应认真研讨分析建筑模型中的每一个用途。任何正在考虑使用BIM技术的承包商都应该意识到有一个重要的学习曲线问题，从图纸到建筑信息模型的过渡并不容易，因为几乎每个过程和业务关系都会因此而发生一些变化，只有这样才能利用BIM提供的机会，显然，认真谋划这些变化并获得可以帮助指导工作的顾问的帮助非常重要，应前瞻性地提出有关进行转换的建议并发现可以预期的问题。在没有业主或设计师努力推动BIM的情况下，如果承包商想要为自己的组织获得优势并更好地从BIM采用的行业范围内获益，就必须在BIM流程中确立自己的领导地位。

各种类型的承包商如何使BIM能为其特定需求提供好处，就必须深入了解BIM适用于大多数承包商的重要应用领域，这些领域包括冲突检测、工程量提取和成本估算、施工分析和规划、与成本和进度控制以及其他管理功能的集成、异地制造、验证以及指导和跟踪施工活动。应充分利用BIM所提供的优势完成相关的合同和组织变更，应对建筑公司实施BIM制定配套的措施。

6.2　建筑公司的类型

目前，世界各地有大量的建筑公司，从在许多国家开展业务的大公司到提供广泛服务的小公司比比皆是，这些小公司的个人业主一次只能从事一个项目并提供高度专业化的服务。小公司的数量远远多于大公司且在总建筑量中所占比例非常之高。在欧美发达国家，大部分公司的员工数在1～19人之间（在公司数量方面的占比达90%以上），大多数建筑员工在19人以上的公司工作（在从业人员方面的占比达60%以上），拥有500人以上员工的公司非常少（在公司数量方面的占比仅为0.1%），但却雇用了14%的从业人员，公司平均员工数量为9人。从用户的角度看建筑行业时，承包商的服务范围以及他们能够提供的服务都非常庞大。行业的大部分工作都由承包商完成，他们从成功竞标开始自行执行一些工作并聘请分包商提供专业服务，一些承包商会通过限制分包商的服务来管理施工过程，他们聘请分包商进行所有施工工作。另一类企业是设计-建造公司，它们既负责设计和施工过程，也负责分包大部分施工工作。几乎所有的承包商都会在施工完成后终止他们的责任，但也有一些承包商会在成品建筑的营业期和管理阶段提供服务（即建造-运营-维护模式）。欧美发达国家的大多数建筑公司属于特殊贸易类别，且主要是小型分包商，其房屋建筑商（类似于我国的房地产开发公司）与大多数其他建筑公司的不同之处在于他们承担着开发人员的工作，包括购买土地并申请分区变更、规划和构建基础设施，还包括设计和建造出售的房屋。房屋建筑商的规模大小各不相同，大型公用事业公司每年会建造数千户住房，而个人则一次只能建造一座住宅。在场外生产部件的制造商是制造商和承包商之间的混合体，一些制造商（比如预制混凝土制造商）生产一系列标准产品以及为特定项目设计的定制产品，钢结构制造商属于同一类别。第三类包括专业制造商，它们用特种钢、玻璃、木材或其他材料制造结构或装饰物品。

当然，还有各种类型的分包商专门从事一个领域的工作或工作类型，比如电气、管道或机械详图。总承包商可根据竞争性招标选择这些分包商，或者根据以前业务关系进行预先选择，这些业务关系可证明他们之间的有效协作。这些分包商的专业施工知识在设计过程中可能非常有价值，其中许多设计和施工服务都是如此。分包商完成的工作比例会因工作类型和合同关系而有很大差异。

项目团队的组织可有很多选择方式，常见的是一个业主聘请一位施工经理（CM，Construction Manager），然后由他向施工老板或建筑师提出建设项目建议，但其很少承担与超支相关的风险。按类型的不同可将建筑公司分类为重型公司、民用公司、建造公司、专业贸易公司。

设计-建造（DB）公司是上述“典型”组织的重要变体。DB组织负责设计和施工，在项目范围达成协议并确定总预算和时间表后，它几乎是与项目相关的所有问题的单一责任人。DB模型降低了客户的风险，因为它不存在与确定哪家公司负责设计错误或施工问题相关的争议问题。在DB公司使用BIM可能非常有利，因为在DB内部实现项目团队的早期整合是可能的，且可以利用专业知识构建模型并与所有团队成员共享。但如果DB公司是按照传统学科组织的且设计人员使用二维或三维CAD工具生成图纸或其他文档，且这些工具仅在设计完成时才交给施工组，则就无法实现这一重要优势，这种情况下，BIM为项目带来的大部分价值都会丧失，因为建筑模型必须在设计完成后创建，虽然这仍然可以提供一些有价值的东西，但它忽视了BIM对建筑组织的主要优点之一，即BIM可克服设计和施工之间缺乏真正整合的能力，这种整合缺乏是许多项目的致命弱点。建筑项目的典型组织形式涉及业主、客户、建筑师、项目组典型组织（单阶段，传统）、总承包人、工程师、其他设计师、分包商、制造商、建筑产品、供应商等。

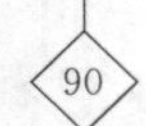

6.3 承包商可从BIM中获得的信息

鉴于上述承包商类型的多样性，业界普遍使用的各种流程和工具并不令人惊讶。较大的公司通常使用基于计算机的系统来处理他们几乎所有的关键工作流程，包括估算、建设计划和调度、成本控制、会计、采购、供应商和供应商管理、市场营销等。与设计相关的任务涉及估算、协调和调度、文本计划和规格，即使建筑师使用2D或3D CAD系统进行设计其仍然是典型的工作起点，这些工作要求承包商采用人工方式完成工程量提取并给出准确的估计和时间表，这是一个耗时、烦琐、易出错和代价高昂的过程，鉴于这个原因，成本估算、图纸协调和详细时间表计划通常不会在设计过程的后期执行。值得庆幸的是，这种方法开始发生变化，因为承包商正在认识到BIM对施工管理的价值，通过使用BIM工具，建筑师有可能为承包商提供可用于估算、协调、施工计划、制造、采购和其他功能的模型，承包商至少可以使用此模型快速添加详细信息，为了实现这些功能，建筑模型可以为承包商提供以下五种类型的信息，即详细的建筑信息包含在一个精确的三维模型中，该模型提供了与典型施工图中所显示的相似的建筑物部件的图形视图，并且能够提取数量和部件属性信息；给出设备、模板和其他临时组件，这些组件对于项目的排序和规划至关重要；给出与每个建筑组件相关的规范信息，还提供承包商必须购买或构建的每个组件的文本规范链接；分析与性能水平和项目要求有关的数据，比如结构载荷、接头应力和最大预期弯矩及剪切、HVAC系统吨位的加热和冷却载荷、目标亮度水平等，这些数据可用于制造和MEP细节；跟踪和验证组件相对于设计、采购、安装和测试（如果相关）的进度以及每个组件的设计和构造状态，该数据可由承包商添加到模型中。

目前没有任何BIM工具能接近满足这一系列要求，但这一系列要求可用于确定对未来BIM实施的信息需求，目前的大多数BIM工具都支持上述的第一项和第二项中创建的信息。人们需要包含上述信息精确的、可计算的、相对完整的建筑模型以支持核心承包商的工作流程，并据以评估、协调交易和建筑系统、异地制造组件和施工计划。需要强调的是，每个新的工作流程通常都要求承包商向模型中添加信息，因为架构师（结构师）或工程师（建造师）传统上不会提供包含设备或生产率等手段和方法的信息，而这些信息对估算、调度和采购至关重要。承包商使用建筑模型来提供基础结构以满足信息提取要求，还将添加的特定的建筑信息作为支持各种施工工作流程所需的信息。另外，如果承包商的工作范围包括设施的营业或运营期，则BIM组件与业主控制系统（比如维护或设施管理）之间的链接将有助于在项目结束时向业主移交流程，建筑模型需要支持与所有这些过程有关的信息表达。

6.4 开发承包商建筑信息模型的过程

虽然BIM技术的使用正在迅速扩大，但它仍处于实施的早期阶段，承包商现在正在利用各种不同的方法来利用这项新技术。大多数设计团队没有为每个项目创建模型，这有助于

承包商获得承担建模过程的所有权。即使建筑使用 BIM 变得司空见惯，承包商也需要对其他组件进行建模并添加特定于建筑的信息以使建筑模型对他们有用。因此，许多领先的现代化承包商正在从头开始创建自己的建筑模型以支持估算、4D CAD、采购等。某些情况下承包商可以构建一个只满足项目视觉描述的 3D 模型，它不包含参数组件以及它们之间的关系，在这些情况下，由于 3D 模型没有定义离散的可量化组件来支持工程量的提取或贸易协调，因此模型的使用仅限于碰撞检测、可视化和可视化计划，比如 4D。在其他情况下，承包商可以建立一个包含一些 BIM 组件的混合 3D/参数化模型，这些组件可以满足一些协调和工程量提取的要求。当承包商形成完整的建筑模型时就可以将其用于多种用途。某些情况下，项目团队可在适合他们实践的环境中构建合作模型（3D 模型、BIM 模型或混合模型）。如果某个特定组织以 2D 形式工作，承包商或顾问可以将 2D 转换为 3D/BIM，以便他们的工作可以输入到共享模型中。通常情况下，承包商或顾问应对这些不同模型的整合进行管理，这些模型由项目团队的不同成员独立开发，然后合并成协作模型。项目团队可以使用共享模型进行协调、规划、工程量提取和其他功能提取，尽管这种方法没有充分利用全功能建筑信息模型支持的所有工具，但与传统实践相比，其确实可以降低成本和时间。共享的 3D 模型将成为所有施工活动的基础，且比 2D 图纸具有更高的准确性。

随着 BIM 实践和使用的日益增加新的流程会不断得到开发。在一个典型的 BIM 工程流程中，承包商根据 2D 图纸构建施工模型，然后将其用于工程量提取、施工计划和碰撞检测，承包商或顾问建立/更新来自设计/工程团队的 BIM 2D 图纸，满足业主和项目利益相关者的可视化工程量提取要求，以及施工计划和调度、贸易协调要求，构建起 3D 模型或 3D/BIM 模型。一个住宅建筑商的典型应用结果表明通过使用 BIM 技术可从设计-建造工作中受益，在开发样板房的设计时 BIM 建筑信息模型可以提供设计变更的数量和成本影响的快速反馈，当买家要求对样板房进行设计修改时该功能可以提供快速的视觉和成本反馈效果并允许潜在买家快速与建造商达成协议，这种对客户需求的快速响应具有重要价值，尤其是对基于系统施工方法提供定制建筑选项的建筑公司。

4D CAD 工具允许承包商模拟和评估计划的施工顺序并与项目团队中的其他人分享，建筑模型中的对象应根据施工阶段进行分组并与项目进度计划中的相关活动相关联，比如，如果一个混凝土模板将被放置三次则模板必须被分成三部分以便可以规划和说明这个顺序，这适用于混凝土、钢材，嵌入物等三种浇筑所需的所有物体。此外，模型中应包括开挖区域和临时构筑物，比如脚手架和铺设区域，这是定义建筑模型时对承包商知识有利的关键原因。如果建筑师或承包商在建筑物仍在设计时就建造模型则承包商可以提供关于可施工性、工序和估计建造成本的快速反馈，这些信息的早期整合对建筑师和业主来说都是非常有益的。有些公司开发了与成本估算系统集成的复杂的 BIM 应用程序，说明利用 BIM 通过提供定制但“现成”的建筑可提高竞争优势。

6.5　使用冲突检测减少设计错误

任何承包商的关键工作流程都是贸易和系统协调。目前的大多数冲突检测都是通过将单个系统图纸叠加在桌面上来人工完成的，通过这项工作可发现潜在的冲突，同样，承包商使用传统的 2D CAD 工具来叠加 CAD 图层也可以可视方式人工识别潜在的冲突。上述这些人工识别方法速度慢、成本高、易出错，其效果取决于是否使用了最新的图纸。为了克服这些问题，一些组织使用自定义编写的应用程序来自动检测不同图层上的绘图实体之间的冲突。自动检测冲突是识别设计错误的绝佳方法，冲突对象要么占据相同的空间（称为硬碰撞，A Hard Clash），要么非常接近（称为软碰撞，A Soft Clash），以致没有足够的空间完成检查、绝缘、安全等工作。一些出版物中使用“清除冲突（Clearance Clash）”一词而不是“软冲突（Soft Clash）”，其实两者是同义词。

基于BIM的冲突检测与传统的2D协调方法相比具有许多优势，比如可在轻型桌面上叠加或自动3D检查。使用轻型桌面方式很耗时、容易出错且要求所有图纸都应是最新的。3D冲突检测依赖3D几何模型识别几何实体且通常会返回大量无意义的冲突。如果3D几何图形不是实体，则冲突检测工具将无法检测到其他空间内的对象之间的冲突，而只能检测表面之间的冲突。此外，由于缺乏3D几何模型中嵌入的语义信息，有类别意义的承包商冲突检测会受到极大地限制，表面之间的碰撞可能是管道贴近墙壁或管道穿过墙壁。承包商必须核实和审查这些潜在的冲突。

相比之下，基于BIM的冲突检测工具允许将基于几何的自动冲突检测与基于语义和基于规则的冲突分析相结合以确定真实的结构性冲突。基于BIM的冲突检测工具允许承包商选择性地检查指定系统之间的冲突，比如检查机械系统和结构系统之间的冲突，因为模型中的每个组件都与特定类型的系统相关联，因此，碰撞检测过程可以在任何详细程度以及任何体量的建筑系统和交易中执行。基于BIM的冲突检测系统也可以利用这些组件分类更容易地进行软冲突分析，比如，承包商可以搜索机械部件和底层之间的间隙或空间小于0.6m的情况，这些类型的碰撞检测分析只有借助定义良好的结构化建筑模型才有可能实现。

无论模型的准确性如何，承包商都必须确保建筑物具有一定的详细程度，它必须具有足够详细的管道、导管、钢结构和附件以及其他部件的构造信息以便可以准确检测到冲突。如果详细介绍不准确，则在建造建筑物之前就不会发现大量的问题，因此，其后可能需要花费大量的资金和时间来解决问题。

需要由分包商或负责设计这些系统的其他项目组成员正确详细说明模型，这些分包商需要尽早参与模型开发过程。理想情况下，解决方案应在共同的项目现场办公室进行，此时可以使用大型监视器显示每个问题区域，每个学科都可以为解决方案提供专业知识，然后可以在下次冲突检测周期之前将同意的修改意见输入到适当的设计模型中。一个典型工程中，承包商和分包商均有两名雇员使用建筑信息模型支持MEP的协调。早期分包商参与详细介绍工作可很好地解决碰撞检测和其他功能的3D模型构建工作。

目前市场上有两种主要的冲突检测技术，即使用BIM设计工具进行冲突检测，执行碰撞检测的BIM集成工具。所有主要的BIM设计工具都包含一些碰撞检测功能，可让设计人员在设计阶段检查碰撞，但承包商通常需要整合这些模型，由于互操作性差或者对象的数量和复杂性可能会在BIM创作工具中获得成功或导致失败。第二类碰撞检测技术可以在BIM集成工具中找到，这些工具允许用户从各种建模应用程序中导入3D模型并可以可视化集成模型，比如Navisworks的Jet Stream软件包和Solibri Model Checker。碰撞检测分析软件的这些工具提供的功能往往非常复杂且能够识别更多类型的软、硬碰撞，其缺点是识别的冲突无法立即修复，因为集成模型与原始模型没有直接关联，即信息流是单向的而不是双向的。但也有一些例外的情况，比如Solibri模型检查器和问题定位器，它们能够在建筑桌面（比如Autodesk）和ArchiCAD（来自Graphisoft）的原始建筑模型中提供反馈，当然，这些改变也必须引入到始发系统或上游建模工具中，然后在更新集成模型并执行新的碰撞检测分析时生成新文件，更新过程可能会导致错误和工期延迟，必须通过项目团队之间细致的文件管理规则进一步协调。

6.6 工程量提取和成本估算

在设计过程中可以开发多种类型的估算方法，这些方法的精度范围可从设计早期的近似值直至设计完成后的高精度值，人们显然不希望等到设计阶段结束时才开始估算成本，因为如果在设计完成后项目超出预算则只有两种选择，即取消项目或应用价值工程方法来降低成本和质量。随着设计工作的进展，临时估算有助于及早发现问题，从而可以考虑替代方案，这个过程允许设计者和业主做出更明智的决定，从而建造更高质量的建筑以满足成本约束要求。同样重要的是，使用BIM方法可以通过改进设计和施工协作以及准确性来缩短实现高品质建筑所需的时间。

在早期设计阶段，唯一可用于估算的工程量是与面积和体积相关的工程量，比如空间类型、周长等，这些数据可能足够用于所谓的参数成本估算，该估算是基于主要建筑物参数的，所使用的参数取决于建筑物的类型，比如停车场的停车位和停车位的数量、每种商业空间的数量和面积、楼层的数量、商业建筑材料的质量水平、建筑物的位置等。令人遗憾的是，这些数据在早期的设计包（比如Sketch Up）中通常不可获得，因为它们没有被定义为对象类型，比如由BIM包创建的对象类型。因此，将早期设计模型转换为BIM软件对工程量提取和大致成本估算非常重要，这种系统的一个典型例子是Beck Technology公司的D Profiler建模和估算系统。

随着设计技术的成熟，可以直接从建筑模型中快速提取更详细的空间和材料工程量。所有BIM工具都提供有工程量、空间面积和体积提取组件，且具有按照各种进度情况报告材料用量的功能，通过这些工程量完全可以获得大致的估算成本。对于由承包商提交的更准确的成本估算而言，当部件（通常是装配部件）没有被正确定义且无法提取估算成本所需的工程量时就可能会出现问题，比如，目前的BIM软件可能会提供混凝土外形的直线尺寸但却不会给出嵌入混凝土中的钢筋数量，同样只能给出内部隔墙的面积而无法给出墙壁上的螺栓数量，当然，这些都是可以解决的问题，但其方法取决于具体的BIM工具特征和相关估算系统设计。

应该指出的是，虽然建筑模型提供了适当的几何尺寸提取测量功能，但它们并不能替代估算工作。估算技术在建造过程中发挥着关键性作用，其重要性远远超过了计数提取和测量。估算过程涉及评估项目中影响成本的条件，比如异常的墙体条件、独特的装配体条件和难以进入的条件，目前通过各种BIM工具自动识别这些条件尚存在困难。估算人员应考虑使用BIM技术来完成工程量提取的艰巨任务，并要求其应能快速查看、识别和评估条件，还能根据时间序列提供精益度高的分包商和供应商的价格。详细的建筑模型是估算人员可以显著降低投标成本风险的化解工具，因为它可以减少与材料数量相关的不确定性问题的发生率。估算人员通过各种选项来利用BIM进行工程量提取并完成估算过程。由于没有BIM工具能够提供电子表格或估算包的全部功能，因此估算人员必须确定最适合其特定估算过程的方法，主要有以下三个主要选项可供选择，即将建筑物体的几何体型数据导出到估算软件中；将BIM工具直接链接到评估软件上；使用BIM工程量提取工具。

(1) 工程量导出进入估算软件

如前所述，软件供应商提供的大多数BIM工具都包含用于提取和量化BIM组件属性的功能。这些功能还包括将工程量数据导出到电子表格或外部数据库的工具。仅美国就有近200个商业估算包，其中很多是专门针对某些特定的估算工作类型的，但目前的调查结果显示MS Excel是最常用的估算工具。对许多估算人员来说，使用自定义Excel电子表格提取和关联工程量提取数据的功能通常就足够完成估算工作了，但这种方法可能需要进行一些重要的设置并采用标准化的建模过程。

（2）将BIM组件直接链接到估算软件中

第二种选择是使用能够通过插件或第三方工具直接链接到估算包的BIM工具，目前许多较大的估算软件包都为各种BIM工具提供了插件，这些软件包括Sage Timberline Via Innovaya、U. S. Cost、Graphisoft Estimator等，这些工具允许估算人员将建筑模型中的部件直接与估算软件包中的组件、配比或物料相关联，这些组件或配比定义了在现场构建或安装组件以及安装预制组件所需的步骤和材料。组件或配比通常包括参照建筑所需的工艺，比如形式、配置钢筋、配置混凝土、养护和成型。估算人员能够借助规则根据组件属性计算这些项目的工程量，或人工输入未从建筑信息模型中提取的数据。组件还可以包括代表必要资源的项目，比如劳动力、设备、材料等以及相关的时间和成本支出。因此，制定完整的成本估算所需的全部信息和基本活动的详细清单可用于建设项目规划，如果此信息与BIM组件相关则可用它来生成4D模型，图形模型也可以链接到估算系统中以说明与该估算中每个行项目相关的模型对象，这对于发现遗漏的与它们相关的成本估计对象非常有用。这种方法适用于已经标准化了的具体估算包和BIM工具的承包商，然而，如果使用不同的BIM工具集成来自分包商和各种行业的BIM组件信息可能会导致管理上的困难。毫无疑问，这种高度集成的方法有明显的好处，但也存在一个潜在的缺点，即承包商需要开发一个单独的模型。当然，如果架构师（结构师）不使用BIM则承包商模型就是必需的。如果情况并非如此，则一旦团队达成组件定义，设计者的模型在承包商初期介入项目时就提供服务效果会更好。如果项目团队在单一软件供应商平台上实现了标准化则此方法可能具有很好的适用性，当然，这需要采用设计-建造模式，或者从项目开始就将主要项目参与者通过合同整合在一起，早期的整合和协作仍然是有效使用BIM技术的关键，AGC的“承包商BIM指南”特别强调了这一点的重要性。

（3）工程量提取工具

第三种替代方法通常使用专门的工程量输出工具从各种BIM工具导入数据，这使估算人员可以使用专门为其需求设计的提取工具，而无须了解给定BIM工具中是否包含所有功能，典型的例子是Exactal、Innovaya、On Center，这些工具通常包括直接链接到物品和装配的特定功能，其可为模型注释“条件”并创建可视化提取图，这些工具可为自动提取和人工提取功能提供不同级别的支持。估算人员需要结合使用人工工具和自动功能来支持他们需要执行的广泛的提取和状态检查工作。对建筑物模型进行的其他变更要求将各种新对象与适当的估算任务相关联，以便能够根据建筑物模型获得准确的成本估算结果，具体取决于已建模型的精确度和详细程度。

（4）支持工程量提取和估算的准则以及BIM的实施

估算人员和承包商应该了解BIM是如何通过减少误差、提高估算准确性和可靠性来支持特定估算任务的。更重要的是，他们可以从项目关键阶段BIM快速响应变化的能力中受益，这些常常是许多估算师每天都要面对的棘手问题，实施时应充分考虑以下六方面因素。

1）BIM只是估算工作的起点。没有一种工具可以从建筑模型自动提供完整的估算结果。如果供应商宣传这一点，则说明他们根本不了解估算过程。建筑模型只能提供成本估算所需的一小部分信息（比如材料数量和组件名称），其余数据主要来自规则或成本估算人员提供的人工条目。

2）开始时应简单。如果用户使用传统方式和人工流程进行估算，应首先将工作重心转到数字化仪或屏幕提取上以适应数字提取方法，随着估算人员对数字提取信心的增强和舒适度的提高可逐步将工作重心转向基于 BIM 的提取。

3）从计数开始。最容易开始的地方是估算涉及计数的项目，比如门、窗和管道装置。许多 BIM 工具提供调度功能和其他简单功能供用户查询和计算特定类型的组件、块或其他实体，这些都是可以进行审核和验证的。一些 BIM 组件可定义估计装配项目和配比的关系，BIM 仅为估算人员提供计算成本所需信息的一个子集，而 BIM 组件提供的提取信息往往缺乏一些自动计算能力，比如劳动力、工作（非永久性）材料和设备成本的详细能力。

4）从一个工具开始，然后转向一个整合过程。从 BIM 软件提取或专门的提取应用程序开始是最容易上手的，这样可以化解在翻译数据和将模型数据从一个应用程序移动到另一个应用程序方面的潜在错误或问题。一旦估算人员确信单个软件包提供的数据是准确和有效的，那么就可以将模型的数据传输到二次提取工具进行验证。

5）设定预期目标。BIM 提取的详细层次反映了整个建筑模型的详细度水平。如果建筑模型中未包含钢筋则就不能自动计算这些值。因此，估算人员需要了解模型信息的范围和代表的内容。

6）从单一贸易或组件类型开始找出偏移量。自动化始于标准化。为充分利用 BIM，设计师和估算人员需要协调相关方法来实现建筑构件以及与这些构件相关的属性的标准化以满足工程量提取要求。此外，为了生成准确数量的子部件和组件（比如墙内的螺柱）就有必要为这些组件制定标准。

6.7 施工分析与规划

施工计划和时间安排涉及在空间和时间上对建设活动进行排序的问题，应充分考虑采购、资源、空间限制以及该过程中的其他问题。传统的条形图（Bar Charts）用于规划项目，但无法显示特定顺序中某些活动如何或为何连接，也不能计算完成项目的最长（关键）路径。目前的调度程序通常使用关键路径方法（CPM，Critical Path Method）调度软件（Scheduling Software），比如 Microsoft Project、Primavera Sure Trak、P3 等，并使用各种报告和显示来创建、更新和传送调度信息。这些系统会显示活动是如何相互关联的并允许计算关键路径和浮动值以提高项目期间的调度水平。更适合建筑施工的是专业软件包，比如 Vico Control，这些软件包可以使调度人员方便地进行线路调度。基于资源分析的复杂规划方法包括了考虑不确定性的资源平衡和调度问题，比如蒙特卡洛模拟（Monte Carlo Simulation），当然，这些方法也可以在一些现成的软件包中获得。其他软件工具包括可用于需要考虑单个项目、材料可用性等的一两个星期的短时间的详细时间表。

然而，传统方法并没有充分捕捉与这些活动相关的空间组件，也没有直接与设计或建筑模型相关联，因此，调度是一项劳动密集型的任务且通常与设计不同步，另外，其也无法使项目利益相关者轻松了解时间表及其对现场物流的影响。仔细琢磨传统的甘特图（Gantt Chart）可以明白评估这种类型的时间表对建设的影响是非常困难的，只有完全熟悉项目以

及如何构建项目的人才能确定此计划是否可行，目前，人们已经开发出了两种类型的技术来解决这些缺点，即4D CAD和BIM组件。作为第一个技术的4D CAD指的是包含时间关联的3D模型，4D CAD工具允许调度人员根据空间和时间直观地规划和交流活动，通过4D动画可以对电影或时间表进行虚拟模拟。第二种方法是使用包含BIM组件和构建方法信息的分析工具来优化活动排序，这些工具结合了空间、资源利用率和生产力信息。

（1）支持施工计划的4D模型

4D模型和工具最初是在20世纪80年代后期由参与构建复杂基础设施、电力和交通项目的大型组织开发的，其中的时间延迟或错误会影响成本。随着AEC行业3D工具的采用，施工组织开始建立人工4D模型，并将项目中每个阶段或每个时间段的安排结合起来。定制和商业化的工具是在20世纪90年代中后期发展起来，其通过人工创建4D模型并自动链接到3D几何体，通过实体或建筑活动实体组来推动这一过程。BIM允许调度人员更频繁地创建、审阅和编辑4D模型，这样可以形成实施性更好和更可靠的时间表。

（2）4D模型的优点

4D仿真主要用作揭示潜在瓶颈的通信工具，是一种改进协作的方法。承包商可以审查4D模拟结果以确保计划尽可能可行和高效。4D模型的好处表现在以下5个方面。

1）沟通。规划人员可以将计划建设过程直观地传达给所有项目利益相关者。4D模型捕捉时间表在时间和空间方面比传统的甘特图更有效，可更准确地传达该时间表。

2）多方利益相关者投入。4D模型经常用于领域论坛中，可向非专业人士展示项目可能会如何影响进程、交互访问或其他关键领域的问题。

3）现场物流。规划人员可以管理物流区域，包括场地内和场地外大型设备的位置、拖车等。

4）贸易协调。规划人员可以协调现场交易的预期时间和空间范围，还可对小空间工作进行协调。

5）跟踪时间表和施工进度。项目经理可以轻松地比较不同的时间表，且他们可以快速识别项目是正常进行还是落后于计划。

最重要的是，4D CAD需要将建筑物的适当3D模型链接到项目进度表中，然后依次为每个对象提供开始日期和结束日期以及浮动日期。有许多系统可提供这些联动功能。

上述因素使得在项目中使用4D CAD设置和管理成为一个成本相对较高的工作。为获得与此工具相关的全部好处，必须具备获得准确关联计划所需的详细程度的数据和丰富的经验及知识，当然，如果使用得当则相关的成本和时间收益将远远超过最初的实施成本。比如某项目的4D CAD分析表明有必要在车库前建造办公楼以便有足够的通道进入建筑工地，但项目开始时并未实现，因此，需要对设计和施工过程进行重组。再比如一个基础和钢结构的安装过程，模型中包括一台塔式起重机用于评估起重机可能辐射的距离、间隙和冲突。还有一些项目使用4D CAD模型来支持区域管理，并对基础和具体工作的并行活动做出计划，虽然4D模型支持此类工作的排序交流，但该模型并未包含确实会影响现场工作能力的模板和其他临时组件。有的项目通过4D快照显示区域内各处的景观、道路、设施的各种施工活动，这些图像有助于承包商与业主和区域主管沟通有关停车场、道路和特定建筑物的影响问题。

（3）4D建模过程

与估算人员采用的选项类似，调度人员也可以从各种工具和流程中进行选择以构建4D

模型，比如使用3D或2D工具的人工方法；借助内置3D或BIM工具中的4D功能；将3D/BIM导出到4D工具和导入时间表中。

1）基于CAD的人工方法。施工规划人员使用彩色铅笔和图纸人工建造4D模型已有几十年的历史，随着时间的推移用不同颜色的不同顺序显示工作状态。CAD出现后规划人员将以上过程转换为CAD绘图，这些CAD绘图使用了彩色填充、阴影以及打开和关闭CAD实体的功能。某些情况下，如果模型包括与施工进度有关的命名约定或部件属性，则该过程可以自动实现。大多数情况下，规划人员与第三方合作制作高端电影或制作动画以便直观地演示时间表。这些动画在视觉上非常吸引人，且是一个很好的营销工具，但它们并不适合规划或安排工作。由于它们是人工生成的，因此很难变更、更新或执行快速的实时场景规划。当计划的细节发生变化时，计划人员必须人工将4D图像与计划重新同步并创建一组新的快照或动画。由于这些工作存在人工更新要求，当客户或某个外部机构需要对施工过程进行可视化时，这类工具的使用通常仅限于设计的初始阶段。

2）具有4D功能的BIM工具。一种生成4D快照的方法是通过基于对象属性或参数自动过滤视图中对象的功能。比如，Revit中每个对象都可以分配给一个“阶段”，该阶段以文本形式输入，再比如“June07”或“existing”，然后根据需要对这些阶段进行排序。随后，用户可以应用过滤器来显示指定阶段或先前阶段中的所有对象。这种类型的4D功能与基本的相位调整和4D快照的生成相关，但其不提供与调度数据的直接集成。此外，其也不提供用于交互式播放专用4D工具中常见的4D模型的功能。大多数BIM工具没有内置的“日期”或“时间”功能，并且需要特定的4D模块或附加工具来直接链接到计划数据。

由于人工和基于CAD/BIM的4D建模工具固有的缺陷，一些软件供应商开始提供专用的4D工具以便用于从3D模型和时间表生成4D模型。这些工具方便了4D模型的生成和编辑，并为调度作业提供了许多用于定制和自动生成4D模型的功能。通常，这些工具需要从CAD或BIM应用程序导入来自3D模型的数据。大多数情况下，提取的数据仅限于几何以及最小的一组实体或组件属性，比如“名称”“颜色”以及组或层次结构级别。调度程序将相关数据导入4D工具，然后将这些组件链接到构建活动中并将它们与类型或视觉行为相关联。通过二维图纸创建一系列构建过程的快照应遵守相关规定，使用专门的4D软件从与施工进度挂钩的3D模型创建真正的4D模型也应遵守相关规定，4D软件可用于生成4D模型的数据集。

Autodesk Revit Architecture Revit是唯一具有一些内置4D功能的BIM工具，可用于基本的4D阶段。每个Revit对象都包含参数，对于允许用户分配“阶段”的“阶段化”到一个对象，然后使用Revit的视图属性来查看不同阶段并创建4D快照。然而，“回放”一个模型。通过API，用户可以链接到调度应用程序和交换数据。用MS Project等工具可自动化一些4D条目，数字化项目一个附加产品是建设规划和协调，允许用户将3D组件链接到Primavera或MS Project活动及其相关数据并生成4D仿真分析，需要添加建筑相关对象（并在不用时删除）形成DP模型，对Primavera或MS的变更项目时间表传播到链接的DP模型。

两种不同的4D建模过程各有千秋。人工过程通常在可用的CAD、BIM或可视化软件中完成。专门的4D软件可减少一些步骤并提供与计划和建筑模型的直接链接从而使该过程更快、更可靠。CAD软件中可通过4D工具/软件人工打开/关闭“图层”，组件计划日期或时间段可来自设计/工程团队的2D图纸，也可来自项目团队的3D/BIM模型，应创建代表

日期或时间段的快照和每个计划范围，添加的3D模型应根据需要人工链接，必须通过调度程序进行更新变更，这种变更包括人工/基于CAD的4D过程、4D基于工具/基于BIM的过程组、人工重新组织模型组件、将组件或组件组自动链接到构建活动4D模型数字链接，通过变更自动更新四维快照/动画制作时间表、计划构建时间表或计划，为视觉行为（比如构建、解构等）分配活动类型。应关注4D模型的关键数据接口，包括4D层次结构或与时间表中活动相关的组件分组；组织设计和工程组织提供的CAD数据；安排可以分层显示的数据，其通常应是一组具有属性的活动，比如开始和结束日期；定义4D模型视觉行为的活动类型。专用4D工具的使用应考虑以下九方面问题。

1）BIM导入功能。包括用户可以导入哪些几何或BIM格式，以及该工具可以导入哪些类型的对象数据，比如几何体、名称、唯一标识符等。某些情况下，这些工具仅能导入几何图形、几何图形的名称和层次结构，这些对于基本的4D建模可能已足够，但仍可能需要其他数据以便用户可以查看对象属性或基于此数据进行过滤或查询。Bentley Project Wise Navigator是一个独立的应用程序，可为以下应用程序提供一系列服务，比如从多个来源导入多个2D和3D设计文件（DWG、DGN、DWF等）；同时查看2D绘图和3D模型；数据文件和组件之间的链接；检查干扰（冲突），以及查看和分析计划模拟。Common Point Project 4D ConstructSim Common Point 4D包含一些专门的4D功能，如冲突分析；添加laydown对象，动画和自定义功能来创建4D电影；4D链接过程包括拖放人工链接和自动链接；用户可以将4D查看器分发给团队成员，仅适用于Common Point 4D；通过出口商将“vrml”几何图形导入受欢迎的BIM工具并使用有限的对象元数据；用户可以从所有主要的计划软件产品导入。较高端的Construct Sim支持更多数据丰富的更多格式导入；具有高端分析，组织和状态可视化功能。Innovaya可视化仿真将DWG中的任何3D设计数据与MS Project或Primavera调度相结合；任务在4D中显示项目；生成施工过程的模拟；同步对计划或3D对象所做的变更；使用颜色代码来检测潜在的时间表问题，比如分配给两个并发的对象活动或未分配给任何活动。Navisworks JetStream Timeliner Timeliner模块包含JetStream可视化环境的所有功能并支持最多的BIM格式和最佳的整体可视化能力。Timeliner支持自动和人工链接从各种时间表应用程序导入的时间表数据；人工链接是烦琐且不便于用户使用，并且很少有定制的4D功能。Synchro ltd的Synchro 4D是一款功能强大的新型4D工具，带有最复杂的调度功能的广义4D软件，该工具需要更深入的调度知识和项目管理经验，而不是其他工具来利用其风险和资源分析功能，该工具包含内置工具，可以将风险、缓冲和基本的4D可视化之外的资源利用起来。VICO软件虚拟建筑可虚拟建筑5D施工计划系统，由构造器估计控制5D演示者，建筑模型是在构造函数中开发的并为对象分配配比以定义所需的任务和资源并构建或制作它们，工程量和成本在Estimator计划中进行计算；活动的定义和计划使用控制和平衡技术，那么4D施工模拟将在Presenter中可视化，作为替代方案可使用Control，日程安排日期可以从Primavera或MS Project导入。

2）计划导入功能。包括该工具导入哪些计划格式且是格式本机文件还是文本文件。一些计划应用程序（比如Primavera）是否可与数据库一起使用，如果是这样，则该工具将需要支持到数据库的连接和提取计划数据。

3）3D/BIM建筑模型的合并/更新。包括用户可以将多个文件合并为一个模型并更新部分或全部模型。如果一个项目涉及在多个BIM工具中创建的模型，4D建模过程将需要导入并将这些模型合并到一个工具中。因此，4D工具必须提供此功能。

4）重组。包括是否可以在导入数据后重新组织数据码。支持模型组件轻松重组的工具将极大地加速建模过程。

5）临时组件。包括用户是否可以向4D模型添加（并随后移除）脚手架、挖掘区域、存储区域、起重机等临时组件。在很多情况下，用户必须创建这些组件并将其与模型几何体一起导入。理想情况下，4D工具将有一个库以允许用户快速添加这些组件。

6）动画。包括是否可以模拟详细的起重机模拟或其他安装顺序。一些4D工具允许用户在指定的时间段"移动"物体以便使设备移动可视化。

7）分析。包括该工具是否支持特定的分析以识别在同一空间中发生的活动，比如Common Point中的时空冲突分析功能。

8）输出。包括用户是否可以在指定的时间段内轻松输出多个快照，或者是否使用预定义的视图和时间段创建电影。自定义输出功能将有助于与项目团队共享模型。

9）自动链接。包括用户是否可以根据字段或规则自动链接建筑组件来安排项目。这对于具有标准命名约定的项目很有用。

（4）支持和指导的计划和规划问题的BIM

虽然规划和调度过程的机制可能因规划人员的工具而不同，但在准备和开发4D模型时任何规划人员或4D建模团队都应考虑以下九方面问题。

1）模型范围。如果该模型是用于市场营销或设计竞赛的，那么它的生命将会相对较短一些。适当的详细程度取决于客户的要求。如果团队打算在项目期间使用该模型，那么计划应该概述时间表，比如超前计划中何时从90天或更高级别（包含100～300个活动）的层级迁移到具体的1～3周的包含数以千计的活动中。团队可以从建造"建筑物的壳体"开始，然后用具体的室内装修方式来替换这些建筑物。

2）详细程度。详细程度受模型大小、分配时间以及需要传达的关键项目特征的影响。建筑师可以建立一个非常详细的墙体系统来支持比较材料的渲染。承包商也可以选择使用单一组件代表该系统，因为关键问题是地板或墙段的排序，而不是墙系统的安装顺序。在其他情况下，详细组件（比如复杂的结构性地震系统）的排序可能需要每个安装步骤都具有更详细的模型。构建给定对象所需的构建任务也可能需要多个活动，比如，基础底座结构体需要挖掘、成形、放置钢筋、放置混凝土、养护混凝土和剥离模板。计划人员可以使用单个组件来表示多个活动，一个单一的墙段可以用来显示模板、钢筋混凝土浇筑、混凝土修整和墙面处理。团队可以将多个活动和活动类型应用于单个组件。

3）重新组织。4D工具通常允许调度程序重新组织或创建组件或对几何实体自定义分组。这是其一个重要的特征，因为设计师或工程师组织模型的方式通常难以将组件与活动关联起来。比如，设计师可以将组件系统分组以便在创建模型时进行复制，比如柱列和基础，但规划者会将这些组件组织成板或底座区域。不同组织会形成不同的模型设计层次结构和4D结构层次，这种重新组织能力对于开发和支持灵活和准确的4D模型至关重要。

4）临时组件。建筑模型应反映施工过程，以便即使在施工期间存在的临时构筑物、开挖细节和其他特征时也可以在4D模拟中显示出来。一个典型的4D模型中可包含脚手架以帮助施工规划人员评估安全性和可施工性问题，脚手架是必要的，因为它会影响人员和设备的空间限制条件。

5）分解和聚合。显示为单个实体（比如平板）的对象可能需要分解为若干部分以显示它们将如何构建。规划师面临的另一个问题是如何分解设计师或工程师对单一的特定组件的

建模（比如墙壁或屋顶），但规划人员会将其划分或拆分为区域，大多数专用工具不提供此功能，规划人员必须在 3D/BIM 工具中执行这些“分解”。

6）计划属性。早期开始和完成日期通常用于 4D 模拟。然而，探索其他日期可能是有益的（比如开始或结束的开始，或者开始或结束的结束），这样可以查看替代计划对施工过程视觉模拟的影响。此外，其他时间表属性在 4D 建模过程中也很有价值，这些过程通常是针对项目的。比如，在一项研究中，一个团队将特定的活动与模板数量相关联，这些模板被停用或运行以便团队随时可视化可用的模板数量并确保最小可以继续使用的数量。也可以使用名为“区域”或“责任”的属性对每个活动进行编码以便模型可以显示谁对某些活动负责，并快速识别彼此靠近工作的交易过程以改善协调问题。

比如一个脚手架的 4D 模型快照，增加临时设备对于确定时间表的可行性往往是至关重要的，细节允许分包商和规划人员直观地评估安全性和可施工性问题。

6.8 成本和时间表的集成控制及其他管理功能

施工过程中项目组织机构会使用各种工具和流程来管理和报告项目进行的状态，这些工作的管理范围非常广泛，涉及从时间表和成本控制系统到会计、采购、工资单、安全等各个系统，这些系统的运行都依赖各种报告或设计以及构建-组件信息，但它们通常是不与设计图或 BIM 相联系或关联的，这样就会导致人工输入和识别的设计信息与各种系统和过程的同步方面会存在一些相关的问题而需要付出额外的努力。BIM 软件可以为这些任务的完成提供重要支持，因为 BIM 带有可以链接到其他应用程序的详细工程量以及其他组件信息，此外，承包商和项目利益相关者可以通过利用图形模型直观地分析项目进展，且 BIM 会突出显示潜在的或现存的各种问题，从而获得新的见解。项目组织机构可使用 3D/BIM 来支持以下这些任务。

1）项目状态。每个组件可以有一个“状态”字段，根据项目的不同其值可设置为“正在设计中”“批准用于施工审查”“制造中”等，这些字段可以与该团队的颜色相关联以便可以快速确定设施的状态并确定落后于计划的瓶颈或区域位置。

2）物品采购。由于 BIM 对象需要定义购买的物品，因此可以使用 BIM 工具直接进行采购，当然，这种能力目前尚处于早期的发展阶段，当产品制造商开发出了可存储在互联网服务器上并使用搜索系统的产品模型时此功能肯定会得到改善。1st Pricing 已经开发出一个 BIM 采购应用的模式，通过使用可下载的插件可以在 AutoCAD、ArchiCAD、Architectural Desktop、TurboCAD 和 Revit 中进行采购，该产品可根据邮政编码提供实时报价，并将门、窗等送至施工现场，其他类型的组件也正在不断被添加到系统中。

3）采购追踪。另一个重要问题是服务和材料的采购状况。项目计划通常是由大量建设活动组成的，这使得平行设计和采购活动难以良好联络。规划人员可以通过查询功能跟踪这些活动的状态以便轻松找出与设计和施工相关的采购过程中的断链问题。通过将时间表链接到建筑信息模型中还可以将采购延迟或可能影响建筑物位置的问题可视化。比如，如果计划在两个月内安装一个长期项目且采购流程尚未完成，则团队可以快速解决问题以防止问题进一步发展导致下游工序的延迟。建筑模型的视觉链接有助于更好地预测采购延迟对施工造成的影响。

4）安全管理。安全是所有施工组织最关注的关键问题。任何支持安全培训、教育和揭

示不安全状况的工具对施工队伍都是非常有益的。视觉模型允许团队评估工作条件并确定不安全的区域，否则在团队进入现场之前可能不会发现这些区域。例如，在一个主题公园项目中，一个团队通过建模来测试游乐设施的外壳以确保测试期间内其没有发生任何移动，通过使用 4D 模拟就可以发现冲突并提前解决这些问题。

6.9　BIM 用于非现场制作

非现场制造需要大量的计划和准确的设计信息。承包商在现场制造组件以降低与现场安装相关的劳动力成本和风险正变得越来越普遍。目前，许多类型的建筑部件都在工厂生产和（/）或组装后再交付到现场进行安装。BIM 为承包商提供了在制造过程之前和制造时直接输入 BIM 组件细节的功能，包括 3D 几何、材料规格、完成要求、交货顺序和时间等。以下主要介绍 BIM 对承包商的好处。分包商的工作与设计的协调在承包商项目效益方面占据很大的比例，能够与制造商交换准确 BIM 信息的承包商可以通过检验和验证模型来节省时间、减少错误，应使制造商能够在早期的规划和施工过程中参与进来。

欧美发达国家钢结构和钣金行业，承包商和制造商之间密切协调和交流模型的例子比比皆是，许多钢结构制造商利用 3D 技术来管理并实现了钢结构制造过程的自动化，采用 CIS/2 之类的产品型号交换格式可大大方便设计和工程建设中承包商和制造商之间的信息交换，这些条件允许项目团队协调和优化钢构件或板材的顺序，承包商和制造商之间的密切数字交换关系的好处非常多。由于 AISC 的不断推动和 CIS/2 格式的不断优化，欧美发达国家在钢结构行业已经充分利用了 BIM 的优势。人们也正在为预制混凝土开发其他标准，但目前尚未真正用于商业用途，国家层面的 BIM 标准也一直在考虑如何使用建筑信息模型来提供制造信息的问题，包括 BIM 的技术要求和可用软件产品等若干问题。

6.10　BIM 在施工活动现场检验及指导和跟踪中的应用

承包商必须对建筑部件的安装进行现场检验以确保其满足尺寸和性能规格要求，发现错误时承包商必须花费很多时间来纠正错误，建筑模型可用于验证实际施工情况与模型中显示情况的相符度。需要强调的是，即使项目团队创建了准确的模型，安装期间的人为错误仍然是不可避免的，因此，模型在发生或快速发现这些错误时具有重大价值。

某些情况下通过虚拟建设项目获得的关联知识使团队能够发现各种现场错误，项目团队应将日常巡视的传统现场检验流程与模型判断相结合以检测潜在的现场错误。目前，人们正在不断开发一些更复杂的技术以支持现场检验、布局规划和跟踪安装工作，这些典型技术的代表性成果体现在以下四个方面。

1）激光扫描技术。承包商可以使用激光技术以验证混凝土浇筑是否位于正确的位置或柱子是否位于正确的位置，比如将数据直接报告给 BIM 工具的激光测量设备。激光扫描也可以有效地用于修复工作和捕获建造的施工细节。

2）机器制导技术。土方承包商可以使用机器制导设备来指导和检验由 3D/BIM 模型提取的尺寸驱动的分层挖掘作业。

3）GPS 技术。GPS 的快速发展和移动 GPS 设备的可用性使承包商能够将建筑模型与全球定位系统连接起来以验证其空间位置。一些研究机构开发出了由交通部门使用的系统，

这些系统通过协调 GPS 和 2D/3D/BIM 的关系来帮助外地施工队伍获得道路或桥梁施工信息，使现场工作人员能够根据他们的需求快速查找相关信息的位置。

4）RFID 标签。射频识别（RFID，Radio Frequency Identification）标签可以支持现场组件交付和安装的跟踪工作。包含 RFID 标签参考的 BIM 组件可以借助链接到现场的扫描设备自动更新并为承包商提供现场进展和安装信息的快速反馈。

随着将 BIM 信息传递给现场工作人员的移动设备和方法的不断增多，BIM 在现场的使用也将大幅增加。

6.11 BIM 对合同和组织变更的影响

以上对 BIM 支持的承包商工作流程的描述强调了项目团队早期和持续协作的优势，其方便了重要项目参与者参与虚拟模型的开发工作，所有类型的承包商将他们的实践与 BIM 相结合而不是与传统的 2D CAD 相结合将会获得最大的优势。与设计师以及一般和主要分包商相关的项目，通过在 BIM 流程的早期纳入可施工性、成本和施工规划知识将为所有团队成员在项目进程中带来好处。集成的、协作式的、BIM 支持的方法的自身优势将使其成为未来受到青睐和广泛使用的方法。

当然，这种组织方式需要签署新的合同以鼓励密切协作、信息共享以及获得共享技术的相关利益，其可能还需要确定一种分担风险和设定费用的新方法，因为其越来越强调早期合作意味着团队成员的努力及其产生的效益可能会随时发生改变。许多高层次业主已经在尝试各种新的想法以探索如何通过 BIM 驱动的流程更好地吸收承包商的参与，总承包商联合体（AGC，The Associated General Contractors）也在密切关注 BIM 对其成员的影响。AGC 公布的“承包商 BIM 指南”可在他们的网站上获得，这种指南对会员是免费的，这些报告都是基于已经使用 BIM 的承包商提供的第一手经验编制的，其一般会介绍使用设计团队制作的 2D 图纸实现 BIM 的方法，还会将其与由设计团队生成的初始 3D/建筑模型进行更快、更准确的过程对比，其通常会建议经验丰富的数字建模师应在 1～2 周内以 2D 绘图创建建筑模型，这种建模的成本一般为建筑总成本的 0.1%～0.5%，承包商必须将这些成本与 BIM 的各种潜在收益进行平衡比较。关于管理责任的变化问题，一般认为“无论是 2D 印刷文件还是 3D 电子媒体形式文件或两者兼而有之的情况，项目团队成员的责任是保持不变，重要的问题是确保项目团队成员真正彻底了解正在传达的信息的性质和准确性”，另外，还认为“承包商和施工经理需要认识到，无论是使用 BIM 技术还是轻便桌面形式，协调都不是附加服务的核心工作”。BIM 工具可以为大量的协调工作提供帮助，其随时可以使用且在适当应用时可以降低建造的成本和时间。问题的关键不在于 BIM 是否将用于某个项目，而是其应用的深度如何。众所周知，BIM 协调改善了沟通的方式和便捷性从而降低了建设成本和时间，并会因此而降低项目的风险。承包商和施工经理有责任对各种实施过程的成本进行评估，并以可计量的方式向业主和设计团队提供评估结果。

作为施工协调的领导者，承包商和施工经理有责任鼓励和促进 BIM 技术在项目中的共享和分配。他们还必须理解并传达正在共享的信息的性质，必须规定促进公开分享 BIM 信息的适当的合同语言。合同语言不能改变项目团队成员之间的关系，也不能改变他们的职责而超出其执行能力。比如，如果设计人员批准由详细设计人员准备的电子文件且该文件包含了不准确的尺寸则设计人员必须受到保护，其责任程度与他们将批准文档作为印刷图纸的程度相同。

虽然AGC并未对适应BIM的具体合同变更给出建议，但它规定所有各方均必须同意依赖该模型（而不是在个别成员不同意的情况下使用二维图纸，它还规定团队的所有成员都有机会获得模型并承担他们的责任，它还建议维护跟踪对模型所做的所有变更的审计线索，显然，这是一个有助于快速推动BIM工具使用的措施。

6.12　BIM技术实施中应关注的问题

在设计阶段与项目团队密切合作的承包商与在设计-投标-建造环境中工作的承包商相比，其采用BIM的障碍会大大减少。后一种情况下其合作过程是从工作被授予低价投标承包商开始的，前一种情况中承包商参与设计决策并可以为设计提供施工知识。这些同样适用于参与项目的分包商。

在以上两种情况下，承包商都需要了解如何使用3D/BIM而不是2D绘图来支持协调、估算、调度和项目管理问题。一个好的实施计划应确保管理层和其他关键员工全面了解BIM是如何支持特定的工作流程的，这些工作应该在公司的层面上完成，但任何一个特定的项目都可以作为工作的起点。如果公司项目中的建筑师和其他设计师并非都使用BIM技术，那么承包商就有必要构建适合上述功能特点的模型，从而使他们能更深入地了解模型构建以及需要纳入模型的所需标准、颜色、对象、构造知识等，相关的培训可以依赖BIM软件公司或专业顾问。建造模型的成本大致为建筑成本的0.1%，这将大大缩小最终结余的偏差，缩短项目持续时间，更好地使用预制选项，减少现场工作人员，改善团队之间的协作。

第7章　BIM与分包商和制造商的关系

7.1　分包商和制造商使用BIM的优势

现代建筑越来越复杂，它们是独一无二的个性化的产品，需要多学科的设计和制造技术。建筑行业部件和预制部件的专业化使部件和系统在建筑物中的占比越来越大，这些建筑物的组件和系统都是预装配或异地制造的，与大量生产的现成部件不同，复杂的建筑物需要定制设计和制造的“按订单生产”（Engineered-To-Order，ETO）的组件，包括钢结构、预制混凝土结构、建筑墙面、各种类型幕墙、机械、电气和管道（Mechanical、Electrical And Plumbing，MEP）系统、木材屋顶桁架、钢筋混凝土倾斜面板等。

就其性质而言，ETO组件需要工程设计和制造人员之间进行复杂、谨慎的合作，从而确保在建筑物内能够正确安装部件而不会干扰其他建筑系统。2D CAD系统的设计和协调很容易出错，其需要付出大量的劳动且需要很长的时间周期。BIM解决了2D CAD这些问题，因为它允许在生产每件产品之前对所有建筑系统进行组件的“虚拟构建”和协调。BIM为分包商和制造商带来的好处包括以下六个方面：通过视觉图像渲染和自动估算增强了营销和宣传效果；减少了详细设计和生产的时间周期；消除几乎所有的设计协调错误；降低了工程和构造成本；通过数据驱动助力自动化制造技术；改进了预组装和预制工作。

准确、可靠、无处不在的信息对于任何供应链中的产品流动都至关重要，鉴于这个原因，如果在组织机构的多个部门或整个供应链中使用BIM系统就可以实现更精简的构建方法，这些过程的变化程度和深度取决于建筑信息模型数据库在组织内部和组织之间的结合程度。

为了对制造细节有用，BIM工具至少需要支持参数化和可定制的零件以及关系，其应为管理信息系统提供接口并能够从建筑设计师的BIM工具导入建筑模型信息。理想情况下，其还应该使用计算机控制的机器以适合于制造任务的自动化要求，并为其提供良好的信息模型可视化和导出数据。

以下主要讨论制造商的主要类别及其具体需求，对每种制造商类型都给出了与之适应的BIM软件工具并对主要工具进行了说明，其目的是为采用BIM的公司提供技术方面的指导。为了成功地将BIM引入具有自己的内部工程人员的制造工厂中，或成为工程详细服务提供者，就必须首先制订明确的、可实现的目标和可度量的控制体系。人力资源是最主要的考虑因素，不仅是因为培训和采用适合本地实践的软件成本远远超过硬件的成本，还因为任何BIM的成功采用都取决于负责使用该技术的人员的技能和良苦用心。

从欧洲文艺复兴时期开始，在几个世纪内，设计师与建造师之间的专业差距不断扩大，

建筑系统日益复杂且技术先进。纸质的技术图纸和规格是向设计者传达设计师意图的基本媒介，这样可以缩小两者的专业差距。随着时间的推移，建筑商越来越专业化，并开始在工地外生产建筑部件，这种方式最初是在工艺品商店出现的，后来引入工业设施现场组装领域中，其结果是设计师不再控制整个设计，任何给定系统的专业知识都在专业制造商的专业范围内。目前的生产商和制造商都需要准备自己的图纸集（称为商业图纸），其目的有两个，即开发和详细设计生产，两者同样重要且都需要将他们的施工意图传达给设计师进行审批。

事实上，双向交流过程不仅仅是一个论证过程，而是建筑设计的一个组成部分，更重要的是，这已经成为制造多个系统并且他们的设计必须一致地整合在一起的需要。图纸可用于协调各种建筑系统部件的位置和功能，除了最简单的建筑物外，今天的建筑都是如此。传统实践中，制造商为设计人员准备的纸质图纸和规格可满足其他重要目的的要求，它们是采购制造商产品的商业合同的关键部分，它们直接用于安装和施工，也是储存设计和施工过程产生的信息的主要手段。

对分包商和制造商来说，BIM 可支持整个设计开发、细化和整合的协作过程。在许多有记录的案例中，通过 BIM 可以缩短交货时间、加深设计集成度，可以实现更高程度的预制，没有 BIM 其实现过程非常不易。基于对象的参数化设计工具早已被开发出来，其在最早的综合性 BIM 工具出现之前就被用于支持许多建筑活动，比如钢结构的制造。

除了这些对生产力和质量的短期影响之外，BIM 导致了基本工作流程的变更，因为它提供了管理“大规模定制”所需的大量信息的能力，这是精益生产的一个重要原则。随着精益施工方法的使用越来越普遍，分包商和制造商将越来越多地发现市场力量会迫使他们提供定制的预制建筑构件，且其价格水平适用于以前大规模生产的构件。

以下从分包商或制造商负责制造和安装建筑部件的角度描述 BIM 在改进制造过程的各个方面的潜在益处以及预期的基本过程变化，制造商应有效使用 BIM 系统，包括建模和详细说明、详细信息、特定的交易等。

7.2　分包商和制造商的类型

分包商和制造商在施工中执行的专业任务非常广泛，大多数业务是通过他们所从事的工作类型或他们制造的组件类型来确定的。为了讨论他们如何利用 BIM 问题，根据他们工作所需的工程设计深度是对它们进行分类是一种有用的方法。除了大宗原材料之外，建筑部件可分为制造的成品部件、按订单生产的组件、专门设计的部件等三类。标准卫生洁具、干墙板和螺栓、管件等属于制造的成品部件；预应力空芯板以及从设计目录中选择的门窗等属于按订单生产的组件；钢结构框架、预制混凝土结构件、各种类型的外墙板、定制厨房和其他橱柜用具、其他可完成某些建筑功能的各种特定位置的适合部件都属于专门设计的部件。前两个类型是为一般用途而设计的，而不是为特定应用定制的，这些组件通常是由设计目录中指定的。大多数 BIM 系统使供应商能够提供其产品的电子目录，允许设计人员在建立信息模型时嵌入代表性对象并直接与它们链接，这些组件的供应商很少涉及现场安装或组装问题，因此，他们很少直接参与设计和施工过程。鉴于上述原因，以下重点关注第三类建筑部件的设计师、协调员、制造商和安装人员的需求，这第三类部件也称工程订单（Engineered-To-Order，ETO）组件。空芯板可预先设计并可定制为任意长度，其区别在于第二种类型仅根据需要生产，这通常归因于商业或技术原因，比如库存成本高或货架期短。

（1）工程订单（ETO）组件的生产商

ETO生产商通常依靠生产设施生产，其生产组件需要在实际生产之前进行设计和加工，大多数情况下他们会被转包给建筑的总承包商，或者在建筑管理服务公司（Construction Management Service Company）管理项目的情况下将其分包给业主，分包合同中通常包含其产品的详细设计、加工、制造和安装要求。尽管一些公司拥有大型内部工程部门，但他们的核心业务是制造，其他人会将部分或全部工程工作外包给独立顾问（专用设计服务提供商，Dedicated Design Service Providers）。当然，他们也可以将其产品的现场安装或施工转包给独立公司。欧美发达国家有庞大的ETO生产商群体。当然，还有一些建筑工程交易不仅仅需要ETO生产商，还要求ETO生产商作为其系统的一部分提供重要的ETO组件，比如水、暖、通风和空调（HVAC）、电梯和自动扶梯以及木工等。

（2）设计服务提供商

欧美发达国家的设计服务提供商主要为按订单生产组件的生产商提供工程服务，他们按收费约定进行工作，一般不参与他们设计的组件的实际制造和现场安装工作。服务公司由钢结构详图设计工程师、预制混凝土结构设计和详图设计工程师、专门的幕墙设计工程师和幕墙顾问等组成。倾斜式混凝土建筑面板设计师就是这种提供商的一个典型成员，他们在工程、设计和准备车间图纸方面的专业知识使得总承包商或专业生产人员能够在现场生产平台上制造大型钢筋混凝土墙板，然后将其抬起（或倾斜）到位。凭借这些设计服务提供商的灵活服务，这种现场制造方法可以由相对较小的承包公司实施。欧美发达国家按设计定制的建筑构件主要有钢结构、预制混凝土结构产品、建筑外墙、幕墙、木桁架（地板和屋顶桁架）等。

（3）专家协调员

专家协调员通过将“虚拟”分包公司下的设计师、材料供应商和制造商聚集在一起提供全面的ETO产品供应服务。他们的幕后工作遵循一些基本原则，可灵活地提供他们能够提供的各种技术解决方案，因为他们没有自己的固定生产线。这种类型的服务在提供幕墙和其他建筑立面构件时很常见。比如立面系统的设计师组建了由材料供应商、制造商、安装商和施工管理公司组成的特设“虚拟”分包商。

7.3 分包商采用BIM过程的好处

建筑施工中ETO部件通常都具有典型信息和产品流程，该过程包括三个主要部分，即项目获取（初步设计和招标）、详细设计（工程和协调）、制造（包括交付和安装），该过程包括允许设计方案在必要时重复制订和修订的时间周期。这个时间周期通常发生在详细设计阶段，制造商需要获得建筑设计师的反馈和批准，其不仅要满足他们自己的要求，还要与制造商的设计以及其他建筑系统协调一致地发展。现有的工作流程存在许多问题，这是由产业的劳动密集型决定的，大部分工作都花费在生产和更新文件上，一套图纸和其他文件可能在准确性和一致性方面存在很多问题，在现场安装产品之前通常不会发现这些不准确性和不一致性，相同的信息会被多次输入到计算机程序中且每次都可以独立使用，工作流程有许多中间检查程序并会导致返工现象经常发生且时间周期很长。利用BIM则可以通过多种方式改进以上流程，首先，BIM可以通过提高生产力并取消了对在多个图形文件间人工保持一致性的依赖，提高了现行2D CAD过程中大多数流程的效率。当然，随着BIM技术的进一步

实施，BIM 与现有信息系统协调的成本仍然令人望而却步，其预制化水平依赖于流程本身的改变。当在精益施工技术的背景下实施时，BIM 可以大幅缩短交货时间并使施工过程更加灵活，且可减少浪费，比如通过串行工艺（Pull Flow，也称拉流）控制详细设计、生产和安装。串行工艺是一种调节生产系统中工作流量的方法，只有在下一个下游站点接收到零件的“订单”时才会发出任何站点的生产信号，这与传统的生产工艺中由中央管理机构通过命令“推动”的方法形成鲜明的对比。这种情况下的拉流意味着对于任何特定建筑部分的部件的详细设计和制造将仅在该部分的安装成为可能之前的预设时间内开始。拉流可以近似的时间顺序解释短期收益。

（1）营销和招标

初步设计和估算是大多数分包商、制造商获得工作的必要活动，要赢得价格有利可图的项目就需要精确测量工程量、关注细节，还应具备开发具有竞争力的技术解决方案的能力，所有这些都需要该公司动员知识最渊博的工程师进行大量的、长时间的工作。一般来说，并非所有投标都是成功的，公司需要估计比最终执行的项目更多的项目从而使投标成本在公司开销中的占比相当大。BIM 技术有助于所有三个领域的工程师开发多种替代方案，在合理的程度上确定详细解决方案并测量工程量。

出于市场营销的目的，就像仅限于 3D 几何建模的软件一样，潜在客户的建筑信息模型的作用并不局限于提供拟议建筑设计的 3D 或真实照片图像的能力，其功能在于能够以参数化方式适应和改变设计并更好地利用嵌入式工程知识，其允许更快速地进行设计开发以最大程度地满足客户的需求。一个典型的案例可反映预制混凝土估算人员使用 BIM 工具开发和销售停车场设计的经验，销售人员 A 在 8 个半小时内模拟了整个车库（72m 宽、175m 长、5 个支撑层）的情况，该车库无须连接或加固，由 1250 个部件组成，用户将 PDF 图像发送给业主、建筑师和工程师，第二天早上，用户与客户进行了一次电话会议并接受了一些修改，销售人员 A 在下午 1 点 30 分修改了模型，然后打印出平面图、等高线并生成了一个 Web 查看器模型，随后于下午 1 点 50 分通过电子邮件将这些模型发送给客户，然后，用户在下午 2 点再次召开电话会议，两天后，用户获得了这个项目。以上例子强调了如何缩短响应时间：通过使用 BIM 使公司能够更好地解决客户的决策过程。每一个生产商应自动提取工程量并列出所需的预制件，这些工程量可以为每一项工作提供成本估算结果，使业主和总承包商能够就采用哪种配置做出明智的决定。

（2）缩短生产周期或循环次数

BIM 的使用大大缩短了生成采购图纸和材料提取所需的时间，这可以通过以下三种方式实现：通过适应标准 2D CAD 实践中可能出现的变化为后期变更提供更优质的服务，这些变更通常都是必不可少的。在标准实践中对制成的接近制造时间的构件进行改造是非常困难的，每次变更均必须反映到可能会受到影响的所有装配图和加工图中，还必须与反映相邻或连接零部件的图形进行协调以便变更零件。如果变更影响不同制造商或分包商提供的多种建筑系统，则协调就会变得更为复杂和耗时。借助 BIM 工具将变更输入到模型中并自动生成更新的安装和工程图，就正确实施变更所需的时间和精力而言其好处是巨大的。建立一个“拉流生产系统”，其中由生产顺序驱动制图工作。较短的交货时间缩短了系统对设计信息的“库存”时间使其不易受到变化的影响，一旦大部分变更已经完成就会生成商业图纸，这样就最大限度地减少了需要进行其他变更的可能性，在这个“精益”系统中的商业图纸是在最后一个负责任的时刻生成的。

使预制解决方案在合同日期和开始现场施工所需日期之间的有限交货时间的项目中可行，这通常是被禁止使用的。由于使用2D CAD进行生产设计所需的时间较长，总承包商会发现他们承诺的施工起始日期比交货时间要短，因为这些时间比将常规建筑系统转换为预制建筑系统所需的时间短。比如，采用现浇混凝土结构设计的建筑平均需要两到三个月的时间才能完成向预制混凝土的转换并生产出所需的第一批产品，相比之下，BIM系统缩短了设计的持续时间，从而可以预制更多具有更长交货时间的组件。以上这些好处源于BIM系统在尝试生成和传递详细的制造和安装信息时能够实现的高度自动化。建筑模型对象（实现基本设计意图）与其数据属性（使系统能够为生产过程计算和报告有意义的信息）之间的参数关系是BIM系统的两个特性，其可以使这些改进成为可能。

通过利用自动化生产工程图来缩短周期时间。这一好处的表现已在众多实施项目中得到证实。在钢结构制造行业，一些制造商的报告称工程详细设计阶段节省了将近50%的时间，当然，其中一些减少可能归因于除了钢结构3D模型外的其他技术。

一个项目对框架内对建筑预制混凝土外墙板的交货期缩短进行了早期但详细的评估，其通过一个甘特图显示了一个工程设计办公楼外立面板的基线过程，基准表示使用2D CAD项目的最短理论持续时间，要求工作连续进行且不中断。通过将实际项目中每项活动的测量持续时间缩短为项目团队对其进行工作的净小时数获得了基准。如果使用可用的3D参数化建模系统执行则其甘特图会显示同一项目的估计时间表，这种情况下提前期的减少从基准最低时间80个工作日减少到了34个工作日。

（3）减少设计协调错误

制造商需要向建筑师传达施工意向，其中一个原因是通过提交和批准过程获得的信息对整个设计团队来说至关重要，它使团队能够识别设计中固有的潜在冲突。两个组件之间的物理冲突是它们注定要占据相同物理空间的最明显的问题，这被称为硬碰撞。当部件彼此靠得太近时（尽管没有物理接触）软碰撞就会发生，比如钢筋太接近以至于不能正确放置混凝土或需要足够隔热空间的管道。结构性问题是第三种类型，其中某些组件会通过限制或阻止访问来阻碍其他组件的构建或安装。后两种软性冲突和施工性冲突有时被称为间隙冲突。在任何特定情况下，当设计协调不完整时冲突会在安装第二个组件时被发现，无论谁承担由此造成的返工和延误且承担相应的法律和财务责任，制造商仍不可避免地会受到损害，若工作可预测且不间断时则施工工艺会更为精简。

BIM提供的许多技术优势可以改进各个阶段的设计协调问题，制造商特别感兴趣的是能够在生产、细节水平上创建潜在冲突系统的集成模型，冲突检测的常用工具是Navisworks Jetstream软件，该软件可将各种格式的模型导入到单一环境中以识别物理冲突，冲突会自动识别并向用户报告。目前的技术限制阻止了直接使用该系统的冲突解决方案，从技术上讲，不可能在集成环境中进行修正然后将它们移回原始建模环境，一旦团队决定了解评估软件中发现的冲突的解决方案则每笔交易都必须在其各自的BIM软件中进行必要的变更，重复将模型导入审查软件的循环可以实现接近实时的协调，特别是在交易详细信息位于同一位置的情况下，在未来的系统中应该可以通过使用组件ID将冲突报告给每个交易的本地BIM工具。

为避免设计协调冲突，最佳实践是在并行执行详细设计且在涉及所有制造行业的协作工作环境中执行，这样就避免了详细设计中几乎不可避免的返工问题，即使已完成设计中的冲突已被识别和解决。管道工程师以及暖通空调、喷水灭火系统、电气管道和其他系统的设计

人员配置在现场办公室，将他们的每个系统彼此靠得很近并直接响应现场制造和安装系统的进度，使到达工作现场时本身几乎没有协调错误。

当制造商自己的图纸集中出现不一致时会发生另一类型的重大浪费。传统的绘图集中无论是手工绘制还是使用CAD绘制都包含每个单个工件的多个表示，随着设计的发展和方式改变，设计师和绘图员需要在各种图纸之间保持一致，尽管各种质量控制系统完全没有错误的绘图集很少。人们对预制混凝土行业的绘图错误进行的详细研究表明，设计协调错误的成本约占项目总成本的0.46%，研究涵盖了来自各个项目和生产商的近五万件产品。

(4) 降低工程成本和设计成本

BIM通过三种方式降低直接工程成本。

1) 通过更多地使用自动化设计和分析软件实现几乎完全自动化的图纸和材料提取过程，从而加强质量控制和设计协调工作，减少返工。BIM和CAD之间的一个主要区别是其可以对建筑信息对象进行编程以显示貌似“智能”的行为，这意味着可以直接从BIM数据或BIM工具本身进行各种分析软件的数据预处理，从热力和通风分析到动态结构分析。比如用于结构系统的大多数BIM工具可以定义有限元分析载荷、载荷分布、支撑条件、材料属性以及结构分析所需的所有其他数据。

2) BIM系统可以让设计人员采用自顶向下的设计开发方法，即通过软件将高层设计决策的几何含义传播到其组成部分。比如，可以通过基于预先制作的自定义组件的自动化配准功能来完成在连接处彼此适合的成形件的构造。详细设计生产工作绝大多数可以实现自动化。除了以上各种好处之外，自动详细设计直接减少了传统的必要消耗时间、细化了ETO组件、制作出了优化工程图。

3) 大多数BIM系统可以高度自动化的方式制作相关报告，包括图纸和材料的提取工作。有些系统还可保持模型和绘图集之间的一致性而不需要操作员进行辅助操作，这样可以比传统起草过程节省若干时间，这一点对于以前将大部分工程设计时间花费在制作乏味的施工图任务的制造商来说尤其重要。人们发现使用BIM工具进行工程设计和绘图具有极高的生产效率，可使设计时间节省20%～60%，在施工图设计中使用具有参数化建模的BIM工具可通过定制的自动化构造程序和自动绘图准备工具来详细描述现浇钢筋混凝土结构的钢筋。

(5) 更多地使用自动化制造技术

用于各种ETO部件制造任务的计算机控制机器已经问世了20多年，比如用于钢结构制造的激光切割和钻孔机；用于制造混凝土用钢筋的弯曲和切割机；用于木材桁架制造的锯、钻和激光投影仪；用于管道工程的水射流和激光切割金属板；管道切割和管道穿线，等等。实践证明，对通过人工进行编码引导这些机器的计算机指令的要求是影响其使用经济性的重要屏障。

二维CAD技术为克服数据输入障碍提供了一个平台，其允许第三方软件提供商开发图形界面，用户可以绘制产品而不是用字母数字进行编码，开发人员发现几乎所有的情况下都有必要添加相应的定义。

有人做过评估3D建模效率的实验，这些模型包含完整的螺纹钢构造，以阳台板和支撑梁上的详细钢筋为依据，通过创建可表示构建部件的可计算数据对象来表达制作细部的图形信息，然后可以自动生成零件并进行材料提取，从而形成可称为“构建零件信息建模”应用程序的内容。当然，对每个制造阶段的零件仍然需要分别进行建模，当对建筑系统进行变更时操作员必须人工修改或重现零件模型对象以保持其一致性，除了所需的额外时间之外人工修订还存在可能导致不一致的缺陷。某些情况下，软件公司通过开发自顶向下建模系统来更新组件和零件中的这些问题来克服这个缺点，以便使改变几乎完全自动地传播到受影响的零件，典型的应用是钢结构制造业。当然，这些发展也受到了某些限制，就钢结构行业而言这些限制包括市场规模、系统使用的经济效益规模以及技术进步使得软件开发投资在经济上的可行性，这些应用程序最终都会演变成完全面向对象的3D参数化建模系统。

BIM工具利用有意义且可计算的对象为建筑物的每个部件建模，因此可以相对容易地提取用于控制自动化机械所需的数据形式的信息。然而，与它们基于2D-CAD的前辈不同，BIM还提供管理制造过程所需的物流信息，包括建筑和生产计划、产品跟踪系统的链接等。

（6）增加预组装和预制

通过消除或大幅度减少生产施工图所需的额外工作量，BIM工具使项目公司能够为任何建筑项目预制更多经济可行的品种。几何完整性的自动维护意味着对标准件进行变更并生成专门的商业图纸或一组CNC指令只需要花费很少的工作量。随着结构多样建筑物的不断涌现，越来越多的标准建筑物可以经济地预制。制造业应用BIM会使与安装工程中未正确安装的部件相关的风险相对降低，每一笔交易对风险或整个设计可靠性的理解都会受到所有其他系统的强烈影响，比如3D中被归类、完全定义和共同审核的知识体系。

除了个别情况外，二维计算机辅助设计并没有产生新的制造方法，且它对辅助异地预制的物流没有什么作用。同时，BIM工具已经不仅能够实现比没有它们时可以考虑的更高水平的预制，还能够预制先前只能在现场组装的建筑部件，例如将大型管道和管道装置预先组装在螺柱框架上然后滚动就位。由于这些BIM工具支持建筑系统和贸易之间的密切协调，现在可以实现对集成多个系统部件的建筑模块的集成预制。比如将HVAC、管道、喷淋头、电气和通信系统的组件在模块中组装在一起以便能简单地安装在现场走廊的顶棚板上，只有在BIM工具提供的信息丰富和可靠的情况下才能将这种整合的物理和后勤设施协调到这种程度。

（7）质量控制、供应链管理和生命周期维护

人们已在各种研究项目中探索出了在建筑中应用复杂的跟踪和监测技术的众多途径，一个值得注意的特例是BAMTEC系统，该系统中的钢筋具有定制的钢筋直径和长度并被焊接在一起后卷入现场。人们已将预制顶棚板服务模块与暖通空调、电气和管道系统的所有部分一起安装。一些工厂BIM工具使用射频识别（RFID）标签进行物流管理，将激光扫描（LADAR）结果与设计模型进行比较，使用图像处理监视质量，通过阅读设备“黑匣子”监测信息以评估材料消耗。对于建设ETO产品的制造商使用BIM主要有以下三个应用领域，以及使用GPS和RFID系统监控组件到现场的生产、存储和交付；使用LADAR和其他测量技术支持组件的加工或安装和质量控制；使用RFID标签和传感器提供关于组件及其性能的生命周期信息。

贯穿所有这些推荐系统的通用线索是需要建筑模型携带可以与监测数据进行比较的信息，通常由自动监测技术收集的数据量需要借助复杂的软件来解释它们。为使这种解释具有意义，建筑产品的设计状态、几何尺寸和其他产品的关系和过程信息必须以计算机可读的格式提供。

7.4 BIM启用导致的流程变更

BIM对总承包商、分包商和制造商的主要贡献在于它能够实现虚拟建设。从直接负责生产建筑的角度看，无论是现场还是非现场制造设施，BIM的作用不仅仅是一种技术上的改进，其实际上是一种新的工作方式。建筑经理和主管首次使用BIM就可以在实际实施作业和材料使用之前将这些工序拼凑在一起，可以借助BIM探索产品和工艺选择、变更零件并提前调整施工程序。还可以利用BIM在不同行业间持续地进行无缝合作并随着施工进度的进行协调所有这些活动，使他们在开发或处理业主和设计人员提出的新变更时能应对各种不可预见的情况。尽管目前的BIM软件工具作为一个整体尚不够成熟，其无法使虚拟建筑变得简单而普遍，但全球领先的施工团队的最佳实践已经导致了BIM对传统工作流程的变更，他们取得的成功并不是因为他们擅长操作任何一种接收机程序或其他软件，而是因为他们利用BIM技术在项目早期以虚拟和协作的方式构建了一种集成式的生产方式。

（1）精益施工

在制造领域，精益生产方法正在不断发展以满足个体客户对特殊定制产品的需求，从而避免了传统大规模生产方法所固有的浪费问题。一般而言，这种开发原则适用于任何生产系统，但考虑到消费品生产和建筑结构之间的差异，必须对精益制造的实施进行适应性调整。精益建设与流程改进有关，因此可以使建造的建筑物和设施能满足客户的需求且同时又消耗最少的资源，这就需要思考工作流程问题，其重点在于找出并消除各种障碍和瓶颈。精益建设特别关注工作流程的稳定性。造成工期较长的一个常见原因是分包商为保护自己的生产力而需要很长的缓冲时间，因为传统的工程建设通常是在可用工作量不稳定和不可预测的情况下进行的，发生这种情况的原因是其他分包商未能按时完成上述工作或者未能在需要时交付材料或设计信息，以及分包商不愿意冒着浪费时间（或降低其生产力）的风险而决定延迟等。

发现浪费并改善流程的主要方法之一是采用拉流控制，其中的工作只在对流程的下游需求具有明显好处时才进行，并且在流程结束时能提供最终的拉动信号和客户工作面。工作流程可以根据每个产品或建筑部分的总时间周期按计划完成的工程量比例或正在进行的工作存量（称为“在制品”）来衡量。浪费不仅包括物质浪费，还包括工时浪费，比如等待投入、返工等所花费的时间。要进一步了解精益思想的特点可以登录国际精益施工组织（The International Group For Lean Construction）的网站www.iglc.net。BIM可以推动精简施工流程的形成，并引导分包商和制造商以以下四种工作方式工作。

1）由虚拟建筑产生的无差错设计信息引导下的预制和预组装可以更大程度地实现现场施工持续时间的缩短，以及从客户的角度看到的产品周期的缩短。

2）共享模型不仅有助于识别物理的或其他设计方面的冲突，与使用4D CAD技术的计划安装时间数据相关联的共享模型还能够探索施工顺序和交易之间的相互依存关系。精心策划每周的生产活动是精益建设的关键原则，它通常使用“Last Planner™”系统实施，该系统可对各种建设活动进行筛选以避免分配那些可能无法正确完整执行的活动，因此，通过使用BIM逐步进行虚拟建设、先验识别空间可发现逻辑或组织冲突并可改善工作流程的稳定性。

3）增强团队合作能力。协调不同行业之间更好的建设安装活动意味着要改善传统的工

作面问题，这个问题涉及工作和团队间的交接，BIM 的应用会减少这些协调工作。当利用配合更好的整合团队而不是无联系团队进行施工时需要更少和更短的时间缓冲范围。

4）当实际制造和交付所需的总时间减少时制造商可以缩短交货时间，其原因在于 BIM 能够更快地制作工厂图纸。如果交货期缩短得足够多，制造商就可以更容易地对其供应地点重新配置以便利用改进的拉流序列，这样可以使准时生产的准时交货时间变得充裕并可大大减少 ETO 组件及其相关废弃物储存的问题，比如存储成本、多重处理、部件损坏或丢失、运输协调等。因为 BIM 系统可以在最后一个履约时刻生成可靠和准确的商业图纸（即使最后时间发生变更也是如此），所有类型的制造商都可以更好地响应客户的需求，因为其在生产过程中不会过早生产部件。

（2）减少施工中的纸张用量

最初采用 CAD 时电子传递成为沟通纸质图纸的部分替代方案。BIM 技术的最根本变化是将图纸从信息归档状态降级到通信介质状态，其既可以采用文本方式也可以采用电子方式。在 BIM 作为建筑信息唯一可靠的存档资源的情况下，图纸、规格说明、工程量提取和其他报告的文本打印主要用于满足信息更容易被用户清晰访问的要求。对采用自动化生产设备的制造商来说，文本图纸的需求几乎消失，比如使用数控机床进行切割和钻孔的木材桁架部件可以高效地组装在一起且可以通过使用激光技术根据上方投影的几何形状进行连接。当工作人员访问一个彩色编码的 3D 模型时，用于预制混凝土制造的复杂钢筋笼的生产力就会得到提高，工作人员可以在大屏幕上随意操作而不是解读纸质图纸上的传统正交视图。使用 PDA 以图形方式显示 3D VRML 钢模型（由 NIST 软件从 CIS/2 模型转换而来）的现场钢结构建造者可将几何信息和其他信息交付给现场使用者。来自 BIM 制造模型的信息的不断进步已开始推动物流、会计和其他管理信息系统的发展，他们还会受到自动化数据收集技术的支持，其对纸质报告的需求已大大减少。也许只有滞后的法律和商业变革速度才能阻止这种被称为“无纸化建设”的进程。

（3）增加工作安排能力

电子建筑信息模型的使用意味着长距离通信已不再是工作安排的障碍。从这个意义上说，BIM 促进了外包业务的增长，甚至促进了以前属于当地分包商和制造商领地的建筑工作的全球化，这些变化主要体现在以下两个方面。

1）设计、分析和工程可以通过在地理上和组织上分散的小组更容易地进行。在钢结构行业，拥有强大的 3D 参数化构造软件的个人成为自由职业者，他们为制造商提供服务已经变得司空见惯，这样就大大减少了他们的内部工程机构。欧美发达国家将 3D 建模和设备工程业务外包给印度的行业已经很普遍，比如航空航天、汽车和工业机械等。

2）更好的设计协调和沟通意味着制造本身可以更可靠地外包，甚至包括长距离运输零件。准确的 BIM 信息使得在中国生产的门面部件可在欧美发达国家安装。

7.5 通用 BIM 系统对制造商的要求

用户可以从他们正在考虑的各种软件中定义 ETO 组件制造商、设计服务提供商和顾问以满足系统相关的要求。本节主要介绍适用于所有人的共同通用要求，并特别强调制造商作为协作项目团队一部分需要积极参与综合建筑信息模型的编译。BIM 的需求列表中应包含特定类型制造商的特殊需求。需要强调的是，目前 BIM 系统最基本的必需属性（比如支持实体建模）尚欠完善，因为这些对所有用户都很重要且几乎具有普遍适用性，比如，制造商需要用于碰撞检测和体积量提取的实体建模工具，它们都在 BIM 软件中得到了提供，因为如果没有它们则剖面视图将无法自动生成。

（1）参数化、可定制部件及其关系

高度自动化设计和细化任务的能力是 BIM 为制造商带来收益的基石，BIM 通过构建信息模型以保持其连贯性，BIM 具有语义正确和准确的能力，即使在实施时也是如此。如果要求操作员分别生成每个细节对象则创建模型将非常耗时且不切实际，操作员想要及时发布从建筑装配到所有详细构成部件的所有变更不仅费时而且极易出错。由于上述原因，制造商必须拥有支持参数对象和各级对象之间关系的软件系统才能使用 BIM。比如，钢结构连接软件根据其预先定义的规则选择并应用适当的链接，项目规则集的设置和选择可由记录工程师或制造者根据公认的惯例来完成，如果任何一个连接部件的轮廓形状或参数随后被改变则几何和逻辑的链接会自动更新。

评估的一个重要优势是可以判断将定制部件、细节和接头添加到系统中的程度，一个强大的系统将支持参数组件嵌套在另一个中实现几何约束下的建模，比如“平行于”或“相距恒定的距离”，应通过生成规则的应用来决定组件是否会在任何给定的环境下创建。

（2）给出制造组件的报告

自动生成建筑物中每个 ETO 部件的生产报告的能力对于各种制造商都至关重要。报告可能包括准备的施工图、编制数控机械指令、列出采购的组成部件和材料、指定表面光洁度处理要求和材料、列出现场安装所需的硬件等。在预制任何类型的 ETO 部件时能够以不同方式对部件进行分组以管理其生产是非常重要的，包括部件的采购、部件的形式和工具准备、存储、运输和安装等。预制混凝土部件和用于现浇混凝土的模制件通常根据其模具进行分组以便单个模具可用于多个部件，当然，每次使用之间应稍作修改，根据其与建筑元素的关联关系必须制作并捆扎钢筋。为了支持这些需求，BIM 工具应该能够根据运营商提供的几何信息和元数据指定的标准对组件进行分组，在满足几何形状的情况下软件应该能够根据内部相似或不相似的程度来区分其构成方式，比如木材桁架可能会被赋予一个主要标识符以用于将这些桁架按相同的总体形状和配置进行分类，再通过辅助标识符来区分每一个桁架。以 Tekla Structures 中的钢结构链接为例，该软件的应用操作员选择的链接为 A 到 B 并在轴向更深处旋转柱（由 B 到 C）时自动更新定制链接，由于主要群体中的各种桁架存在微小的差异，如果一个普通的桁架系列被赋予了类型标识符“101”，则通用“101 系列”中的一些桁架可能包括一个轮廓尺寸更大的特定构件，否则它可能被命名为“101”的子族“101-A”。在一些 BIM 应用中，预制的 ETO 部件会要求将一些组成部件松散地递送到工地，比如用于工地接头的焊接板，这些也必须分组并贴上标签以确保在正确的时间送到正确的地方，如果必须将零件装入或用螺栓固定在建筑物的结构上，则可能需要提前将其交付给其他分包商甚至其他制造商，必须生成所有这些信息并将其应用于 BIM 工具中的对象且最好能够自动应用。

（3）管理信息系统的接口

与采购、生产控制、运输和会计信息系统沟通的双向接口对充分利用前述的潜在利益至关重要，这些可能是独立的应用程序或全面的企业资源规划（ERP，Enterprise Resource Planning）套件的一部分。为避免出现不一致问题，建筑信息模型应成为完整操作的部件清单和部件生产细节的唯一来源。制造是随着时间的推移而进行的，在此期间可能会继续对建

筑物的设计进行变更。如果要避免错误就必须随时向所有公司的部门提供有关对模型中的零件进行变更的最新信息，理想情况下其不应该是一个简单的文件导出/导入交换，而应该是一个在线数据库的链接，软件应提供最起码的应用程序编程接口，以便具有编程能力的公司可以根据其现有企业系统的要求调整交换数据。在将建筑信息模型与其他管理系统集成的情况下，从生产到存储、交付、安装和运行的ETO组件自动跟踪系统应灵活可行，利用条形码跟踪的系统是比较常见的，实践证明，更强大的射频识别（RFID）技术仅适用于某些ETO组件类型。

（4）互操作性

根据BIM定义，分包商和制造商只提供建筑系统的一部分，在BIM系统与设计师、总承包商和其他制造商之间传递信息的能力至关重要。实际上，即使没有统一的数据库也可以将全面的建筑信息模型设想为由众多设计和建筑行业的独特BIM工具中维护的整套系统模型组成。本书前面已详细讨论过互操作性方面的技术问题，包括其优点和局限性。仅就分包商和制造商选择BIM工具的目的而言，使用适当的行业交换标准接口和出口模型的能力应视为强制性的要求，哪种标准最重要取决于工业部门的特点，对钢结构而言，CIS/2格式至关重要，对于大多数其他行业来说，IFC格式可能最有用。

（5）信息可视化

3D建筑模型视图是输入和可视化管理信息的非常有效的平台，特别是对于制造商组织体系之外的建筑商和总承包商员工，用于根据各种生产状态数据生成的着色模型显示的可定制功能至关重要。比如，使用4D CAD技术对施工作业进行微观规划，其可使用模型接口以及时实现将预制件交付到施工现场的配置，首先应将包括结构构件、资源（起重机）和活动的建筑模型用于逐步规划和模拟工程中相关的安装顺序，仔细的计划至关重要，只有这样，项目团队才可以在严格时间范围内完成安装任务。再比如，使用4D CAD可以显示由现场主管制定的用于选择预制件交付的图纸的分布，如果现场主管可以简单地选择并点击颜色编码的模型来编制交货清单，就会免除多套图纸和清单之间的协调工作并避免由此产生的人为错误。

（6）制造任务的自动化

选择的BIM软件工具应能反映制造任务自动化的时机和计划，这些会因建筑系统而异。这些对于拥有不同种类的数控机床的公司至关重要，这些机床包括钢筋弯曲机和切割机、用于钢型材或板材的激光切割机、用于预制混凝土的精密输送机和铸造系统，等等。对于另一些制造商而言，这些技术可能是采用BIM的驱动因素，当然，对另外一些人来说可能是非常新奇的东西，因此，BIM必须推介它们的能力，无论哪种情况，关键的问题归结为BIM软件支持的信息需求和接口形式。

7.6 主要制造商类别及其特定需求

本节主要介绍各种制造商对BIM的具体要求以及每类制造商的软件包并说明软件包每个域的功能以及其他信息的来源。

（1）钢结构

采用钢结构时其整体结构可分为不同的部分，可以在结构工程师定义的必要负载约束条件下使用最少的材料数量和劳动力轻松制造、运输到现场、竖立和连接。简单地用3D来模拟结构的所有细节是不够的，比如螺母、螺栓、焊缝、板等。以下是钢结构详细设计软件应该满足的其他要求。

1）自动和可定制的钢链接细节。此功能必须包含定义规则集的能力，这些规则集管理链接类型的选择方式和参数调整方式以适应结构中的特定情况。

2）内置结构分析功能。通常应包括有限元分析，或者软件至少应该能够导出结构模型，包括以外部结构分析软件包可读的格式定义的载荷，在这种情况下其也应该能够将负载导回到3D模型中。

3）直接向计算机数控（CNC）机械输出切割、焊接和钻孔指令。可用软件为Tekla Structures、SDS/2设计数据、StruCAD、3D等。

（2）预制混凝土

预制混凝土的信息建模比钢结构建模更复杂，因预制混凝土件具有内部部件（比如钢筋、预应力钢绞线、箍筋等），形状自由度更大，表面光洁度要求更丰富。这些都是为什么针对预制混凝土的需求量身定制的BIM软件产品比钢结构软件的出现晚得多的原因。预制混凝土软件联盟（the Precast Concrete Software Consortium，PCSC）全面研究并给出了预制混凝土制造的具体要求，上述钢结构软件的自动和可定制的链接细节以及内置的结构分析功能同样适用于预制混凝土，除此以外，预制混凝土对软件还有以下一些特定的要求。

1）在几何形状与建筑图纸中报告的几何形状不同的建筑物模型中建模的能力。所有预制件都会发生缩短和蠕变，这意味着它们的最终形状会与生产时的不同。另外，固化后释放预应力电缆时预先偏心的预应力预制件会变成弧形，当长预制件意外扭曲或弯曲时会发生最复杂的变化。通常在通过停车场和其他结构时使用长双层T形件，人们通过将一端的支撑件设置为与另一端的支撑件成一定角度的方式来形成排水斜坡。所有上述细节都必须在计算机模型中用翘曲的几何图形表示，但它们必须在直的预应力平台上生产。因此，它们必须在商业图纸中直接进行渲染，这需要在各种有意变形的部件的组件和商业图形表示之间进行相对复杂的几何变换。表面清理和处理方式不能简单地应用于零件的表面，其通常具有自己独特的几何形状，这可能需要从混凝土本身减去相应的体积。石材覆盖层（面层）、砖图案、保温层等都是常见的例子。特殊的混凝土混合物要求提供自定义颜色和表面效果，但其通常成本太高而无法填充整个部件，这些部件可能由多个具体的形状组成，且软件必须支持每种类型所在卷的文档。

2）需要对单个零件进行专门的结构分析。目的是检查它们在剥离、提升、储存、运输和安装过程中所施加的力以及建筑物使用寿命期间所施加的力等各种情况下的抗力。因此，特别强调其需要与外部分析软件包和开放式应用程序的编程接口进行集成。

3）预制件的组成部分必须根据它们的插入时间进行。包括在制造时铸入器件，将器件铸造或焊接到建筑物基础或结构上，提供散件（与预制件一起捆绑）到现场进行安装。应以与制造控制软件和自动化弯曲和切割机器兼容的格式输出钢筋形状。可用软件为Tekla Structures、Structureworks。

（3）现场浇筑（CIP）钢筋混凝土

像预制混凝土一样，现浇钢筋混凝土的内部组件也必须详细模拟。结构分析、生产和报告钢筋形状以及测量混凝土体积的所有要求对现浇混凝土同样有效。然而，现浇混凝土（Cast-in-place，CIP）与钢结构和预制混凝土有很大不同，这种不同的表现就是现浇结构是整体式的，它们在组件之间没有明确定义的物理边界，比如柱、梁和平板。事实上，组件交叉点的混凝土体积是否被视为其他组件的一部分或其中一部件的组成部分是根据报告需求确定的。同样，相同的钢筋可以在一个构件内完成特定的功能并且在一个接头内实现不同的功能，比如连续梁中的顶部钢筋用于跨度内的剪切和抗裂且也可以作为支撑上的加强力矩。现浇混凝土与钢结构和预制混凝土的另一个区别是现浇混凝土可以方便地浇筑成复杂的曲面几何形状，可以在一个或两个轴向上具有不同的曲率和不同的厚度，尽管不均匀的多曲面非常罕见但圆顶却并不少见，任何在其施工项目中遇到弯曲混凝土表面的公司都应确保各种建模软件的描述性几何引擎都可以模拟这些表面以及它们所包围的实体体积。现浇混凝土与钢结构和预制混凝土的第三个不同之处在于 CIP 结构在分析和设计上不同于钢和预制构件，制造上的不同表现在浇筑点的位置通常在现场确定而并不总是符合设计师设想的部件位置，尽管如此，如果要将这些部件用于建筑管理和设计，则必须对这两种方法进行建模。与目前为 CIP 详细建模提供某些功能的大多数 BIM 软件包相比，上述场景中的每一个都需要采用不同的多视图方法来建模对象，在 Revit Structures 中提供了 3D 混凝土几何体的独特功能，其内部一致的表示方式与用于结构分析的理想化构件之间切换能力代表了其向正确的方向迈出了第一步。最后一点是，CIP 混凝土需要布置和提供详细的模板，无论是模块化还是定制设计都不例外。一些模块化模板制造公司已经开发出了提供布局和详细设计的软件，其允许用户以 3D 图形方式将标准模板部件应用于 CIP 元素，然后，软件会生成所需的详细材料清单和图纸以帮助劳动者安装模块化组件。令人遗憾的是，现有的应用程序都是基于 CAD 软件表示的，其主要使用 2D 视图。随着需求的增长，供应商有可能提供更好的 BIM 集成解决方案。可用软件包括与 Microstation 集成的 aSa Rebar Software、Tekla Structures、Revit Structures、Nemetschek Allplan Engineering。

（4）幕墙和开窗

幕墙包括任何不具有结构功能的墙体闭合系统，即它不承受建筑物基础的重力负荷。在定制设计和制造的幕墙中具有代表性的是铝和玻璃幕墙，其主要涉及 ETO 部件问题，其可以分为棒系统（Stick Systems）、单元系统（Unit Systems）和复合系统（Composite Systems）。本节中的开窗包括所有为特定建筑物的制造和安装而定制的窗户单元，其中包括钢、铝、木材、塑料（PVC）或其他材料的型材。棒系统由金属型材（通常为铝制）制成并与建筑框架连接，它们与钢结构框架类似，其通常由纵向挤压型材（竖向竖框和水平横梁）以及它们之间的接缝组成，像预制立面板一样，其与结构框架的连接必须针对每个环境明确详细说明，它们对建模软件提出了独特的要求，非常容易受到温度变化的影响而发生膨胀和收缩，因此，它们的关节必须精细以允许自由移动而不损害其绝缘或美学功能，具有适当自由度和袖子以适应和隐藏纵向运动的接头是最常见的，棒系统只需要装配建模而不需要零件制造细节图，其规划安装顺序以适应公差的能力为至要。单元系统由直接安装在建筑物框架上的单独预制件组成，其建模的一个关键特征是需要高精度的结构，这意味着建筑结构框架的尺寸公差应该明确地体现在建模中。复合系统包括单元和竖框系统、立柱盖和拱肩系统以及面板（强力背部）系统，这些不仅需要详细的装配和部件制造细节，还必须与建筑物的其他系统密切协调。

幕墙是任何建筑信息模型的重要组成部分，因为除了整体结构分析（即热学、声学和照明）以外，它们在所有建筑性能分析中居于核心地位，任何可以在模型上执行的计算机模拟都需要给出幕墙系统及其组件的相关物理属性而不仅仅是其几何形状，其模型还应该支持系统组件的局地风分析和静载结构分析。

建筑BIM系统中通常可用的大多数幕墙建模例程仅允许用于初步设计且没有用于详述和制造的功能。目前用于幕墙和开窗的大规模制造详图软件系统旨在对各个窗户或幕墙部分进行建模而无须将其编译到整个建筑物模型中，比如De Michele Group软件包。由于大多数幕墙使用的钢和铝型材的性质特点，一些公司发现机械参数化建模工具更加有用，比如Solidworks和Autodesk Inventor。可用软件包括Digital Project（Catia）、Tekla Structures、Revit Building、Nemetschek Allplan、Graphisoft Archi Glazing、Soft Tech V6 Manufacturer。

（5）机械、电气和管道（MEP，Mechanical、Electrical And Plumbing）

这一类别包括三种不同类型的ETO组件系统，即用于HVAC系统的管道；用于水和气体供应和处理的管道运行；用于电气和通信系统的路由托盘和控制箱。这三个系统在性质上以及在建筑物内占据的空间方式上都是相似的，其差异取决于详图和制造软件的具体要求。用于HVAC系统的导管必须从钣金部件上切割下来，这些部件采用可以方便地运输和操纵就位的单元制造，然后在建筑工地进行组装和安装，风管单元是三维物体且通常具有复杂的几何形状。供应和处理各种液体和气体的管道通常由挤压型材组成，这些型材还包括阀门、弯头和其他设备，虽然并非所有的管道都是按订单设计的，但在交货前均必须在车间进行切割、穿线或其他处理，这些部件均可视为ETO部件。此外，即使大部分或全部组成部件都是现成组件，在输送和/或安装之前预先组装成完整单元的管道组件的管段也应被预先设计。虽然各种电线和通信电缆在很大程度上是灵活的，但承载它们的导管和托盘则可能不具有灵活性，这意味着它们的布局必须与其他系统协调。

BIM支持这些系统的第一个和最通用的要求是，它们在空中的布线必须仔细协调，路由需要借助易于遵循或颜色编码的可视化系统工具来识别系统之间的冲突，对建筑物的MEP系统进行建模、检查和准备以进行制造、生产和安装应遵守相应的规则。虽然物理冲突检测在大多数管道和管道软件中都可用，但在很多情况下也需要进行软碰撞检测。软碰撞检测是指不同系统之间必须保持最小净空间的某些要求，比如热水管和电缆之间的最小距离。软件必须允许用户设置规则，以便在执行冲突检查时定义不同系统对之间的可验证空间约束。

BIM支持这些系统的第二个通用要求是对生产和安装物流的对象分组。编号或标签组件必须在三个层次上执行，即每个部件的唯一部件ID；安装线轴的组ID；系统根据收集的相同的或很大程度相似的部件进行制造或采购而分配的生产组ID。用于现场交付的部件分组尤为重要，尤其是属于风管管道和管道线轴的独立部件的集合。如果由于尺寸变化或制造错误而导致任何零件缺失或无法安装到位就会导致生产率降低、工作流程中断，为了避免这种情况，BIM系统必须提供材料提取清单，并与标签方案的物流软件无缝集成，以便在正确的时间将完整和正确的部件集合拉到工作面上，一种帮助这种技术的技术是使用条码来追踪管道和管道部件，一种不太成熟的方法是使用射频识别（RFID）标签。

每个系统对BIM的特殊要求如下。大多数风管部件由扁平金属板制成，软件应该能生成切割图案并将数据转换为适用于等离子切割台或其他机器的格式，切割图案应由3D几何形状展开，该软件还应提供优化的嵌套模式以尽量减少切割废料量。为此，一些总承包商专门为建筑协调而编制了具有透明建筑结构组件的建筑物MEP系统。管道阀芯通常用符号等轴测图表示，软件应该能够以多种格式显示，包括完整的3D表示、线条表示和符号形式以及2D平面图、剖面图和等距视图，另外，它还应该能自动生成带有物料清单数据的阀芯装配图。

能够为 MEP 系统生成详细模型和制造信息的软件的应用应早于其他建筑系统，这主要是因为管线、管道等通常是由不同部件组成的，其具有与部件之间界面处的局部条件无关的标准几何形状，不需要实体建模和布尔运算，可以通过编程构建的例程添加自包含的参数部件，因此有可能在通用 CAD 软件的基础上提供制造水平的建模而缺乏更复杂的参数和约束建模功能。与基于 BIM 的应用程序相反，基于 CAD 的应用程序的缺点是 CAD 平台在输入变更时不能保持逻辑完整性。当对各个部分或整个管道进行变更时相邻管道部分应该进行调整，当穿过平板或墙壁的管线或管道移动时（或如果不再需要），则平板或墙壁上的孔也应移动或封闭。许多 MEP 应用程序缺乏全行业互操作性所需的导入和导出接口，比如支持 IFC 模型。

由于提供 MEP 功能的 BIM 软件包尚没有发展到制作详细制造级图纸的程度，比如 Revit Systems 和 Bentley Building Mechanical Systems。分包商和制造商可能会继续使用基于 CAD 的工具，因此应确保任何基于 CAD 的工具都能够支持可上载到 Navisworks Jetstream 等设计协调程序中的文件格式，带有这些 CAD 工具的可用软件包括 Quickpen (Pipe Designer and Duct Designer)、CAD PIPE（HVAC，Commercial Pipe，Electrical，Hanger)、CAD-Duct、Sprink CAD、Revit Systems、Bentley Building Mechanical Systems、Graphisoft Ductwork 等。

7.7 在制造过程中采用 BIM

由于 BIM 对工作流程和人员的影响范围广泛，采用 BIM 的强大管理策略必然涉及软件、硬件和工程人员培训以外的方方面面。BIM 系统是一项复杂的技术，其可以影响制造分包商运营的各个方面，从营销和估算到工程、原材料采购、制造、运输直至现场安装以及维护。BIM 不会简单地自动执行以前人工执行的或使用不太复杂的软件的现有操作方式，它是实现不同工作流程和生产流程模式的。BIM 系统直接提高了工程效率和绘图效率，除非在 BIM 采用期间公司的销售量持续增长，否则这些活动所需的人数将会减少。缩小员工规模可能会对企业的凝聚力和战斗力产生影响，但对改变工作程序至关重要，一个彻底的计划应该考虑这种影响，应考虑并为所有选定的培训人员和可能找到的其他工作人员做出规定，BIM 的目标应该是确保全体员工承诺尽早地参与进来。

（1）设定适当的目标

以下指导性建议可能有助于制订有效采纳计划的目标，并有助于确定公司内外应该参与计划的参与者，它们同样适用于具有内部详细功能的制造公司，以及专门提供工程详细服务的公司。这些建议包括以下九部分内容。

1）客户（建筑业主、建筑师、工程顾问和总承包商）如何从制造商使用 BIM 工具提高熟练程度中受益？目前不能提供哪些新服务？哪些服务可以提高生产力？如何缩短交付时间？

2）建筑模型数据可以从上游来源（比如建筑师或其他设计师的 BIM 模型）导入到什么程度？在这个过程中多久才能编制出模型？是在招标阶段还是在赢得合同后？投标阶段模式的适当详细程度要求是什么？

3）如果已经准备好招标模型且项目获胜，编制的信息有多少对工程和详细设计阶段是有用的？

4）公司的标准工程细节和图纸模板状况如何，它们将由谁嵌入到软件中的定制库组件中？模型库是否会在采用过程中或逐步编译为第一个项目所需的模型？

5）BIM能否在公司内部提供其他交流信息模式？这需要与不同部门进行公开讨论以确定实际需求，比如询问一位生产部门负责人“你想如何看待你的图纸?”有时可能会错过BIM采用的重点时间点，在这种情况下可能会有其他形式的信息呈现。在屏幕上查看、操作和查询模型是对传统绘图的可行补充，需要向人们告知这些新的可能性。

6）在提交过程中如何将信息传达给顾问？具有BIM能力的建筑师和工程顾问可能更愿意接受模型而不是绘图。审核意见将如何传达给公司？

7）在公司内部以及生产部门和后勤部门之间如何传达信息？建筑信息模型将用于生成或显示管理信息的程度如何？需要什么（软件、硬件、编程）来将BIM系统与现有的管理信息系统集成在一起，还是将新的管理系统并行采用？大多数BIM软件供应商不仅提供功能齐全的创作版本，而且还提供有限功能查看或报告版本，其价格通常低于完整版本。这些版本可能足以满足生产或后勤部门的人员需求。

8）什么是适当的变化速度？这将取决于释放那些致力于公司BIM采用活动的个人的时间。

9）现有CAD软件如何以及在何种程度上被淘汰？在向BIM过渡的过程中应该保持多少缓冲能力？是否有客户或供应商不会迁入BIM，因此可能需要维持有限的CAD能力？任何将工程工作外包的供应商的需求和能力是什么？他们会期望适应BIM吗？公司是否会向他们提供过渡到BIM的一些支持，还是他们将被BIM精明的工程服务提供商所取代？

（2）采用的方式

一旦选定了软件和硬件配置，下一步就是准备一个彻底的采用计划。首先应定义要实现的目标并选择合适的员工来负责相关工作，其既是管理者，也是第一批学习者。理想情况下，采纳计划将与负责人的选聘一起进行，还应与全公司生产和物流部门的关键人员密切协商。该计划应详细说明以下4方面工作的时间安排和人员承诺。

1）培训工程人员使用该软件。需要提醒的是，3D CAD对象建模在概念上与CAD绘图有很大不同，因此一些有经验的CAD操作员发现需要戒除CAD绘图的操作习惯，CAD绘图习惯是有效使用BIM软件的严重障碍。与最先进的软件一样，BIM的熟练程度也是随着时间的推移而建立起来的。员工不应接受培训，直到组织能够确保他们花时间培训后能立即继续使用软件。

2）自定义组件库的准备、标准连接、设计规则等。对于大多数系统和公司而言，这是一项重大任务，但它是能够实现应有生产力水平的关键决定因素，因此，可以考虑采用不同的策略。比如自定义组件可以按照第一个执行项目的需要逐步定义和存储；模型库的绝大部分可以提前建成；可能的情况下可采用混合的方法。大型公司可能会选择专门培训方式，经过专门培训的工作人员来编译和维护模型库，因为复杂的参数化模型库的构建过程比使用2D CAD复杂得多。

3）定制软件以提供适合公司需求的绘图和报告模板。培训结束后的“第一批学员”可以承担“重影（Ghosting）”项目的任务。这与使用标准CAD软件并行生产的项目进行建模有关。重影提供了一个探索真实项目广度的机会，同时也不承担根据生产计划产生结果的责任。它还可揭示培训工作的缺陷以及将要实现的定制化深度。

4）针对受影响但不是直接用户的群体举办研讨会和/或座谈会。比如公司内的其他部门，原材料和加工产品供应商，外包服务提供商和客户。通过研讨会向他们通报 BIM 的能力，争取获得支持并征求意见以改善可能成为潜在信息的信息流。比如在某预制混凝土公司的一次这样的研讨会上，钢筋装配车间的经理被要求对各种选择车间尺寸的选项进行评价，他的回答出人意料，他问是否可以让一台计算机通过三维视图的钢筋笼颜色编码反映钢筋直径，他认为这将使他的团队能够理解 BIM，并能够像解释 2D 绘图集那样花费很少的时间来熟悉 BIM 工作。

（3）规划改变的步骤

应该分阶段推出新的 BIM 工作站。在培训期间接受培训的人员，其早期阶段的培训效果可能不产生效益，他们的生产力与 CAD 工具比会降低，因为他们正沿着学习曲线的预测目标前进。受过培训的第一批员工可能会比其他人需要更长的时间适应生产，因为他们必须定制软件以适应公司特定的产品和生产实践。即在采用 BIM 的早期阶段可能需要额外的人员，随后就会急剧下降。

以下是一个典型的可行的计划，用 13 个 BIM 工作站分阶段更换公司现有的 18 个 CAD 工作站。在学习曲线开始时应解决停机时间和生产率降低的问题。第一次采用期间所需人员的增加可通过外包或加班来改善，但它可能是 BIM 采用现金流量计划的主要成本项目，并且通常是比软件投资、硬件或直接成本高得多的培训成本，公司可能会决定逐步采用 BIM 以减少其影响，规划期限的持续时间可能会随着时间的推移而减少，一旦更多的同事进行了转换并且 BIM 软件在日常流程中变得更加深入，则整合新的运营商可能会更顺畅一些。总之，从管理的角度看，重要的是要确保变革期间所需的资源得到承认并提供。

（4）人力资源的考虑

从长远来看，在制造商组织中采用 BIM 可能会对业务流程和人员产生深远影响。实现 BIM 的全部好处应满足相应的要求，通常制造组织中最有经验的工程师之一的估算人员是第一个为任何新项目编译模型的人，因为它涉及关于概念设计和生产方法的决策问题，这不是可以委托给草拟人员的任务。当项目进入详细的设计和生产阶段时，BIM 将再次成为能够对模型进行正确分析的工程师的法宝，这些工程师至少是能够确定细节的工程技术人员。电气、暖通、空调和管道、通信等行业的细节应与总承包商和其他行业密切合作解决以确保项目的可施工性和正确的顺序，当然，这也需要对 BIM 领域有广泛的了解和理解。

正如前面关于设计专业的 BIM 中的叙述那样，BIM 操作员所需的技能也可能导致传统起草角色的重要性的降低，企业应该在采纳 BIM 计划中关注此问题，这不仅是为了维护有关人员的利益，而且一旦预判错误的人看重起草这个角色则 BIM 的采用就可能会被扼杀。

7.8 其他相关的问题

从纯粹经济的角度看，为建筑物制造工程订单组件的分包商从 BIM 中获得的收益可能比建筑施工过程中的任何其他参与者都多得多，BIM 可直接支持他们的核心业务，并使他们能够通过应用计算机辅助建模实现制造效率，也可使汽车等其他行业的制造商实现高效率。

制造商应用 BIM 有许多潜在的好处，包括增强营销和招标能力；利用快速生成可视化准确估算成本的能力；减少生产时间周期，允许在最后一个负责任的时刻开始制造并适应后期的变化；减少设计协调错误；降低工程和细节成本；增加自动化制造技术的使用率；增加预组装和预制过程。BIM 与 ERP 系统集成后对质量控制和供应链的管理会有各种改进，可大大提高生命周期维护中设计和生产信息的可用性。

虽然几乎所有的制造商和分包商都可以通过他们的工作包与他们的同行之间实现更好的协调并获益，但根据工作的性质的不同，每笔交易都能以更具体的方式受益。以上仅描述了一小部分行业的 BIM 实践情况，比如钢结构、预制混凝土、现浇混凝土、幕墙制造和 MEP 交易等，但这并不意味着 BIM 不能有效用于其他行业。因此，应鼓励每一笔交易都考虑 BIM 并给 BIM 应用提供机会，这种应用既可以通过有组织的集体行动实现，也可以由单一的公司持续地试用。

第8章 BIM的实施策略

8.1 BIM实施的宏观原则

未来的建筑环境将从一个以模拟为基础的过程过渡到一个完全数字化的过程，此过程利用计算机读取的数据，使资产寿命期间的决策过程更加稳健，使决策结果更合理。在整个资产生命周期的决策过程中，业界可在全球范围内有效完成以上过渡过程的关键是建筑信息建模（BIM）技术，这不仅需要从数字技术角度入手，而且还需要通过改变流程和文化才能实现更好的协作，并最终形成建筑资产综合管理运作模式。经济学家们已经指出，市场对BIM相关服务项目的需求量正在不断增长，2020年此服务在全球的潜在需求将达到10000亿美元，开发BIM各项功能以及用于管理资产知识的新方式将成为有组织地推进BIM应用的关键。BIM基本上就是为适应建筑行业发展而不断改变的一种游戏，在这场游戏中，一些有远见卓识的国家率先编制了相关的标准文件并采用了BIM的辅助工具，这些国家将大部分精力投入到开发使信息资料管理方法统一的新要求方面，在这些信息中保存了三维几何和相关数据，且在整个项目过程以及建筑物和建筑环境的基础设施维护中使参与各方实现共享。基于设计的BIM终结了当前的资产采购和运营方式，其使业界更加产业化、高效化，其有可能彻底改变供应链合作伙伴之间的关系并创造新的商业模式，其可降低资本和运营成本、加快交付时间、提高效率、减少浪费，其通过软追踪以及在整个寿命期间流动的预测数据实现资产在"第一时间"的交付。目前的工程建设行业已注意到这一新兴的趋势，相关的组织及个人没有盲目地参与活动，而是构建为当前（实际上是为将来或更长期的行业发展）数字策略制定变更方案和BIM实施轨迹的相关知识，这一点非常重要。就其意义以及应用方法而言，BIM是一个覆盖全球、涉及方方面面的广义技术。BIM及其非常复杂的动态变化要求其在新型大量数据建筑环境背景中进行，并转变为利用智能技术创造未来的手段。

建筑环境行业正在就建筑信息模型（BIM）的定义、原因以及实现方式等展开持续的研究，包括制定在建筑环境设计、施工和运营中如何实施和利用BIM的国际高水平的原则，这些原则涉及采购管理和成本，比如项目生命周期、项目主要利害关系方的世界观、个人的偏好、跨组织体系方面的问题等。

BIM是最有发展前景的领域之一，建筑信息建模是设施的物理及功能特性的表现，其可生成有关该建筑物的共享知识源，并可成为在建筑物使用寿命期间制定决策的可靠依据，全寿命周期包括最早概念性设计直到建筑物被拆除。美国国家BIM标准委员会（NBIMS）强调，BIM的主要价值是在创建、整理和交换共享三维（3D）模型及其附带的智能化、结构化基础数据，实现整个生命周期的成本优化的工作协作。英国建筑信息建模工作组强调，建筑信息模型是一个产品，是一个基于设施的物理和功能特性的数字表示对象，该模型可以作为一个与设施相关的信息实现共享。BIM 涉及建筑、设施、资产、项目、模型、建模、建筑物、相关环境、信息通信技术、数据共享、价值链等诸多问题。开发模型的流程应规范，需要借助模型开发硬件和软件。BIM 对专业人士、项目、企业及整个行业都有广泛的影响。BIM 模型的应用涉及商业模式、协同实践、标准和语义以及在项目生命周期中产生的真实成果，不能只因为其对建筑环境行业各方面有不同程度的影响而仅在技术层面对 BIM 进行处理，BIM 主要会在以下 4 个方面产生影响，即人、项目、企业及整个行业的衔接；项目的整个生命周期以及主要利益方的世界观；BIM 与建筑环境基础"操作系统"的联系；影响所有项目过程的项目交付方式。BIM 技术特性及其开发流程已经为人所知，Building SMART 国际理事会（BSI）作为一个全球联盟在界定以下任务所需的计算模式方面已经取得了重大进步，即模型表现内容包括图形特征、属性以及模型参数及内容的外在行式；互操作性标准包括数据表达和交换；就通用术语达成一致意见并为产品、成分和内容创建独有的识别码；为储存数据开发一种"开放的"文件格式。

BIM 贯穿于生命周期各阶段，其涉及的利益方很多，因此，要求相关各方早期参与，比如业主开发商/发起者、项目管理咨询顾问等。BIM 对项目操作系统的影响主要体现在技术、工作实践、流程、法律、商业方面，要求创建共享信息的协议，能为软件应用的合规性提供认证服务。

8.1.1 BIM 的价值

近年来 BIM 发展迅速，目前已席卷全球建筑环境行业。BIM 促使人们开始重新思考如何设计、建造和运营建筑环境。从大众的角度来说，BIM 是一种受驱推动的概念，当与人、流程及各组织机构等因素结合时就可能对产业发展产生重大影响。必须理解的是，BIM 是帮助一个项目小组创建、储存和共享项目信息的机制，这种机制远远优于创建、共享和使用信息的现行方法。查克·伊士曼（Chuck Eastman）认为"BIM 的过程极具革命性，它提供了一个机遇得以使以人工工艺为中心的实践转到更广泛、更现代化的机械工艺，这可能意味着其会涉及所有的领域"。从理论角度来说，BIM 可以改变产业中存在的所有"错误"且可以实现产业本身设定的所有远大目标，比如促进设计和工程创新，确保建筑环境的设计、建设和运营之间实现紧密联系；提供分析能力，进而提高项目层面和组织层面的各种功能，比如风险管理、采购管理和资产管理等；服务于社会，减少浪费，优化资源利用，创造更环保、更具可持续性的建筑环境；通过加强合作、协调及沟通，进一步整合项目交付网络；使项目信息的覆盖面更广，实现"信息无处不在"的目标；使建筑环境产业在锁定产品方向时更多地以知识为决策依据，而不是倚重于技术；通过实现资产管理过程整合和自动化，来提高建筑环境的运营效率；优化采购及合同范式；使过程和系统标准化，实现更高的利润率；成为建筑环境产业的推动者，积极采用数字化制造、云计算、大数据等新兴技术；使建筑环境产业有助于解决广泛的社会问题，譬如创建可持续的智能化城市；提高业内的知识及声誉的资本价值；为现有的以及新加入的参与者创造新的商业机会。

BIM 是否是业内一直苦苦寻找的"灵丹妙药"呢？当然不是。前述所有革命性转变都是 BIM 在理论上可以实现的，能否真正实现则依赖于项目团队是否有能力创造和利用包含大量信息的高保真模型。虽然 BIM 在本质上不容易出错，但如果模型中存在潜在的某些低

效因素就会使模型生成各种不太可行的效益。持乐观态度的人士把BIM视为一种推动力，认为其可促使业界以及业内的各组织机构尽早制定和实现远大目标，但悲观者认为这些目标都是妨碍业内采用BIM的阻力。从现实主义角度看，该产业正处于一个十字路口，而BIM可作为促使其沿正确方向前进的推动力。采用BIM的前景预计将会非常光明。而至关重要的是认真规划其在产业范围内的落实，尤其是在中小型企业（SMEs）中的实施。如果部署得当，BIM可以使建筑环境产业取得与其他产业同等的生产率。HOK公司的董事长兼首席执行官Atrick MacLeamy利用图形说明了BIM成熟度的增长方式以及在重大方面的产业的影响，MacLeamy预测，如果以整体方式进行部署，其效益将增长20倍到60倍。BIM的未来涉及集合、资产管理、效益以及成熟度水平随时间变化的趋势。利用BIM以及数字化制造和组装，在目前水平的基础上可实现20倍的效益增长。当BIM及数字化制造和组装与BIM推动的资产管理世界观结合时其效益可增长60倍。

8.1.2 BIM的全球应用状况

目前建筑环境行业已经积累了大量有关BIM的信息和相关做法。BIM已不再是新技术，其关键性的变化可追溯到15年前，当时的研究人员和从业者意识到，单靠技术无法获得成功，人与流程之间的相互关系也必须随着科技发展才能获得一个可行的实施方案。近些年来，BIM使技术、人员和流程相结合，这种趋势已经深深地根植在BIM研究和实践中。虽然BIM的技术性理念已存在十余年，但直到最近才伴随着宣传和流程问题在业内以及研究者之间流行起来，这种转型仅用了不足十年的时间，许多研究学者和从业者在报告中称“BIM年代”始于2005年至2008年之间，最典型的事件是在美国和英国的业界和学术界掀起了一股BIM的热潮。

BIM现已遍布全球各地，许多国家的报告均声称BIM不同程度地对各产业产生了影响。发达国家的建筑行业急切地迎接BIM的到来，将BIM作为提高运营效率的催化剂，BIM采用率在过去三至五年间增长迅猛，最新的年度调查记录了事件的发展状态以及各国为制定BIM标准和指南而出台的各项举措。以BIM为重心的研究活动也得到了很大的增加，载于研究文献和行业出版物中的大部分信息也主要集中在少数几个特定的国家，其中发达国家占了大多数。发展中国家在实施BIM的舞台上步履蹒跚，这似乎不合常理，因为发展中国家的建筑工程量日趋增长，其利用BIM可能取得巨大效益。

在世界其他地区，尤其是在新兴市场中，有关BIM研究、培训和实践的状态大多仍未见诸于记录资料。随着建筑业产值可能大幅转向新兴市场，从这些市场的角度研究BIM是比较谨慎的做法。

McGraw Hill曾发表过一份标题为“全球主要建筑市场中BIM的商业价值”的报告，此报告以一种广泛的、最新的视角剖析了BIM在全球重要市场中的状态，报告还总结了加拿大、法国、德国、英国及美国在过去几年间的BIM采用情况，这些市场被视为成熟市场，澳大利亚、巴西、日本、新西兰和韩国等新兴市场地区也囊括在报告中，报告还给出了有关中国和印度采用BIM的初步资料。此报告总体上认为BIM在全世界的采用情况非常稳健，而美国和斯堪的纳维亚成为国家层面应用BIM的典范。英国虽然起步较晚但也取得了长足进步。此报告强调了业内发生的积极变化，尤其以全球各地承包商牵头产生的变化最显著。此报告记载了取得的重大成果，即建筑公司报告其投资已经取得积极的回报且预计未来还会节省更多开支；截至2016年，利用BIM的建筑公司已增长50%。McGraw Hill建筑公司作为业内名列前三的承包商实施 BIM 获得效益体现在了以下八个方面，即错漏碰事件减少、业主与设计公司合作、提升企业形象、减少返工、降低建筑成本、改善成本控制/可预见性、节省工期、推广新业务。McGraw Hill 建筑公司的经验证明经验、技术水平和承诺是成功实施 BIM 的关键，并准备提高对 BIM 的投资。

从项目层面讲，利用 BIM 可取得很多好处。一些项目小组成员的报告反映，BIM 有助于改善可视化、改进协调（包括冲突检测和制定解决方案）且可降低返工率。人们还汇集研究了全世界各公司通过采用 BIM 所获得的最大益处等问题。

8.1.3 各国推进 BIM 应用的举措

应用 BIM 的一个重要驱动力是政府干预和支持，当然这是一个有争议的观点，因为有些专家并不希望看到过多的政府干预。在文献中已经报告的大量事实表明，为取得 BIM 收益所做的努力主要集中在国家层面上。美国、英国和斯堪的纳维亚等国家率先实施了这些国家举措。美国建筑科学研究所（NIBS）于 1998 年开始通过其设施信息委员力图实施 BIM，2007 年美国国家 BIM 标准（NBIMS）成为美国项目委员会（建筑科学研究所的 Building SMART 联盟下属的一个项目委员会）编制的首个美国国家 BIM 标准，这应该是第一个已知的由国家推动建设的 BIM 标准，目前该标准的第 2 版已经发布。与开发国家层面的计算机辅助设计（CAD）标准相似，这些工作也是主要由政府在全国层面发起实施的。几乎与此同时，美国总务管理局（GSA）也于 2003 年推出了全国性的 3D-4D-BIM 项目。

英国 BIM 的进展一直相当缓慢，直到英国政府的 BIM 工作组在 2011 年 5 月发布了 BIM 政策之后才开始快速推进，因此，这一时期被称为英国建筑产业的 BIM 萌芽时刻。目前，英国被视为正在引领着 BIM 的发展方向，其同时也影响着全球的 BIM 进步。促成英国实施 BIM 的一个重要因素是 BIM 成熟度模型（称为 Bew-Richards BIM 成熟度模型），该斜坡模型表明业内的 BIM 成熟度已发生系统性转变。在 0 级水平时项目/资产的交付与运营依赖于以文本资料为主的二维（2D）信息，因而会导致效率的低下。1 级水平是一个过渡阶段，其以文本资料为主的环境向二维和三维环境过渡，转型焦点集中在协作与信息共享上。在 2 级水平时信息生成、交换、公布及存档使用是常见方法。2 级时斜坡模型中开始包括增加的情报和元数据，但这仍是以专业为中心的专有模型，因此，这个等级有时也被称为“pBIM”，是在常见数据环境（CDE）的基础上开始采用模型整合。3 级水平实现了完全整合的“iBIM”，其标志是所有的小组成员都可以利用单一的模型。实现 3 级水平被视为一个无限度的成熟度水平，其为进一步改善 BIM 和信息技术留出了空间。除了成熟度模型，英国政府还推出了政府软着陆概念（GSL）并于 2016 年比照 BIM 第 2 级授权实施，政府通过 GSL 概念使设计施工与运营及资产管理更趋于一致，GSL 将保证在设计、施工、交付、运营的整个期间始终将资产作为关注的目标并确保终端用户能够尽早参与。当资产运营完成后，设计和施工团队应向终端用户提供相关帮助并执行入驻后的评价与反馈功能。当然，在全球其他地区也报告了类似的活动。

8.1.4 BIM 对行业人士的重要性

BIM 是行业人士需要关注的一个重要问题。比较明显的特征是，全世界建筑环境行业中最专业的团体正在帮助其成员加深对 BIM 的了解，并在各领域内加强和完善与其成员的联系。表现最突出的是英国皇家建筑师学会（RIBA），其修订和印发了 2013 年英国皇家建筑师学会工作规划并附带一份 BIM 附加文件。致力于推动 BIM 的其他机构还有英国土木工程师学会（ICE）和皇家特许测量师学会（RICS）。这一切都已经释放一个非常清晰、有力的信号，即 BIM 就在这里，它并非需要满足一定条件才会出现，而是早晚都会出现的。BIM 使建筑环境专家能更有效地履行本职工作并取得更丰硕的合作成果。RICS 计划通过指导和培训增强这些专业人士的能力，从而能够抓住 BIM 提供的机会。

8.1.5 BIM 以及与业内其他模式的相关性

建筑环境产业正在努力成为高效的、以质量为中心的、有社会责任感的、有前景的行业，以便能够成功地满足当代和未来几代人的需求。BIM 在实现这种转变的过程中具有战略性的作用，但如果认为单靠 BIM（如果有的话）能完成这样巨大的变化是不现实。但 BIM 以及其他互补性模式结合显然能够提供必要的动力，这些模式是精益原则、异地建设、综合项目交付和可持续性等。BIM 是一种核心活动，它的作用就像一台齿轮，其可带动其他模式运转起来，比如，英国就业和技能委员 2013 年的报告称“预制是一种机会，它使相关组织能够更严格地控制成本；对建筑信息建模（BIM）的政府目标做出响应；在建筑过程中提高效率以及改进质量（包括提高现场健康和安全水平）”。

BIM 在澳大利亚的采用率持续增长。支持者正在推动政府与行业之间加强合作以提高 BIM 采用率以及产生的效益。悉尼歌剧院经常被当作 BIM 项目的典范，此项目由于在现有建筑物的管理中采用 BIM 而受益匪浅。2012 年，澳洲 Building SMART 发布了《国家建筑信息模型倡议》，随后澳大利亚政府编制完成了国家 BIM 合同，开始鼓励第三产业教育机构纳入 BIM 培训（包括专业和职业培训），制定了信息交换协议以使各部门之间有可靠的信息交流，还通过协调相关部门之间的活动方便获取整合后的土地、地理空间及建筑信息。后来又开发了本国的技术准则及标准文件并使之与国际同类准则及标准接轨，还开发了一个基于模型的建筑合规性流程演示工具，制定出了从国家监管法规和执行机制向以基于模型的高性能体制过渡的方案。未来，澳大利亚政府将要求其建筑环境项目实施 BIM，还将鼓励各州/领地政府和私营部门要求所有建筑环境项目实施 BIM。

2014 年，新加坡规定所有面积超过 20000m^2 的新建筑项目必须提供工程 BIM 电子提交件。2015 年规定所有面积超过 5000m^2 的新建筑项目必须提供工程 BIM 电子提交件。新加坡的一个总体目标就是在新加坡建筑行业内广泛应用 BIM。新加坡政府正在强制实施 BIM，并向较早的采用者提供奖励，其目标是增加行业采用率且希望最终全面落实 BIM，使建筑行业高度整合且拥有先进技术，使相关企业走在行业前列并建成一支技术精湛、熟练的职工队伍。

中国正在见证通过采用 BIM 而获得的稳健收益，在建筑环境产业的大多数机构似乎已迅速地找准了采用 BIM 的定位。受强劲的整体经济增长的推动，基础设施行业获得了巨额投资，这为采用 BIM 提供了一个良好的平台。政府为增加 BIM 采用率提供了强有力的支持。BIM 被纳入国家发展计划，一个 BIM 框架正在酝酿中。

2014 年，香港房屋委员会已制定了在所有新项目中应用 BIM 的目标，还计划建成一所 BIM 学院以便为全国各地的 BIM 专业人士提供培训、评估和认证。

芬兰为从事建筑环境产业的公司提供了强有力的创新文化环境。芬兰最令人瞩目的成就是在 BIM 领域的研究与发展。该国的 BIM 成熟度远远超过世界其他任何地方。芬兰的建筑行业非常灵活且拥有历史悠久的信任和开放标准，从而使采用 BIM 更方便。虽然政府部门从未正式规定采用 BIM，但由于建筑、工程和施工企业需要比 CAD 更先进的技术，因此 BIM 正在得到广泛应用。

BIM 的其他辅助范式包括可持续性、精益、预制、IPD 等，模式之间的相互联系是显而易见的，但许多专业人士和公司寻找这些模式的方法没有连贯性，即利用的是“孤立地拾取各种范式”的策略。从全局考虑，这是确保不获取次优级解决方案的重要因素。努力寻求改进的专业人员及各类组织应从更全面的角度看待 BIM。

（1）BIM 与精益原则

“精益思想”源于丰田生产方式（TPS），其轴心是不断改善（日语称为 kaizen）和以人为本的基本原则。一个组织甚至整个行业如果怀着“挑战一切”和“接纳一切”的心态就能够在其核心业务流程中系统地采用精益原则。精益原则更加深入人心，其可以浅显地解释消除浪费以及消除浪费的工具。建筑行业在了解这些原则的重要性之后，将其改称为“精益建设”引入本行业。精益建设可以恰当地描述为“寻求同时、连续地改进设计、采购、施工、运营和维护的过程，为所有利益方创造收益”。精益建设的支持者把 BIM 视为一种精益工具并认为精益原则与 BIM 之间存在以下四方面重大联系，即利用 BIM 可以减少浪费从而直接实现精益原则的目标；可以开发和利用以 BIM 为基础的方法和工具来实现精益原则；BIM 可以支持和促进精益原则及方法的贯彻落实；精益原则促进了 BIM 的采用和实施。将精益原则和 BIM 结合起来不仅需要采用一定的策略方法，而且需要进行实践。

（2）BIM 与建筑工业化

随着社会对建筑行业需求的不断增加，对异地建设技术的依赖性将越来越强，其中新兴经济体尤为明显。异地或者工业化建设存在很多优势，比如建设速度更快、质量更好、成本更低、工程现场所需的劳动力更少。这些技术被证明能够有效地解决可持续性涉及的环境、经济和社会三个层面的问题。尽管异地建设的主流接受程度仍然不是很高，但支持者坚称异地建设有助于提高运营效率和减少浪费。比如通过电脑辅助设计和生产以及完全或半自动化生产线能够使现场施工以及整个设计和生产过程得到优化。有迹象表明，BIM 在主流异地建设中将发挥至关重要的作用，这将给该技术带来很多好处。如果允许在设计过程中检验异地技术，BIM 可促进异地技术的实施。在 BIM 与异地建设之间会存在重大的重叠部分，这是各组织机构和专业人士需要注意的问题。

（3）BIM 与综合项目交付

美国建筑师学会（AIA）把综合项目交付（IPD）定义为“这是一种项目交付方式，它将人员、系统、业务结构和实践综合到一个过程中，在此过程中通过协作充分利用所有参与者的才智和洞察力来取得最佳项目成果，使所有者获得更高价值并且减少浪费，以及通过设计、制造和施工的各个阶段最大限度地提高效率”。BIM 是支持 IPD 最强有力的工具/过程之一。IPD 过程与 BIM 携手共进可充分利用其能力。一般认为，BIM 通过项目内部协调、协作和交流的优化会促进 IPD 的发展。

（4）BIM 与可持续性

BIM 使项目团队更容易获得利用模型执行的分析，但如果没有 BIM，则分析过程将相当烦琐，有时甚至无法执行。通过这类分析，建筑环境的设计、建设、调试及运营现在已有可能降低对环境的影响。利用 BIM 可实现提高能效、减少碳排放以及提高材料使用效率的目的。在 BIM 环境中可以选择更稳健的设计方案，设计和工程团队可以在项目生命周期的早期阶段执行分析型的设计决策工作，在以模型为中心的环境中共享数据信息有助于项目团

队寻找可持续的设计方案，在信息丰富型环境中可快速访问各类数据，比如隐含能耗、早期成本估算以及其他可量化参数的信息。

（5）BIM与智慧城市

BIM并不仅限于单一的资产，其也可用于在区、大区或市级层面上开发一种信息丰富型模型。这些模型可能成为智慧城市的基础或者数字“DNA”。智慧城市拥有空间、物理、数字、商业及社会等几个层面。建筑环境专业人员可以通过信息丰富型3D建模为最终实现智慧城市模型贡献力量。一个智慧城市框架的BIM要求采用数据化标准，比如CityGML、LandXML和工业基础类的IFC。虽然BIM可为智慧城市模型提供一组关键信息，但如果仅有BIM则不能提供任何信息。城市模型需要与其他各类数据资源链接，比如地理空间数据、传感器数据、公民事务数据和统计数据。

8.1.6 BIM的相关定义和术语

2D是指在传统电脑辅助设计环境中的二维文档；在BIM的背景中，所有输出/文档都采用二维格式。3D是指三维空间，在BIM的背景中，一个设施/资产用三维（X、Y和Z坐标轴）表示。4D是指通过在一个三维模型上增加一个时间维度开发出来的模型，也称为4D模拟或者4D规划。5D是指通过在一个4D模型（或者3D模型）上增加成本信息而开发出来的模型。6D是指通过在一个5D（3D或4D）模型上增加可持续性信息而开发出来的模型，世界某些地区6D这个术语也用于描述进行设施管理的模型。AEC是指用于界定建筑环境产业的设计、施工和运营涉及的专业人员及各专业的建筑、工程和施工部门。AIA是指美国建筑师协会。建筑模型是指仅由建筑部件/模型元素构成的模型。竣工指的是捕捉最终建成设施中的设计发生的任何改变的记录图纸及文档资料。资本信息模型（AIM）是指用于描述资本整个使用寿命期间收集和整理的一组信息（文档、图形模型和非图形数据）的术语。BIM执行方案（BEP）是指将BIM任务和信息与所有利益方及不同流程整合起来的书面计划。BIM实施计划是指将BIM纳入一个组织的工作实践的蓝本。BrIM是指桥梁信息模型。BS1192：2007是指建筑工程和施工信息的协同生成、行为规范。BS1192-4：2014是指信息的协同生成，其第4部分为利用COBie完成雇主信息交换要求，属于行为规范。bS DD-building SMART是指在建筑和施工行业，支持完善互操作性的参考资料库。bSI Building SMART国际理事会是一个非赢利国际组织，以前称为国际互操作性联盟（IAI），其专注于建筑环境产业所用软件应用程序之间的信息交换。BSIB/555路线图是指英国标准协议BIM路线图。BSIM是指建筑服务信息模型。

建筑信息管理是指应用于建模信息建模中，强调在一种BIM环境中明确地管理信息的要求。建筑信息模型是指利用各元素或作为建筑环境资产的设计、施工、运营、翻新/拆除的一个共享知识资源的信息的组合，数字化表示一处设施的物理和功能特征。建筑信息建模是指用于描述流程和理念，使建筑环境产业中所用（电子）信息能够实现输入、共享、维护和输出。CAD是指电脑辅助绘图/制图/设计。CAFM是指电脑辅助设施管理。CAWS是指工程部分的常见安排。CDE是指常见数据环境，包括任何指定项目的单一信息源，用于为多专业团队收集、管理和传播所有相关的项目文件。CIC是指建造业协会。CIM是指建设信息建模，属于施工过程中的BIM。City GML是指城市地理标记语言。冲突检测是指识别或检测在一个建筑信息模型中的两个元素之间潜在冲突的过程，这两个元素通常来自两个不同专业（有时统称为冲突检测或者协调）。COBie是指施工运营建筑信息交换，其服务于资产调试、运营和维护的一组结构化设施信息。CPIC 是指建设项目信息委员会。CPIx 协议是指建设项目信息委员会 BIM 协议和模板。Datadrops 是“阶段报告”的数字表示，信息从建筑信息模型传递给客户。设计意图模型是指项目的一个初始阶段模型，有时称为概念模型。设计模型是指设施/资产/项目由一名建筑师/工程师设计和表述的相关方面的模型。EIR 是指雇主的信息要求，指的是一份开列了需交付信息的文件，以及作为项目交付流程的一部分，需要供应商采用的标准和流程（在 PAS1192-2：2013 中界定）。EXPRESS EXPRESS 是指数据建模语言。

制造模型是指建筑信息模型，包括适用于（数字化）制造的组件。联合模型是指建筑信息模型，包括链接的、但有区别的组件/专业模型。FIM 是指设施信息模型。FTP 是指文件传输协议，是通过互连网从一台主机向另一台主机传输电脑文件的标准网络协议。gb XML 是指绿色建筑扩展标记语言，为开放式文件格式，用于交换（绿色）建筑设计资料。GIS（地理信息系统）是指旨在捕捉、存储、操纵、分析、管理和表示各类地理数据的电脑工具。GSA 是指美国总务管理局。GSL 是指英国建议的政策。水平/土木工程/重型 BIM 是指用于基础设施项目的 BIM 模型。IAI 是指互操作性国际联盟（building SMART 国际理事会的前身）。iBIM 是指综合 BIM（在英国 BIM 成熟度中被界定为 3 级）。ICE 为土木工程师学会。ICT 为信息通信技术。IDM 为信息交付手册。IFC 为工业基础类。IFD 为国际字典框架。

互操作性是指两个或更多（电脑或软件）系统或组件交换信息以及应用已交换信息的能力。IPD 是指综合项目交付。ISO159261：2004 是一项标准，旨在促进数据整合，支持设施设计、施工和运行的生命周期活动和流程，其明确规定应用于加工行业，但适应范围更广。ISO16739：2013 是用于界定工业基础类（IFC）的一项标准，使施工和设施管理行业实现数据共享。ISO/CD16757 是指建筑服务系统模型的产品数据。ISO/DIS16757-1 是指建筑服务设施电子产品目录数据结构的 ISO 标准（第 1 部分），即概念、架构和模型。Kaizen 是指持续改进。Land XML 是指扩展标记语言。LCCP 是指生命周期成本计划。

成熟度是指衡量施工供应链操作和交换信息能力的一个量度。LOD 是指细化程序/发展程度。LOD（细化程度）是指在项目的一个特定阶段，一个特定元素所需图形信息的特定分辨率。LOD（发展程度）是指在项目的一个特定阶段，一个特定元素所需图形和非图形信息的特定分辨率。LOI（信息化水平）是表明在整个项目期间的非图形信息要求各阶段的术语。MEA（模型元素作者）是指使一个特定模型元素内容发展到项目特定阶段所需发展程度（LOD）的责任方。MEP 是指机械、电气和上下水专业。MEP 模型是指专注于一个建筑项目的机械、电气和上下水服务的 BIM 设计模型。模型元素是指建筑信息模型的一部分，用于表示一个建筑或建筑工地内的一个零件、系统或组装件。MVD（模型视图定义）是指 IFC 数据模型的子集，在一个施工项目的整个生命期间，是支持 AEC 行业的特定数据交换要求所必需的。NBIMS 是指美国项目委员会国家 BIM 标准。nD 是指模型的表示符号，包含所有可能增加的信息。NIBS 是美国国家建筑科学研究所。NIST 是美国国家标准与技术研究院。NRM 是指新测量标准。异地施工指的是在应用或安装所在地之外的其他地点建造的结构件。Omni Class 是指在美国应用的分类系统，与 Uni Class 类似（但不具有直接的互操作性）。OpenBIM 是指在开放式标准和工作流的基础上，建筑物的协同设计、实现和运营的普遍做法。OSCRE 是指房地产开放式标准协会。参数化对象是指利用一组参数，对一个客观对象的数字化表示。PAS1192 为建造业协会发起的一个公开规范（PAS）的第 2 和第 3 部分，支持 BS1192：2007，也包括优质的术语词汇表。PBO 是指基于项目的组织。PIM

（项目信息模型）是指用于描述为项目编辑的一套信息（文件、图形模型和非图形数据）的词汇。PMC是指项目管理咨询顾问。点云是指在特定坐标系统中的一组数据点，在一个三维坐标系统中的三个点通常由X、Y和Z三个坐标点确定。QS是指工料测量师。RACI是指应用于项目管理实践中的框架，用于界定责任分配矩阵，通常用“R”表示责任方、“A”代表授权方、“C”代表贡献或咨询方、“I”代表时刻获悉结果的相关方。RAM是指责任分配矩阵。记录模型是指包括竣工信息的建筑信息模型。RFI是指信息索问函。RIBA是指英国皇家建筑师学会。RICS是指英国皇家特许测量师学会。SIM是指结构信息模型。SME是指中小型企业。TPS是指丰田生产方式。Uni Class是指在英国使用的建筑行业分类系统的统一分类，归CPIC所有。立式BIM是指应用于楼宇等立式结构施工的BIM模型。XML是指可扩展标记语言，是一种标记语言，用于明确以人类可读和机器可读格式进行文件编码的一套规则。

常用的BIM指导有弗吉尼亚州BIM指导、美国退伍军人事务部施工和设施管理（CFM）办公室建筑信息建模指导等。

8.2 BIM的技术性要求

BIM的核心是受CAD基础原理带动的一种ICT。它利用了在3D建模领域取得的技术进步，特别是从产品研发和制造部门取得的技术进步。掌握带动其发展的核心技术基础知识是理解BIM的关键。本节主要从终端用户的角度描述BIM的技术特征。

8.2.1 BIM背后的技术

建筑信息模型是与一个项目的物理和功能信息相关的中央电子资料库。此电算化信息存储库已经延展到整个项目生命周期。在BIM过程中可以多种方式采用这些信息，有的是直接采用，有的是在经过推导、计算及分析之后采用。比如，一个项目的3D显示是此类信息最常见的视觉表达，同样，建筑物中的门窗表是从中央存储库获取的另一种形式的信息。这些信息的收集、储存、编辑、管理、检索及处理方式对BIM过程能否成功非常重要，鉴于此，建筑环境项目可视为由众多相互关联对象（例如墙、门、梁、管道、阀门等）组成的一个庞大集合，支持BIM的基本ICT技术在执行前述任务时还采用了面向对象的方法，BIM基本上可以视为存储于一个“智能”数据库中的“智能”对象集合。

传统意义的CAD软件在内部利用点、线、矩形、面等几何实体表达各类数据，这种方法的缺点是尽管该系统可以精确地描述任何区域中的几何形状，但却无法捕捉有关各类对象的特定域的信息，比如一根柱或梁的属性、在一面墙壁中安装的门或窗、管架的位置等，因此，其可称为“愚笨的”CAD，它制约了此方法在建筑环境产业中的应用。

BIM中的对象表示主要采用几何数据模型和建筑数据模型。几何信息本身无法表示整个BIM流程所需的项目，在这方面的技术已经转型到利用特定领域的对象型表述，在建筑环境产业中这相当于围绕项目实体以及与其他项目实体之间关系建模的表述模式，比如在界定一个墙对象时几何只是这些建筑元素中的一个特性，在此例中的房间由四堵墙构成，除了几何信息外还拥有连墙和附加空间等信息，这种方式有时也被称为“建筑表示”，指的是嵌入这些对象中的信息的域属性。利用此类特定域对象表示可以存储有用的信息以备日后提取使用，比如，由于包括了墙壁、天花板和地板的恰当关系，因此可以提取与附加或围闭空间相关的信息，关于空间的此类信息可用于 BIM 过程中的程序分析以及能耗和输出分析，BIM 中对象的使用由于以下一系列因素的作用而被进一步增强。

1）对象特性或属性。其允许模型中储存与对象相关的有用信息，比如墙厚、墙体材料、墙的导热性等。对象特性或属性需要与分析、成本估计以及其他应用结合。

2）对象的参数化特征。其允许建模过程实现一定程度的自动化，比如界定一个参数以捕获钢板的孔中心在其水平边缘中间的设计要求，当建模者在模型中使用这块钢板以及界定钢板尺寸时利用对象的参数化特征可以自动设置孔的位置从而使 BIM 环境中的对象在其背景环境变化时自动更正，这个过程被称为对象的行为。通过将这些改进后的功能组合在一起，从而可以推导出有意义的丰富建模功能，比如，一个房间中的墙对象可能与所有其他对象有关联，在墙壁中可能安装门窗，可以界定这些对象相互关系的规则，还可以自动生成和修改明细表。在现代 BIM 环境中，用户能够通过增加用户定义的特性和属性扩展对象的建模行为。BIM 数据库中的智能对象作用巨大，利用这些智能对象及其特性、参数化设计和行为可在一个 BIM 环境中的模型进程中得到实现。利用信息中央存储库，项目团队中的各成员在项目生命周期各阶段能够增加、编辑或从存储库提取信息。当这些对象获得更多信息时模型就会变得更加丰富。相关文献资料将 BIM 按照 4D、5D、6D 和 7D 分类，当然，在世界各地所用的术语会存在一定的差异。BIM 模型中可引述的带编码数据的对象。BIM 的维度规定如下，即 X&Y＝2D、（X，Y）&Z＝3D、3D＋B＋P≈BIM、BIM＋时间≈4D－CAD、BIM＋成本≈5D－CAD、BIM＋可持续性≈nD－CAD。

3）建筑信息模型框架。其是业内利益方研究和交付的基础。BIM 中以（Y，Y，Z）表达三维空间；T 表达建筑顺序的时间维度；C 表达成本层面的问题，比如工程量与价格；A 表达包括规范在内的相关信息。

8.2.2　BIM 的数据表示和交换标准

BIM 是改革建筑环境产业的一种方式，之所以具有吸引力是因为能够使项目交付网络中的各利益相关方之间在内部进行协调、合作和沟通。但这又是非常不容易的：从实际角度来看，这将意味着需要构建一个中立的或开源的数据表示格式，这种格式将允许实现无缝电子信息交换。在建筑环境产业中应用了大量的设计和分析软件以及重复的数据，每个软件应用的是专有格式的数据表达方式。在个体层面的面向对象时，每一个软件工具可能以一种专有格式在内部存储对象数据，这样就会阻碍软件的互操作性，并导致无法兑现合作、协调及沟通的承诺。缺乏软件互操作性已经成为 BIM 在建筑环境产业进展缓慢的一个主要原因。在一般背景下，互操作性是指软件和硬件在多个供应商提供的多个计算平台上以有用和有意义的方式交换信息的能力。在建筑背景下，互操作性是指设计、工程、建设、维护以及相关业务过程中的项目参与者之间使用、管理、交流电子产品及项目数据的能力。此外，需要重点强调的是，可从各种资源中获取建筑环境产业所需的信息，比如，地理空间数据被应用于建筑环境领域的设计和施工过程。另外，各类数据也可能表现为图形数据、文本数据以及链接数据。从技术层面上讲，BIM 中所述的互操作性可以通过一种使用标准模式语言的开放及公开管理的架构（字典）来实现。架构是一组界定信息形式结构的一种表现形式，其通常是采用一个架构语言定义的，最常见的是可扩展标记语言（XML）和快速传递语言，尽管此类架构有许多种，但仅有少数几种达到了值得考虑的接受度和成熟度。英国标准协会（BSI）以及 BSI 的北美分支机构 Building SMART 联盟开发的数据表示和交换格式以及施工运营建筑信息交换（COBie）模式获得了业界的广泛认可并已经得到应用。

（1）BSI 的历史

BSI（英国标准协会）是一个由公共及私营产业合作伙伴组成的联合体，他们共同提供技术专业知识，目的是能够制定用于在建筑环境产业中提供开放的公共数据表示和交换的相关标准。Building SMART 联盟是 Building SMART 国际理事会的北美分支机构，是一个中立的、国际化的、唯一的支持在整个生命期间采用开放式 BIM 的组织。BSI 在亚洲、澳大利亚、欧洲、中东及北美都有区域性机构。该组织最早的雏形是 1995 年成立的“国际互操作联盟”（目前已更名为 BSI），到目前为止已经出台了多项获得业界认可的标准。

在行业内应用 BIM 需要采用一种共同的“语言”，利用该语言界定那些补充建筑环境产业项目的对象，为了提供一个稳健、科学、标准化的平台，BSI 提供了以下四个基本选项，即数据模型或工业基础类（IFC）；数据字典或 Building SMART 数据字典（bSDD）；数据处理和信息交付手册（IDM）；模型视图定义（MVD）。

1）工业基础类（IFC）。IFC 标准是用于在建筑环境产业中描述、交换和共享信息的中性数据格式。IFC 是 openBIM 的国际标准，2013 年已经由国际标准化组织（ISO）注册为 ISO16739“建筑和设施管理产业共享数据的工业基础类（IFC）”。IFC 的整个结构涉及建筑控制领域、HVAC 领域、上下水/消防领域、电气领域、结构要素领域、基础架构领域、结构分析领域、施工管理领域，其领域层次包含共享建筑服务元素、共享组件元素、共享建筑元素、共享管理元素、共享设施元素，其 Interop 层为包括控制扩展、产品扩展、过程扩展的核心层，其核心包括数据时间源、材料源、外部参考源、几何限制源、几何模型源、几何源，其资源层涉及行动者、属性、特性、数量、拓扑结构、公用事业、测量等各种源，比如显示外观源、显示定义源、显示组织源、表现源、限制源、批准源、结构荷载源、费用本等。IFC 包括四个主要层面，其利用 EXPRESS 数据规范语言定义了概念模式，且利用该语言界定了墙、窗、管道等对象。

2）数据字典或者 Building SMART 数据字典（bSDD）。bSDD 是允许创造多语言字典的一种协议，是一种提高建筑环境领域互操作性的参考库，也是 BSI 数据标准程序的核心组成部分之一。bSDD 的理念非常简单，其仅仅是为了提供建筑环境产业所用术语的综合性多语言字典。

3）数据处理或信息交付手册（IDM）。IDMs 是针对项目交付生命周期中所有过程所需的信息制定的详细规范。该规范包括且逐渐整合了建筑环境产业中的业务流程。IDMs 规定了项目团队各成员在项目生命周期中需要提供信息的性质和时限。为了进一步支持信息交换，IDMs 还设计了一系列模块化的模型功能。

4）模型视图定义（MVD）。MVD 反映的是模型视图定义（MVDs）。IFC 数据模型的子集在项目的整个生命周期中需要用于支持建筑环境产业的特定数据交换要求。它们为一个特定子集中所用的全部 IFC 概念（包括类别、属性、关系、属性集、数量定义等）提供了实施指导。因此，它们代表了为满足数据/信息交换要求而实施一个 IFC 接口软件所必须的规则。

（2）COBie

COBie 是一种标准化的方法，其可使 BIM 流程中能够纳入基本信息从而支持业主和/或物业经理进行资产运营、维护及管理。此方法的核心是输入设施设计、建筑和调试期间创建的数据。设计师提供平面、空间和设备布局。承包商提供已安装设备的类型、型号和序列号。由承包商提供的大部分数据直接来自生产制造商，这些制造商也可能成为 COBie 的参与者。在 COBie 进程中获取的数据保存在一种中性格式中，利用 IFC 格式可以在不同利益相关方之间交换。目前在英国，政府已经推出了 COBie2 第 2.4 版。

8.2.3 BIM 模型（专业型和综合型）

利用前述面向对象的方法以及数据表示架构的 BIM 建模工具可以用于项目开发模型，一个项目只有一个专门用于存储所有信息的模型，这是理想的情况。但目前的做法是要求每个项目以多个具体专业模型的形式建模，这主要是因现有技术的衔接度不高导致的，这些模型结合起来会生成一个联合模型，再通过该模型为整个项目生成一个中央信息存储器。对于一个典型的建筑项目而言，联合模型可能包括一个建筑模型、一个结构模型以及其他专业模型。一个比较具有典型性的联合模型通常应包含来自以下六方面的信息：业主、建筑师、结构工程师、机电设备和给排水工程师、协助完成业主建筑物建设的建造商和承包商。联合模型的开发以及对模型的管理和维护过程对整个 BIM 流程而言是至关重要的。与建筑物的联合 BIM 相似，基础设施项目和处理设施的联合模型也是以类似方式开发和应用的。COBie 进程通常涉及空间、系统和设备布局。建筑物的联合模型通常包括电气模型、设备模型、结构模型、建筑模型、给排水模型、承包商模型、其他专业模型，这些模型的集合即为 BIM 联合模型。

市售 BIM 平台/软件中可植入有限个对象供应源，建筑师、设计者以及其他专业人士努力开发的室内对象库也具有同等重要性，但其对象的主要供应源将来自那些向建筑环境产业供应产品的产品生产商，这方面的许多工作都在探索过程中。比如，国家建筑规范（NBS）的国家 BIM 库是制造商所供 BIM 对象的网上存储库。另外还有其他一系列产品制造商库可用，其中包括国家 BIM 库，这些存储库免费向设计师和施工人员提供 BIM 对象。

8.2.4 BIM 内容和对象

除了数据表示和交换外，BIM 在业内成功实施的基础是项目利益关系方能够使用（智能）对象格式的 BIM 内容为具体项目开发相关模型。这些对象有以下三个主要数据源，即在 BIM 建模工具中有可用的对象格式的预定义内容；网上本地 IFC 内容/对象；一个室内对象库。提供充足的对象是各组织机构成功实施 BIM 的必要条件。

8.2.5 模型用途

有关 BIM 的许多论文都认为一个非常简单的模型开发过程能够提供和推进无缝模型的共享。比如，如果一个建筑物的建筑师开发了一种“建筑模型”，则此模型可无缝传输给结构设计师，结构设计师也可以获取该模型且可以毫不费力地将此模型转换为“结构模型”，其他设计咨询顾问也是如此，事实上，这也同样适用于承包商，但至今人们也没有真正看到这类模型的开发、共享和进步。当然，利用电子邮件和文件传送协议（FTP）服务器仍然能够实现模型共享，虽然此系统在大多数情况中都起作用，但仍不能称其为综合 BIM 过程，理想的情况是围绕此模型开发与推进过程执行的协调、协作和沟通能力使其都能更多地实现无缝衔接与整合，此过程实际上应是实时发生的，如果项目团队决定通过部署 BIM 服务器统一此过程，则可以实现实时进程，服务器将模型置于核心位置使项目团队能够以一种综合、协调方式工作。BIM 对象源应包括在 BIM 软件中预定义的对象、网上对象库、室内

BIM 库，这是目前欧美发达国家建筑产业中普遍遵循的一种典型过程。产品制造商 BIM 对象的样品主要来自国家 BIM 库，典型的 BIM 对象指导是 Kingspan Insulation Ltd. 给出的，国家 BIM 库中的 Kingspan Insulation Kooltherm Cavity Closer PLUS 已实用化。

8.2.6 开放 BIM 及相应的举措

即使在一个综合的完整建筑物生命周期中有中性数据格式且交换可用，但由于还存在着大量未能解决的问题，所以实施 BIM 仍然是非常不容易的，其中，使用不合规的软件是业界面临的主要挑战之一。Open BIM 是依据一种开放式标准和工作流程的软件，其对合作基础上设计、建设和资产运行具有推动作用，其是 BSI 和多个大型软件供应商利用一种开放式 Building SMART 数据模型提出的。Open BIM 支持的是一种透明、开放的工作流程，其可使项目团队无论使用的是哪种软件工具都能参与 BIM 过程。Open BIM 为业内各种过程和实践工作创建了一种通用的、标准化的平台，使所有利益方都能根据各自的职权范围参与进来。随着 Open BIM 针对类似行业付出的努力，使此类开放式中性平台能够在业界获得贯彻落实。从 BIMobject 库获得相关的 BIM 内容。基于 FTP 的模型共享涉及建筑模型、结构模型、机械模型、其他专业模型、FTP 服务器，项目团队可采用 IFC 格式加载模型。IFC 模型服务器涉及 IFC 结构、关键的专业协调、暖通空调、建筑模型、建筑设计（包括数据管理、3D 演示、协调、产品数据、图形输出）、电气、管道服务/消防、电梯/交通、定额、建筑服务器、其他等。市售模型服务器可在本地服务器上运行。

8.2.7 BIM 与其他新兴技术的链接

随时业界 BIM 采用率的增加，同时部分技术还出现了一定程度的发展，这些都可能对 BIM 的未来发展产生重大影响，这些技术对存储数据、访问数据以及扩展企业的建模能力有很大帮助，尤其是对中小企业。比如基于云的协作，其涉及模型服务器、BIM 软件服务器、内容管理等问题。

(1) 云计算

BIM 的作用会受到诸多的人、过程及技术等因素的限制，目前业界正在努力解决人和过程的问题。在技术前沿，云计算可以提供许多基础性改进，从而能够部署和使用 BIM。云计算同时具备四种功能优势。云计算不是一种特定技术或者特殊的软件产品，而是关于在互联网上各类资源共享方法的一种总体框架体系。美国科学和技术研究所（NIST）将云计算定义为“一种有助于方便、实时通过网络访问可配置计算资源共享池（比如网络、服务器、存储、应用及服务等）的模型，此模型可以迅速地得到应用和部署，且可尽量减少管理或者服务提供者的相互影响”。简单地说，云计算是通过互联网访问所提供计算服务的一种技术。当在一个云平台上部署 BIM 时可进一步促进合作的过程，从而利用基于网络的 BIM 性能和传统文件管理程序来提高协调性。云计算可在以下四个方面影响 BIM 的实施。

1）模型服务器。利用云计算平台可安装建筑物的中心模型从而实现专业内及不同专业之间无缝安全访问模型内容，但在当前条件下是无法实现的。

2）BIM 软件服务器。当前 BIM 软件需要利用大量硬件资源才能运行。此类硬件可以部署在云中且通过虚拟化使项目参与者之间实现有效共享。利用云计算的软硬件部署涉及咨询办公室、现场办公室、网络等。Stratus 是总部位于新西兰的一家专注于 BIM 云技术的公司，该系统是由 Stratus 公司总经理 Des Pudney 创建的，此系统最初是由 Stephenson &

Turner 建筑公司部署的，它引领了 BIM 在新西兰的发展方向，现在由 Stratus 公司和 Stephenson & Turner 公司使用。以上两家公司不仅从中获益，而且还取得了可喜的成果，也得到了全世界各公司的广泛关注。要想了解更多的信息可登录该公司的网址 www. stratus. net. nz 查询。

3）内容管理。云计算 BIM 内容提供了一个集中式的安全存储环境，采用的是使用或部署 BIM 所需的数据属性/库的形式。

4）基于云计算的协作。云计算提供了一种新型的项目团队内部合作、协调及交流方式。其通过遍布世界各地的项目团队成员，基于 BIM 功能的云计算平台会在建筑环境产业中发挥了重要作用。利用云计算技术可实现“信息无处不在”的目标。现在从市面上可以获得多种基于云计算的信息共享和协作工具，还能够实现通过移动设备远程访问各种模型的目的。云平台 BIM 对中小企业尤其有利，其中一个主要好处就是使其能够获取具有强大功能的软件，而这类软件在以往是十分昂贵的。利用云计算可以根据每次使用情况“租赁”软件资源，比如，用户可通过云平台获取结构分析软件，从 BIM 提取的一个建筑物分析模型可以提交给该基于云计算的结构分析工具进行分析且不需购买该软件，这类方法即将对可能发生的 BIM 实施方式产生重大影响。

评估一个云计算技术的关键是要理解这些技术的潜在缺点，基于云工具的一个主要要求是必须有一个稳定、持续的网络连接。如果无法联网则无法使用基于云的工具，除非有可用的缓存。其他困难还包括安全问题、数据所有权问题以及提供云计算的供应商的可靠性问题。

（2）大数据

今天的数据已无所不在，比如在设计师的办公室、在项目现场、在产品制造商的工厂、在供应商的数据库或者在一个普查数据库中，这些地方到处都有数据。随着设计过程的不断推进，建筑师是否能够实时访问这些数据（尤其是能否链接到 BIM 建模平台）非常关键，现在利用一种被称为“大数据”的技术可实现这个目标。大数据（Big Data）只是一种流行的叫法，其主要用于描述结构化和非结构化的数据的成倍增长和可用性，政府、社会组织及各企业可以利用该技术改善人类的生活。大数据为执行任务提供了前所未有的洞察力且可提高决策效率，此技术可用于改善建筑环境的设计、建设、运营和维护方式。从概念角度讲，一个 BIM 平台可链接到大量数据，从而增强一个团队中的利益相关方的决策能力。其服务软件基于云计算进行分析。大数据可支持 BIM 平台。一个典型的大数据系统会涉及终端用户数据、材料价格及可获取性、气候数据、信息供应链、犯罪统计数据、财务数据、就业数据、当地学校信息、BIM 平台用户（比如建筑师、城市规划师、决策者、开发商、承包商及其他专业人士），一个项目可以从供应链数据、大宗商品价格数据、营销数据、传感器数据、点云数据、犯罪统计数据、就业数据等实时信息来源中受益。

（3）从实体化到数字化

随着 BIM 的扩展，现有的竣工信息将需要纳入 BIM 环境，大规模改造和重建项目更应如此。在这些情况中利用现场上已有设备的基础数字模型在开始时非常有用，现在，这些已可通过连接激光扫描和 360 度视频或照相矢量技术实现，比如竣工环境的激光扫描和视频图片可最终连接到一个模型中。对于成功地从“实体”环境转换到“数字”建模环境的过程来说，详细的测量调查规范、约定的精度、规定的输出信息要求是至关重要的因素。在“点云”解析中，它们可能是一个艰难的过程，且需要专业化的测量技能和软件以及经典的测量调查程序。另一个问题是，当前的BIM软件基本是在设计基础上开发的，因此可能很难使"真实世界"的调查数据与BIM软件中的环境匹配。人们可能也会发现精确调查输出信息的其他途径，比如应用于建筑设计目的的高精度线框模型，此模型可使调查数据实实在在地获得一定的准确度。尽管激光扫描技术越来越流行，但也只是可采用的诸多测量技术之一。应注意必要时将建筑信息模型与其外部环境联系起来，通过与相关的国家坐标系连接可以实现此目的。

8.2.8 数据管理

在BIM过程中会产生大量数据，为确保大规模BIM项目的成功实施应当采用数据管理软件。数据管理技术使建模过程能够连接到扩展的、分散的及远端的团队成员，利用此技术可以确保访问管理的实现和安全性要求以及对模型和附属文件的版本进行管理。一个典型的例子是用于管理建筑信息模型和相关CAD文件的Project Wise REXplorer管理平台。

8.2.9 内容管理

当一个机构中的BIM得以成熟实施时则室内BIM库将会成倍增长，比如，一个建筑师办公室的内部BIM库可能存储了成千上万个门窗对象（已嵌入了数据和信息）。当人们为新项目创造出各种模型时将会开发出更多的对象，这些新增对象将被添加到已有的库中，这类库的管理将成为一项重要的任务。在BIM项目上将需要更有效地应用内容管理工具和BIM内容，而这些内容管理工具需要具有筛分、搜索和利用库对象的能力。在市面上可以采购到一些内容管理软件。

8.3 BIM在项目交付中的应用

以下主要讨论BIM在项目层面上的应用。在研究BIM对企业层面和行业层面的影响力之前，至关重要的是理解其对建筑环境专业人士及项目的影响。项目构成是生产实体基础实施、运营、规划及软件等重要资产经济活动的一个关键部分。将这些项目作为核心业务进行组织通常被称为基于项目的组织（PBO）或者基于项目的企业（PBF）。PBO或PBF要求策略、项目、方案及资产组合管理之间存在一种独特的协同作用，寻求技术应用时也会面临不同类型的挑战，一个项目的进展情况与这些方案和资产组合管理方式存在一定的间接关系，且项目策略和企业策略之间也存在一定的联系，这一点是必须谨记的。项目层面和组织层面（包括组织间）的BIM实施均应遵守相应的规则，BIM对各组织机构均有应用价值。为了实现BIM的全部潜能，在整个项目交付过程中要以一种系统的、综合的、无缝的方式或者其他更容易的方式应用BIM是其中的关键，因此，这一要求导致必须采用一种新思路，且工作流程和工作实践多少也会发生一些比较激进的变化，还要求参与项目的各组织机构应明白应用BIM将在项目及组织层面产生的影响。BIM在项目层面对主要的项目利益方均有影响，在这个背景下关键是要首先理解在项目层面与BIM部署相互关联的以下六方面问题：BIM部署在项目层面的目标以及BIM部署的成功标识；项目以及对所有利益方在应用BIM方面的价值观差异；在项目各个生命阶段内BIM对功能和子功能的影响，比如利用BIM将实现哪些功能或子功能，从BIM驱动的功能或子功能将可能得到哪些输入输出信息等；与传统的二维环境相比，在BIM环境中项目团队成员之间的信息流特征；在项目生命周期的各阶

段，与BIM相关的不同项目利益方的作用和责任以及与当前（非BIM）做法的差异；在整个项目生命周期中与模型开发、模型开发进展和模型质量相关的问题。

以上六方面问题的结构化解决方案往往构成BIM项目部署和实施计划的基础，目前欧美发达国家已经出台了一系列的此类规划文件可供在项目团队中工作的专业人士为成功地在所有项目生命阶段实施BIM布置基础设施，比如，美国宾州州立大学出版的《BIM执行方案指南第2.0版》、美国退伍军人事务部出台的《弗吉尼亚州BIM指南》、新加坡建筑和建设局出台的《新加坡BIM指南第2版》、英国CPIx出台的《BIM执行方案》、建造业协会(CIC)出台的《BIM协议》/BIMPro。根据宾州州立大学的《BIM执行方案指南》，BIM实施需要经过以下四大步骤，即明确高值BIM在项目规划、设计、建设和运营阶段的应用；利用过程图来设计BIM执行方案，清晰地显示过程中的所有步骤、项目团队成员的作用和责任以及每一步的输入和输出；明确说明需要采用信息交换、信息封装、模型开发进展以及模型质量格式的BIM交付件；开发一套详细的方案，通过确认重要的交付件来支持实施过程。《新加坡BIM指南》要求编制一套BIM执行方案和以下四方面的实施细则，即明确在项目生命各阶段的模型创建、维护和合作的作用及协作；清晰地定义BIM实施过程；详细说明可以需要的资源和服务；为BIM实施明确一个项目管理计划。

在项目层面，BIM执行方案必须包括以下八方面内容：BIM的目标和应用并为所有利益方设置期待水平；项目团队成员的作用和责任；一种整体的BIM策略，谨记采购策略和交付方法；由团队成员应用的一种BIM过程和各类交换协议；项目不同阶段的数据要求；操控共享模型的协作程序和方法；模型的质量控制；正确实施所需的技术基础设施以及软件。

除了实施计划外，清晰地理解契约和法律影响、保险问题、培训及教育要求、商业问题、版权及知识产权问题等也非常重要，这些需要联系执行的每个BIM项目，在相关组织层面进行解决。

8.3.1 项目类型及BIM实施

广义上讲，建筑环境产业可以分为以下两大类项目，即房地产项目和基础设施项目。有些业内说法也将这两个项目称为“建筑项目”和“非建筑项目”。在目前可查阅到的大量文献及指南文件中显示，见诸于文件资料的BIM信息记录在今天已经取得了极大的进步，与基础设施产业相比，其在建筑产业或者房地产业得到了更好的理解和应用。BIM在基础设施或者非建筑产业的采用水平则滞后了几年，但这些项目也非常适应模型驱动的BIM过程。事实上，麦肯锡全球研究院编写的一份报告中指出：BIM可成为一个“提高生产率”的工具，业界利用这个工具每年可以为全球节约数以万亿美元的费用。BIM在基础设施产业界的众多支持者相信，“孤立地”应用BIM（即由单一的利益方应用BIM）的历史可能比我们从当今流行文献中获悉的历史更久远。Mc Graw Hill公司的一份名为“BIM对基础设施的商业价值-利用协作和技术解决美国的基础设施问题”的报告中将建筑项目上应用的BIM称为“立式BIM”，将基础设施项目上应用的BIM称为“水平BIM”“土木工程BIM（CIM）或者重型BIM”。

许多组织可能既从事建筑项目也从事非建筑项目，关键的是要理解项目层面的BIM实施在这两种情况中的微妙差异。比如，在基础设施项目的初始阶段需要收集和理解的信息范围可能在很大程度上都与房地产开发项目相似，且基础设施项目的现有条件、邻近资产的限制、地形以及监管要求等也可能与建筑项目极其相似，因此，在一个基础设施项目的初始阶段地理信息系统（GIS）资料以及BIM的应用可能更加举足轻重。建筑项目与非建筑项目的项目团队结构以及生命周期各阶段可能也存在差异（比如在命名惯例和相关工作布置方面），项目层面的BIM实施始终与其“以模型为中心”的核心主题以及信息、合作及团队整合的重要性保持一致。项目周期各阶段的BIM重点强调的是参与人员和项目层面的问题。

8.3.2 BIM与项目生命周期

实际经验已经充分表明，仅在项目的早期阶段应用BIM将会限制其效力的发挥，而不会使企业获得寻求的投资回报。BIM在一个建筑项目的整个生命周期中的应用具有重要价值，重要的是，项目团队中负责交付各种类别、各种规模项目的专业人士应理解“从摇篮到摇篮”的项目周期各阶段的BIM过程，当然，理解BIM在“新建不动产或者保留的不动产”之间的交叉应用也非常重要。最佳做法是应从项目的概念设计或规划阶段开始应用BIM，在此阶段开发的模型应随着项目设计和规划的不断推进转变为一个成熟的建筑信息模型。拥有一个数据丰富的、可计算的模型将使项目团队能够执行各类分析，通过分析提高与时间、成本及可持续性相关的效率，并可增强项目创造价值的能力，该类模型也能督促项目团队执行项目文档记录、采购及施工前的规划工作，此模型还应促进施工过程的进展以及在试运行之后能够为运营和维护阶段提供帮助，建筑信息模型也有助于做出翻新或拆除的决定，因此，建议企业在整个资产管理期间都应采用BIM。欧美发达国家在项目上部署BIM的可用资源通常包括利用BIM的RIBA施工计划、BIM工作组数字化施工计划、AIA建筑信息模型及数字数据展示、政府数字化施工计划。项目生命周期各阶段以及BIM应用涉及规划、概念设计、分析、详图设计等若干工作。

开发一个包含项目周期各阶段、各阶段的关键目标、BIM目标、模型要求以及细化程度（发展程度）的矩阵是成功实施BIM的重要因素。一个典型的例子就是利用RIBA施工计划的一个矩阵，该矩阵强调了各种重要问题，比如随着项目周期发展的模型开发进展、模型协调、模型用途以及嵌入模型中的信息质量，针对项目层面的BIM实施按照时间顺序详细描述了各项目周期，为了简化起见采用标准化的RIBA施工计划，为了统一将其应用于基础设施开发或非建筑项目的对应阶段。

另一个需要理解的关键问题是在一个项目的整个生命阶段其建筑信息模型将会不断补充新数据、扩充信息量。除了设计、工程和施工信息外，在项目推进中还生成了与成本相关的信息。如果项目团队能够确保在整个项目生命周期均能高效地同时获取设计、工程、施工及成本信息，则会提高BIM过程的利用率。市售软件工具的配置是为了管理设计、工程和施工信息的进程，但其可能需要特别关注整个生命周期的成本信息。分类系统和标准的应用是确保在项目生命周期内完成开发和成本信息应用的基本要素。比如，RICS新测量标准（NRM）有助于描述良好生命周期成本管理系统的基础特征，其可以同时用于“开发和管理施工、维护及更新工程的生命周期成本计划（LCCP）以及告知投资评估结果和选择最佳价值方案”。

（1）在战略定位阶段以及准备和概要阶段的BIM

在项目早期阶段应用BIM目前还未得到广泛实行，但各种文献已经强调了在此阶段应用BIM的重要性，且给出了不少相关的范例。在项目开发的早期阶段执行以下五方面有关BIM实施的关键任务非常重要。

1）制订和明确在项目上应采用的BIM过程。事实上这是此阶段的项目团队在BIM方面的首要任务。许多有用的资源都可用于开发一个BIM实施框架。美国宾州州立大学制定的《BIM执行方案指南》中就提供有一个广泛的框架，借助其可界定BIM实施的关键参数。

2）按照项目生命周期各阶段编制一份初始项目方案，且应初步确定项目团队的定义以明确BIM相关活动以及对项目团队要求。

3）随着项目的推进需要为做出明智的决策而收集与项目、现场、周边/邻近环境相关的信息。土地、工程和实测建筑测量师的职责非常重要，通常可按RICS指引文件进行工程规划。

4）初步了解项目业主/赞助商的要求和业务需求。

5）地方规划条例以及有具体BIM要求的建筑法规条款。利用这些信息以及借助BIM执行/实施方案，项目团队可推进到项目的下一阶段。在此阶段的关键BIM成果包括以下三方面内容：利用BIM，从业主/赞助者买进，清晰地明确应用BIM的作用和目标，以及界定BIM实施的成功因素；界定BIM实施的范围，包括第四层面（时间）、第五层面（成本）和第六层面（生命周期/设施管理/可持续性）以及随后交付件和期望结果；确定BIM相关任务的交付机制，包括每个项目小组成员的职责、对专业人士提出的要求以及BIM管理方的任命（如需要），还需要界定长期责任和模型的所有权以及BIM投入和输出，通常情况下在项目的此阶段不形成任何模型，但此阶段的结果对于BIM在项目上成功实施至关重要。

BIM与项目生命周期矩阵的主要因素包括关键目标、BIM目标/活动、BIM细化程度等，零阶段的战略定位是商业案例、战略性概要、在项目生命周期各阶段的BIM实施计划、实施成本、BIM建模策略，零阶段的准备与描述涉及项目目标、项目成果、可持续性目标、项目预算、项目初始简述、可行性研究、现场信息、模型的数据收集、BIM管理方和专业人士的确定、BIM建模工作方案、责任矩阵等，可选的现场模型包括概念设计（第2阶段）、扩初设计（第3阶段）、技术设计（第4阶段）、建设（第5阶段）、移交和收尾（第6阶段），应该考虑的因素包括概念设计、成本信息、项目策略、项目简述定稿、扩初设计、成本信息、项目战略、技术设计及规范、设计责任矩阵、预制和现场施工、建筑物的移交、3D绘图及表单生成、集结、空间规划、可持续性研究、项目预算、明确重要建模元素、现状（比如竣工模型）、专业模型、联合模型、时间和成本方面问题、可持续性信息、为执行设计和分析的模型提取、初始设计协调、详细的建模/集成和分析、专业模型、项目采购文件、细化设计协调、分期和原型制作、工程量提取、规范、制造模型、合同管理、收集竣工信息、竣工模型、验证和测试、与设施管理系统集成，概念设计模型涉及链接专业模型的联合设计模型、4D/5D和6D模型、设计文件、规范、联合施工模型、联合竣工或记录模型，投入使用（第7阶段）应考虑付诸使用、与建筑设备管理系统（BMS）集成、与监测系统集成、联合竣工或记录模型等问题。

应关注RIBA各阶段与非建筑项目各阶段的差异，RIBA阶段的关键是战略性定位，非建筑项目的各阶段涉及启动、准备和概要、规划、概念设计、扩初设计、设计和采购、技术设计、施工、施工和移交、移交和收尾、运营与维护、投入使用等诸多环节。

在项目生命周期的早期阶段，重要的是拥有一份具有协定精确和规定成果的详细测量调查规范。测量调查的费用可能非常高昂，但所有用户应将其视为一份“保险策略”，因为此项工作可消除大量风险以及潜在的混乱。测量调查为所有附加的信息元素设置了空间框架且是任何BIM项目的关键元素。以下六方面信息是在此阶段收集的，下游流程中需要使用这

些信息进行建模，当然，此阶段还收集了其他与BIM实施无关的信息。

1）项目有一个或多个有GIS环境的施工现场。

2）现场测量结果包括地形测量、摄影测量、航空测量、现场照片等。

3）施工现场的数字地形模型（如有）应包括在必要时使用激光扫描获得的排水资料。

4）现有建筑物和构筑物信息（最好在原有建筑信息模型的格式中），或者从激光扫描获取的点云信息，包括地理参考照片。

5）邻近构筑物的竣工资料

6）在现场及周围的地下基础设施（服务设施），包括各种探地雷达数据。

BIM的执行方案涉及BIM项目实施计划流程；开发信息内容、细化程度以及每项交换任务的责任方；开发一种流程，其中包括BIM支持的各项任务以及信息交换。应详细说明BIM目标和用途，开展信息交换，界定那些支持已开发BIM流程所需的项目基础设施。应通过确定BIM目标和用途明确项目和团队价值，应明确支持BIM实施的基础设施，明确设计BIM项目实施流程。

由于互操作性问题，这些模型无法推进到项目详细设计阶段。由于存在重大数据丢失问题，也无法借助IFC文件格式转换概念阶段的模型。比如检查建筑条例；收集利益方的投入；执行环境分析；空间规则和分区；概念设计；BIM模型；进行流通研究；进行成本计划；实施价值工程。目前这种情况在技术和软件功能方面已经得到明显改观，有些BIM建模工具拥有了更大的功能（或者内置或者通过链接置入其他概念阶段设计工具）从而允许完成以下两方面工作：执行在建筑项目或者基础设施项目概念设计阶段所预期的任务；在设计开发阶段、概念设计阶段模型的下游应用。比如，服务设施的初步设计、结构系统的选择。

（2）概念设计期间的BIM

在概念设计阶段应用BIM是最近才发展形成的，就主流行业惯例而言，此种做法还处于萌芽阶段。过去，大多数BIM实施仅仅是从项目的详细设计阶段开始的。其部分原因是由于受技术的限制，尤其是缺少商用工具。由设计师开发的概念层面模型仅包含有限的信息量，使这些模型只能应用于可视化和动画模拟，而不得应用于任何其他用途。

利用早期BIM在概念设计阶段可以执行的活动非常有限。现在已经有多种软件工具可以用于给建筑项目制备简单的模型，以及在项目的此阶段执行必要的设计和分析任务。比如，在建筑物体量模型中界定楼面和建筑围护构件，利用此类体量模型可以执行各类设计和分析任务。一个建筑物的体量模型可以用于计算建筑物的楼层面积、每个指定标高处的周长，封闭的空间容积以及建筑围护结构的表面积，这些参数的计算有助于执行进一步分析，比如空间规划、能耗分析、结构系统选择，从而可进一步理解设计意图和初始服务规划。概念设计阶段可能进行的活动必须遵守相关规定，在项目阶段开发的模型可能会推动这些活动的进展。体量模型可用于可持续性分析，此阶段的可用模型能够概括地确定空间、服务要求、材料应用、大致位置及方位信息以及项目的其他可持续性信息。利用体量模型进行分析的工作流程涉及能耗分析、结构系统、空间规划、服务设施规划、外部表面积、容积、周长、楼层面积、建筑物等。利用BIM在概念设计阶段各类活动包括BIM活动；制定概念设计（需要开发多个备用设计方案）；对照概念模型来验证初始简介；具有相对详细的体量模型；基于模型的编程计算，支持业主业务需求、资产和组织策略；为利益方的投入制订相关方案，以便使利益方参与而应用3D模型以及可视化和动画技术（非建筑项目的公共参与举措）；建立财务可行性和现金流量预期；初始结构系统的确定；初步确定服务设施（比如机械、电气、上下水、消防、安保等）；利用历史成本收益数据库生成财务及现金流计算方法；针对建筑项目开发楼面、墙壁和建筑围护构件以确定可行的结构系统；项目的服务系统选择、服务设施的空间要求以及服务区域图；在草图阶段的结构系统和服务系统协调；检查有关概念的建筑条例；用于展示不同专业之间第一级协调的合并/联合模型；检查规范顺应性以及各种条例；分析可持续性问题，比如碳排放、能耗、热舒适性以及其他可持续性和效率参数；进行施工性分析，审核是否可以预制（通过施工性分析、概念模型对比，利用已开发的模型寻找预制的可能性，确定施工现场物流）；编制初步成本计划（依据草拟的成本计划、成本估算单、批准预算来确定面积、容积和工程量）；项目团队组成的详细说明，包括 BIM 专业知识、经验、过程、实践等问题；寻求业主投入和批准，包括可视化及动画、设计方案，以及财务、可持续性及其他项目目标的比较。

利用体量模型执行可持续性分析涉及大小、形状、朝向、镶玻璃窗、百分比、阴影和材料、体量模型、能耗分析模型、项目的可持续性相关信息等。大多数可持续性和能耗分析软件都能获取这些初步信息并且提供结果，从而允许对比不同的概念设计方案和广泛的可持续性目标。一个概念阶段建筑信息模型可转换为初步分析模型，从而可以利用基于云计算的结构分析软件进行分析，在概念设计阶段，这类初步分析现在有可能利用 BIM 的优势。目前有一个被称为 DProfilerTM 的空间规划工具，此工具利用体量模型可为业主调整投资进行空间和财务分析。概念阶段模型可以用于开发早期成本计划，基于模型的成本计划可使各类早期设计方案的成本迅速获得。

（3）开发设计期间的 BIM 结果

在建筑项目及非建筑项目深化设计阶段，BIM 的应用经过了数年发展已显著成熟起来。事实上，有许多文献资料都重点强调 BIM 在此项目阶段的应用，而且 BIM 在此阶段已经得到广泛应用，其主要用于执行以下三方面活动，即基于 BIM 的设计建模；利用 BIM 执行的详细分析；模型的协调。

在一个典型的应用 BIM 的项目详细设计工作流程中，概念阶段模型以及在概念设计阶段为项目收集的所有信息（以 2D 和 3D 格式）用于开发核心设计模型，对于建筑项目这个模型将成为建筑模型，对于非建筑项目该核心设计模型可能是一个工程模型并成为其余专业建模的基础。在设计建模步骤中其他设计和工程咨询顾问可共享核心设计模型，其构成了这些专业咨询顾问进行专业模型设计建模的基础。

可利用概念阶段模型进行结构分析和空间规划，可基于概念阶段模型制订成本计划。基于 BIM 的深化设计进程涉及输入信息、设计建模、分析、合作等问题，BIM 执行方案涉及结构、专业 BIM 模型、服务、概念阶段模型、设计阶段、BIM 模型、可持续性、现有条件和现场次数、GIS 以及其他信息、成本、其他分析（照明、安全等）等。核心设计模型与专业模型结合形成了“联合模型”。联合模型用于设计协调，事实上，这是一个迭代过程。当初始协调结束之后，联合模型与专业模型被用于执行大量的分析工作，其中包括结构分析、服务分析、能耗/环境及可持续性分析、成本分析、其他细化分析（比如面积分析、照明分析、声学分析、排水分析、阴影分析、安保分析等）。

目前由建筑信息模型进行的这些细化分析已经有了长足发展，现在已被经常用于确定设计方案。这些经过迭代修订的模型富含大量的专业信息，在协调之后可生成一套几近“零缺陷”的设计。在这些迭代步骤期间，设计团队进一步为这些模型补充了规范要求以及其他有关模型和建模组成要素的特定信息。其可实现数据共享的高层面解析以及设计协调与详细分析的整合。一个建筑项目的结构分析与设计的详细工作流程涉及结构设计与分析、详细设计、建筑师、共享建筑信息模型、协调模型、共享修订后的建筑信息模型、更新修订后的建筑信息模型、结构工程师、生成结构布局、生成初始结构模型、开发分析模型、分析、设计、生成结构模型、更新和最终确定结构模型等问题。

对于建筑项目的结构分析和设计而言，结构工程师利用建筑模型制定建筑物的一般结构布局，完成初始结构模型的开发，通过共享建筑师利用此模型执行与建筑模型的初步协调。协调结束之后，结构工程师通常会从协调后的结构模型中提取一个分析模型（有时称为"黏性"模型），此分析模型被用于执行结构分析和设计，之后开发出一个更加精确的结构模型，该模型与建筑模型进行协调，此协调步骤会导致结构专业设计模型的发展。项目中的其他专业的设计开发也执行相似的流程。当此类步骤结束之后，为项目制备的一个经协调和大量数据的建筑信息模型就生成了。

传统上，设计协调通常依赖于图纸和其他二维纸面设计资料。由于应用了 BIM，此过程已经得到显著改进。比如 Solibri Model Checker、TeklaR BIMsightR 和 AutodeskR NavisworksR 等软件工具有助于设计团队将专业 BIM 联合起来以及精简协调过程。这些工具为协调过程提供了大量帮助。利用 BIM 可系统地执行协调工作，BIM 为其提供了以下四方面条件，即相关设计问题的识别以及相关的协调；与各模型专业相关的以及与导致协调或冲突问题的建模元素相关的数据；相关问题容易返回链接到负责此问题的专业模型；在相关问题解决之前始终保持对其进行追踪的能力。通过以上过程可生成一份协调报告，当此阶段成功结束之后会生成以下六方面重要的提交资料，即具有详细的协调设计模型；确定的空间和循环方案；项目许可及审批信息；成本计划和财务信息；专业模型（比如结构模型、MEP 模型）；设计和设计阶段模型的业主买进及批准意见。在此项目阶段生成的建筑信息模型具备充分的细化程度和特异性，使项目团队可以开始考虑采购策略以及供应链管理问题，生成的模型会被无缝推进到项目的下一阶段。

（4）技术设计期间的 BIM

在项目的技术设计阶段，主要目标是在已经开发的模型中提供施工层面的详图信息。在此阶段有关 BIM 的重要活动包括以下十个方面，即各专业的细化建模、整合以及分析；最终确定各专业的设计阶段模型；模型的最终协调；利用 BIM 的施工前计划，包括安全计划、分期和原型制作、采购计划以及供应链管理等；依据为项目中所有重大元素生成的生产级参数化对象，最终确定在建筑要素层面的规范；为建筑控制分析进行代码检查和数据输出；工程量清单和成本计划；按照采购策略制作文件；模型的最终审核与签发；最终确定模型，使承包商能够访问这些模型。

在一个项目技术设计阶段的典型流程图中，项目的主管设计顾问与其他的设计及工程咨询顾问密切合作，通过应用特定的建模元素以及使模型中增加更多的具体技术信息承担最终确定模型的任务，通过整个项目团队的密切互动使这些专业模型与主专业模型（即一个建筑项目的建筑模型或者非建筑项目的工程模型）进行协调，在流程图中项目管理咨询顾问（PMC）承担执行协调任务和开发联合模型的责任。经过多次迭代之后，最终技术设计阶段模型得以完成，并且获得业主或者业主代表批准。之后，PMC 公布一项合并了所有专业输入信息的联合建筑信息模型。利用此联合模型执行额外分析，比如，由主管设计咨询顾问检查规范的符合性，由工程测量师（QS）（在有些领域中 QS 也可能被称为估计师、建筑经济师以及成本规划师）制定成本计划，由施工队伍执行 4D 计划。之后，技术设计阶段模型冻结，获得业主批准，项目推进到施工阶段。在技术设计阶段提供了与模型中的建模元素相关的极具体信息，此模型基本上已经可以转换为一个施工阶段模型，在此项目阶段，利用一种开放式定义和互操作格式将各种规范添加到模型中，目标是建立一项确认各种特性的协议，且需要利用这些特性来说明模型中所用的材料、产品和设备。

技术设计阶段的流程图涉及工作流程、业主、批准技术设计、BIM 模型、技术设计、设计师、确定设计 BIM 模型、QS、确定专业 BIM 模型、PMC、工程师、代码符合性检查、承包商、协调模型、必要的修订、公布联合 BIM 模型、冻结技术设计、生成成本计划（5D BIM 模型）、生成 4D 模型、执行分期和施工性分析等问题。

建筑信息模型添加规范涉及主规范文件（比如 Uniformat、Uniclass、Omniclass、Master Format 等）；绑定、测绘及规则；BIM 模型；规范文件等。向建模元素添加规范的过程包括应用一份主规范文件（比如 UniFormat 和 Uniclass），然后是在建筑信息模型中绑定和测绘模型元素。比如利用一项被称为 e-SPECS 的 BIM 创作工具使建模者能够利用对象的“汇编代码”属性将规范添加到建模元素。同样，工程量提取和成本计划也在项目的技术设计阶段完成，此任务是由工程测量师（或工料测量师）执行的，同时会给出成本计划流程图，工料测量师在 BIM 建模工具或者特定的 BIM 型成本计划工具中应用此模型。如果没有设置好则由工料测量师为模型设置分类系统以便能够利用一项业界认可的分类标准对模型元素进行分类和定量，利用公认的测量规则使工料测量师能够为不同建模元素制订一份工程量清单。未建模或者不能利用模型定量的对象被单独利用手动程序进行计算。编制工程量清单的结果是可以对项目进行定价，进而为项目编制出一份成本计划。

在技术设计阶段完成的 4D 规划过程应符合要求，此过程应将模型与项目进度链接起来并且可以应用不同类型的进度计划表格。建模元素应增加统一编码。应用 BIM 的成本计划流程涉及联合 BIM 模型、分类系统（比如 Uniclass、UniFormat 等）、测量规则、成本数据库、启动 QTO、加载 BIM 模型、应用分类、应用测量规则、工程量清单、应用成本、成本计划等，模型中不包含人工计算的工程量。项目的技术设计阶段结束，达到预定细化程度的所有交付件都提供给承包商，以便进入项目施工阶段。

（5）施工期间的 BIM

项目的施工阶段已经开始广泛地应用 BIM。此阶段应用的模型普遍称为施工模型。有时也称为“现场 BIM”或者“移动 BIM”，施工阶段的 BIM 通常用于以下十一个方面的目的：更好地认识项目的设计意图以及施工的项目；在施工现场更好地实现承包商与分包商之间的合作和协助；利用基于 BIM 的信息索问函（RFI）系统以最快捷的方式确定及解决施工问题；设计临建工程（脚手架、塔吊、支护等）、了解施工阶段和施工顺序；能够应用预制构件及其计划和协调；获取有关项目所用施工组件及产品的采购和供应链方面的信息；编制施工或安装图以及其他生产信息，比如承包商必须提供或建设的每个建筑构件的规范，此信息被应用于采购、安装和调试；获取每个施工构件的设计和施工情况以追踪和验证与设计、采购、安装、检测和调试相关的过程；完成与项目相关的风险管理工作；使成本和进度控制以及其他项目管理职能整合在一起，包括利用基于 BIM 的工具对施工活动进行验证、指导和追踪的职能；准备进行移交和试运行的文件资料。在大部分情况中，承包商负责此阶段的模型。在较新的项目交付模式中，承包商在项目的早期阶段参与而使其更容易开发和应用施工模型。通过与供应商或供货商合作简化产品和设备的采购与交付流程则可能使此阶段获得最大收益，在供应链管理流程中可能取得非常显著的效率，因为模型包含详细的产品信息从

而更加简化了供应链管理和采购管理任务。其相关的因素涉及进度表的链接、模型元素的链接、BIM模型、4D模型等。

该阶段的一个共同挑战是与现场工人的交流问题，因为他们更愿意阅读像2D图纸和相关信息的项目资料，这个问题必须根据具体项目情况认真对待，有些施工组织利用新型视频交流工具来解决这个问题，同样，也可在像平板电脑和触摸屏电脑等易使用设备上部署施工模型的工具。如果具备适当的详图及扩初水平则可很容易地从建筑信息模型提取不同组件的详细信息，包括数量以及组件特性方面的信息，并且还可获取有关每个建筑组件的规范信息，此信息可用于成本管理、采购、安装、检测和调试。利用早期生成的4D设计图也可强化项目监督和控制过程，进而对项目以及项目活动状况进行追踪，这类工具现在已经上市。

施工阶段模型也可用于恰当地制作现场布局计划、临建工程计划（比如脚手架以及脚手架可能对施工进度产生的干扰）和建模设备（比如塔式起重机、吊机等）。BIM实施的一个重大成果就是减少了施工阶段的麻烦，BIM可以用于削减施工现场上的浪费量、返工以及其他无效工作。在施工阶段充分利用BIM以及准备下阶段的模型是成功实施BIM的基本要求。

（6）移交和收尾期间的BIM

在任何资产的生命周期中使用的大部分成本和资源都发生在运营和维护阶段，因此，只有在此项目期间应用模型才能充分发挥BIM的潜能。随着在资产使用年限期间支出大量成本，使资产设计和施工进程向资产记录模型或者竣工模型交付阶段推进，以确保高效地开展项目运营和维护阶段的工作，这是至关重要的环节。欧美发达国家比较流行的COBie（英国的COBie2，2012年）是目前可以实际遵循的标准，此标准简化了捕捉和记录项目移交资料所需的工作以及为准备运营和维护阶段所需的具备充分细化程度的记录模型（竣工模型）所需的工作，此项举措旨在输入设计、施工和调试期间生成的数据，设计师应提供与楼层、空间和设备布局相关的信息，承包商应提供安装设备的类型、型号和序列号等规格信息，承包商提供的数据直接来自加入COBie2的产品制造商。资产使用寿命期间的成本与资源利用涉及运营、维护、改造和翻新，成本与资源应用情况涉及设计、施工、生命周期。COBie是一个不断发展的标准，其在世界各地的成熟度和应用程度不尽相同，英国的BIM工作组已经编制了一份名为“COBie-UK-2012”的英国COBie标准，正如“施工运营建筑信息交换（COBie）”这个名称所示，它已经推进到建筑项目，但在为非建筑项目捕捉数据方面其能力多少有些欠佳，因此，各方正在努力挖掘通用数据结构的潜力，“COBie为全体服务”项目始终在密切关注有关建筑和基础设施数据存储的技术问题。

当然，在此项目阶段还有其他一些标准可用，比如，房地产开放式标准协会（OSCRE）入驻者投资组合管理标准可应用于基于BIM的资产设施管理。

（7）运营和终止使用期间的BIM

BIM越来越普遍地应用于项目运营和维护阶段。终端用户和资产所有者在此阶段可以利用BIM执行以下八方面工作，即为建筑构件的维护工作制订计划、采取防范措施或者纠正问题；按照所有者的业务要求以及根据设计意图高效地运营资产并使其发挥最佳性能；规划空间和占用率，使资产组合达到最佳程度；参照基准性能模型，积极地管理、监督和调节建筑功能，使之更加节能、高效；监测楼宇传感器以及建筑系统的实时控制；在保持舒适安全环境、提高效率以及降低成本的同时消除或尽量减少能耗；针对疏散和其他紧急危机做好相应的计划和准备；利用精确的竣工信息做出改造、翻新及拆除的决策。

为了发挥这些功能，关键是将建筑物的精确竣工记录模型与其他各种软硬件技术联系起来。另外，传感器网络和资产或建筑管理系统集成也是至关重要的环节。目前有多种软件平台都可以实现此种集成。

8.3.3 模型的类别与发展

BIM在一个项目上的实施会随着项目生命周期的不同阶段而向前推进，相关的模型也会随之发生变化，且所含的信息量也会越来越丰富，这些渐进式的模型组合有时也被不同的命名惯例所引述，业界常见的一种惯例将这些模型分为以下四个类别：概念阶段模型（也称为体量模型）、设计阶段模型（也称为设计模型，对于建筑项目其也可能被称为建筑模型、结构框架、MEP模型等）、施工阶段模型（也称为施工模型）、运营和维护阶段模型（也称为记录模型）。用于界定随项目生命周期进展的模型发展程度的两个主要标准是细化程度（仅使用图形表述详细信息）和发展水平（使用信息丰富程度表示）、项目团队成员的参与。

COBie基于记录模型的切换涉及早期设计阶段、技术设计阶段、施工阶段、移交阶段，包括设施、楼层、空间、区域、设计、建造、类型（和保证）、构件（和安装）、系统、职务、资源、Spare、联系、协调、通用、文件、问题、属性、连接、建造等。BIM设施管理涉及环境传感器、BIM模型、传感器网络、建筑管理系统、运营与维护工具、终端用户互动工具等。

一个随项目生命周期发展的模型开发示例可反映上述特点，当项目从一个阶段进展到下一阶段时细化程度会增加，项目团队成员的贡献也会增加，项目团队成员的贡献程度是在BIM实施计划中界定的，该计划清晰地说明了每个团队成员的作用和责任，明确应包括在建筑信息模型中的细化程度和发展水平会略微更困难一些。当一个项目从一个阶段推进到下一阶段时，该项目及其构件的可用信息量会增加，模型中将包含很多可用信息，应在合适的阶段纳入这些信息，相关的要求将使项目团队能够理解和明确按阶段完成的BIM交付件以及应纳入BIM交付件中的信息/细节。利用发展程度和细化程度LOD的概念可以界定模型开发进展。可以一把椅子为例来解释LOD概念，早期模型具有一个表示椅子的“组块”，当更多的设计和施工细节被纳入模型中的时候LOD增加，这意味着在模型的每个建模元素中捕捉到的信息量增加。LOD概念最初是由Vico软件公司提出的，后来被国际AIA采纳并被编入G202-2013“项目建筑信息模型协议格式”中。LOD规范是一种概略性的体系，旨在使项目团队能够清晰地明确和表述在设计和施工过程中不同阶段的BIM内容及可靠性，该规范还界定了不同建筑系统在不同LOD处的模型元素特性，这种清晰的表述使模型作者能够明确其模型可以依赖于哪些依据，且可使下一阶段用户能够清晰地理解所收到模型的可用性与局限性。AIA LOD以及LOD模型的应用应注意授权问题。模型开发进展涉及概念阶段BIM模型、设计阶段BIM模型、施工阶段BIM模型、运营和维护阶段BIM模型、协作层次、细化程度、项目生命周期等问题。

一个建筑项目的模型元素表中的AIA LOD以及应用UniFormat分类系统的模型元素作者应有一个大致的介绍。在PAS1192-2/2013“利用建筑信息模型对施工项目的资本/交付阶段进行信息化管理的规范要求”中也有关于LOD/模型发展程度的相似信息，该文件将模型发展的各阶段定义为概要、概念、定义、设计、建造和调试、移交和收尾、运营，针对模型发展的每个阶段规定了以下五个层面，即涵盖的系统、模型输出依据、参数信息、雇主活动、关键接口和逻辑。

对LOD的解释可通过发展程度来描述。LOD100代表一般水平，但还没有达到LOD200的信息水准，其可应用于以下三个方面：在面积、容积以及与其他建模元素关系的基础上进行分析；利用面积和容积进行成本估算；分阶段分析。LOD200可描述一种广义上的系统、对象或组件，可大致描述数量、大小、形状、位置和方位，可能包括非图形数据，其可应用于以下四个方面：依据广义上的性能标准进行分析；依据近似数据进行成本估算；制定进度表，说明重要构件及系统的订购时间和订购内容；在大小、位置和净空方面与其他建模元素进行总体协调。LOD300可描述一种特殊系统、对象或组件，可明确数量、大小、形状、位置和方位，可能包括非图形数据，其可应用于以下四个方面，即依据特定性能标准进行分析；利用特定信息提供适合执行采购工作的成本估算；制定进度表，说明重要构件及系统的订购时间和订购内容；在大小、位置和净空（包括一般运营问题方面）与其他建模元素进行总体协调。LOD400也可描述一种特殊系统、对象或组件，可明确数量、大小、形状、位置和方位，另外，还可给出有关详图、制造、组装及安装的具体内容，可能包括非图形数据，其可应用于以下四个方面，即依据实际性能标准进行分析；在收购时依据实际成本确定各项费用；制定进度表说明重要构件及系统的订购时间和订购内容，包括施工手段及方法；在大小、位置和间隙（包括制造、安装及细节运营问题方面）与其他建模元素进行针对性的协调。LOD500可在现场描述已经验证了大小、形状、位置、数量和方位的详细信息，其可用于竣工和记录模型。

8.3.4 利用BIM进行合作与协调

合作与协调是成功实施BIM的关键。对在BIM项目上进行有效合作与协调而言，技术与过程都发挥着至关重要的作用。应重视合作与协调的模型服务器的技术开发，特别是为项目开发一个以上的模型以及可供多个项目团队成员参与这些模型的创建。在项目团队中贯彻BIM的实施涉及业主、总咨询公司、BIM管理和BIM建模作用等。在其他极端情况中，全部的建模和管理责任被转移给一家专业代理机构，该机构由总咨询公司或者业主直接领导，发挥合作与协调的作用，由于项目团队增加了一个实体，这将使项目交付更复杂，因此，从长远来看，这种设置可能不会取得成功或者无法获得最佳成果。为一个项目实际采用的组织结构可能处于以上这两种极端情况之间，根据项目团队安排，在BIM执行方案中可能包括一个细化的模型合作与协调流程。应综合协调子咨询公司BIM建模作用和承包商BIM建模作用。在建筑项目上可能采用的一种通用流程大致有以下7步。

1）被指派从事建模任务的设计团队成员利用预定软件和一种常用的项目信息存储库以预先协定的格式制备模型。除了技术方面，在BIM项目上设计合作与协调过程也是关键环节，这些过程决定于项目的性质（楼宇或者基础设施）和复杂性以及在项目上使用的项目交付物类型和BIM责任方。在一个BIM项目上的合作与协调将根据采用的执行策略和组织结构而变化，其存在前述两种极端可能性。一个典型的组织架构图中总咨询公司对子咨询公司负责，与承包商合作承担BIM管理层的职责以及承担特定领域的建模职责，在此架构类型中，项目团队上的每个实体均负责其特定领域模型的开发，而总咨询公司则承担合作与协调的责任。

2）在一个承担BIM管理责任的联络点提供所有项目信息。

3）依据预定的模型开发进展计划，不同项目团队的成员按照项目目前所处的生命周期阶段制备模型。比如首先开发建筑模型并且与其他的项目团队成员共享。

4）当所有专业模型都达到相关阶段的恰当LOD时，负责BIM管理的项目团队成员将这些模型联合起来。

5）定期召开协调会议，确定不同建模元素之间存在的冲突且需要形成报告，在报告中不仅应明确地强调这些问题，而且应确定哪些项目团队成员需要提供输入数据来解决这些问题。

6）将各种差异和丢失的信息反馈给项目团队的成员。模型质量问题也应列入讨论内容。

7）利用已经确定的冲突来修订所有相关的模型，重复这个过程直到使所有模型协调一致为止，以便能够启动后续活动。在合作与协调过程中，技术和文件管理工具发挥了重大作用，尤其是网上（基于云计算）合作。

BIM实施外包模型涉及业主、总咨询公司、子咨询公司、承包商、BIM管理咨询/PMC（BIM管理和BIM建模作用）。

8.3.5　利用BIM进行资产管理

资产管理是大多数组织机构的一个重要商业职能，应用BIM对资产进行管理大有裨益。ISO 55000将资产管理定义为“一个组织机构为了实现资产的价值而采取的协调活动”。近期以来，各组织机构已经认识到BIM与资产管理之间存在多重支持关系。资产管理在很大程度上依赖于是否能够获得精确、详细、及时的资产信息。BIM提供了囊括大量信息的资产模型，可以用于填充资产信息模型（AIM）。借助AIM的帮助，在资产的整个使用寿命期间各组织机构可以对相关资产做出更明智的决定。因此，BIM为资产信息的创造、合并及交换提供了一个信息丰富型框架，从而能够进行有效的资产管理。

8.4　BIM对各类组织的影响

在各种文献资料中被归属于复杂产品系统（CoPS）类别的建筑环境产业（包括住宅建筑、非住宅建筑以及土木工程设施）中所涉及的组织机构通常以公益组织（PBO）为代表。这些以项目为中心的组织将多元化、专业化的智力资源和专业知识整合起来，且在受契约限制的多组织机构参与者联盟所创建项目交付网络上稳健发展。在这类项目中心网络中还必须从人、过程及组织观点看待任何技术采用问题，因此，BIM在个别项目上的应用会对项目交付网络中的组织机构产生直接影响，对于任何组织或产业层面的BIM采用计划而言，其将导致两种需要认真理解的复杂性，这两种复杂性的基本特征如下。

1）项目交付网络的商业性和契约性特征是建筑环境产业中特有的。即使有大量的项目交付系统可用，建筑环境产业的根本差异仍然是每个项目的唯一性以及最终获得的定制流程、职能及成果。在一个典型的建筑环境产业项目中必须有一个项目交付网络，此过程的新颖性（与制造产业中的过程稳定性相比）和契约界限使BIM的采用更具挑战性。

2）该产业目前正处于过渡中。大多数组织正在开展的项目中既有BIM项目也有非BIM项目。但已经完成向BIM转型的以及所有项目都成为BIM型项目的组织机构则非常鲜见。这使项目交付网络增加了另一层复杂性，并使BIM的采用更加困难。由于采用的BIM具有多种性质会使得建筑环境产业中的项目交付网络复杂化。各组织机构不仅可能拥有BIM和非BIM混合项目，更糟糕的是，这些组织机构在项目交付网络中可能根本不应用BIM。由于BIM的所有工作在业内的许多BIM项目上尚未利用，因此，在一些项目上会同时存在需

要通过项目交付网络执行的BIM型功能和非BIM型功能。

考虑到上述这些复杂性，不难理解，在建筑环境产业中采用BIM不是一项简单的工作。事实上，还有大量未载入书面文件的BIM项目失败案例，由于在组织层面实施的失败，致使一些组织重新采用传统的方法和实践做法。目前新出现的有关BIM实施的法律规则正在征求各方意见，由于在项目上应用BIM不当而引发的争议五花八门，BIM不当应用或者“过度消费”的问题可能成为采用BIM的重大思维障碍。

项目交付网络在建设中的独特性涉及项目、契约界限、功能（公司A）、功能（公司B）、功能（公司C）、供应商、客户、自定义输入、自定义临时产品、自定义输出、新流程等方方面面。项目交付网络中的BIM项目以及非BIM项目涉及项目B（BIM）、项目A（BIM）、项目Y（非BIM）、项目X（非BIM）、设计过程、项目生命周期、施工前过程、建筑公司、业主公司、工程公司、施工公司、分包公司、施工过程等。组织机构中的BIM项目以及非BIM项目涉及公司A、新流程1、新流程2、新流程3、新流程4、项目A（BIM）、修订后的功能1、修订后的功能2、修订后的功能3、修订后的功能4、部门1、部门2、部门3、部门4、项目X、非BIM、传统功能1、传统功能2、传统功能3、传统功能4、稳定的流程1、稳定的流程2、稳定的流程3、稳定的流程4、预期等问题。失败的BIM项目包括“不正确记录BIM将会陷入困境”“模型中的所有元素都恰如其分，但实际并非如此”、BIM诉讼官员的忠告、与一个建筑信息模型相关的保险理赔等。

当在项目层面执行BIM实施的时候，在组织层面实施BIM是关键环节且需要进行讨论。这里列举了几个由组织机构执行的BIM实施，这些都是一次性实验，没有明显地在组织层面长期坚持的实施策略。由ANGL咨询公司的Josh Oakley在这方面执行的一项有意思的工作使业内需要对这些组织层面的问题从长计议，其利用所谓的“J曲线”对一个组织在实施BIM时所经历的过程进行解析。为了从“BIM前状态”进入“BIM状态”，相关组织需要尽力沿着“最佳”路线前进。由于预期路线与实际路线之间存在巨大差距，与组织层面计划存在的任何偏差都可能导致无法取得高效进展，甚至在极端情况中可能出现倒退现象。因此，对于在组织层面实施BIM来说，明确此创新流程的重要特征是至关重要的环节。在组织层面必须特别关注BIM实施所需的重大资源需求以及对现有做法重新配置的要求。为了实现后续再利用，在捕捉BIM型项目工程开发的新做法时，组织机构可能会遇到困难。当在组织及跨组织层面考察BIM时需要解决以下十二个方面的关键问题，即在BIM方面的培训和教育（不仅包括模型创作，也包括模型应用和信息提取与处理）；为组织范围内的BIM实施选择软硬件（包括相容性问题）；在组织内容出现的BIM项目与非BIM项目；项目团队不同成员的BIM经验和能力（跨组织问题）；人力资源问题，包括组织内部是否拥有经验丰富的BIM人员；模型的所有权以及嵌入模型中的数据；获取服务，使组织层面拥有BIM经验；风险分配、风险减缓以及由于模型交换导致的额外风险；基于内容开发和应用产生的版权和知识产权问题；与BIM服务相关的契约问题；BIM服务的商业条款以及服务提供者（咨询公司和承包商）的选择；BIM项目上的保险及责任问题。

在组织层面，关键是要开发一种源于组织策略的“BIM策略”并与其同步。在组织层面的专案实施尝试极有可能失败。在一个组织启动实施流程之前，需要有一份解决上述部分关键问题的策略文件。目前可以获取的大部分指导文件都集中在项目层面，而可供企业（尤其是中小型企业）开发组织层面实施策略的指导文件却为数不多。BIM是一种受技术驱动的流程，需要组织机构解决任何技术采用流程中常见的问题。所有寻求采用BIM的组织机构都必须解决与工作人员培训相关的问题，包括在办公室以及在施工现场的培训工作。至关重要的是跟上技术前沿的最新发展。除了培训，相关组织还需要解决软硬件的部署。大多数的软件供应商都公布有其软件的硬件要求。这些可能被相关组织用于开发标准硬件配置。必须慎重挑选软件。在投资硬件、软件和培训之前，必须评估软件与 IFC 和 COBie 等开放式标准的相容性。任何变化都有一个过渡期，组织机构必须有针对性的规划，在任何组织中，此过渡期间将会有应用 BIM 的项目以及不应用 BIM 的项目，组织机构的政策、程序和惯例发生的任何改变都应是渐进的且与现有生产方法同步进行，从而使学习问题不会危及其他在建项目的竣工。

组织机构面临的一个常见问题是参与项目的项目团队成员经验水平有差异。有些领域对采用 BIM 始终持抵触情绪。比如在列举不愿接受 BIM 的实例时经常被提及的是 QS 和 PMC 组织。在 BIM 策略中，由于其他组织中的项目团队成员经验不足而导致的失效必须认真加以分析和考虑。选择专业公司网络，相关的组织机构可能必须利用该网络进行转型，使更多的 BIM 专业知识能够被带入公司加入的项目交付网络。

组织机构面临的一个主要挑战是发展在管理 BIM 实施方面技术精湛的工作人员。比如结构工程师和机电管道工程师，以上问题表现得尤为真切。对于那些能够执行特定域分析和承担设计任务的技术人员来说，必须提高其技能，使其能够参照 BIM 环境进行修改和调节。这具有相当大的挑战性，对于中小企业来说尤甚。

上述前六个方面的问题需要根据最高管理层提出的指导和建议在组织层面解决，如果管理不当，其中的许多问题都可能使一个组织的 BIM 实施计划脱离正轨。上述后六个方面的问题通常会相互交织在一起，需要妥善解决。

8.4.1　契约安排及相关法律问题的改变

采用 BIM 时，一个项目的不同参与方之间的契约安排需要进行一些调整。在全球使用的大多数标准合同格式中都没有特别包括 BIM 的内容。这些合同没有明示或暗含地允许或禁止在项目的任何阶段应用 BIM。利用契约在一个项目上执行 BIM 实施的最受认可的程序是通过纳入一份与 BIM 特别相关的补遗或协议，使之对合同的所有签约方产生约束力。目前可供使用的三种获得广泛认可的 BIM 补遗分别是 Consensus Docs301 建筑信息模型 (BIM) 补遗、CIC BIM 协调、AIA 数字化实践文档。AIA 数字化实践文档由以下四部分组成：AIA G201—2013 项目数字式数据协议格式、AIA G202—2013 项目建筑信息模型协议格式、AIA E203—2013 建筑信息模型和数字化数据图表、AIA C106—2013 数字化数据许可协议。

在大多数应用 BIM 的项目中可利用在项目上使用的标准合同格式纳入补遗文件。补遗可能根据 BIM 在特定项目上计划的实施程度进行修改或者界定，而不影响各参与方之间的标准合同。采用 BIM 补遗的方式不会影响其他绝大多数的法律问题，因此不需要对主合同框架做出重大修改。

BIM 实施赋予项目团队成员新的角色和职责。而服务项目的采购需要相应地予以修订。服务进度计划也需要进行修改，从而明确地纳入增加的服务项目以及可能从 BIM 型项目产生的交付物。对于 BIM 经理的作用和 BIM 管理人员的职责应建立明确的定义。这可能只需要将这些责任增加到项目的总设计咨询公司的责任中，或者可能需要雇用一个专业团队。

知识产权（IPR）和版权问题一般不会对 BIM 的采用构成任何重大障碍。在此背景中必

须理解以下四个主要问题：项目团队成员需要确保团队中的其他成员对于其为模型所作全部贡献中包含的所有版权有拥有或使用权限；项目团队成员应授予有限的、非排他性的转载、分发、演示的授权许可，或者允许将其为模型所作贡献仅应用于执行项目之目的；与承包商及分包商为模型所作贡献相关的版权和知识产权问题也需要明确地界定；还应恰当地明确在运行和维护阶段模型在设施管理中的应用。

保险问题（包括专业责任险）也需要在BIM补遗中阐述。比如当前的专业赔偿保单是否包括BIM活动，许多人认为如果不认真处理则有关的保险问题可能成为BIM实施的障碍。当项目交付从依赖于2D静态信息的工作实践转化到以模型为中心的信息共享和协作时，势必会出现一组新的感知挑战，其中以下五方面问题是需要予以认真考虑的：通过在项目团队成员之间实现模型共享减少了哪些风险；BIM管理方是否面临承担额外的责任问题；项目团队成员之间的责任义务分配是否有变化；如何解决知识产权和版权问题；需要对合同做出哪些修改。组织机构应首先解决这些法律和契约问题，然后再尝试实施BIM。

8.4.2 利用BIM获得信息共享与协作

当解决在一种BIM环境中的信息共享时，大部分的基本问题是项目参与者对于模型衍生信息的应用，而这些模型和衍生的信息是项目团队的其他某些成员早已开发出来的。这肯定会在BIM环境的信息共享过程中产生某种风险，尤其是在此信息被应用于指定用途之外的其他目的时。BIM补遗可采用使这类问题得到明确处理的方式进行起草。比如，Consensus Docs 301 BIM补遗在述及BIM环境中的项目团队共享信息时提供了以下三种可选方案，即项目中的每个模型作者保证模型中的尺寸精确，这些尺寸优先于图纸中提供的尺寸（如有），在此方案中模型成为项目交付的唯一依据；模型中的尺寸达到BIM执行方案规定的精确度，所有其他尺寸（信息）必须从图纸中检索；模型作者未明确地给出有关模型尺寸精确度的说明，模型仅供参考，所有尺寸（信息）必须从图纸中检索。在全部三种方案中，项目团队可以使用标记来标注模型中所含信息的状态，有多种方案都可应用于这类标记，其中包括PAS 1192-2/2013。常用标记有仅供进行协调、仅供参考、仅供内容审核与评价、仅供施工审批。

根据Consensus Docs进行信息共享的策略1是每个利益方表明模型中标注的尺寸是精确的，并且优先于图纸上标注的尺寸。策略2是模型中的尺寸达到BIM执行方案规定的精确度，所有其他尺寸（信息）必须从图纸中检索。策略3是未给出有关模型尺寸精确度的说明，模型仅供参考，所有尺寸（信息）必须从图纸中检索。

8.4.3 工作流程的改变

信息流和信息管理是一个组织机构应用BIM的核心。信息流动方式的改变或者信息管理方式的改变也会使项目团队成员的工作流程模式发生改变。总体而言，有两大方式可用于信息流动和信息管理。

第一种方式中，每个项目团队成员负责独立地开发和创作各自的模型，无集中存储的模型，建模过程或多或少地在异步线性方式中进行，模型以及存储于这些模型中的信息通过文件共享或其他类似方法在项目团队成员之间实现共享，单独开发的特定专业模型从各个项目团队成员创作的其他模型中获取信息，其有可能实现协调但不会以建模过程布置的方式得到充分协调。在开发模型时不同创作团队之间会产生某些信息流动。当提交模型时，负责

BIM 管理的项目团队成员将这些特定专业模型组合或联合起来，这主要是出于进行协作的目的。联合模型是多个特定专业模型的一个组合。在模型浏览形式下的协调问题的反馈被送到导致该冲突的相关专业组。需要强调的是，模型审核及更新是在讨论了协调问题之后独立进行的。模型创建、模型联合、模型协作以及模型修改的过程一直持续到实现预定的协调程度为止。特定专业团队之间的信息共享未实现真正意义上的整合。通常来说，每个专业的模型在充分协调后被用于执行下阶段任务，比如工程量清单、文档创建、规划等。有时，此方案中的信息也通过 2D 图纸在项目团队成员之间共享。工作流集中在从各成员的特定专业模型之间的信息接收和共享。在此种基于文件的协调方式中，需要获得此类共享协议。

第二种方式中，协作成为一个集成 BIM 环境的核心。在项目中开发和应用一个单一的中央模型，而不是继续沿用各个独立的特定专业模型。此种模型具有独特的信息共享、信息管理及工作流，比如模型创作、模型审核、模型协调等特定模型任务由项目团队成员以一种无缝集成的方式执行。这类 BIM 环境是受模型驱动的，并且可实现最真正意义上的协调。中央模型是项目的唯一信息源，用于为整个项目团队收集、存储、管理和传播项目信息、图形模型以及非图形数据。创建此单一的信息存储库有利于项目团队成员之间的协调，并且有助于避免重复和出错。对于这些基于中央模型的 BIM 环境来说，模型服务器技术至关重要。可利用通用数据环境（CDE）管理信息流。一个通用数据环境指的是在项目服务器上的信息存储库，用于收集、存储、管理和传播所有相关的经批准的项目文件，包括模型和图纸。

特定专业模型建模涉及特定专业模型的开发、特定专业模型的联合、特定专业模型的升级、阶段、继续下一阶段、建模循环启动、提交模型、详细说明协调问题、更新模型、结束、专业、模型 1、模型 2、模型 n 等问题。

中心模型形成建模涉及创建模型、检索信息、审核信息、审核模型、协调各专业、项目团队成员 1、项目团队成员 2、中央模型、创建文件、更新信息、更新模型、项目团队成员等问题。

8.4.4 BIM 的跨组织要求

当一个项目上的信息交换从十分零散的 2D 格式（图纸、文件等）转换到一种更加简洁的 BIM 型格式（这两种格式都是基于文件共享和中央模型的）时，使建筑环境资产的设计、施工、运营和维护的不同参与组织机构之间有正确衔接是关键问题。随着设计和施工过程不断深入，各项目团队成员利用专业模型或者中央模型彼此分享信息。此种交换界定了 BIM 环境中不同组织之间的联系。为了管理这些工作流和信息交换，需要开发相关协议与系统。重要的是认识对信息及其与技术、人员和过程（包括工作实践和工作流）联系的重要性。项目管理文献中，一个项目设置中的信息交换通常是通过界定一个责任分配矩阵（RAM）进行定义、管理和控制的。RAM 可能在 RACI（Responsible、Accountable、Consult 和 Inform）的基础上定义，RACI 是在项目管理中的一种常用框架。在建筑环境项目的背景中，RACI 可以重新定义为 R（责任方）、A（授权方）、C（贡献方或者咨询方）、I（时刻获悉结果的相关方）。

在一种典型的 BIM 环境的信息交换中，BIM 管理方或信息管理方的作用在此种交换中至关重要。对于一个项目团队的内部，领域专家和领域建模人员向团队经理报告，团队经理则据以启动各种信息交换，这些信息交换活动必须在一种基于文件的共享 BIM 环境或基于中央服务器的 BIM 环境中与其他项目团队成员互动。此信息交换由项目层面的 BIM 管理方或信息管理方进行处理，并由其利用 RACI 系统确定团队各成员的作用。

利用 RACI 进行信息交换涉及 BIM 管理方或信息管理方、启动信息、项目团队成员 1、团队经理、项目团队成员 n、启动信息交换、交换、领域专家、领域建模人员、领域模型制作者、项目团队成员 2、项目团队成员 3 等。

8.4.5 BIM 实践的启示

在项目交付网络中，发挥不同作用的每个组织必须理解 BIM 在其各自组织中的影响，尤其是对工作做法产生的影响，这些组织应牢记在项目中的特殊作用。对所有参与者来说，有关硬件和软件选择、技术培训和其他驱动因素及阻碍的问题已经司空见惯，另外还有一些问题因每一方所发挥的作用不同而异。这些问题对项目交付网各成员产生的影响可体现在以下八个方面。

（1）BIM 对开发者/所有者/赞助者的影响

房地产或基础设施开发者（所有者或者赞助者）可以通过利用开放式、可共享的资产信息极大地推动成本、价值和碳排放的改进，因此，其在 BIM 实施中的作用非常关键。从个别项目观点来看，所有者也是 BIM 倡议者。由于其改变了项目团队交付项目的方式，因此，所有者通过在组织层面进行调整来促进 BIM 的应用具有至关重要的作用。所有者组织还需要在业内层面发挥重要作用以便影响政策，推动整个网络或生态系统向有效、高效采用 BIM 的方向发展。所有者需要在以下三个层面发挥积极的作用，即产业层面、组织层面、项目层面。

业主的作用和责任涉及影响层面（活动）、部门层面（协助开发部层面的 BIM 指南和标准）、组织层面（发展内部领导层和积累知识）、项目层面（部署 BIM 就绪的项目团队或代表），会影响和鼓励行业/网络/生态系统，需要开发和参考概念项目的试行或验证；发展开发人员群体的价值观；将组织策略链接到项目策略；开发知识管理计划；将业务策略链接到 BIM 策略；选择有 BIM 项目经验和技术的服务团队参与 BIM 工作；开发雇主的信息要求；有衡量交付物及进展情况的标准。应通过创建信任和共有目标，提高协作性。应管理项目交付网络的范围和服务，管理预计成果和风险，加速和批准 BIM 执行方案。

（2）BIM 对建筑师和设计师的影响

CAD 使建筑师和设计师能够利用电脑起草和创建设计文档，BIM 从根本上影响了设计数据的生成、共享及整合方式。有些人将这种影响称为设计做法的“划时代”变革，或建筑和设计做法是利益方经历的由 BIM 导致的内部及外部的变革。在内部，设计做法和设计文化正在受到 BIM 影响。显然，这会造成与其余项目团队成员发生外部交互作用，使其摆脱了传统基于的 CAD 交互作用。正在发生的三大重要变化分别是设计流程正在受到影响（即 BIM 改变了设计流程，使强调重点从线性的、按部就班式的流程转变为一种更具迭代性和协作性的流程。这正在使设计流程本身发生改变）；设计文化正在发生改变（即 BIM 正在改变设计者的设计理念。关注重点从二维世界观转变为一种三维的世界观。这正在对设计文化产生重大影响）；设计过程中的努力显著地改变是增加前期投入的方案。

在一种 BIM 环境中，设计师需要把关注点从起草和创建文档转移到生成设计方案，利用可获取的数据丰富设计方案以及利用更多信息丰富早期设计。这已经使花费在设计上的努力发生转变和重组。这些影响取得的成果就是，建筑师和设计师现在可以利用模型执行详细的分析，因而丰富了设计流程，并可最终获得更佳的设计方案。现在通过专业人士的早期参与，有可能以更加稳健的方式执行可持续性分析、价值工程分析和施工性分析。通过采用BIM导致的变化需要建筑师和设计师重新思考费用安排。或许，传统的费用支出时间线以及相关的商业方面需要进行修改。随着BIM的采用在建筑师和设计师的组织中逐渐成熟起来，这些组织也可能提供更多的新服务。在内部，需要界定新的作用和责任，确保BIM在组织内的应用。

根据组织机构的规模，这可能意味着确定一个BIM龙头组织和一组模型创作者，以及拥有一个指定的BIM部门。理想的是，在建筑实践中应用BIM应当成为普遍情况，也就是说，每个设计团队在每个项目中都应利用BIM。为了实现这个目标，相关组织必须将大量资源应用于硬件、软件、培训以及开发BIM对象的内部储存库。

（3）BIM对专业咨询顾问的影响

BIM可以使专业咨询顾问受益。比如机电管道给排水专业咨询顾问可以在其设计及分析流程中采用BIM。由于越来越多的项目强制要求采用BIM，因此在许多案例中采用BIM都已成为一种必需。对于专业咨询顾问主要应考虑以下3方面问题。

1）大多数专业咨询顾问都依赖于专业化的设计和分析工具。这些组织面临的一个主要障碍是主流BIM建模工具与所用的专业设计和分析软件之间缺乏互操作性。为了确保建模过程不会中断，需要认真选择软件。

2）模型条件以及链接到施工图纸绘制、设备选择及制造等后续流程的文件，专业咨询顾问需要提供输出。模型开发必须以这些后续活动能够获得支持的方式执行。

3）专业咨询顾问执行的工作依赖于上游项目团队成员开发的模型。关键问题在于专业咨询顾问应严肃地对待模型验证活动。验证工作要求专业咨询顾问输入所需的信息可以在模型中获取，并且可以由专业咨询顾问进行检索。理解这些问题且了解在项目上落实的信息交换协议是关键环节。

（4）BIM对承包商的影响

BIM对承包商的影响主要体现在图解、设计开发、分析、制作文件等几个方面。承包商在BIM环境中发挥以下三大重要作用，即在项目交付过程允许的情况下参与设计阶段工作有助于开发模型；在施工阶段充分应用模型来执行此项目阶段相关的任务；随着施工进展利用详细的竣工信息来丰富BIM的内容以制备各种模型，使项目的运营和维护阶段可以应用各种模型。在大多数情况下，随着项目的推进，在规定阶段，承包商将收到总设计咨询公司以预定格式提供的、达到规定发展程度的设计模型。随着BIM实施的逐渐成熟，出现了承包商必须开发自有模型以便在施工阶段应用的情况，这种情况被称为“孤立的BIM”情形。承包商开始在一种BIM环境中执行健康和安全计划、现场规划、现场物流、供应链管理、采购、生产计划、监督和控制等职能。当这些应用成熟起来时，承包商将开始看到以模型为中心的方法带来的显著收益。

（5）BIM对项目管理咨询顾问的影响

BIM的显著特点是开始改变PMC（有时称为施工管理咨询）的作用。当项目的运营系统改变为以模型为中心的系统时，通常由PMC执行的职能也发生改变。其主要方面是，BIM需要更多的数据共享，并且使PMC的作用变得更重要。利用BIM，通过增加利益方之间的合作、协调和交流，PMC能够强化发挥其传统的作用。如果在以下两种情形中观察PMC的作用则会更清晰地发现它们所发生的变化，即PMC除了发挥其传统作用之外还代表业主发挥BIM管理咨询顾问的作用；PMC仅代表业主发挥其传统作用。

BIM 对 PMC 的作用产生的影响涉及阶段、作用、BIM 应用、施工前、可行性分析、概念阶段 BIM、价值工程、利用 BIM 进行方案选择、设计管理 BIM 信息交换、风险分析、模拟、计划进度 4D 建模、施工性分析 4D 建模、采购、施工、分期和原型制作 4D、RFI 和问题解决方案、BIM 信息交换、修改管理、监督与控制 4D 和 5D、项目收尾、合同与财务结算、记录模型、移交等问题。

（6）BIM 对工料测量师的影响

有人预测，由于 BIM 的兴起，工料测量师（QS）这个职业将会消亡。这是 QS 专业人员对 BIM 缺乏认识导致的。此预测已开始被证明是错误的。BIM 通过直接从模型提取工程量的自动测量功能似乎使 QS 专业人员有机会将更多注意力放在向项目团队提供知识和专业建议上。在一个基于 BIM 的成本计划流程中，工料测量背景中以下六方面主要问题需要重点强调，即 QS 专业人员接受其他项目团队成员开发的模型，预计会利用这些模型执行任务；考虑到这些模型是由其他项目团队成员开发的，QS 必须承担的首要任务是审核模型的精确度和信息足够性，许多案例的报告显示，模型中不含有在模型基础上进行测量以及进行工料估算所需的信息；对于 QS 来说，重要的是确保基于模型的自动化测量和工料估算按照当地认可的标准测量方法执行；项目团队采用的分类系统可能对 QS 的工作流程产生影响，目前通常采用的分类系统是 RICS 的 NRM、Omni Class 建设分类系统、ICECES MM、Master Format、Uni Format 和 CPIC Uniclass；QS 必须清晰地了解模型的 LOD，以确保按照模型中可用的信息层面制订成本计划；模型在 BIM 环境中可能随时发生改变，这具有正反两种作用，通过基于模型的测量和工料估算使 QS 专业人员/公司能够向客户提供准确的成本计划信息，但频繁的更改有可能扰乱造价方面通常预期的工作流。

（7）BIM 对设施管理方的影响

BIM 最终带来的好处是在项目整个生命期间的集成以及由设施管理方无缝应用这些模型。模型成为电脑辅助设备管理（CAFM）的信息源。CAFM 不仅不会被 BIM 取代，相反，通过在 BIM 与 CAFM 之间进行信息交换和共享，使 CAFM 变得更有效。显然，为了向设施管理方提供支持，竣工模型必须以正确格式提供所需的信息。关键是要考虑在 FM 中无缝应用 BIM 的集成问题及标准。目前，COBie 是 BIM 与 FM 集成实际应用的标准。人们给出了相对于 BIM 成熟度的 FM，目前其集成水平很低。BIM 与 FM 的无缝集成预计会随着 BIM 的进步而发展，但这需要时间。

（8）BIM 对产品制造商的影响

产品制造商在提高 BIM 采用率方面可以发挥重要作用。模型开发需要采用以（智能）对象格式表示的 BIM 内容。大多数对象来自能够为其产品提供实体模型的制造商，而项目团队可以利用这些对象开发模型。这些对象有三个主要来源。网上（符合 IFC 标准）对象可以由产品制造商生产供应。产品制造商可以利用多种平台开发这些对象，以及供设计咨询顾问、工程咨询顾问及承包商使用。这为产品制造商营销其产品创造了巨大机会。利用这些对象，项目团队不仅能够获取预建模型元素，而且可使项目团队能够利用产品信息（包括技术规格）来丰富模型的信息量。

8.4.6 BIM 管理层的作用

在计划实施 BIM 的大而复杂的建筑项目及基础设施项目上，需要提供 BIM 管理服务。包括设备管理、设计、施工、纸面电子表格、电子表格、具体的客户要求等。

BIM 管理可能由其中一个利益方执行。此实体可通俗地称为 BIM 管理方。BIM 管理方在项目层面和组织层面的 BIM 实施中将发挥重大作用。这是一项需要简洁明了、清晰陈述的新职责。对该作用有两种截然不同的理解，一种理解是将此作用视为一个个体的作用，另一种理解是将此作用视为一个组织应发挥的作用。在任何 BIM 实施中，项目的一个组织将需要被指定为 BIM 管理实体。需要清晰地界定该实体的作用和责任。有些 BIM 准则介绍了信息管理方的作用，其有别于 BIM 管理方。通常认为，BIM 管理方指的是将在项目中发挥如下作用的项目利益方（一般指的是牵头设计组织），其作用体现在以下十五个方面：开发、实施和维护项目的 BIM 实施/执行计划；确保全体项目团队成员与此计划步调一致；创建和维护与整个 BIM 实施/执行计划一致的 BIM 协调框架，反过来将 BIM 实施/执行计划链接到项目计划；维护利用项目团队提交的个别领域特定模型创建的联合模型；召开 BIM 协调会，向项目协调会报告进展情况；坚持记录 BIM 模型以及在项目各阶段的状态，使用恰当的命名规则保存各种版本的模型；追踪模型贡献者的身份，以及模型在每个指定阶段的设计用途；为了检查模型的精确性以及项目阶段的正确 LOD，建立模型质量控制程序，确保模型质量；利用冲突检测软件，确定和记录不同专业模型之间的冲突；管理协定的文档和模型共享/公布系统（BIM 协作程序）；针对 BIM 问题，发放相关指令的充分责任和授权；在 BIM 协调计划中协定的里程碑处，协调模型和数据的移交工作；如果项目 BIM 协调员更换为其他人，提供所有相关文件和协作历史，并且在协议上充分介绍新来人员的信息；了解法务、采购和招标问题；了解 BIM 在知识产权、版权、保险及风险方面所涉及的法律问题。

8.4.7　其他需要注意的问题

BIM 是一项重大技术变革，它向建筑环境产业提出了挑战，使该产业考虑系统地、整体地改进技术、工作实践和流程。BIM 具有一种“合并效应”，使建筑环境能够看到精益原则、异地技术和绿色原则等范式的相互联系。许多政府都将此作为一项依据，对建筑环境产业制定了宏伟的中期目标。比如，英国政府已经为施工客户群体编制了一项 BIM 策略，使“建筑环境的施工和运营产生的资本成本与碳排放量减少百分之二十”，建筑环境产业的所有参与组织相互协作并乐意做出意义深远、涉及整个产业的改进是至关重要的因素，它将为采用 BIM 铺平道路。当然，在 BIM 采用中仍然存在以下六方面需要解决的问题。

1）心态问题。实施 BIM 需要全体利益方改变流程和做法。阻碍迎接变革的首要问题是对变革的抵触、地盘问题和踟蹰不前，这些是一部分常见的心态障碍，导致 BIM 采用速度缓慢。

2）项目交付网络问题。并非所有的项目交付网络都欢迎 BIM。即使在客户和设计师都愿意采用 BIM 的完美情形中，由于缺乏愿意使用 BIM 的专业咨询顾问，也会使得 BIM 实施困难重重。

3）技术阻碍。尽管软件供应商愿意在其提供的工具中实现无缝集成和互操作性，但仍然存在部分需要解决的技术问题。在专业咨询顾问、承包商和供应商软件相容性的情况中，这个问题显得尤为突出。这些项目团队成员使用的专业软件仍然不具有相容性和互操作性，因此，也割裂了 BIM 工作流。

4）技术人力资源的可获取性。缺乏 BIM 精英人员仍然是阻碍 BIM 被采用的最大困难之一。

5）高昂的软硬件成本。阻止采用 BIM 的一个障碍就是软硬件的敏感价格，尤其是在中小型企业眼中的敏感价格。培训成本以及由于雇员培训计划导致工作中断发生的费用使各组织机构在采用 BIM 之前不得不再三考量。

6）法律和商业阻碍。与合同、包含在模型中的信息所有权、费用安排、交付物以及保险等相关的问题仍然未得到业内参与者充分了解。这阻碍了 BIM 的采用。

为了克服这些障碍，提高 BIM 在建筑环境产业中的应用率，可能需要作出以下八大结构性变化：所有利益方扩展视野，改变行为，利用一套“整个系统”和“全行业”做法，在 BIM 平台上相互协作；为实施 BIM 进行能力建设、教育和培训；使所有利害方更好地建立价值观（包括价值观的衔接）；国家标准及准则的开发；在研究开发中的投资；参与学术界的课程更新；过程和人推动变革，并非技术推动变革；使 BIM 实施的生命周期视角与供应链和资产管理牢固结合起来。

当建筑环境产业向前推动时，随之而来的一波又一波的变革将对 BIM 采用的行进轨迹以及由此给行业带来的收益产生重大影响。目前这些变革主要体现在以下五个方面。

1）数字化制造。随着 3D 打印机的发明，建筑环境产业将发生一次重大转型，向组件和材料的生产、制造、成型和施工应用方面转变。建筑产品、材料和流程将受到引入高科技 3D 打印技术和轮廓工艺技术的能力制约。

2）云计算。随着可获取弹性计算资源，建筑环境产业将能够应用最新的硬件和软件技术。普适计算将成为可能，建筑工地将能够方便地接收和发送实时信息。

3）大数据和分析。随着大数据和商业分析的进步，建筑环境产业将能够利用先进的分析工具为资产使用寿命期间的决策制定提供支持材料。通过利用大量的数据模拟不同情形，将能够执行有意义的风险管理以及先进决策过程。

4）智慧城市。受城市化驱动，智慧城市将变成现实。智慧城市的好处能否实现将取决于可用的信息。反过来，通过 BIM 和 GIS 等相关的地理空间技术将推动建筑环境的建模。

5）移动平台。BIM 在移动平台上的可用性将对建筑环境产业产生重大影响，能够使 BIM 连接到现场，也能够使现场连接到 BIM。移动设备与传感技术和激光扫描技术的组合将进一步使“实体到数字”和“数字到实体”成为可能。

第 9 章　国家层面的 BIM 体系

9.1　国家层面 BIM 体系的构建原则

国家层面的 BIM 体系应符合国情、兼顾未来发展，应渐进性地融入国际主流体系，应具有前瞻性。

9.1.1　BIM 执行计划

在项目交付过程中，为有效引进 BIM，项目组应当在项目初期制订一个《BIM 执行计划》，这一点非常重要。该计划概括了项目组在整个项目过程中需要遵循的整体目标和实施细节。计划通常在项目开始阶段就要明确下来，以便指定的新项目团队加入后能更好地适应项目。

《BIM 执行计划》有利于业主和项目团队记录达成一致的 BIM 说明书、模型深度和 BIM 项目流程。《主合同》应当参考《BIM 执行计划》确定项目团队在提供 BIM 成果中的角色和职责。制订《BIM 执行计划》后，业主和项目团队应能够完成以下七方面工作：清楚地理解项目实施 BIM 的战略目标；理解它们在模型创建、维护和项目不同阶段协作中的角色和职责；设计一个能实施的合适流程；规定内容、模型深度和什么时候提交模型，模型应达到什么样的目标；概述其他资源；为整个项目过程的进度测定提供参考基础；确定合同需要的其他服务。

《BIM 执行计划》应包括以下九方面内容：项目信息；BIM 目标和用途；每个项目成员的角色、人员配备和能力；BIM 流程和策略；BIM 交换协议和提交格式；BIM 数据要求；处理共享模型的协作流程和方法；质量控制；技术基础设备和软件。

《BIM 执行计划》在整个项目生命周期内都需要持续更新，增加新信息。满足不断变化的项目需求，比如，在项目后期有新项目参与人加入。《BIM 执行计划》的更新需经业主同意或其指定的 BIM 经理同意，且不能与《主合同》的条件相冲突。

《国家 BIM 指南》是制订《BIM 执行计划》的指南，其通常应规定具体项目要求，包括如何执行、监控和控制项目，生成 BIM 可交付成果，实现项目目标。还应该给出《BIM 执行计划》模板。目前，各国国家层面的模板大多以美国的工程实际为基础。本书 9.6 和 9.7 为两个《BIM 执行计划》模板。用户需要正确理解这些内容，并在必要时根据当地实际进行适当调整。

《国家 BIM 指南》应为参考性指南，其通常应概括各项目成员在采用建筑信息模型（BIM）的项目中不同阶段承担的角色和职责。指南是制订《BIM 执行计划》的参考依据。

《BIM 执行计划》是业主与项目团队之间为顺利实施 BIM 项目达成的一项协议。《国家 BIM 指南》应包含 BIM 说明书和 BIM 模型及协作流程。BIM 说明书应规定各个项目团队应该在项目的“哪些”阶段，提供“哪些”“BIM 可交付成果”，达到“哪些”目标。所有约定好的可交付成果均在“BIM 目标和责任”表中注明，各相关方应在上面签字。每个可交付成果由一组 BIM 模型构件（或构件）构成。构件是对项目中采用的实际建筑组件的物理和功能特性的数字化表达。常见 BIM 构件见本书 9.4。每个构件包含一组用于定义构件非几何特性的属性。

BIM 建模和协作流程应对“如何做”的问题给出规定，即在整个项目中创建和共享 BIM 可交付成果的措施。提供了组建模型要求，用于指导项目团队在不同项目阶段创建达到正确模型深度的 BIM 成果。文件中的模型指南按照建筑设计、结构和机电建模专业进行分类，见本书 9.5。同时提供了一套协作流程，用于指导项目团队与其他项目团队共享成果。总之，一个 BIM 项目需要仔细规划，以商定 BIM 说明书、模型要求和协作流程，确保项目的顺利执行。使用时可将 BIM 作为主合同下项目服务范围的一部分。在主合同里可以引用《国家 BIM 指南》。另外，业主可以考虑使用《BIM 指南一般规定》，样本见本书 9.8。

9.1.2 BIM 的术语定义

下面是对指南中术语的定义。

1）BIM。即“建筑信息建模”，包括模型使用、工作流和模型方法，用于从“模型”中获取具体的、可重复的和稳定的信息结果（见“模型”的定义）。模型方法影响模型生成的信息的质量。在获取需要的项目结果和决策支持中，什么时候与为什么使用和共享模型会影响 BIM 使用的效率和有效性。

2）BEP。即“BIM 执行计划”，规定在一个具体项目中如何实施 BIM，是项目团队的集体决策，且经业主批准。《BIM 执行计划》不是一个合同文件，而是合同的工作成果。

3）BIM 经理。即业主指定的自然人或公司，负责协调项目中 BIM 的使用并确保项目团队正确执行《BIM 执行计划》。根据项目的不同性质（例如，预算、交付方法），一个项目中可能有不止一名 BIM 经理。原来的项目成员（如项目经理、建筑师等）也可以担任这个角色。BIM 经理的职责列表见本章后续介绍。

4）可施工性。是指对设计在实际中是否可以实施以及如何实施的评估。不同专业的可施工性如下，即建筑师实现设计按照预想方式施工的能力；工程师实际施工后，符合规定性能标准的能力；承包人基于成本、进度、原材料和劳动力等因素的可行性、途径和项目的建造方式。BIM 不应是简单地创建纸上模型，而是要创建可施工的模型。

5）业主。即项目的所有人，包括任何政府或法定机构。

6）IFC。即“工业基础标准”，是独立于卖方的开放式数据交换标准。是建筑行业内一种面向对象的文件格式，常用于在建筑信息模型中提高软件平台间的兼容性。IFC 最早产生于 1995 年，由几个美国和欧洲 AEC 公司以及软件供应商提出，由国际互用性联盟（IAI）组织制定。从 2005 年开始，由 Building SMART 国际组织负责维护。详情见 http：//buildingsmart-tech. org/。

7）兼容性：在 BIM 中，兼容性被定义为在合作公司之间或单个公司的设计、购买、施工、维护或业务处理系统中管理和交流电子文件和项目数据的能力。

8）模型深度。是指模型构建的精细度要求。具体见本章后续介绍。

9）模型。本章中“模型”是指 BIM 过程中生成的模型（见“BIM”的定义）。是对设施的物理和功能特性的基于对象的数字化表达。它是设施的共享信息资源，在设施建造后的整个生命周期内为决策提供稳定的基础。建筑信息建模（BIM）的基本假设是不同项目成员在建筑生命周期内不同阶段可以相互协作，插入、提取、更新 BIM 过程中的信息，支持和反映各项目成员的角色。与模型相关的定义包括最终设计模型、模型创建者、模型使用者。

10）最终设计模型。达到此阶段的模型可以发布成可用于设计招标建造项目投标的 2D 设计图纸。在采购方式的其他类型中，此模型被视为设计阶段咨询模型的最终版本。此模型还是施工阶段制定施工模型的参考。没有达到此阶段的模型称为“模型”。

11）模型创建者。负责制定具体 BIM 模型构件，使之达到具体项目阶段要求的模型深度的责任方。具体见本章后续介绍。

12）模型使用者。项目中任何有权使用项目 BIM 模型（如分析、预测或计划）的个人或实体。具体见本章后续介绍。

13）主合同。项目各方签订的服务、供应和/或施工合同。

14）“信息征询”。通常由承包人向顾问提出，请求确认施工图纸的某个细节、规格或附注或要求建筑师或客户确认某个书面指令，以进一步开展工作。

9.2 BIM 说明书

本节定义了项目不同阶段需要什么样的 BIM 成果以及项目成员对这些交付成果承担的责任。

9.2.1 BIM 成果

应当在项目开始阶段且指定主要项目成员后商定 BIM 项目可交付成果以及交付时间，使项目成员适应项目发展。项目中可能需要提交以下模型和其他输出，比如现场模型；实体模型；建筑、结构、MEP 模型（提交监管机构材料、协作和/或碰撞检测分析、可视化、成本估计）；计划和阶段流程（在 BIM 或表格中）；施工和制造模型；施工图；竣工模型（本地专用格式或开放格式）；设施管理数据；其他附加增值 BIM 服务。需要强调的是，由于数据的使用者可能没有访问 BIM 模型的权限，可交付成果还应包含需要从 BIM 模型中生成的需传递的数据。

9.2.2 《国家 BIM 指南》的模型深度和项目阶段

BIM 可交付成果的最重要方面是其信息的数量和质量。这些信息以几何和非几何属性的形式存储在每个 BIM 构件（或构件组）中，见表 9-2-1。

表 9-2-1 BIM 构件的几何属性和非几何属性举例

属性	几何属性	非几何属性
举例	尺寸、体积、形状、高度、方位	系统数据、性能数据、合规性、规格、成本

由于不同时期需要的信息类型不同，BIM 构件的属性在不同的项目阶段不相同。总体上有很多种描述各个阶段各 BIM 构件的属性，比如 VA 对象/构件模型，见

www. cfm. va. gov/til/bim/BIMGuide/modreq. htm，需要注意的是，这些模型是以美国实例为基础的。用户需要正确理解这些内容，并在必要时根据当地实际进行适当调整。在国家行业里，建议根据当前工程实际确定 BIM 构件的属性。项目中典型的 BIM 构件见 9.4，根据各专业和细分专业进行分类。各 BIM 构件属性的建模深度取决于项目的要求，包括 BIM 可交付成果的接收方。例如，下面是打桩工程 BIM 构件的几何信息在整个项目中的变化及其表示。

1）第一阶段。设计初期，不需要桩位信息。

2）第二阶段。随着设计的发展，需要使用结构分析和设计制作 2D 打桩图纸，供相关机构批准。同时需要对桩帽和桩进行精确建模，并在 BIM 模型中定位。钢筋等细节应当能在 2D 图中表示出来。

3）第三阶段。在施工阶段，需要更多的桩位信息，这信息可以从 2D 施工图形式存在的 BIM 分析和细部设计模型中获得。钢筋也能被表征成 3D BIM 模型的一部分。

下面这个例子显示了在项目后期向 BIM 构件中添加非几何信息的情形。

1）第一阶段。项目不需框架设备 BIM 构件。具有过多几何形式细节。

2）第二阶段。项目移交后，需要为框架构件附上一份《操作和维修手册》。手册里应该包含设施管理阶段需要的信息。

表 9-2-2 是按照当前工程实际的 BIM 可交付成果举例。

表 9-2-2　按传统出图比例的 BIM 成果举例

项目阶段（重要阶段）	2D 图纸比例	BIM 可交付成果	
		各 BIM 模型构件/组的通用建模深度	举例
概念设计（总规划许可；项目可行性）	1/200 到 1/1000	建筑实体研究或其他形式的数据表达，包括指示尺寸、面积、体积、位置和方位	实体模型
概要/初步设计（规划许可；设计和建造投标文件）	1/200	一般化的建筑组件或系统，有约的尺寸、形状、位置、方位和数量。可以提供非几何属性	初步设计模型
深化设计（建筑规划许可；深化设计和建造投标文件；或设计-招标-施工投标文件）	1/100	更详细的通用建筑组件或系统，有准确的尺寸、形状、位置、方位和数量。必须提供非几何属性	细部横截面模型；BIM 生成的详图
施工（可施工性；制造）	1/5～1/100	BIM 构件包含深化设计阶段对施工工程有用的所有制造和组装细节。或者，这些细节也可以表现在 2D CAD 图纸中，达到细部设计阶段的建模深度	分包人的钢结构；有具体的几何尺寸和轮廓；连接不可见，因为此结构使用了焊接，而非螺栓连接；能生成施工图；能确定制造；能确定组装细节
竣工（TOP/CSC；最后完工）	1/100	BIM 构件的建模深度与细部设计阶段相似，只是在施工阶段进行了更新	竣工结构图与实际现场图对比
设施管理（操作和维护）	1/50	BIM 构件被建模为实际建造的建筑组件或系统，是实际竣工建筑的竣工表达	储水箱构件，附带 PDF 格式的规格说明

9.2.3　BIM目标和职责表

BIM目标和职责表（表9-2-3）显示了每个阶段要求的基本BIM可交付成果。它还显示了各阶段涉及哪些项目成员，显示选定的项目成员是可交付成果的模型创建者还是模型使用者。BIM环境中的项目成员包括建筑师（Arc）、监理（QS）、土木或结构工程师（Str）、承包人（CON）、机电工程师（MEP）、设施经理（FM）。当然，BIM环境中的项目成员不仅仅限于上述6种职业人员，可以向BIM目标和职责表中新增其他代表，比如分包人、分包专员、室内设计师、景观设计师等。

（1）模型创建者

模型创建者是创建和维护具体模型，使之到达BIM目标和职责表中规定的建模深度的责任方。在创建和维护模型中，模型创建者不转让模型的任何形式所有权。任何其他模型创建者或模型使用者对模型的使用、修改和转让仅仅局限于本项目范围。业主可以在《主合同》中规定模型的所有权。将模型提供给模型使用者前建议模型创建者对他们的模型进行质控检查，具体可参阅本章后续介绍。

（2）模型使用者

模型使用者是有权使用项目模型的各方。根据模型使用者的要求和项目相关的用途，提供源文件格式或通用（IFC）格式。虽然模型创建者在之前已经对模型的准确度和质量进行了检查，模型使用者只能把模型用作参考，同时也要检查、验证或确认模型的准确度。如果发现模型中存在不一致的地方，模型使用者应当立即通知模型创建者，弄清相关问题。模型使用者不应当就模型的使用向模型创建者要求任何索赔。模型使用者也应当为模型创建者赔偿和辩护，使其免受任何因模型使用者对模型使用或更改造成的损失赔偿要求。

（3）免责声明

如果BIM经理在项目中担任多个角色，如BIM经理和建筑师，应当为BIM经理增加一栏，清楚地显示其在整个项目中不同的职责。BIM经理可以决定在这一栏中显示什么样的内容，如他在各项目阶段中的参与层次等。

表9-2-3　BIM目标和责任（基本）

BIM项目阶段	BIM经理	实现项目目标涉及的项目成员（A—模型创建者；U—模型使用者）						
		建筑	结构	机电	监理	承包人	设施经理	其他
概念设计（建筑体量研究或其他形式的数据表达，包括指示尺寸、面积、体积、位置和方位）								
1）指定到本阶段的所有项目成员商定项目的需求、目标、流程和结果（建议可交付成果：各方商定和签署的《BIM执行计划》）								
2）为总规划场地研究和可行性分析创建BIM模型（场地分析；必要时申请《总体规划许可》。建议可交付成果：场地模型）								
3）创建和对比BIM体量模型（空间面积和体积；根据概念设计可选方案编号的体量模型编号。建议可交付成果：BIM体量模型）								

续表

BIM项目阶段	BIM经理	实现项目目标涉及的项目成员（A—模型创建者；U—模型使用者）						
		建筑	结构	机电	监理	承包人	设施经理	其他
4）在进入概要设计/初步设计之前，生成、冻结和储存概念设计阶段授权的BIM模型最终文件（概要/初步设计；整体的建筑构件或系统，有大约的尺寸、形状、位置、方位和数量。可以提供非几何属性）								
5）开发、维护和更新选中的BIM体量模型（准备提交政府监管资料（PP、WP）。建议可交付成果：建筑模型）								
6）根据建筑模型，开发、维护和更新选中的BIM结构模型（初步结构分析；准备提交政府监管资料。建改可交付成果：结构模型）								
7）根据建筑模型，开发、维护和更新机电BIM模型［初步机电（M和E）分析；准备提交政府监管资料。建议可交付成果：机电模型］								
8）实施建筑BIM模型与结构BIM模型间的设计协调（建议可交付成果：初步设计协调报告，只适用于建筑和结构模型）								
9）根据建筑BIM模型修正项目成本估算（建议可交付成果：初步成本估算）								
10）申请和获得规划批准								
11）在进入深化设计阶段之前，生成、冻结和储存初步设计阶段授权的BIM模型最终文件（深化设计。整体的建筑构件或系统，有准确的尺寸、形状、位置、方位和数量。必须提供非几何属性）								
12）维护和更新建筑模型（准备提交政府监管资料；准备用于投标。建议可交付成果：建筑模型）								
13）根据最新的建筑模型，维护和更新结构模型（设计、分析和深化；准备提交政府监管资料；准备用于投标。建议可交付成果：结构模型和计算）								
14）根据最新的建筑模型，维护和更新机电模型（设计、分析和深化；准备提交政府监管资料；准备用于投标。建议可交付成果：机电模型和分析）								
15）申请和获得“建筑规划许可”								
16）根据机电模型，进行机电成本估算								
17）实施建筑模型、结构模型和MEP模型间的设计协调（投标文件发布前），找出碰撞和相互干扰的构件；确认用于施工作业和维护活动的工作空间和净空；解决碰撞冲突。建议可交付成果：碰撞检测和解决方案报告（建筑、结构和MEP模型）；工作空间和净空报告								

续表

BIM项目阶段	BIM经理	实现项目目标涉及的项目成员（A—模型创建者；U—模型使用者）						
		建筑	结构	机电	监理	承包人	设施经理	其他
18）根据BIM模型生成详细的成本估算和工程量清单（用标准测量方法）（准备用于投标。建议可交付成果：详细成本估算和工程量清单）								
19）在进入施工阶段之前，生成、冻结和储存深化设计阶段授权的BIM模型最终文件（施工。BIM构件包含深化设计阶段对施工工程有用的所有制造和组装细节。或者，这些细节也可以表现在2D CAD图纸中，达到深化设计阶段的深度要求。此阶段的BIM模型所有权仅属于分包人）								
20）分包人创建并持续更新深化设计BIM模型，将其发展成为实际施工BIM模型。业主应明确实际施工BIM模型的建模要求								
21）从建筑、结构和MEP模型生成施工模型，施工模型可分阶段生成（建议可交付成果：协调完了的建筑施工模型）								
22）从BIM数据库中生成材料、面积和数量一览表，供承包人参考（建议可交付成果：材料、面积和数量一览表）								
23）分包人和分包专员根据施工模型生成文件［建议可交付成果：施工图、制造模型和图纸、建筑管线综合图（CSD）、建筑设备单专业图（SSD）］								
24）在进入设施管理阶段之前，生成、冻结和储存施工阶段授权的BIM模型的最终文件（实际建造。BIM构件的建模深度与深化设计阶段相似，只是在施工阶段的变化进行了更新）								
25）承包人准备最终的竣工BIM模型。该模型反映了在建筑、结构、机电BIM模型施工阶段的修改，是提交给顾问之前进行施工验证（如激光扫描或第三方认证，如注册测量师等）后的最终形式。顾问确认承包人的更新是否合理（建议可交付成果：各专业的最终竣工模型，附带必要的第三方认证）								
26）顾问确认最终模型是否符合相关机构批准的BIM模型要求（设施管理。BIM构件被建模为实际建造的建筑构件或系统，是建筑的实际竣工模型）								
27）将主要系统和设备的竣工信息纳入到BIM模型构件中，供设施经理使用（建议可交付成果：供设施管理、设施经理/业主在使用期间进行的建筑维护和修改的最终竣工模型）								

9.2.4 费用预期

与目前设计和施工中使用的2D相比，项目中使用BIM软件要求的前期工作要多得多。这些工作包括设计顾问在各设计阶段制作BIM模型，然后建造者将BIM模型发展成施工详图。因此，为实现整个项目的利益，要意识到相关方的工作向上游移位这一事实。

BIM督导委员会认识到采用BIM会增加设计初期的工作，建议将咨询费从施工阶段到设计阶段调整5%，见表9-2-4。然而，工作量向上游移动并不一定会导致费用增加。业主也应当清楚地理解BIM模型的潜在价值，尤其是对那些独特的模型和/或基于BIM模型有附加价值的服务。这种工作量的向上游移动可能在设计方和建造方之间形成成本影响。如果是这样，在具体项目的合同文件中应当进行明确规定。BIM的采用不应当增加项目的最终总成本；预期是，在BIM中前期工作做得很充分，所以可以减少项目的成本，降低作废工程和耽误工期的风险。

表9-2-4 BIM项目中的费用预期表（从非BIM到BIM的费用变化）

项目阶段	从非BIM到BIM的费用变化（%）	项目阶段	从非BIM到BIM的费用变化（%）
规划设计	+2.5	施工管理	−5
规划许可	0	施工后期	0
方案设计	+2.5	施工阶段*	−5
投标和决标	0	总费用百分比变化	0
设计阶段	+5		

*指累计百分比费用

9.2.5 其他附加增值BIM服务

使用BIM模型的优势之一是能够利用模型进行有价值的性能化分析，优化建筑的性能。用BIM和数字化分析能够直接从模型中获得及时和持续的反馈，在各设计阶段为顾问提供可能的设计解决方案。这样可以提高设计解决方案的效率，降低成本，提高质量。然而，应当认识到综合能耗分析并不是基本服务的一部分。分析产生的价值因项目而异，所以建议进行符合项目需求的分析。

由于项目的要求不同，在BIM目标和责任（表9-2-3）中的某些BIM服务可能需要提前到项目的前期阶段进行。应当认识到，由于项目前期阶段可用数据还不足，这可能会增加前期模型创建者的工作量。

典型的分析范例包括环境模拟和分析（只用于概念设计目的）；能耗分析；灯光设计模拟和可视化；4D施工计划和施工模拟（适用于设计和建造项目）；基于BIM模型的绿色标准、RETV、可建性和可施工性分析；基于BIM模型的既有建筑供总规划场地研究和可行性分析（A&A）；基于概念体量模型提供结构和MEP系统方案对比；基于概念体量模型的项目成本估算；基于机电BIM模型的机电成本估算；方案/初步设计阶段建筑、结构和机电BIM模型间的碰撞检测；BIM文件的高分辨率激光扫描；设施管理安排。

由于附加服务是否需要也取决于项目要求和资源，建议和相关方协商增加的费用。

9.3　BIM 建模和协作流程

本节规定了在项目整个阶段“如何”创建和共享 BIM 模型的问题。

典型的 BIM 流程可以用 BIM 建模流程来定义，其本质是在项目实施的过程中的高效率数据交换。图 9-3-1 描述了一个“公共数据环境（CDE）”方法，以便所有项目成员在 4 个建模阶段共享信息。需要强调的是，不要把下面介绍的 BIM 建模流程中的 4 个建模步骤与 6 个项目阶段混淆了（即从概念设计到设施管理），根据各项目阶段具体的可交付成果，不同项目阶段可能会重复或忽略一些建模步骤。

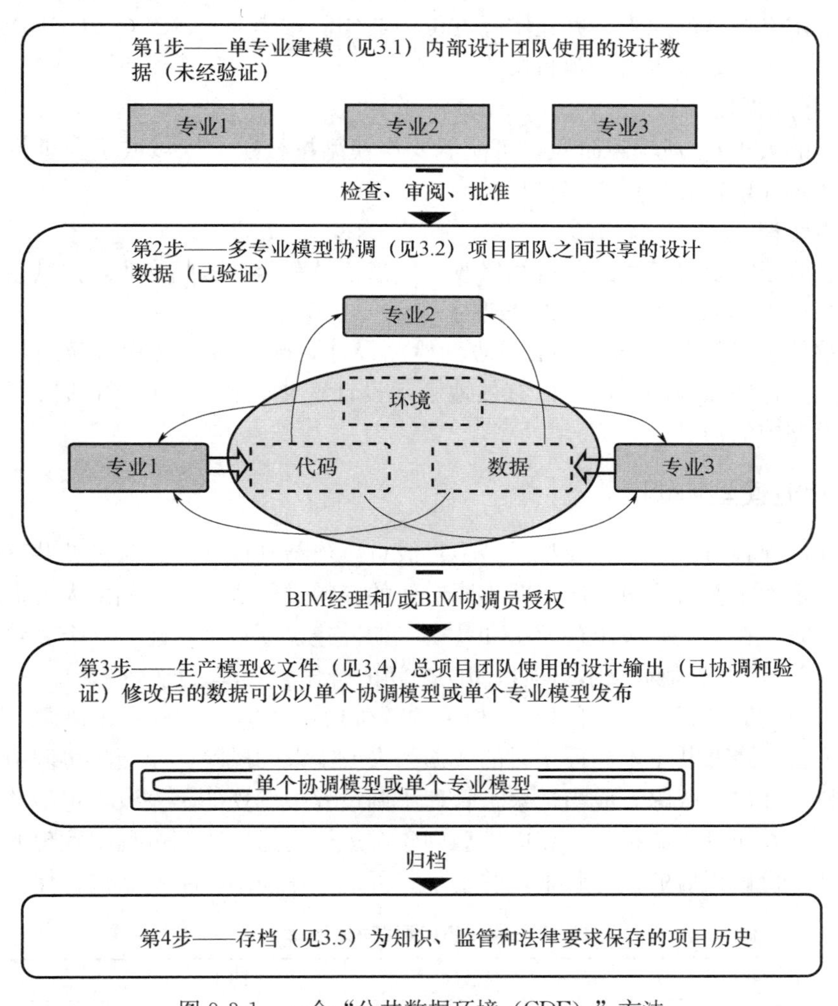

图 9-3-1　一个“公共数据环境（CDE）”方法

9.3.1　单专业建模

在这个阶段，每个设计专业都根据 BIM 执行计划中约定的可交付成果创建自己的模型，模型数据以各个设计专业储存和处理，没有进行检查和验证，不适合团队外部使用。为确保建模质量，模型创建者在 BIM 项目实施期间应当设置和遵循最低建模要求标准。

（1）BIM 构件建模指南

不同项目阶段的主要 BIM 构件的建模指南见本文件的 9.5。本文件中的建模指南按照建筑、结构和机电专业进行分类。一般来讲，每个构件根据其尺寸、形状、位置、方位和数量进行建模。在项目的初期，构件属性比较一般，为大概数，随着项目的进展，构件属性会越来越具体和准确。

（2）政府监管对模型的要求

对提交给监管机构的 BIM 电子资料，其建筑、结构和机电专业的建模指南和模板可在国家 BIM 网站下载。

（3）模型定位

应当明确定义项目的原点，并在实际方位中或空间参考系中标出，以“国家标准数据”（＞100）为参考，不要以零点为项目参考。

（4）模型分割和框架

根据建筑的大小和/或项目阶段，可能需要将模型按楼层、区域或子项进行分割。应当尽可能早地商定此事，并形成文字材料。

（5）版本管理

在项目各阶段需要对模型进行持续修改。应当记录和分类这些修改，尤其是当模型创建任务被分成几个更小的包由不同的人处理时。

有多种软件可以帮助 BIM 使用者管理和检测设计更改。BIM 使用者应当与相应的软件提供商一起熟悉这些软件的使用，以有效地管理设计变化。各专业的 BIM 协调员负责记录最新加入到模型中的信息。

9.3.2 多专业模型协调

各专业在创建各自的单专业模型时，项目成员应当与其他项目成员定期共享模型，供相互参考。在特定的重要阶段里，应当对不同专业的模型进行协调，让相关人员提前解决可能存在的碰撞，防止在施工阶段出现返工和耽误工期。建议项目团队建立一个高水平的协调流程图，见表 9-3-1，用于显示业主与项目团队之间的合作。共享之前，应该检查、审批数据，使其“适合于协调”。项目团队可以利用相关的软件解决方案，进行有效协调。建议采用公共（软件）平台，降低共享不同模型时的数据丢失或错误的风险。应当将协调中发现的问题形成书面材料，并进行跟踪。应当记录、管理协调过程中发现的不一致，包括冲突位置和建议的解决方案，并通过协调报告与相应模型创建者进行沟通。协调过程中发现的问题解决完后，建议冻结一份修正后的模型版本，并签字。可以考虑使用数字签名进行保护。

表 9-3-1　BIM 项目协调图举例

	业主	建造师	顾问工程师	承包人/监理
概念设计	提供形式、功能、成本和进度方面的要求	用体量概念结合场地要素开始设计需要的模型	对最初建筑的性能、目标和要求提供反馈	对最初建筑的成本、进度和可施工性提供反馈*
概要/初步设计	审阅设计，进一步完善设计要求	用业主、咨询工程师和施工经理提供的新数据完善设计模型	随着设计模型的发展，提供概要模型、分析和系统替换	审阅设计，继续对成本、进度和可施工性提供反馈*

续表

	业主	建造师	顾问工程师	承包人/监理
深化设计	审阅设计；最终批准项目设计和规格	继续完善设计模型；给顾问介绍模型并进行模型协调	创建明确的有条理的专业设计模型并分析	为模拟、协调、估算和日程安排创建施工模型*
施工设计		确定设计模型、投标文件和规格、规范的执行性	确定专业设计模型、投标文件和规格以及规范的执行性	完善施工模型，并完成最后的估算和施工计划、管理投标流程
施工	监测施工、提供施工变化和问题相关信息	响应施工 RFI，进行合同管理、根据变化更新设计模型	响应施工 RFI，并更新专业设计模型、现场条件和调试	与分包人和供应商管理施工，将变化修改到设计模型
竣工		验证竣工模型	验证竣工模型	准备竣工模型
设施管理	保证设施管理部门与建筑师的移交	通过模型协调与设施组的信息交互	准备移交文件	

* 只适用于在概念设计阶段指定了主承包人的设计和建造工程

9.3.3 注意事项

成功的 BIM 协调需要详细计划和深刻理解不同种类的协调过程，即设计协调、碰撞检测或有效空间验证，见图 9-3-2。在早期的协调过程中，可以将多个模型进行整体对比，确定冲突范围，即对象、构件、选择标准，供将来测试用。然而，要认识到并不是检测到的所有冲突都是问题。有的冲突是为简化建模流程，在建模过程中故意留下的。进行各个协调流程之前，应当设定搜索和冲突规则以达到以下 3 方面目的，即减少浪费在误检测上的时间和资源；隐藏协调流程中不需要的构件，比如在后续项目阶段会解决的已知问题，在现场改变后不影响成本的构件；对具体协调流程类别的具体构件素进行分组。需要结合所分析构件和所使用的碰撞检测软件的类型判断冲突结果。比如，同一冲突可能会重复产生、管道撞击钢梁可能重复 20 次。实际上，这些都是同一个问题。

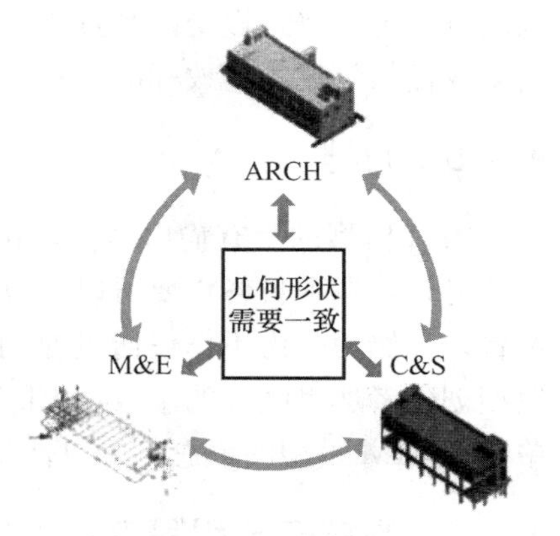

图 9-3-2 BIM 的协调过程

协调过程中的职责可概括为以下 4 点：各方拥有各自专业的模型；在分析过程中，根据所使用的分析类型，将这些模型链接到源文件模型软件或编辑分析软件中；解决冲突时，各方在自己的专业模型上按照协商一致的意见修改；分析前后，各专业模型的责任不变。

9.3.4 模型和文件生成

初期实施 BIM 时，指南的版本应因地制宜，由于当地建筑行业处于从使用 2D 图纸到 BIM 模型的“过渡阶段”，如果合同文件和 BIM 模型之间出现冲突应以合同文件为准，见表 9-3-2。

表 9-3-2 从 2D 图纸到 BIM 以及从当前实际到未来的变化

项目可交付成果类	当前实际	过渡阶段	未来
合同	2D 图纸	2D 图纸	BIM
参考	—	BIM	2D 图纸
项目提交	2D 图纸	2D 图纸+BIM	BIM（源文件格式）+BIM（IFC 格式）

（1）发布 2D 图纸

在行业还未接受 BIM 为合同文件的组成部分时，项目团队需要同意将标准 2D 图纸作为合同文件的一部分。2D 图纸包括平面图、剖面图、立面图、详图和 RFI 等。建议直接从 BIM 模型中生产 2D 图纸，尽可能减少不一致。应当明确标识不是从 BIM 模型中生成的 2D 图纸/详图。各专业有自己的图纸清单、图纸编号和命名系统，团队也可以为图纸编号、图示方式、图例、时间表和链接确定一个统一的命名传统，为相应的 2D 设计图纸、投标图纸、施工图纸和竣工图纸提供统一的参考。

（2）BIM 交换格式

协作方在 BIM 执行计划中应当商定 BIM 交换协议和提交格式（专用格式或开放标准格式）。要确保在整个生命周期内都可以使用建筑信息，应当尽可能以现有的开放标准格式提交可交付成果的信息。对那些开放标准格式还没有确定的合同可交付成果，可交付成果应当以双方商定的格式提交，并且要确保在专门 BIM 软件外能够实现建筑信息的重复利用。可以采取任何常见的开放标准格式，如 IFC。使用的格式应当在 BIM 执行计划中确定。

9.3.5 归档

BIM 模型的所有输出结果，包括发布的、废弃的和竣工的数据应该归档到项目文件夹下。另外，在项目各重要阶段，应当拷贝一套完整的 BIM 数据和相关的可交付成果到归档位置，存储为一份不作任何更改的备份。建议 BIM 档案应包括两组文件。第一组为从各个模型创建者那里收到的单专业 BIM 模型和相关可交付成果的集合。第二组文件应当为那些单专业 BIM 模型的汇总，要以便于归档和查看的模式储存。

9.3.6 数据安全和保存

应建立数据安全协议，防止任何数据崩溃、病毒感染以及项目团队成员、其他员工或外来人员的不恰当使用或故意损坏。建立用户进入权限，防止数据在交换、维护和归档过程中丢失或损坏。应当定期备份保存在网络服务器上的 BIM 项目数据。

9.3.7 质量保证和质量控制

BIM 经理应当建立 BIM 模型的质量保证计划，确保进行信息和数据准确性的检查。各个专业的 BIM 协调员应当建立质量控制程序，确保专业模型准确和正确，符合建模指南。在提交可交付成果前，每个项目成员应该负责对他们的设计、数据和模型属性质量进行控制检查。

确定质量保证计划时应该考虑以下问题：建模指南（确保模型根据建模指南和 CAD 标准创建）；数据集验证（确保数据集的数据正确）；碰撞检查（使用碰撞检测软件，检测两个建筑构件之间是否有冲突）；确认用于多专业模型协调的 BIM 数据（包括 BIM 中应去除所有的图纸和多余的视点；应当检查、整理和压缩各模型文件；文件格式和命名符合项目数据交换协议；数据分割符合 BIM 执行计划中商定的方式；模型文件要保持更新，包含所有用户的本地修改；模型文件与中心文件要分离；去除任何链接的参考文件并提供模型文件需要的其他相关数据；目测检验确定模型组装正确；最新的变化已经告知项目组）。更多质量保证细节详见 9.5。

9.3.8　设计-建造项目的工作流程

如图 9-3-3 所示，设计-建造项目的交付方式允许创建单个模型，生成建筑系统的施工文件和建筑系统的制造。即建模前制定一个 BIM 执行计划；在概要设计阶段，设计师与分包商一起创建符合事先定义的项目要求的 BIM 模型；将 BIM 模型集成到一个用于协调和冲突检测的综合模型中；在协调会议上，互动解决冲突；所有冲突解决后，可以生成施工文件；设计建造团队召开安装计划会议，会议上审阅协调后的模型并用于现场安装；可以对主要场外部件进行数字化制造，如结构钢、预制构件、预制部件（如外墙、预制卫生间）。

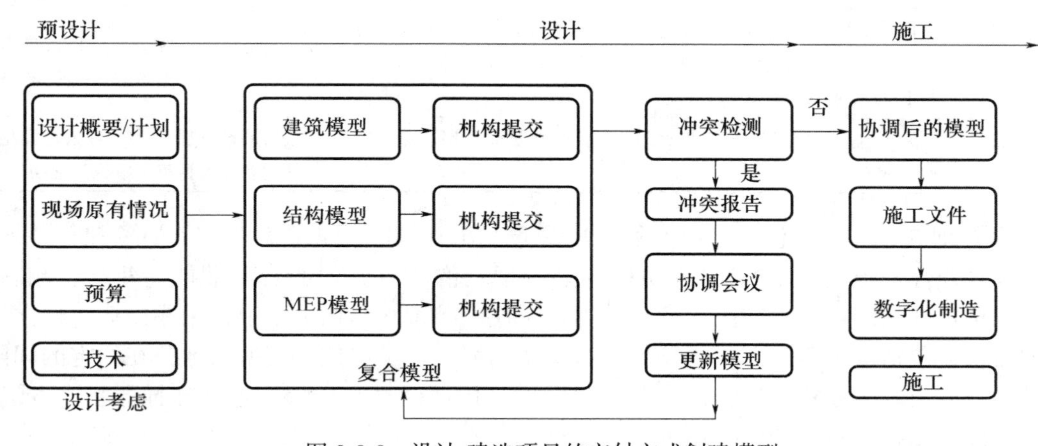

图 9-3-3　设计-建造项目的交付方式创建模型

9.3.9　设计-投标-建造项目的工作流程

如图 9-3-4 所示，传统的设计-投标-建造项目提交方式将 BIM 流程分成两个模型（设计模型和施工模型）。顾问生成设计模型和招标文件。主承包人生成施工模型用于施工。投标前阶段包括建模前建立一个 BIM 执行计划；设计团队建立建筑和系统模型；为系统和碰撞检测整合设计模型；在协调会议上，互动解决冲突；所有冲突解决后，可准备设计和招标文件。施工阶段包括模型和/或从模型中生成的图纸发布给主承包人，供参考；主承包人根据施工和制造要求以及分包人的所有批准图纸完善模型。

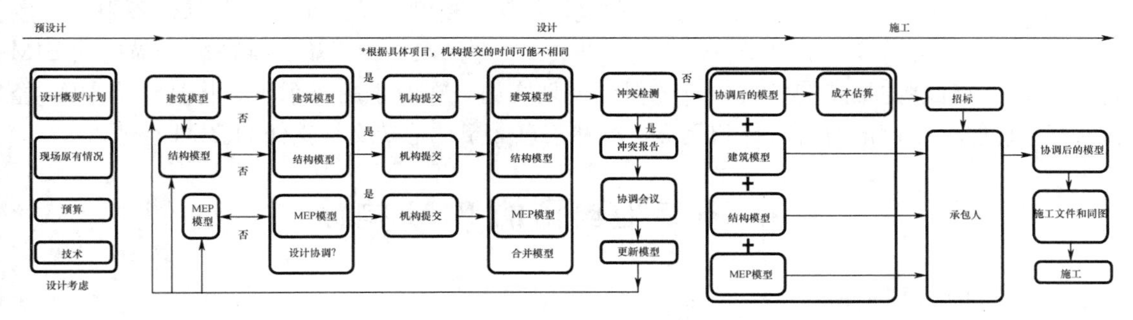

图 9-3-4　设计-投标-建造项目的 BIM 流程

9.3.10 两个新BIM角色

为确保BIM进程顺利进行，表9-3-3提供了两个新角色，即项目的BIM经理和顾问的和承包人的BIM协调员职责。这些新角色可由原来的项目组成员承担，如CAD经理、项目经理、顾问、承包人等。除了确保BIM目标的实现外，BIM经理还应当确保各方相互配合，以最有效的方式解决碰撞。BIM经理的角色不包括对项目的设计、工程和施工解决方案做出决策，也不对各专业的组织流程做出决策。

表9-3-3 新BIM角色职责概述

角色	在模型管理中的职责	BIM职责
项目BIM经理	协调项目BIM的使用、确定使用进度、共享活动、质量控制、建模职责并落实到BIM执行计划中。该角色可以由顾问主管或业主或项目经理指定的BIM专员担任	监督、管理执行、模型交换
各顾问的BIM协调员	设计执行（与BIM经理一起制定BIM策略；确定各专业设计中的BIM使用；确定设计模拟、分析和成文中的BIM使用；确定可与BIM互用的分析工具）	与建模人员和设计师以及项目成员协调；模型审阅；模型交换
承包人的BIM协调员	施工（为可施工性研究和现场使用接受或创建BIM；确定碰撞检查职责）	协调设计团队和分包人；模型使用者和模型审阅；模型交换

BIM经理的具体职责包括（但不限于）以下十五个方面。即建立和商定BIM执行计划，确保持续合规性和提高，履行BIM执行计划中规定的所有其他职责和职能。建立、删除、修改和维护足够的用户进入权限，防止数据在交换、维护和归档过程中丢失或损坏。建立模型管理协议，包括（但不限于）模型原点、协调制度和度量单位；模型命名；在约定的间隔时间向项目成员发布授权和冻结的模型；协助模型协调活动和会议（包括碰撞分析）/或发布定期碰撞检测报告；其他包含设置如下信息的方面（比如模型储存方案、模型版本、模型进入权限、模型汇总以及准备供查阅的模型。收集模型，协调提交和交换BIM模型、备案模型；确保提交上来的文件完全可用，且符合相应协议和/或BIM执行计划；为所收到的文件建立备份。采取必要的预防措施，确保没有任何互用性问题，满足（但不限于）如下方面的BIM要求，即硬件、软件、授权、文件格式和交互工作空间要求。确定审阅BIM模型和相关可提交成果的规则。建立数据安全协议，防止任何数据崩溃、病毒感染以及项目团队成员、其他员工或外来人员的不恰当使用或故意损坏。应当定期备份保存在网络服务器上的BIM项目数据。经常进行信息系统扫描，确保模型数据安全。安装补丁，弥补模型中的任何文件漏洞。适时建立和维护静态数据加密（encryption-at-rest）方式和传输数据加密方式（encryption-during-transmissions）。记录和报告任何与模型相关的事件（包括但不限于产生于模型外部，会导致模型成易受攻击目标的事件），并采取保护措施。维护前面描述的BIM数据档案。确保建立描述的模型质量并保证计划实施。在业主的指示下，将其作为BIM经理拥有、监管或控制的所有有形和无形财产和信息无条件地转交给接任的BIM经理。

9.4 各专业典型的BIM构件

（1）建筑BIM构件

建筑BIM构件见表9-4-1。

表 9-4-1　建筑 BIM 构件

项目	构件
现场模型	工地内现场基础设施（道路、人行道、停车场、通道和停车安排以及周边土地的使用）；街道消防栓（只需注明位置）；路面排水（只需注明位置）；外部排水和地下排水；工地内硬景设计区域；花盆盒（包括土壤下排水）；项目周围的其他实体
房间/空间	室内空间、走廊和其他空间、植物和设备房间（包括制定用途）
墙壁和幕墙	室内/室外墙壁/非结构墙壁/块体墙（包括细化，以确定是铺砖、上漆还是上石膏）；墙骨* 和不涂灰泥的石墙单层；带框和梁的幕墙、带遮光设施的玻璃窗
门窗和天窗	室内/室外门；室内/室外窗；天窗；五金（把手、锁*、铰链* 等，尤其是在部件族里）
基本结构	横梁（结构工程师指定位置和尺寸）；立柱（结构工程师指定位置和尺寸）
屋面	带整体厚度的屋面（包括涂饰和绝缘层）
顶棚板	顶棚板（无支撑副架，包括模块布置、材料选择和涂饰）；机库和顶棚板子框架
地板	水平地板；斜地板和坡道；地板涂饰细部（包括铺砖、地毯和找平层）
竖直循环	带侧扳、踏步的楼梯和满足净空高度要求的护栏；升降通道（无电梯承包人安装设备）；扶梯和传输带式电梯（不包括里面的电动设备）；通道竖梯和楼梯井
建筑附件和箱柜	预制/GRC/玻璃钢立面；固定建筑维护单元框架
明细表	可由构件中提取的信息明细表
固定物和设备（室内设计师和专业分包商等带入）	宽松式家具，包括桌子、电脑桌、箱柜（木制、包括上下柜）；厨房设备；厕所设备、冲水阀

* 这些构件可能导致 BIM 模型变得太大而不可管理

（2）结构 BIM 构件

结构 BIM 构件见表 9-4-2。

表 9-4-2　结构 BIM 构件

项目	构件
基本构件	基础（包括桩、桩帽、地梁与地基）；地下连续墙与挡土墙；横梁；楼板（包括斜坡板和浮飘板、凹槽、路缘石、垫和主要排渗）
以上未提及的其他类型的转换结构	楼梯（台阶、踏步、梯线长度、平台板），框架部件和开口；竖井；预制预应力混凝土系统（包括主要构件和次要构件）；临时结构和平台；钢筋混凝土的细部（螺纹钢）、现浇构件* 筋；钢架结构（包括支撑系统*）；底板、螺栓、夹持角钢、附件等*；结构钢构件的节点构造*

* 这些构件可能导致 BIM 模型变得太大而不可管理

（3）土木 BIM 构件

土木 BIM 构件见表 9-4-3。

表 9-4-3　土木 BIM 构件

项目	构件
数字地形模型*	基于地形的三维表面显示现场条件和建设地点与公用事业的连接，包括现有的人行道、道路、路缘石、斜道和停车场等
地质报告*	土壤调查报告（不要求 BIM 模型）

续表

项目	构件
公用模型	工地内所有现有和新建设施的连接点
雨水和暴雨管道系统	包括出口、地上沟渠、沟槽和出入孔
地下公用设施	仅供排水用
其他	排水、沟渠、交叉口、挡土墙、地下集水箱

* 现有情况的数据由测量师和土工工程师提供

(4) ACMV BIM构件

ACMV BIM构件见表9-4-4。

表9-4-4 ACMV BIM构件

项目	构件
ACMV设备	空气处理机组、制冷机组、变量制冷剂机组、冷却塔、室内和室外分体式空调机组、排风风机、新风风机、其他风机（如射流风机）、分区供冷项目的热交换机组
ACMV分布	排风管道（不包括机库）、新风管（不包括机库）、送风管（不包括机库）、回风管（不包括机库）、风管（不包括机库）、散流器、空气罩、通风百叶、空气过滤器、调节器、防火阀、电动阀、流量控制阀、二氧化碳传感器、一氧化碳传感器
机械管道	冷冻水供水管道（包括连接、管件及阀门）、冷冻水回水管道（包括连接、管件及阀门）、冷凝水排水管（包括连接、管件及阀门）
其他	开关板、BMS及DDC控制面板、BMS控制及监控模块、风机盘管、机械排烟系统（如防火卷帘、排烟风机）

(5) 给排水和生活BIM构件

给排水和生活BIM构件见表9-4-5。

表9-4-5 给排水和生活BIM构件

项目	构件
通用	管道支撑和支架*；水泵；控制面板、监测和控制传感器
仅限于管道的BIM构件	给水管道、管件、阀门，包括冷热水管道，所有给水设备、水槽；水池、蓄水箱、压力容器；供水用地下公用设施；排水用地下公用设施；污水系统；水池过滤设备
生活用BIM构件	污水渠、厨房废水管道（包括地漏）、开式雨水口、闭式雨水口和清扫口、通管；管道人孔；隔油池和分沙器

* 这些构件可能导致BIM模型变得太大而不可管理

(6) 消防BIM构件

消防BIM构件见表9-4-6。

表9-4-6 消防BIM构件

项目	构件
通用	系统管道、滴管、管件、阀门、喷头、喷淋入口、喷淋控制阀组、辅助阀、流量；开关；管道支撑和支架*

续表

项目	构件
专门	消防警铃和消防撤手；消防水泵；消防水箱；消防栓和自救水喉（建筑师确定街道消防栓的位置）；气体灭火系统；热感或烟感、控制面板、监测和控制传感、水泵控制面板、检测表位；灭火器；防护百叶窗和上罩盖；防火卷帘
* 这些构件可能导致 BIM 模型变得太大而不可管理	

（7）电力 BIM 构件

电力 BIM 构件见表 9-4-7。

表 9-4-7 电力 BIM 构件

项目	构件
通用	电缆桥架、电缆槽、电气立管、线管、母线槽、电源供电；插座、面板、墙壁开关、短路设备、安全设备、门禁卡“插头模具”；高压和低压开关板、开关、塑壳式断路器板、断路器板
专门	灯具、照明器材、住房灯具；入口相关的线管、数据通信、安全系统和电气设备；电信设备和电脑机柜；发电机和带噪声处理的排气烟道；柴油罐和燃料管道；安全系统（包括闭路电视摄像机、智能卡系统、门监系统）；停车场控制系统、路闸；公用事业公司维护的设备及相关设施（包括人孔/电网控制管）；接地和防雷系统；电梯、PA 系统、带显示面板的 BMS 设备（例如功耗显示）
* 这些构件可能导致 BIM 模型变得太大而不可管理	

9.5 建筑信息模型建模规则

以下指导方针提出了在不同工程阶段和如何建造不同专业 BIM 模型的建议。其中没有规定谁是模型作者。设备管理的建模规则将在未来版本中陈述。这里主要涉及总体要求、质量控制、建筑 BIM 建模规则、结构 BIM 建模规则、MEPBIM 建模规则（包括 ACMV、水管设施和卫生设施、消防、电器）。

（1）总体要求

总体要求见表 9-5-1。

表 9-5-1 总体要求

规格阶段	建筑设计	结构设计	MEP 设计	预期用途
概念性	路线简图，概念图，场地构件，场地边界，水平面，所在地，方位	（可选）	（可选）	场地规划，现场建筑的位置，改造项目的启动情况，调查，可视化，设计方案，调查分析，初步能耗模拟，备用空间设计，范围管理，投资核算，能耗模拟，结构和 MEP 系统的完成空间要求，可视化
初步设计	具有公称尺寸和详细说明的建筑构件	承重结构物，拟议结构系统和基础结构	MEP 原理图	建筑构件的定义，建筑构件和方式选择的比较，大量资料的管理，初步的结构标示尺寸，MEP 分析，可视化

续表

规格阶段	建筑设计	结构设计	MEP 设计	预期用途
详细设计	具有实际尺寸和详细说明的建筑构件	框架结构，节点，地基，与地基的连接，穿透与预留连接的接触	服务区域的 MEP 系统，中央空调机组，通风管道，空调水管，终端设备，配电盘，电缆线路，照明器材，穿透及预留	结构物的标示尺寸要达到投标所要求的精度，MEP 系统的定义，工料估算，穿透深度及预留设计，能耗模拟，可视化，组合服务设计
施工	用来提取施工信息的模型	用来提取施工信息的模型	用来提取施工信息的模型	施工的详细设计信息，预制构件设计，生产规划
竣工	按现场实际状况，更新细部模型	按现场实际状况，更新细部模型	按现场实际状况，更新细部模型	要移交给 FM 的资料（保养和维修；空地和入住管理）

（2）质量控制

质量控制要求见表 9-5-2。

表 9-5-2 质量控制要求

建筑详细设计 BIM	结构详细设计 BIM	MEP 详细设计 BIM	初步设计的合并模型，详细设计、施工和竣工阶段
指定版本的 BIM	指定版本的 BIM	指定版本的 BIM	所有指定可用模型
BIM 包括具体楼层	BIM 包括具体楼层	BIM 包括具体楼层	模型代表相同设计版本
分别在每一层进行建筑构件和空间建模	分别在每一层进行建筑构件和空间建模	每一层的部件定位	模型定位于适用坐标系上
BIM 包括所要求的建筑构件	BIM 包括所要求的建筑构件	BIM 包括所要求的建筑部件	立轴和 MEP 系统之间无冲突
使用适用建筑构件	使用适用建筑构件	使用适用物件模拟部件	横向预留与 MEP 没有冲突
多类型建筑构件	建筑构件类型按照指定类型	部件附属于一个恰当系统	顶棚和 MEP 之间没有冲突
无过量建筑构件	无过量建筑构件	系统定义的系统颜色	柱的穿透深度适宜
无重叠的建筑构件	无重叠的建筑构件	系统定义的系统颜色	梁的穿透深度适宜
物件之间无重大冲突	物件之间无重大冲突	无过量部件	板的穿透深度适宜
建筑上的结构模型与结构 BIM 之间无冲突	建筑上结构模型与结构 BIM 之间无冲突	无重叠的部件	—
BIM 包括 GFA 空间物件	建筑上的穿透深度与结构 BIM 之间无冲突	部件之间无重大冲突	—
空间区域匹配于空间计划	柱和梁衔接	MEP 规范之间无冲突	—
BIM 包括 MEP 的空间保留	包括在结构物中的 MEP 穿透深度和预留深度	M、E 和电气 BIM 无冲突	—
确定的空间高度（包括顶棚）	—	部件刚好放入其空间预留深度	—

续表

建筑详细设计 BIM	结构详细设计 BIM	MEP 详细设计 BIM	初步设计的合并模型，详细设计、施工和竣工阶段
与墙相匹配的空间形状及尺寸	—	M 和 E，建筑及结构 BIM 之间无冲突	—
空间不重叠	—	—	—
所有空间有唯一标识	—	—	—

（3）BIM 建模规则

通用建筑建模规则见表 9-5-3。建筑建模应在以下阶段进行，即概念阶段、初步设计阶段、深化设计阶段和竣工阶段，每一阶段制作的模型类型取决于 BIM 的交付成果要求。如果有预制或预设计，那么那些部件可作为物件配置。建筑部件必须根据相应类别建造（墙、楼板等），如果 BIM 软件自带的构件无法满足项目模型需要，则需要制作另外的建筑构件，这种情况下应正确定义构件的类别。当构件尺寸小于指定尺寸时可用 2D 模型来代替 BIM 实体构件，比如小于 100mm 的构件不需要进行模拟。2D 标准细部部件能用来补足 BIM 模型。必须对每一层的建筑构件分别进行建模。所需参数为种类、材料、ID、尺寸，这些参数是工料估算所必需的。如果用多个工具来模拟某些构件则该构件应按类别分组并进行标识，比如使用板和梁来建路基模型，这些构件必须按类分组并定义其类别为道路。结构构件应按照结构工程师所示信息（如，尺寸）来建模，也可以链接或者与结构工程师共享一个模型。

表 9-5-3　通用建筑建模规则

阶段	构件	建模指南	备注
概念设计	场所（现有场地）	现有场地布局及位置应按照土地测量师给的资料模拟（现场高程，正北及正东）。改造项目（A&A）：如果已有建筑不在 BIM 中，则已有建筑的 2D 图纸可用来补充 BIM 模型	原有/拟建场地的项目和颜色代号的 BIM 电子递交材料指南
	场所（拟议场地）	拟议场地的填土开采应用一个拟议场地构件呈现	
	概念图（建筑）	场地建筑的形状、位置和方向应使用体块构件进行模拟。清楚命名/标识体块构件，如 BLKl、PODIUM 等。场地构件如树、边界、道路、IC 等要在 2D 上绘制	成果：呈现场地布置和建筑几何构造的概念模型与项目成员共享
初步设计 注：概念模型进一步发展为初步设计模型（所选择设计的概念图应转换为实体建筑构件如，墙、板、门、窗等）	一般要求	如果实际尺寸不可用，则使用公称尺寸或期望尺寸创建 例如，模拟门洞不考虑附件。模拟墙不考虑不同层的厚度 注：因为设计师持有构件设置的函数库和模板，他们可模拟实际尺寸	成果：官方提交（URA）见 BCABIM 电子提交件要求以及指南。使用 BIM 电子递交模板
	墙	从楼面装修层地板至板/梁的底面，模拟所有墙（砖、干砌墙、玻璃、混凝土、木头等）。当墙壁横跨不同高度时，如果 BIM 核心建模软件允许模型具有不同高度的一个单墙，则作为一个模拟墙。另一种是作为多重模拟墙，通过“类别”参数区分内外墙	成果：用来与监理工程师协调的模型

续表

阶段	构件	建模指南	备注
初步设计 注：概念模型进一步发展为初步设计模型（所选择设计的概念图应转换为实体建筑构件如，墙、板、门、窗等）	板/地板	板顶部＝楼板高度，当板面上有斜坡或者板面为特殊形状时，并且BIM核心建模软件没有创建这种板的功能时，则使用其他软件创建板条状几何结构，并定义“种类”，且将其作为一个“板面”	成果：用来与监理工程师协调的模型
	门	设置初步设计所要求的具有公称尺寸和参数的门部件	
	窗	设置初步设计所要求的具有公称尺寸和参数的窗部件	
	柱	从结构楼面至初步设计结构，工程师进行调整的结构楼面理想点模拟柱。考虑到修整及构造厚度，柱必须按照它们的外部尺寸模拟建造。为柱建造带有特殊形状和截面的物件	
	屋顶	使用屋顶或板物件建模，并将此“类型”定义为屋顶。支撑结构可用一般物料或横梁进行模拟	
	其他	按照项目，如果需要建造比初步设计中所规定的多余构件，参考详细设计详图。在本阶段建造那些具有有效信息的构件	
	空间组（区域或空间或房间物件）	注：类似于个人空间/房间物件。比如，房间、防火分区、科室、GFA边界等遵循代理所要求的详细BIM电子递交材料指南，并相应地在计划表中列出	
	个人空间（空间/房间物件）	空间高度＝从FFL至板底面之上或吊项之上的楼层高度。一个空间可以附属于多个空间组。面积/体积根据几何空间自动计算，遵循代理所要求的详细BIM电子递交材料指南，并相应地在计划表中列出。需要时，设置一个可以用来定位正确空间的点坐标。按照房间的功能命名空间，如，办公室、休息室等。在空间要求上，遵循各代理要求的BIM电子递交指南。可根据类别来组织空间，如商业住宅等	
详细设计 注：初步设计模型进一步发展成为详细设计模型	一般要求	使用实际/精确尺寸以及正确的材料模拟所有构件	成果：官方呈递材料参照BCA BIM电子递交材料要求以及指南。使用BIM电子递交模板 成果：用来与监理工程师协调的模型 成果：投标文件
	墙体	更新初步设计报据详细设计参数所建造的墙体。如，增加不同的层厚度、防火等级等	
	承重墙	承重墙包括心墙/剪力墙。类似于楼层之间的墙体，则从结构标高至上一层楼板底的结构标高来建墙	
	板/地板	更新初步设计根据详细设计参数所建造的板/地板。如，增加不同层厚度、防火等级等	
	门	更新初步设计根据详细设计参数所建造的门，如安装信息。能识别功能差异（类型）更佳，如，“防火门”	
	窗/百叶窗	更新初步设计根据详细设计参数所建造的窗户，如安装信息	

续表

阶段	构件	建模指南	备注
详细设计 注：初步设计模型进一步发展成为详细设计模型	柱	按照结构工程师的位置和尺寸资料，更新初步设计中所创建造的柱体	成果：官方呈递材料参照BCA BIM电子递交材料要求以及指南。使用BIM电子递交模板 成果：用来与监理工程师协调的模型 成果：投标文件
	梁	按照结构工程师的位置和尺寸资料，创建梁。为横梁创建有特殊形状和截面的物件	
	楼梯/踏板/坡道	当BIM建模软件中无法创建时，为楼梯，踏板以及坡道创建具有特殊形状的构件。按照要求，楼梯平台及阶梯平台可用板来创建，在这种情况下定义它们对应的“类型”	
	幕墙	创建建筑外部整块幕墙，不需要逐层分开。大多数BIM建模软件能将门和窗插进幕墙部分	
	阳台	使用某个构件、墙体、地板、梁以及扶手进行模拟。核对它们建模指南的具体构件	
	雨篷		
	屋顶	更新初步设计中详细设计参数所要求的屋顶，如，增加不同层厚等	
	天窗	创建构件并定义相应“类型”	
	出口		
	家具		
	栏杆/扶手		
	工程特殊构件		
	吊顶	如果BIM核心建模软件没有顶棚板工具，则使用一个板工具或构件模拟，并定义“类型”为天花板	
	空间	参考初步设计	
	人防空间，服务平台，结构通道，供应管道，其他	使用墙体、地板、柱、屋项、洞、物件、门、空间等创建。核对它们建模指南的具体构件	
施工 注：与总包和分包合作来细化详细设计模型成为施工模型	参照详细设计模型	由于其他规范和改变/RFIs，详细设计模型更新的结果会影响部分建筑，创建该部分模型	成果：施工模型
竣工	参照施工模型	当施工完成时，顾问应按照承包商的资料，检查详细设计以与最终实施（竣工）相符合	成果：FM/业主在入住期间用来进行空间管理，建筑维护和修改的模型

（4）结构BIM建模规则

一般结构建模规则见表9-5-4。结构顾问提取具有实际元件尺寸和位置的分析模型和物理模型（结构BIM），模型用于文件归档，这些文件仅涵盖结构BIM。在以下阶段进行结构建模，即概念设计阶段、初设阶段、详细设计阶段、施工图阶段和竣工阶段，每个阶段产生的模拟类型取决于 BIM 交付成果的要求。如果设计有预制或预设计则该部分应由专家设计、建模并合并/链接至该模型以作参考。结构 BIM 涵盖所有承重混凝土、木结构、钢结构以及非承重混凝土结构，所使用的基本建筑构件为墙、板、梁、柱以及格架，建筑构件必须正确使用的工具（墙工具、板工具等）创建，如果 BIM 建模软件无法创建所需构件则必须使用其他适当的物件创建，在这种情况下应定义构件的对应“类型”。按每一项工程规划/个别公司的操作实务，模型可分阶段进行不同的 ST 材料递交。按照 BIM 建模软件的性能、钢筋及细部节点，可在详细设计阶段进行。当构件小于指定尺寸时，2D 或 2D 标准大样可用来补充 BIM 模型，比如小于 100mm 的构件不需要进行创建。2D 可用作装载计划。当 BIM 核心建模软件有局限时 2D 可用于柱的细部结构中，每个柱的形状和切割尺寸应包括在明细表中。必须分别对每一层创建建筑构件。所需参数包括类型、材料 ID、尺寸，所需类型需要在工料估算中列示。如果用多个工具模拟某些构件则该构件应按类型分组并标识，比如使用人字梁来创建屋架，那么这些构件必须分组并定义其类型为桁架。

表 9-5-4　一般结构建模规则

阶段	构件	建模指南	备注
概念设计	添加和备选的已有建筑（竣工情况）	当评估并创建已有结构物时，需要具有结构顾问的专业知识，尤其是重载结构系统。结构 BIM 模型的范围将基于具体项目而指定。如果 BIM 中无已有建筑，则已有建筑的 2D 图纸可用来补充 BIM 模型	成果：已有建筑或其部分建筑的结构模型
	新建筑	在对建筑师的备选方案概念图模型评定中的具体情况下，需要结构顾问专业知识，并拟议框架系统。结构 BIM 模型在该阶段为可选择项	成果：结构概念可选
初步设计 注：初步设计模型将基于建筑概念设计模型。它将按照初步设计阶段的协调进一步细化。	一般要求	按照初步设计阶段有效的精度，使用公称尺寸或期望尺寸模拟构件。模拟对初步设计协调来说关键及所需的构件（按照工程要求）。连接/接头和元件在详细设计阶段或施工阶段可细化，取决于项目交付（惯例或 D 和 B）	投入：预期使用（负荷假设）的岩土工程资料/模型，建筑概念设计模型和建筑的几何建模（确定框架系统）。 注：承重构件的位置以及地板高程将依建筑师所给信息。 成果：ST 递交材料。参照 BCA 的 BIM 电子递交材料要求和指南。使用 BIM 电子递交材料模板 成果：用于和建筑师及 MEP 工程师协调的模型

续表

阶段	构件	建模指南	备注
初步设计 注：初步设计模型将基于建筑概念设计模型。它将按照初步设计阶段的协调进一步细化	打桩 （桩承台与桩）	如果BIM核心建模软件有相关物件来代表地基构件，则将它们放置在正确的标高下，并附带相关参数。另一种是使用板、柱和墙来表示基础构件，将它们成组并正确定义“类”	当设计不能确定时，构件可以按照在初步设计中与建筑师和MEP工程师的协调作为参考进行创建
	隔板/挡墙		
	筏式基础		
	垫式/独立基础		
	条形基础		
	板/屋面板	板顶高度＝结构楼面标高，如果高程、厚度、跨度方向以及材料不同，则需放置多重板。结构板的底面应显露出来。当板上有斜坡或板有特殊形状，而BIM建模软件没有功能来创建这样的板，则使用其他工具创建板的形状并定义“类型”为“板”	
	梁	梁的顶部＝按照每一个设计（上立梁或下悬梁）。为具有特殊形状和截面的梁创建物件，如锥状和拱石段	
	构架	用多重构件创建并将它们作为一个构架成组。注：一些BIM建模软件有自带该过程的功能	
	柱	由板以下结构楼面至结构楼面创建。为具有特殊形状和截面的柱创建物件	
	墙	需创建所有承重墙以及混凝土墙（非承重墙），如核心筒墙、剪力墙、挡墙、连续墙体。如果墙在楼层之间，则从板以下结构楼面至板结构楼面进行创建，另外墙也需要创建至正确的高度。当墙横跨不同高度时，如果BIM建模软件允许模型为具有不同高度的单个墙，则作为一个墙创建，也可以创建多重墙	
	楼梯、踏板及坡道	仅创建结构部分的楼梯、踏板和坡道 如果BIM建模软件中无法创建时，则为具有特殊形状的楼梯、踏板和坡道创建物件。如果有需求则楼梯平台及阶梯平台可以板来创建，在这种情况下定义它们对应的“类”	
	出入口	按照建筑师给的位置和尺寸资料创建门、窗及空气流通的结构洞。按照MEP工程师给的位置，尺寸资料创建MEP构件，如管道的结构洞。按照建筑师和MEP工程师给的位置和尺寸资料创建楼板留洞	
	特殊结构：人防空间、隧道、架空走廊、外部结构物、阳台、雨篷、游泳池、临时结构物、其他	使用墙、板、柱、梁以及出入口创建或作为一个物件放置并相应地定义“类型”。核对它们建模指南的具体构件	当设计不能确定时，构件可以按照在初步设计中与建筑师和MEP工程师的协调作为参考进行创建

续表

阶段	构件	建模指南	备注
详细设计 注：初步设计模型进一步细化为详细设计模型	一般要求	使用实际/精确的尺寸创建所有构件 创建所有对设计协调来说关键并所需构件（基于工程需要）。按照BIM建模软件的性能，细化连接/接头以及元件，详情说明可作为2D导入，其通过能与BIM建模软件相连接的设计工具自动生成。按每一不同ST递交材料或每个约定的工程计划划分工程/建筑，按照计划继续进行建模	成果：ST递交材料。参考BCA's BIM电子递交材料要求和指南，使用BIM电子递交材料模板 成果：投标图纸 成果：用于建筑师和MEP工程师协调的模型
	参考初步设计	用更多确定的参数如位置、尺寸以及材料细化初步设计。更新有助于详细工料估算的正确类型定义	按照工程需要，仅为建筑的约定部分做出详细说明
施工 注：与承包商和分包商一起工作来细化详细设计模型成为施工模型	参考详细设计模型	由于其他规范和变更/RFIs，详细设计模型更新的结果影响部分建筑，创建该部分模型。如果必要的话，结构物的深化应在施工图上详细说明	成果：施工模型
竣工	参考施工模型	当建筑完成时，顾问应按照承包商的资料，检查详细设计以与最终实施（竣工）相符合	成果：FM/业主在入住期间用来进行空间管理，建筑维护和修改的模型

（5）MEP BIM建模规则

MEP BIM建模规则见表9-5-5～表9-5-8。

表9-5-5 ACMV BIM建模规则

阶段	构件	建模指南	备注
概念设计	系统单线图	使用系统图来表示整个系统分布在系统图中包括设备标志	成果：原理图
初步设计	空间物件	使用框物件来代表MEP系统所需的空间。为空间物件增加名称和颜色	成果：初步模型 为不同区域显示主要分布。监理工程师应核实建筑师的空间分配
	区域物件，空气处理机组，冷却机组，变量制冷剂机组，冷却塔，排气管，新风管，送风管，回风管，风管，冷冻水供水管，冷冻水回水管，冷凝排水管	划分规划中对颜色说明有共同设计要求的空间。使用正确的BIM通用物件创建每一个构件。每一个构件应有近似尺寸。仅显示系统的主路径。所有管道和管线应连接到设备上不需要固件和悬挂件。内联配件，如阀、防火阀、流量控制阀和空气过滤器不作要求。使用CP83标志	

续表

阶段	构件	建模指南	备注
详细设计	初步设计的主要构件。防火阀，电动阀，流量控制阀，室内外分体式空调。排风机。新风机。其他风机如诱导风机。散流器，空气罩，通风百叶，空气过滤器，调节器。风机盘管。控制面板，操纵控制，BMS和DDC面板。BNS控制和监测模块	使用CP83标志和颜色标准。使用符合于具有实际尺寸、材料、类型代码以及性能标准的实际部件的物件创建每一个构件。为实现管线综合，应添加保温层来反映实际尺寸。管道间以连接配件相连接。不同的BIM构件创建时应作相应的区分，如使用适当的名称和颜色。管道的坡度应如实创建。应考虑所要求的装配空间，交叉空间以及维护空间。无须创建固件和悬挂件。工业产品族库在建模软件允许的条件下可以使用。防火等级应包括在防火阀构件内。管道附件应遵循设计图中CP83标志。对于设计协调，文件如协调服务计划、截面、标高等应从模型中提取	成果：电子递交材料和投标的详细模型。对于BIM电子递交材料，也可参考递交材料指南。服务项目应与建筑模型相协调。按照计算或分析，机械部件的拟议位置，如风机房，FCU应由建筑师批准
施工	构件与详细设计阶段相同	创建需要注意的部分建筑。承包商做出并由顾问批准的所有变更应清楚地标注。在BIM工具中没有的部件可用具有适当标识和属性的一个盒子代替，如设备名称、性能等。模型中从建筑完成面或在模型中的某些参照的系统组成的构件高程应清楚地标注。对于施工协调文件，如协调服务计划、截面、标高等应由模型中提取。如有需要，固件可进行创建	成果：具有施工详细说明的模型。承包商来细化详细设计BIM成为施工BIM
竣工	构件与施工阶段相同	当施工完成时，顾问应按照承包商的资料，检查详细设计，以与最终实施（竣工）相符合	成果：FM/业主在入住期间用来进行空间管理、建筑维护和修改的模型

表 9-5-6　管道和卫生设施 BIM 建模规则

阶段	构件	建模指南	备注
概念设计	系统单线图	使用系统图来表示整个系统分布。系统图中包括设备标志	成果：原理图
初步设计	空间物件	使用框物件来代表MEP系统所需要的空间。为空间物件增加名称和颜色	成果：初步模型。将主要分布情况呈现给不同区域。监理工程师应核实建筑师分配的空间
	区域物件，管道设备、管道附件。污水坑、水池、储水箱，压力容器。水表室。检修孔，出口，表面水槽	划分计划中对颜色说明有共同设计要求的空间。使用正确的BIM通用物件创建每一个构件。每一个构建应有近似尺寸。仅呈现系统的主管。所有主管应连接到设备上。无须固件和悬挂物件。内联附件如，阀、过滤器、水表不作要求。使用CP83标志	
详细设计	初步设计中的主要构件。上水管，配件，阀，包括冷热水管、雨水和暴雨水管。污水渠道和厨房废水管道工程包括地漏，集水明沟，密封集水沟，清扫口，通气管。控制面板、检测和控制传感器。地下供水公共设施。地下排水公共设施	使用CP83标志以及颜色标准。使用具有实际尺寸，材料，类型代码以及性能标准的实际部件来创建每一个构件。为实现管线综合，应添加保温层来反映实际尺寸。系统管道间以配件连接。不同的BIM构件创建时应作相应的区分，如使用适当的名称和颜色。管道的坡度应如实创建。应考虑所要求的装配空间、交叉空间以及维护空间。无须创建固件和悬挂件。在工业产品族库在建模软件允许的条件下可以使用。管道附件应遵循设计图中CP83标志。对于设计协调，文件如协调服务计划，截面，标高等应从模型中提取	成果：电子递交材料和投标的详细模型。对于BIM电子递交材料，可参考递交材料指南。服务项目应与建筑模型一致

续表

阶段	构件	建模指南	备注
施工	构件与详细设计阶段相同	创建需要更注重的那部分建筑。承包商做出并且经顾问批准的所有变更应清楚地标注。在BIM核心建模软件中不能找到的物件可通过具有适当标识和属性（如设备名称、性能等）的一个盒子代替。包含从建筑完成面以上的构件高度或在模型中对应的参照系统应作清楚的注解。对于施工协调，文件如协调服务计划，截面，标高等应从模型中提取。如有需求，固件可进行创建	成果：具有施工详细说明的模型。承包商来详细设计BIM成为施工BIM
竣工	构件与施工阶段相同	当施工完成时顾问应按照承包商的资料，检查详细设计，以与最终实施（竣工）相符	成果：FM/业主在入住期间用来进行空间管理、建筑维护和修改的模型

表 9-5-7　防火 BIM 建模规则

阶段	构件	建模指南	备注
概念设计	系统单线图	使用系统图来表示整个系统分布。系统图中包括设备标志	成果：原理图
	空间物件	使用框物件来代表MEP系统所需的空间。为空间物件增加名称和颜色	
初步设计	区域物件	划分规划中对颜色说明有共同设计要求的空间	成果：初步模型 将主要分布情况呈现给不同区域
详细设计	初步设计的主要构件、喷淋管道、消防喷淋泵、喷头。SIB（副指示面板）。喷淋控制阀组（截止阀，带有指示器的附属阀，报警阀，湿式报警警铃，末端试水装置，压力表以及水流指示器）。消防栓和软管卷盘，包括街道消火栓系统。消防警铃、消防揿手。防火卷帘和上部防火机罩、气体灭火管。热感或烟感，控制面板，监测和控制传感器，水泵控制面板，检测表位。消防栓、消防栓箱、灭火器	使用CP83标志和颜色标准。使用符合于具有实际尺寸，材料，类型编码和性能标准的实际部件的物件创建每一个构件。为实现管线综合，应添加保温层来反映实际尺寸。类型，表面处理，温度等级以及喷嘴保护面积应注明。不同的BIM构件创建时应作相应的区分，如使用适当的名称和颜色。系统管道间以配件连接。应考虑所要求的装配空间、交叉空间以及维护空间。无须创建固件和悬挂件。工业产品族库在建模软件允许的条件下可以使用。管道附件应遵循设计图中CP83标志。消防栓箱的尺寸对于设计协调，文件如协调服务计划，截面，标高等应从模型中提取	产出：电子递交材料和投标详细模型。对于电子递交材抖，可参照递交材料指南。服务项目应与建筑模型相协调。监理工程师应核实建筑师分配的空间

续表

阶段	构件	建模指南	备注
施工	构件与详细设计阶段相同	创建需要更注重的那部分建筑。承包商做出并经顾问批准的所有更改应清楚标注。在BIM建模软件中没有找到的物件可通过具有适当标识和属性（如设备名称，性能等）的一个盒子替代。包含从建筑完成面以上的构件高度或在模型中对应的参照的系统应作清楚的注解。对于施工协调，文件如协调服务计划，截面，标高等等应从模型中提取。如有需求，固件可进行创建	成果：具有施工详细说明的模型。承包商来详细设计BIM成为施工BIM
竣工	构件与施工阶段相同	当施工完成时，顾问应按照承包商的资料，检查详细设计，以与最终实施（竣工）相符合	成果：FM/业主在入住期间用来进行空间管理、建筑维护和修改的模型

表9-5-8 电气BIM建模规则

阶段	构件	建模指南	备注
概念设计	系统单线图	使用系统图来表示整个系统分布。在系统图中包括设备标志	成果：原理图
	空间物件	使用框物件来代表MEP系统所需要的空间。为空间物件增加名称和颜色	
初步设计	区域物件、变压器。高压和低压配电盘，开关设备、塑壳式断路器板、微型断路器板。电缆桥架、线槽和电缆密封。电气立管。发电机和排气烟道，包括消声处理、柴油箱和燃油管。电信设备和机柜	划分规划中对颜色说明有共同设计要求的空间。使用正确的BIM通用物件创建每一个构件。每一个构件应有近似尺寸。仅呈现系统的主管道。所有电线线架、管线和线槽应连接于设备上。电线、固件和悬挂件不需要。内联附件，如阀、防火阀、流量控制阀和空气过滤器没有要求。使用CP83标志	成果：初步模型。将主要分布情况呈现给不同区域
详细设计	初步设计的主要构件。灯具、照明器材、住房灯具。线管、母线槽、电源供电。隐藏和就地浇筑的管道。出口、面板、墙壁开关、环形设备、安全装置、门禁卡，“插头模具”（插座点）。与通道、数据通信、安全系统和电气设备相关联的线管。安全系统包括摄像机、智能卡系统、门监控系统、停车场控制系统、路闸。设备和相关装置由公共事业公司维护	使用CP83标志和颜色标准。使用与实际尺寸、材料、类型编码和性能标准一致的部件的物件创建每一个构件。为实现管线综合，应添加保温层来反映实际尺寸。系统管路应以配件相连接。不同的BIM构件创建时应作相应的区分，如使用适当的名称和颜色。应考虑所要求的装配空间，交叉空间以及维护空间。无须创建固件和悬挂件。工业产品族库在建模软件允许的条件下可以使用。电气设备，如开关，电源插座，电话和电视插座应遵循平面图中的CP83标志。对于设计协调，文件如协调服务计划，截面，标高等应从模型中提取	成果：电子递交材料和投标的详细模型。对于BIM电子递交材料，也可参照递交材料指南。服务项目应与建筑模型相协调。监理工程师应核实建筑师所分配的空间

续表

阶段	构件	建模指南	备注
施工	构件与详细设计阶段相同	创建需要更注重的那部分建筑。承包商作出并经顾问批准的所有更改应清楚标注。在BIM建模软件中没有找到的物件可通过具有适当标识和属性（如设备名称、性能等）的一个盒子替代。包含从建筑完成面以上的构件高度或在模型中对应参照的系统应做清楚的注解。对于施工协调，文件如协调服务计划，截面、标高等应从模型中提取。如有需求，固件可进行创建	成果：具有施工详细说明的模型。承包商来细化详细设计BIM成为施工BIM
竣工	构件与施工阶段相同	当施工完成时，顾问应按照承包商的资料，检查详细设计，以与最终实施（竣工）相符合	成果：FM/业主在入住期间用来进行空间管理、建筑维护和修改的模型

9.6 BIM项目实施计划模板之一

该模板由美国宾州州立大学计算机集成建设（CIC）调研小组“BIM项目实施模板”改编，可以在CIC网站http：//bim. psu. edu/Project/resources/单独下载。需要强调的是，该模板实例源于美国实务，必要时，用户可以将内容进行适度调整以适应本地实际情况。

（1）A部分——BIM项目实施计划综述

为保证项目中建筑信息模型（BIM）的顺利实施，该项目组研发了详细的BIM项目实施细则。该细则界定了关于此项目中BIM的应用（例如，授权、成本估计、协同设计），以及贯穿实施整个项目作业期的详细进程。在此附上适用信息，例如，BIM任务声明。此处为附加BIM综述信息之用，附加详细信息可以作为附件，附在此文件中。需要强调的是，指南完成指令和示例当前显示为灰色。该文本应予以修改以适应组织完成模板需要，一旦修改以后，该文本格式应该予以修改以与文件的其他部分相配，多数情况下，该操作可以通过选定模板样式中的普通样式来完成。

（2）B部分——项目信息

该部分规定了基础项目参考信息以及已经确定的项目时间表。包括项目所有人、项目名称、项目位置以及地址、合同样式/运送方式、简要项目说明、附加项目说明、项目编号、项目进度/阶段/时间表。项目进度/阶段/时间表中包含BIM时间表、设计前准备、重大设计复审、股东审查，或者其他发生在项目作业期中的重大事件。

（3）C部分——关键项目联系人

该项目各个机构中BIM联系人名单。随后，也可在文件中添加附加联系人。

（4）D部分——项目目标/BIM应用

对BIM模型和设施数据如何发挥杠杆作用使项目价值最大化进行描述（例如，设计变更、作业期分析、进程安排、估算、材料选择、预处理机会、场地布置，等等）。BIM目标及使用分析工作表可参考网站www. engr. psu. edu/bim/download。

1）BIM主要目标/目的。

2）BIM使用分析工作表（附件1。限于篇幅，本书略）。BIM目标及使用分析工作表可参考

网站 www.engr.psu.edu/bim/download。附加的 BIM 目标及使用分析工作表为其中的附件 1。

3）BIM 使用。BIM 项目实施规划指南中使用说明参见 www.engr.psu.edu/BIM/BIM-Uses。

（5）E 部分——组织职责/职工安排

确定该项目的 BIM 职责责任以及 BIM 应用中的人员分配。

1）BIM 职责。对 BIM 职责进行描述，例如，BIM 管理人员、项目经理、绘图员，等等。

2）BIM 应用中的人员分配。对所有选定的 BIM 应用程序，确认该应用分配以及执行的机构组织的小组，并对所需的时间进行评估。

（6）F 部分——BIM 进程设计

为在 D 部分中选定的每个 BIM 应用程序提供进程图：项目目标/BIM 目的。这些进程图为每个 BIM 应用实施提供详细计划，同时对每项活动特定信息交换进行定义，并为整个实施计划奠定了基础。

1）一级进程综述图（附件 2。限于篇幅，本书略）。

2）二级 BIM 使用进程详图表单（附件 3。限于篇幅，本书略）。

（7）G 部分——BIM 信息交换

通过使用信息交换工作表，按照学科、详细程度以及其他对于该项目重要的特定属性，将模型元件记录文档中。

1）信息交换工作表表单（附件 4。限于篇幅，本书略）。

2）模型定义工作表（附件 5。限于篇幅，本书略）。

（8）H 部分——BIM 以及设施数据要求

该部分应包含业主对于 BIM 的要求。将业主对于 BIM 的要求考虑到其中非常重要，以便其能够包含本项目 BIM 进程中。

（9）I 部分——协作程序

1）协作策略。描述该项目团队将如何协作，其中包括交流方法、文件管理及转交、记录存储等项目。

2）会议程序。

3）信息交换模型递交时间表的提交和审批。将该项目所发生的信息交换和文件传输以文档形式记录下来。

4）互动工作区。该项目团队应该考虑贯穿整个项目作业期所需的物理环境并使其适应能够提高 BIM 计划决策进程的必要协作、交流以及审核，包括关于本项目工作平台的所有附加信息。

5）电子沟通程序。解决文件管理问题以及为每个问题的步骤进行定义：许可/访问、文件位置、FTP 站点位置、文件传输协议、文件/文件夹的维护，等等。

（10）J 部分——质量控制

1）质量控制整体策略。描述模型质量控制的策略。

2）质量控制检查。执行检查以保证质量。

3）模型精准度以及允许误差。模型应该包含以设计意图、分析和建造为目的所需的所有适用尺寸，其模型的详细等级以及所包含的模型元件列示在信息交换工作表中。

（11）K 部分——技术基础设施需求

1）软件。列出递交 BIM 所应用的软件。

2）电脑。一旦信息在一些学科之间和单位之间共享，硬件规格会显得非常有价值。当

确保下端硬件不会逊色于创建信息所用的硬件时，硬件的规格显得同为重要。为了确保不会发生此种现象，硬件应选用最高规格以及最适合绝大多数BIM使用的配置。

3）建模内容以及参考信息。识别组和工作区以及数据库细目。

（12）L部分——模型结构

1）文件命名构架。确定并列出模型文件名称的构架。

2）模型结构。描述使用到的测量系统（公制或者英制）和坐标系（空间参照式）。

3）BIM及CAD标准。识别BIM和CAD标准，内容参照信息，IFC版本等项目。

（13）M部分——项目交付

在这一部分中，列出该项目中BIM可交付成果及信息递交格式。

（14）N部分——递交策略/合约

1）项目的递交和合约策略。需采用何种附加措施来选定递交方法和合同形式并顺利使用BIM。

2）团队选择程序。对于以上递交策略及合同形式，你将如何选择以后的团队成员。

3）BIM订约程序。BIM应如何写入以后的合约当中？（如果文件/合约已经形成可附上附加，比如附件6。限于篇幅，本书略）

（15）O部分——附件

其他需要说明的问题。

9.7 BIM项目实施计划模板之二

该模板由印第安纳大学“BIM项目实施模板”改编，可以在印第安纳大学BIM标准网站下载，网址为 http：//www.indiana.edu/。需要强调的是，该模板实例源于美国实践，必要时，用户可以对内容进行适度调整以适应本地需求。

（1）综述

该BIM实施计划的目的是提供一种框架，以便业主、建筑师、工程师、施工经理更高效且更具经济性地为本项目开展BIM技术应用。该计划中描述了每一方的职责和责任，共享信息的细节及范围，相关业务的进程以及支持的软件。所有用灰色显示的文本只为解释说明，不能视为对此实施计划的正式应答。

（2）项目启动

该部分对贯穿整个项目阶段中的核心协作团队、项目目标、项目阶段以及整体沟通计划进行了定义。

1）A——项目信息。包括项目名称、项目号、项目地址、项目描述。

2）B——核心协作团队，见表9-7-1。

表9-7-1　核心协作团队

联系人姓名	职务/头衔	公司	电子邮件	电话

3）C——项目目标以及目的，见表 9-7-2。

表 9-7-2　项目目标以及目的

项目目标	目的（阶段性目标）	实现	项目时间表

4）D——协作流程绘图（协调计划），见表 9-7-3。

表 9-7-3　协作流程

流程	涉及项目股东				
	业主	建筑师	顾问工程师	施工经理	委托代理商
概念化/项目需求					
标准设计/方案设计					

5）E——项目阶段/里程，见表 9-7-4。

表 9-7-4　项目阶段/里程

项目阶段/里程	预计开始日期	预计完成日期	涉及项目股东
深化设计/设计开发			
实施文件/施工文件			

（3）建模计划

在该项目不同阶段中对需建立模型预先规划，负责模型的更新与分配，尽可能地预先对模型的内容及形式进行确定可以帮助该项目在每阶段中更高效、更经济地运行。

1）A——模型经理。负责进行建模的任何一方，例如，业主、建筑师、承包商，或者副顾问须为该工程分配一名模型管理人。每一方派出的模型经理具有一系列的责任，其中包含但不限于从一方向另一方转交建模内容；验证项目每一阶段中要求的精度等级和控制要求，见表 9-7-5。

表 9-7-5　模型经理

股东公司名称	模型经理姓名	电子邮件	电话

2）B——已计划模型。在以下表格中，列出该项目中将创建模型的大纲。递交模型时，列出模型的名称、模型内容、项目阶段、该模型的授权公司，以及使用到的模型授权工具。对于该项目中不会用到或者建立的模型，在该行中留出空白，为预期所需而还没有列出的模

型形式添加行列，见表 9-7-6。

表 9-7-6　已计划模型

模型名称	模型内容	项目阶段	授权公司	授权工具
建筑模型	建筑物体，代码信息	概念化/要求阶段的项目		二维建筑自动办公软件

3）C——模型组件。作为项目后期阶段可用性的帮助之用，详细列出模型应该呈现的内容、精度等级以及文件命名结构。

① 文件命名结构。确定并列出模型文件名称的结构。模型文件名称的形式须按照建筑模型 ARCH、土工模型 CIVIL 命名。

② 精密度和尺寸。模型中应该包括以设计、施工目的所需的所有适用尺寸。除以下标注的特例外，本模型应视为精确和完整模型。在以下列表中，输入被视为无法完全精确组装布置的以及不应该依赖布置或组装的项目。被视为无法进行精确尺寸标注或组装布置的项目是 MEP 和施工。

③建模物体属性。建模对象和装配中的属性信息等级取决于模型中实施的分析形式，参见后续（分析模型）将实施的分析形式。

④建模精度等级。在以下模型中详细标出其精度等级，该精度等级可以按照排除部分或物体的大小进行定义。对排除部分，在相关表格（表 9-7-7）中列出不包含在模型中的物体。对大小，任何小于［TBD］的物体都不应该包含在该模型中。

表 9-7-7　排除部分

不包含在模型中的项目	细目
建筑上	
MEP	

⑤ 详细建模计划。涉及概念化/规定阶段项目（包括目标、模型作用、责任）；标准设计/方案设计阶段；详细设计/设计发展阶段；实施文件/施工文件阶段；代理协作/投标阶段；施工阶段；设备管理阶段。

（4）分析计划

通过列示并标明在项目开始时可能会要求到的分析形式，可以确保关键模型会包含相关信息，使得分析更简易、更有效。

1）A——分析模型。在项目工作范围可能要求执行某种分析，例如下方列举的已建或者特别建立的模型分析。在多数情况下，分析质量取决于原始模型的分析。因此，执行该分析的项目团队应该向原始模型授权团队的成员积极沟通关于分析的要求。包括工料估算分析、进程安排分析、视觉化分析、能量分析、结构分析。

2）B——详细分析计划。对于可能实施在项目中的每种分析，列出用于分析的模型，哪家公司将执行这个分析，分析要求的文件格式，预计的项目阶段以及将使用的分析工具。如此分析需其他特殊指令，标注特别指令栏，并在下一部分列出特别指令表的细目，见表 9-7-8。

表 9-7-8 详细分析计划

分析	分析工具	模型	授权公司	授权工具
工料估算		所有模型		. rvt

3）C——冲突检测进程。进行冲突检测分析是为了检测一种或者多种模型设计之间的干扰。为了减少创建当中的变更令，冲突检测应提早执行，并贯穿于整个设计进程。为了冲突检测的适当进行，你的项目中的模型需要有一个共同参照点，而且必须与冲突检测工具兼容。

（5）同步竣工建模计划

竣工建模将在建筑师、顾问以及施工团队之间的协作努力下进行。施工工程中，设计团队应将信息请求（RFIs）引发的变动、建筑师的补充指令（ASIs）以及变更令包含于建筑咨询模型当中。在施工过程中的指定日期，建设团队应按照施工转化图，协作图或者变更令提供给设计团队必要的变动信息。按照要求，施工完工形式应按照指定日期经激光扫描核查。设计团队应将施工团队汇报的变动包含进建筑及顾问模型当中。在施工结束后，已更新的建筑及顾问模型将用于设备管理。创建获取时间表，见表 9-7-9。

表 9-7-9 创建获取时间表

项目	日期	设计方
创建获取 1		建设团队、设计团队【激光扫描】

（6）协作计划

提早创建相关“定义许可和文件结构”的协作计划，能帮助团队成员在整个项目中有效地进行沟通、共享、检索信息，这样可以从协作项目管理体系中收获最大信息，节省时间，增加 ROI。

1）A——文件管理。一套协作项目管理体系必须在项目开始前经过调查和同意。该协作项目管理体系的要求为基于互联网或者网络化以便于所有的相关授权的项目团队成员能够远程接触；为该项目不同的团队成员提供不同的权限档案。

2）B——文件管理解决方案。由业主提供一套文件管理解决方案，并将所使用的文件管理解决方案命名为［TBD］。建筑师将创建文件管理网站并为网站设置所有权限，并且面向全体项目团队开设关于网站如何使用的训练课程。该网站自签署文件起须进行维护直到建筑完工。

9.8 BIM 特殊条款示样

在项目中运用 BIM 技术时，以下示样 BIM 特殊规定可能会并入主要协议当中，作为主要协议下的部分服务范围。请在使用 BIM 特殊规定前阅读以下注释。

9.8.1 注释

A——该文件主要用于涉及建筑信息模型的施工项目，称为BIM特殊条款。该项目中所有相关方需将BIM特殊条款作为合同文件并入他们在此项目中各自的服务协议、供应以及/或者施工当中。

B——该文件由国家建设主管部门（BCA）任命的BIM指导委员会（BIMSC）撰写。BIMSC由建筑业中跨域广泛的代表们组成。BIM特殊条款是经由BIMSC全体成员决议一致通过后产生的。

C——该BIM特殊条款适用于所有采购方法。然而，该文件并不完全包括BIM使用当中的问题，特别是针对特定用户的那些特别条款。因此BIMSC鼓励用户审查或修改BIM特殊条款以增强其在不同项目中的适用性。用户在进行BIM特殊条款修改前须获得相关专业或法律建议。

D——请参照该文件末尾处的“用户注释”，以获得更多信息。

9.8.2 建筑信息模型的特殊条款

（1）定义

1）BIM意为建筑信息建模，指创建模型的过程与技术。

2）BIM指南指的是国家建设主管部门发布的有效BIM使用指南（国家BIM指南）或是在“主要协议”当中明确注明的的关于BIM的使用指南。

3）BIM特殊规定指的是针对BIM的这些特殊规定。

4）BIM实施计划指的是BIM特殊规定中第4条的指定的计划。

5）BIM经理意为业主根据第3条任命人员，企业或者公司充当BIM经理，包括业主为了替换现任BIM经理所任命的任何个人、企业或者公司。

6）施工文件指的是设计师为本项目制定的所有图纸、计算、计算机软件程序、试样、模式和其他具有相似属性的信息，而非单单的某个模型。

7）参与指的是该项目中的一方（a）创建或者准备；（b）在本项目模型或者与之相关模型中合并、分配、传输、沟通又或者与该项目的其他方分享使用的表述、设计、数据或者信息。

8）设计师指的是根据相关“主要协议”，对该项目全部或者部分设计负责的该项目中的一方或者多方。

9）图纸指的是（a）那些单独建立，且非来源于模型的，并且在“主要协议”当中充当合同文件的二维平面图、略图或者其他图纸；（b）经多方指定被充当合同文件的独立图纸及注释所补充的那些来源于模型中的二维投影。

10）业主指的是该项目的所有者，包括任何政府或者法定机构。

11）模型指的是对该项目物理以及功能特性的一种数码呈现，即以具有符合比例尺的空间关系及大小的电子形式的建筑构件来反映立体物的三维再现。模型中可以包含附加的信息或者数据，模型可以用来描述模型构件（即用模型的一部分代表该项目或者项目场地的一个组件、系统或者装置），单独的模型，或在集合或联合中的多个模型，BIM是创建该模型所用的程序和技术。

12）最终设计模型指的是：（a）按照BIM实施计划指定，对该项目需要建模的各方面塑造的模型；（b）项目的各方面达到了竣工阶段，并且通常用二维施工图表示的模型。其中不包括分析评估、初始设计、研究或者渲染。按照定义的指示，设计师准备的但却没有达到该定义的竣工阶段的模型称为模型。

13）模型作者指的是负责开发某种特定模型构件的精密等级至该项目的特定阶段。模型作者可通过BIM实施计划的模型构件表中标注出来。

14）模型用户指的是经授权使用该项目中模型，例如用于分析、估算或者进程安排的个人或者实体。

15）主要协议在对该项目对任何一方的关系中，对该方已经输入到该项目中的服务、供应或者建设的协议。

16）项目指的是各方根据他们各自的主要协议执行BIM的项目。

（2）通用原则

1）项目中的各方应将BIM特殊条款列入各自的服务、供应以及/或者建设的协议当中，其中要求至少有一方负责BIM的执行应用。该BIM特殊规定应按照实际使用情况，向下传达至副顾问、供应商以及分包商。

2）BIM特殊条款不会改变主要协议当中规定的该项目中各方的任何契约关系，或是转移各方的额外风险，尤其有以下四点。

①该BIM特殊条款中绝不能解除设计师作为整个项目负责人或者部分项目负责人的义务，或者削弱其职责。

②凡根据适用法律或者在合同当中，业主授权给任何一方充分的设计权利，而BIM特殊条款则不能削除业主授予给任何一方的设计权力程度。

③承包商或其分包商以及供应商不应参与到BIM的执行中去，除非在该项目中，承包商及其分包商以及供应商在其各自的主要协议中已经承担了设计责任。

④当模型与任何的图纸发生不一致的时候，应优先选择图纸。

3）当BIM特殊条款与可适用的主要协议发生不一致的时候，应优先选择BIM特殊条款。

4）关于BIM中产生的模型。涉及以下四方面问题。

① 最终设计模型无须达到可提取精确的材料或者物体的数量所需的精密等级，除非各方在BIM实施计划中另有批准。

② 在主要协议当中所注明的尺寸允差应应用到模型当中，除非各方在BIM实施计划中另有批准。

③ 如果最终设计模型与其他模型出现冲突，应优先采用最终设计模型。

④ 如果项目中的任意一方意识到在主要协议中，一个模型与另一模型或者任何合同文件之间出现不一致时，该方须立即通知主要协议中的所有其他方以及BIM经理。

（3）BIM管理

1）业主应向该项目任命一名或者多名BIM经理。对于所有BIM经理的报酬或者相关费用应由业主支付，除非该项目中各方另达成同意。业主可以另外任命该项目中的任何一方或者多方为BIM经理，除了其在主要协议下具有的责任和业务。

2）BIM经理的职责和责任应与BIM指南为准，除非在BIM实施计划中有其他的明确规定。

（4）BIM实施计划

1）BIM经理应按照需求随时召集涉及BIM实施的所有项目各方开会，协商以及竭尽他们最大的努力以使 BIM 实施计划的项目或者修改达成一致。

2）该项目实施计划以及模型的开发应与 BIM 指南一致。

3）BIM 经理应按照需求随时召集涉及 BIM 实施的所有项目各方开会，以确定最终的设计模型。

4）BIM 经理应主持所有会议。当对于 BIM 实施计划中某些条款或者条款修订有反对意见时，该 BIM 经理的决定将是最终并具决定性的。如根据第 3 条有超过一个以上的 BIM 经理，那么最终的决定必须是所有 BIM 经理的一致决定。

5）如在 BIM 的实施计划中，有任何一方被要求执行或者实施任何超过其在主要协议下的工作范围之外的作业，那么该项作业应视为在主要协议下的附加作业或者变动。

（5）风险分配

1）在整个项目过程中，每一模型作者的成果都将与之后的模型作者以及模型用户共享。

2）在模型成果的内容中，模型创作者对于其中通过所提供的或在软件中自带的内容所生成的内容不具备所有权。除非另有授权，任何之后的模型作者或者模型用户对于模型的使用、修改或者其他流传只限于该项目的设计和施工，并且在 BIM 特殊条款中规定模型不可用作除规定外的其他用途。

3）当某特定模型构件的内容可能包括超出 BIM 实施计划指定要求的精密等级的数据时，模型用户以及之后的模型创作者应以 BIM 实施计划中以保证模型构件的精确性及完整性所要求的精密等级为准则。

4）对于使用或依赖任何与 BIM 实施计划中指定的精密等级不一致的某模型构件所产生的风险，将由之后的模型创作者或模型用户自行承担，且与原模型创作者无责。之后的模型作者以及模型用户应共同保障及维护由于他人未经授权的修改或使用原模型创作者的内容所产生的于原模型创作者的索赔。

5）对于作为合同文件中任何或所有的最终设计模型，各方应以最终设计模型中的信息的精确度为准（包括尺寸的精准度），除非 BIM 实施计划中另有规定。

6）任何关于各方成果的注意标准须与主要协议一致。如主要协议中无任何指定，须与可适用法律一致。

7）每一方须竭尽全力降低由于利用或使用其模型或最终设计模型所产生的索赔或者责任风险，包括迅速向有关方或者 BIM 经理报告在其模型或者最终设计模型中发现的任何错误、不一致或者疏漏。然而，该部分将不会免除任何一方的责任。

8）任何涉及建立模型的一方都不许对可能由其模型的使用超出 BIM 实施计划声明而产生的成本、支出、责任或者损坏。

（6）知识产权

1）主要协议中的各方须向其他方担保（a）该方是其所有成果版权的所有者，或者（b）该方经授予许可证或者另有包含在此成果中的版权持有人的授权以使该成果符合 BIM 的特殊条款的要求。各方应同意使其他方免除来自由于该方成果中包含侵权或者明确侵权相关引起的索赔。BIM 特殊条款中绝不限制、转换或影响任何一方可能拥有的关于任何成果的知识产权，除非有 BIM 特殊条款或者主要协议的明确授权许可。

2）在遵守上述 1）条中的规定下，各方在主要协议中对于其他方或者多方的授权，仅限于其他方或者多方在此项目中执行各自的职责和义务。涉及以下四方面问题。

① 对生产、分配、展示或其他仅在本项目范围内使用各方成果的有限，非独家授权许

可证。

② 仅以本项目为目的的再生产、分配、展示或者其他用途，以及本项目中各方向其他方授予的相同授权或者次级授权许可证。

③ 向该项目中的其他方授予相同的次级授权许可证，且被授权人在 BIM 特殊条款中视为合同关系。

④ 对再生产、分配、展示或者另行使用包含此成果的任何模型，又或者将其他模型和包含此成果的模型连接或者联系起来的有限非独家授权许可证。在该条中授予的有限许可证应包括在 BIM 特殊条款或者主要协议中准许的一切存档要求。

3）如果主要协议中的一方是该项目中另一方的成果版权持有者，或是该项成果的独家许可证的受让者，那么这里的持有者或者独家许可持有者应授予主要协议中的其他方或者多方授权其他方的权利，并按照前述 2）条中的条款授予本项目中其他方有限许可证。

4）业主在项目结束后对任何最终设计模型的使用权应服从业主和设计师之间的主要协议。

5）除非另有限定或者受主要协议中的许可证条款的明确限制，该 BIM 特殊条款中授予的非独家许可证将按照法律的许可继续保持有效。除此之外，在该项目最终结束后，该非独家许可证应只限于为该项目相关成果的档案副本的保留。

6）如有缺失该主要协议或 BIM 特殊条款中的相反表述时，该 BIM 特殊条款中的任何或为了遵循 BIM 特殊条款，该项目中的任何一方都不应视为或理解为其削除或者剥夺了该项目中的任何一方其持有的对任何模型的成果。其他为某一模型提供成果的多方个人或者实体都不应视为该项目中成果的共同作者。

9.8.3 用户注释

1）前述的 BIM 指南为由 BCA 发布的国家 BIM 指南或者在主要协议中明确提供的类似的其他指南。如果用户倾向于将其中任何一种指南应用到项目当中，那么将这点在主要协议中声明出来时绝对是主要的。

2）对于应用到某一项目中的 BIM 特殊条款，项目中多方应保证该 BIM 特殊条款作为合同文件的一部分并入副主要协议中，这点可以通过多种方法完成。对于更多通常地合同的当地标准形式的建议在以下列出。

① 房地产发展商工会合同设计和构建条件作为文档之一插入附录四当中：由国家建设主管部门发布的建筑信息模型的特殊条款（“BIM 特殊条款”）当下有效。按照前述精神，当计划使用另一种指南作为 BIM 指南时，指南应作为文档之一插入附录四中（限于篇幅，本书略）。由国家建设主管部门发布的建筑信息模型的特殊条款（BIM 特殊条款”）当下按照 BIM 特殊条款的精神，该 BIM 指南应为［指南的名称］。

② NCAL 相关分包合约规定。通过添加新的第四条（j）修改第四条，即（j）计划表 10，由国家建设主管部门发布的建筑信息模型的特殊条款（“BIM 特殊条款”）当下有效。按照前述精神，当计划使用另一种指南作为 BIM 指南时，按照 BIM 特殊条款的精神该 BIM 指南应为［指南的名称］。

③ NCAL 有关顾问任命的标准协议。作为文档之一插入相关条款中，即由国家建设主管部门发布当下有效的建筑信息模型的特殊条款（“BIM 特殊条款”）将应用在建筑信息模型的使用当中，按照前述精神，当计划使用另一种指南作为 BIM 指南时，那么应将其作为

文档之一插入该计划表的第一部分当中。由国家建设主管部门发布当下有效的建筑信息模型的特殊条款（“BIM 特殊条款”）将应用在建筑信息模型的使用当中，根据 BIM 特殊条款的精神，该 BIM 指南应为［指南的名称］。

④ NIA 合同。通过添加新的条款 6（g）以修改合同的第 6 款，即（g）由国家建设主管部门发布的建筑信息模型的特殊条款（“BIM 特殊条款”）当下有效。按照前述精神，当计划使用另一种指南作为 BIM 指南时，按照 BIM 特殊条款的精神，该 BIM 指南应为［指南的名称］。

⑤ NIA 分包合同。作为文档之一插入计划表中第 1 部分当中。由国家建设主管部门发布的建筑信息模型的特殊条款（“BIM 特殊条款”）当下有救。按照相关精神，当计划使用另一种指南作为 BIM 指南时，指南应作为文档之一插入该计划表第 1 部分。由国家建设主管部门发布的建筑信息模型的特殊条款（“BIM 特殊条款”）当下有效。按照 BIM 特殊条款规定精神，该 BIM 指南应为［指南的名称］。

⑥ NIA 任命规定（相关建筑师）。通过添加新的条款 1.1（11）以修改任命规定。即（11）建筑信息建模：由国家建设主管部门发布当下有效的建筑信息模型的特殊条款（“BIM 特殊条款”）将应用在建筑信息模型的使用当中，按照相关精神，当计划使用另一种指南作为 BIM 指南时，那么应如下所示，通过添加新的条款 1.1（11）以修改任命规定。由国家建设主管部门发布当下有效的建筑信息模型的特殊条款（“BIM 特殊条款”）将应用在建筑信息模型的使用当中，按照 BIM 特殊条款的精神，该 BIM 指南应为［指南的名称］。

⑦ 国家协议咨询工程师协会。在条款 1.1.1（1）中插入具体规定。即由国家建设主管部门发布的建筑信息模型的特殊条款（“BIM 特殊条款”）当下有效，按照相关精神，当计划使用另一种指南作为 BIM 指南时，应在条款 1.1.1（1）中插入具体规定。由国家建设主管部门发布的建筑信息模型的特殊条款（“BIM 特殊条款”）当下有效，按照 BIM 特殊条款相关精神，该 BIM 指南应为［指南的名称］。

第 10 章　Revit 族的特点及基本使用方法

10.1　概　　述

为方便用户使用 Revit，该软件专门编制有 Revit Architecture 族向导，族是使用 Revit Architecture 的重要内容，而且也是创建自定义内容的关键部分。要充分发挥 Revit 的功能就必须学会如何在项目中使用族，了解参数化设计和族创建的概念，掌握创建用户自己的族时使用的最佳做法。以上要求适用于初级、中级和高级 Revit Architecture 族用户，虽然任何绘图和二维或三维建模经验均有助于理解如何使用族，但在开始学习族之前应该先对 Revit Architecture 有大致的了解，为此，Revit Architecture 随软件提供有相应的教程，可通过单击“帮助”→“教程”访问该教程。所含的实践性教程使用的样板和族文件可从以下位置下载，即 http：//www. autodesk. com/revitarchitecture-familiesguide。这些文件大多数以 . rfa、. rte 或 . rvt 为扩展名，默认情况下会解压到“C：\ Documents and Settings \ All Users \ Application Data \ Autodesk \ RAC 2017 \ Training Files”（Windows 10）或“C：\ Program Data \ Autodesk \ RAC 2017 \ Training Files”（Windows 7）等各类 Windows 系统下的文件夹中，Windows 版本可从 XP 直到目前最新的版本。

10.2　Revit Architecture 族的特点

添加到 Revit Architecture 项目中的所有图元（从用于组合成建筑模型的结构构件、墙、屋顶、窗和门，到用于对建筑模型创建施工图的详图索引、装置、标记和详图构件）都是利用族创建的。通过使用预定义的族和在 Revit Architecture 中创建新族，可以将标准图元和自定义图元添加到建筑模型中；通过族还可以对用法和行为类似的图元进行某种级别的控制，以便用户轻松地修改设计和更高效地管理项目。

10.2.1　族的本质

族是一个包含通用属性（称作参数）集和相关图形表示的图元组；属于一个族的不同图元的部分或全部参数可能有不同的值，但是参数（其名称与含义）的集合是相同的；族中的这些变体称作族类型或类型。比如，家具类别所包括的族和族类型可以用来创建不同的家具，比如桌、椅和柜子；尽管这些族具有不同的用途并由不同的材质构成，但它们的用法却是相关的；族中的每一类型都具有相关的图形表示和一组相同的参数，称作族类型参数。在项目中使用特定族和族类型创建图元时，将创建该图元的一个实例；每个图元实例都有一组属性，从中可以修改某些与族类型参数无关的图元参数；这些修改仅应用于该图元实例，即项目中的单一图元；如果对族类型参数进行修改，这些修改将仅应用于使用该类型创建的所有图元实例。

（1）利用族和类型创建家具图元的过程

在项目中创建图元时，该图元将在项目中先按图元类别进行组织，然后按族、族类型和实例进行组织；所有这4个级别对项目中的图元提供了不同级别的控制。下面的示例演示了如何在项目中创建和控制书架。

1）确定图元类别。如图10-2-1所示，项目（和样板）中所有正在使用或可用的族都显示在项目浏览器中的“族”下，并按图元类别分组。图元类别定义了该图元最重要的识别和行为；启动创建某个家具的命令时，会自动将图元的类别确定为家具；该类别会设置该图元在建筑模型内的基本角色，确定与该图元交互的图元，并指定该图元将包括在用户所创建的任何家具明细表中。

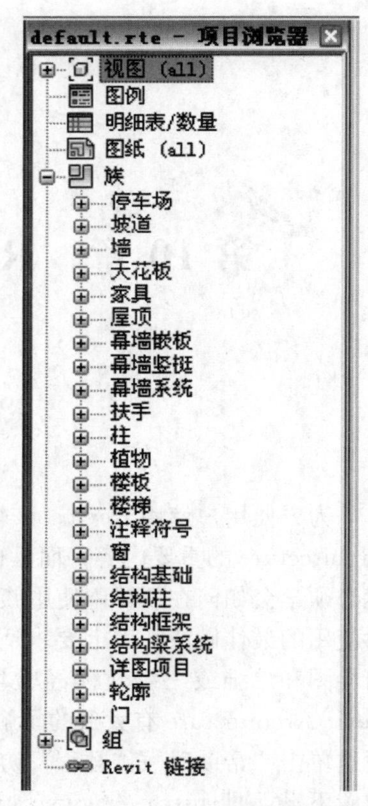

图10-2-1 确定图元类别

2）选择族。如图10-2-2所示，展开“家具”类别后，用户会看到该类别包含许多不同的族；用户在项目中所创建的所有家具都将属于其中一个族，除非用户专门指定一个族或载入其他族。就本身而言，族通常不会提供足够用来在项目中创建所需图元的信息；尽管族在基本特征和图形表示范围方面缩小了用户要创建的图元的定义，但是它并不指定图元的大小、材质或其他特定特征；因此，族中包含族类型。

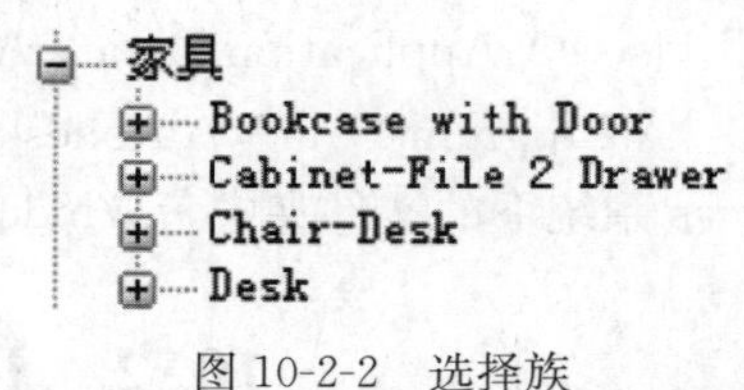

图10-2-2 选择族

3）指定族类型。族类型是族所代表的图元的不同种类，显示在家具族之下，见图10-2-3；针对下列每种类型，族都提供了用户所要创建的相应种类的家具（书架、橱柜、椅子或桌子），而族类型则指定了用户所能创建的图元的尺寸、材质和其他一些特性。

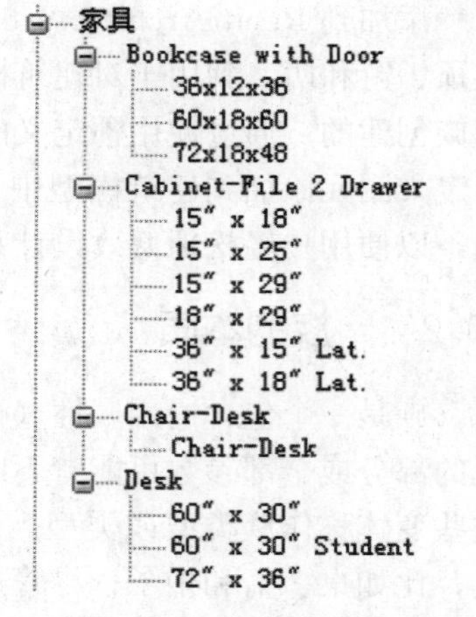

图10-2-3 指定族类型

4）创建实例。如图10-2-4所示，要将书架族中的任何家具类型添加到项目中，应启动“构件”工具；类型选择器中列出了项目中可用的书架族类型（组织顺序是先按族，然后按名称）；选择所需的类型，将其添加到项目中。在项目中创建图元时，所创建的是族类型的实例；如果创建一个书架图元，项目中会有一个该类型的实例，见图10-2-5。如果创建四个书架，项目中就会有四个该类型的实例，见图10-2-6。

5）进行修改。如图10-2-7所示，在项目中创建图元后，可以对它进行一些修改。如果选择前面示例中的一个或多个书架实例，然后单击鼠标右键，再单击“图元属性”，将会显示书架的“实例属性”；在“图元属性”中可

以对图元及其参数进行一些修改。

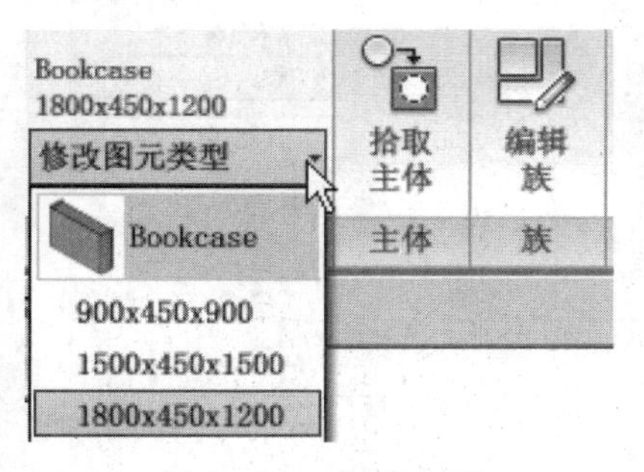

图 10-2-4　创建实例

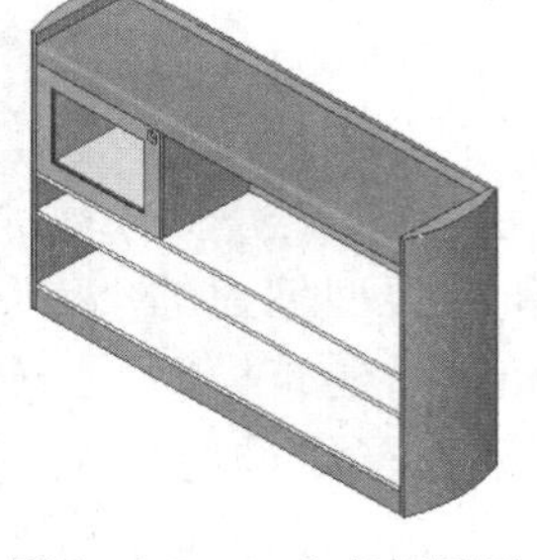

图 10-2-5　一个书架图元

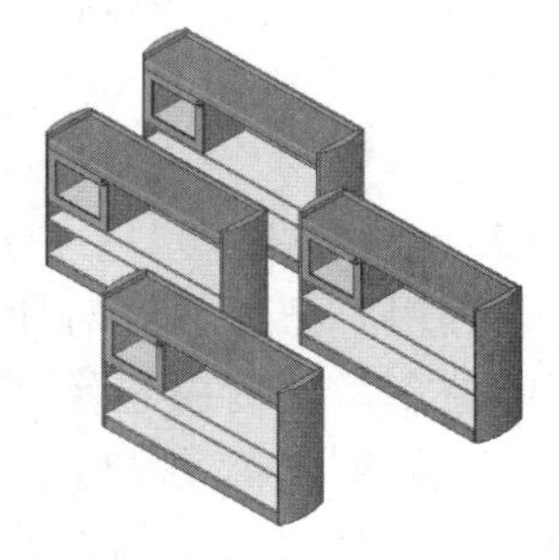

图 10-2-6　四个该类型的实例

6）修改实例参数。如图 10-2-8 所示，在“实例属性”对话框的“实例参数”下，向下滚动可查看书架的实例参数；可以修改所选书架实例的任何这些参数值；所做修改并不会应用到所有该类型的书架，而只是应用到所选的书架实例。该族包含一个实例参数，用于确定书架是否包含门。在上面的图示中，选中了 DoorIncluded 参数；如果在一个书架实例的“实例属性”对话框中清除 DoorIncluded 参数，该书架上将不再显示门。

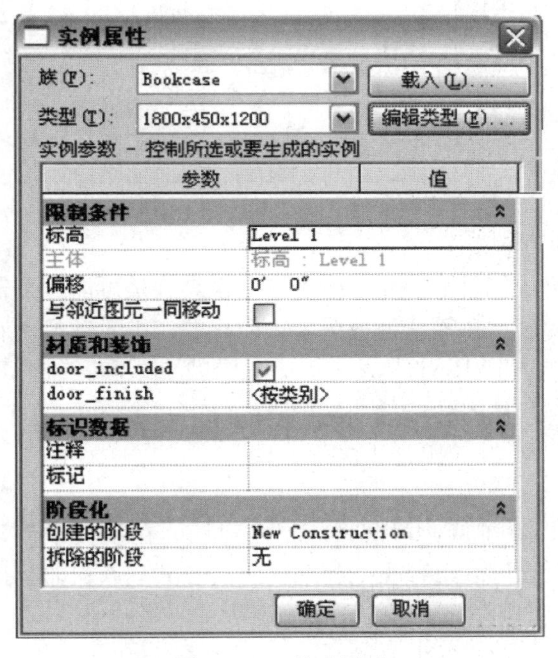

图 10-2-7　修改图元

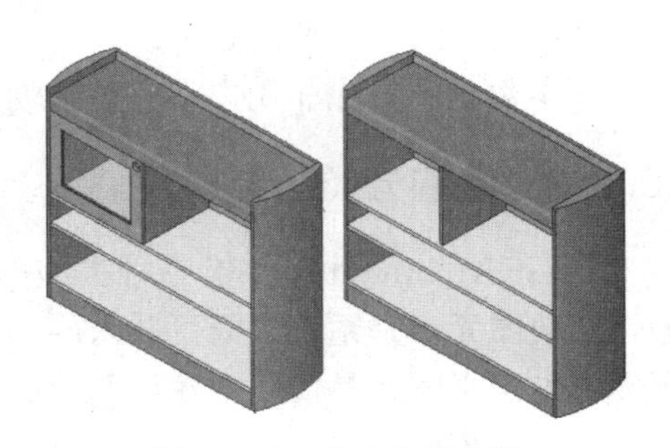

图 10-2-8　修改实例参数

7）修改类型参数。如图 10-2-9 所示，在“实例属性”对话框中，单击“编辑类型”可查看书架类型的“类型参数”。这些参数由项目中具有相同族类型的所有书架所共享；对这些参数所做的任何修改都会应用到项目中具有相同族类型的所有书架，而无论它们是否处于选定状态，都会如此。

8）修改族或族类型。还可以在“实例属性”对话框中修改书架图元的族类型，或者修改其族和族类型；要修改族，可在该对话框的顶部选择一个新族作为“族”；在本示例中，可以将书架族修改为创建不同样式书架的族，也可以将书架修改为完全不同的一件家具，比如橱柜。要修改族类型，可选择一个不同的类型作为“类型”；退出该对话框后，所选择的一个或多个实例将反映用户对族或族类型所做的任何修改。

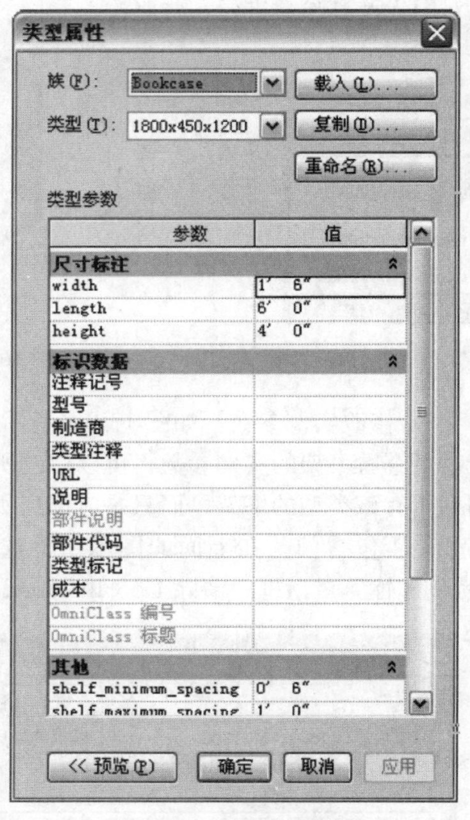

图 10-2-9　修改类型参数

（2）族在建筑模型中扮演的角色

既然用户已经看到对使用族和族类型创建的图元的控制，便可以想像到创建和记录建筑模型时族、族类型和族参数提供的灵活性；通过族、族类型以及类型和实例参数可以修改所创建的图元，这正是 Revit Architecture 中参数化建模的基础。除了进行前面介绍的演示的修改以外，还可以使用族、族类型和族参数执行以下四方面操作：将族类型添加到现有族中；创建用户自己的族，并通过添加族类型创建一些尺寸不同或具有不同材质的相同图元，而不必多次绘制构件；在一个族中创建可提供可选图元几何图形或材质的族类型参数；控制不同类型的施工图视图中的图元的可见性和详细程度。

所有族都可以是二维和/或三维族，但并非所有族都必须是参数化族；使用族创建且不需要多种尺寸或类型的图元均可保持非参数化。墙、门和窗族是三维族的示例，相应地显示在等轴测视图和平面视图中；注释详图族是二维族的示例，它们不需要三维表示；家具族是可能分别需要三维和二维表示的族的示例，其中三维表示显示在等轴测视图中，简化的二维轮廓显示在平面视图中。需要强调的是，从其他软件包导入到 Revit Architecture 中的二维和三维内容都是非参数化的，除非用户将其重新创建为参数化内容。

10.2.2　族的分类

Revit Architecture 中有三种类型的族，即系统族、可载入族、内建族。在项目中创建的大多数图元都是系统族或可载入族；可载入族可以组合在一起来创建嵌套共享族；非标准图元或自定义图元是使用内建族创建的。

（1）系统族

系统族可以创建基本建筑图元，如墙、屋顶、顶棚板、楼板以及其他要在施工场地装配的图元；能够影响项目环境且包含标高、轴网、图纸和视口类型的系统设置也是系统族。系统族是在 Revit Architecture 中预定义的；用户不能将其从外部文件中载入到项目中，也不能将其保存到项目之外的位置。如果在项目中找不到所需的系统族类型，可以通过下列方法创建一个新的族类型，即修改现有类型的属性、复制族类型并修改其属性，或从另一个项目复制并粘贴一个族类型；用户所修改的所有族类型都保存在项目中。比如，用户可能要向项目中添加具有特定面层的木质楼板；但是，唯一相似的楼板族类型的托梁较小，而且面层也不同；用户可以在项目中复制系统族类型、根据新楼板的特性修改其名称，然后编辑其属性，使其具有新的尺寸和面层；系统族通常不需要对任何新几何图形进行建模。由于系统族是预定义的，因此它是三种族中自定义内容最少的，但与其他标准构件族和内建族相比，它却包含更多的智能行为；用户在项目中创建的墙会自动调整大小，来容纳放置在其中的窗和门；在放置窗和门之前，无须为它们在墙上剪切洞口。

（2）可载入族

可载入族是用于创建建筑构件和一些注释图元的族；可载入族可以创建通常购买、提供和安装在建筑（如窗、门、橱柜、设备、家具和植物）中的物品，此外，它们还包含一些常规自定义的注释图元，比如符号和标题栏。由于可载入族可自定义程度高，因此，是用户在Revit Architecture中最经常创建和修改的族；与系统族不同，可载入族是在外部.rfa文件中创建，然后导入或载入到项目中的；对于包含许多类型的族，可以创建和使用类型目录，以便仅载入项目所需要的类型。创建可载入族时，首先使用软件中提供的样板，该样板要包含所要创建的族的相关信息；先绘制该族的几何图形，创建该族的参数，创建其包含的变体或族类型，确定其在不同视图中的可见性和详细程度，其次进行测试，最后才能在项目中用它来创建图元。Revit Architecture包含一个内容库，可用来访问软件提供的可载入族并保存用户创建的族；也可以从网上的各种资源获得可载入族。

可以嵌套和共享可载入族。即可以将族的实例载入其他族中，来创建新的族；通过将现有族嵌套在其他族中，可以节省建模时间。根据将这些族的实例添加到项目中时希望这些族的实例起作用的方式（作为单一图元或作为单独图元），用户可以指定是共享嵌套的族，还是不共享嵌套的族。

（3）内建族

内建图元是用户需要创建当前项目专有的独特构件时所创建的独特图元；用户可以创建内建几何图形，以便它可参照其他项目几何图形，使其在所参照的几何图形发生变化时进行相应大小调整和其他调整。内建图元的示例包括斜面墙或锥形墙；特殊或不常见的几何图形，比如非标准屋顶；不打算重用的自定义构件。

1）创建为内建族的自定义咨询台，见图10-2-10。必须参照项目中的其他几何图形的几何图形。

2）作为内建族在螺旋梯上创建的墙帽，见图10-2-11。不需要多个族类型的族。内建图

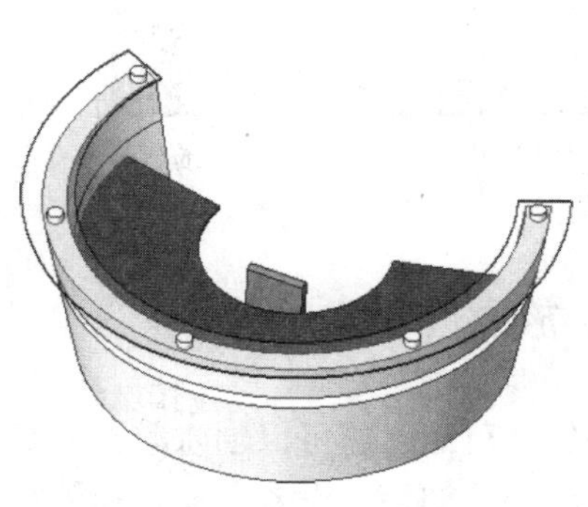

图10-2-10 创建为内建族的自定义咨询台

图10-2-11 作为内建族在螺旋梯上创建的墙帽

元的创建方法与可载入族类似，但与系统族一样，这些图元既不能从外部文件载入，也不能保存到外部文件中；它们是在当前项目的环境中创建的，并不打算在其他项目中使用；它们可以是二维或三维对象，通过选择在其中创建它们的类别，可以将它们包含在明细表中；但是，与系统族和可载入族不同，用户不能通过复制内建族类型的方式来创建多个类型。尽管将所有构件都创建为内建图元似乎更为简单，但最佳的做法是只在必要时使用它们，因为内建图元会增加文件大小，使软件性能降低。

10.2.3 用于创建族的设计环境

族编辑器是 Revit Architecture 中的一种图形编辑模式，用于创建和修改项目中所包含的族。当开始创建族时，在编辑器中打开要使用的样板。该样板可以包括多个视图，如平面视图和立面视图，族编辑器与 Revit Architecture 中的项目环境有相同的外观，但提供的工具不同。

在族编辑器中打开的窗族，见图 10-2-12。族编辑器不是独立的应用程序，创建或修改可载入族或内建族的几何图形时，会访问族编辑器。与预先定义的系统族不同，可载入族和内建族始终是在族编辑器中创建的；但系统族可能包含可在族编辑器中修改的可载入族，比如，墙系统族可能包含用于创建墙帽、嵌条或分隔缝的轮廓构件族几何图形。

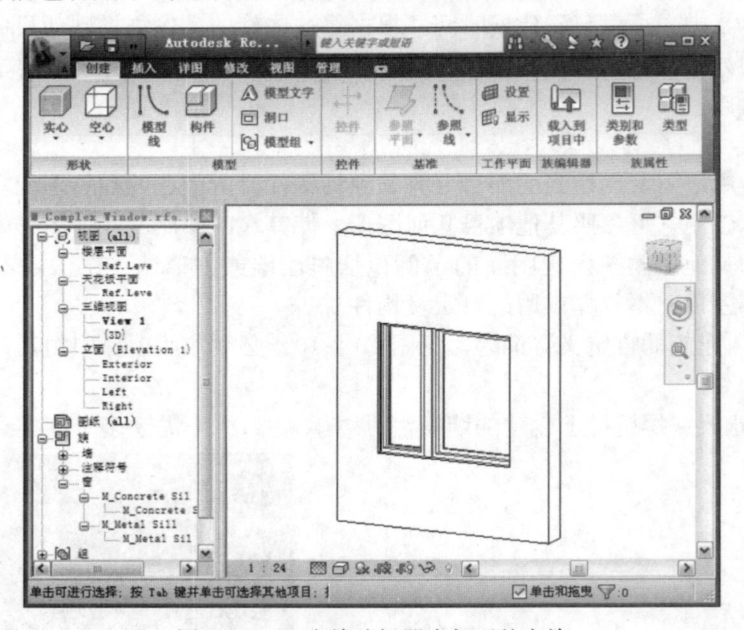

图 10-2-12　在族编辑器中打开的窗族

10.3 可载入族的特点

可载入族是用于创建建筑构件和注释图元的族；可载入族可以创建通常需要购买、交付以及安装在建筑内及其周围的建筑构件，比如窗、门、橱柜、设备、家具和植物；此外，它们还包含一些常规自定义的注释图元，比如符号和标题栏。由于可载入族可自定义程度高，因此，是用户在 Revit Architecture 中最经常创建和修改的族；与系统族不同，可载入族在

外部 . rfa 文件中创建，然后导入（载入）到项目中；对于包含许多类型的族，可以创建和使用类型目录，以便仅载入项目所需要的类型。创建可载入族时，首先使用软件中提供的样板，该样板要包含所要创建的族的相关信息；先绘制族的几何图形，使用参数建立族构件之间的关系，创建其包含的变体或族类型，确定其在不同视图中的可见性和详细程度；完成族的创建后，先在示例项目中对其进行测试，然后使用它在用户的项目中创建图元。Revit Architecture 包含一个内容库，可用来访问软件提供的族并保存用户创建的可载入族。用户也可以从制造商的网站和 Autodesk® Seek 获得可载入族。

10.3.1 嵌套和共享可载入族

可以将族的实例载入其他可载入族中，来创建新的族。通过将现有族嵌套在其他族中，可以节省建模时间。根据将这些族的实例添加到项目中时希望这些族的实例起作用的方式（作为单一图元或作为单独图元），用户可以指定是共享嵌套的族，还是不共享嵌套的族。

（1）创建可载入族的基本原则

在 Revit Architecture 中，可以为项目创建族；软件提供了许多样板（包括门、结构构件、窗、家具和照明设备的样板），并允许用户以图形方式绘制新族；该样板包含了许多开始创建族时所需的信息以及 Revit Architecture 在项目中放置族时所需的信息。

应熟悉族编辑器的用法。族编辑器是 Revit Architecture 中的一种图形编辑模式，使用户能够创建可引入到项目中的族；当开始创建族时，在族编辑器中打开要使用的样板；样板可以包括多个视图，比如平面视图和立面视图；族编辑器与 Revit Architecture 中的项目环境具有相同的外观，但其特征在于“创建”选项卡上提供了不同的工具。

见图 10-3-1，访问族编辑器的方法有 2 个，即打开或创建新的族（. rfa）文件。选择一个由可载入或内建族类型创建的图元，然后单击鼠标右键，再单击“编辑族”。

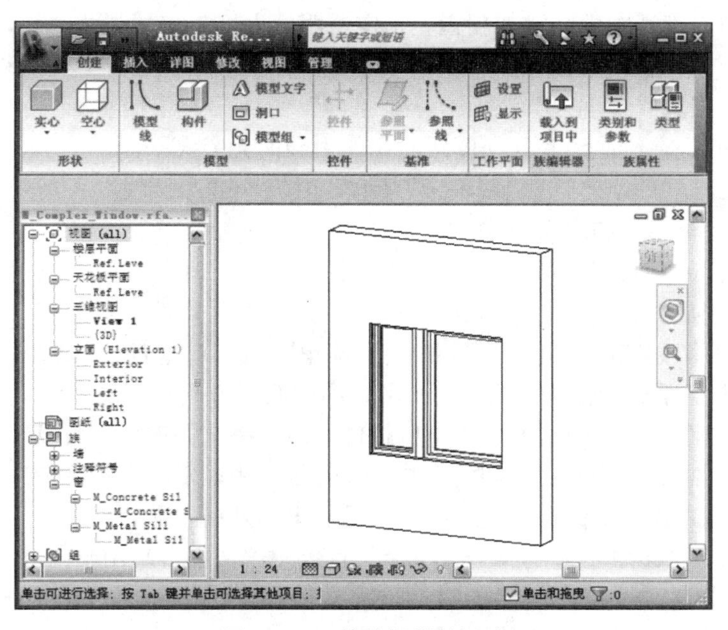

图 10-3-1 族编辑器的用法

（2）族编辑器工具及其作用

“类型”工具（“创建”选项卡→“族属性”面板→“类型”）用于打开“族类型”对话框；可以创建新的族类型或新的实例参数和类型参数；可参考创建族类型。

“尺寸标注”工具（“详图”选项卡→“尺寸标注”面板）用于向族中添加永久的尺寸标注（除此之外，在用户绘制几何图形时 Revit Architecture 还会自动创建尺寸标注）；如果希望创建不同尺寸的族，该命令很重要。

“模型线”工具（“创建”选项卡→“模型”面板→“模型线”）在不需要显示实心几何图形时用来绘制二维几何图形，比如，用户可以采用二维形式绘制门嵌板和五金件风管，而不采用实心拉伸；在三维视图中，模型线总是可见的；用户可以控制这些线在平面视图和立面视图中的可见性，方法是选择模型线，然后单击“修改线”选项卡→“可见性”面板→“可见性设置”。

“符号线”工具（“详图”选项卡→“详图”面板→“符号线”）用于绘制专门用作符号的线，比如，可以在立面视图中用符号线来表示门打开方向；符号线不是族实际几何图形的一部分；符号线看起来平行于所在的视图。可以控制剪切实例的符号线可见性；选择符号线，然后单击“修改线”选项卡→“可见性”面板→“可见性设置”；在“族图元可见性设置”对话框中，选择“仅当实例被剖切时显示”；在此对话框中，也可以基于视图的详细程度来控制线的可见性，比如，如果选择“粗略”，则当族载入项目中并放置在详细程度为“粗略”的视图中时，符号线可见。需要强调的是，使用此对话框控制载入模型族的常规注释的可见性可参考将常规注释载入模型族。

“洞口”工具（“创建”选项卡→“模型”面板→“洞口”）仅在基于主体的族样板中可用（比如基于墙或基于天花板的族）；创建洞口时，首先在参照平面上绘制其造型，然后修改其尺寸标注；创建洞口后，可以选择该洞口，并将其设置为在载入项目中后以透明方式显示在三维和/或立面视图中；在选项栏上指定透明度设置。需要强调的是，在项目环境中，也可以使用“洞口”工具。

“参照平面”工具（“创建”选项卡→“基准”面板→“参照平面”）用于创建一个参照平面，参照平面是在绘制线和几何图形时用作引导的无穷大平面。

“参照线”工具（“创建”选项卡→“基准”面板→“参照线”）用于创建一条类似于参照平面但具有逻辑起点和终点的线。

“控件”工具（“创建”选项卡→“控件”面板→“控件”）用于在将族几何图形添加到设计中后，通过放置箭头来进行旋转和镜像。在“放置控件”选项卡→“控制点类型”面板上提供了下列箭头控件（允许选择多个），即单垂直、双垂直、单水平、双水平。Revit Architecture 将围绕原点旋转或镜像几何图形，利用两个方向相反的箭头，可以实现水平或垂直镜像；可在视图中的任何地方放置这些控件；最好将它们放置在可以轻松判断出其所控制的内容的位置。需要强调的是，创建门族时控件很有用；双水平控件箭头可改变门轴处于门的哪一边；双垂直控件箭头可改变开门方向是从里到外还是从外到里。

“文字”工具（“详图”选项卡→“注释”面板→“文字”）用于向族中添加文字注释。这通常用在注释族中。

“模型文字”工具（“创建”选项卡→“模型”面板→“模型文字”）用于为建筑添加指示标记或者为墙添加字母。

“剖面”工具（“视图”选项卡→“视图创建”面板→“剖面”）用于创建剖面视图。

“构件”工具（“创建”选项卡→“模型”面板→“构件”）用于选择将要插入到“族编辑器”中的构件类型。选择该工具后，类型选择器会激活，可以选择一个构件。

“符号”工具（“详图”选项卡→“详图”面板→“符号”）用于放置二维注释图形符号。

“详图构件”工具（“详图”选项卡→“详图”面板→“详图构件”）用于放置详图构件。

“遮罩区域”工具（“详图”选项卡→“详图”面板→“遮罩区域”）用于应用遮罩，当使用该族在项目中创建图元时，该遮罩将会遮蔽模型图元，可参考 Revit Architecture 帮助中的“遮罩区域”。

“实心”工具（“创建”选项卡→“形状”面板→“形状”）用于访问可在族中创建实心几何图形的工具。

“空心”工具（“创建”选项卡→“形状”面板→“空心”）用于访问可在族中剪切实心几何图形的工具。

“标签”工具（“创建”选项卡→“注释”面板→“标签”）用于在族中放置智能文字。该文字代表族属性。指定属性值后，它会在族中表现出来。需要强调的是，该工具只能用于注释符号。

“载入到项目中”工具（“创建”选项卡→“族编辑器”面板→“载入到项目中”）用于将族直接载入到任何打开的项目或族中。

10.3.2　创建可载入族的方法

通常情况下，需要创建的可载入族是建筑设计中使用的标准尺寸和配置的常见构件和符号。要创建可载入族，可使用 Revit Architecture 中提供的族样板来定义族的几何图形和尺寸；然后可将族保存为单独的 Revit 族文件（.rfa 文件），并载入到任何项目中。创建过程可能很耗时，具体取决于族的复杂程度；如果能够找到与所要创建的族比较类似的族，则可以通过复制、重命名并修改该现有族来进行创建，这样既省时又省力。本部分中的主题主要涉及模型（三维）族的创建，但有些与二维族相关，其中包括标题栏、注释符号和详图构件。

（1）创建可载入族的工作流程

为了在创建可载入族时可以获得最佳效果，可遵循以下十一步工作流程：在开始创建族之前，先进行规划，可参考规划可载入族；使用相应的族样板创建一个新的族文件（.rfa），可参考选择族样板；定义族的子类别，以帮助控制族几何图形的可见性，可参考创建族子类别；创建族的构架或框架，包括定义族的原点（插入点），可参考定义族原点；进行参照平面和参照线的布局，以帮助绘制构件几何图形，可参考布置参照平面和使用参照线；添加尺寸标注以指定参数化关系，可参考为参照平面标注尺寸；标记尺寸标注，以创建类型/实例参数或二维表示，可参考为尺寸标注添加标签以创建参数；测试或调整框架，可参考调整族框架。通过指定不同的参数定义族类型的变化，可参考创建族类型；在实心或者空心中添加单标高几何图形，并将该几何图形约束到参照平面，可参考创建族几何图形；调整新模型（类型和主体），以确认构件的行为是否正确，可参考调整族。重复上述步骤直到完成族几何图形。使用子类别和实体可见性设置指定二维和三维几何图形的显示特征，可参考管理族的可见性和详细程度。保存新定义的族，然后将其载入到项目进行测试，可参考在项目中测试

族。对于包含许多类型的大型族，可创建类型目录，可参考创建类型目录。

（2）规划可载入族

如果在创建族前考虑下列需求，创建时就会更加容易。由于在创建族时肯定会有修改，“族编辑器”允许用户不用重新开始就可进行这些修改。

1）明确族是否需要容纳多个尺寸。对于具有多种预设尺寸的窗，或者可采用任何长度构建的书架，应创建一个标准构件族；但是，如果需要创建仅存在一种配置的自定义家具，则最好将其创建为内建族，而不是可载入族。对象的尺寸可变性和复杂程度决定着是创建可载入族还是创建内建族。

2）明确是否需要在不同视图中显示族。对象在视图中应显示的方式确定了需要创建的三维和二维几何图形，还确定了如何定义可见性设置；需确定对象是否应显示在平面视图、立面视图和/或剖面视图中。

3）明确该族是否需要主体。对于通常以其他构件为主体的对象（比如窗或照明设备），开始创建时可使用基于主体的样板；如何设置族的主体（或者说，族附着到什么主体，或不附着到什么主体）则确定了应用于创建族的样板文件。

4）明确建模的详细程度。在某些情况下，可能不需要以三维形式表示几何图形；可能只需要使用二维形状来表示族；也可以简化模型的三维几何图形，以便节省创建族的时间。比如，与具有浮雕嵌板的门和将在内部渲染中看到的侧灯相比，只在内部立面中从远处看到的壁装电源插座需要的详细程度更低。

5）明确什么是族的原点。比如，柱族的插入点可以是圆形底座的中心；确定适当的插入点将有助于在项目中放置族。

（3）选择族样板

为族做好规划后，下一步将选择族所基于的样板。创建族时，软件会提示用户选择一个与该族所要创建的图元类型相对应的族样板。该样板相当于一个构建块，其中包含在开始创建族时以及 Revit Architecture 在项目中放置族时所需要的信息。

（4）不同类型的族样板

尽管大多数族样板都是根据其所要创建的图元族的类型进行命名，但也有一些样板在族名称之后包含下列 6 类描述符之一：基于墙的样板；基于顶棚板的样板；基于楼板的样板；基于屋顶的样板；基于线的样板；基于面的样板。基于墙的样板、基于顶棚板的样板、基于楼板的样板和基于屋顶的样板被称为基于主体的样板；对于基于主体的族而言，只有存在其主体类型的图元时，才能放置在项目中。熟悉下面有关样板的说明，可以确定哪种样板最能满足用户的需要。

1）基于墙的样板。使用基于墙的样板可以创建将插入到墙中的构件。有些墙构件（比如门和窗）可以包含洞口，因此当用户在墙上放置该构件时，它会在墙上剪切出一个洞口。基于墙的构件的一些示例包括门、窗和照明设备。每个样板中都包括一面墙；为了展示构件与墙之间的配合情况，这面墙是必不可少的。

2）基于天花板的样板。使用基于顶棚板的样板可以创建将插入到顶棚板中的构件。有些顶棚板构件包含洞口，因此当用户在顶棚板上放置该构件时，它会在天花板上剪切出一个洞口。基于天花板的族示例包括喷水装置和隐蔽式照明设备。

3）基于楼板的样板。使用基于楼板的样板可以创建将插入到楼板中的构件。有些楼板构件（比如加热风口）包含洞口，因此当用户在楼板上放置该构件时，它会在楼板上剪切出一个洞口。

4）基于屋顶的样板。使用基于屋顶的样板可以创建将插入到屋顶中的构件。有些屋顶构件包含洞口，因此当用户在屋顶上放置该构件时，它会在屋顶上剪切出一个洞口。基于屋顶的族示例包括檐底板和风机。

5）独立样板。独立样板用于不依赖于主体的构件。独立构件可以放置在模型中的任何位置，可以相对于其他独立构件或基于主体的构件添加尺寸标注。独立族的示例包括柱、家具和电气器具。

6）基于线的样板。使用基于线的样板可以创建采用两次拾取放置的详图族和模型族。

7）基于面的样板。使用基于面的样板可以创建基于工作平面的族，这些族可以修改它们的主体。从样板创建的族可在主体中进行复杂的剪切。这些族的实例可放置在任何表面上，而不考虑它自身的方向。可参考创建基于工作平面和基于面的族。

（5）使用样板创建族的基本特点

要创建可载入族，可选择一个族样板，然后命名并保存族文件；为族命名时，应充分说明该族所要创建的图元；以后，当族完成并载入到项目中时，族名称会显示在项目浏览器和类型选择器中。默认情况下，预定义的英制和公制构件族安装在下面的库文件夹中，即Windows XP：C：\Documents and Settings\All Users\Application Data\Autodesk\RAC 2010\Imperial Library或Metric Library。Windows Vista：C：\Program Data\Autodesk\RAC 2010\Imperial Library或Metric Library。

可以将族保存在这些库的文件夹中，也可以保存到任何本地或网络位置；创建族后，可以使用Microsoft® Windows资源管理器中的“复制”和“粘贴”命令将这些族移动到其他位置。最佳经验在完成并测试族之前，不要将其保存到可被其他人访问的位置。

（6）使用样板创建族的过程

使用样板创建族的过程依次为以下六步。

1）单击【R】图标→“新建”→“族”；注意如果要创建注释族或标题栏族，可单击【R】图标→“新建”→“注释符号”或“标题栏”；根据目前的绘图单位，“新族—选择样板文件”对话框会显示系统中下列位置所安装的可用英制或公制族样板，即Windows XP：C：\Documents and Settings\All Users\Application Data\Autodesk\RAC 2010\Imperial Templates或Metric Templates，Windows Vista：C：\Program Data\Autodesk\RAC 2010\Imperial Templates或Metric Templates；注意根据软件安装或办公室标准的不同，族样板可能安装在本地或网络上的其他位置；有关详细信息可与CAD管理员联系。

2）或者，要预览样板，可选择它。样板预览图像显示在对话框的右上角。

3）选择要使用的族样板，然后单击“打开”。将在族编辑器中打开新的族。对于大多数族，将显示两条或更多条绿色画线（图10-3-2）。它们是用户在创建族几何图形时将使用的参照平面或工作平面。如果创建的是基于主体的族（比如窗族），则主体几何图形可能也会显示出来（图10-3-3）。

4）在项目浏览器中，查看族视图的列表。族视图根据用户创建的族类型的不同而不同。如有必要，可以通过复制并重命名现有的视图来创建其他视图。

5）单击【R】图标→“另存为”→“族”。

6）在“保存”对话框中，定位到族所要保存的位置，输入族的名称，然后单击“保存”。最佳经验是对于族名称使用标题大小写。

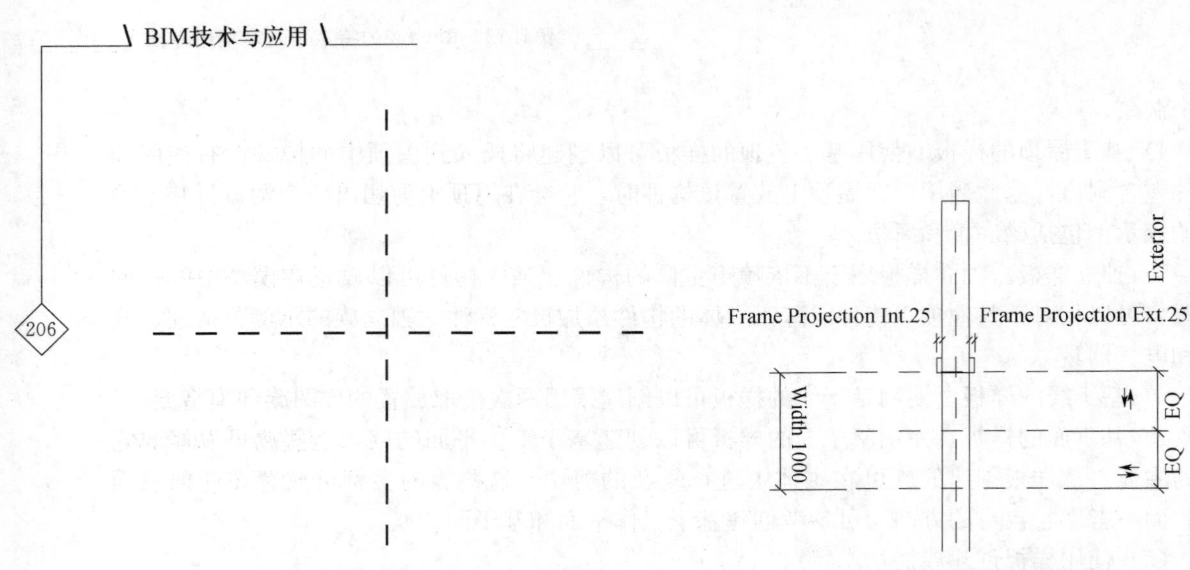

图 10-3-2　显示两条或更多条绿色画线

图 10-3-3　显示主体几何图形

(7) 创建族子类别

当用户创建族时，样板会将其指定给某个类别，当该族载入到项目中时，其类别决定着族的默认显示（族几何图形的线宽、线颜色、线型图案和材质指定）；要向族的不同几何构件指定不同的线宽、线颜色、线型图案和材质指定，需要在该类别中创建子类别；稍后，在创建族几何图形时，将相应的构件指定给各个子类别。比如，在窗族中，可以将窗框、窗扇和竖梃指定给一个子类别，而将玻璃指定给另一个子类别；然后可将不同的材质（木质和玻璃）指定给各个子类别，以达到如下效果，见图 10-3-4。

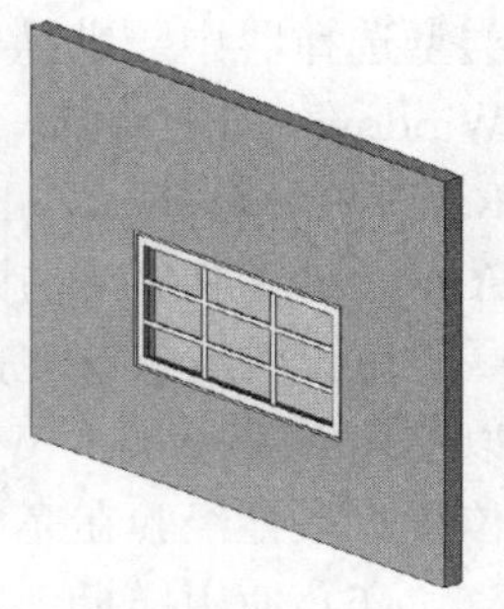

图 10-3-4　窗族子类别

Revit Architecture 提供了一些预定义的子类别，它们可用于族的不同类别；其他族没有子类别，表示用户可以定义自己的子类别；"对象样式"对话框列出了族的类别和子类别；它还显示了指定给每个类别和子类别的线宽、线颜色、线型图案和材质。

需要强调的是，可以将绘图填充图案应用到族中。在创建并定义将应用于族的子类别时，可以为其表面和截面填充图案材质指定一种绘图填充图案。不能将模型填充图案应用到族中。只有平面或圆柱面才可以有绘图图案。可参考 Revit Architecture 帮助中的"填充样式"。

创建族子类别的过程依次为以下 8 步：①在族打开的情况下，单击"管理"选项卡 →"族设置"面板 →"设置"下拉菜单 →"对象样式"。②在"对象样式"对话框"模型对象"选项卡的"类别"下，选择族类别。在"修改子类别"下，单击"新建"。③在"新建子类别"对话框中，输入新名称作为"名称"；Revit Architecture 会自动在"子类别属于"列表中选择合适的类别。④单击"确定"。虽然用户不会马上创建族几何图形并将子类别指定给它，但可以为子类别指定线宽、线颜色、线型图案和材质。⑤指定线宽、线颜色、线型图案和材质的值，单击"线宽"对应的"投影"和"截面"字段，并从列表中选择值；单击"线颜色"字段中的按钮并从"颜色"对话框中选择颜色，如果需要可以自定义颜色；单击"线型图案"字段并从列表中选择一种线型图案，如果需要可定义新线型图案；单击"材质"字段，然后指定材质、截面填充图案、表面填充图案或渲染外观，可参考 Revit Architecture

帮助中的“材质”。要定义其他子类别，可重复前述步骤。⑥单击“确定”。

（8）创建族框架

为族做好规划后，下一步应创建族框架（构件）；框架由稍后用来创建族几何的线和参数组成；它还定义了使用族创建的图元的原点（插入点）。要创建框架，首先应定义族原点；其次，使用称为参照平面和参照线的图元来构建框架；接下来定义族参数；在此阶段定义的参数通常控制着图元的尺寸（长度、宽度和高度）并允许用户添加族类型。

（9）家具族框架的视图

家具族框架的视图见图10-3-5，完成框架后，对其进行测试，方法是修改参数值并确保参照平面实现尺寸调整。在创建族几何图形之前，利用在规划阶段收集的信息创建实体构架，这样可以确保所创建的族具有稳定性。

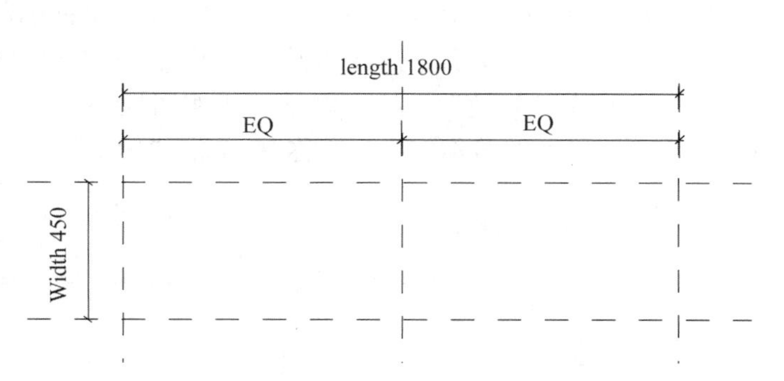

图10-3-5 家具族框架的视图

（10）定义族原点的特点

创建构件族后，应定义族原点并将其固定（锁定）到相应位置；稍后，在使用完成的族创建图元时，族原点将指定图元的插入点。视图中两个参照平面的交点定义了族原点；通过选择参照平面并修改它们的属性可以控制哪些参照平面定义原点；许多族样板都创建了具有预定义原点的族，但用户可能需要设置某些族的原点；比如，用于创建坐便器图元的无障碍坐便器族必须始终放置在距相邻墙特定距离的位置处，才能符合标准要求，因此，族原点需要放置在距墙指定距离的位置。

（11）定义族原点的方法

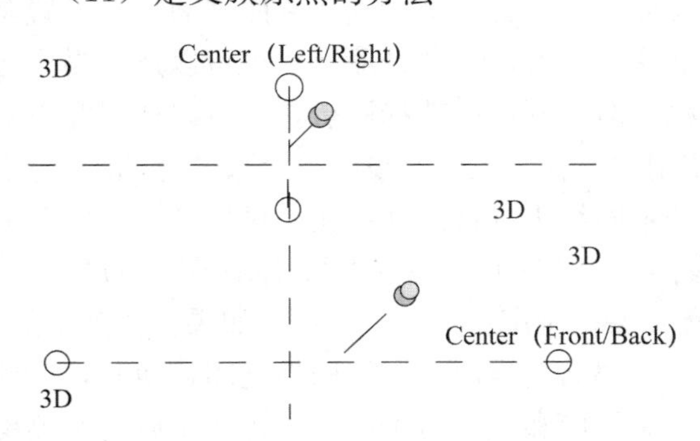

图10-3-6 两个参照平面上显示了一个图钉

定义族原点的过程依次有以下十一步：①在族编辑器中，确认是否已通过选择参照平面为族定义了原点。如果在两个参照平面上显示了一个图钉（图10-3-6），则表明已经为族定义了原点，用户可以跳过余下的步骤。②单击“创建”选项卡→“基准”面板→“参照平面”下拉菜单→“绘制参照平面”。③绘制参照平面。④选择参照平面。⑤单击“修改参照平面”选项卡→“图元”面板→“图元属性”下拉菜单→“实例属性”。⑥在“实例属性”对话框的“其他”下，选择“定义原点”，然后单击“确定”，创建或打开一个族。⑦在平面视图中，按住Ctrl键的同时，选择两个参照平面。⑧单击“选择多个”选项卡→“修改”面板→“锁定”。⑨在参照平面仍被选定的情况下，访问其实例属性。⑩在“实例属性”对话框的“其他”下，选择“定义原点”；此时，参照平面的交点定义了族的原点/插入点；通过锁定这些平面，可以确保不会由于意外移动这些平面而改变族的插入点。

（12）布置参照平面

创建族几何图形前应绘制参照平面；然后，可以将草图和几何图形捕捉到参照平面。可以定位新参照平面，使其与规划的几何图形的主轴对齐。可以命名每个参照平面，以便可以将其指定为当前的工作平面；名称可以用来识别参照平面，以便能够选择它来作为工作平面。为参照平面指定属性，用以在族被放入项目后对参照平面进行尺寸标注。

(13) 在参照平面的框架内创建的书架族

在参照平面的框架内创建的书架族，见图 10-3-7。

1) 布置参照平面。依次有以下三步：①单击“创建”选项卡 →“基准”面板 →“参照平面”下拉菜单 →“绘制参照平面”。②指定参照平面的起点和终点。③为参照平面命名用以在打开其他视图时识别它们，选择参照平面，然后单击“修改参照平面”选项卡 →“图元”面板 →“图元属性”下拉菜单 →“实例属性”；在“实例属性”对话框的“标识数据”下，输入参照平面的名称作为“名称”；单击“确定”。

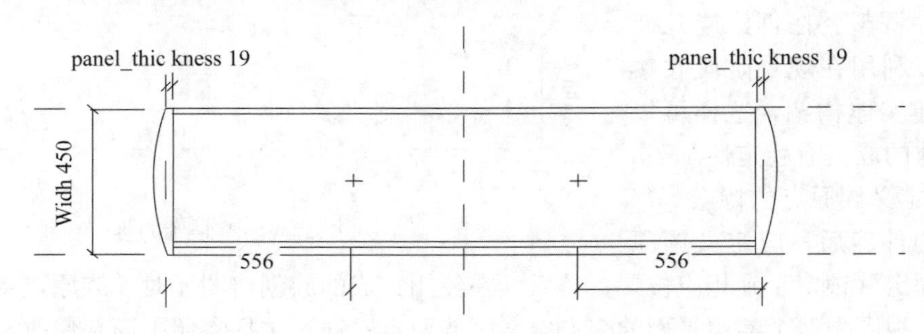

图 10-3-7　在参照平面的框架内创建的书架族

2) 为参照平面定义优先级。参照平面有一个名为“是参照”的属性；如果设置此属性或者将平面定义为原点，就意味着当在项目中放置族时，可以对该参照平面进行尺寸标注；比如，创建一个桌子族并希望标注桌子边缘的尺寸，可在桌子边缘创建参照平面，并设置参照平面的“是参照”属性；在为桌子创建尺寸标注时，既可以选择原点，也可以选择桌子边缘，或者同时选择两者；在为配电盘创建尺寸标注时，既可以选择原点，也可以选择配电盘边缘，或者同时选择两者。“是参照”还会在使用“对齐”工具时设置一个尺寸标注参照点；通过指定“是参照”参数，可以选择对齐构件的不同线来进行尺寸标注。可用“是参照”值包括非参照、强参照（参见指定强参照和弱参照)、弱参照（参见指定强参照和弱参照)、左、中心（左/右)、右、前、中心（前/后)、后、底、中心（标高)、顶。如果创建多个族，而针对特定参照平面都使用相同的“是参照”值，那么，当用户在族构件之间切换时，对该参照平面的尺寸标注始终适用。比如，创建一个桌子族和一个椅子族，并将两个族的左侧参照平面属性值都指定为“左”；将桌子放置在建筑中，在墙与桌子的左侧之间添加尺寸标注；如果再用椅子替换桌子，则左侧的尺寸标注仍将留在椅子的左侧，因为这两个族的参照平面属性值都是“左”。

3) 指定强参照和弱参照。要对项目中放置的族进行尺寸标注，需要在族编辑器中将族几何图形参照定义为强参照或弱参照。强参照的尺寸标注和捕捉的优先级最高；比如，创建一个窗族并将其放置在项目中；放置此族时，临时尺寸标注会捕捉到族中任何强参照；在项目中选择此族时，临时尺寸标注将显示在强参照上；如果放置永久性尺寸标注，窗几何图形中的强参照将首先高亮显示；强参照的优先级高于墙参照点（比如其中心线)。弱参照的尺寸标注优先级最低；将族放置到项目中并进行尺寸标注时，可能需要按 Tab 键选择弱参照，因为强参照总是首先高亮显示。需要强调的是，也可以放大到模型来高亮显示弱参照，因为放大后模型中各图元的间距会更大；这一过程是为所选线实例修改参照，而不是为新线设置参照值；其过程依次为以下四步：①单击“创建”选项卡 →“基准”面板 →“参照线”（或“参照平面”），然后绘制一条线或一个参照平面。②选择线或平面，然后单击“修改〈图元〉”选项卡 →“图元”面板 →“图元属性”下拉菜单 →“实例属性”。③如果选择的是参照线，在“实例属性”对话框中，选择“强参照”作为“是参照”的值；如果选择的是参照平面，选择“强参照”作为“是参照”的值；需要强调的是，所有参照平面和绘制线的默认参照属性都是“弱参照”。④单击“确定”。

可以绘制线并将其设置为强参照；要为实心几何图形（比如拉伸）创建强参照，应绘制参照平面并将其设置为强参照；然后在参照平面上绘制实心几何图形。

4）使用参照线。可以使用参照线来创建参数化的族框架，用于附着族的图元。比如，使用参照线来以参数的方式维持腹杆内的角度关系，或者使用参照线来精确控制门打开方向的角度。应用于参照线的角度参数还控制着附着到其表面的图元。

5）见图 10-3-8 和图 10-3-9，带门的书架族，门的打开方向由参照线控制。参照线是有其自己的类别的注释对象；选中后，它们将显示双面；打印时，它们的可见性受“隐藏参照/工作平面”选项的影响。直参照线提供两个用于绘制的平面，一个平行于线的工作平面，另一个则垂直于该平面，两个平面都经过参照线；当选择或高亮显示参照线或者使用“工作平面”工具时，这两个平面就会显示出来；选择工作平面后，可以将光标放置在参照线上，并按 Tab 键在这两个面之间切换；绘制了线的平面总是首先显示；也可以创建弧形参照线，但它们不会确定平面。

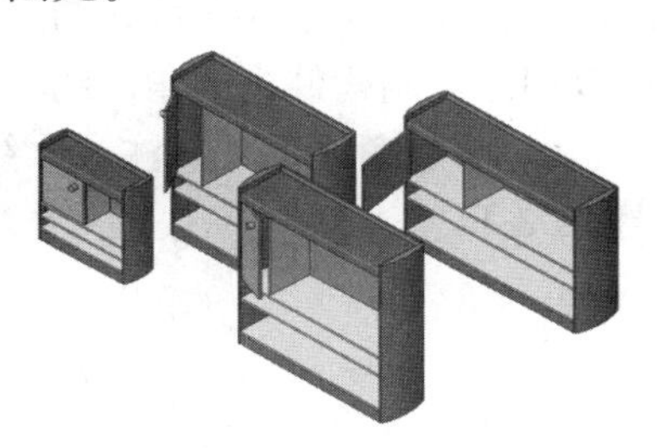

图 10-3-8　带门的书架族

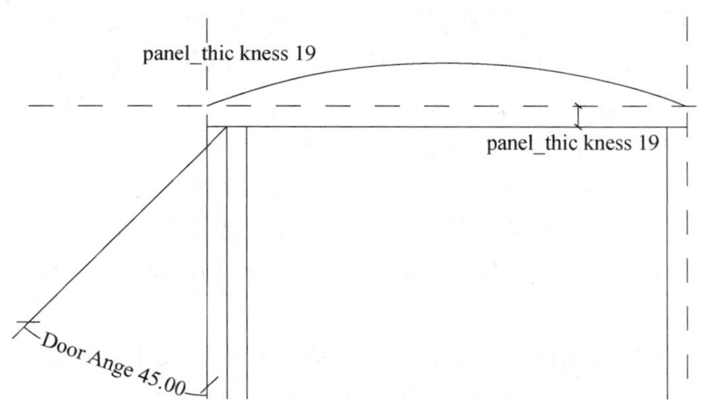

图 10-3-9　门的打开方向由参照线控制

10.3.3　项目中参照线的行为

当族载入到项目中后，参照线的行为与参照平面的行为相同。参照线在项目中不可见，当选择族实例时，参照线不会高亮显示。参照线在与当前参照平面相同的环境中高亮显示并生成造型操纵柄，这取决于它们的“参照”属性。

（1）多个视图中选定的参照

多个视图中选定的参照见图 10-3-10。

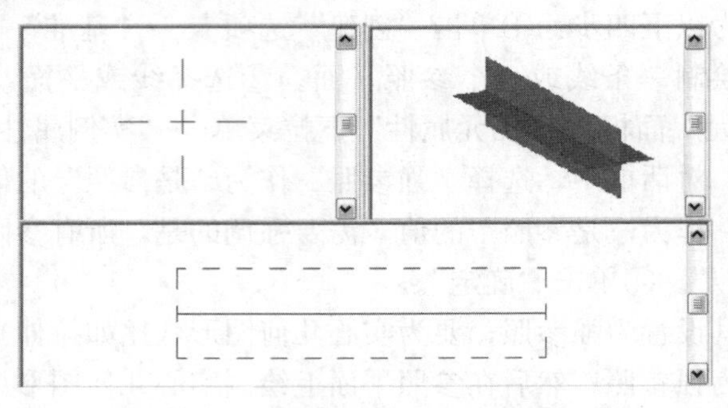

图 10-3-10　多个视图中选定的参照

1）使用参照线控制角度尺寸标注。控制族的角度尺寸标注的首选方法是将带标签的角度尺寸标注应用于参照线；与参照平面（范围无穷大）不同，参照线有特定的起点和终点，可以用来控制构件内的角度约束。

2）带有角度尺寸标注参照线的已载入门族。带有角度尺寸标注参照线的已载入门族见图 10-3-11。

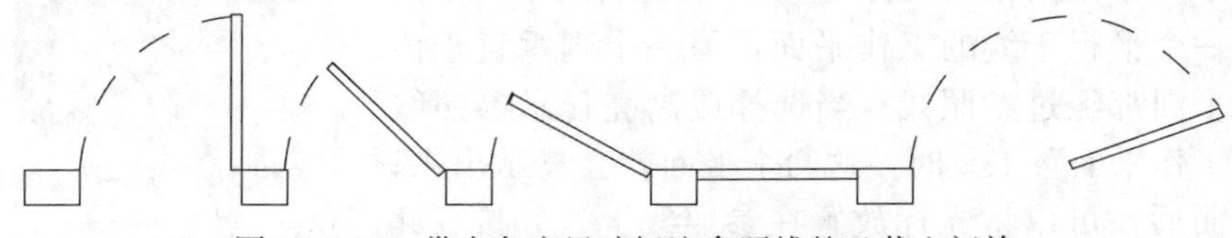

图 10-3-11　带有角度尺寸标注参照线的已载入门族

3）添加参照线并对其进行尺寸标注。其过程依次为以下五步：①在绘制区域中（族编辑器内），添加参照线，使原点位于希望旋转的点。②添加参照线的角度尺寸标注。③标记尺寸标注。④单击“族属性”面板 →“类型”。⑤在“族类型”对话框中，修改带标签的尺寸标注的角度值，然后单击“应用”，这称为调整模型；确保在向参照线中添加模型几何图形之前参照线按预期进行了调整，这样做非常重要。

4）向参照线中添加模型几何图形并将模型几何图形与参照线对齐。其过程依次有以下三步：将当前工作平面设置为参照线的一个面。添加希望由角度尺寸标注来控制的模型几何图形。调整模型以确保设计达到预期效果，当角度变化时几何图形随参照线一起移动。

（2）为族框架添加参数

虽然尚未创建任何族几何图形，但是仍然可以在族中定义主参数化关系。在此阶段定义的参数通常可以控制图元的尺寸（长度、宽度和高度）。要创建参数，应将尺寸标注放置在框架的参照平面之间，然后为其添加标签。需要强调的是，Revit Architecture 中的族在添加带标签的尺寸标注之前是非参数化的。

（3）为参照平面标注尺寸

创建族参数的第一步是在框架的参照平面之间放置尺寸标注，以对所要创建的参数化关系进行标记。单独使用尺寸标注并不能创建参数，必须为其添加标签才能创建参数。其过程依次为以下五步：①确定要进行尺寸标注来创建参数的参照平面。②单击“详图”选项卡 →“尺寸标注”面板，然后选择一个尺寸标注类型。③在选项栏上，选择一个用于放置尺寸标注的选项。④在参照平面之间放置尺寸标注。⑤继续对参照平面进行尺寸标注，直到所有参数化关系都标注完毕。需要强调的是，创建某些尺寸标注时，可能需要在族中打开不同的视图。

（4）为尺寸标注添加标签以创建参数

对族框架进行尺寸标注后，需为尺寸标注添加标签，以创建参数。比如，下面的尺寸标注已添加了长度和宽度参数的标签，见图 10-3-12。如果参数已存在于族中，可以选择其中任何一个作为标签，否则，必须创建参数，以指定其类型并指定它是实例参数还是类型参数。

（5）为尺寸标注添加标签并创建参数

其过程依次为以下两步：在族编辑器中，在尺寸标注上单击鼠标右键，然后单击“编辑标签”；从列表中选择一个参数，或者选择“〈添加参数…〉”然后创建一个参数，可参考创建参数。需要强调的是，可以向参数添加公式。一个简单的示例是，将宽度参数指定为该对象高度的两倍。具体可参考对数字参数应用公式。

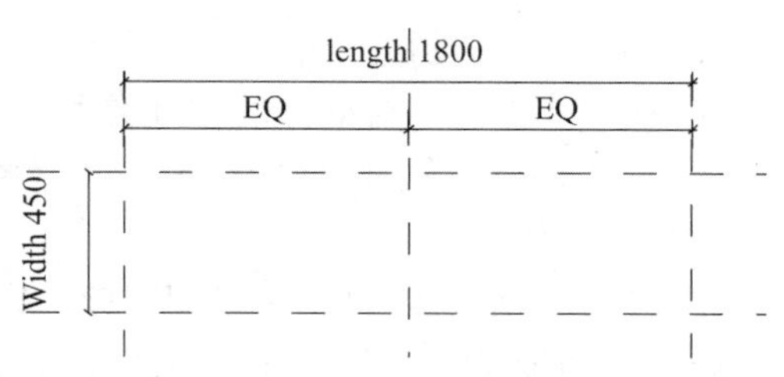

图 10-3-12　添加了长度和宽度参数的标签

添加标签的备选步骤依次为以下三步：在族编辑器中，选择尺寸标注值；在选项栏上，选择或者创建一个参数作为“标签”，可参考创建参数；如果需要，选择“引线”来创建尺寸标注的引线。

10.3.4　调整族框架

可以对已应用于族框架的参数进行调整或测试。要调整构架，应调整参数值，以确保应用了该参数的参照平面会相应变化。调整是一种测试参数化关系完整性的方法。创建族时尽早和频繁进行调整可以确保族的完整性。

调整框架的过程依次为以下六步：①单击“创建”选项卡 →“族属性”面板 →“类型”；此时显示“族类型”对话框；虽然用户尚未定义任何族类型，但是对话框中仍然列出了用户创建的参数。②在屏幕上重新定位“族类型”对话框，以便能够查看框架（图 10-3-13）。③在“族类型”对话框的“参数”下，找到之前所创建的参数，并在每个相应的“值”字段中输入不同的值。④单击“应用”，族框架应进行相应调整以反映更新后的参数值（图 10-3-14）。⑤通过指定不同的参数值继续调整框架；用户测试的参数范围越广，创建的族越稳定。⑥完成框架的调整后，单击“确定”。

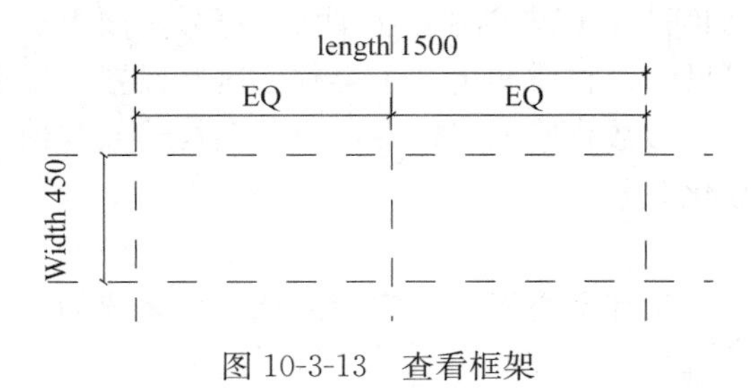

图 10-3-13　查看框架

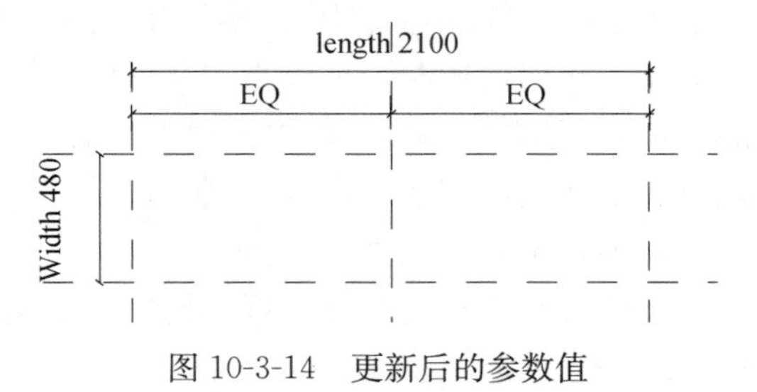

图 10-3-14　更新后的参数值

10.3.5 创建族类型

通过“族类型”工具，可以为族创建多个类型（尺寸）。要执行此操作，尺寸标注必须已经添加标签，要修改的参数必须已经创建。

（1）创建了四个不同书架类型（尺寸）的书架族

创建了四个不同书架类型（尺寸）的书架族见图 10-3-15。每个族类型都有一组属性（参数），其中包括带标签的尺寸标注及其值，也可以为族的标准参数（比如材质、模型、制造商、类型标记等）添加值。

创建族类型的过程依次为以下五步：①单击“创建”选项卡 →“族属性”面板 →“类型”。②在“族类型”对话框的“族类型”下，单击“新建”。③输入族名称，然后单击“确定”。④在“族类型”对话框中，为类型参数输入值。⑤单击“确定”。

（2）调整族

创建族类型后，可以调整或测试族。要对族进行调整，应在不同族类型之间切换，以确保族能够适当地调整。可以在创建族几何图形之前和之后对族进行调整。创建族时尽早和频繁地进行调整可以确保族的完整性。

如图 10-3-16 所示，调整族的过程依次为以下五步：①单击“创建”选项卡 →“族属性”面板 →“类型”。②在屏幕上重新定位“族类型”对话框，以便能够查看族框架。③在对话框的顶部，选择一个族类型，然后单击“应用”；该族应相应调整，以反映在所选族类型中指定的参数值。④选择族中的各个类型，继续调整族。⑤完成族的调整后，单击“确定”。

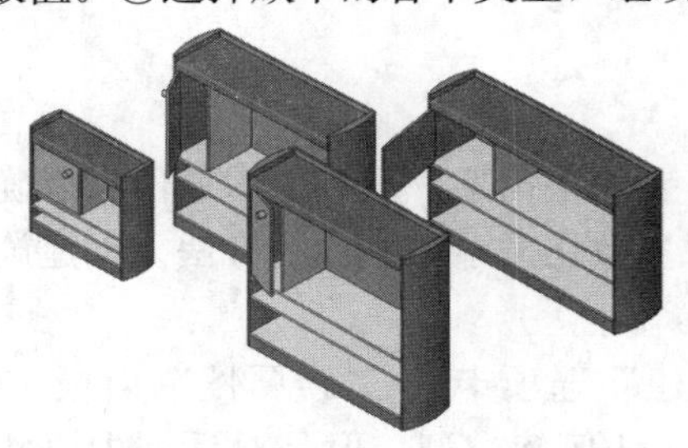

图 10-3-15 创建了 4 个不同书架类型（尺寸）的书架族

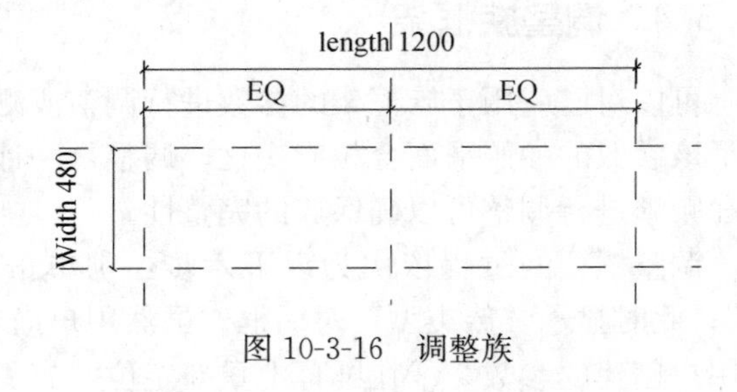

图 10-3-16 调整族

10.3.6 创建族几何图形

可以使用二维和三维几何图形来创建族。创建实体几何造型来代表族所要创建的图元。使用二维线处理来向特定视图中的实体几何图形添加细节，或者创建某个图元的符号平面表示。

创建族几何图形时，可以指定几何图形的可见性、材质和可选子类别。这些设置决定着族的特定几何构件的显示方式和环境。为确保每个参数化族的稳定性，应逐渐构建族几何图形，每次增加几何图形后都应测试（调整）参数化关系。

（1）创建实心（三维）几何图形

要创建实心族几何图形，可以使用三维实心形状和空心形状。实心形状是代表族的实心几何图形的三维造型。

（2）混凝土独立基础的拉伸

如图 10-3-17 所示，空心形状是将实心形状掏空后的三维造型，可用于创建复杂的实心形状。可以在要剪切实心形状的位置绘制空心形状（图 10-3-18），或者也可以在创建这些空心形状后进行移动，然后使用“剪切几何图形”工具进行剪切（图 10-3-19）。也可以使用“连接几何图形”工具将实心几何图形连接起来，来创建复杂的形状。

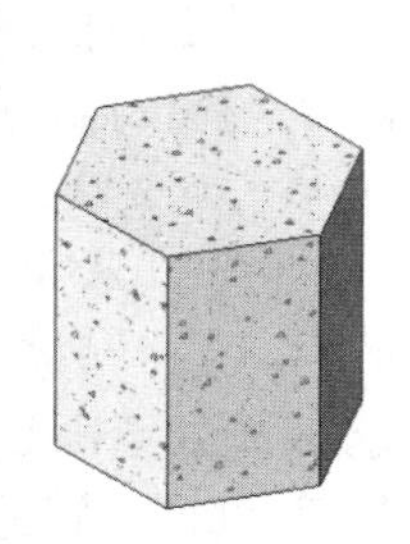
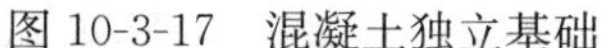
图 10-3-17 混凝土独立基础

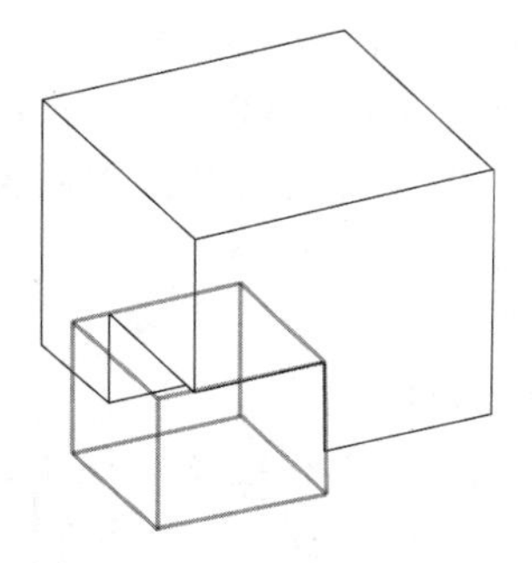
图 10-3-18 绘制空心形状

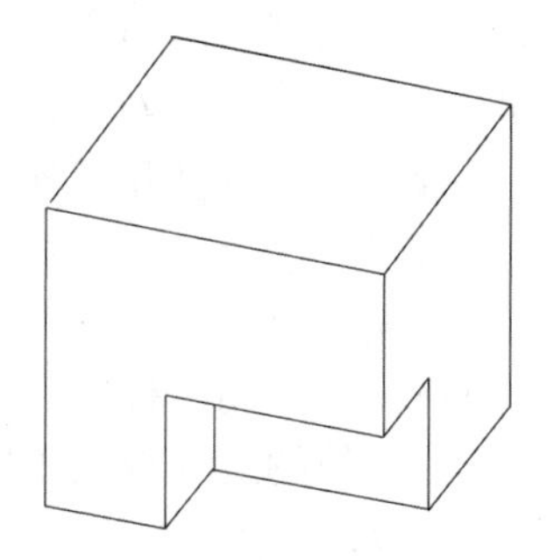
图 10-3-19 剪切

族编辑器为用户提供了可用来创建实心和空心形状的工具。可以在“创建”选项卡 →“形状”面板上单击“实心”或“空心”，来访问这些工具。这些工具提供了五种方法来创建实心和空心几何图形，分别是拉伸、融合、旋转、放样和放样融合。放样和放样融合都使用沿某条路径放样的轮廓；要创建可以载入和使用的轮廓族，可参考创建并使用轮廓族。

当然，还可以创建拉伸、融合、旋转、放样和放样融合作为体量族，具体可参考 Revit Architecture 帮助中的“使用体量研究的概念设计”。

创建几何图形时，可以设定其在族中的显示方式。比如，指定几何图形的可见性和详细程度（具体可参考 Revit Architecture 帮助中的“管理族可见性和详细程度”）；将材质指定给几何图形（具体可参考 Revit Architecture 帮助中的“材质”）；将几何图形指定给子类别（具体可参考 Revit Architecture 帮助中的“创建族子类别”和“将族几何图形指定给子类别”）。

（3）创建拉伸

实心或空心拉伸是最容易创建的形状。可以在工作平面上绘制形状的二维轮廓，然后拉伸该轮廓使其与绘制它的平面垂直。

（4）多边形混凝土独立基础拉伸示例

见图 10-3-17，在拉伸形状之前可以指定其起点和终点，以增加或减少该形状的深度；默认情况下，拉伸起点是 0；工作平面不必作为拉伸的起点或终点，它只用于绘制草图及设置拉伸方向。以下步骤是创建实心或空心拉伸的常规方法。这些步骤可能会随设计意图的不同而变化。

创建实心或空心拉伸的过程依次为以下几步：①在“族编辑器”中的“创建”选项卡 →“形状”面板上，执行下列一项操作，单击“实心”下拉菜单 →“拉伸”，或单击“空心”下拉菜单 →“拉伸”；如有必要，可在绘制拉伸之前设置工作平面，单击“创建”选项卡 →“工作平面”面板 →“设置”。②使用绘制工具绘制拉伸轮廓，要创建单个实心形状可绘制一个闭合环，要创建多个形状可绘制多个不相交的闭合环。③要从默认起点 0 拉伸轮廓，可在选项栏上输入正/负拉伸深度作为“深度”，此值将更改拉伸的终点；需要强调的是，创建拉伸之后将不再保留拉伸深度，如果需要生成具有同一终点的多个拉伸可绘制拉伸图形，然后选择它们，再应用该终点。④指定拉伸属性，单击“创建拉伸”选项卡 →“图元”面板 →“拉伸属性”；要从不同的起点拉伸，可在“限制条件”下输入新值作为“拉伸起点”；要设置实心拉伸的可见性，可在“图形”下，单击“可见性/图形替换”对应的“编辑”，然后指定可见性设置；要按类别将材质应用于实心拉伸，可在“材质和装饰”下单击“材质”字段，单击【…】图标，然后指定材质；要将实心拉伸指定给子类别，可在“标识数据”下选择子类别作为“子类别”；单击“确定”。⑤单击“创建拉伸边界”选项卡→“拉伸”面板→“完成拉伸”；Revit Architecture 将完成拉伸，并返回开始创建拉伸的视图。⑥要查看拉伸，可打开三维视图。⑦要在三维视图中调整拉伸大小，可选择拉伸，并使用夹点进行编辑。

（5）编辑拉伸

用户可以在创建拉伸后对其进行修改。

编辑拉伸的过程依次为以下几步：①在绘图区域中选择拉伸。②如果处于项目环境中，可单击“修改〈图元〉”选项卡→“族”面板→“编辑族”；单击“是”以打开族进行编辑；在族编辑器中，再次在绘图区域中选择该拉伸。③单击“修改拉伸”选项卡→“形状”面板→“编辑拉伸”。④如果需要，可修改拉伸轮廓。⑤要编辑拉伸属性，可单击“修改拉伸>编辑拉伸”选项卡→“图元”面板→“拉伸属性”，然后修改拉伸的可见性、材质或子类别。⑥要将拉伸修改为实心或空心，可在“标识数据”下选择“实心”或“空心”作为“实心/空心”。⑦单击“确定”。⑧单击“完成拉伸”。

（6）创建融合

“融合”工具将两个轮廓（边界）融合在一起。比如，如果绘制一个大矩形，并在其顶部绘制一个小矩形，则 Revit Architecture 会将这两个形状融合在一起。

10.3.7　融合底部边界和顶部边界的示例

完成的融合见图 10-3-20。如果希望在创建实心融合后对其进行尺寸标注，可以从融合体顶部线到融合体底部线之间进行尺寸标注。无法从融合体基面线到融合体顶部线之间进行尺寸标注。

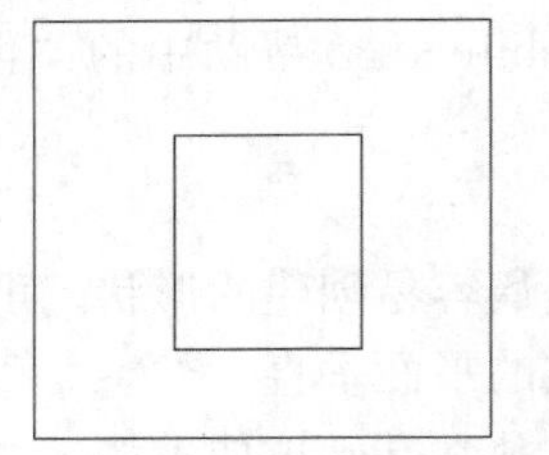
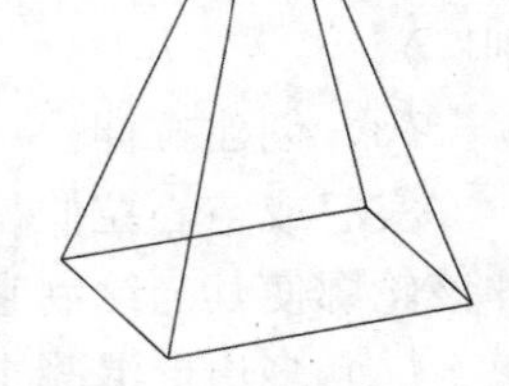

图 10-3-20　完成的融合

（1）创建实心或空心融合

其过程依次为以下十步：①在“族编辑器”中的“创建”选项卡→“形状”面板上，执行下列一项操作，单击“实心”下拉菜单→“融合”，或单击“空心”下拉菜单→“融合”；需要强调的是，如有必要，可在绘制融合之前设置工作平面，单击“创建”选项卡→“工作平面”面板→“集”。②在“创建融合底部边界”选项卡上，使用绘制工具绘制融合的底部边界，比如绘制一个方形。③要指定融合体的深度，可执行下列任一操作，要指定从默认起点 0 计算的深度，可在选项栏上输入一个值作为“深度”；要指定从非 0 起点计算的深度，可在“创建融合底部边界”选项卡→“图元”面板上，单击“融合属性”，在“限制条件”下输入新的“第二端点”和“第一端点”值。需要强调的是，如果已指定了值，Revit Architecture 在创建融合体的过程中将不保留端点值，如果需要使用同一端点进行多重融合则首先绘制融合体，然后选择它们，最后再应用该端点。④完成底部边界后，在“创建融合底部边界”选项卡→“模式”面板上，单击“编辑顶部”。⑤在“创建融合顶部边界”选项卡上，绘制融合顶部的边界，比如绘制另一个方形。⑥如有必要，可编辑顶点连接以控制融合体中的扭曲量，在“创建融合顶部边界”选项卡上单击“模式”面板 →“编辑顶点”，在其中一个融合草图上的顶点将变得可用（图 10-3-21）。建议使用带有蓝色开放式圆点控制柄的虚线进行连接，每个控制柄都是一个添加和删除连接的切换开关。要在另一个融合草图上显示顶点，可在“编辑顶点”选项卡 →“顶点连接”面板上，单击“底部的控件”或者“顶部的控件”（当前未选择的选项）；单击某个控制柄，该线变为一条连接实线，一个填充的蓝色控制柄会显示在连接线上（图 10-3-22）；单击实心体控制柄以删除连接，则该线将恢复为带有开放式圆点控制柄的虚线；当单击控制柄时，可能会有一些边缘消失，并会出现另外一些边缘；在“顶点连接”面板上，单击“右扭曲”或“左扭曲”，以按顺时针或逆时针方向扭曲所选的融合边界。⑦指定融合属性，在“图元”面板上，单击“融合属性”；要设置实心融合的可见性，可在“图形”下，单击“可见性/图形替换”对应的“编辑”，然后指定可见性设置；要按类别将材质应用于实心融合，可在“材质和装饰”下单击“材质”字段，单击【…】图标，然后指定材质；要将实心融合指定给子类别，可在“标识数据”下选择子类别作为“子类别”；单击“确定”。⑧在“融合”面板上，单击“完成融合”。⑨要查看融合，可打开三维视图。⑩要在三维视图中调整融合大小，可选择并使用夹点进行编辑。

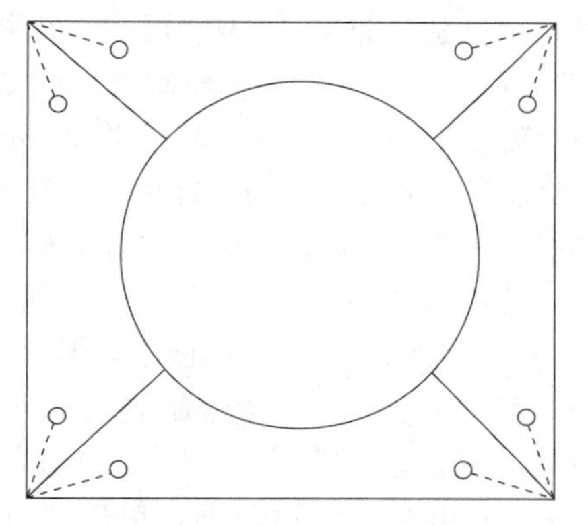

图 10-3-21　融合草图上的顶点变得可用

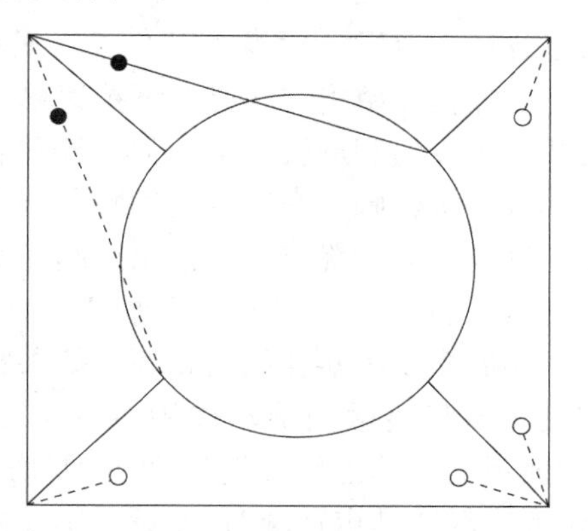

图 10-3-22　蓝色控制柄显示在连接线上

（2）编辑融合

其过程依次为以下九步：①在绘图区域中选择融合。②如果处于项目环境中，则在“修改〈图元〉”选项卡 →“族”面板上，单击“编辑族”；单击“是”以打开族进行编辑；在族编辑器中，再次在绘图区域中选择该融合。③在选项栏上的“深度”文本框中，输入一个值，来修改融合深度。④在“修改融合”选项卡 →“编辑融合”面板上选择一个编辑选项，单击“编辑顶部”可编辑融合的顶部边界；或单击“编辑底部”可编辑融合的底部边界。⑤要编辑其他融合属性，可在“编辑顶部边界”选项卡或“编辑底部边界”选项卡上，单击“图元”面板 →“融合属性”，然后修改融合的可见性、材质或子类别。⑥要将融合修改为实心或空心，可在“标识数据”下选择“实心”或“空心”作为“实心/空心”。⑦单击“确定”。⑧在“编辑顶部边界”选项卡或“编辑底部边界”选项卡上，单击“模式”面板 →“编辑顶点”，然后编辑融合顶点。⑨在“融合”面板上，单击“完成融合”。

10.3.8　创建旋转

旋转是指围绕轴旋转某个形状而创建的形状。可以旋转形状一周或不到一周。如果轴与旋转造型接触，则产生一个实心几何图形。靠近轴创建的实心旋转几何图形见图 10-3-23，如果远离轴旋转几何图形，则会产生一个空心几何图形。远离轴创建的旋转几何图形见图10-3-24，使用实心旋转创建族几何图形很多，比如门和家具球形捏手、柱和圆屋顶。以下介绍的步骤是创建旋转几何图形的常规方法，这些步骤可能会随设计意图的不同而变化。

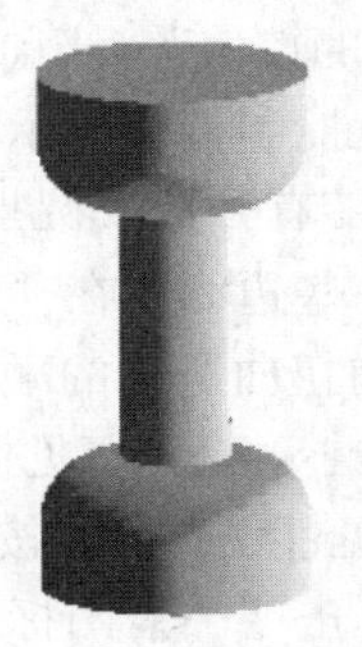

图 10-3-23　靠近轴创建的实心旋转几何图形

图 10-3-24　远离轴创建的旋转几何图形

（1）创建实心或空心旋转

其过程依次有以下七步：①在“族编辑器”中的“创建”选项卡 →“形状”面板上执行下列一项操作，单击“实心”下拉菜单 →“旋转”，或单击“空心”下拉菜单 →“旋转”；如有必要，可在绘制旋转之前设置工作平面，单击“创建”选项卡 →“工作平面”面板→“集”。②放置旋转轴，在“创建旋转”选项卡 →“绘制”面板上，单击“轴线”，在所需方向上指定轴的起点和终点。③使用绘制工具绘制形状以围绕着轴旋转，在“创建旋转”选项卡 →“绘制”面板上，单击“边界线”；要创建单个旋转，可绘制一个闭合环；要创建多个旋转，可绘制多个不相交的闭合环；如果轴与旋转造型接触则产生一个实心几何图形，如果轴不与旋转形状接触则旋转体中将有个孔。④修改旋转属性，在“创建旋转”选项卡 →“图元”面板上，单击“旋转属性”；要修改要旋转的几何图形的起点和终点，可输入新的“起始角度”和“结束角度”；要设置实心旋转的可见性，可在“图形”下，单击“可见性/图形替换”对应的“编辑”；要按类别将材质应用于实心旋转，可在“材质和装饰”下单击“材质”字段，然后单击以指定材质；要将实心旋转指定给子类别，可在“标识数据”下选择子类别作为“子类别”；单击“确定”。⑤在“旋转”面板上，单击“完成旋转”。⑥要查看旋转，可打开三维视图。⑦要在三维视图中调整旋转大小，可选择并使用夹点进行编辑。需要强调的是，不能拖曳360°旋转的起始面和结束面。

（2）编辑旋转

其过程依次有以下八步：①在绘图区域中选择旋转。②如果处于项目环境中，在“修改〈图元〉”选项卡 →“族”面板上，单击“编辑族”；单击“是”以打开族进行编辑；在族编辑器中，再次在绘图区域中选择该旋转。③在“修改旋转”选项卡 →“编辑”面板上，单击“编辑草图”。④如果需要，可修改旋转草图。⑤要编辑其他旋转属性，可在“编辑旋转”选项卡 →“图元”面板上，单击“旋转属性”，然后修改起点、终点、可见性、材质或子类别。⑥要将旋转修改为实心或空心形状，可在“标识数据”下选择“实心”或“空心”作为“实心/空心”。⑦单击“确定”。⑧在“旋转”面板上，单击“完成旋转”。

10.3.9　创建放样

放样是用于创建需要绘制或应用轮廓（造型）并沿路径拉伸此轮廓的族的工具。可以应用放样方式创建模型、扶手或简单的管道。以下步骤是创建放样的常规方法，这些步骤可能会随设计意图的不同而变化。

（1）创建实心或空心放样

其过程依次有以下八步：①在族编辑器中的“创建”选项卡→“形状”面板上执行下列一项操作，单击“实心”下拉菜单→“放样”，或单击“空心”下拉菜单→“放样”；如有必要，可在绘制放样之前设置工作平面，单击“创建”选项卡→“工作平面”面板→“集”。②指定放样路径，要为放样绘制新的路径，可在“创建放样”选项卡→“模式”面板上，单击“绘制路径”，路径既可以是单一的闭合路径，也可以是单一的开放路径，但不能有多条路径，路径可以是直线与曲线的组合而且不必在一个平面上；要为放样选择现有的线可在“创建放样”选项卡→“模式”面板上单击“拾取路径”，可以选择其他实心几何图形的边缘，比如拉伸或融合体，也可以拾取现有的绘制线，观察状态栏以清楚正在拾取的对象，这种拾取方式会自动将绘制线锁定为所拾取的几何图形，并且允许用户在多个工作平面上绘制路径，从而形成三维路径。③绘制或拾取路径，然后在“路径”面板上，单击“完成路径”。④载入或绘制轮廓。⑤要载入轮廓可执行下列操作，单击“修改轮廓”选项卡→“编辑”面板，然后从“轮廓”列表中选择一个轮廓，如果所需的轮廓尚未载入到项目中，可单击“修改轮廓”选项卡→“编辑”面板→“载入轮廓”，以载入该轮廓；在选项栏上，使用“X”“Y”“角度”和“翻转”选项可调整轮廓的位置，输入“X”和“Y”的值以指定轮廓的偏移，输入“角度”的值以指定该轮廓的角度，该角度使轮廓绕轮廓原点旋转，可以输入负值以便按相反方向旋转，单击“翻转”翻转轮廓；单击“应用”；选择路径，然后放大以查看轮廓。⑥要绘制轮廓可执行下列操作，单击“修改轮廓”选项卡→“编辑”面板，确认“〈按草图〉”已经显示出来，然后单击“编辑轮廓”；如果显示“进入视图”对话框，则选择要从中绘制该轮廓的视图，然后单击“确定”，比如，在平面视图中绘制路径，应选择立面视图来绘制轮廓，该轮廓草图既可以是单个闭合环形，也可以是不相交的多个闭合环形，在靠近轮廓平面和路径的交点附近绘制轮廓；绘制该轮廓，轮廓必须是闭合环；在“创建轮廓草图”选项卡→“轮廓”面板上，单击“完成轮廓”。⑦指定放样属性，在“创建放样”选项卡→“图元”面板上，单击“放样属性”；要设置实心放样的可见性，可在“图形”下，单击“可见性/图形替换”对应的“编辑”，然后指定可见性设置；要按类别将材质应用于实心放样，可在“材质和装饰”下单击“材质”字段，单击【…】图标，然后指定材质；要将实心放样指定给子类别，可在“标识数据”下选择子类别作为“子类别”；单击“确定”。⑧在“放样”面板上，单击“完成放样”。

（2）创建分段式放样

分段式放样对于创建机械管道弯管很有用。通过设置两个放样参数并绘制弧形路径来创建分段式放样。参数仅影响弧形路径，放样的最小段数为两段。

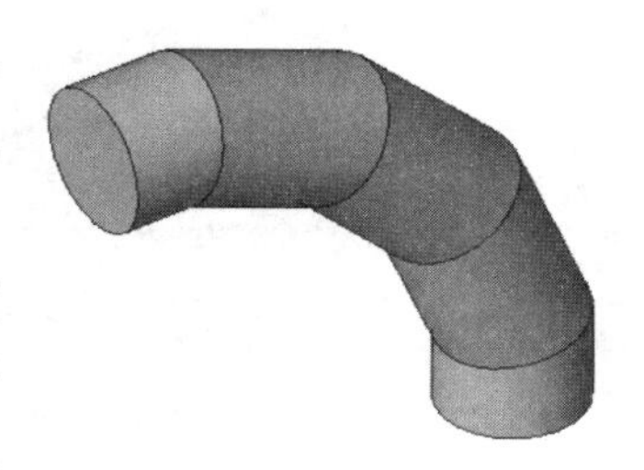
图 10-3-25　分段式放样示例

其过程依次有以下八步：①在族编辑器中，开始创建放样。②在“创建放样”选项卡→“图元”面板上，单击“放样属性”。③在“实例属性”对话框的“其他”下，选中“轨线分割”复选框。④输入一个值作为“最大线段角度”，有效范围为0°～360°。⑤绘制或拾取带有弧形的路径。⑥单击“完成路径”以完成路径的绘制。⑦创建轮廓或使用预先载入的轮廓。⑧在“放样”面板上，单击“完成放样”，以完成放样草图。

“最大线段角度”为30°的分段式放样示例见图10-3-25。需要强调的是，清除“轨线分割”复选框可将分段式放样改为非分段式放样。

10.3.10 编辑放样

其过程依次为以下八步：①在绘图区域中选择放样。②如果处于项目环境中，在“修改〈图元〉”选项卡→“族”面板上，单击“编辑族”；单击“是”以打开族进行编辑；在族编辑器中，再次在绘图区域中选择该放样。③在“修改放样”选项卡→“形状”面板上，单击“编辑放样”。④修改放样路径，在“创建放样”选项卡→“模式”面板上，单击“绘制路径”；使用“编辑”选项卡上的工具修改路径；在“路径”面板上，单击“完成路径”。⑤要修改放样轮廓可执行下列操作，在“创建放样”选项卡→“模式”面板上，单击“选择轮廓”；在“编辑”面板上，使用所显示的工具来选择新的放样轮廓或修改放样轮廓位置，可以使用“修改轮廓”选项卡上的工具来编辑现有轮廓。⑥要编辑其他放样属性，可在“图元”面板上，单击“放样属性”，然后修改放样的可见性、材质、分割或子类别。⑦要将放样修改为实心或空心形状，可在“标识数据”下选择“实心”或“空心”作为“实心/空心”。⑧单击“确定”。⑨在“放样”面板上，单击“完成放样”。

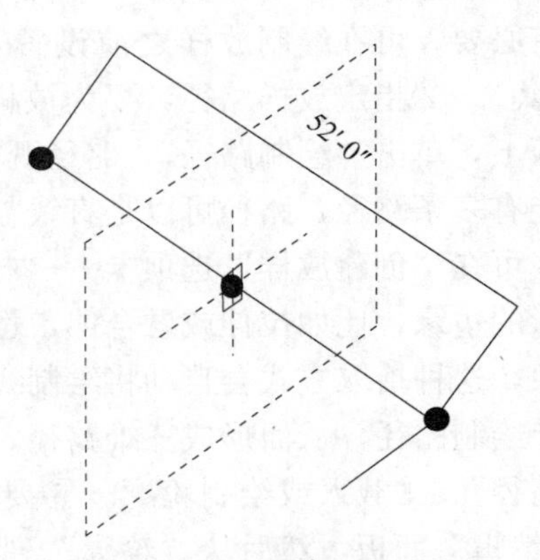

图10-3-26　放样规则示例

放样应遵守相关规则。见图10-3-26，当沿路径用切线弧创建放样时，可确保轮廓足够小，以便围绕弧放样形成的几何图形不会与自身相交。如果几何图形相交，则会发生错误。如果使用“拾取路径”工具创建放样路径，则绘制时可以拖曳路径线的终点。

10.3.11 创建放样融合

见图10-3-27，通过放样融合工具可以创建一个具有两个不同轮廓的融合体，然后沿某个路径对其进行放样。放样融合的造型由用户绘制或拾取的二维路径以及用户绘制或载入的两个轮廓确定。下列步骤是创建放样融合的常规方法。这些步骤可能会随设计意图的不同而变化。

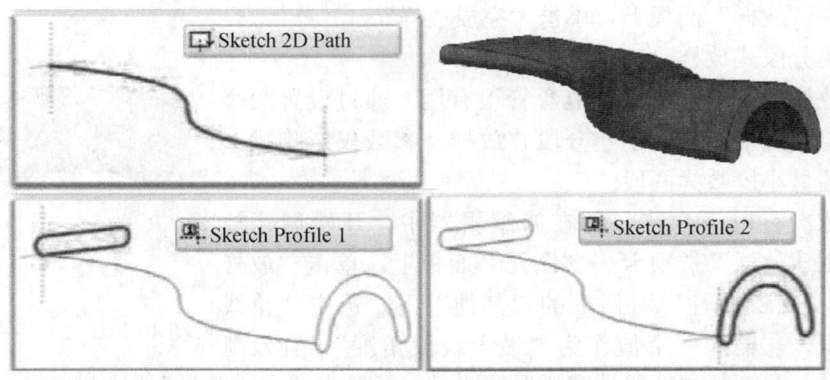

图10-3-27　放样融合

（1）创建实心或空心放样融合

其过程依次有以下九步：①在“族编辑器”中的“创建”选项卡→“形状”面板上执行下列一项操作，单击“实心”下拉菜单→“放样融合”，或单击“空心”下拉菜单→“放样融合”。②指定放样融合的路径，在“创建放样融合”选项卡→“模式”面板上执行下列一项操作，单击“绘制路径”为放样融合绘制一条路径，或单击“拾取路径”为放样融合拾取一条现有线；如有必要，可在为放样融合绘制或拾取路径之前设置工作平面，单击“创建”选项卡→“工作平面”面板→“集”。③绘制或拾取路径，然后在“路径”面板上，单击“完成路径”；需要强调的是，放样融合路径只能有一段。④载入或绘制轮廓1，放样融合路径上轮廓1的终点会高亮显示（图10-3-28）；要载入轮廓可执行下列操作，单击“修改轮廓”选项卡→“编辑”面板，然后从“轮廓”下拉列表中选择一个轮廓，如果所需的轮廓尚未载入到项目中可单击“载入轮廓”以载入该轮廓，放大以查看该轮廓（图10-3-29），使用“X”“Y”“角度”和“翻转”选项调整该轮廓的位置，输入“X”和“Y”的值以指定轮廓的偏移，输入“角度”的值以指定该轮廓的角度，该角度使轮廓绕轮廓原点旋转，可以输入负值以便按相反方向旋转，单击“翻转”翻转轮廓，单击“应用”；要绘制轮廓可执行下列操作，在“编辑”面板上，确认已选择“〈按草图〉”，然后单击“编辑轮廓”，如果显示“进入视图”对话框，则选择要从中绘制该轮廓的视图，然后单击“确定”，使用“创建轮廓”选项卡上的工具绘制轮廓，轮廓必须是闭合环，在“轮廓”面板上单击“完成轮廓”。⑤单击“放样融合”选项卡→“模式”面板→“修改轮廓2”。⑥使用以上步骤载入或绘制轮廓2。⑦也可以选择编辑顶点连接，通过编辑顶点连接可以控制放样融合中的扭曲量，在平面或三维视图中都可编辑顶点连接；在“放样融合”选项卡→“模式”面板上，单击“编辑顶点”；在“编辑顶点”选项卡→“顶点连接”面板上，选择“底部的控件”或者“顶部的控件”；在绘图区域中，单击蓝色控制柄移动顶点连接；在“顶点连接”面板上，单击“右扭曲”和“左扭曲”工具，以扭曲放样融合。⑧指定放样融合的属性，在“图元”面板上，单击“放样融合属性”；要设置实心放样融合的可见性，可在“图形”下，单击“可见性/图形替换”对应的“编辑”，然后指定可见性设置；要将材质应用于实心放样融合，可在“材质和装饰”下单击“材质”字段，单击【…】图标，然后指定材质；要将实心放样融合指定给子类别，可在“标识数据”下选择子类别作为“子类别”；单击“确定”。⑨完成后，单击“放样融合”面板→“完成放样融合”。

图10-3-28　终点高亮显示

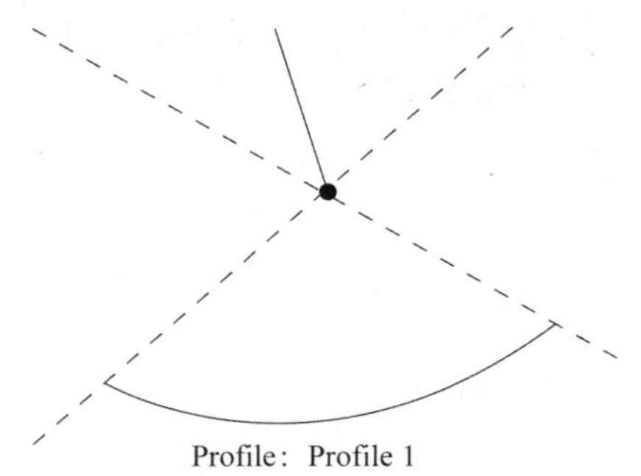

图10-3-29　查看轮廓

（2）编辑放样融合

其过程依次有以下九步：①在绘图区域中，选择放样融合。②如果处于项目环境中，在“修改放样融合”选项卡 →“编辑放样融合”面板上，单击“编辑族”；单击“是”以打开族进行编辑；在族编辑器中，再次在绘图区域中选择该放样融合。③在“修改放样融合”选项卡 →“形状”面板上，单击“编辑放样融合”。④要编辑路径可执行下列操作，在“创建放样融合”选项卡 →“模式”面板上，单击“绘制路径”；使用“绘制路径”选项卡上的工具修改路径，然后单击“路径”面板 →“完成路径”。⑤要编辑轮廓可执行下列操作，在“放样融合”选项卡 →“模式”面板上，单击“修改轮廓 1”或“修改轮廓 2”；在“编辑”面板上，从下拉列表中选择另一个已载入的轮廓，或从该列表中选择“〈按草图〉”来绘制新轮廓；如果选择了“〈按草图〉”，则单击“编辑”面板上的“编辑轮廓”；绘制轮廓，然后单击“轮廓”面板 →“完成轮廓”。⑥要编辑其他放样融合属性，可单击“放样融合”选项卡 →“图元”面板 →“放样融合属性”，然后修改放样的可见性、材质或子类别。⑦要将放样融合修改为实心或空心，可在“标识数据”下选择“实心”或“空心”作为“实心/空心”。⑧单击“确定”。⑨在“放样融合”面板上，单击“完成放样融合”。

10.3.12 剪切几何图形

不管几何图形是何时创建的，都可以使用“剪切几何图形”工具来拾取并选择要剪切和不剪切的几何图形。需要强调的是，虽然此工具和“取消剪切几何图形”工具主要用于族，但也可以使用这两个工具嵌入幕墙。

剪切几何图形的过程依次为以下五步：①在族编辑器中，创建实心几何图形；它可以是单一的原始对象，也可以是一些连接在一起的原始对象（图 10-3-30）。②创建通过实心几何图形的空心体（图 10-3-31）。③创建另一个实心几何图形造型并将其连接到现有几何图形上（图 10-3-32）。④单击“修改”选项卡 →“编辑几何图形”面板 →“剪切”下拉菜单 →“剪切几何图形”，然后选择所创建的空心几何图形，见图 10-3-33；需要注意的是，光标会改变形状。⑤选择在步骤 3 中创建的几何图形（图 10-3-34）。Revit Architecture 将剪切所选的几何图形（图 10-3-35）。

取消剪切几何图形的过程依次为以下三步：①在族编辑器中，单击“修改”选项卡 →“编辑几何图形”面板 →“剪切”下拉菜单 →“取消剪切几何图形”。②选择相应的空心几何图形。③选择不想剪切的相应实心原始对象。需要强调的是，如果选择不剪切全部几何图形，则空心几何图形始终显示在视图中。

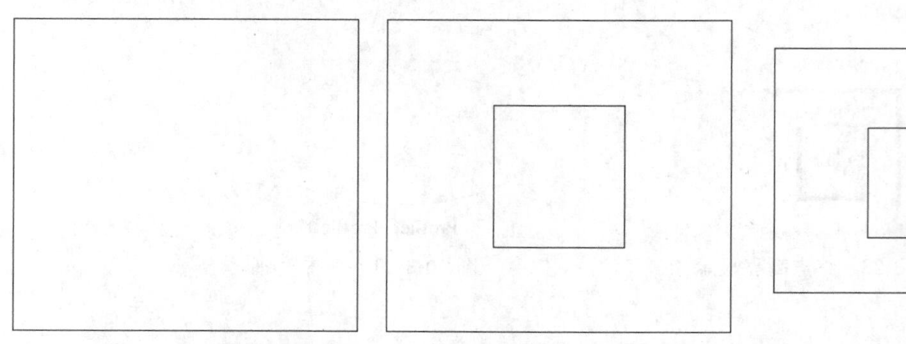

图 10-3-30　创建实心几何图形　　图 10-3-31　创建空心体　　图 10-3-32　连接现有几何图形

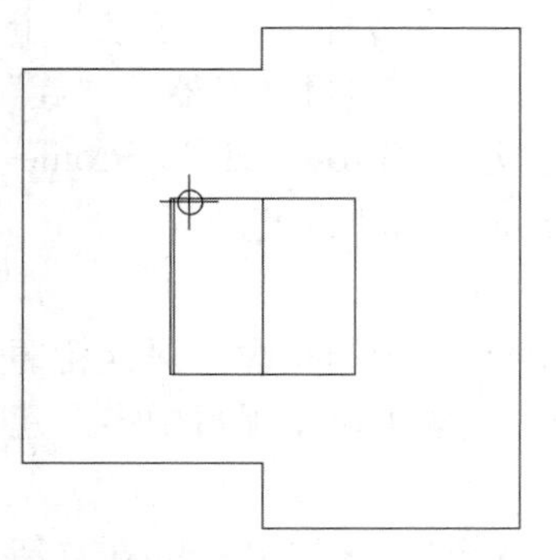

图 10-3-33 选择所创建空心几何图形

图 10-3-34 创建几何图形

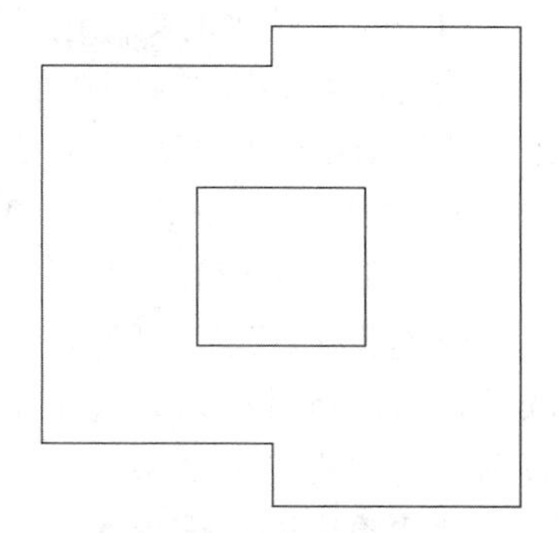

图 10-3-35 剪切所选几何图形

10.3.13 创建二维几何图形

要创建二维族几何图形，应使用族编辑器中提供的 Revit Architecture 模型和符号线工具。

当用户不需要显示实心几何图形时，可以通过“创建”选项卡 →“模型”面板上的“模型线”工具，来绘制二维几何图形。比如，可以以二维形式绘制门面板和五金器具，而不用绘制实心拉伸。在三维视图中，模型线总是可见的。用户可以控制这些线在平面视图和立面视图中的可见性，方法是：选择模型线，然后单击“修改线”选项卡→“可见性”面板→“可见性设置”。

通过“详图”选项卡 →“详图”面板上的“符号线”工具，可以绘制专门用作符号的线条。比如，在立面视图中可绘制符号线以表示开门方向。符号线不是族实际几何图形的任何部分。符号线在其所绘制的视图中是可见的且与该视图平行。

可以控制剪切实例的符号线可见性。选择符号线，然后单击“修改线”选项卡 →“可见性”面板 →“可见性设置”。选择“仅当实例被剖切时显示”。

在显示的对话框中，也可以基于视图的详细程度，来控制线的可见性。比如，如果选择“粗略”，则将族载入项目中并将该族放置在详细程度为“粗略”的视图中时，符号线可见。

10.3.14 创建并使用轮廓族

轮廓族包含一个二维闭合环，可以将闭合环载入到项目中并应用于某些建筑图元。比如，可以绘制扶手的轮廓环，然后在项目中的扶手上使用该造型，见图 10-3-36 和图 10-3-37。

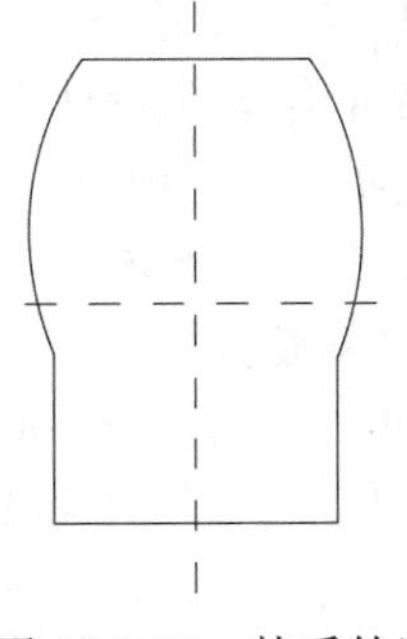

图 10-3-36 扶手轮廓

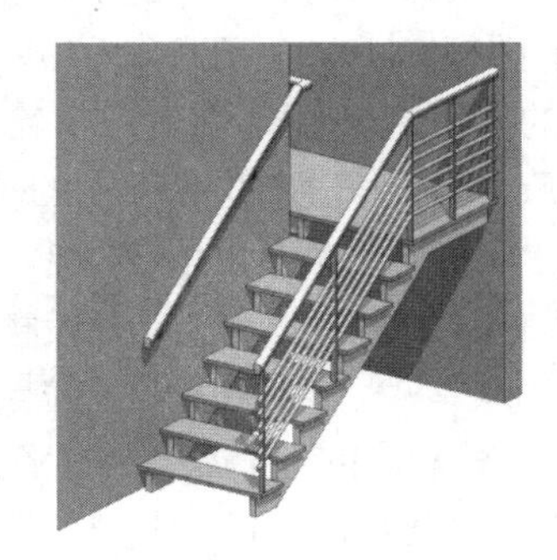

图 10-3-37 应用了轮廓的楼梯扶手

可以定义轮廓的图元包括墙饰条、分隔缝、扶手、竖梃、楼梯踏板和放样轮廓。定义一个轮廓族后，可将其在项目中的建筑图元上多次使用。已载入的轮廓显示在项目浏览器的“族”下。使用 Revit Architecture 提供的族样板创建轮廓族。这些样板是“Profile. rft”“Profile-Rail. rft”“Profile-Reveal. rft”“Profile-Stair Nosing. rft”和“Wall Sweep Profile. rft”。

（1）创建轮廓族

要创建轮廓族，可打开一个新族，并使用线、尺寸标注和参照平面绘制轮廓。保存轮廓族后，可以将其载入并应用于项目中的实心几何图形。此步骤描述创建可用于项目中多个建筑图元的常规轮廓造型。所指定的建筑与设计目的可以不同。

创建轮廓的过程依次为以下十二步：①单击【R】图标→“新建”→“族”。②在“新族-选择样板文件”对话框中，选择轮廓样板，然后单击“打开”；族编辑器将打开包含两个参照平面的平面视图；没有可在其中绘制几何图形的其他视图。③如有必要，绘制参照平面以约束轮廓中的线。④单击“创建”选项卡→“详图”面板→“线”，然后绘制轮廓环；有关绘制工具的详细信息，可参考 Revit Architecture 帮助中的“绘制”。⑤如有必要，可单击“创建”选项卡→“详图”面板→“详图构件”，以将一个详图构件放置在轮廓族中；需要强调的是，通过使用详图构件的绘制顺序工具可以修改族中任何详图构件的排序顺序，可参考 Revit Architecture 帮助中的“对图元绘制顺序进行排序”。⑥要指定轮廓族显示在项目中时的详细程度，可选择轮廓草图的任何一条线，然后单击“修改线”选项卡→“可见性”面板→“可见性设置”。⑦选择所需的详细程度（“精细”“中等”或“粗略”），然后单击“确定”；可以使用同样的方法指定详图构件的详细程度；接下来，定义轮廓用途。⑧单击“族属性”面板→“类别和参数”。⑨在“族类别和族参数”对话框的“族参数”下，单击“轮廓用途”所对应的“值”字段，然后选择轮廓类型，比如，如果要创建竖梃轮廓，可选择“竖梃”；需要强调的是，此设置可确保在项目中使用轮廓时仅列出相应的轮廓，比如，在选择竖梃轮廓时，楼梯前缘轮廓不显示。⑩单击“确定”。⑪添加所需的任何尺寸标注。⑫保存族。轮廓草图示例见图 10-3-36。

（2）将轮廓族载入到项目中

其过程依次为以下三步：①在项目文件中，单击“插入”选项卡→“从库中载入”面板→“载入族”。②定位到所创建的轮廓族文件，选择该文件并单击“打开”。③在项目浏览器中，展开“族”→“轮廓”；所创建和载入的族会显示出来，并可以应用到项目中的建筑图元。

（3）将轮廓族用于建筑图元

这一过程用一个示例来说明，见图 10-3-37。将轮廓应用到图元的过程依次有以下十三步：①单击【R】图标→“新建”→“族”，选择“Profile-Rail. rft”，然后单击“打开”。②通过绘制想要的扶手造型，来创建一个轮廓扶手族；确保所绘制的造型是由线组成的单个闭合环。③保存族。④打开要使用新族的项目。⑤单击“插入”选项卡→“从库中载入”面板→“载入族”，选择所创建的轮廓族，然后单击“打开”。⑥单击“常用”选项卡→“楼梯坡道”面板→“楼梯”。⑦绘制一段楼梯，然后单击“完成楼梯”。⑧单击“视图”选项卡→“创建”面板→“三维视图”下拉菜单→“默认三维”。⑨在三维视图中，选择默认的扶手。⑩单击“修改扶手”选项卡→“图元”面板→“图元属性”下拉菜单→“类型属性”。⑪在“类型属性”对话框的“构造”下，单击“扶手结构”对应的“编辑”。⑫在“编辑扶手”对话框的“轮廓”列，单击当前轮廓族名称。⑬选择所创建轮廓族的名称，然后单击“确定”两次。Revit Architecture 将新轮廓造型应用于扶手。

应用了新轮廓的楼梯扶手见图 10-3-37。

10.3.15　带有嵌套详图构件的主体放样轮廓

如图 10-3-38 所示，可以在主体放样轮廓族（墙饰条、屋顶封檐带、檐沟和楼板边缘）中嵌套一个详图构件，并使用可见性控件来指定详图构件何时显示在项目中。放样在项目中被剪切时，详图构件将根据用户在主体放样族文件中指定的可见性设置进行显示。也可以让多个详图构件以特定视图剖切面主体放样的特定可见性程度进行显示。需要强调的是，也可以导入详图（如 DWG 文件），并对其应用同样的可见性控件，另可参考 Revit Architecture 帮助中的“嵌套和共享构件族”。

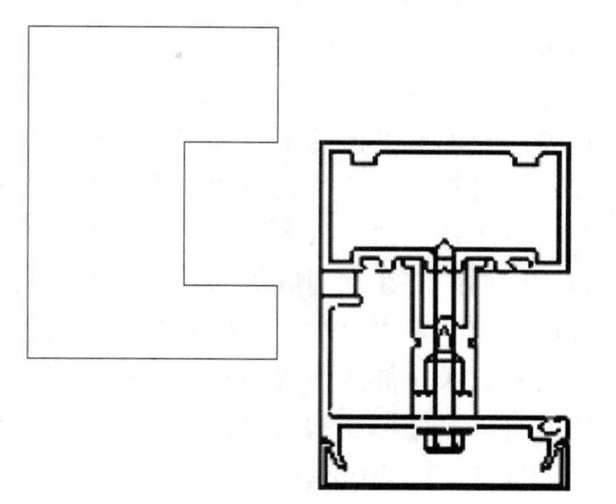

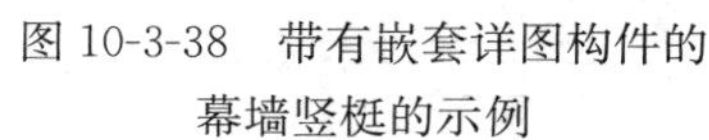

图 10-3-38　带有嵌套详图构件的幕墙竖梃的示例

（1）载入详图构件

其过程依次为以下四步：①打开或创建主体放样族。②单击“创建”选项卡 →“详图”面板 →“详图构件”。③单击“是”以载入详图构件族。④在“载入族”对话框中，选择一个详图构件族，然后单击“打开”。

（2）将详图构件添加到主体放样中

其过程依次为以下两步：①单击绘制区域，以将详图构件添加到主体放样族中。②如有必要，使用对齐或尺寸标注约束详图构件的位置。

（3）指定详图构件的可见性

其过程依次为以下三步：①选择嵌套的详图构件。②单击“修改详图项目”选项卡 →“可见性”面板 →“可见性设置”。③在“族图元可见性设置”对话框中，指定详细程度（“粗略”“中等”和/或“精细”），然后单击“确定”。当主体放样详图载入到项目中后，会在剪切时以指定的详细程度显示出来。

10.3.16　对族几何图形进行尺寸标注

创建构件族的几何图形时，将放置尺寸标注，来定义要使用参数控制的几何关系。通过为放置的尺寸标注添加标签，可以创建能够控制的参数。要添加尺寸标注，可以使用族编辑器“创建”选项卡上的“尺寸标注”工具，或者打开自动尺寸标注。

（1）自动绘制尺寸标注

Revit Architecture 会创建自动尺寸标注来帮助用户控制设计意图。默认情况下，这些自动尺寸标注不显示。

要打开自动尺寸标注，可选择“可见性/图形替换”对话框“注释类别”选项卡上的“自动绘制尺寸标注”。然后可以使用“尺寸标注”工具修改这些尺寸标注或创建自己的尺寸标注。用户还可以锁定尺寸标注，使距离保持不变。如果打算拥有族的多个尺寸，并希望在族尺寸变化时保持某些尺寸标注不变，这样做就会非常有用。

（2）自动尺寸标注对几何图形的影响

如果自动绘制尺寸标注将几何图形约束到参照平面，项目中可能会出现一些意外行为。

自动绘制尺寸标注是 Revit Architecture 用来实现根据族参数值的变化来增大或缩小几何图形的方法。比如，用户已经将一个矩形窗添加到防火门，防火门带有宽度标签的尺寸标注，但窗还没有进行尺寸标注（图 10-3-39）。用户决定修改门的宽度，但希望窗的宽度保持不变；用户希望其位置保持不变；但可观察一下当通过“族类型”工具增大门宽时会发生什么情况（图 10-3-40）。在本例中，窗约束到门的中心线和门嵌板的右侧，而后两者均由参照平面表示；窗的位置相对于这些参照平面而固定。在本例中，小拉伸约束到配电盘的中心线和配电盘的右侧，而后两者均由参照平面表示；小拉伸的位置相对于这些参照平面而固定。要查看自动绘制尺寸标注，编辑窗的草图并打开尺寸标注的可见性；用户会看到如何标注出窗的垂直绘制线相对于中心和右参照平面的尺寸（图 10-3-41）。

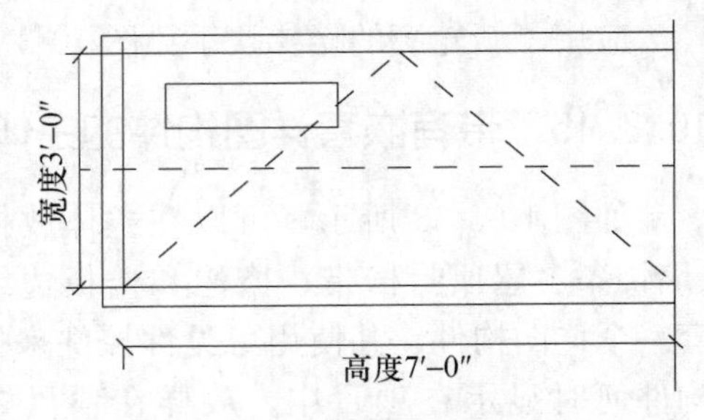

图 10-3-39　窗没有进行尺寸标注

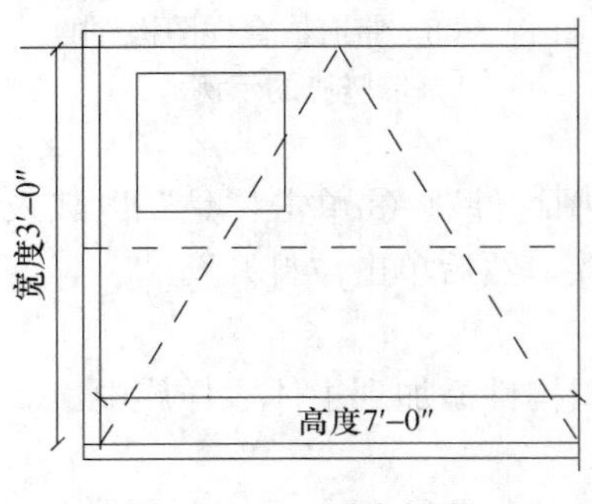

图 10-3-40　增大门宽

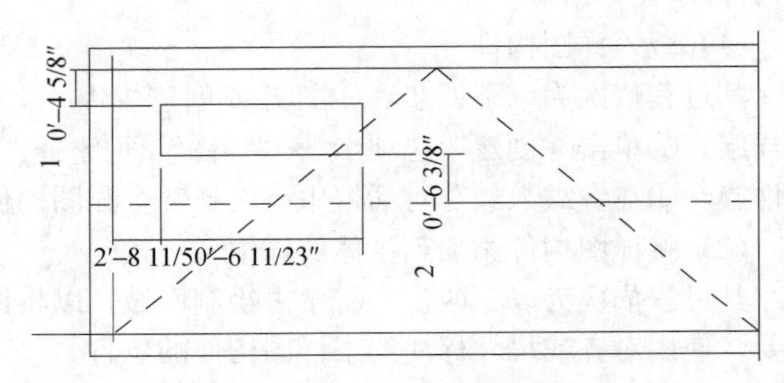

图 10-3-41　标注出窗的相对尺寸

（3）图的图例

其特点主要有以下两个：相对于右参照平面的自动绘制尺寸标注；相对于中心参照平面的自动绘制尺寸标注。要获得所希望的结果应添加锁定的尺寸标注，比如，可以添加代表窗宽度的锁定尺寸标注，以及窗与右侧参照平面之间的锁定尺寸标注。

（4）自动绘制尺寸标注在族编辑器中的可见性

默认情况下，自动绘制尺寸标注是关闭的；如果族中至少存在一个带标签的尺寸标注，自动绘制尺寸才会显示出来。需要强调的是，图 10-3-42 中，几何图形上添加了一个尺寸标注，但该尺寸标注没有标签。

（5）打开自动绘制尺寸标注的可见性

其过程依次为以下四步：①在草图模式中，单击“视图”选项卡 →“图形”面板 →“可见性和外观”，或者键入 VG。②在“可见性/图形”对话框的“注释类别”选项卡上，展开“尺寸标注”类别，然后选择“自动绘制尺寸标注”。③单击“确定”。④放置尺寸标注并为其添加标签；此时显示自动绘制尺寸标注（图 10-3-43）。

Revit Architecture 此时已知道此几何图形的各条线相对于参照平面或其他绘制线的位置；添加锁定的尺寸标注时，它们会替换自动绘制尺寸标注，如图 10-3-44 所示。

（6）对族进行尺寸标注

Revit Architecture 中的族在添加带标签的尺寸标注（参数）之前是非参数化的。

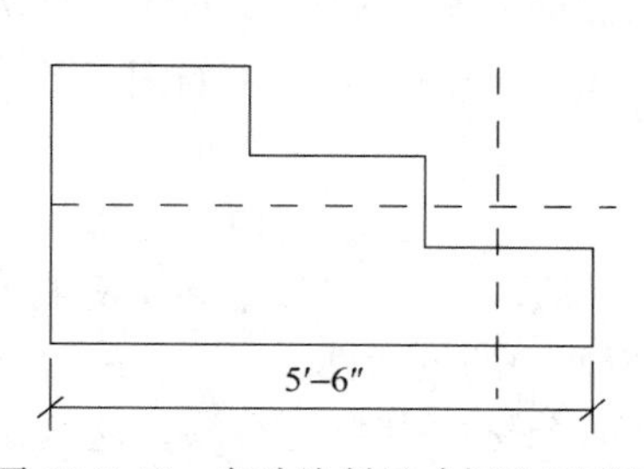

图 10-3-42 自动绘制尺寸标注不可见

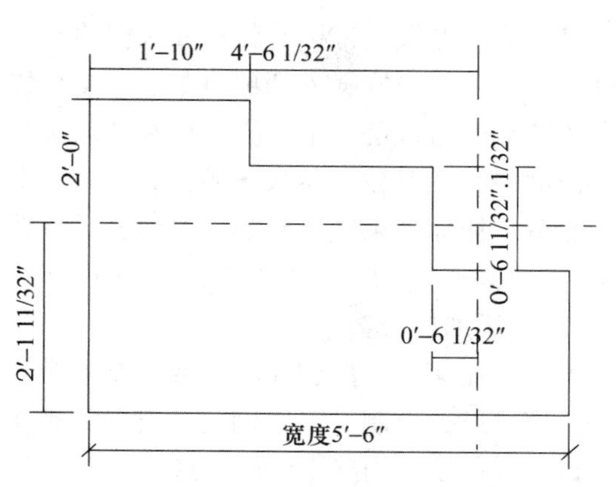

图 10-3-43 显示自动绘制的尺寸标注

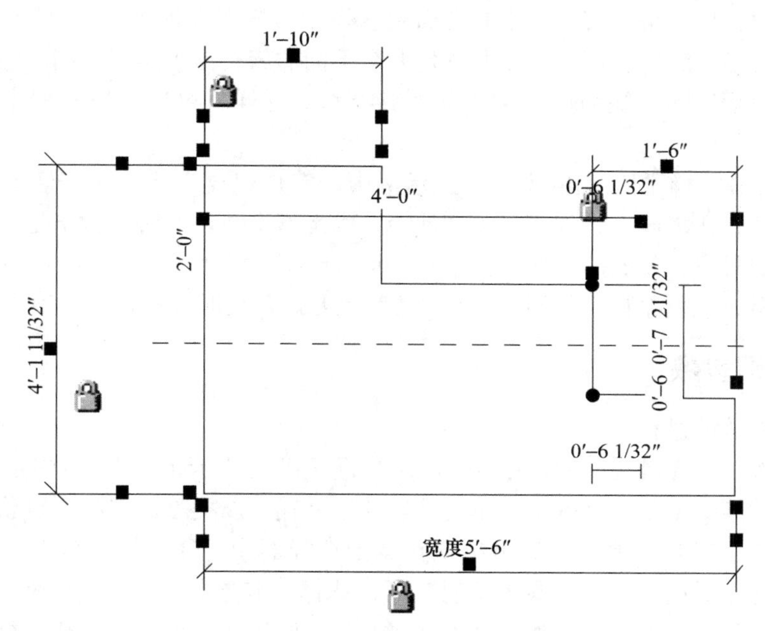

图 10-3-44 替换自动绘制尺寸标注

(7) 为尺寸标注添加标签

其过程依次为以下三步：①高亮显示尺寸标注文字。②在尺寸标注上单击鼠标右键，然后单击“编辑标签”。③选择一个标签名称，或者选择“〈添加参数…〉”并创建一个参数。如图 10-3-45 所示。

(8) 添加标签的备选步骤

其过程依次为以下三步：①选择尺寸标注文字。②在选项栏上，选择一个名称或者创建一个新参数作为“标签”。③如果需要，选择“引线”来创建尺寸标注的引线。

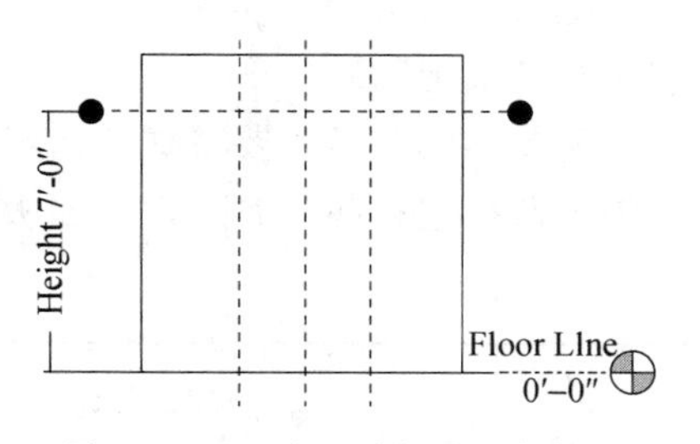

图 10-3-45 为尺寸标注添加标签

(9) 有关创建族尺寸标注的提示

选择尺寸标注时，不能键入文字作为标签；只能从正确类型的族参数列表中进行选择，或创建一个新参数。带标签的尺寸标注将成为族的可修改参数；可以使用“族类型”对话框修改它们的值；当族载入到项目中后，也可以使用“实例属性”对话框来修改尺寸标注。标签参数的值可通过公式来计算；可在“族类型”对话框中创建公式；可参考 Revit Architecture 帮助中的“对数字参数应用公式”。阵列号可成为族的参数；创建阵列后，可选择该阵列，然后添加标签来创建参数；可以稍后修改参数值，增加或减少阵列中的图元数；可参考 Revit Architecture 帮助中的“创建阵列”。

（10）添加族参数

可以为任何族类型创建实例或类型参数。通过添加参数，可以对每个族实例或类型中所包含的信息进行控制。可以创建动态的族类型以增加模型中的灵活性。

1）示例 1：采用不同面层的桌子。创建一个带有两个材质参数的桌族，这两个参数分别称为“桌面面层”和“桌腿面层”。将材质指定给参数，并将族载入到项目中。这时，可以在项目中修改材质：桌面有三种不同的面层（橡木、松木和榉木），桌腿有三种颜色的漆（深青色、深蓝色和黑色）。用户不需要创建九个不同的族类型来实现不同的组合，而只需创建一个带有桌面面层和桌腿面层实例参数的族类型。这样就可以变更模型中每个桌实例的外观。

2）示例 2：采用不同漆面的窗。在此示例中，客户想要查看在所安装的窗框上刷不同颜色油漆的效果。在窗族中，创建名为“油漆”的类型参数，并将参数指定给窗框。保存族并将其载入到项目中。创建两种新材质：Window Paint-White 和 Window Paint-Brown。现在可将白色涂料或棕色涂料应用到 Paint 类型参数上，并立即查看整个模型的变化。

10.3.17 创建参数

（1）创建参数的过程

其过程依次为以下十步：①在族编辑器中的任何选项卡上，单击“族属性”面板→“类型”。②在“族类型”对话框中，单击“新建”并输入新类型的名称。这将创建一个新的族类型，在用户将其载入项目中后将出现在类型选择器中。③在“参数”下单击“添加”。④在“参数属性”对话框中的“参数类型”下，选择“族参数”。⑤输入参数的名称。⑥选择规程。⑦选择相应的参数类型作为“参数类型”，见表 10-3-1。⑧对于“参数分组方式”，选择一个值；在族载入到项目中后，该值决定着参数在“实例属性”对话框中显示在哪一个组标题下。⑨选择“实例”或“类型”，这会定义参数是“实例”参数还是“类型”参数。⑩单击“确定”。

需要强调的是，要将材质指定给族图元，应保存族并将其载入到项目中；将族放置到项目中并选择它；在“族属性”面板上单击“类型”，然后为材质参数设置一个值。

表 10-3-1 参数类型

名称	说明
文字	完全自定义。可用于收集唯一性的数据
整数	始终表示为整数的值
数字	用于收集各种数字数据。可通过公式定义，也可以是实数
长度	可用于设置图元或子构件的长度。可通过公式定义
面积	可用于设置图元或子构件的面积。可将公式用于此字段

续表

名称	说明
体积	可用于设置图元或子构件的体积。可将公式用于此字段
角度	可用于设置图元或子构件的角度。可将公式用于此字段
坡度	可用于创建定义坡度的参数
货币	可用于创建货币参数
URL	提供指向用户定义的 URL 的网络链接
材质	建立可在其中指定特定材质的参数
是/否	使用“是”或“否”定义参数，最常用于实例属性
族类型	用于嵌套构件，可在族载入项目中后替换构件

（2）修改族参数

在“族类型”对话框中，选择所需的参数，然后单击“修改”。可以重命名参数并修改其参数性质——类型或实例，也可以使用共享参数替换它。

（3）实例参数和造型操纵柄

创建族时，可以将带标签的尺寸标注指定为实例参数；将族实例放置在项目中后，这些参数是可以修改的。被指定为实例参数的带标签的尺寸标注也可以有造型操纵柄，这些造型操纵柄会在族被载入项目中后出现。

（4）创建实例参数

其过程依次为以下六步：①使用族编辑器工具绘制族几何图形。②创建族几何图形的尺寸标注。③为尺寸标注添加标签，可参考 Revit Architecture 帮助中的“为尺寸标注添加标签以创建参数”。④选择尺寸标注，然后在选项栏上选择“实例参数”。需要强调的是，如果通过在选项栏上选择标签来为尺寸标注添加标签，则不用重新选择尺寸标注就可以选择“实例参数”。⑤单击“修改尺寸标注”选项卡 →“族属性”面板 →“类型”，在“族类型”对话框中设置新的实例参数。在项目中放置族时，（默认）标签会指示出该实例参数的值。比如，如果创建一个名为“长度”的实例参数，其默认值为 3000mm，则在将该族放置到项目中后，族实例的长度为 3000mm。⑥保存所做的修改并将族载入到项目中。选择族的一个实例，然后单击“图元”面板 →“图元属性”下拉菜单 →“实例属性”。需要强调的是，带标签的尺寸标注作为参数显示在“实例属性”对话框的“实例参数”窗格中；可以在此对话框中修改这些值。

（5）向构件族中添加造型操纵柄

如图 10-3-46 所示，可以向构件族中添加造型操纵柄，这些造型操纵柄会在族被载入项目中后显示出来。造型操纵柄用于在项目中调整构件的大小，而不用于在族编辑器中创建多个类型。可参考 Revit Architecture 帮助中的“控制柄和造型操纵柄”。

要向构件族中添加造型操纵柄，必须执行以下几步操作：①将参照平面添加到族中。②将参照平面与要显示造型操纵柄的构件边缘对齐。③将尺寸标注添加到该参照平面。④将尺寸标注标记为实例参数。⑤保存该族并将其载入到项目中。选择该构件时，造型操纵柄将显示在参照平面进行对齐和标注尺寸的位置。

要添加造型操纵柄，可执行以下几步操作：①在族编辑器中，平行于要显示造型操纵柄的位置添加参照平面。图 10-3-47 中，一个带有简单拉伸的常规构件显示在平面视图中，已

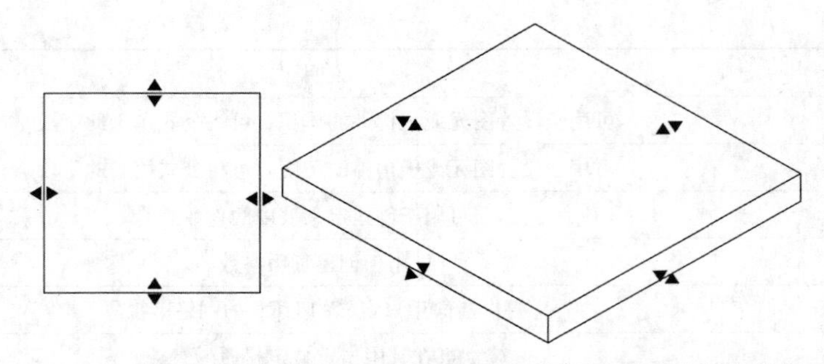

图 10-3-46　添加了造型操纵柄在平面视图和三维视图中的常规构件的示例

平行于构件的左右边缘添加了参照平面。②选择每个参照平面，然后单击“修改参照平面”选项卡 →“图元”面板 →“图元属性”下拉菜单→“实例属性”；确认“是参照”参数的值不是“非参照”。③将参照平面与构件的平行边缘对齐并进行锁定。将族载入项目中后，造型操纵柄将在此位置显示（图 10-3-48）。④在上一步中对齐的参照平面之间添加尺寸标注。⑤选择尺寸标注。⑥在选项栏上的“标签”中，选择一个标签，或者单击“添加参数”并为尺寸标注创建一个参数（可参考 Revit Architecture 帮助中的“添加族参数”）。⑦在选项栏上选择“实例参数”。需要强调的是，添加参数时，可以在“参数属性”对话框中选择“实例”作为类型。⑧保存所做的修改并将族载入项目中。族载入项目中后，选择该构件，将显示造型操纵柄，可使用它来调整族的尺寸，而不必在族编辑器中创建新尺寸。

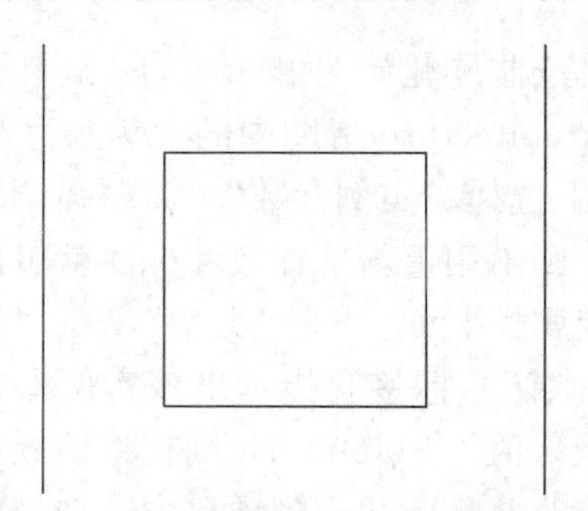

图 10-3-47　平面视图出现可简单拉伸的常规构件

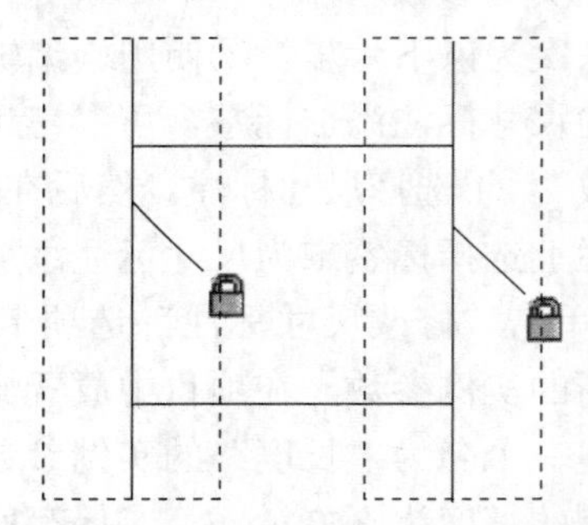

图 10-3-48　常规构件族参照平面与拉伸边缘对齐并锁定

（6）对数字参数应用公式

公式可用于创建参数，这些参数的值根据其他参数而定。一个简单的例子是将宽度参数设置为等于某个对象的高度的两倍。实际上，公式有多种用途，有简单的，也有复杂的。典型使用包括嵌入设计关系、将一些实例关联到可变长度以及设置角度关系。比如，公式可用于以下五个方面：计算几何图形的面积或体积；创建由图元大小控制的间隙尺寸标注参数；将变量值连续转换为整数值；随着橱柜高度的增加，添加搁板；随着长度的增加，在空腹托梁中添加对角线。

1）将公式添加到参数。其过程依次为以下六步：①在族编辑器中，布局参照平面。②根据需要，添加尺寸标注。③为尺寸标注添加标签，可参考为尺寸标注添加标签以创建参数。④添加几何图形，并将该几何图形锁定到参照平面。⑤在“族属性”面板上，单击“类型”。⑥在“族类型”对话框的相应参数旁的“公式”列中输入参数的公式。有关输入公式的详细信息可参考本章有关有效公式语法和缩写的相关规则。

2）有效公式语法和缩写。公式支持以下运算操作：加、减、乘、除、指数、对数和平方根。公式还支持以下三角函数运算：正弦、余弦、正切、反正弦、反余弦和反正切。算术运算和三角函数的有效公式缩写分别为＋（加）、－（减）、*（乘）、/（除）、^（指数，比如“x^y”代表 x 的 y 次方）、log（对数）、sqrt（平方根，比如“sqrt（16）”）、sin（正弦）、cos（余弦）、tan（正切）、arcsin（反正弦）、arccos（反余弦）、atan（反正切）、exp（e 的 x 方）、abs（绝对值）。使用标准数学语法，可以在公式中输入整数值、小数值和分数值，比如，Length＝Height＋Width＋sqrt（Height * Width）；Length＝Wall1（11000mm）＋Wall2（15000mm）；Area＝Length（500mm）* Width（300mm）；Volume＝Length（500mm）* Width（300mm）* Height（800mm）；Width＝100m * cos（angle）；x＝2 * abs（a）＋abs（b/2）；ArrayNum＝Length/Spacing。公式中的参数名是区分大小写的，比如，如果某个参数名以大写字母开头如 Width，则必须在公式中以大写首字母输入该名称；如果在公式中使用小写字母输入该名称如 width * 2，则软件无法识别该公式。

3）公式中的条件语句。可以在公式中使用条件语句来定义族中取决于其他参数的状态的操作；使用条件语句，软件会根据是否满足指定条件来输入参数值；在某些情况下，条件语句是很有用的，但它们会使族变得更复杂，应仅在必要时使用。对于大多数类型参数，条件语句是不必要的，因为类型参数本身就像一个条件语句：如果这是类型则将该参数设置为指定值；实例参数更适合用于条件语句，尤其是用于设置不连续变化的参数。

4）条件语句的语法。条件语句使用以下结构：IF（〈条件〉，〈条件为真时的结果〉，〈条件为假时的结果〉）。这表示输入的参数值取决于是满足条件（真）还是不满足条件（假）；如果条件为真，则软件会返回条件为真时的值；如果条件为假，则软件会返回条件为假时的值。条件语句可以包含数值、数字参数名和 Yes/No 参数。在条件中可使用比较符号，比如＜、＞、＝；还可以在条件语句中使用布尔运算符，比如 AND、OR、NOT；当前不支持＜＝和＞＝，要表达这种比较符号可以使用逻辑值 NOT，比如，a＜＝b 可输入为 NOT（a＞b）。

以下是使用条件语句的公式示例。简单的 IF 语句：＝IF（Length＜3000mm，200mm，300mm）。带有文字参数的 IF 语句：＝IF（Length＞35′，“String1”，“String2”）。带有逻辑 AND 的 IF 语句：＝IF（AND（x＝1，y＝2），8，3）。带有逻辑 OR 的 IF 语句：＝IF（OR（A＝1，B＝3），8，3）。嵌套的 IF 语句：＝IF（Length＜35′，2′6″，IF（Length＜45′，3′，IF（Length＜55′，5′，8′）））。带有 Yes/No 条件的 IF 语句：＝Length＞40。应可注意，条件和结果都是隐含的。

5）使用条件语句的示例。公式中条件语句的典型使用包括计算阵列值以及根据参数值控制图元的可见性。比如，可以将条件语句用于以下两种情况。

① 防止阵列参数使用小于 2 的值。在 Revit Architecture 中，阵列的值必须是大于或等于 2 的整数。在一些情况下，这对于创建保持阵列参数为 2（即使计算值为 1 或 0）的条件公式是很有用的。使用这样的公式，如果计算的阵列值等于或大于 2，则公式将保留该值。但是，如果计算值为 1 或 0，则公式将把该值修改为 2。公式：Arraynumber＝IF（Arrayparam＜2，2，Arrayparam）。

② 仅当窗灯光的数目大于 1 时，窗格条才可见。比如，如果有一个要用于控制窗格条几何图形的可见性的 Lights 参数，则可以创建类似于 MuntinVis 的 Yes/No 参数，并将其

指定给窗格条几何图形的“实例属性”对话框中的“可见”参数。因为MuntinVis参数是Yes/No（或布尔）运算，条件（IF）和结果都是隐含的。在该实例中，当满足条件时（真），将选中MuntinVis参数值，且窗格条几何图形是可见的。反之，当不满足条件时（假），将清除MuntinVis参数，且窗格条几何图形是不可见的。公式：MuntinVis＝Lights＞1。

（7）复制参数化图元

在族编辑器中创建构件时，通常需要创建由相同参数（比如带标签的尺寸标注或可见性参数）控制的多个相同图元。比如，如果创建了一个窗族，其窗格条由可见性参数控制，则可以创建第一个窗格条，对其应用可见性参数，然后复制或镜像该窗格条，或者根据它创建阵列。原始窗格条的可见性参数将应用于复制的窗格条。如果复制一个参数化图元，或基于该图元创建阵列或组，则控制该图元的参数也会被复制。

如下示例创建了一个含有两个拉伸的常规族。这两个拉伸的底部都与水平参照平面对齐。大拉伸的高度由带标签的尺寸标注H控制。小拉伸的高度由带标签的尺寸标注（H/2）控制。在“族类型”对话框中，（H/2）参数被添加了一个公式，使其等于Height/2。此外，还创建了可见性参数，并应用到较小的拉伸，该拉伸有一个带切口且涂有颜色的面。

1）由参数控制的图元。本例中为带标签的尺寸标注。继续使用上面所示的示例，要创建与高度较小的图元完全相同的一系列图元，可以复制或镜像该图元，或者基于它创建阵列，相关联的参数也会随之一起复制。图10-3-49中，可以看到已经基于较小的图元创建了一个阵列，带标签的尺寸标注、涂有颜色的面以及可见性参数都已应用到阵列中的每个图元。

2）参数化图元的阵列。如图10-3-50所示，在“族类型”对话框中，如果将本例中的“高度”值由6改为8，可注意，阵列中的图元会按新值进行调整，见图10-3-51。

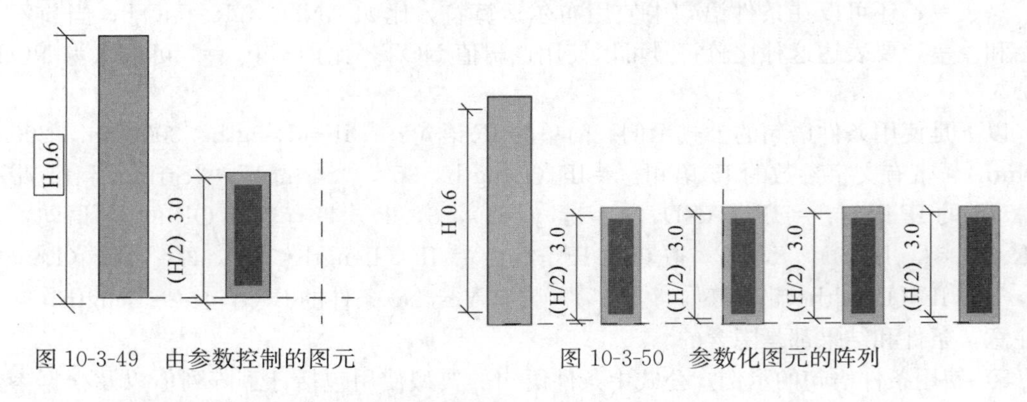

图10-3-49　由参数控制的图元　　　图10-3-50　参数化图元的阵列

3）阵列中的图元随参数值改变而进行调整，见图10-3-51。

（8）将族几何图形指定给子类别

可以将族几何图形的不同部分指定给族类别中的子类别。子类别用于控制指定给它的几何图形的线宽、线颜色、线型图案和材质，而与族类别设置无关。如果将族几何图形的不同部分指定给不同的子类别，可以用不同的线宽、线颜色、线型图案和材质来显示这些部分。比如，在窗族中，可以将窗框、窗扇和竖梃龙头指定给一个子类别，而将玻璃浴盆指定给另一个子类别，然后可以将不同的材质（木质和玻璃）指定给每个子类别，以达到所需效果（图10-3-52）。如果尚未创建子类别或者族在默认情况下不包含这些子类别，可以随时进行

创建，具体可参考本书有关创建族子类别的介绍。

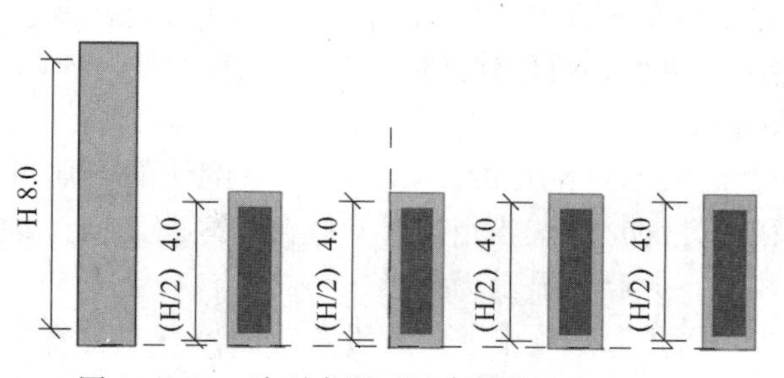

图 10-3-51　阵列中图元随参数值改变而调整

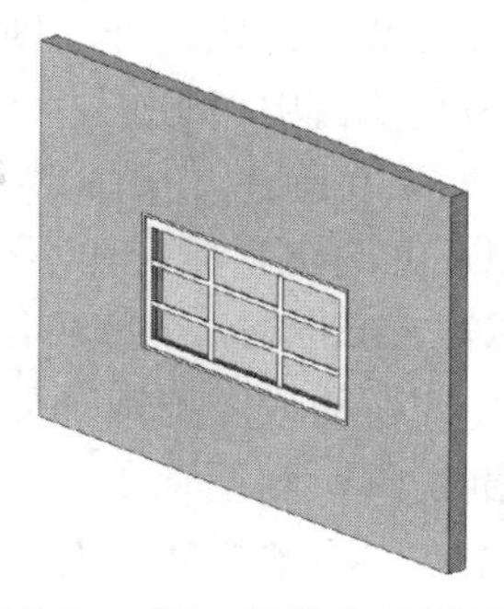

图 10-3-52　将族几何图形指定给子类别

将族几何图形指定给子类别的过程依次为以下四步：①在族编辑器中，选择要指定给子类别的族几何图形。②单击“图元”面板 →“图元属性”下拉菜单 →“实例属性”。③在“实例属性”对话框中，选择一个子类别作为“子类别”。④单击“确定”。

（9）管理族可见性和详细程度

族的可见性决定在哪个视图中显示族，以及该族在视图中的显示效果。通常情况下，如果使用族创建图元，该图元的几何图形将发生变化，具体取决于当前视图。在平面视图中，可能希望查看图元的二维表示。而在三维视图或立面视图中，则可能希望查看图元的三维表示的全部细节。可以灵活地显示详细程度不同的几何图形。比如，可以创建门框并用线表示该门框；或者拉伸该门框，以三维方式表示该门框。

详细程度决定不同详细程度上的图元可见性。比如，可以创建一个带有某种装饰的门。然后，可以决定此装饰仅以某个详细程度显示。可以使用视图控制栏上的“详细程度”选项控制项目视图中的详细程度。

可以在创建二维和三维几何图形之前或之后设置其可见性和详细程度。其过程依次为以下六步。

1）执行下列两项操作中的任一操作。要在绘制几何图形之前设置可见性，可单击要用于创建几何图形的工具，然后在“可见性”面板上单击“可见性设置”。如果已经创建了几何图形，可选择该图形，然后单击“可见性设置”，该工具所属面板的名称因所选几何图形的类型而异。

2）在“族图元可见性设置”对话框中，选择要显示该几何图形的视图。比如平面/天花板平面视图；前/后视图；左/右视图。需要强调的是，所有几何图形都会自动显示在三维视图中。

3）如果需要，可选择“当在平面/天花板平面视图中被剖切时（如果类别允许）”。如果选择了此选项，则当几何图形与视图剖切面相交时，几何图形将显示截面。如果图元被剖面视图剪切，则在选择了此选项后，该图元也将显示。

4）选择希望几何图形在项目中显示的详细程度，比如粗略、中等、精细。详细程度取决于视图比例。需要强调的是，轮廓和详图构件族的“族图元可见性设置”对话框有所不同，对于这些族仅可以设置详细程度。

5）单击“确定”。需要强调的是，通过使实心几何图形工具的“可见性”参数与图元的族参数相关联，可以设置族图元在项目中是否可见。在实心和空心几何图形工具（融合、放样、放样融合、旋转和拉伸）中可以使用“可见”参数。这样就可以创建带有可选可见几何图形的族类型。比如，可以创建一个门，门上的衣物挂钩或门脚护板是可选的。注意：族几何图形仍在项目中，只是不可见。比如，当在项目中连接几何图形时，仍可能涉及它。

6）如果在创建几何图形之前设置了可见性，可创建几何图形。

（10）可剖切族类别和不可剖切族类别

Revit Architecture 族可以是可剖切的或不可剖切的。如果族是可剖切的，则当（平面视图的）剖切面或者剪裁平面（或剖面与立面）与该族相交时，族会以截面显示。如果此族是不可剖切的，则不管是否与剖切面相交，此族将显示为投影。

可以在“对象样式”对话框（单击“管理”选项卡→“族设置”面板→“设置”下拉菜单→“对象样式”）中确定族类别是否为可剖切的。如果“线宽”下的“截面”列处于禁用状态，则该类别是不可剖切的。

1）可剖切族。如果族是可剖切的，则当视图剖切面与所有类型视图中的此族相交时，此族显示为截面。在“族图元可见性设置”对话框中有一个“当在平面/天花板平面视图中被剖切时”的选项。此选项可确定剖切面与族相交时，此族的几何图形是否显示，比如，在门族中，将推拉门几何图形设置为门在平面视图中打断时显示，没有打断时不显示。对于不可剖切的族，此选项不可用，且不能选择它；对于某些可剖切的族，此选项可用，且可以选择它；对于其他可剖切的族，此选项不可用，但始终处于选中状态。表 10-3-2 列出了可剖切的族以及对于此族选项是否可用。需要强调的是，“不可用”表示此类别是不能通过族样板创建的系统族。

表 10-3-2　可剖切的族以及对于此族选项是否可用

族类别	选项可用	族类别	选项可用	族类别	选项可用
橱柜	是	楼板	否	结构基础	是
天花板	否	常规模型	否	结构框架	是
柱	是	屋顶	否	地形	否
幕墙嵌板	否	场地	是	墙	否
门	是	结构柱	是	窗	是

2）不可剖切族。下列族是不可剖切的并始终在视图中显示为投影：栏杆、详图项目、电气设备、电气装置、环境、家具、家具系统、照明设备、机械设备、停车场、植物、卫浴装置、专用设备等。

10.3.18　将网站链接添加到族中

可以在族编辑器和项目环境中为族的“类型”或“实例”属性添加网站链接。选择 URL 会在所选位置打开默认的网络浏览器。比如，如果要创建一个制造商专用的窗族，可以添加 URL 将用户直接链接到制造商的网站上。

（1）在项目中测试族

完成族之后，将其至少载入到一个项目中，并创建使用族类型的图元以确保该族正常工作。确保选择的测试项目中包含必须与该族交互的任何几何图形。比如，如果该族是一个基于主体的族（如窗），可确保测试项目中包含主体图元（墙）。最佳经验是在成功测试该族之前，不要将其保存到可在其中被其他人访问的库中。在项目中测试族的过程依次为以下十步。

1）打开一个测试项目。需要强调的是，“TrainingFiles”文件夹中提供了英制和公制测试项目。单击【R】图标→“打开”→“项目”，单击“打开”对话框左侧窗格中的Training Files，然后打开 Imperial 或 Metric。打开 Imperial _ Family _ Testing _ Template. rvt 或 Metric _ Family _ Testing _ Template. rvt。

2）要将该族载入项目中，可执行下列两项操作中的任一操作：在族中，单击“创建”选项卡→“族编辑器”面板→“载入到项目中”。也可以在项目中单击“插入”选项卡→“从库中载入”面板→“载入族”，定位到族的位置，选择族，然后单击“打开”。

3）在项目中，单击“常用”选项卡，然后单击相应的工具，开始从一个新的族类型中创建图元。

4）在“图元”面板上，从类型选择器下拉菜单中选择一种类型。

5）将图元添加到项目中。如果该图元基于主体，可将它放置到主体图元中。

6）在当前视图中测试该图元。在视图控制栏上，修改详细程度和（或）模型图形样式，以确保可见性设置正常工作。修改比例以调整图元大小。单击“视图”选项卡→“图形”面板→“可见性/图形”，按类别和（如果适用）子类别来修改图元的可见性。选择图元，单击鼠标右键，然后单击“图元属性”。在“实例属性”对话框中，修改任何实例参数，然后单击“确定”以查看和验证所做的修改。如果族中包含多个类型，可选择图元，然后在“修改〈图元〉”选项卡→“图元”面板上，从类型选择器下拉菜单中选择不同的族类型。

7）打开其他项目视图，并重复步骤6）。

8）如果该族包含多个类型，可重复步骤3）～6）以测试该族中的其他类型。

9）如果在该族中发现任何错误，可编辑该族并在项目中对其进行重新测试。

10）完成对该族的测试时，将它保存到英制或公制 Revit Architecture 库中，或保存到所选的其他位置。

（2）高级可载入族技术

了解了创建参数化族的基本方法后，还有一些更为复杂的技术可在创建族时使用。比如，嵌套和共享族，以组合两个或多个族的几何图形；链接族参数；创建基于面和基于工作平面的族。

10.3.19　嵌套和共享构件族

可以在族中嵌套（插入）其他族，以创建包含合并族几何图形的新族。比如，通过将“上下拉窗”族和“实例-固定”族载入新的窗族中，即可创建如下组合窗族，而无须从头对组合窗族进行建模：将固定窗实例放置到组合窗的中心，并在每一边放置一个上下拉窗（图10-3-53）。在进行族嵌套之前是否共享了这些族决定着嵌套几何图形在以该族创建的图元中的行为。

图10-3-53　在族中嵌套（插入）其他族

如果嵌套的族未共享，则使用嵌套族创建的构件与其余的图元作为单个单元使用，见图10-3-54。不能分别选择（编辑）构件、分别对构件进行标记，也不能分别将构件录入明细表。在如上所示的窗族示例中，嵌套但未共享的族的实例只有一个窗标记，将作为一个单元计入明细表中。

如果嵌套的是共享族，可以分别选择、分别对构件进行标记，也可以分别将构件录入明细表，见图 10-3-55。在共享窗族的实例中，虽然嵌套族的行为类似于建筑模型中的单个构件，但 3 个窗族仍会分别标记并录入明细表中。

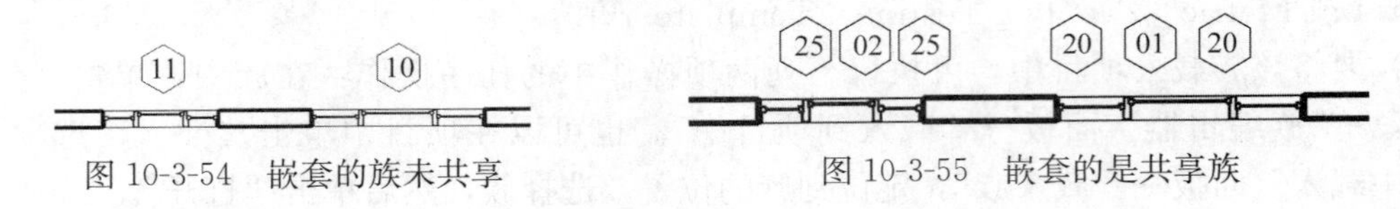

图 10-3-54　嵌套的族未共享　　图 10-3-55　嵌套的是共享族

（1）嵌套约束

对于可在其他族中载入和嵌套的族类型，存在一定的限制，具体体现在以下三个方面：只有注释族可以载入其他注释中；只有详图族和常规注释可以载入详图中；模型族、详族、常规注释、剖面标头、标高标头和轴网标头可以载入模型族中。

（2）带有可互换构件的嵌套族

通过将族类型参数应用于嵌套构件，可以创建带有可互换子构件的族。在载入和创建带有嵌套族的图元后，可以随时交换构件。

（3）使用嵌套构件创建族

要在某一族中嵌套其他族，可先创建或打开一个主体（基本）族，然后将一个或多个族类型的实例载入并插入该族中。基本族可以是新（空）族，也可以是现有族。使用嵌套构件创建族的过程依次为以下八步。

1）创建或打开要嵌套族的族。

2）在族编辑器中，单击“插入”选项卡 →“从库中载入”面板 →“载入族”。

3）选择要嵌套的任一族，然后单击“打开”。

4）单击“常用”选项卡 →“构建”面板 →“族”下拉菜单 →“放置族”。

5）在类型选择器面板下拉菜单中，选择要嵌套的构件类型。

6）在绘图区域中单击，将这些嵌套构件放置到族中。

7）如有必要，可重复步骤 4）～6）以在族中嵌套构件。

8）保存族。

（4）使用嵌套共享构件创建族

要使用嵌套共享构件创建族，可先共享族，然后将其嵌套在主体族中。主体族不必是共享族。在创建共享构件的嵌套族时，首先需要确定主体族所属的类别；该确定对标记、录入明细表和 ODBC 信息有后续影响。例如，组合式窗单元创建为嵌套的共享族，在本例中，位于中央的大窗用作主体族，两个侧窗作为共享族嵌套到其中；对于该窗，通常需要使用建筑人员分别购买的各子构件，现场进行构建；该族已保存为 Triple _ window. rfa。

1）嵌套的窗（图 10-3-56）。当将如上组合式单元载入项目中，且对其进行标记和创建明细表后，结果如图 10-3-57 所示。

2）载入项目中的嵌套共享族（图 10-3-57）。需要强调的是，每个窗被分别标记，并分别列入明细表，而组合式窗的名称 Triple _ window 则与其子构件一起列出。该窗还表示这三个窗集合的主窗。如下示例创建了相同的 Triple-window 族，但是以一个新窗族作为主体族，且固定窗和上下拉窗都作为共享族载入。注意其标记和明

图 10-3-56　嵌套的窗

细表的变化。

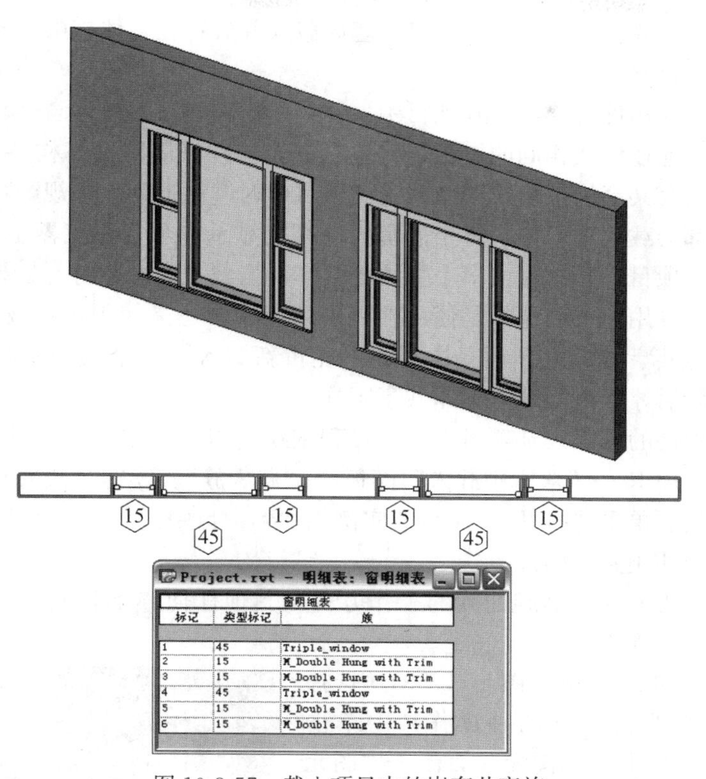

窗明细表		
标记	类型标记	族
1	45	Triple_window
2	15	M_Double Hung with Trim
3	15	M_Double Hung with Trim
4	45	Triple_window
5	15	M_Double Hung with Trim
6	15	M_Double Hung with Trim

图 10-3-57 载入项目中的嵌套共享族

3）以一个新族开始创建的组合式窗族（图 10-3-58）。在如上示例中，注意主体族及三个子构件窗都列在明细表中。如果这不是用户的设计意图，应该遵循上一个示例，将其中一个子构件用作主体族。

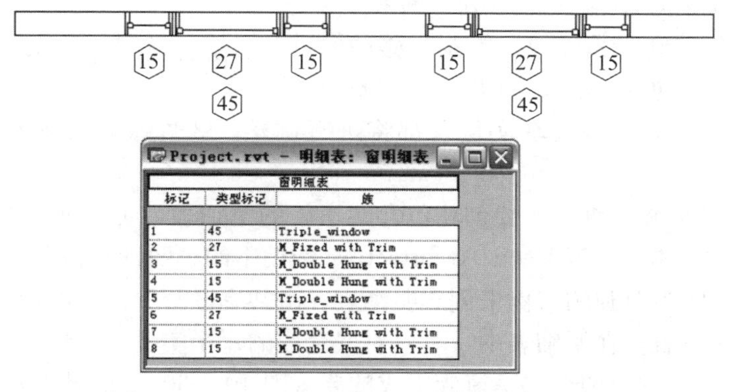

窗明细表		
标记	类型标记	族
1	45	Triple_window
2	27	M_Fixed with Trim
3	15	M_Double Hung with Trim
4	15	M_Double Hung with Trim
5	45	Triple_window
6	27	M_Fixed with Trim
7	15	M_Double Hung with Trim
8	15	M_Double Hung with Trim

图 10-3-58 以一个新族开始创建的组合式窗族

4）先共享族，再将其嵌套。其过程依次为以下四步：①打开要共享的族，然后单击“管理”选项卡→“族属性”面板→“类别和参数”。需要强调的是，注释族、轮廓族和内建族不能是共享族。②在“族类别和族参数”对话框的“族参数”下，选择“共享”。虽然可以将大多数族设置为共享族，但是只有将族嵌套到另一族内并载入项目中后，该族才会变为相关的族。③单击“确定”。④保存并关闭族。

5）将共享族嵌套到主体族中。其过程依次为以下五步：①打开主体族或创建新族。②打开要嵌套的族，并将它们共享。③将嵌套族载入并放置在主体族中。④对各个嵌套构件执行步骤③。⑤保存族。

（5）将带有共享构件的族载入到项目中

可以采用与其他任何族相同的方法，将包含嵌套构件或嵌套共享构件的族载入项目中。将由嵌套构件或嵌套共享构件组成的族载入到项目中时遵循下列三条规则：主体族以及所有嵌套的共享构件都会载入项目中，每个嵌套构件都会显示在项目浏览器中各自的族类别下；嵌套族可以存在于项目中，并可由多个主体族共享；当载入共享族时，如果其中一个族的版本已存在于项目中，用户可以选择是使用项目中的版本，还是使用正在载入的族中的版本。需要强调的是，将共享族载入到项目中后，不能重新载入同一个族的非共享版本并将其覆盖，必须删除该族后才能重新载入其非共享版本。

将带有共享构件的族载入到项目中，其过程依次为以下四步：①打开要载入族的项目。②单击“插入”选项卡 →“从库中载入”面板 →“载入族”。③在“载入族”对话框中，选择要载入的族，然后单击“打开”。④将族实例添加到项目中。

（6）在项目中使用共享构件

在项目中，包含嵌套共享族的族的工作方式与其他任何族都相同，但用户可以按 Tab 键切换到嵌套共享构件。

1）选择共享族的子实例（图 10-3-59）。选择嵌套实例后，可以执行以下两种操作：①单击“修改〈图元〉”选项卡 →“图元”面板 →“图元属性”下拉菜单 →“实例属性”，在“实例属性”对话框中，修改一些参数，比如“记号”和“注释”。②修改类型属性，如果修改了类型属性，则该类型的所有实例都会更新以反映修改效果。

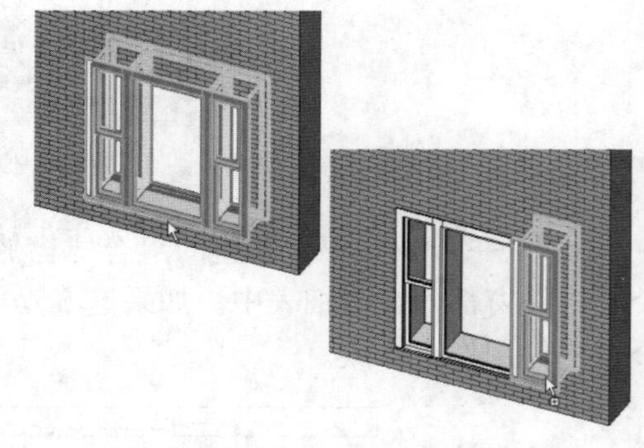
图 10-3-59　选择共享族的子实例

选择嵌套实例后，不能执行下列三种操作：①选择和删除嵌套实例。②镜像、复制、移动嵌套实例或根据该实例创建阵列，如果执行该操作则整个主体族（而不只是该嵌套实例）都将进行调整。③修改嵌套实例的位置、大小或造型。

2）为共享构件创建明细表。要创建包含共享族的明细表，可以使用与创建任何其他明细表相同的方法，具体可参考 Revit Architecture 帮助中的“明细表视图”。当嵌套和共享族时，可以将共享族作为单独的实例来创建明细表；由共享嵌套族组成的族允许将嵌套族的每个实例单独列入明细表；在明细表中，可以对嵌套族的每个实例重新进行编号。

3）载入到项目中的由两个共享窗族组成的族（图 10-3-60）。如果嵌套族包含多个类别，则嵌套族的每个实例都会显示在其各自的明细表中，而所有构件都将显示在一个多类别的明细表中。相反，在所有嵌套族都不共享的族中，嵌套族的实例在明细表中仅作为一个实例列出。

（7）创建带有可互换构件的嵌套族

用户可以创建在添加到项目中时具有可互换嵌套构件的族。要控制嵌套族中的族类型，可以创建为实例或类型参数的族类型参数。将嵌套构件标记为族类型参数后，随后载入的同

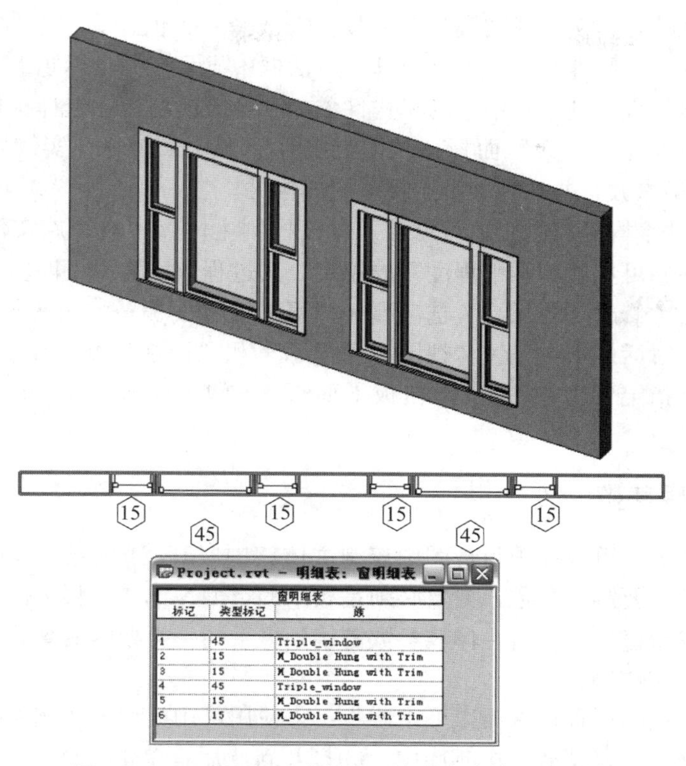

窗明细表		
标记	类型标记	族
1	45	Triple_window
2	15	M_Double Hung with Trim
3	15	M_Double Hung with Trim
4	45	Triple_window
5	15	M_Double Hung with Trim
6	15	M_Double Hung with Trim

图 10-3-60　载入项目中的由两个共享窗族组成的族

类型的族就会自动成为可互换的族，而无须进行进一步的操作。比如，如果在门族中添加两个亮子，只需放置一个亮子，将其标记为族类型参数，另一个亮子就会进入可用亮子列表中；如果再载入 5 个亮子类型，则这些类型都可供选择。

1）带有指定给族类型参数的多个嵌套亮子的门族（图 10-3-61）。如果需要分别标记嵌套族构件并分别录入明细表，可确保载入主体族的每个族都是共享的。其过程依次为以下十二步：①打开族或启动新族。②载入用户想要在族中嵌套的构件。比如，如果使用的是门族，可以载入几个亮子类型。单击“创建”选项卡→“模型”面板→“构件”，然后从类型选择器下拉菜单中选择一个图元。③单击绘制区域，以在所需位置放置第一个构件。需要强调的是，在门族示例中，可能还需要将亮子的宽度与门的宽度相关联，根据特定情况可能需要考虑使用类似的操作，这可确保在构件替换时这些构件保持在相同位置并保持相同大小。④选择嵌套构件。⑤在选项栏上，选择“添加参数”作为“标签”。需要强调的是，在“族类型”对话框中添加参数时，单击“添加参数”，选择“族类型”作为“类别”，并从“选择类别”对话框中选择类别，使用选项栏添加参数时参数将自动指定为“族类型”，同时相应的族类别也被指定。⑥在“参数属性”对话框的“参数类型”下，选择“族参数”。⑦在“参数数据”下，输入

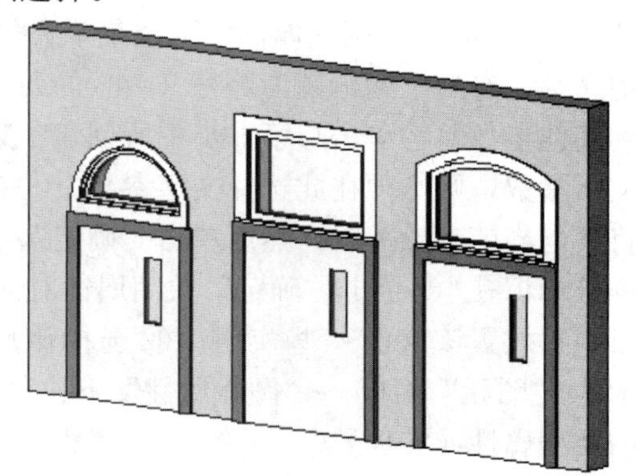

图 10-3-61　带有指定给族类型参数的多个嵌套亮子的门族

参数名称，然后选择“实例”或“类型”参数。⑧选择一个值作为“参数分组方式”，这也就指定了参数在“实例属性”或“类型属性”对话框中显示在哪个标题下。⑨单击“确定”。⑩保存该文件并将其载入到项目中。⑪将构件添加到建筑模型中，选择构件，然后单击“修改〈图元〉”选项卡→“图元”面板→“图元属性”下拉菜单→“实例属性”或“类型属性”。⑫找到族类型参数，并从列表中选择不同的构件。

2）使用嵌套共享构件控制族的可见性。可以控制主体族中嵌套族实例的可见性，具体可参考本书“管理族可见性和详细程度”的规定。其过程依次为以下四步：①在主体族中选择嵌套族。②单击“修改〈图元〉”选项卡→“可见性”面板→“可见性设置”。③在“族图元可见性设置”对话框中，设置“视图专用显示”和“详细程度”设置；需要强调的是，在嵌套族中，不能指定“当在平面/天花板平面视图中被剖切时”的可见性选项。④单击“确定”。

10.3.20　链接族参数

通过链接族参数，可以在项目视图中控制主体族中嵌套族的参数。可以控制实例参数，也可控制类型参数。要链接参数，参数必须是相同的类型。比如，将主体族中的文字参数与嵌套族中的文字参数链接，可将主体族参数链接到多个同一类型的嵌套族参数，也可以将此参数与多重嵌套族相链接。

创建族参数链接的过程依次为以下十四步：①使用可用类型的实例参数或类型参数创建一个族。②保存该族并将其载入主体族中。③打开新族后，单击“创建”选项卡→“模型”面板→“构件”下拉菜单→“放置构件”，根据需要的个数放置所载入族的实例。单击“管理”选项卡→“族属性”面板→“类型”。在“族类型”对话框的“参数”下单击“添加”。④按照嵌套族中所要控制的参数类型的参数创建步骤来执行。⑤单击“确定”以关闭“族类型”对话框。⑥选择主体族中所载入族的一个实例，然后单击“修改〈图元〉”选项卡→“图元”面板→“图元属性”下拉菜单→“实例属性”或“类型属性”。对于实例属性或类型属性，有一个列标题为等号（=）的列；某些参数旁可能有灰色按钮，这表示它们可链接到其他参数。⑦单击与第⑥步中所创建参数同类型的参数旁边的按钮。比如，如果创建的是文字参数，则必须在此选择文字参数。⑧在出现的对话框中，选择步骤⑥中所创建的参数，将其与当前参数关联，然后单击“确定”。需要强调的是，关联两个参数时，按钮上将显示等号标识。⑨单击“确定”关闭属性对话框。⑩继续创建主体族并保存。⑪将该族载入项目中并放置该族的一些实例。⑫选择该族的一个实例，然后单击“修改〈图元〉”选项卡→“图元”面板→“图元属性”下拉菜单→“实例属性”或“类型属性”。⑬定位到创建的类型属性或实例属性。⑭将其设置为所需的值并单击“确定”。嵌套族将根据输入的值发生相应变化。

（1）为模型文字创建参数链接

如果在族中放置模型文字，则该模型文字相当于嵌套族。可在主体族中创建参数以控制项目中文字和模型文字的深度。

1）控制文字。其过程依次为以下十二步：①要在主体族中放置某些模型文字，可单击“创建”选项卡→“模型”面板→“模型文字”，然后在“编辑文字”对话框中键入文字。②在任何选项卡上，单击“族属性”面板→“类型”，然后添加文字类型的族参数。它将是用来控制项目中模型文字的文字参数。③在“族类型”对话框内新参数的“值”字段中输入某些文字。比如，如果创建了称为 Mtext 的参数，可以输入 default；需要强调的是，“值”字段不能为空，否则 Revit Architecture 将发出警告。④单击“确定”。⑤选择族中模型文字的一个实例，然后单击“修改模型文字”选项卡 →“图元”面板 →“图元属性”下拉菜单 →“实例属性”。⑥在“实例属性”对话框中，单击“文字”对应的。⑦在“关联族参数”对话框中，选择已创建的、要与模型文字参数链接的参数。⑧单击“确定”两次。⑨继续创建主体族并保存。⑩将此族载入项目并放置一些该族实例。⑪选择族的实例，然后单击“修改〈图元〉”选项卡 →“图元”面板 →“图元属性”下拉菜单 →“实例属性”。⑫编辑模型文字参数。

经过上述十二步操作，模型文字将更新为新数值。如果创建的是一个实例参数，则仅有一个实例发生变化。如果创建的是一个类型参数，则全部当前和以后的模型文字实例都将发生变化。

2）控制深度。模型文字深度的控制与文字的控制方式相似，只是所创建的族参数为长度类型。重复上述步骤链接模型文字深度参数。

（2）将常规注释载入模型族

在主体模型族中可嵌套常规注释族，所以该注释可在项目中显示；如果希望模型族中含有标签并在项目中显示此标签，此方法是非常有用的。常规注释载入项目后，以模型族为主体的常规注释与视图一同缩放。在图纸上放置这些常规注释时，不论视图的比例为多少，它们都以相同的尺寸显示。比如，模型族中的 3/32″文字标签始终以该尺寸打印在图纸上，无论在图纸上该标签所属视图的比例是 1/8″= 1′0″还是 1/4″= 1′0″。也可以从主体模型族中分别控制常规注释在项目中的可见性。

1）添加常规注释。可以创建一个常规注释族，或者从 Revit Architecture 库中的可用注释族导入一个，此过程利用现有的注释族。需要强调的是，尽管此过程使用专用族文件，但对希望添加到模型族中的任何常规注释，其步骤是相同的。

添加常规注释的过程依次为以下六步：①单击【R】图标→“打开”→“族”。②打开 Imperial 库“专用设备 \ 家用”文件夹中的“微波 . rfa”；Metric 库中的微波炉族位于相同的文件夹中，名为“M _ 微波 . rfa”。③单击“插入”选项卡 →“从库中载入”面板 →“载入族”。④定位到“注释”文件夹，选择“M _ 标签注释 . rfa”，然后单击“打开”。⑤打开“微波 . rfa”文件中的一个楼层平面视图。只能在楼层平面中放置常规注释。⑥单击“详图”选项卡 →“详图”面板 →“符号”，然后在微波炉中心的两个参照平面的相交处放置标签实例。

2）标签捕捉到参照平面的交点（图 10-3-62）。接下来将该标签与主体族中的参数关联，其过程依次为以下几步：①单击“放置符号”选项卡 →“族属性”面板 →“类型”。②在“族类型”对话框的“参数”下单击“添加”。③在“参数属性”对话框的“参数类型”下，选择“族参数”。④在“参数数据”下，键入 Label 作为“名称”。⑤选择“文字”作为“参数类型”，此参数将按类型存储。⑥单击“确定”两次。⑦选择在微波炉上放置的标签实例，然后单击“修改常规注释”选项卡 →“图元”面板 →“图元属性”下拉菜单 →“类型属性”。⑧找到 Label 参数。⑨在 Label 参数对应的行中，单击等号（=）列下的按钮，见图 10-3-63。⑩在“相关族参数”对话框中选

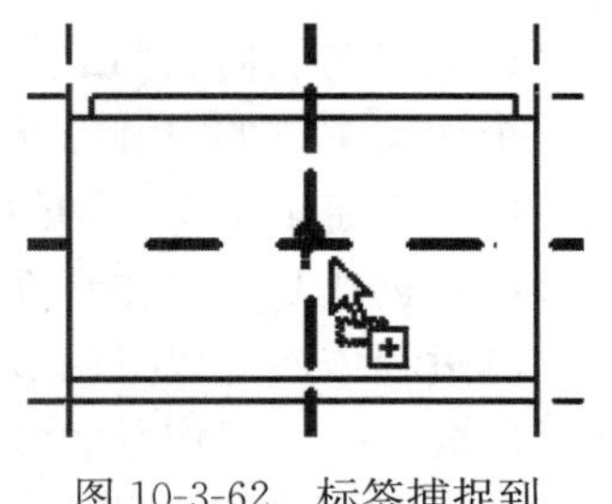

图 10-3-62　标签捕捉到参照平面的交点

择“标签”参数，这是步骤创建的参数。⑪单击“确定”两次。⑫如果需要，可以设置标签在项目中显示的详细程度；访问注释的实例属性；在“可见性/图形替换”实例参数旁，单击“编辑”，然后选择“粗略”“中等”或“精细”；如果不选择某个特定的详细程度，标签将不会显示在设为该详细程度的项目视图中。⑬保存“微波 .rfa”族，然后将其载入项目中。⑭打开平面视图，然后单击“常用”选项卡 →“构建”面板 →“构件”。⑮从类型选择器下拉菜单中选择微波炉，然后将一个实例放置在项目中。⑯选择微波炉，然后单击“修改专用设备”选项卡 →“图元”面板 →“图元属性”下拉菜单 →“类型属性”。⑰在“类型属性”对话框中，输入 MW 作为“标签”。⑱单击“确定”，微波炉会与指定的标签一起显示在视图中，见图 10-3-64。⑲如果需要，可以修改视图的详细程度以改变标签的可见性，具体可参考本书“管理族可见性和详细程度”的介绍。需要强调的是，也可通过关闭“可见性/图形”对话框“注释类别”选项卡中的“常规注释”来修改标签的可见性。

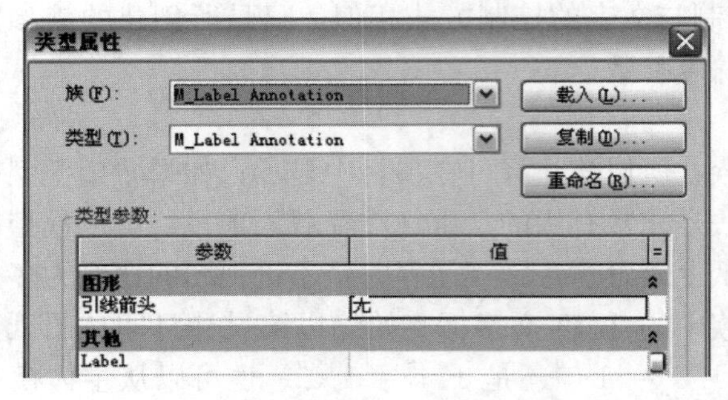

图 10-3-63　单击等号（=）列下按钮

图 10-3-64　微波炉与指定标签一起显示于视图

10.3.21　创建基于工作平面和基于面的族

可以创建以活动工作平面为主体的族。这在项目环境中和嵌套族（嵌套子构件必须位于特定的平面上时）内都非常有用。可以使任一无主体的族成为基于工作平面的族。比如，常规构件、家具构件和场地构件都可以为基于工作平面的族，原因是这些构件不需要以其他构件为主体。门和窗不能基于工作平面，因为它们是以墙为主体的构件。

图 10-3-65 所示为嵌套基于工作平面的构件的常规构件族的示例，在左侧，选定了工作平面；在右侧，添加了基于工作平面的构件。创建可以任何方向放置的构件的另一种方法是使用基于面的族；必须从“基于面的公制常规模型 .rft”样板创建基于面的族；基于面的构件可以放置在任何表面上，包括墙、楼板、屋顶、楼梯、参照平面和其他构件；如果族中包含一个剪切主体的空心形状，则只有当主体是墙、楼板、屋顶或天花板时，该构件才会剪切其主体；当将某个空心构件放置在任何其他主体上时，该构件不会进行剪切。

（1）创建基于工作平面的族

其过程依次为以下四步：①打开或创建无主体的族。需要强调的是，只有无主体的构件才可以成为基于工作平面的族，比如，门和窗是以墙为主体的，它们不能成为基于工作平面的构件。②在族编辑器中的任何选项卡上，单击“族属性”面板 →“类别和参数”。③在“族类别和族参数”对话框中的“族参数”下，选择“基于工作平面”。④单击“确定”。

需要强调的是，可以使族基于工作平面并且总是垂直。两种情况的示例如图 10-3-66 所示，在下面的嵌套族中，矩形拉伸是基于工作平面的构件；在左侧，拉伸基于工作平面但不总是垂直；在右侧，在将同一拉伸指定为基于工作平面和总是垂直后，此拉伸已重新载入族中。

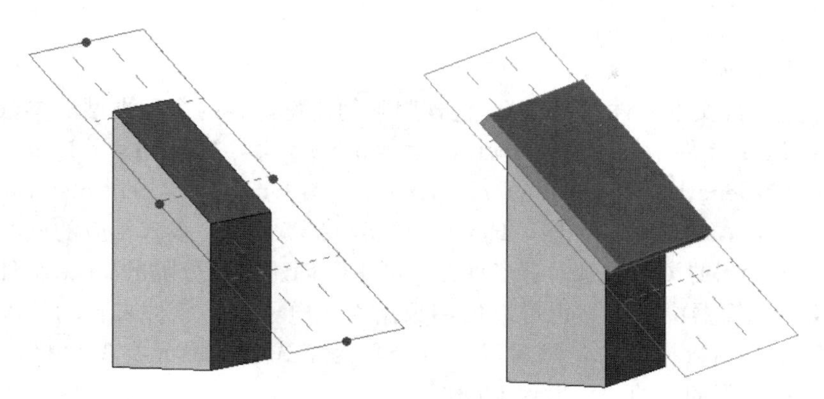

图 10-3-65 嵌套基于工作平面构件的常规构件族

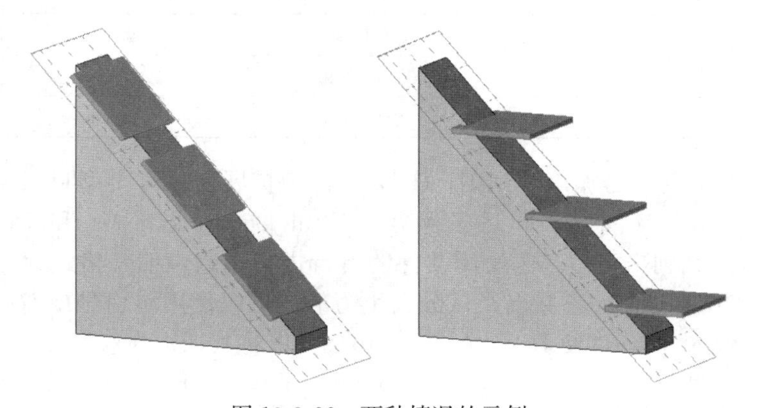

图 10-3-66 两种情况的示例

（2）创建垂直族

用于创建垂直和非垂直族的选项只适用于以墙、天花板、屋顶和场地表面为主体的族。可以将族构件（比如树或枝形吊灯）指定为“总是垂直”；载入项目后，无论主体的坡度如何，构件始终保持垂直。对于轿箱或公园长椅，可以将“总是垂直”选项指定为“否”，使轿箱或公园长椅可以随着主体的坡度来调整。需要强调的是，“总是垂直”参数不适用于在非基于主体的样板中创建的族。垂直族和非垂直族的示例见图 10-3-67，三棵树设置为“总是垂直”，两棵树未设置为“总是垂直”。

图 10-3-67 垂直族和非垂直族的示例

设置族的“总是垂直”参数的过程依次为以下三步：①在族编辑器中的任何选项卡上，单击“族属性”面板→“类别和参数”。②在“族类别和族参数”对话框的“族参数”下，选择“总是垂直”。③单击“确定”。

（3）创建类型目录

类型目录是外部文本文件（TXT），包含用于创建特定族的多种类型的参数及其值。下面是类型目录 TXT 文件示例：Manufacturer＃＃other＃＃，Length＃＃length＃＃centimeters，Width＃＃length＃＃centimeters，Height＃＃length＃＃centimeters；MA36x30，Revit，36.5，2.75，30；MA40x24，Revit，40.5，3.25，24。载入相应的族时，用户将看到类似表 10-3-3 所示的类型目录。有多种方法可用于创建逗号分隔的 .txt 文件；可以在记事本这样的文本编辑器中输入，也可以使用数据库或电子表格软件来自动处理。可以使用 ODBC 将项目导出到数据库中，然后以逗号分隔的格式下载图元类型表格，具体可参考 Revit Architecture 帮助中的“导出到 ODBC”。

表 10-3-3 类型目录

类型	制造商	长度	宽度	高度
MA36x30	Revit	36.5cm	2.75cm	30cm
MA40x24	Revit	40.5cm	3.25cm	24cm

当创建类型目录时可遵循以下规则：①以 .txt 为扩展名保存类型目录文件。文件必须与 Revit Architecture 族同名、同目录路径（比如 Doors/door.rfa 和 Doors/door.txt）。②使用表 10-3-3 左列列出类型。③使用文件的首行进行参数声明，格式为“列名＃＃类型＃＃单位”。④采用十进制。参数名是区分大小写的。可以使用单引号或双引号，如果使用双引号，则需要输入“”，以便 Revit Architecture 可以将其识别为双引号。

有效的单位类型包括 Length、Area、Volume、Angle、Force 和 Linear force。有效单位包括有效的单位与后缀。Length 包括 inches（″）、feet（′）、millimeters（mm）、centimeters（cm）或 meters（m）。Area 包括 square _ feet（SF）、square _ inches（in2）、square _ meters（m^2）、square _ centimeters（cm^2）、square _ millimeters（mm^2）、acres 或 hectares。Volume 包括 cubic _ yards（CY）、cubic _ feet（CF）、cubic _ inches（in^3）、cubic _ centimeters（cm^3）、cubic _ millimeters（mm^3）、liters（L）、gallons（gal）。Angle 包括 decimal _ degrees（°）、minutes（′）、seconds（″）。Force 包括 newtons（N）、decanewtons（daN）、kilonewtons（kN）、meganewtons（MN）、kips（kip）、kilograms _ force（kgf）、tonnes _ force（Tf）和 pounds（P）。Linear force 包括 newtons _ per _ meter（N/m）、decanewtons _ per _ meter（daN/m）、kilonewtons _ per _ meter（kN/m）、meganewtons _ per _ meter（MN/m）、kips _ per _ foot（kip/ft）、kilograms _ force _ per _ meter（kgf/m）、tonnes _ force _ per _ meter（Tf/m）、pounds _ per _ foot（P/ft）。electrical _ luminous _ flux 为 lumens。可以输入值作为“族类型”参数；要在参数声明中声明“族类型”参数，需要输入“列名＃＃其他＃＃”；列名称与“族类型”参数名称相同；在类型目录文件中，以“族名称 ：族类型”格式输入值；确保冒号的前后都有空格。比如，如果族文件的名称为 Chair-Executive.rfa，其类型为 Big Boss，需要输入 Chair-Executive：Big Boss；如果族文件仅有一个与族同名的类型，则不需要包含族名称。当载入族时，Revit Architecture 会将项目单位设置应用到类型目录。

10.3.22 删除未使用的族和类型

可以通过两种方法从项目或样板中删除族或未使用的族类型：一种是在项目浏览器中选择并删除族和类型，另一种是运行“清除未使用项”工具。如果只需要删除少量的族或类型，可选择并删除这些族和类型；如果需要“清理”项目，可使用“清除未使用项”工具；删除所有未使用的族和类型通常能够降低项目文件的大小。

（1）在项目浏览器中选择并删除族和类型

其过程依次为以下几步：①在项目浏览器中展开“族”。②展开包含要删除的族或类型的类别。③如果要删除某个族类型可展开族。④选择要删除的族或类型。需要强调的是，要选择多个族或类型，可在按住Ctrl键的同时进行选择。执行下列两项操作中的任一操作：单击鼠标右键然后单击“删除”，或按Delete键；族或类型将从项目或样板中删除；如果从项目中删除族或类型，而项目中有一个或多个该类型的实例，则将显示一个警告。在警告对话框中进行以下两项操作：单击“确定”删除该类型的所有实例；单击“取消”，修改该类型，然后重复前面的步骤。

（2）使用“清除未使用项”命令

其过程依次为以下两步：单击“管理”选项卡 →“项目设置”面板 →“清除未使用项”；“清除未使用项”对话框中列出所有可从项目中卸载的族和族类型，包括系统族和内建族。默认情况下，将选中所有未使用族进行清除。需要强调的是，如果项目启用了工作集，则全部工作集必须打开才能使用此命令。执行下列两项操作中的任一操作：①要清除所有未使用的族类型，可单击“确定”。②要仅清除选择的类型，可单击“放弃全部”，展开包含要清除的类型的族和子族，选择类型，然后单击“确定”。

10.4 使用系统族的方法

在本节中，将创建许多系统族类型，用来设计原木小屋，见图10-4-1。系统族只存在于Revit Architecture项目环境中，而不能像可载入族那样从外部载入或在外部创建。系统族是在Revit Architecture中预定义的，尽管无法创建系统族，但是用户可以创建系统族类型。要创建系统族类型，可复制项目中的类型，对其进行重命名，并修改其属性。在本节中，用户将创建一个显示木屋墙内外层上的叠层原木和覆盖层的自定义墙类型，还将创建一个具有混凝土茎干墙的叠层墙类型、一个自定义楼板类型和一个屋顶类型。

10.4.1 内部渲染视图中的自定义墙和楼板（图10-4-2）

创建系统族类型后，用户将通过复制或传递这些类型来了解如何在其他项目中使用它们。本节中使用的技巧主要有以下四个：复制系统族，以创建系统族类型；创建材质并将其应用到族；创建自定义墙、屋顶和楼板类型；在项目之间传递系统族类型。

10.4.2 创建自定义墙材质

在本训练中，用户将创建两种材质，供下一个练习要创建的自定义系统族墙类型使用。通过复制现有材质，然后重命名复制的材质，并修改其属性，可创建材质。创建的第一种材质是用于外墙层和内墙层之间的隔热层材质。为详细显示中使用的该隔热层材质定义颗粒填

充图案。

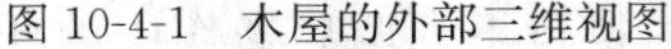

图 10-4-1　木屋的外部三维视图

图 10-4-2　内部渲染视图中的自定义墙和楼板

木屋外墙剖面视图中的隔热层（灰色）见图 10-4-3。创建的第二种材质是要在本节后面应用到自定义墙内外木质层的原木材质。在本训练中，用户将创建新材质、添加木材颜色，并对材质应用表面和截面填充图案，以确保在模型视图和剖面视图中显示木屋墙时木材覆盖层生效。应用到外墙层的木材质见图 10-4-4。应用到内墙层的木材质见图 10-4-5。在本训练的开始，可先创建一个要在其中创建材质的项目。在下一个练习中，使用相同的项目创建自定义墙族类型。

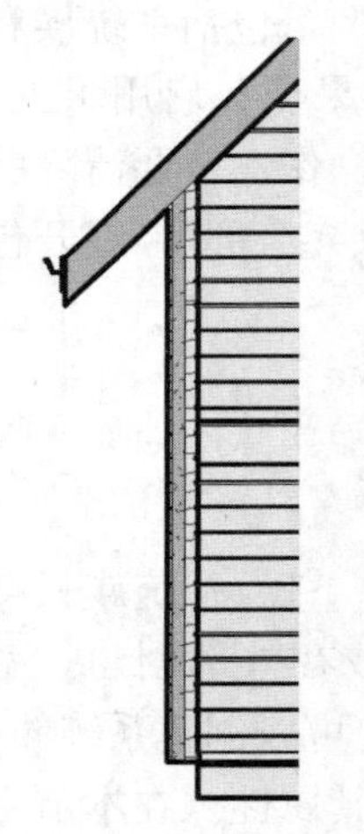

图 10-4-3　木屋外墙剖面视图中隔热层

图 10-4-4　应用到外墙层的木材质

图 10-4-5　应用到内墙层的木材质

（1）创建自定义墙项目

其过程依次为以下五步：①单击【R】图标→“新建”→“项目”。②在“新建项目”对话框中进行以下两项操作：在“新建”下确认已选中“项目”；在“样板文件”下，确认已选中第二个选项，然后单击“浏览”。③在“选择样板”对话框中进行以下两项操作：在左侧窗格中，单击 Training Files；打开 Metric \ Templates，选择 Default Metric. rte，并单击“打开”。④单击“确定”。⑤保存项目，进行以下三项操作：单击【R】图标→“另存为”→“项目”；在“另存为”对话框中，定位到所需位置，并输入文件名；单击“保存”。

接下来，创建在木屋墙中使用的隔热层材质。可选择并复制现有隔热层材质，并根据需要进行修改，以创建新材质。

(2) 复制并修改现有材质以创建隔热层材质(图 10-4-6)

其过程依次为以下五步:①单击“管理”选项卡 →“项目设置”面板 →“材质”,此时“材质”对话框中显示项目中所有可用的材质列表。②在“材质”对话框的左侧窗格中进行以下两项操作:选择 Insulation / Thermal Barriers-Semi-rigid insulation;单击【复制】图标 (复制)。③在“复制 Revit 材质”对话框中进行以下两步操作:输入 Insulation/Thermal Barriers-Proprietary,Log Wall 作为“名称”或单击“确定”;真实的隔热层是一种粒状材质,因此需要在剖面视图中使用粒状填充图案显示隔热层材质,接下来为专用隔热层材质的截面填充图案指定粒状填充样式。④在“材质”对话框的右侧窗格中,在“图形”选项卡的“截面填充图案”下,单击。⑤在“填充样式”对话框中进行以下两步操作:在“填充图案类型”下确认已选中“绘图”或在“名称”下选择 Sand-Dense;绘图图案(比如 Sand 图案)以符号形式描述材质,绘图图案的密度相对于放置关联图元的图纸是固定的;单击“确定”,接下来创建要指定给木屋外墙的原木材质。

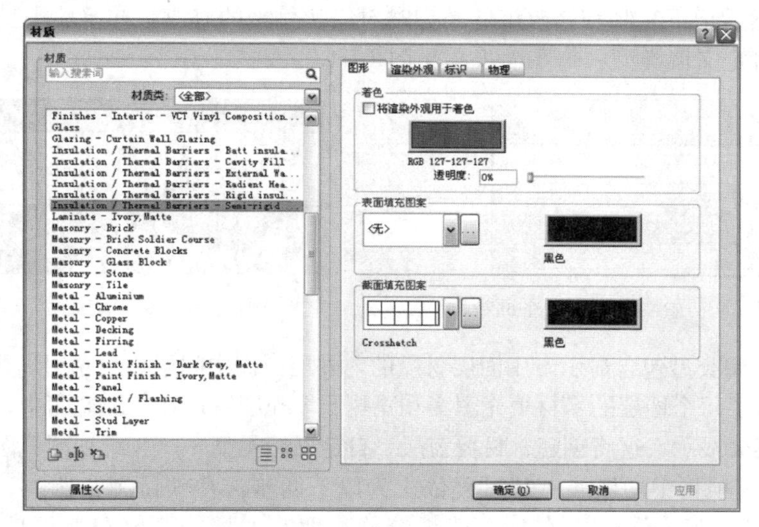

图 10-4-6 复制并修改现有材质以创建隔热层材质

(3) 创建原木材质

其过程依次为以下几步:①在“材质”对话框中,选择专用隔热层材质后,单击【复制】图标。②在“复制 Revit 材质”对话框中进行以下两项操作:输入 Finishes-Exterior-Proprietary,Log 作为“名称”或单击“确定”;为 Proprietary Finish 材质指定真实的木材颜色和渲染外观。③在“材质”对话框的“渲染外观”选项卡上,单击“替换”。④在“渲染外观库”对话框中,输入胡桃木。⑤选择“浅色着色无光泽胡桃木”,然后单击“确定”;指定了木材颜色后,将创建表面填充图案并添加到该材质中,以便在将材质应用到自定义墙类型时能够产生木质效果。⑥在“材质”对话框中,单击“图形”选项卡,选择“将渲染外观用于着色”。⑦在“表面填充图案”下,单击【…】图标。⑧在“填充样式”对话框中进行以下三项操作:在“填充图案类型”下选择“模型”;模型图案表示建筑上某图元的实际外观(比如砖层,在本示例中是木材覆盖层,模型图案相对于模型是固定的,即随着模型比例的调整而调整比例);单击“新建”。⑨在“添加表面填充图案”对话框中进行以下四项操作:输入 200mm Horizontal 作为“名称”;在“简单”下,输入 0 作为“线角度”;输入

200mm 作为“线间距 1”；确认已选中“平行线”。⑩单击“确定”两次，接下来，向原木材质添加截面填充图案，这样如果应用了该材质，受到影响的墙会在截面中显示得更真实。⑪在“材质”对话框的“截面填充图案”下，单击【…】图标。⑫在“填充样式”对话框中进行以下两项操作：在“填充图案类型”下确认已选中“绘图”；在“名称”下，选择“Wood 2”。⑬单击“确定”两次。

在下一个练习中，将把这两个材质指定给自定义墙类型，在着色视图或剖面视图中查看墙类型时，该材质会生成墙的真实视图。在快速访问工具栏上，单击【保存】图标（保存），但不关闭项目。

10.4.3 创建自定义墙类型

在本训练中，将复制系统族墙类型，以便为木屋墙创建自定义系统族墙类型。复制墙类型后，修改墙部件，并将在上一个练习中创建的材质指定给不同的墙层。首先从现有系统族类型创建墙，然后记下复制和修改该墙类型时对墙实例做的修改。初始墙类型——平面视图见图 10-4-7，自定义墙类型——平面视图见图 10-4-8。

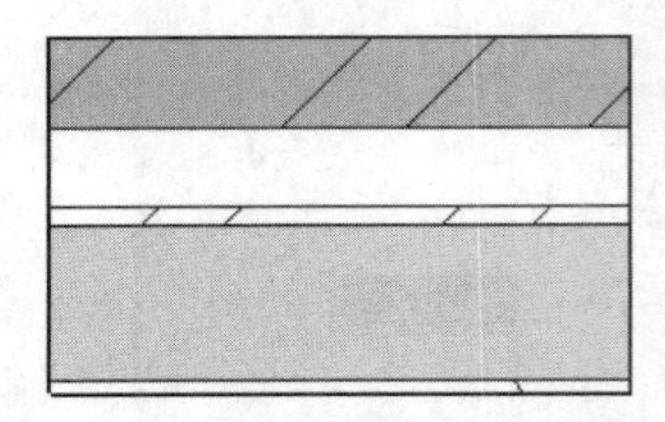

图 10-4-7　初始墙类型——平面视图

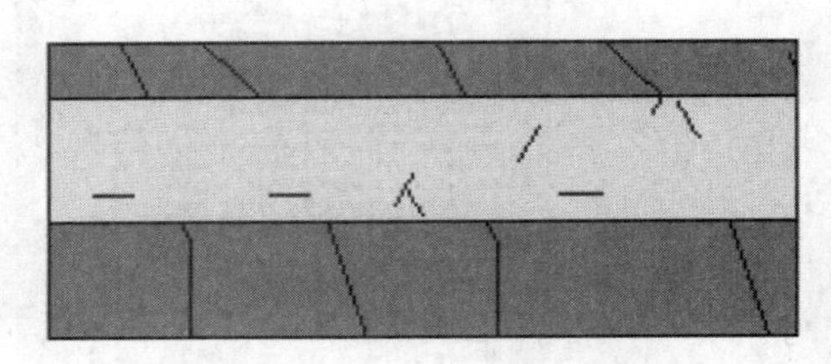

图 10-4-8　自定义墙类型——平面视图

自定义木屋墙类型包含显示专用面层材质的内外层，而中间层显示专用隔热层材质。在平面视图中，显示了每个墙层的木材填充图案和隔热层填充图案。在三维视图中，指定给墙外层的模型填充图案会显示，这将创建木材覆盖层。自定义墙类型——三维视图见图 10-4-9。

1）查看当前项目中的墙族。其过程依次为以下两步：在项目浏览器中，展开“族”→“墙”；在 Revit Architecture 中有三个墙系统族，即基本墙、幕墙和叠层墙。展开“基本墙”，此时将显示可用基本墙的列表（图 10-4-10）。可以修改任意现有类型的属性，或通过复制、重命名和修改它们创建新类型。

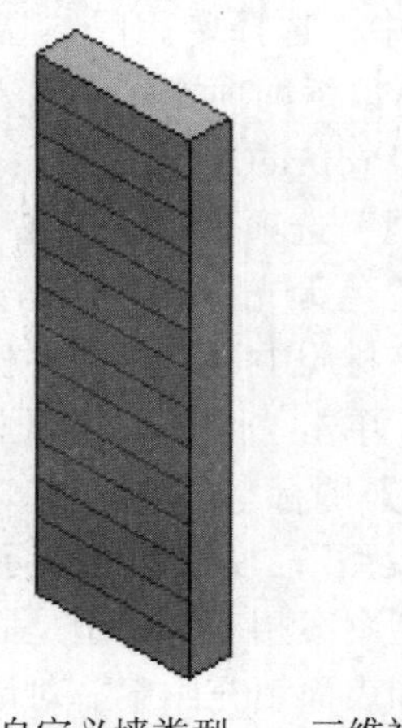

图 10-4-9　自定义墙类型——三维视图

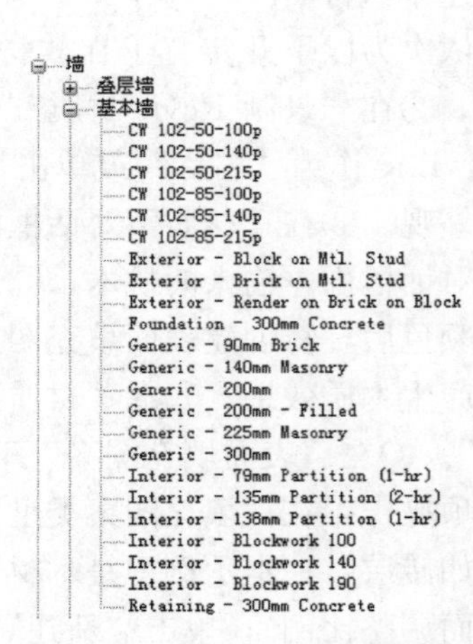

图 10-4-10　可用基本墙的列表

2）向项目添加一个现有类型的墙。其过程依次为以下两步：①在“基本墙”下，选择 Exterior-Brick on Mtl. Stud，然后将其拖曳到绘图区域；②需要强调的是，墙的类型选择是否精确并不重要，创建系统族类型时，最好选择与要创建的系统族类型相似的类型。添加一面900mm的墙，可进行以下三项操作：选择墙起点；将光标向右移动900mm，然后单击完成该墙；单击“放置墙”选项卡→“选择”面板→“修改”。

3）更详细地查看该墙。其过程依次为以下三步：①放大到墙。②单击“视图”选项卡→“图形”面板→“细线”。③在视图控制栏上进行以下两项操作：单击“详细程度”→“精细”；单击“模型图形样式”→“带边框着色”。

所有不同的墙层都以适当的材质显示（图10-4-11），比如对砖层使用对角线填充。在下面的步骤中，将复制墙类型，然后修改墙层，以创建新墙类型。

4）复制并修改墙类型以创建新墙类型。其过程依次为以下九步：①选择墙，然后单击“修改墙”选项卡→“图元”面板→“图元属性”下拉菜单→“类型属性”。②在“类型属性”对话框中，单击“复制”。③在“名称”对话框中，输入 Exterior-Log and Cladding，然后单击“确定”。④在“类型属性”对话框的“构造”下，单击“结构”对应的“编辑”。⑤在“编辑部件”对话框中的“层”下，查看当前墙层；许多显示的层在新墙类型中是不需要的；需要强调的是，对话框按照数字顺序列出墙层，即从外部墙层到内部墙层依次列出（图10-4-12）。⑥删除多余的墙层，以下层各保留一个，如图10-4-13所示，包括外部面层、保温层/空气层、结构；不需要保留内部面层；要删除层可选择层号，然后单击“删除”。⑦要向剩余的墙层添加新材质和参数，可执行以下六项操作：单击层1“面层1［4］”对应的“材质”字段，然后单击【…】图标；在“材质”对话框的“名称”下，选择 Finishes-Exterior-Proprietary，Log，然后单击“确定”；单击“厚度”字段，然后输入44mm；清除“包络”；对于层4“结构［1］”，使用相同的方法，将“材质”指定为 Exterior-Proprietary，Log，将“厚度”指定为95mm；对于层2“保温层/空气层［3］”，

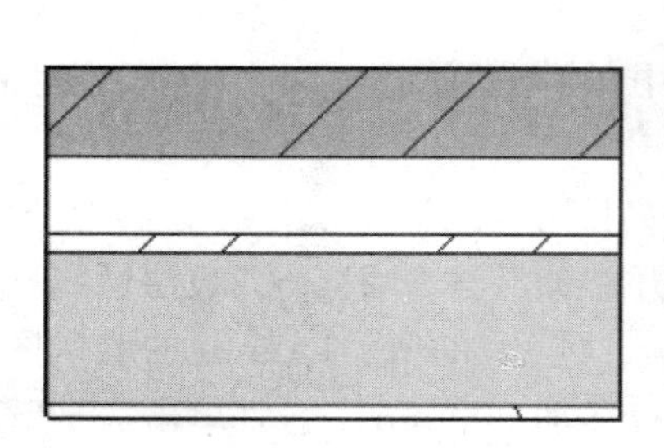

图10-4-11 显示墙层

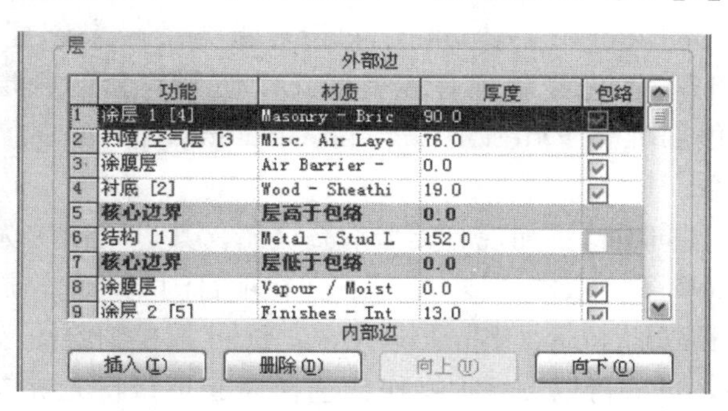

层 外部边

	功能	材质	厚度	包络
1	涂层 1 [4]	Masonry - Bric	90.0	☑
2	热障/空气层 [3	Misc. Air Laye	76.0	☑
3	涂膜层	Air Barrier -	0.0	☑
4	衬底 [2]	Wood - Sheathi	19.0	☑
5	核心边界	层高于包络	0.0	
6	结构 [1]	Metal - Stud L	152.0	☐
7	核心边界	层低于包络	0.0	
8	涂膜层	Vapour / Moist	0.0	☑
9	涂层 2 [5]	Finishes - Int	13.0	☑

内部边

插入(I) 删除(D) 向上(U) 向下(O)

图10-4-12 从外部墙层到内部墙层依次列出

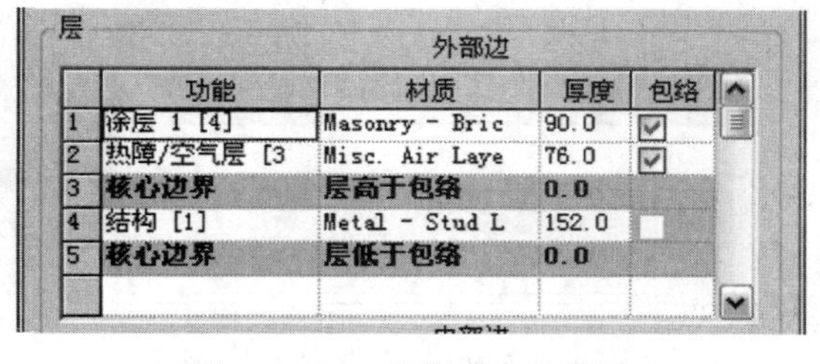

层 外部边

	功能	材质	厚度	包络
1	涂层 1 [4]	Masonry - Bric	90.0	☑
2	热障/空气层 [3	Misc. Air Laye	76.0	☑
3	核心边界	层高于包络	0.0	
4	结构 [1]	Metal - Stud L	152.0	☐
5	核心边界	层低于包络	0.0	

图10-4-13 删除多余的墙层

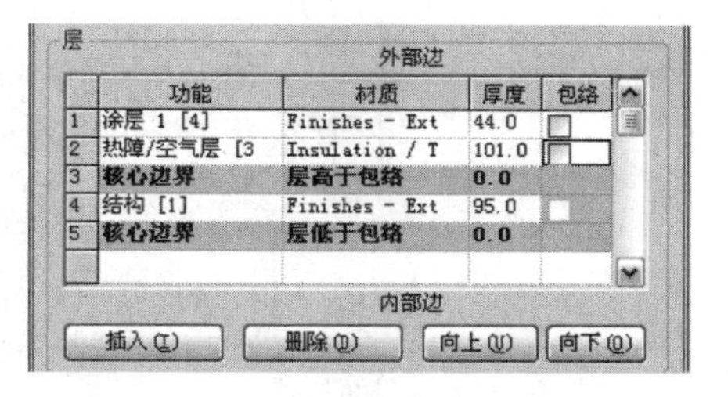

层 外部边

	功能	材质	厚度	包络
1	涂层 1 [4]	Finishes - Ext	44.0	☐
2	热障/空气层 [3	Insulation / T	101.0	☐
3	核心边界	层高于包络	0.0	
4	结构 [1]	Finishes - Ext	95.0	☐
5	核心边界	层低于包络	0.0	

内部边

插入(I) 删除(D) 向上(U) 向下(O)

图10-4-14 只包含自定义墙所需要的层

将“材质”指定为 Insulation/Thermal Barriers-Proprietary，Log Wall，将厚度指定为 101mm，层列表此时只包含自定义墙所需要的层（图 10-4-14）。⑧单击“确定”两次。⑨按 Esc 键。

现在，项目的墙包含新墙类型。以平面方式为每个墙构件显示木材和隔热层填充图案（图 10-4-15）。

5）以三维方式查看墙。其过程依次为以下几步：①单击“视图”选项卡 →“创建”面板 →“三维视图”下拉菜单 →“默认三维”。②在视图控制栏上，单击“模型图形样式”→“带边框着色”。专用面层材质在外墙上显示 200mm 平行线表面填充图案；对于多数设计情况，此表面填充图案都可以充分地表示叠层原木；应当模型化墙构件，而不是应用面层材质，尽管这样会增加文件重新生成的时间和项目的大小；如果需要准确的三维模型，可向墙层添加三维功能（图 10-4-16）。在下一个练习中，将向外墙和内墙添加表示叠层原木和覆盖层的斜凹槽。保存项目，但不要关闭它。

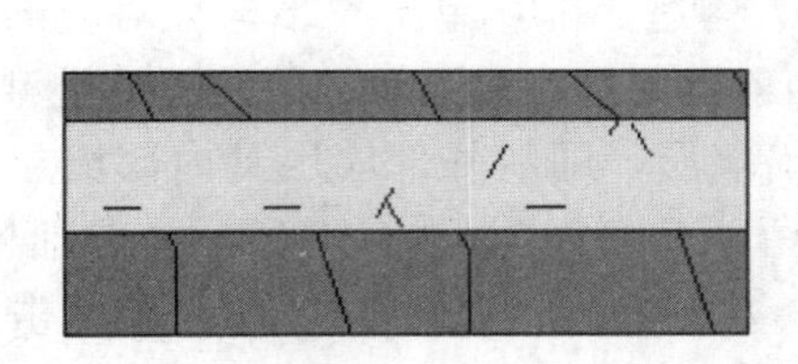

图 10-4-15　显示木材和隔热层填充图案

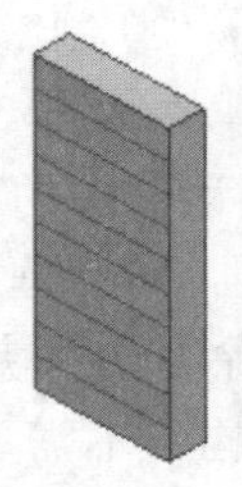

图 10-4-16　向墙层添加三维功能

10.4.4　创建自定义叠层墙类型

在本训练中，用户将通过堆叠两个现有的墙族类型（包括在上一个练习中创建的 Exterior-Exterior-Log and Cladding 墙类型）来创建叠层墙。剖面视图中的叠层墙见图 10-4-17。首先复制现有墙类型，以便创建新的叠层墙类型；其次在新叠层墙类型的基础墙顶部堆叠 Exterior-Log and Cladding 墙类型；使用偏移选项定义两个墙类型间的垂直关系。

1）向项目添加现有类型的叠层墙。其过程依次为以下几步：①在项目浏览器中的“楼层平面”下，双击“Level 1”。②在项目浏览器中，展开“族”→“墙”→“叠层墙”。③将 Exterior-Brick over Block w Metal Stud 拖曳到绘图区域。④添加一面 900mm 的墙（图 10-4-18），可进行以下三项操作：选择墙起点；将光标向右移动 900mm，然后单击完成该墙；单击“放置墙”选项卡 →“选择”面板 →“修改”。

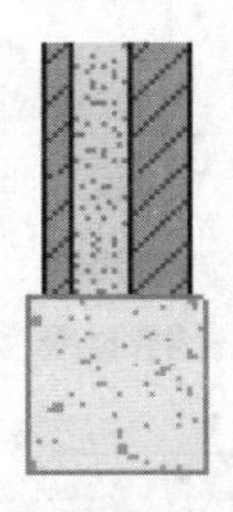

图 10-4-17　剖面视图中的叠层墙

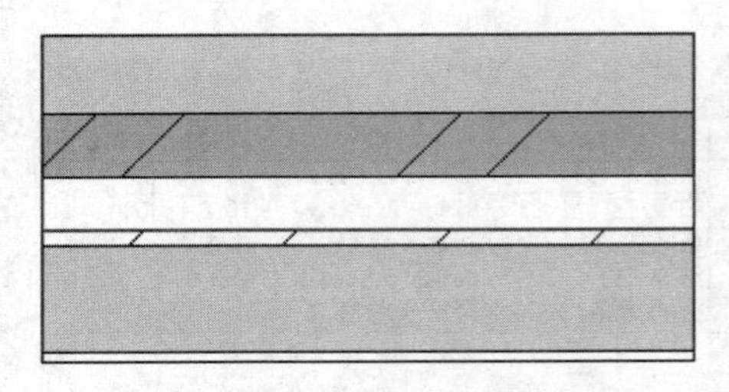

图 10-4-18　添加一面 900mm 墙

2）创建新的叠层墙（图 10-4-19）。其过程依次为以下几步：①选择墙，然后单击“修改叠层墙”选项卡 →“图元”面板 →“图元属性”下拉菜单 →“类型属性”。②在“类型属性”对话框中进行以下五项操作：单击“复制”；在“名称”对话框中，输入 Exterior-Log and Cladding on Concrete；单击“确定”；在对话框的底部，确认选择“预览”，此时将显示当前叠层墙类型的预览图像；在“构造”下，单击“结构”对应的“编辑”。③在“编辑部件”对话框中的“类型”下进行以下两项操作：单击“类型 1”对应的“名称”字段，选择 Exterior-Log and Cladding；单击“类型 2”对应的“名称”字段，选择 Retaining-300mm Concrete。④在左侧窗格中，缩放检查墙连接。⑤在“编辑部件”对话框中，选择“墙中心线”作为“偏移量”（图 10-4-20）。⑥单击“确定”两次，然后按 Esc 键（图 10-4-21）。⑦保存项目，但不要关闭它。需要强调的是，可以采用同样的方法来创建其他系统族类型，比如楼板和屋顶。

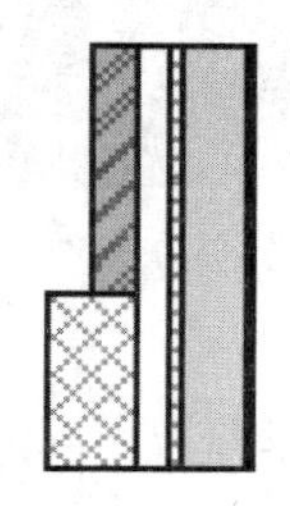

图 10-4-19　创建新的叠层墙

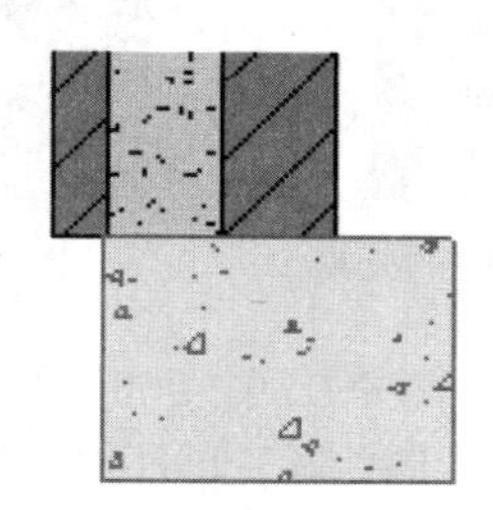

图 10-4-20　选择“墙中心线”作为“偏移量”

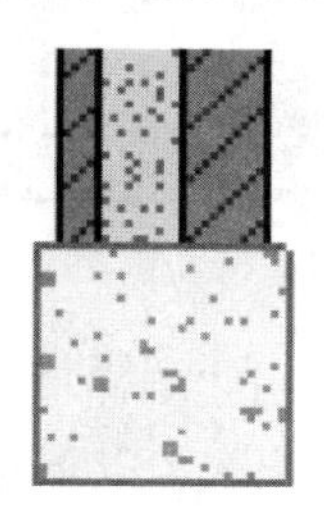

图 10-4-21　单击“确定”两次的结果

10.4.5　在项目之间传递系统族

在本训练中，将学习两种在项目之间传递系统族类型的方法。第一种方法是将单个墙类型从一个项目复制并粘贴到另一个项目，在第二个项目中将其应用到墙；当需要将一些特定类型从一个项目传递到另一个项目时，可使用此方法。第二种方法是通过“传递项目标准”命令将所有墙类型从一个项目复制到另一个项目；该命令会传递所有对象类型，因此如果在项目之间有许多系统族类型和其他项目相关的设置需要传递，可使用该方法。

（1）复制并粘贴单个系统族类型

其过程依次为以下几步：①打开要粘贴族类型的项目，可进行以下三项操作：单击【R】图标→“打开”→“项目”；在“打开”对话框的左侧窗格中，单击 Training Files；选择 Common \ cabin. rvt，然后单击“打开”。②复制族类型，可进行以下三步操作：单击“视图”选项卡 →“窗口”面板 →“切换窗口”下拉菜单，然后选择用户的项目；在项目浏览器的“族”下，展开“墙”→“基本墙”；选择 Exterior-Log and Cladding，单击鼠标右键，然后单击“复制到剪贴板”。需要强调的是，要选择多个族类型，可按住 Ctrl 键，然后选择所要复制的族类型。③在木屋项目中粘贴 Log and Cladding 类型，可进行以下四项操作：使用前面学习的方法切换到木屋项目；在项目浏览器中，双击“楼层平面”→02 Entry，使其成为活动视图；单击“修改”选项卡 →“剪贴板”面板 →“粘贴”，系统族将添加到该项目中；在项目浏览器中，展开“族”→“墙”→“基本墙”，并确认 Exterior Log and Cladding 显示在“基本墙”类型列表中。④将新墙类型指定给木屋项目中的外墙（图 10-4-22），可进行以下两项操作：在项目浏览器中的“三维视图”下，双击 {3D}；将光标移到外墙上，按 Tab 键，直到选中墙链为止，然后单击选择该墙链；单击“修改墙”选项卡 →“图元”面板，然后从类型选择器下拉菜单中选择“基本墙：Exterior-Log and Cladding”；按

Esc 键。⑤确认指定给所复制族类型的专用面层材质在该项目中可用（图 10-4-23），可进行以下三项操作：单击“管理”选项卡 →“项目设置”面板 →“材质”；在“材质”对话框的左侧窗格中，确认 Finishes-Exterior-Proprietary，Log 材质显示在材质列表中；单击“取消”。⑥关闭 cabin. rvt 而不保存，但将用户的项目保持打开状态。

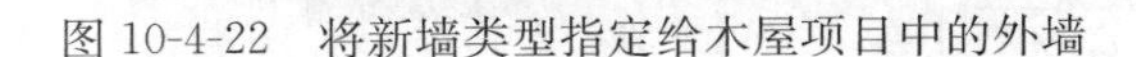

图 10-4-22　将新墙类型指定给木屋项目中的外墙　　　图 10-4-23　专用面层材质在该项目中可用

（2）使用“传递项目标准”命令复制系统族类型

其过程依次为以下几步：①在用户的项目仍打开的情况下创建另一个项目，可进行以下六项操作：单击【R】图标→“新建”→“项目”；在“新建项目”对话框的“新建”下，确认已选中“项目”；在“样板文件”下，确认已选中第二个选项，然后单击“浏览”；在“选择样板”对话框中，定位到 Training Files \ Metric \ Templates；选择 Default Metric. rte，然后单击“打开”；在“新建项目”对话框中，单击“确定”。②保存项目，可进行以下四项操作：单击【R】图标→“另存为”→“项目”；在“另存为”对话框中，定位到所需位置；输入 transfer _ project 作为“文件名”；单击“保存”。③查看传递标准项目中的“基本墙”族类型，可进行以下两项操作：在项目浏览器中，确认“族”→“墙”→“基本墙”下未显示“Exterior-Log and Cladding”；展开“墙”→“叠层墙”，确认没有显示 Exterior-Log and Cladding on Concrete。④传递墙类型，可进行以下九项操作：单击绘图区域；在 transfer _ project. rvt 中，单击“管理”选项卡 →“项目设置”面板 →“传递项目标准”；在“选择要复制的项目”对话框中，选择用户的项目作为“复制自”值；单击“放弃全部”；在要复制的项目列表中，选择“楼板类型”“屋顶类型”和“墙类型”；单击“确定”；如果显示“重复类型”对话框，单击“覆盖”；在项目浏览器中的“族”→“墙”→“基本墙”下，确认此时显示了 Exterior-Log and Cladding；确认用户所创建的叠层墙类型也显示出来。⑤保存并关闭这两个项目。

10. 5　创建详图构件族的方法

在本节中，介绍如何创建详图构件族，并将其嵌套在其他族中。在本节中，先从现有的 DWG 详图创建窗台详图构件族开始。完整的 Revit Architecture 窗台详图见图 10-5-1，在创建窗台详图后，将其与现有的窗梁详图合并，并通过绘制其他详图几何图形创建完整的窗详图构件族。完整窗详图见图 10-5-2，完成完整的窗详图构件族后，将其嵌套到窗族中；指定可见性选项，以仅在截面视图并以精细详图显示详图构件；然后，通过将窗类型从新的窗族添加到项目中，可以测试详图构件的可见性。以精细详图显示详图构件的窗剖面视图见图 10-5-3。本节中使用的技巧主要包括以下四种：导入 DWG 文件以创建新的详图构件族；导

入几何图形时执行最佳操作；将详图构件嵌套在其他族中；在项目中测试族。

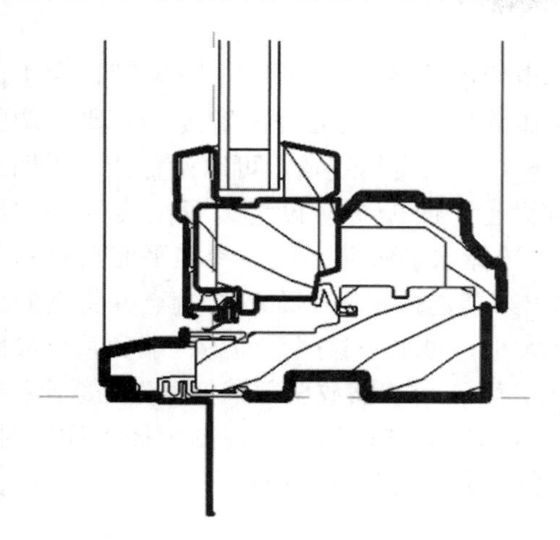

图 10-5-1　完整 Revit Architecture 窗台详图

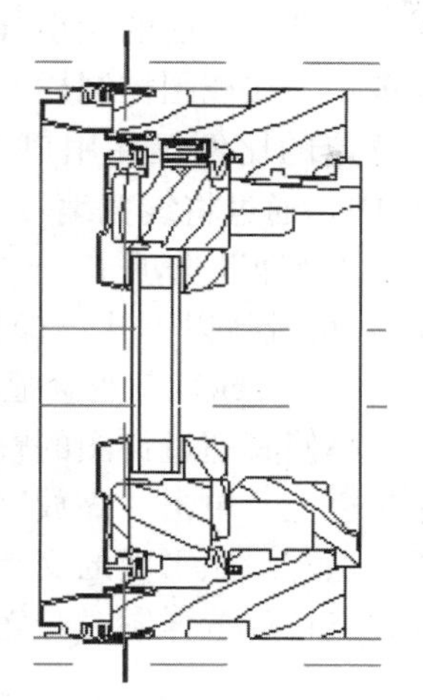

图 10-5-2　完整窗详图

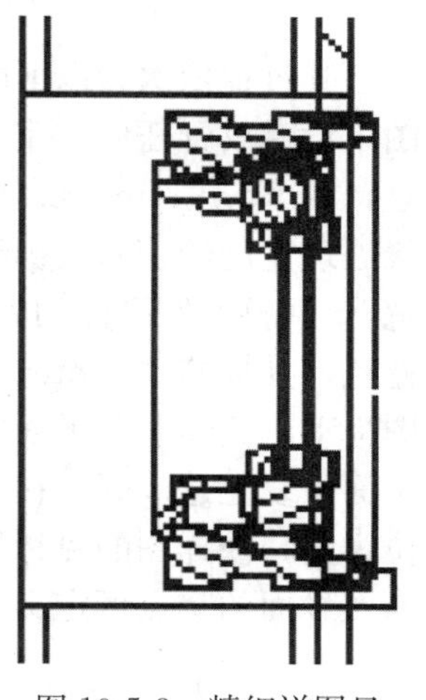

图 10-5-3　精细详图显示构件窗剖面视图

10.5.1　从 DWG 创建窗台详图构件族

在本训练中，学习通过导入以 DWG 格式绘制的现有详图创建窗台详图。开始时先创建要导入现有详图的新详图构件族，所有 DWG 对象（包括所有块或外部参照）都被导入单个 Revit Architecture 图元，该图元称为导入符号；导入 DWG 时，DWG 图层会在该导入符号中创建对象样式。导入 DWG 详图后，分解该导入符号，并将其构件转换为 Revit Architecture 对象；然后从新族中删除导入 DWG 图层时创建的未使用对象样式。

（1）创建详图构件族

其过程依次为以下几步：①单击【R】图标→“新建”→“族”。② 在“新族-选择样板文件”对话框的左侧窗格中，单击 Training Files，然后打开 Metric \ Templates \ Metric Detail Component. rft。③在族编辑器中打开新的族。④保存详图构件族，可进行以下两项操作：单击【R】图标→“另存为”→“族”；在“另存为”对话框中，输入 M _ Window _ Sill 作为“文件名”，然后单击“保存”，新的族被保存为 RFA 文件，随后便可从 DWG 文件导入详图。⑤在导航栏（图 10-5-4）上，单击“缩放”下拉菜单 →“缩放全部以匹配”。⑥单击“插入”选项卡 →“导入”面板 →“导入 CAD”。⑦在“导入 CAD 格式”对话框中进行以下几项操作：定位到 Training Files \ Metric；选择 M _ Wood _ Window _ Details _ Sill. dwg，详图的预览图像显示在对话框的右侧；选择“保留”作为“颜色”，然后将 AutoCAD 彩色线处理替换为 Revit 线；选择“全部”作为“图层”，选择“自动检测”作为“导入单位”，选择“自动-中心到中心”作为“定位”，选择“Ref. Level”作为“放置于”，选择了“定向到视图”；单击“打开”；随后，DWG 详图被导入为族中的单个导入符号，此为合适的尺寸（实际尺寸），然后修改比例，此操作不会影响详图尺寸（最大化尺寸），但允许用户管理线宽的显示和尺寸标注的大小（图 10-5-5）。⑧选择该详图，注意该详图在类型选择器中标识为导入符号；接下来将族的比例修改为合适的详图比例，以管理文字和尺寸标注大小。稍后在本训练中，将详图的各个构件指定给不同的对象样式，以修改其线宽；如果比例合适，将有助于用户选择和指定对象样式；如果线的厚度使其位置模糊难辨，则可以单击

“视图”选项卡 →“图形”面板 →“细线”，来打开或关闭线处理的屏幕显示。

（2）修改当前比例并调整参照平面的大小（图 10-5-6）

其过程依次为以下两步：①在视图控制栏上单击当前比例，然后单击“1∶2”，由于详图中没有放置任何文字，选定的比例仅在用户绘图时用于管理线处理的宽度［需要强调的是，在 Revit Architecture 中，通过将线宽编号（1～16）指定给线宽，可以设置特定比例的线处理宽度的值］；②单击“管理”选项卡 →“族设置”面板 →“设置”下拉菜单 →“线宽”。调整参照平面的大小，可进行以下几步操作：选择水平参照平面，参照平面会显示为蓝色，其标签“Center（Front/Back）”也会显示出来；选择参照平面的右端点并将其向详图拖动，调整参照平面的大小使其超过详图的整个大小；对水平参照平面另一端和垂直参照平面重复上述步骤；在导航栏上，单击“缩放”下拉菜单 →“缩放全部以匹配”；接下来定位详图，使详图的目标插入点与参照平面的交点（0，0）对齐；稍后在视图中插入详图时，参照平面的交点可定义其原点；放置详图时，光标位置会附着到详图原点。

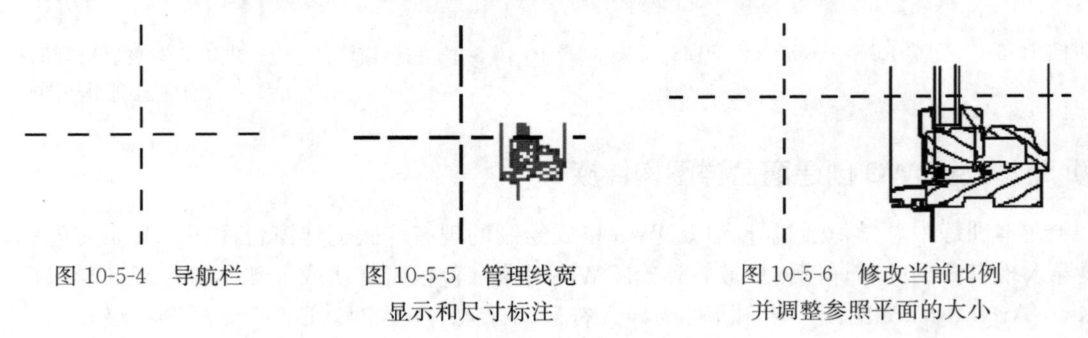

图 10-5-4　导航栏

图 10-5-5　管理线宽显示和尺寸标注

图 10-5-6　修改当前比例并调整参照平面的大小

（3）将导入详图与参照平面对齐

其过程依次为以下五步：单击“修改”选项卡 →“编辑”面板 →“对齐”；选择 Center（Front/Back）参照平面，见图 10-5-7；选择窗台的下水平边缘，如图 10-5-8 所示；选择 Center（Left/Right）参照平面，见图 10-5-9；选择墙固件板的右边缘，如图 10-5-10 所示。现在详图与两个参照平面都已对齐，见图 10-5-11。在本示例中，用户将构件与参照平面对齐，从而将其移到正确的位置。接下来，将分解详图，以将其转换为对象。

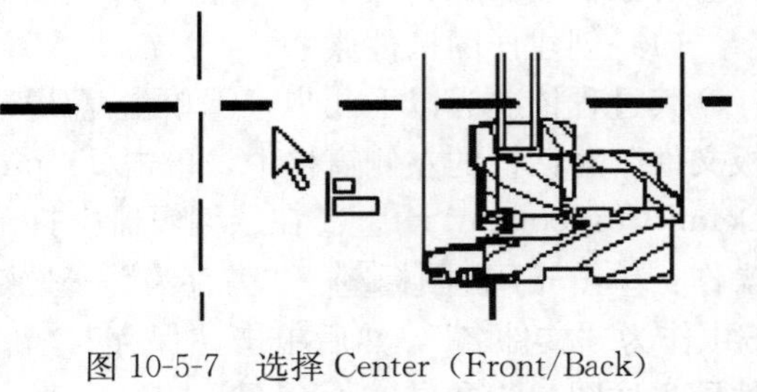

图 10-5-7　选择 Center（Front/Back）参照平面

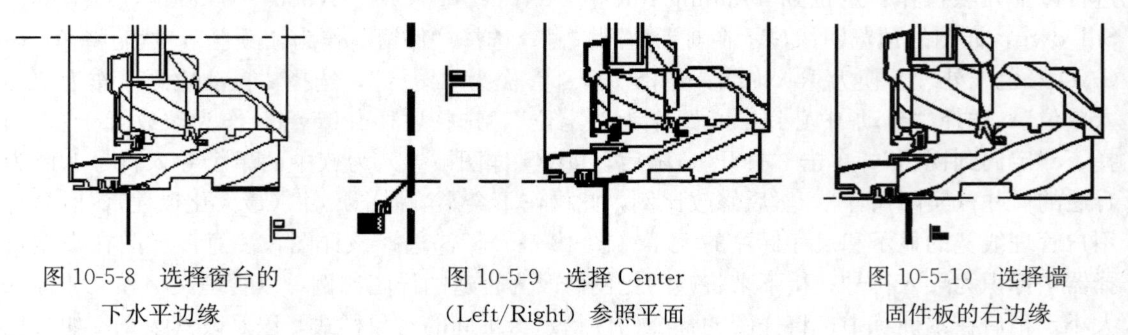

图 10-5-8　选择窗台的下水平边缘

图 10-5-9　选择 Center（Left/Right）参照平面

图 10-5-10　选择墙固件板的右边缘

(4) 分解详图

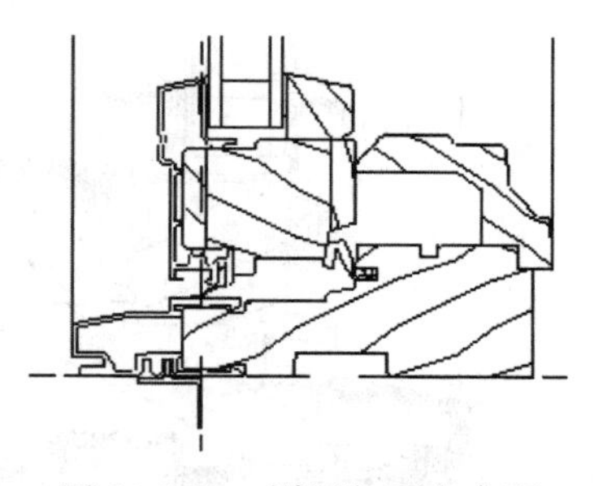
图 10-5-11 详图与两个参照平面都已对齐

其过程依次为以下几步：①在“选择”面板上，单击“修改”。②将光标移到详图上，等到围绕详图的框架出现时选择该详图（图 10-5-12）；在下一步骤中，将导入符号完全分解为线和曲线；需要强调的是，此详图不包含块，也不包含外部参照，但是如果用户导入包含块或外部参照的DWG，使用“部分分解”选项可将导入符号分解为由任何块和外部参照创建的单独嵌套导入符号。③单击“修改在族中导入”选项卡 →“导入实例”面板 →“分解”下拉菜单 →“完全分解”。此时会显示警告对话框，说明详图中的有些线稍微偏移了轴。如果用户要向详图中添加几何图形，此偏移可能会导致出现问题。由于用户无须向详图中添加几何图形，因此可关闭该警告对话框，而不用进行任何修改。④选择详图中的线。需要注意的是，类型选择器中显示了AutoCAD 图层名称；分解详图导入符号时，随 DWG 导入的图层名称和属性也仍然用作 Revit Architecture 对象样式；虽然不是必需的，但最好将详图图元转换为 Revit Architecture 对象样式，并删除 AutoCAD 对象样式和 DWG 图层名称。

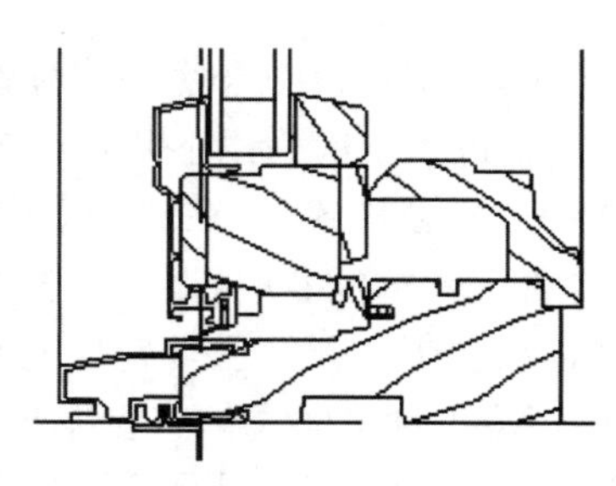
图 10-5-12 选择该详图

(5) 过滤并转换图元以使用相似的 Revit Architecture 对象样式

其过程依次为以下几步：使用窗口选择方式来选择详图；在状态栏上单击【过滤选择集】图标（过滤选择集）；“过滤器”对话框中显示了线列表；3 个对象样式是由图层 A-Detl-Hvy、A-Detl-Lgt 和 A-Detl-Med 创建的。过滤 A-Dtl-Heavy 样式的线，可进行以下三项操作：在“过滤器”对话框中单击“放弃全部”，选择“线（A-Detl-Hvy）”，单击“确定”；A-Detl-Hvy 图层中的线高亮显示为蓝色（图 10-5-13）。在类型选择器中，选择 Heavy Lines，见图 10-5-14。按 Esc 键，使用 A-Detl-Hvy 对象样式的线随即显示为黑色粗线（图 10-5-15）。使用相同的方法过滤和转换剩余的线，以使用 Light Lines 和 Medium Lines 对象样式（图 10-5-16）。接下来删除族中未使用的对象样式；在项目中保存和使用族之前删除该族中未使用的对象样式并不是必需操作，但最好执行此操作；如果不删除未使用的样式，它们可能降低将详图构件族添加到的项目的性能。

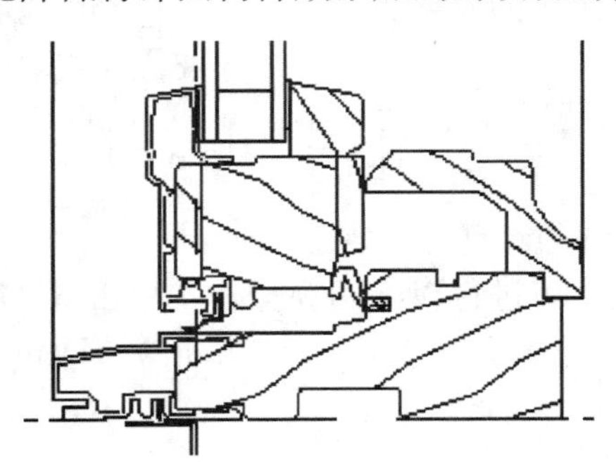
图 10-5-13 图层中线高亮显示为蓝色

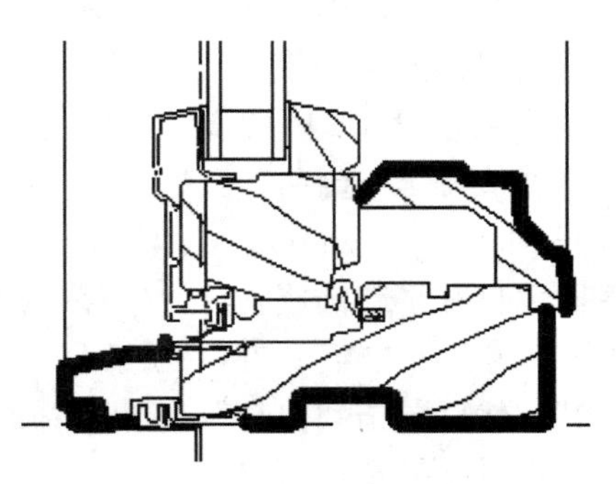
图 10-5-14 选择 Heavy Lines

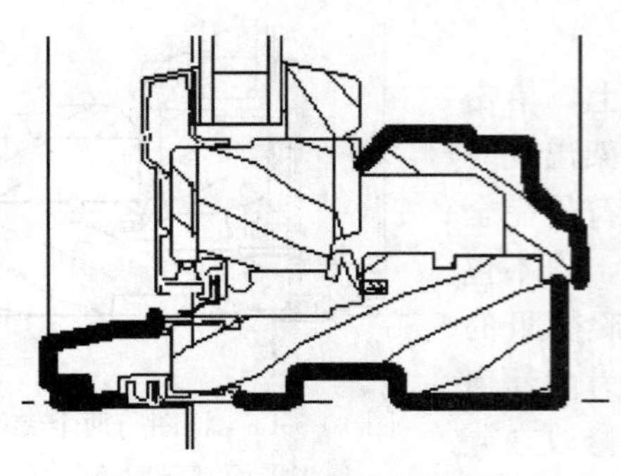

图 10-5-15　显示为黑色粗线

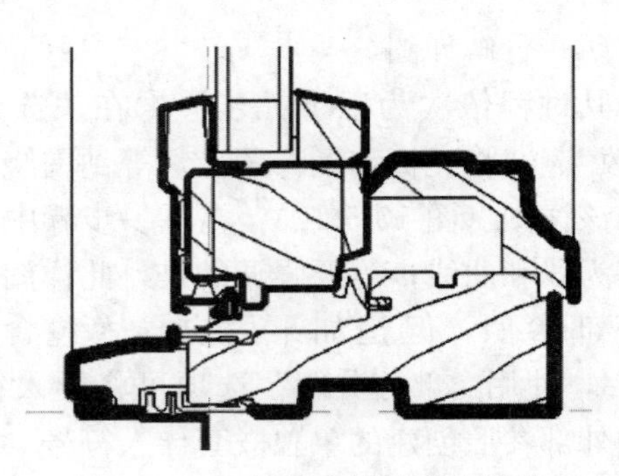

图 10-5-16　过滤和转换剩余的线

（6）删除族中未使用的对象样式

其过程依次为以下几步：①单击“管理”选项卡→“族设置”面板→“设置”下拉菜单→“对象样式”。在“对象样式”对话框的“模型对象”选项卡上进行以下几项操作：在“类别”→“详图项目”下选择“A-Detl-Hvy”，在该对话框右下方的“修改子类别”下单击“删除”，在“删除子类别”对话框中单击“是”，使用相同的方法删除 A-Detl-Lgt 和 A-Detl-Med 对象样式；需要强调的是，在该对话框中不能使用对象样式的多重选择，逐个删除样式很花时间，因此最好是在将 DWG 文件导入 Revit Architecture 之前确保这些文件不包含任何多余的图层；接下来在“导入对象”选项卡上执行相同的操作。②单击“导入对象”选项卡，进行以下几项操作：在“类别”→“在族中导入”下选择 0，在该对话框右下方的“修改子类别”下单击“删除”，在“删除子类别”对话框中单击“是”。对 A-Detl-Hvy、A-Detl-Lgt、A-Detl-Med 和 Defpoints 使用相同的方法。③单击“确定”；用户已经导入并转换了 DWG 详图，现在可随时将该详图插入 Revit Architecture 项目的详图视图中。④保存并关闭新的详图构件族。

10.5.2　创建完整的窗详图构件族

在本训练中，通过将用户之前创建的窗台详图与现有的窗梁详图合并以及绘制剩余的窗几何图形，创建完整的窗详图构件。将参照平面和参数添加到完整的窗详图中，既可指定窗的总高度，又可在窗和粗糙洞口之间留下必要的空间。完整的窗详图见图 10-5-17。完成后，可将完整的窗详图构件作为可调整的独立详图，也可以将其嵌套到窗族中，以将其包含在墙剖面中，详见本节最后一个练习的介绍。

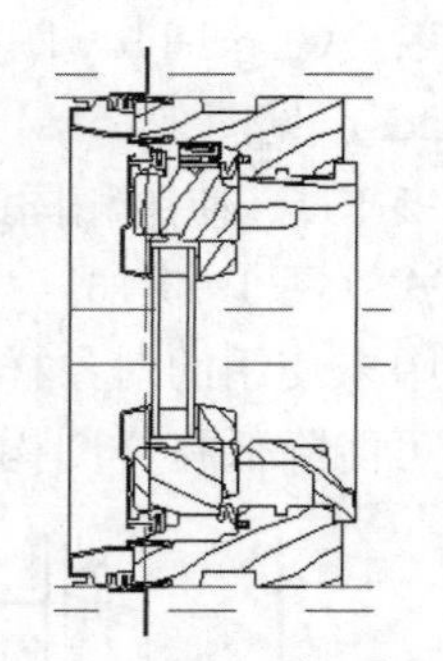

图 10-5-17　完整的窗详图

（1）创建详图构件族

其过程依次为以下几步：①单击【R】图标→“新建”→“族”。②在“新族-选择样板文件”对话框中，单击 Training Files，然后打开 Metric \ Templates \ Metric Detail Component. rft；此时在族编辑器中打开了新的族文件。③保存详图构件族，可进行以下两项操作：单击【R】图标→“另存为”→“族”；在“另存为”对话框中，输入 M _ Wood _ Window _ Detail 作为“文件名”，然后单击“保存”，新的族被保存为 RFA 文件。

（2）查看并锁定样板参照平面

其过程依次为以下两步：①在项目浏览器的“楼层平面”下，确认 Ref. Level 是当前视图；接下来，为确保参数化的关系正常，可锁定参照平面；②在创建族几何图形之前，最好执行此操作；锁定参照平面，以防止这些平面被意外移动。锁定参照平面，可进行以下两项操作：按住 Ctrl 键的同时选择两个参照平面（图 10-5-18）；单击“选择多个”选项卡 →“修改”面板 →“锁定”（图 10-5-19）。

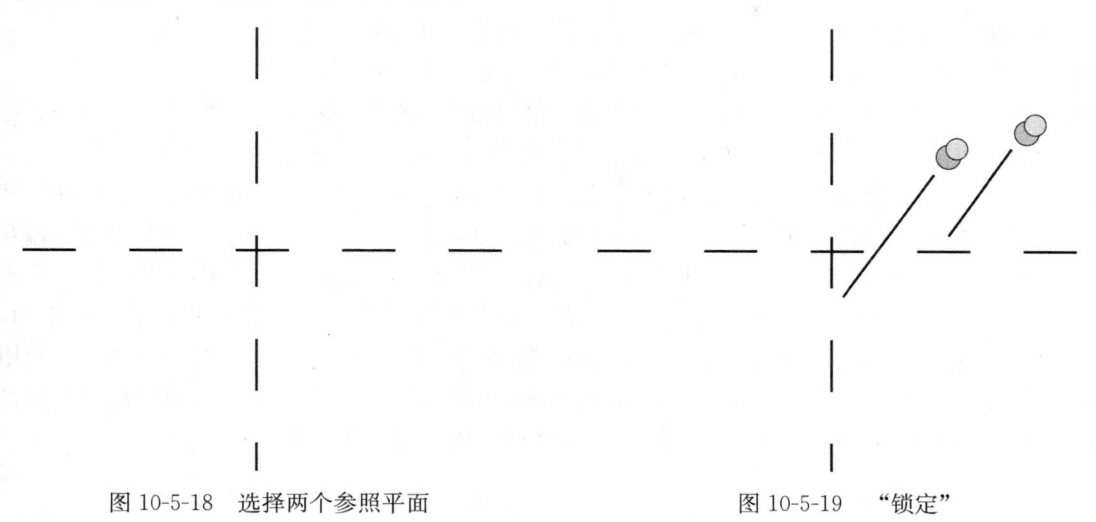

图 10-5-18　选择两个参照平面　　图 10-5-19　“锁定”

（3）将比例修改为合适的详图比例

在视图控制栏上单击当前比例，然后单击“1∶2”。

（4）为窗高度添加参照平面

其过程依次为以下三步：①单击“创建”选项卡 →“基准”面板 →“参照平面”下拉菜单 →“绘制参照平面”。②要指定参照平面的起点，可单击“Center（Front/Back）”参照平面的左端点上方的 450mm 处（图 10-5-20）。③向右移动光标，在现有参照平面终点的正上方处指定终点（图 10-5-21）。

（5）对水平参照平面标注尺寸

其过程依次为以下四步：①单击“创建”选项卡 →“尺寸标注”面板 →“对齐”。②选择“Center（Front/Back）”参照平面，然后选择新的参照平面。③在尺寸标注的上方单击以放置尺寸标注（图 10-5-22）。④在“选择”面板上，单击“修改”。

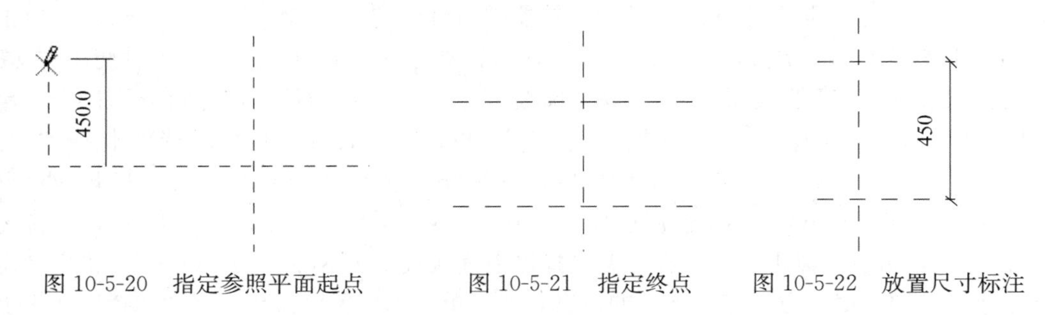

图 10-5-20　指定参照平面起点　　图 10-5-21　指定终点　　图 10-5-22　放置尺寸标注

（6）向尺寸标注添加标签以创建 Height 参数

其过程依次为以下几步：①选择刚放置的尺寸标注。②在选项栏上，选择“添加参数”作为“标签”。③在“参数属性”对话框中进行以下操作：在“参数数据”下输入 Height 作为“名称”，选择“尺寸标注”作为“参数分组方式”，单击“确定”（不要锁定该参数，以便能够调整窗的高度），按 Esc 键（此时显示新的 Height 参数，见图 10-5-23）。接下来在距粗糙洞口的特定距离处添加两个水平参照平面，用于对齐窗梁和窗台，该距离通常由窗制造商指定。

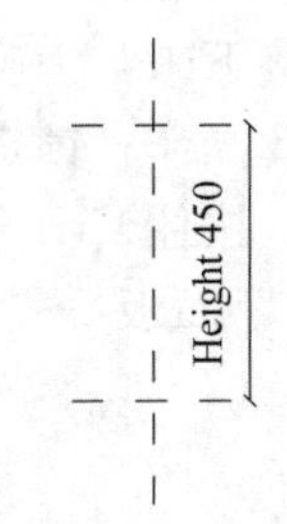

图 10-5-23　显示新 Height 参数

（7）添加两个用于对齐两个详图构件的参照平面

其过程依次为以下几步：①缩放参照平面交点的右侧。②单击“创建”选项卡 →“基准”面板 →“参照平面”下拉菜单 →“拾取现有线/边”。③在选项栏上，输入 10mm 作为“偏移量”。这是窗和粗糙洞口之间的距离。④将光标放在上方的水平参照平面上，将其略向下移动，然后单击放置参照平面。⑤将光标放在下方的水平参照平面上，将其略向上移动，然后单击放置参照平面。⑥按 Esc 键。⑦对上面的参照平面标注尺寸并将这两个参照平面相互约束（图 10-5-24），可进行以下几项操作：缩放上面的水平参照平面，单击“创建”选项卡 →“尺寸标注”面板 →“对齐”，选择上面的水平参照平面，选择下面的水平参照平面，在尺寸标注的下方单击以放置尺寸标注，单击【锁定】图标锁定对齐（图 10-5-25）。使用相同的方法，对两个底部参照平面标注尺寸，并将其锁定。接下来，将窗梁和窗台详图构件载入 Wood Window Detail 族，然后将其定位在两个内部参照平面上。

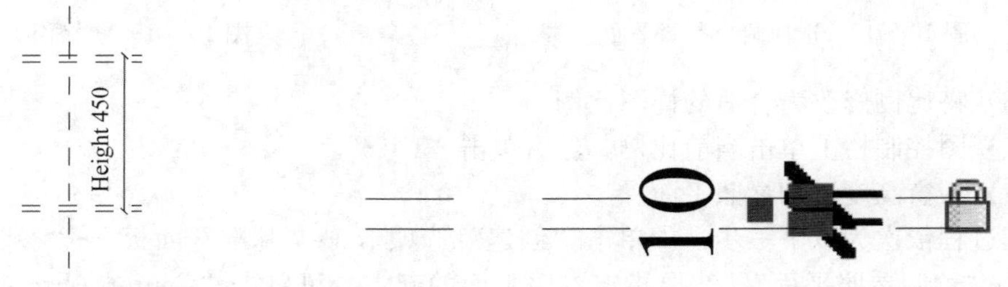

图 10-5-24　参照平面标注尺寸　　　图 10-5-25　锁定对齐

（8）添加窗梁和窗台详图构件

其过程依次为以下几步：①在项目中载入窗梁构件，可进行以下操作：单击“创建”选项卡 →“详图”面板 →“详图构件”，在警告对话框中单击“是”以将详图项目族载入项目中，在“打开”对话框的左侧窗格中单击 Training Files，打开 Metric \ Families \ Detail Components，然后选择 M _ Window _ Head. rfa，单击“打开”。②将窗梁添加到绘图区域（图 10-5-26），可进行以下操作：在类型选择器中，确认选中了 M _ Window Head，单击以在上面水平参照平面的下方指定放置点（此时不需要与参照平面对齐。③稍后使用“对齐”命令将窗梁和窗台与参照平面对齐），按 Esc 键。④载入窗台构件，可进行以下操作：单击“创建”选项卡 →“详图”面板 →“详图构件”，单击“放置详图构件”选项卡 →“详图”面板 →“载入族”，在“载入族”对话框的左侧窗格中单击 Training Files，打开 Metric \ Families \ Detail Components，然后选择 M _ Window _ Sill. rfa，单击“打开”。⑤添加窗台（图 10-5-27），可进行以下操作：在类型选择器中确认选中了 M _ Window Sill，将窗台定位到下面水平参照平面上方但窗梁下方的位置，然后单击以放置该窗台，在“选择”面板上单击“修改”。⑥将窗梁与参照平面对齐，可进行以下操作：单击“修改”选项卡 →“编辑”面板 →“对齐”，选择“Center（Left/Right）”参照平面，选择墙固件板右面上的顶部窗梁构件（图 10-5-28），单击【锁定】图标锁定对齐，选择在窗梁上方显示的下面水平参照平面，选择窗梁构件的顶部边缘（图 10-5-29），单击【锁定】图标锁定对齐。⑦将窗台与参照平面对齐，可进行以下操作：选择 Center（Left/Right）参照平面（该平面代表墙的表面），选择窗台墙固件板的右边缘，然后单击【锁定】图标，选择在窗台下方显示的两个下面水平参照平面中上面的那个参照平面，选择窗台详图构件的底部边缘（图 10-5-30），然后单击【锁定】图标。⑧在“选择”面板上，单击“修改”。接下来，测试（调整）详图构件族，以确保将窗梁约束到参照平面；调整高度参数的值时，窗梁将上移或下移。

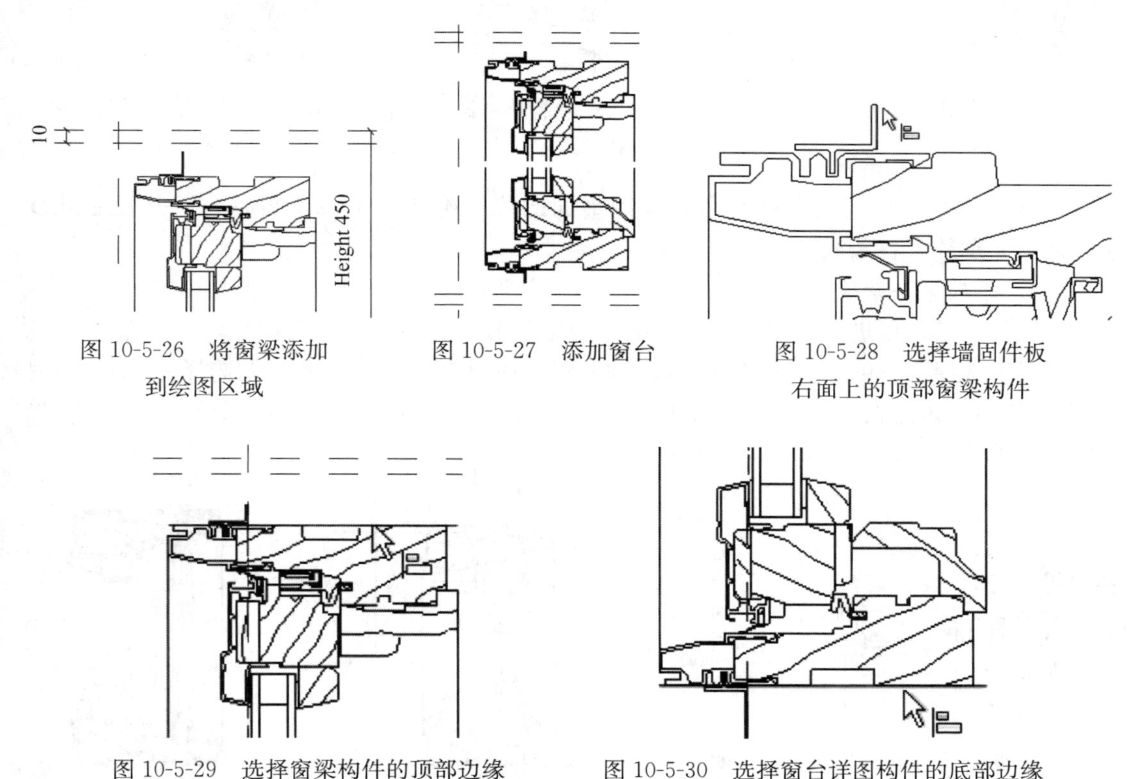

图 10-5-26　将窗梁添加到绘图区域

图 10-5-27　添加窗台

图 10-5-28　选择墙固件板右面上的顶部窗梁构件

图 10-5-29　选择窗梁构件的顶部边缘

图 10-5-30　选择窗台详图构件的底部边缘

（9）调整族

其过程依次为以下两步：①单击“管理”选项卡 →“族属性”面板 →“类型”。②在“族类型”对话框中进行以下操作：在“尺寸标注”下输入 300mm 作为“Height”，单击“应用”，窗梁根据下面的水平参照平面进行了重新定位（图 10-5-31），在“尺寸标注”下输入 600mm 作为“Height”，单击“应用”并单击“确定”。

现在窗梁和窗台在合适的位置上，且被约束到了详图构件族的参照平面上，见图 10-5-32。在本节的剩余部分中，学习将详图线添加到教程中，以完成完整的窗表示。从添加用于连接窗梁和窗台详图的参照平面开始。

（10）在窗梁的下方和窗台的上方添加参照平面

单击“创建”选项卡 →“基准”面板 →“参照平面”下拉菜单 →“绘制参照平面”。如图 10-5-33 所示绘制两个参照平面，起点为各个构件左侧的线的端点。

（11）对窗梁处的参照平面标注尺寸，并约束该平面

其过程依次为以下两步：单击“创建”选项卡 →“尺寸标注”面板 →“对齐”；对窗梁参照平面和两个上方的新水平参照平面进行尺寸标注，并锁定对齐，如图 10-5-34 所示。

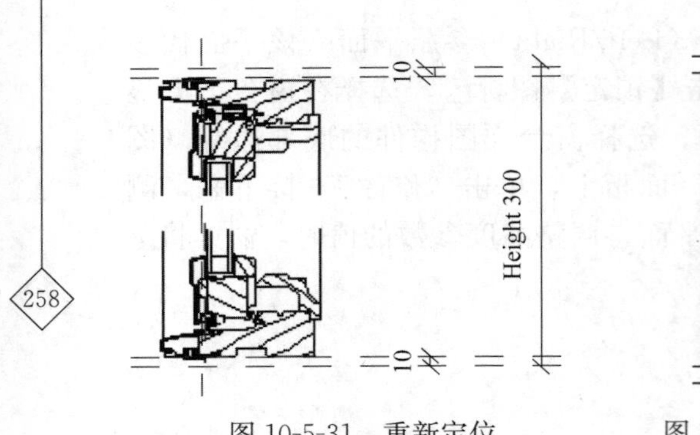

图 10-5-31　重新定位

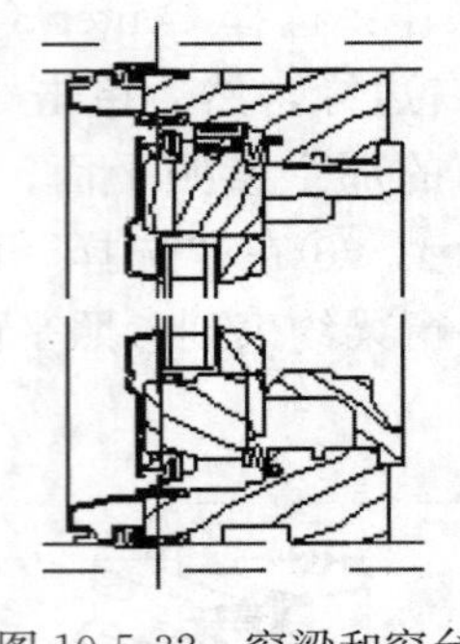

图 10-5-32　窗梁和窗台在合适位置上

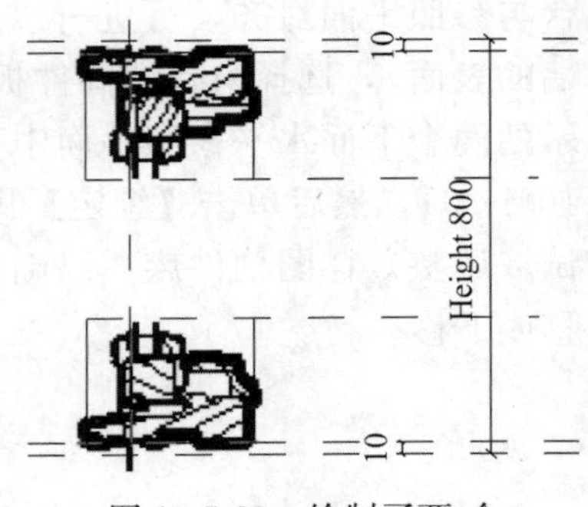

图 10-5-33　绘制了两个参照平面

接下来，添加 6 条端点被约束到参照平面的线。绘制一条线，然后约束并复制此线，这样无须分别约束各条线。

（12）添加第一条线

添加第一条线可进行以下操作：单击“创建”选项卡 →“详图”面板 →“直线”；在类型选择器中选择 Light Lines；按住 Shift 键的同时在顶部水平参照平面上选择一个起点，按住 Shift 键时只能绘制垂直或水平线（图 10-5-35）；选择底部参照平面的平行点；在“选择”面板上，单击“修改”（图 10-5-36）。

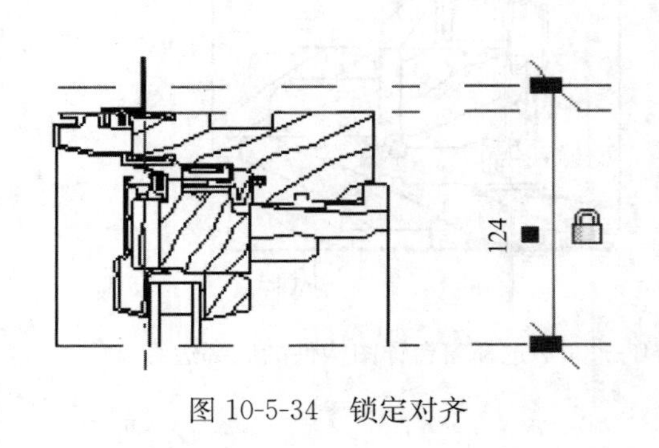

图 10-5-34　锁定对齐

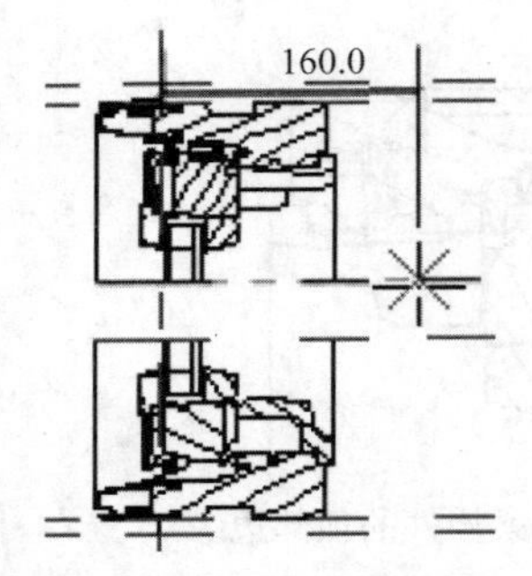

图 10-5-35　按住 Shift 键绘制垂直或水平线

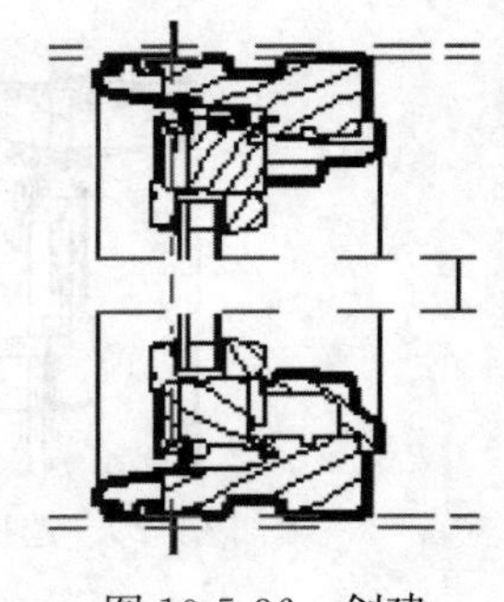

图 10-5-36　创建第一条线

（13）通过复制线来创建另一条线

其过程依次为以下几步：①使用端点放置该线的副本以使用户拥有 6 条连接线，可进行以下操作：选择刚刚绘制的线，单击“修改线”选项卡 →“修改”面板 →“复制”（图 10-5-37），单击原始线上的上端点以指定移动起点，将光标移到左侧并单击上垂直线的端点（如图 10-5-38 所示，窗梁和窗台上的垂直线由复制的线连接，有另外 5 组垂直线要连接），按 Esc 键。重复以上步骤，直到 6 组垂直线都连接为止（图 10-5-39）。②选择并删除原始线，调整高度后，两个详图之间的连接线将进行拉伸。③缩小视图，直到看到完整的窗详图和 Height 参数。

接下来通过修改 Height 参数的值来测试族。如果所有限制条件都正常工作，窗详图将随着 Height 参数的值的变化而调整垂直方向的大小。

（14）调整 Height 参数

其过程依次为以下几步：①单击“创建”选项卡 →“族属性”面板 →“类型”。②在

“族类型”对话框中进行以下操作：在“尺寸标注”下输入300mm作为“Height”，单击“应用”后窗详图会调整大小以反映新的垂直高度（图10-5-40），在“尺寸标注”下输入450mm作为Height，单击“应用”后窗详图会调整大小以反映新的垂直高度（图10-5-41），单击“确定”。③保存但不要关闭详图构件族。在下一个练习中，将完整的窗详图构件嵌套（插入）到窗族中。

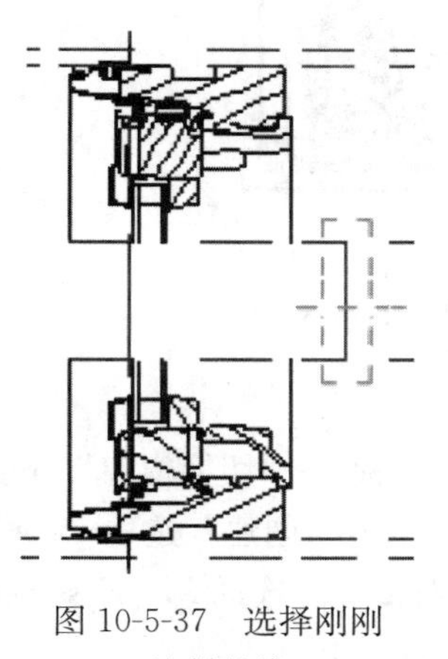

图10-5-37 选择刚刚绘制的线

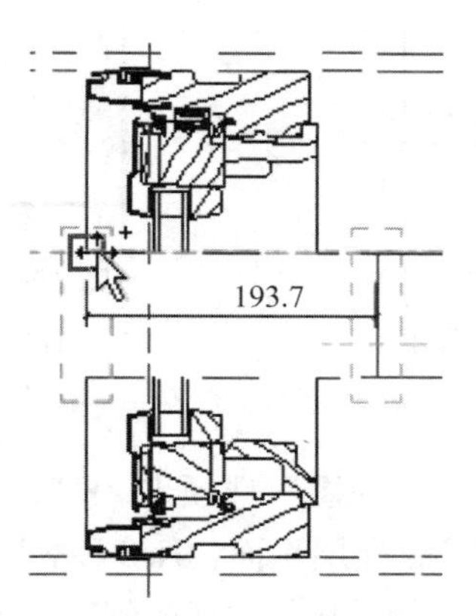

图10-5-38 光标移到左侧并单击上垂直线端点

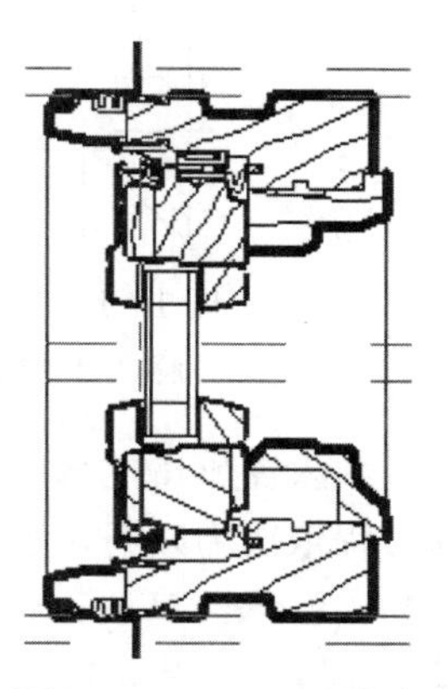

图10-5-39 6组垂直线连接完成

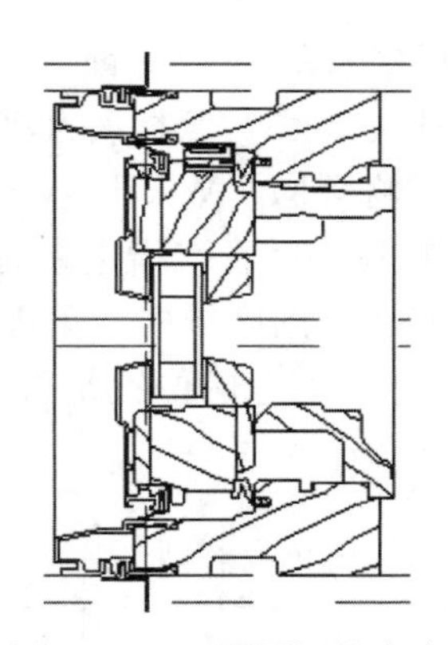

图10-5-40 详图调整大小

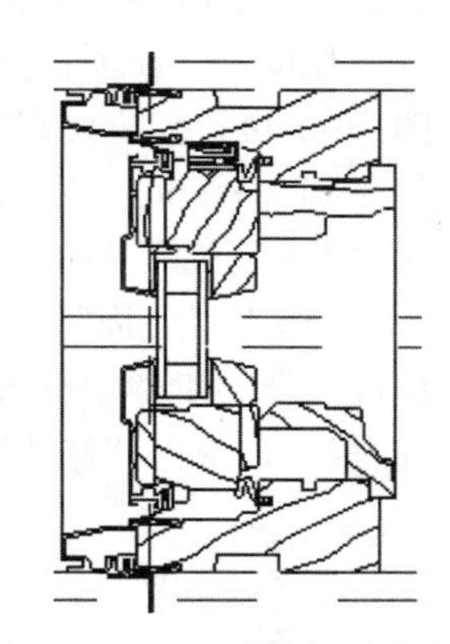

图10-5-41 反映新的垂直高度

10.5.3 将完整的窗详图构件添加到窗族中

在本训练中，学习在窗族中嵌套窗详图构件族，以创建新的窗族；然后设置窗族中详图构件的可见性，以仅在截面视图以精细的详细程度显示。创建新族后，打开艺廊项目，并使用新窗族类型的窗替换艺廊的窗；对窗和墙进行剖切，修改窗类型，然后修改视图的详细程度，以显示窗详图。

（1）打开含有嵌套窗详图族的剖面视图和精细详图（图10-5-42）

其过程依次为以下几步：①在M _ Wood _ Window _ Detail族打开的情况下，单击【R】图标→“打开”→“族”。②在“打开”对话框的左侧窗格中单击Training Files，然后打开Metric \ Families \ Windows。③选择M _ Casement _ with _ Trim. rfa，然后单击“打开”，见图10-5-43。

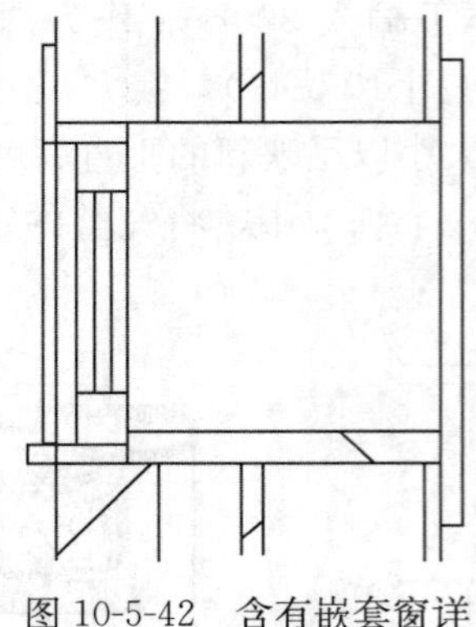

图 10-5-42　含有嵌套窗详图族的剖面视图和精细详图

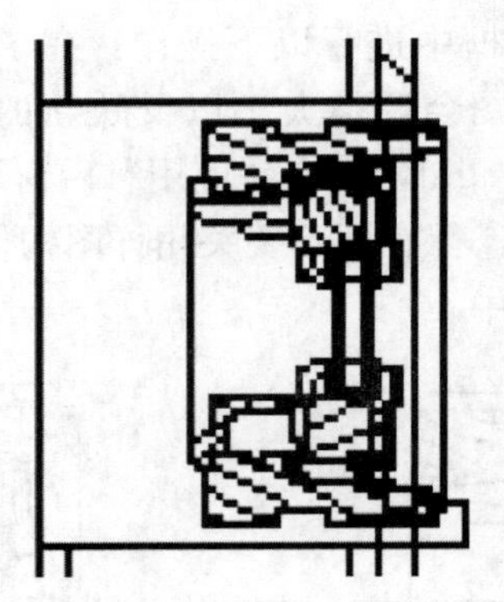

图 10-5-43　打开要嵌套详图构件族的窗族

（2）载入窗族中的详图构件

其过程依次为以下几步：①单击“视图”选项卡 →“窗口”面板 →“切换窗口”下拉菜单 →“M _ Wood _ Window _ Detail. rfa-楼层平面：Ref. Level”。②单击“创建”选项卡 →“族编辑器”面板 →“载入到项目中”。③如果显示“载入到项目中”对话框，选择 M _ Casement _ with _ Trim. rfa，然后单击“确定”，此时打开“M _ Casement _ with _ Trim”族。

（3）将详图构件添加到窗的左立面视图中

其过程依次为以下几步：①在项目浏览器中，展开“视图”→“立面（Elevation 1）”，然后双击 Left，见图 10-5-44。②放大到窗的中部，见图 10-5-45。③在项目浏览器中，展开“族”→“详图项目”→M _ Wood _ Window _ Detail。④将“M _ Wood _ Window _ Detail”拖曳到视图中。⑤在“工作平面”对话框中进行以下两项操作：在“指定新的工作平面”下选择“参照平面：Left”作为“名称”；单击“确定”。⑥在绘图区域中，单击以将详图构件放置在窗的右侧；在接下来的步骤中对齐和定位详图时，不用考虑位置是否精确（图 10-5-45）。⑦在“选择”面板上，单击“修改”。

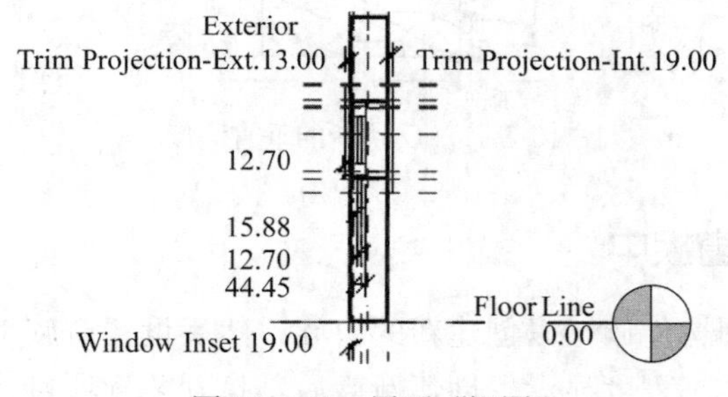

图 10-5-44　展开“视图”

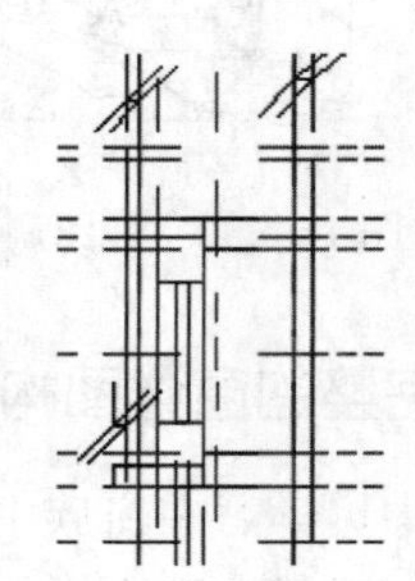

图 10-5-45　放大到窗的中部

（4）对齐并定位详图

其过程依次为以下几步：①在视图控制栏上单击当前比例，然后单击“1∶2”。②放大到详图的底部。③将详图构件与窗台参照平面对齐并将其锁定，可进行以下操作：单击“修改”选项卡 →“编辑”面板 →“对齐”；选择“Sill”参照平面（图 10-5-46）；选择窗台详图的底部边缘下方的参照线（图 10-5-47），需要强调的是，应确保选择窗台底部下方的参照线而不是底部边缘图形，两者之间有允差间隙，这样可以轻松地将窗放置到粗糙洞口中（图 10-5-48）；单击【锁定】图标，见图 10-5-49。④将详图构件与窗偏移平面对齐并将其锁定，可进行以下三项操作：选择窗偏移参照平面（左侧的第二个垂直参照平面）；选择窗台墙固件板的右边缘（图 10-5-50）；单击【锁定】图标（结果见图 10-5-51）。⑤在“选择”面板上，单击“修改”。

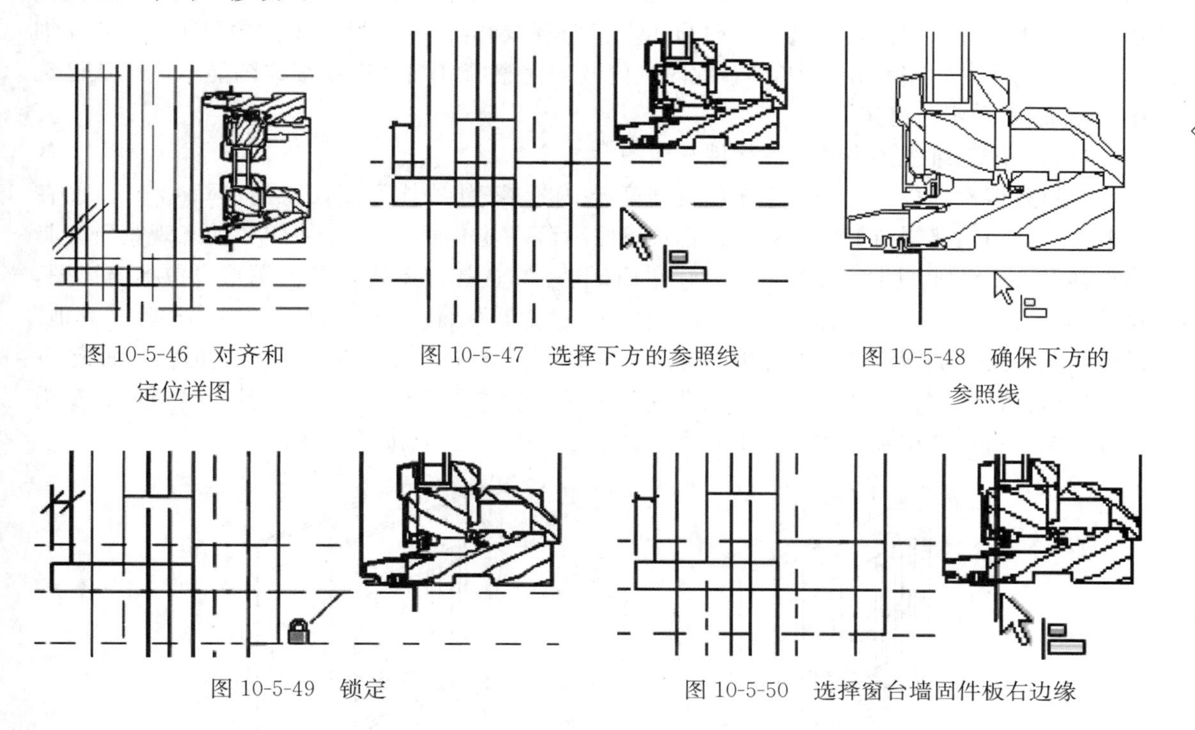

图 10-5-46 对齐和定位详图

图 10-5-47 选择下方的参照线

图 10-5-48 确保下方的参照线

图 10-5-49 锁定

图 10-5-50 选择窗台墙固件板右边缘

（5）将详图构件 Height 参数链接到窗族高度

其过程依次为以下几步：①选择详图构件，然后单击“修改详图项目”选项卡 →“图元”面板 →“图元属性”下拉菜单 →“类型属性”。②在“类型属性”对话框中进行以下两项操作：在“尺寸标注”下单击 Height 对应的【白键】图标；在“相关族参数”对话框中选择“Height”。③单击“确定”两次。④按 Esc 键。

（6）调整族

其过程依次为以下两步：①单击“修改”选项卡 →“族属性”面板 →“类型”。②在“族类型”对话框中进行以下操作：选择“0915mm×0610mm”作为“名称”；单击“应用”，窗和详图构件随即调整大小（图 10-5-52）；单击“确定”。

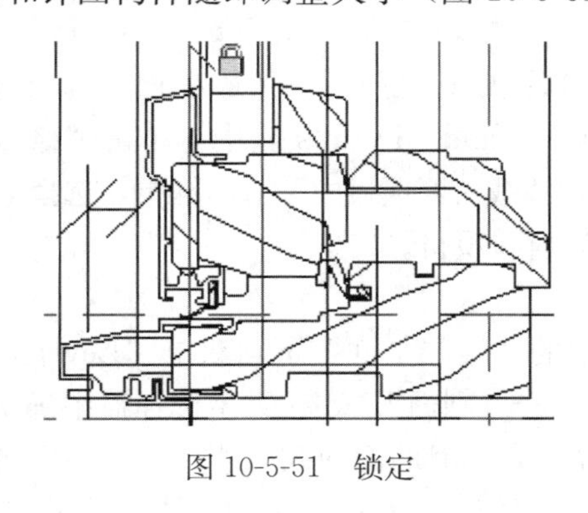

图 10-5-51 锁定

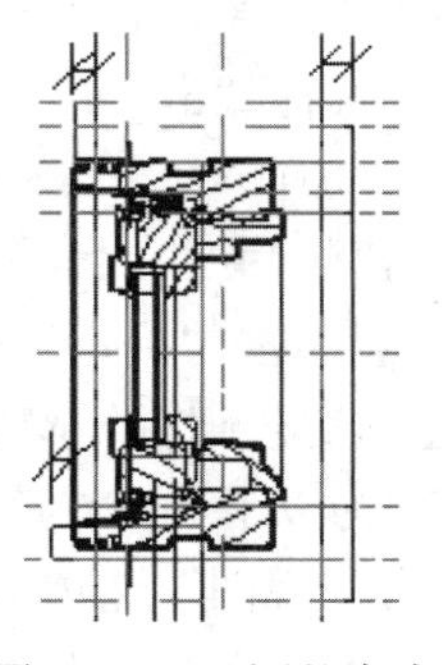

图 10-5-52 调整大小

（7）设置可见性使详图构件仅以精细详图显示

其过程依次为以下几步：①选择详图构件；单击“修改详图项目”选项卡→“可见性”面板→“可见性设置”。②在“族图元可见性设置”对话框中进行以下操作：在“符号图元可见性”下选择“仅当实例被剖切时显示”，完整的窗详图将在剖面视图中显示；在“详细程度”下清除“粗略”和“中等”，此时，内嵌的完整窗详图仅以精细详图显示；确认已选中“精细”；单击“确定”。

（8）关闭三维视图中的详图构件几何图形

其过程依次为以下几步：①在项目浏览器中的“三维视图”下，双击“View 1”。②在导航栏上，单击【蝌蚪】图标 [查看对象控制盘（基本型）]。③使用“动态观察”工具来旋转窗，直至如图 10-5-53 所示。④按 Esc 键。⑤选择详图构件几何图形，包括窗详图，见图 10-5-54。⑥单击“选择多个”选项卡→“过滤器”面板→“过滤器”。⑦清除“其他”以删除选择集中的窗详图。⑧单击“确定”。⑨单击“选择多个”选项卡→“形状”面板→“可见性设置”。⑩在“族图元可见性设置”对话框的“详细程度”下，清除“精细”；窗模型几何图形将不在精细详图视图中显示。⑪单击“确定”。⑫按 Esc 键。

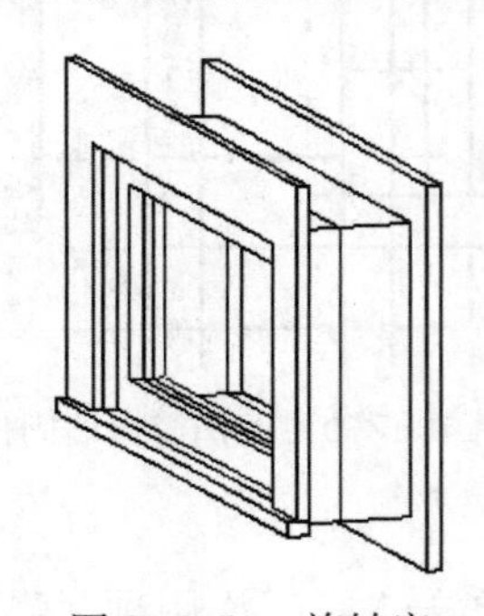

图 10-5-53　旋转窗

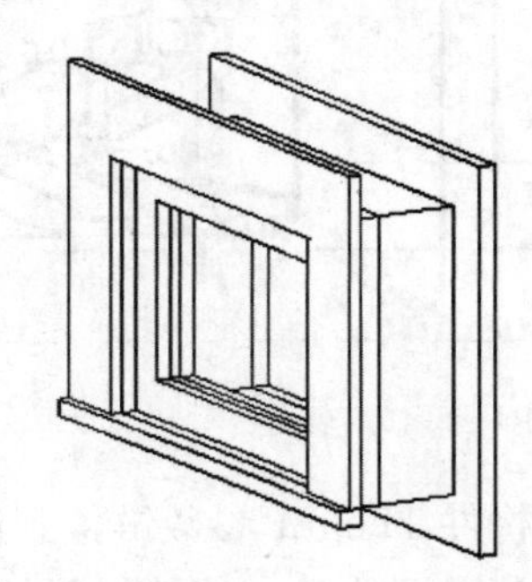

图 10-5-54　选择详图构件几何图形

（9）保存新的窗族以用在多个项目中

其过程依次为以下两步：①单击【R】图标→“另存为”→“族”。②在“另存为”对话框中，定位到 Metric \ Families \ Windows，将窗族另存为 M _ Casement _ with _ Trim _ and _ Details. rfa，但不要将其关闭。

（10）将新的窗族载入艺廊项目中

其过程依次为以下几步：①打开艺廊项目，可进行以下三项操作：单击【R】图标→“打开”→“项目”；在“打开”对话框的左侧窗格中，单击 Training Files 图标；定位到 Metric 文件夹，选择“m _ art _ gallery. rvt”，然后单击“打开”。②最小化艺廊项目，但不要关闭该项目。③在 M _ Casement _ with _ Trim _ and _ Details 族中，单击“修改”选项卡→“族编辑器”面板→“载入到项目中”。④在“载入到项目中”对话框中，选择 m _ art _ gallery. rvt，然后单击“确定”。艺廊项目显示为当前项目。

（11）创建剖切艺廊右外墙的剖面视图

其过程依次为以下几步：①在项目浏览器中的“楼层平面”下，双击“Level 1”，见图 10-5-55。②单击“视图”选项卡→“创建”面板→“剖面”。③在类型选择器中确认显示了“剖面：Building Section”。④在窗位置处绘制穿过右外墙的剖面线（图 10-5-56），可进行以下两项操作：在窗内指定一点；将光标移到右侧（窗外），然后指定剖面线的端点。

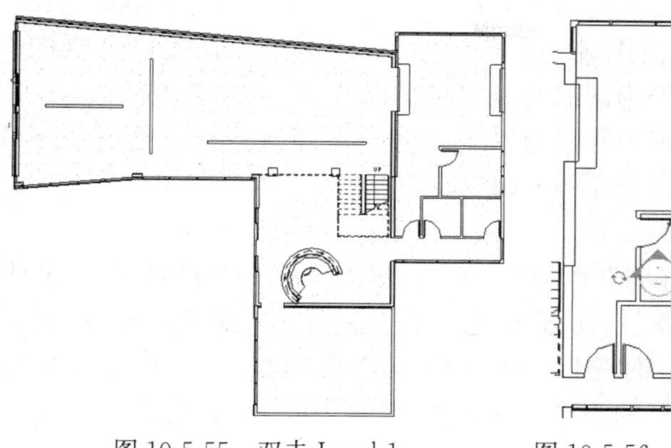

图 10-5-55 双击 Level 1

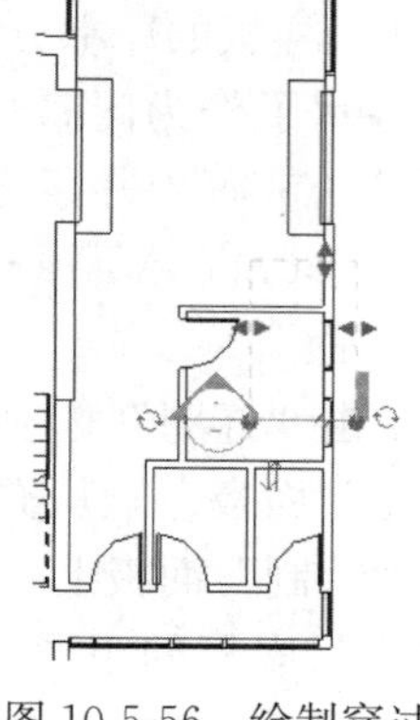

图 10-5-56 绘制穿过右外墙的剖面线

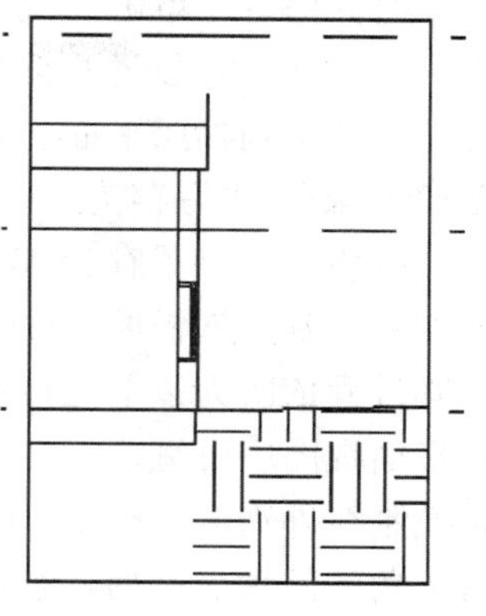

图 10-5-57 双击 Section 1

（12）打开新的剖面视图并查看窗

其过程依次为以下两步：①在项目浏览器中的“剖面”下，双击 Section 1，见图 10-5-57。②放大并选择窗；当前窗类型显示在类型选择器中。

（13）将窗替换为 Casement _ with _ Trim _ and _ Details 窗类型

其过程依次为以下几步：①在窗仍被选中的情况下，在类型选择器中的 M _ Casement _ with _ Trim _ and _ Details 下，选择 0915mm×1220mm。②在视图控制栏上，选择“精细”作为“详细程度:”。③放大到窗口并查看嵌套的详图构件（图 10-5-58）。④保存并关闭所有打开的图形。

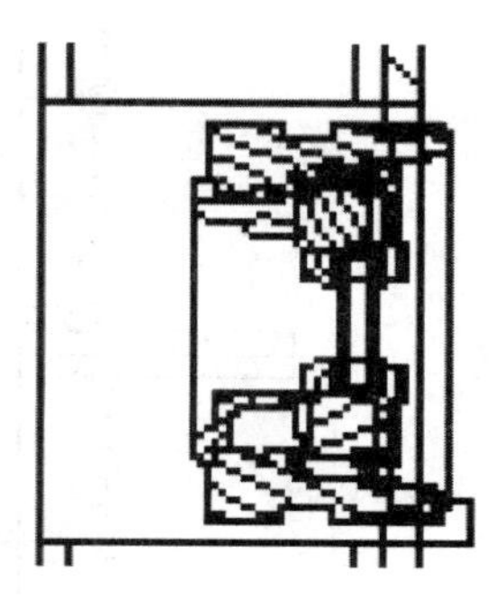

图 10-5-58 查看嵌套的详图构件

10.6 创建门族

在本节中，将根据平板外门的定义创建自定义门族。创建门嵌板拉伸和观察窗后，将创建基于尺寸的门类型，然后指定参数。还将介绍如何通过添加带有标签的尺寸标注（参数），指定门宽度、高度和厚度值，以限制门的设计（图 10-6-1）。本节中使用的技巧有以下五类：门的平面视图创建符号线；添加参数以控制门的尺寸标注和打开方向角度；用拉伸创建实心几何图形；为几何图形指定材质；为门尺寸定义族类型。

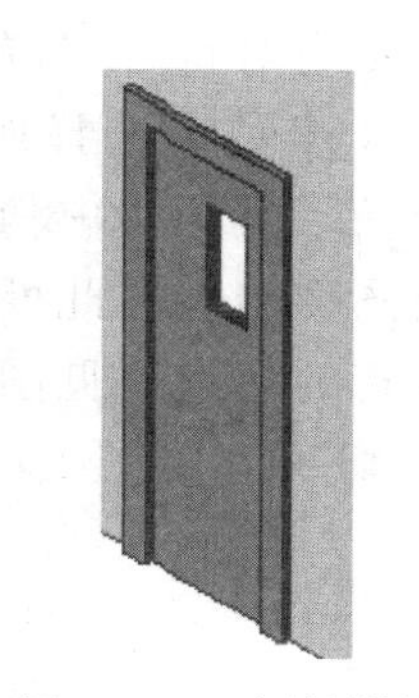

图 10-6-1 门的设计

10.6.1 绘制门平面视图构件

在本训练中，将为新的门族绘制平面视图构件。对门嵌板和打开方向使用符号线，因为符号线只显示为与创建符号线的视图平行。在平面视图中绘制线时，这些线只在该平面中可见。门类型具有可变的高度、宽度、厚度和打开方向角度。

（1）根据默认门样板创建族

其过程依次为以下四步：①单击【R】图标→“新建”→“族”。②在“新族-选择样板文件”对话框中，单击 Training Files，然后打开 Metric \ Templates \ Metric Door. rft，见图 10-6-2。显示的参照平面是默认门样板的一部分，表示门洞口轮廓。③门洞口与参照平面对齐，并锁定到参照平面。图中显示了作为门属性一部分的带有标签的尺寸标注。④单击【R】图标→“另存为”→“族”。⑤在“另存为”对话框的左侧窗格中，单击 Training Files，并将该文件另存为 Metric \ Families \ Training Door. rfa。

（2）绘制门嵌板的平面视图表示

其过程依次为以下几步：①单击“详图”选项卡→“详图”面板→“符号线”，这些线只在平面视图中可见。②在“图元”面板上，从类型选择器中选择“Plan Swing［截面］”，这是控制线外观的线类型。③在“绘制”面板上，单击【矩形】图标（矩形）。④从门洞口右上角的门轴点开始，绘制作为门嵌板的矩形，大致如图 10-6-3 所示。⑤在“选择”面板上，单击“修改”。

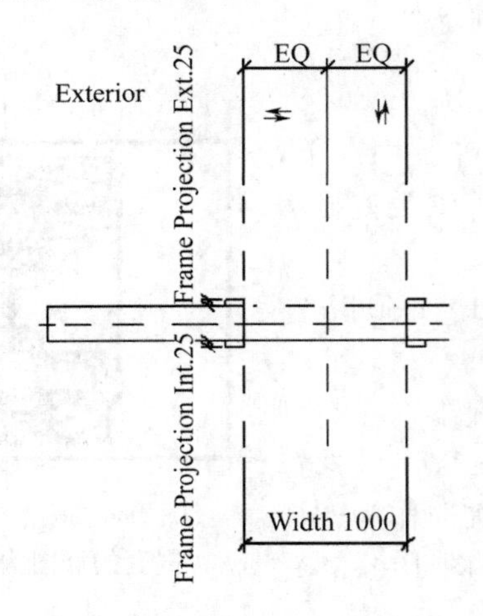

图 10-6-2　单击 Training Files

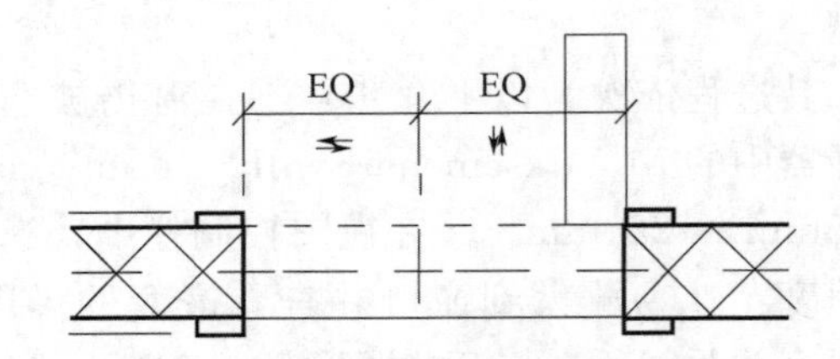

图 10-6-3　绘制作为门嵌板的矩形

（3）旋转符号几何图形

由于希望门族具有可调整的打开方向，因此可旋转符号几何图形使其与墙成一个角度；然后对符号门嵌板和墙进行尺寸标注并标记两者之间的角度关系。其过程依次为以下几步：①选择刚刚绘制的符号线。②单击“修改线”选项卡→“修改”面板→“旋转”，见图 10-6-4。③单击旋转图标的中心并将其向下拖曳至门轴方向点，门嵌板几何图形与墙在此处连接，见图 10-6-5。④选择位于门嵌板（符号矩形）正上方的点作为旋转的起点，见图 10-6-6。⑤向左移动光标，键入 45，然后按 Enter 键。该几何图形与墙成 45°角，见图 10-6-7。

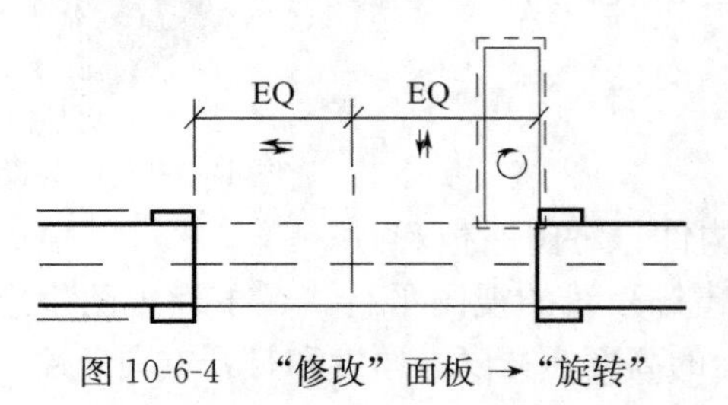

图 10-6-4　“修改”面板→“旋转”

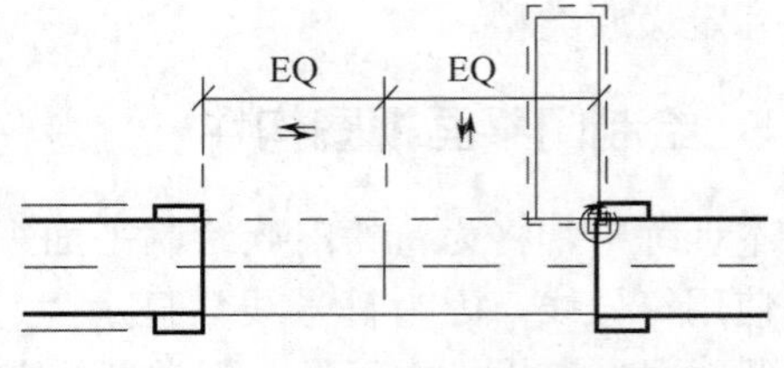

图 10-6-5　几何图形与墙连接

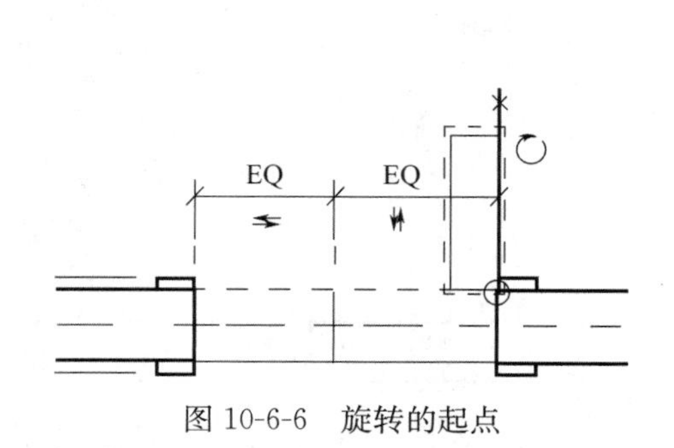

图 10-6-6　旋转的起点

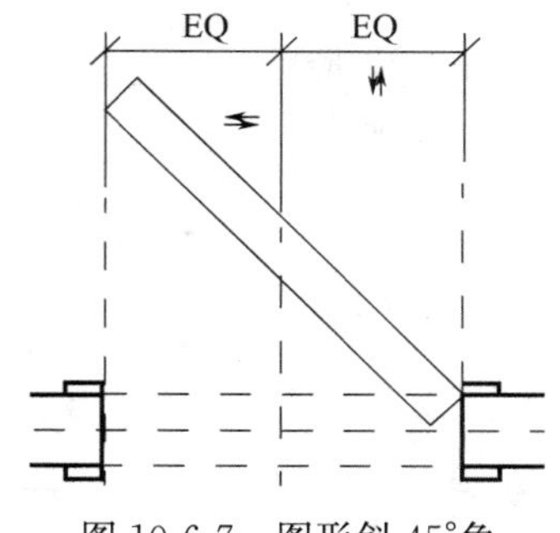

图 10-6-7　图形斜 45°角

（4）对门的打开方向角度标注尺寸

其过程依次为以下两步：①单击“详图”选项卡 →“尺寸标注”面板 →“角度”。②选择较长的外部绘制线，选择墙外面上的参照平面，并在角度的左侧选择一个点，以放置角度尺寸标注。刚才已经为门草图的外部线创建了门轴方向点和角度，该角度的门轴方向点（原点）是门洞口的右上角，见图 10-6-8。

（5）对门嵌板的厚度和宽度标注尺寸

其过程依次为以下几步：①单击“放置尺寸标注”选项卡 →“尺寸标注”面板 →“对齐”。②单击草图的每条短线，将门的长度尺寸标注放置在门的右侧。③单击每条长线，将门的厚度尺寸标注放置在与门端点不同的位置处。此时的尺寸标注值并不重要，因为在后续步骤中要对其进行修改（图 10-6-9）。在“选择”面板上，单击“修改”以退出命令。

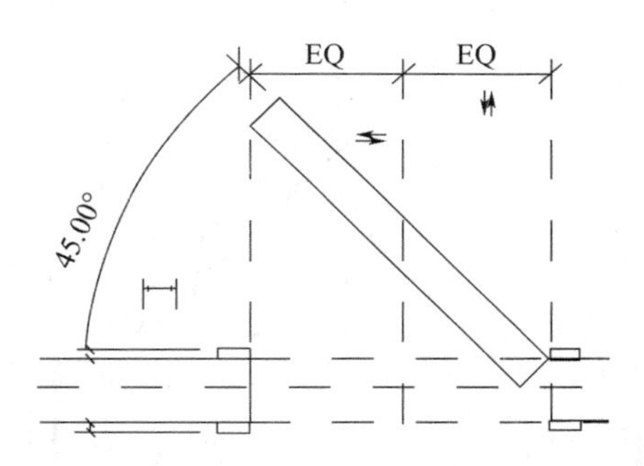

图 10-6-8　创建了门轴方向点和角度

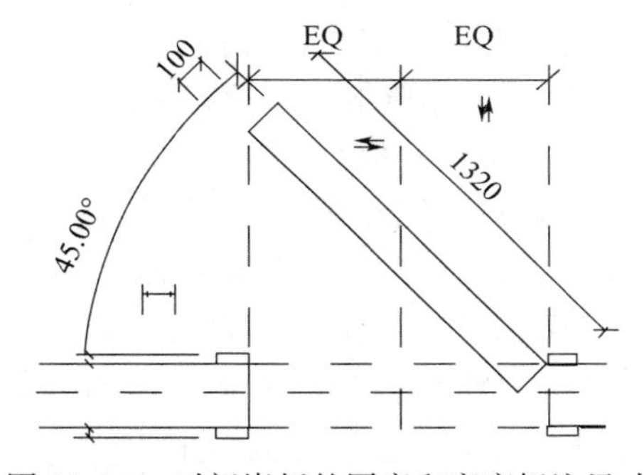

图 10-6-9　对门嵌板的厚度和宽度标注尺寸

（6）对尺寸标注添加标签

其过程依次为以下几步：①选择角度尺寸标注，然后在选项栏上选择“〈添加参数〉”作为“标签”。②在“参数属性”对话框中，键入 Swing Angle 作为“名称”，选择“实例”，然后单击“确定”；通过实例选项可以为项目中同一门类型的每个实例指定不同的门打开方向（图 10-6-10）。③选择左侧的长绘制线，再选择厚度尺寸标注，键入 40mm，然后按 Enter 键。④按 Esc 键。⑤选择厚度尺寸标注，并在选项栏上选择“厚度”作为“标签”（图 10-6-11）。⑥使用相同方法为宽度尺寸标注指定“宽度”参数（图 10-6-12）。

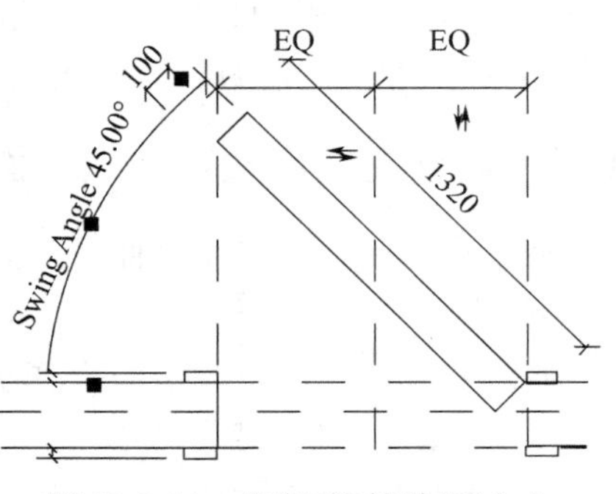

图 10-6-10　指定不同门打开方向

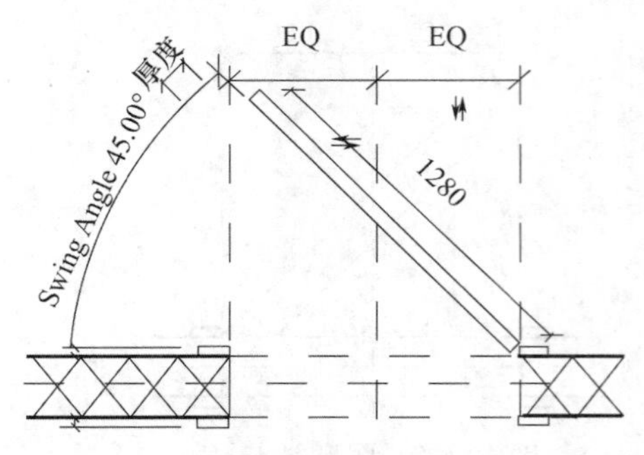

图 10-6-11　选择“厚度”作为“标签”

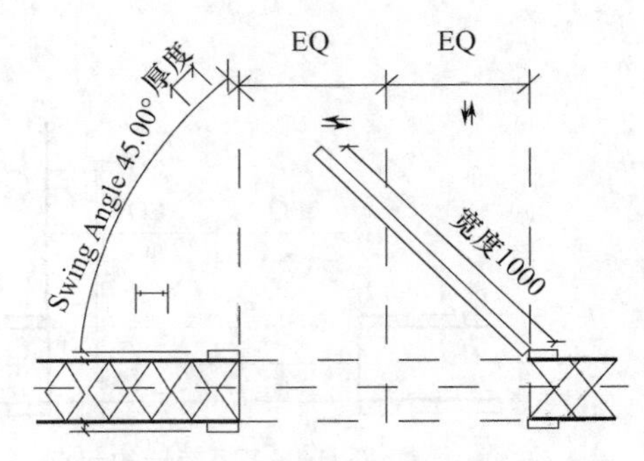

图 10-6-12　指定“宽度”参数

（7）调整门族

其过程依次为以下几步：①单击“详图”选项卡→“族属性”面板→“类型”。②可以修改厚度、宽度和打开方向角度，以测试几何图形是否可产生预期响应。③在“族类型”对话框中进行以下几项操作：在“尺寸标注”下，输入 44mm 作为“厚度”；输入 900mm 作为“宽度”；在“其他”下，输入 60 作为“Swing Angle”；单击“应用”。④在“族类型”对话框中指定下列设置：在“尺寸标注”下输入 40mm 作为“厚度”；输入 750mm 作为“宽度”；在“其他”下输入 45 作为“Swing Angle”；单击“应用”并单击“确定”。

（8）绘制弧作为平面门打开方向

其过程依次为以下几步：①单击“详图”选项卡→“详图”面板→“符号线”。②在类型选择器中，选择“Plan Swing［投影］”。③单击“放置符号线”选项卡→“绘制”面板→【圆心-端点弧】图标（圆心-端点弧）；当从圆心和端点绘制弧时，首先应指定弧的圆心，其次指定每个端点。④选择门轴方向点作为弧的圆心。⑤选择门嵌板的右上端点作为弧的起点。⑥选择门洞口的左上角作为弧的终点；图 10-6-13 中弧被选中，这样用户可以看到弧圆心点和每个端点。⑦在“选择”面板上，单击“修改”。⑧在快速访问工具栏上，单击【保存】图标（保存）。

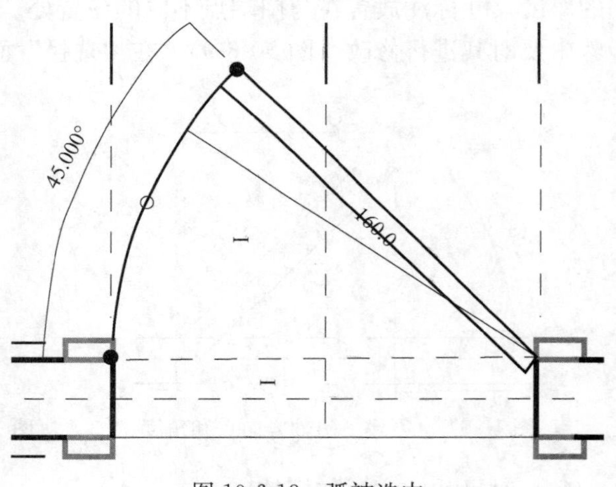

图 10-6-13　弧被选中

10.6.2　创建门嵌板实心几何图形

在本训练中，将使用拉伸为门嵌板和观察窗创建实心几何图形。

（1）为门嵌板创建拉伸

其过程依次为以下几步：①在项目浏览器中，展开“立面”，然后双击 Exterior，见图 10-6-14。②单击“创建”选项卡→“形状”面板→“实心”下拉菜单→“拉伸”。③单击“创建”选项卡→“工作平面”面板→“设置”。④在“工作平面”对话框中，选择“参照平面：Exterior”作为“名称”，然后单击“确定”。⑤在选项栏上，键入 40mm 作为“深度”，然后按 Enter 键。⑥单击“创建拉伸”选项卡 →“绘制”面板 →【矩形】图标（矩形）。⑦在门洞口内绘制一个矩形（作为门嵌板）；最佳做法是在远离最终位置之处绘制线，然后使用“对齐”工具使其与参照平面对齐；此做法可以确保 Revit Architecture 不会生成可能不需要的自动限制条件（图 10-6-15）。⑧单击“创建拉伸”选项卡 →“编辑”面板 →“对齐”。⑨将每条绘制线与参照平面对齐并将其锁定，每次一条，如图 10-6-16 所示。⑩在“选择”面板上，单击“修改”。

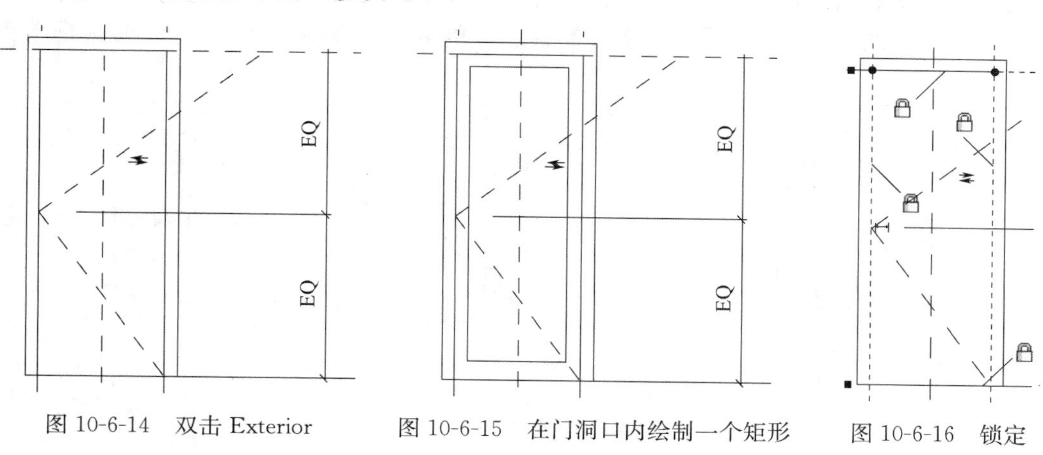

图 10-6-14　双击 Exterior　　图 10-6-15　在门洞口内绘制一个矩形　　图 10-6-16　锁定

（2）在门嵌板中绘制空心形状作为观察窗

其过程依次为以下几步：①单击“创建拉伸”选项卡 →“绘制”面板 →【矩形】图标（矩形）。②在门嵌板的上半部分内绘制一个小矩形，并在“选择”面板上单击“修改”；在第一个闭合草图内的闭合草图被解释为空心；在空心内的第三个草图被解释为实心。

（3）对草图标注尺寸以调整内部矩形的大小

其过程依次为以下几步：①单击“创建拉伸”选项卡 →“注释”面板 →“尺寸标注”下拉菜单 →“对齐尺寸标注”。②对草图标注尺寸，可进行以下操作：添加两个尺寸标注，以在距离外部草图右上角 150mm 处定位内部草图；添加两个尺寸标注，以将空心的大小确定为 200mm×600mm；通过单击绘制线和编辑临时尺寸标注，可以根据尺寸标注调整内部矩形；锁定尺寸标注，因为空心在所有门类型中都要有相同的位置和大小（图 10-6-17）。③单击“创建拉伸”选项卡 →“拉伸”面板 →“完成拉伸”（图 10-6-18）。④选择拉伸，然后单击“修改拉伸”选项卡 →“图元”面板 →“图元属性”下拉菜单 →“实例属性”（图 10-6-19）。⑤在“实例属性”对话框的“标识数据”下，选择“嵌板”作为“子类别”，然后单击“确定”；将拉伸指定给子类别，以确保在将族载入项目中后，可以控制材质和显示属性。

（4）在门中为玻璃观察窗创建拉伸

其过程依次为以下几步：①单击“创建”选项卡 →“形状”面板 →“实心”下拉菜单 →“拉伸”。②单击“创建拉伸”选项卡 →“图元”面板 →“拉伸属性”。③在“实例属性”对话框中指定选项，可进行以下四项操作：在“限制条件”下，输入 10mm 作为“拉伸起点”，此操作会将玻璃的起点放置在远离门表面处，该位置在 Exterior 参照平面上；输入 20mm 作为“拉伸终点”；在“标识数据”下，选择“玻璃”作为“子类别”；单击“确定”。④单击“创建拉伸”选项卡 →“绘制”面板 →【矩形】图标（矩形）。在门嵌板中选择观察窗空心形状的斜对角。⑤单击四个锁形图标以约束边界；由于该模型很简单，没有重叠的参照平面或多个重叠的实心面，因此，可将边界约束到面；需要强调的是，应对门族进行调整，以确保限制条件起作用（将在后面的步骤中执行此操作），最佳做法的建议是可以编辑草图，使用参照平面的锁定尺寸标注约束空心草图，并调整模型，以检查结果是否与设计意图相符。对于复杂模型，最佳做法是约束到参照平面，因为这样更安全，见图 10-6-20。⑥单击“创建拉伸”选项卡 →“拉伸”面板 →“完成拉伸”。⑦在快速访问工具栏上，单击【三维视图】图标（三维视图）。⑧将 Frame Projection 标签向远离门的方向拖曳，使视图更清晰（图 10-6-21）。⑨在视图控制栏上，单击“模型图形样式”→“带边框着色”，见图 10-6-22。

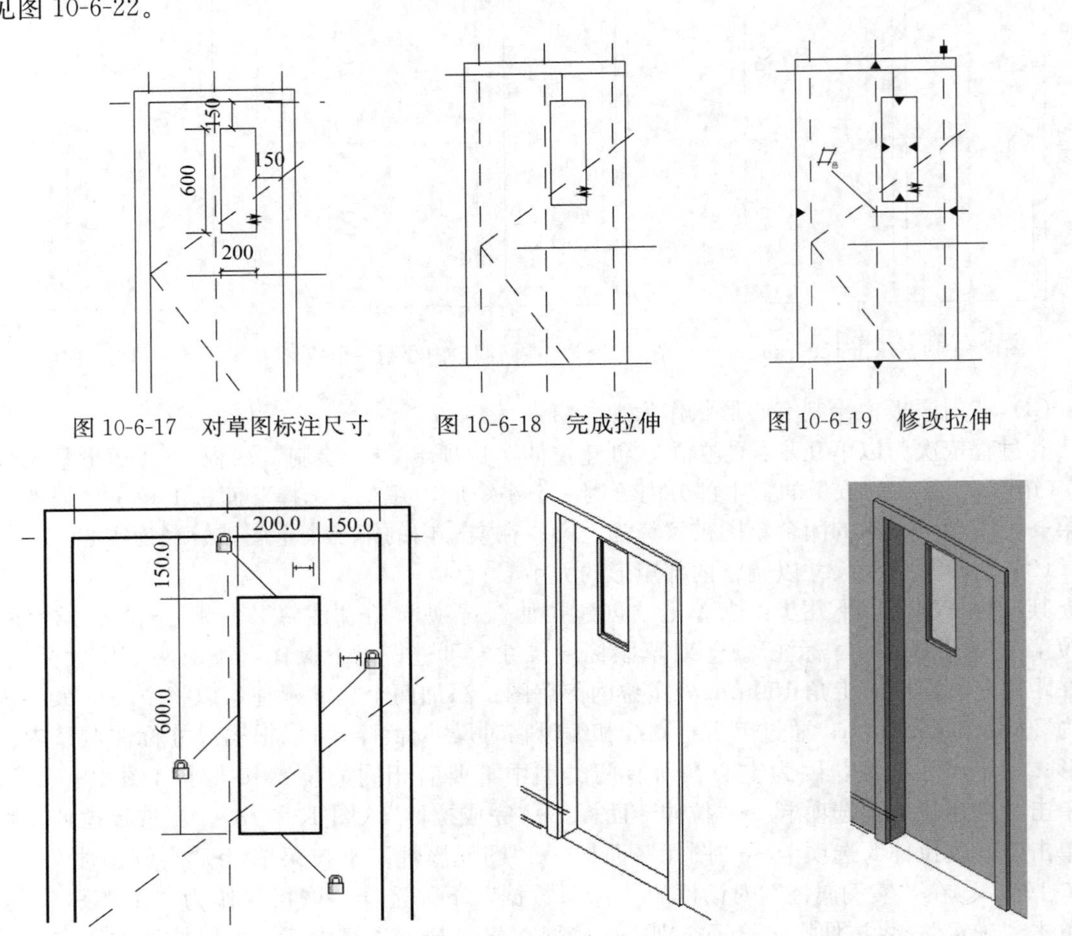

图 10-6-17 对草图标注尺寸　图 10-6-18 完成拉伸　图 10-6-19 修改拉伸

图 10-6-20 约束边界　图 10-6-21 使视图更清晰　图 10-6-22 带边框着色

（5）修改拉伸的可见性

其过程依次为以下几步：①按住 Ctrl 键的同时，选择玻璃拉伸和嵌板拉伸。②单击“选择多个”选项卡 →“形状”面板 →“可见性设置”。③在“族图元可见性设置”对话框中，清除“平面/天花板平面视图”和“当在平面/天花板平面视图中被剖切时（如果类别允许）”，然后单击“确定”；符号线将在平面视图中显示，但三维几何图形不显示，这减少了在平面视图中显示门所需要的重新生成时间，该视图中只显示符号线。需要强调的是，只能在项目中确认可见性设置，三维几何图形在族编辑器中保持可见，以便用户对其进行选择和编辑。在快速访问工具栏上，单击【保存】图标（保存）。

10.6.3 为门构件指定材质

在本训练中，将为门嵌板和门贴面指定材质。此材质指定将控制门在着色和渲染视图中的外观。

（1）基于现有红橡木材质创建材质

其过程依次为以下几步：①在项目浏览器中的“楼层平面”下，双击 Ref. Level。②单击“管理”选项卡 →“族设置”面板 →“材质”。③在“材质”对话框中，单击【复制】图标（复制）。④在“复制 Revit 材质”对话框中，键入 Oak Door 作为“名称”，然后单击“确定”。⑤在“渲染外观”选项卡上，单击“替换”。⑥在“渲染外观库”对话框中，定位到“深红色着色低光泽橡木”，然后单击“确定”。⑦在“图形”选项卡的“着色”下，选择“将渲染外观用于着色”。⑧单击“确定”。

（2）将 Oak Door 材质指定给门嵌板

其过程依次为以下几步：①选择门嵌板拉伸。②单击“修改嵌板”选项卡 →“图元”面板 →“图元属性”下拉菜单 →“实例属性”。③在“实例属性”对话框的“材质和装饰”下，单击“材质”对应的“〈按类别〉”，然后单击【…】图标。④在“材质”对话框中，选择 Oak Door。⑤单击“确定”两次，此时已为门嵌板指定了新的 Oak Door 材质，用户已经用直接应用于门的材质替换了“按类别”，这样允许将材质指定给项目中的门嵌板。⑥按 Esc 键。

（3）将 Oak Door 材质指定给门贴面

使用与（2）相同的方法，将 Oak Door 材质应用于内部门贴面以及外部门贴面（框架/竖梃拉伸），见图 10-6-23。此时已为门框指定了新的 Oak Door 材质。

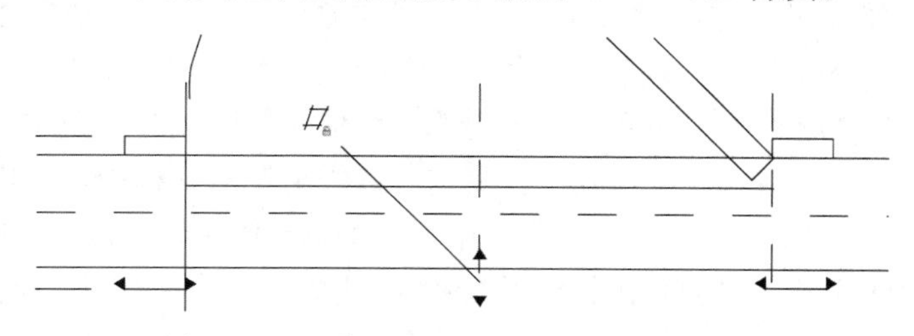

图 10-6-23 将 Oak Door 材质指定给门贴面

（4）查看新门

其过程依次为以下两步：①在项目浏览器中，在“视图（all）”→“三维视图”下，双击｛3D｝，见图 10-6-24。②放大到门的一角，见图 10-6-25。

（5）调整门模型

其过程依次为以下几步：①缩小以查看整个门。②调整门族，以确保它可相应地适应变化。③单击“管理”选项卡 →“族属性”面板 →“类型”；将对话框移到一边，以便看到门族；这样可以应用用户所做的修改，并观察新门的反应。④在“族类型”对话框中可进行以下四项操作：在“尺寸标注”下输入 2400mm 作为“高度”，输入 1200mm 作为“宽度”，在“其他”下输入 150mm 作为 Frame Width，单击“应用”。需要掌握的是，门几何图形如何根据新的尺寸标注值进行调整（图 10-6-26）。将门参数恢复为初始值，可进行以下四项操作：在“尺寸标注”下输入 2100mm 作为“高度”，输入 750mm 作为“宽度”，在“其他”

下输入75mm作为“Frame Width”，单击“应用”并单击“确定”。在快速访问工具栏上，单击【保存】图标（保存）。

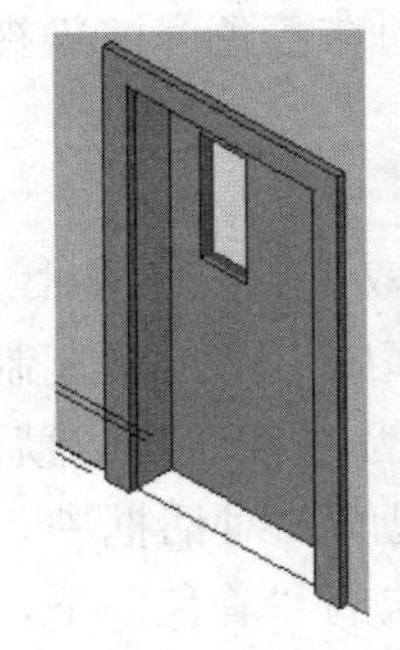

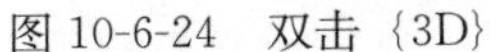

图10-6-24 双击{3D}

图10-6-25 放大到门的一角

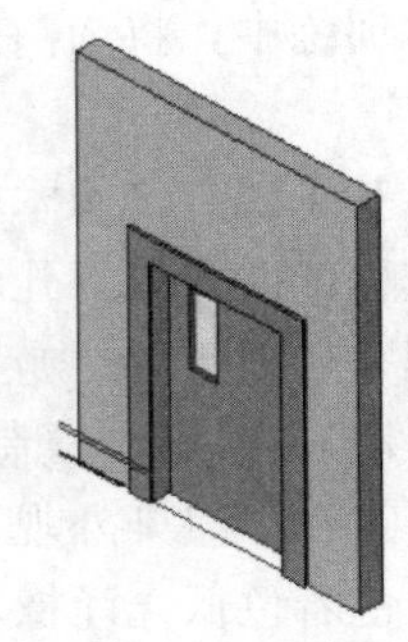

图10-6-26 门几何图形的调整

10.6.4 定义新门类型

在本训练中，将为门族定义新门类型。

（1）使用各种高度和宽度定义新门类型

其过程依次为以下几步：①单击“管理”选项卡→“族属性”面板→“类型”。②在“族类型”对话框的“族类型”下，单击“新建”。③在“名称”对话框中，键入0925mm×2000mm作为“名称”，然后单击“确定”。④在“族类型”对话框中进行以下四项操作：在“尺寸标注”下输入2000mm作为“高度”，输入925mm作为“宽度”，单击“应用”，定义第二种新门类型。⑤在“族类型”下单击“新建”。⑥在“名称”对话框中，键入0750mm×2100mm作为“名称”，然后单击“确定”。⑦在“族类型”对话框中进行以下操作：在“尺寸标注”下输入2100mm作为“高度”，输入750mm作为“宽度”，单击“应用”，定义第三种新门类型。⑧在“族类型”下单击“新建”。⑨在“名称”对话框中，键入1220mm×2134mm作为“名称”，然后单击“确定”。⑩在“族类型”对话框中进行以下三项操作：在“尺寸标注”下输入2134mm作为“高度”，输入1220mm作为“宽度”，单击“应用”并单击“确定”，此时用户已经在门族中定义了3种新门类型。⑪在快速访问工具栏上，单击【保存】图标（保存）。

（2）将门族载入到项目中

其过程依次为以下几步：①单击【R】图标→“新建”→“项目”。②在“新建项目”对话框中，单击“确定”。③单击“常用”选项卡→“构建”面板→“门”。④单击“放置门”选项卡→“模型”面板→“载入族”。⑤在“载入族”对话框中，定位到Training Door.rfa文件的保存位置并选择该文件，然后单击“打开”。

（3）将新门类型放置在项目中

其过程依次为以下几步：①单击“常用”选项卡→“构建”面板→“墙”下拉菜单→“墙”，使用类型选择器中默认选择的墙类型。②从右向左绘制长度为8000mm的水平墙线段；从右向左绘制，这样墙的外部便是底面。③单击“放置墙”选项卡→“选择”面板→“修改”。④在快速访问工具栏上，单击【三维视图】图标（三维视图）。⑤在视图控制栏上，单击“模型图形样式”→“带边框着色”，见图10-6-27。⑥单击“常用”选项卡→“构建”面板→“门”。⑦在类型选择器中的Training Door下，选择0925mm×2000mm。⑧通过单击较近表面（外部）的底部边缘，将门添加到墙上，如图 10-6-28 所示。⑨在类型选择器中的 Training Door 下，选择 0750mm×2100mm。⑩将此门添加到墙的中间位置，如图 10-6-29 所示。⑪在类型选择器中的 Training Door 下，选择 1220mm×2134mm。⑫将第三个门类型添加到墙的右侧部分，如图 10-6-30 所示。⑬关闭所有文件，可以保存也可以不保存，此时，用户有三个基于新门族类型的新平板外门。

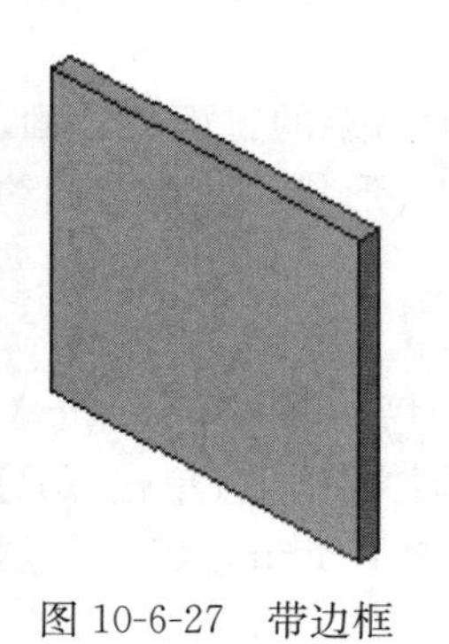

图 10-6-27 带边框着色

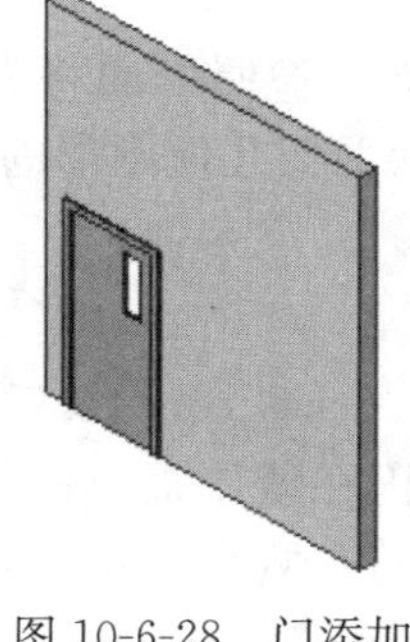

图 10-6-28 门添加墙上

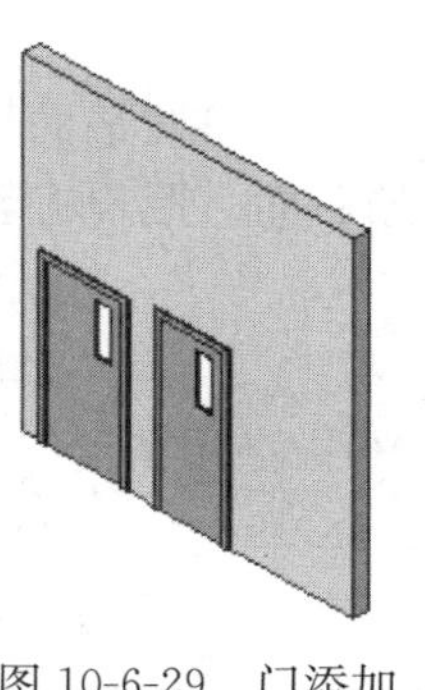

图 10-6-29 门添加墙中间

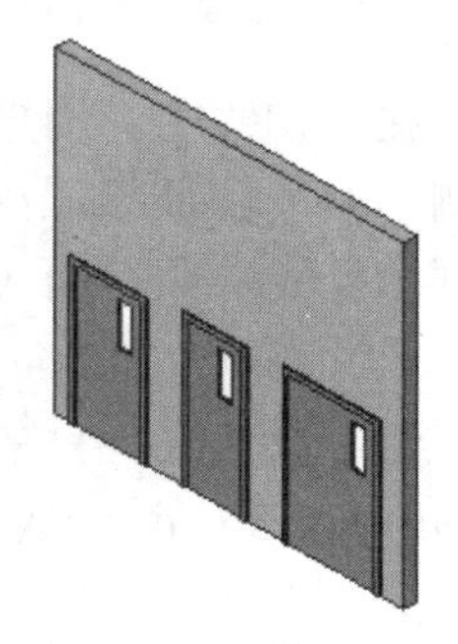

图 10-6-30 第三个门类型添加墙右侧

10.7 创建书架（家具）族

在本节中，将创建一个包含三种不同类型（尺寸）书架的书架族。该书架族的设计使用户可以修改书架及其构件的总体尺寸标注。书架还具有用于指定材质以及包含或删除门的选项，见图 10-7-1。

图 10-7-1 创建一个包含 3 种不同类型（尺寸）书架的书架族

10.7.1 创建新的书架族

在本训练中将使用家具族样板创建书架族，即 RFT 文件。Revit Architecture 提供了与该家具族样板类似的族样板，供用户创建自己的族。这些样板根据用户要创建的族类型进行命名。需要强调的是，为了确保所有用户都可以访问本节的相同样板文件，可利用 Training Files 文件夹中的 Metric Furniture 样板创建书架族。创建自己的族时，可使用 Revit Architecture 在 C：\ Documents and Settings \ All Users \ Application Data \ RAC 2010 \ Metric Templates 中提供的样板。

（1）使用家具样板创建新族

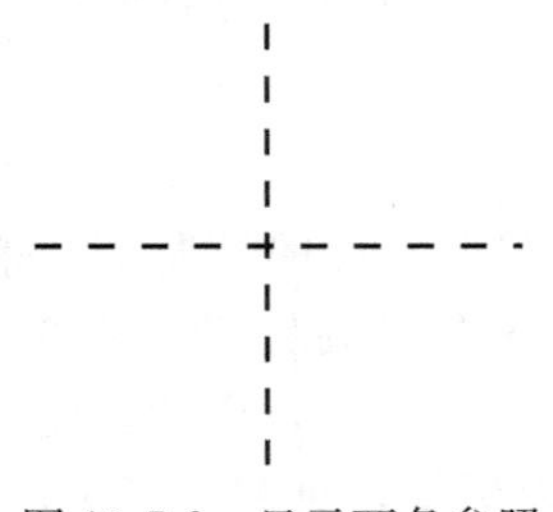

图 10-7-2 显示两条参照平面的画线

其过程依次为以下两步：①单击【R】图标→“新建”→“族”。②在“新族-选择样板文件”对话框的左侧窗格中，单击 Training Files，然后打开 Metric/Templates/Metric Furniture. rft。通过以上两步操作将打开一个新的族文件，并显示两条称作参照平面的绿色画线（图 10-7-2）。用户将使用这两个参照平面（以及用户创建的其他参照平面）定位和约束在本节中稍后创建的族几何图形；尽管参照平面在族中可见，但在将完成的族载入并添加到项目中后，将不显示参照平面。

（2）保存并命名族

其过程依次为以下几步：①单击【R】图标→“另存为”→“族”。②在“另存为”对话框中，输入M _ Bookcase 作为“文件名”，然后单击“保存”。该名称构成族名称的第一部分。稍后在本节中将完成的族载入项目中后，该族将按该名称显示在类型选择器中。

10.7.2 创建族构架

在本训练中，用户将创建一个参照平面构架，这些参照平面将表示书架的正面、背面、左侧、右侧和顶部。在本节的后面，用户将创建表示书架几何图形的实心形状，并将它们约束到相应的参照平面。

（1）培训文件

继续使用在上一个练习中使用的族 M _ Bookcase. rfa，或打开培训文件 Metric \ Families \ Furniture \ M _ Bookcase _ 00. rfa。如果正在使用提供的培训文件，可单击【R】图标→“另存为”→“族”。在“另存为”对话框的左侧窗格中，单击 Training Files，然后将文件另存为 Metric \ Families \ Furniture \ M _ Bookcase. rfa。

（2）查看样板提供的参照平面

其过程依次为以下几步：①在导航栏上，单击“缩放”下拉菜单 →“缩放全部以匹配”。这两个参照平面提供了书架构架的起点，即族原点位于锁定参照平面的交点处（在本节的后面，当用户向项目中添加完成的书架时，书架插入点将对应于该交点），水平平面是沿其绘制书架后嵌板的平面，垂直平面标记了书架的中心（图 10-7-3）。②确保将参照平面锁定到它们的当前位置，以避免在创建族几何图形时无意间移动它们。确认每个参照平面已锁定到位置，可进行以下操作：选择垂直参照平面，参照平面上将显示一个蓝色图钉，表示它已经通过“锁定”命令锁定到位。需要强调的是，要锁定参照平面与其他图元可选择该图元，然后在“修改”面板上单击“锁定”，要将图元解锁可选择该图元，然后在绘图区域中单击【图钉】图标，见图 10-7-4；选择水平参照平面，该参照平面也将锁定到位。应该注意的是，标签的右端点显示了参照平面名称，由于希望插入点位于该平面上书架的背部，因此要重命名参照平面，见图 10-7-5。

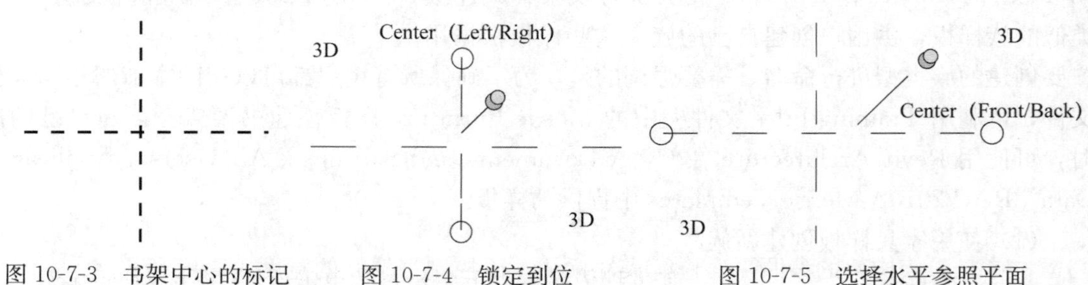

图 10-7-3　书架中心的标记　　图 10-7-4　锁定到位　　图 10-7-5　选择水平参照平面

（3）重新标记“Center（Front/Back）”参照平面

其过程依次为以下两步：①在选中“Center（Front/Back）”参照平面的情况下，单击“修改参照平面”选项卡→“图元”面板→“图元属性”下拉菜单→“实例属性”。②在“实例属性”对话框中进行以下操作：在“标识数据”下输入Back 作为“名称”，在“其他”下选择“Back”作为“是参照”，单击“确定”（参照平面上将显示新标签，见图 10-7-6）。接下来添加并标记下列参照平面以完成族构架：“Left”参照平面（用户将使用该平面定位左书架嵌板），“Right”参照平面（用户将使用该平面定位右书架嵌板），“Front”参照平面（用户将使用该平面相对于书架的正面定位书架几何图形），“Top”参照平面（用户将使用该平面控制书架的高度）。

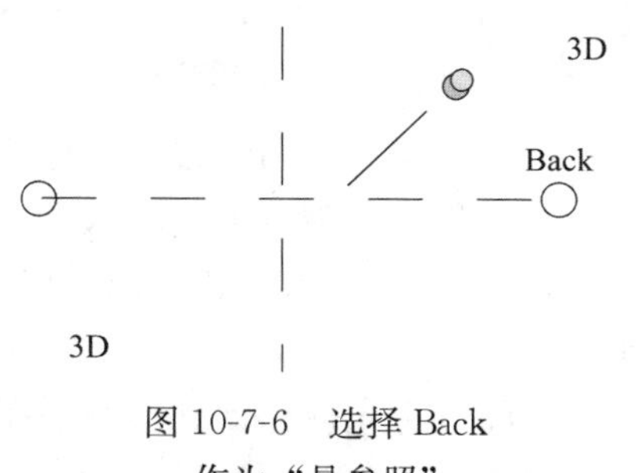

图 10-7-6　选择 Back 作为“是参照”

（4）创建“Left”“Right”和“Front”参照平面

其过程依次为以下几步：①单击“创建”选项卡 →“基准”面板 →“参照平面”下拉菜单 →“绘制参照平面”。②绘制两个平行参照平面（垂直中心平面的两侧各一个），并在“Back”参照平面下绘制一个水平参照平面（图 10-7-7）；不必精确放置这些平面，因为用户将在下一个练习中控制它们的位置。③按 Esc 键两次。④选择左侧参照平面，然后在“图元”面板上单击“图元属性”。⑤在“实例属性”对话框中进行以下操作：在“标识数据”下输入 Left 作为“名称”，在“其他”下选择“Left”作为“是参照”，单击“确定”；稍后，用户将把绘图平面或工作平面移动到已命名的参照平面。使用相同的方法，将其余垂直平面和水平平面的“名称”和“是参照”值分别指定为“右”和“前”。

（5）创建“Top”参照平面

其过程依次为以下七步：①在项目浏览器中的“立面（Elevation）”下，双击“Front”。②单击“创建”选项卡 →“基准”面板 →“参照平面”下拉菜单 →“绘制参照平面”。③在现有的水平参照平面之上绘制一个水平参照平面（图 10-7-8）；不必精确放置这些平面，因为用户将在下一个练习中控制它们的位置。④按 Esc 键两次。⑤选择刚刚绘制的参照平面，然后打开“实例属性”对话框。⑥使用前面学习的方法，将“名称”和“是参照”值指定为“顶”。

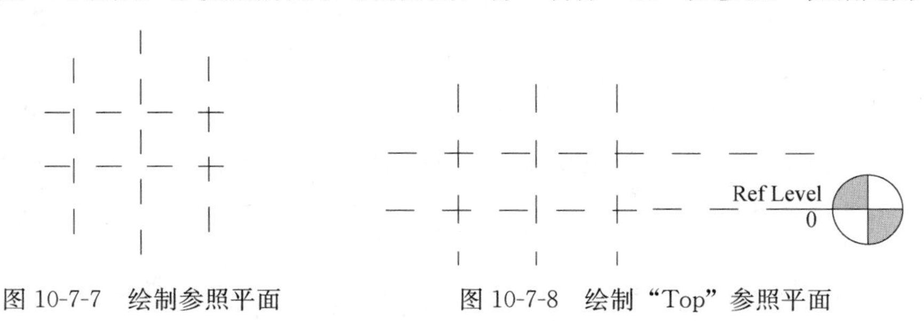

图 10-7-7　绘制参照平面　　　　图 10-7-8　绘制“Top”参照平面

10.7.3　创建族参数和类型

在本训练中，将向书架族中添加参数和类型，以确定希望该族创建的 3 种不同尺寸的书架。首先对族构架的参照平面进行尺寸标注，以控制书架族的宽度、高度和长度。放置尺寸标注后，将命名参数添加到每个尺寸标注。这些参数将使书架几何图形的宽度、高度和长度能够随为它们指定的值而变化。创建参数后，将 3 个包含宽度、高度和长度参数的书架类型添加到书架族中。通过在每个类型中向这些参数指定不同的值，每个族类型将创建一个不同尺寸的书架。

（1）培训文件

继续使用在上一个练习中使用的族 M _ Bookcase. rfa，或打开培训文件 Metric \ Families \ Furniture \ M _ Bookcase _ 01. rfa。如果正在使用提供的培训文件，可单击【R】

图标→“另存为”→“族”。在“另存为”对话框的左侧窗格中，单击 Training Files，然后将文件另存为 Metric \ Families \ Furniture \ M _ Bookcase. rfa。

（2）为参照平面设置尺寸标注

其过程依次为以下几步：①在项目浏览器中的“楼层平面”下，双击 Ref. Level，见图 10-7-9。②对“Left”和“Right”参照平面进行尺寸标注（图 10-7-10），可进行以下四项操作：单击“详图”选项卡→“尺寸标注”面板→“对齐”；选择 Left 参照平面；选择 Right 参照平面；将光标移动到参照平面上，然后在尺寸标注的右侧单击放置该尺寸标注（此时尺寸标注值并不重要）。③使用相同方法，对 Front 和 Back 参照平面进行尺寸标注，然后将尺寸标注放置到左侧，见图 10-7-11。对 Left、Center Left/Right 和 Right 垂直参照平面进行尺寸标注，见图 10-7-12。④单击【E/Q】符号，将显示不带斜线的符号（称作相等限制条件），表示两个尺寸标注段相等；Left 参照平面和 Right 参照平面与 Center Left/Right 参照平面之间的距离相等，即使总尺寸标注改变也是如此，见图 10-7-13。⑤对 Top 和 Bottom 参照平面进行尺寸标注，可进行以下五项操作：在项目浏览器中的“立面”下双击 Front，见图 10-7-14；单击“详图”选项卡→“尺寸标注”面板→“对齐”；将光标移动到 Bottom 参照平面以及 Ref. Level 标高线上；按 Tab 键，直到参照平面高亮显示，然后将其选中（图 10-7-15）；选择 Top 参照平面，然后将尺寸标注放置在左侧（图 10-7-16）。

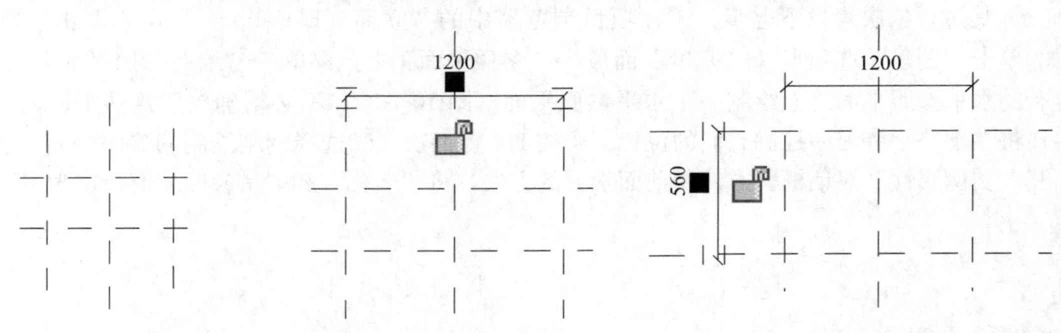

图 10-7-9　双击 Ref. Level　　图 10-7-10　进行尺寸标注　　图 10-7-11　将尺寸标注放置到左侧

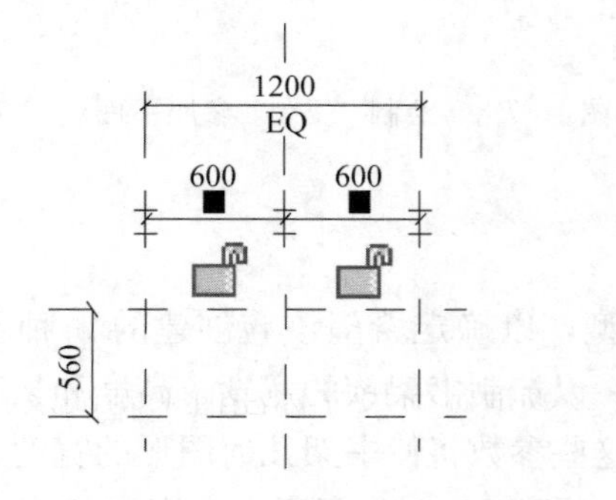

图 10-7-12　垂直参照平面进行尺寸标注

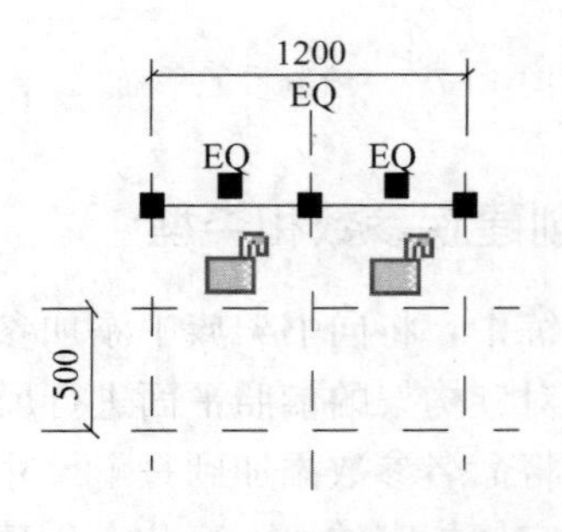

图 10-7-13　相等限制条件

（3）创建族参数

其过程依次为以下几步：①为刚刚放置的尺寸标注创建高度参数（图 10-7-17），可进行以下三项操作：在“选择”面板上单击“修改”；选择该尺寸标注，并在选项栏上选择“〈添加参数〉”作为“标签”；在“参数属性”对话框的“参数数据”下，输入 height 作为“名称”，然后单击“确定”。②向顶部水平尺寸标注中添加一个长度参数（图 10-7-18），可进行以下操作：在项目浏览器中的“楼层平面”下双击 Ref. Level；选择顶部的水平尺寸标注，并在选项栏上，选择“〈添加参数〉”作为“标签”；在“参数属性”对话框中的“参数数据”下，输入 length 作为“名称”，然后单击“确定”。使用相同的方法，向垂直尺寸标注中添加一个参数命名宽度（图 10-7-19）。

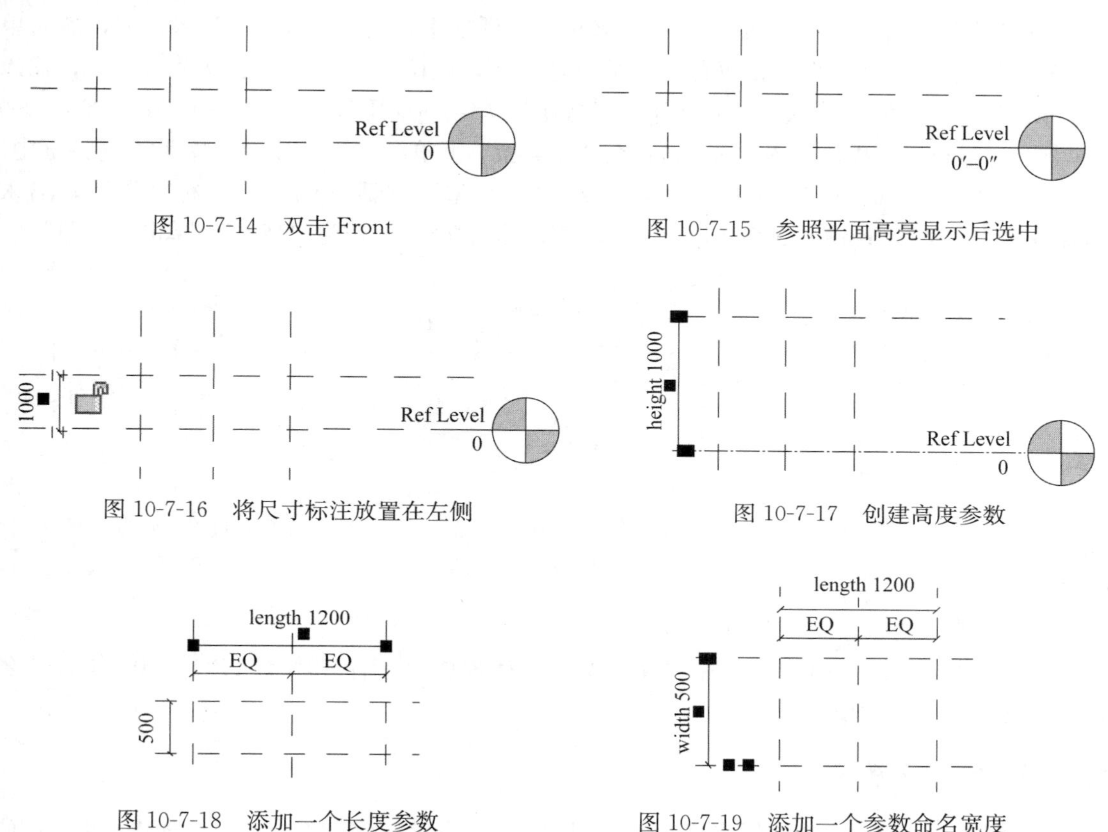

图 10-7-14　双击 Front

图 10-7-15　参照平面高亮显示后选中

图 10-7-16　将尺寸标注放置在左侧

图 10-7-17　创建高度参数

图 10-7-18　添加一个长度参数

图 10-7-19　添加一个参数命名宽度

（4）对参数进行分组

其过程依次为以下几步：①单击“修改尺寸标注”选项卡 → “族属性”面板 → “类型”。②在“参数”列表中，注意“其他”下显示了宽度、高度和长度参数。③对参数进行重新分组，可进行以下四项操作：在“族类型”对话框中的“其他”下选择宽度；在该对话框右侧的“参数”下单击“修改”；在“参数属性”对话框中的“参数数据”下，选择“尺寸标注”作为“参数分组方式”，然后单击“确定”。④使用相同方法将长度和高度参数分组到“尺寸标注”下。⑤通过向宽度、长度和高度参数指定新尺寸标注值来测试该族。⑥应用新尺寸标注值后，参照平面应相应地调整大小，表示族能正常使用。以这种方式测试族称作“调整族”。

（5）调整族（图 10-7-20）

其过程依次为以下两步：①在“族类型”对话框中进行以下操作：在“尺寸标注”下输入 450mm 作为“宽度”；输入 1800mm 作为“长度”；输入 1200mm 作为“高度”。单击“应用”，但不要关闭该对话框，参照平面的大小调整为用户输入的尺寸。②接下来，在族中创建 3 个书架类型或尺寸。要创建书架类型名称，可使用长度×高度×宽度命名规则。在本节的后面将完成的族载入项目中时，类型选择器中将显示使用此命名规则命名的不同尺寸。

（6）创建 3 个书架类型（尺寸）

其过程依次为以下几步：①创建一个 1800×450×1200 的书架，可进行以下操作：在“族类型”对话框的“族类型”下单击“新建”；在“名称”对话框中，输入 1800×450×1200，然后单击“确定”。②创建一个 1500×450×1500 的书架，可进行以下操作（图 10-7-21）：在“族类型”下单击“新建”；在“名称”对话框中，输入 1500×450×1500，然后单击“确定”；在“族类型”对话框的“尺寸标注”下，确认“宽度”值是否为 450mm；输入 1500mm 作为“长度”；输入 1500mm 作为“高度”；单击“应用”。③创建一个 900×300×900 的书架，可进行以下操作（图 10-7-22）：在“族类型”下单击“新建”；在“名称”对话框中，输入 900×300×900，然后单击“确定”；在“族类型”对话框的“尺寸标注”下，输入 300mm 作为“宽度”；输入 900mm 作为“长度”；输入 900mm 作为“高度”；单击“应用”。

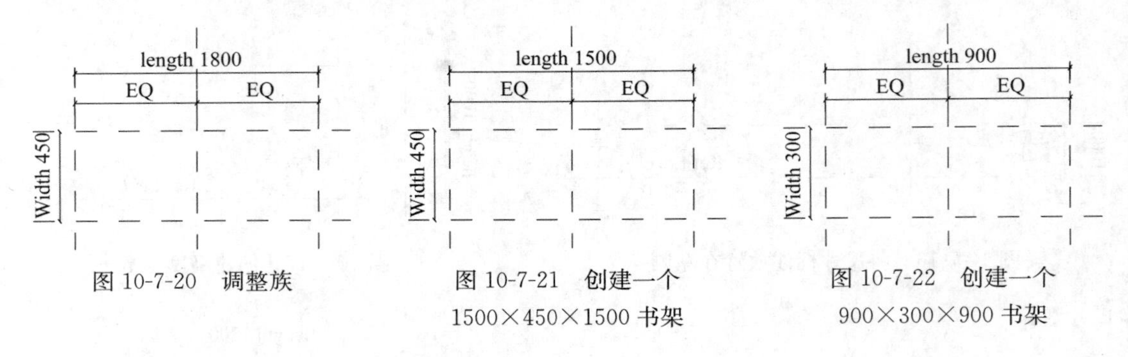

图 10-7-20　调整族

图 10-7-21　创建一个 1500×450×1500 书架

图 10-7-22　创建一个 900×300×900 书架

（7）调整（测试）族（图 10-7-23）

其过程依次为以下两步：①在“族类型”对话框中，选择 1800×450×1200 作为“名称”；②然后单击“确定”。

10.7.4　创建嵌板

在本训练中，将为书架族创建两个侧面嵌板和一个后嵌板（图 10-7-24）。要创建嵌板，可使用对齐限制条件定位嵌板构架的边缘，并使用长度参数设置嵌板（实心形状）嵌套草图的大小。

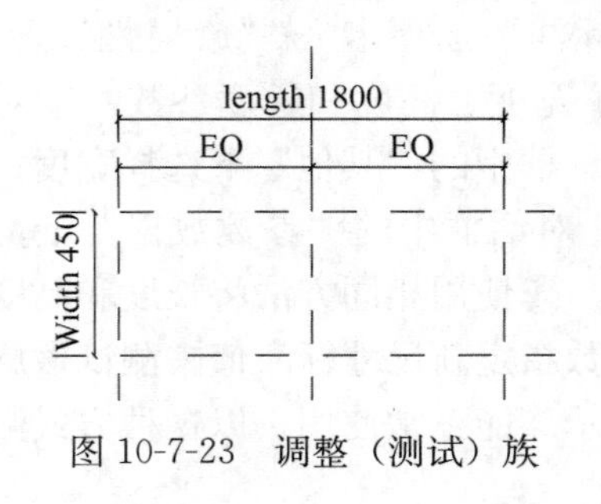

图 10-7-23　调整（测试）族

图 10-7-24　为书架族创建两个侧面嵌板和一个后嵌板

（1）培训文件

继续使用在上一个练习中使用的族 M _ Bookcase. rfa，或打开培训文件 Metric \ Families \ Furniture \ M _ Bookcase _ 02. rfa。如果正在使用提供的培训文件，可单击【R】图标→“另存为”→“族”。在“另存为”对话框的左侧窗格中单击 Training Files，然后

将文件另存为 Metric \ Families \ Furniture \ M _ Bookcase. rfa。

（2）创建侧面嵌板

其过程依次为以下几步：①在项目浏览器中，确认“视图”→“楼层平面”→“Ref. Level”是当前视图。②在水平参照平面之间绘制嵌板，可进行以下操作：单击“创建”选项卡→“形状”面板→“实心”下拉菜单→“拉伸”；在“绘制”面板上单击【矩形】图标（矩形）；绘制两个矩形（图 10-7-25），由于这两个嵌板在拉伸后将具有相同的高度，因此，可以通过一个草图创建它们，草图可以具有多个闭合造型。③将左嵌板对齐并约束（锁定）到参照平面（图 10-7-26），可进行以下操作：单击“创建拉伸”选项卡→“编辑”面板→“对齐”；选择 Left 参照平面；选择草图的左边缘；单击【锁定】图标；使用相同的方法将嵌板草图的顶部线对齐并约束到“Back”参照平面（图 10-7-27）。④将草图的底部线对齐并约束到 Front 参照平面，见图 10-7-28。⑤使用相同的方法将右嵌板草图对齐并约束到 Right、Back 和 Front 参照平面，每个嵌板的三侧都将约束到参照平面（图 10-7-29）；接下来，使用尺寸标注建立嵌板的厚度。

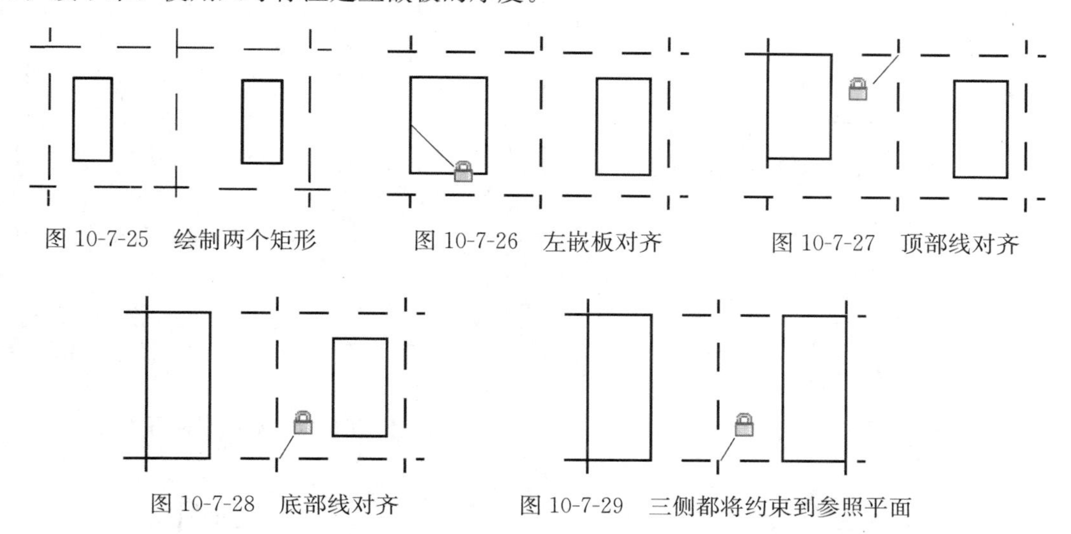

图 10-7-25 绘制两个矩形　　图 10-7-26 左嵌板对齐　　图 10-7-27 顶部线对齐

图 10-7-28 底部线对齐　　图 10-7-29 三侧都将约束到参照平面

（3）创建并应用 panel _ thickness 参数

其过程依次为以下几步：①对侧面嵌板的厚度进行尺寸标注（图 10-7-30），可进行以下操作：单击“创建拉伸”选项卡→“注释”面板→“尺寸标注”下拉菜单→“对齐尺寸标注”；选择 Left 参照平面；选择左嵌板草图的右边缘，将光标移动到草图上，然后单击以放置尺寸标注；选择 Right 参照平面；选择右嵌板草图的左边缘，然后放置尺寸标注，可以在族编辑器而不是项目中编辑族尺寸标注，希望能够为每个书架族类型设置嵌板厚度，对于希望在项目中可进行编辑的任何尺寸标注值，可使用长度参数，可以向长度参数指定一个有意义的名称（它可以用于存储值，可以建立族构件之间的关系）。②创建 panel _ thickness 参数并将其应用于左嵌板，可进行以下操作：在“选择”面板上单击“修改”；在左嵌板草图上选择尺寸标注；在选项栏上选择“〈添加参数〉”作为“标签”；在“参数属性”对话框的“参数数据”下，输入 panel _ thickness 作为“名称”；单击“确定”。③将 panel _ thickness 参数应用于右嵌板尺寸标注（图 10-7-31），可进行以下操作：在右嵌板草图上选择尺寸标注；在选项栏上，选择 panel _ thickness 作为“标签”。④在项目浏览器中的“立面”下双击 Front，见图 10-7-32。⑤在“拉伸”面板上，单击“完成拉伸”；用户将使用“Top”参照平面修改嵌板高度（图 10-7-33）。⑥将嵌板顶部对齐并约束到 Top 参照平面（图 10-7-34），可进行以下操作：选择一个嵌板（实心形状），由于嵌板通过两个草图创建为一个拉伸，因此它们的作用相当于一个对象；将 Center Left/Right 参照平面上显示的顶部夹点拖动到 Top 参照平面，然后单击【锁定】图标。⑦在快速访问工具栏上，单击【三维视图】图标（三维视图）；默认情况下，panel _ thickness 参数使用尺寸标注值，但用户现在可以为书架嵌板指定值（图 10-7-35）；需要强调的是，如果所显示的线宽使嵌板难以看清，可单击“视图”选项卡 →“图形”面板 →“细线”。⑧在“族属性”面板上，单击“类型”。在“族类型”对话框中的“其他”下，输入 19mm 作为 panel _ thickness。⑨单击“确定”（图 10-7-36）。

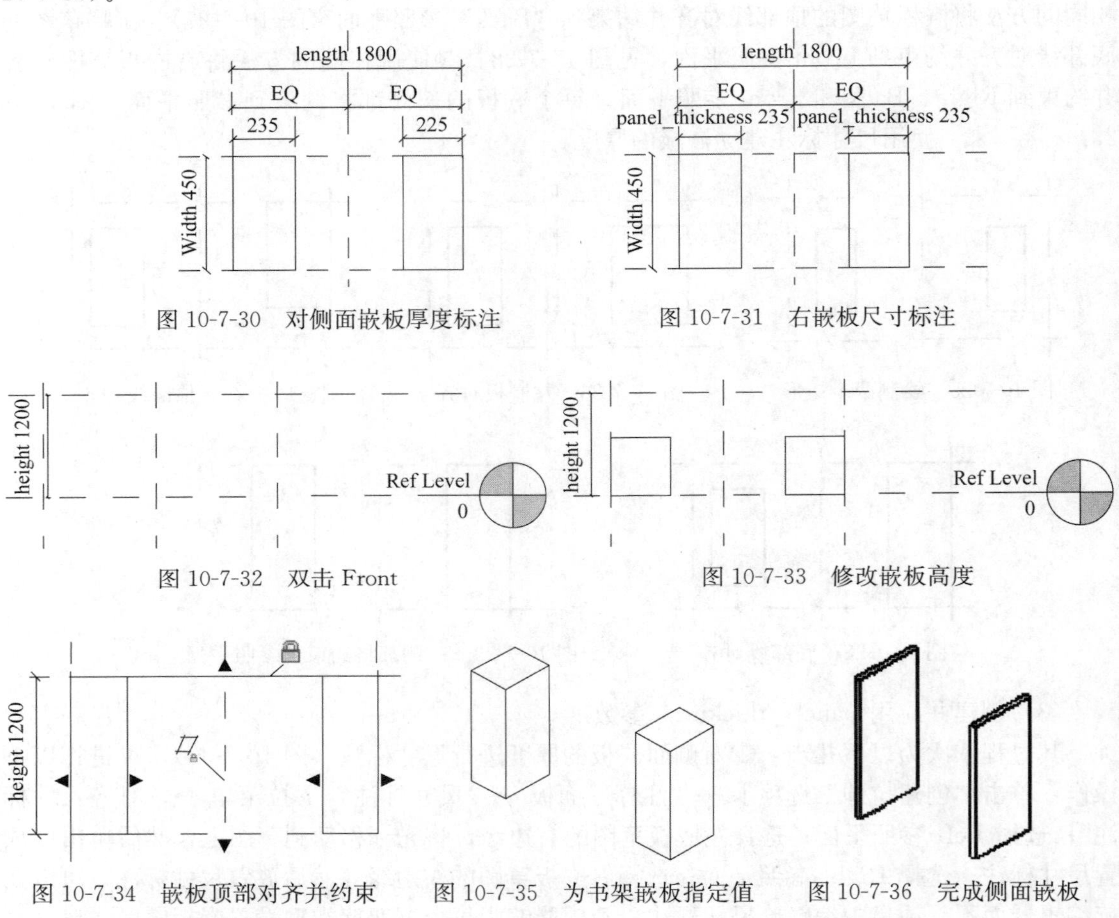

图 10-7-30 对侧面嵌板厚度标注　　图 10-7-31 右嵌板尺寸标注

图 10-7-32 双击 Front　　图 10-7-33 修改嵌板高度

图 10-7-34 嵌板顶部对齐并约束　　图 10-7-35 为书架嵌板指定值　　图 10-7-36 完成侧面嵌板

（4）创建后嵌板

其过程依次为以下几步：①在参照线和实体表面之外创建后嵌板（图 10-7-37），可进行以下操作：在项目浏览器中的“楼层平面”下双击 Ref. Level；单击“创建”选项卡 →“形状”面板 →“实心”下拉菜单 →“拉伸”；在“绘制”面板上，单击【矩形】图标（矩形）；绘制水平后嵌板。②将嵌板草图的顶部线对齐并约束到 Back 参照平面（图 10-7-38），可进行以下操作：单击“创建拉伸”选项卡 →“编辑”面板 →“对齐”；选择 Back 参照平面；选择嵌板草图的顶部水平线；单击【锁定】图标。③将草图的左侧对齐并约束到左嵌板的内表面（图 10-7-39），最佳经验是如果几何图形比较复杂，可使用参照平面中的尺寸标注以避免混淆；可以使用尺寸标注定位草图并应用 panel _ thickness 参数；本示例中的几何图形并不复杂，用户将通过调整模型来确认与嵌板工件内表面的对齐；在复杂的族中，如果无法与表面对齐，则可以使用参照平面中的尺寸标注选项（图 10-7-40）。④将草图的右侧对齐并约束到右嵌板的内表面（图 10-7-41）。

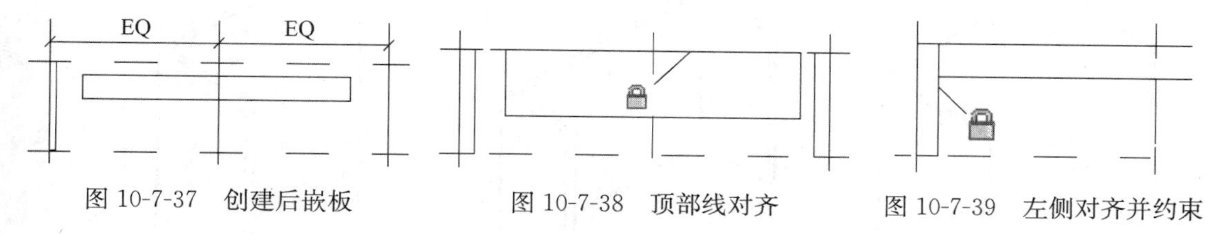

图 10-7-37 创建后嵌板　　图 10-7-38 顶部线对齐　　图 10-7-39 左侧对齐并约束

（5）应用 panel _ thickness 参数

其过程依次为以下几步：①添加尺寸标注，可进行以下操作：单击“创建拉伸”选项卡 →“注释”面板 →“尺寸标注”下拉菜单 →“对齐尺寸标注”；在嵌板草图的右侧，在 Back 参照平面与草图底部水平线之间放置一个尺寸标注（图 10-7-42）；在“选择”面板上，单击“修改”；选择刚刚放置的尺寸标注，然后在选项栏上，选择 panel _ thickness 作为“标签”（图 10-7-43）。②在“拉伸”面板上，单击“完成拉伸”（图 10-7-44）；可以通过拖曳尺寸标注线来移动尺寸标注；还可以修改比例来调整其大小；它们不会显示在项目中；放置这些尺寸标注并设置其大小，以便在用户继续设计族时实心形状不会模糊不清。③对齐并约束 Top 参照平面以及后嵌板的顶部（图 10-7-45），可进行以下操作：在项目浏览器中的“立面”下，双击 Front；单击“修改”选项卡 →“编辑”面板 →“对齐”；选择“Top”参照平面；单击拉伸后的嵌板的顶部边缘；单击【锁定】图标。

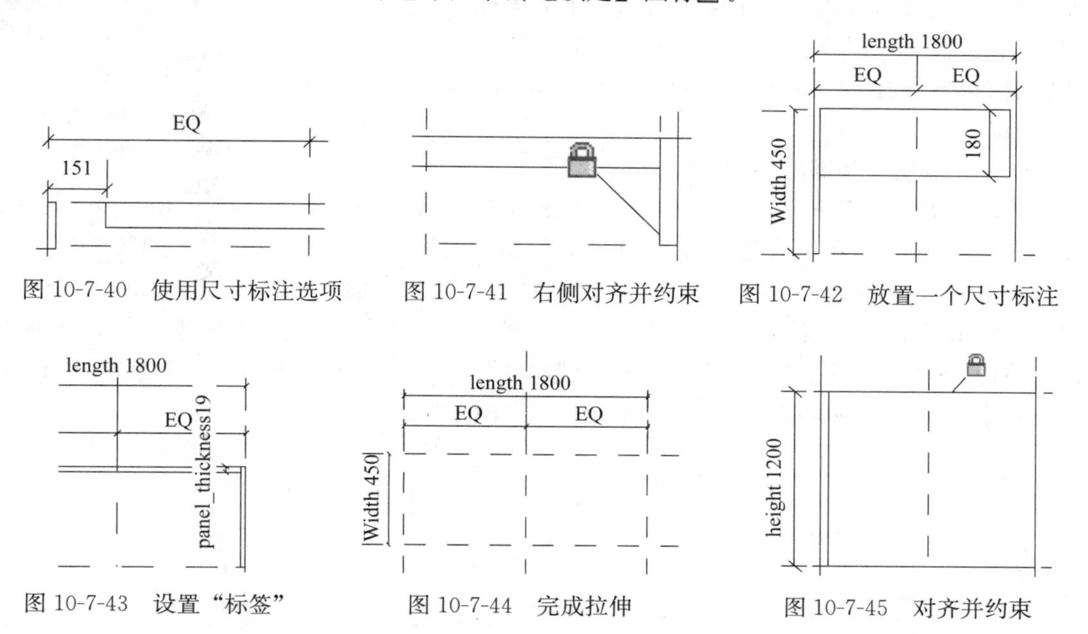

图 10-7-40 使用尺寸标注选项　　图 10-7-41 右侧对齐并约束　　图 10-7-42 放置一个尺寸标注

图 10-7-43 设置“标签”　　图 10-7-44 完成拉伸　　图 10-7-45 对齐并约束

（6）查看和调整族

其过程依次为以下几步：①在快速访问工具栏上，单击【三维视图】图标（三维视图），见图 10-7-46。②调整族（图 10-7-47），可进行以下操作：在“族属性”面板上单击“类型”；在“族类型”对话框中，选择“900×300×900”作为“名称”；在“其他”下，输入 19mm 作为 panel _ thickness；单击“应用”。③调整尺寸（图 10-7-48），可进行以下操作：选择“1500×450×1500”作为“名称”，然后单击“应用”；在“其他”下，输入 19mm 作为 panel-thickness；单击“应用”，并单击“确定”。

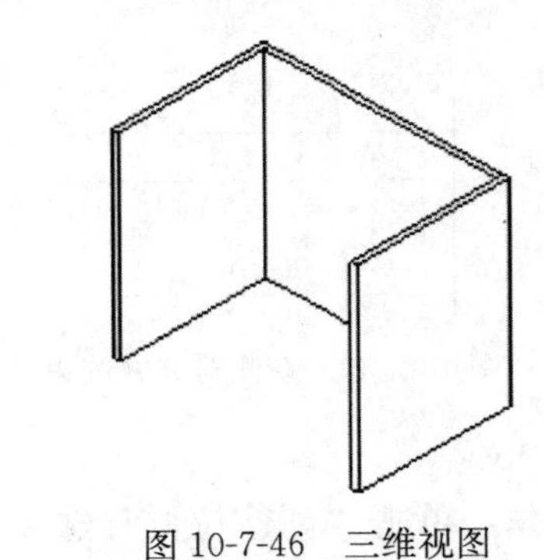

图 10-7-46　三维视图

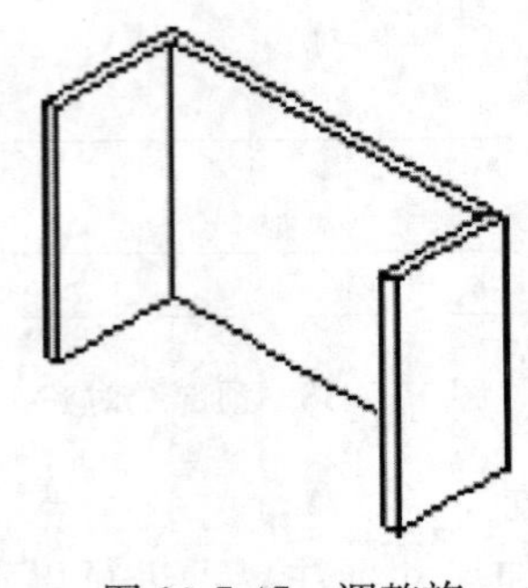

图 10-7-47　调整族

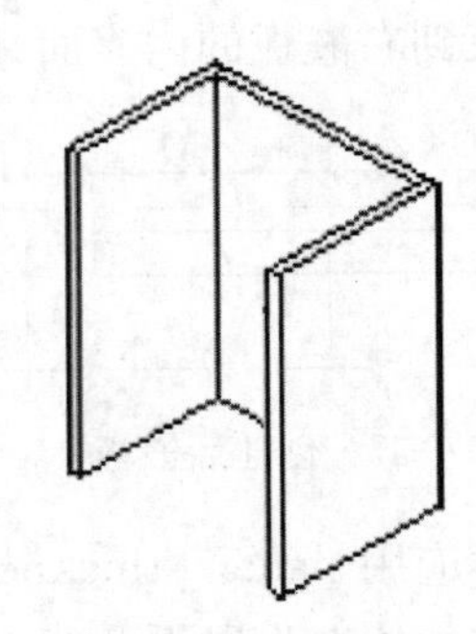

图 10-7-48　调整尺寸

10.7.5　创建底板

在本训练中，将创建书架的底板（图 10-7-49），主要介绍如何参照实心形状的拉伸属性的参数来创建底板的厚度。

（1）培训文件

继续使用在上一个练习中使用的族 M _ Bookcase. rfa，或打开培训文件 Metric \ Families \ Furniture \ M _ Bookcase _ 03. rfa。如果正在使用提供的培训文件，可单击【R】图标→“另存为”→“族”。在“另存为”对话框的左侧窗格中，单击 Training Files，然后将文件另存为 Metric \ Families \ Furniture \ M _ Bookcase. rfa。

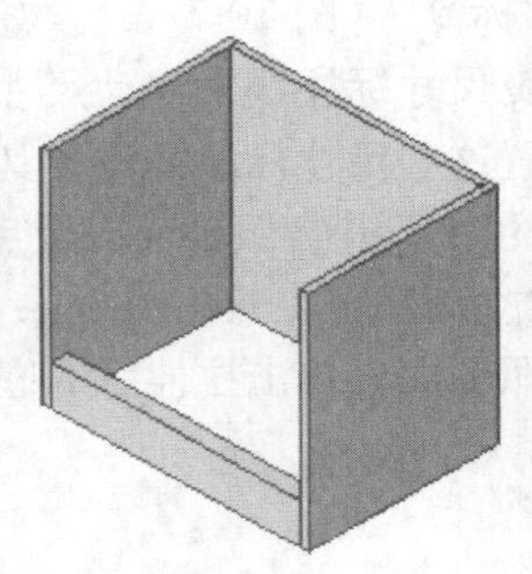

图 10-7-49　创建书架的底板

（2）绘制底板顶部的参照平面

其过程依次为以下几步：①在项目浏览器中的“楼层平面”下，双击 Ref. Level。②在“族属性”面板上，单击“类型”。③在“族类型”对话框中，选择“1800×450×1200”作为“名称”，然后单击“确定”。④在项目浏览器中的“立面”下，双击 Front，见图 10-7-50。⑤在 Ref. Level 上绘制水平参照平面，可进行以下操作：单击“创建”选项卡 →“基准”面板 →“参照平面”下拉菜单 →“绘制参照平面”；在现有 Ref. Level 上方 100mm 处绘制水平平面，并将其命名为“Base Plate”，见图 10-7-51。

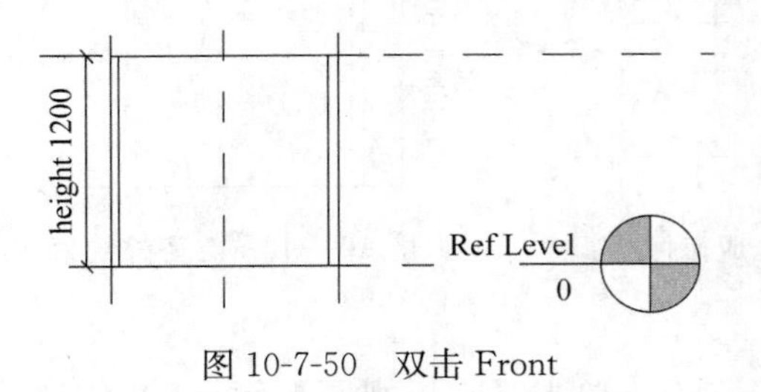

图 10-7-50　双击 Front　　　　图 10-7-51　绘制水平平面

（3）创建并应用 base _ height 参数

其过程依次为以下几步：①在水平参照平面之间放置一个尺寸标注（图 10-7-52），可进行以下操作：单击“详图”选项卡→“尺寸标注”面板→“对齐”；将光标移到 Ref. Level 线以及书架底板的参照平面上；按 Tab 键，直到参照平面高亮显示，然后将其选中；选择 Base Plate 参照平面，并将尺寸标注放置在参照平面的左侧。②创建类型参数，可进行以下操作：在“选择”面板上，单击“修改”；选择尺寸标注；在选项栏上，选择“〈添加参数〉”作为“标签”；在“参数属性”对话框的“参数数据”下，输入 base _ height 作为“名称”；确认已选中“类型”，将参数创建为类型参数，以便每个族类型可以有不同的值（如果需要）；单击“确定”。

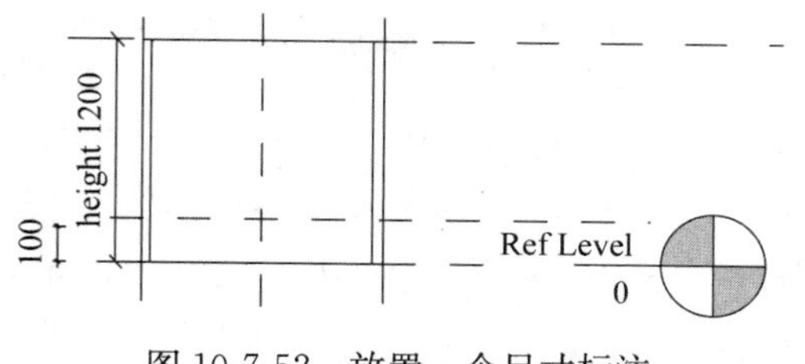

图 10-7-52　放置一个尺寸标注

（4）为全部 3 个书架类型设置 base _ height 值

其过程依次为以下两步：①在“族属性”面板上，单击“类型”。②在“族类型”对话框中进行以下操作：在“名称”下选择“1500×450×1500”；在“其他”下输入 100mm 作为 base _ height；单击“应用”；对于 900×300×900 书架，使用相同的方法将 base _ height 修改为 100mm；在“名称”下，选择 1800×450×1200，然后单击“确定”。

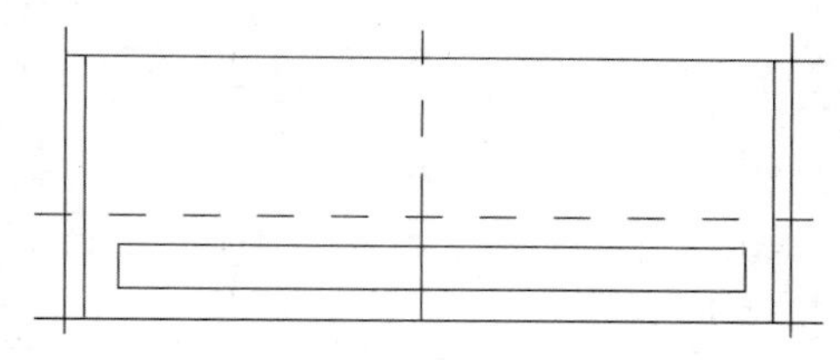

图 10-7-53　绘制一个矩形

（5）创建底板

其过程依次为以下几步：①绘制并约束底板，可进行以下操作：单击“创建”选项卡→“形状”面板→“实心”下拉菜单→“拉伸”；单击“创建”选项卡→“工作平面”面板→“设置”；在“工作平面”对话框的“指定新的工作平面”下，选择“参照平面：Front”作为“名称”，并单击“确定”；单击“创建拉伸”选项卡→“绘制”面板→【矩形】图标（矩形）；在参照平面之间绘制一个矩形（图 10-7-53）；在“编辑”面板上，单击“对齐”；将底板草图的顶部对齐并约束到 Base Plate 参照平面（图 10-7-54）；将草图底部对齐并约束到底部参照平面（图 10-7-55）；将草图的左侧对齐并约束到左嵌板的内部（图 10-7-56）；将草图的右侧对齐并约束到右嵌板的内部（图 10-7-57）；在“拉伸”面板上，单击“完成拉伸”。②在项目浏览器中的“楼层平面”下双击“Ref. Level”。③移动并约束底板拉伸，可进行以下操作：选择底板以显示其造型操纵柄（夹点），见图 10-7-58；将正面（底部夹点）拖曳到 Front 参照平面，然后将其锁定（图 10-7-59）；拖曳背面，使其距正面大约 25mm，见图 10-7-60。④为基面厚度添加参数，可进行以下操作：在“族属性”面板上，单击“类型”；在“族类型”对话框的“参数”下单击“添加”；在“参数属性”对话框的“参数数据”下，输入 base _ thickness 作为“名称”；选择“长度”作为“参数类型”；单击“确定”。⑤在“族类型”对话框的“其他”下，输入 40mm 作为 base _ thickness，然后单击“确定”。⑥将 base _ thickness参数添加到底板（实心形状），可进行以下操作：选择底板，然后在“图元”面板上，单击“图元属性”；在“实例属性”对话框的“限制条件”下，单击“拉伸终点”对应的【白键】图标；在“关联族参数”对话框中，选择 base _ thickness。⑦单击“确定”两次。

(6) 为全部3个书架类型指定 base _ thickness 值

其过程依次为以下几步：①在“族属性”面板上，单击“类型”。②在“族类型”对话框中进行以下操作：在“名称”下，选择“1500×450×1500”；在“其他”下，输入40mm作为 base _ thickness；单击“应用”；使用相同的方法将剩余书架类型的 base _ thickness 修改为40mm；在“名称”下，选择“1800×450×1200”；单击“确定”。③在快速访问工具栏上，单击【三维视图】图标（三维视图）。④在视图控制栏上，单击“模型图形样式”→“带边框着色”，见图10-7-61。

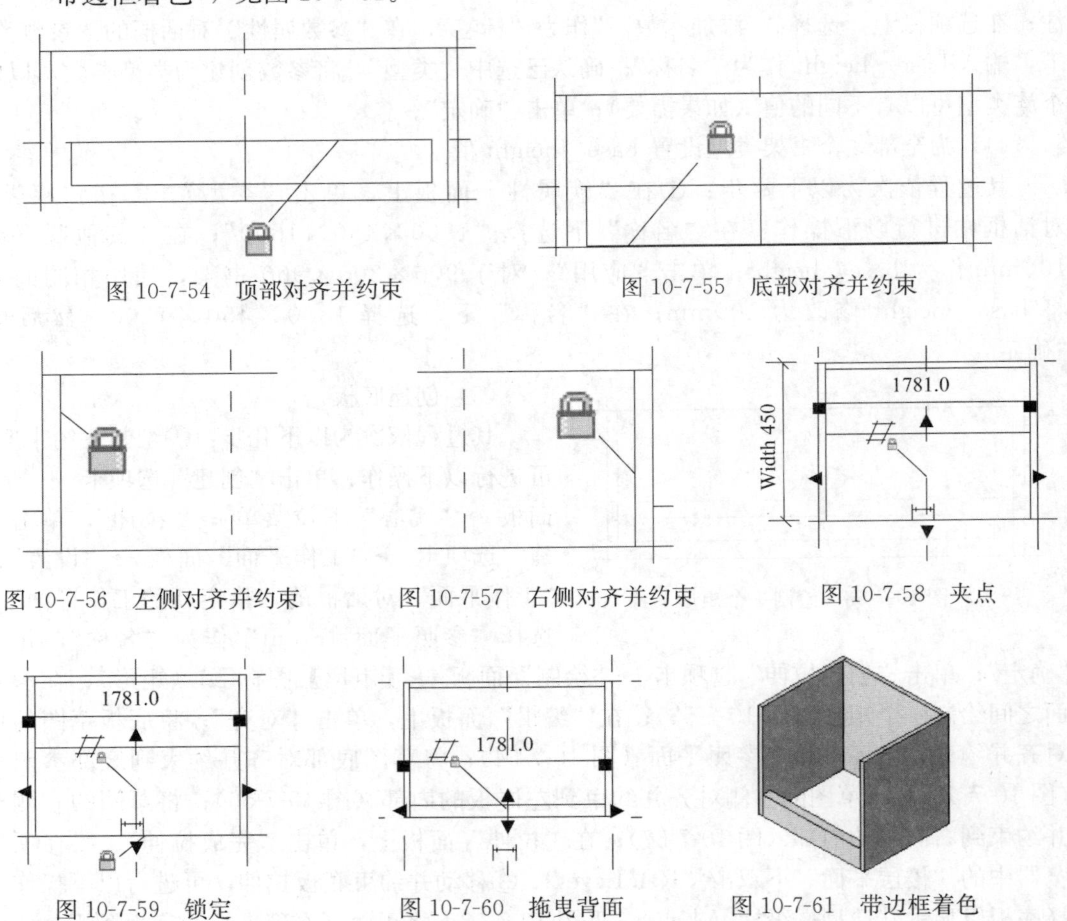

图10-7-54 顶部对齐并约束

图10-7-55 底部对齐并约束

图10-7-56 左侧对齐并约束

图10-7-57 右侧对齐并约束

图10-7-58 夹点

图10-7-59 锁定

图10-7-60 拖曳背面

图10-7-61 带边框着色

10.7.6 添加顶部搁板

在本训练中，将使用约束线创建顶部搁板（图10-7-62）。侧视图适合于绘制最具代表性的顶部造型。

(1) 培训文件

继续使用在上一个练习中使用的族 M _ Bookcase. rfa，或打开培训文件 Metric \ Families \ Furniture \ M _ Bookcase _ 04. rfa。如果正在使用提供的培训文件，可单击【R】图标→“另存为”→“族”。在“另存为”对话框的左侧窗格中，单击 Training Files，然后将文件另存为 Metric \ Families \ Furniture \ M _ Bookcase. rfa。

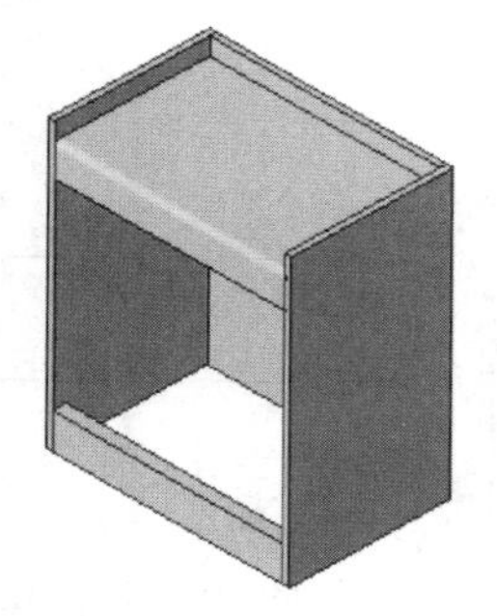

图 10-7-62 创建顶部搁板

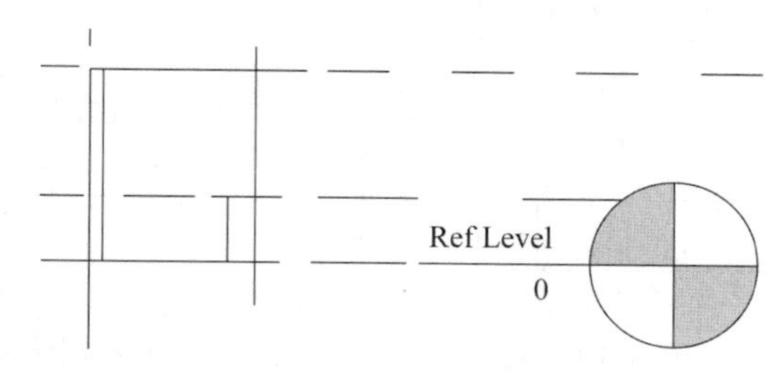

图 10-7-63 双击 Left

(2) 绘制顶部搁板

其过程依次为以下几步：①在项目浏览器的“立面”下，双击 Left，见图 10-7-63。②单击“创建”选项卡 →“形状”面板 →“实心”下拉菜单 →“拉伸”。③单击“创建”选项卡 →“工作平面”面板 →“设置”。④在“工作平面”对话框的“指定新的工作平面”下，可选择“参照平面：Left”作为“名称”。⑤单击“确定”。在视图控制栏上单击当前比例，然后单击“1 : 5”。单击“创建拉伸”选项卡 →“绘制”面板，确认选择了【直线】图标（直线）。⑥在选项栏上，确认选中了“链”选项。⑦绘制所有参照平面的反 L 形闭合拉伸间隙，见图 10-7-64。⑧向草图中添加弧，可进行以下操作：在选项栏上清除“链”选项；在“绘制”面板上，单击【圆角弧】图标（圆角弧）；选择草图右上角的相邻边缘，单击以创建弧，见图 10-7-65；选择半径值，然后输入 19mm；单击“创建拉伸”选项卡 →“编辑”面板 →“对齐”；选择后嵌板的内表面，然后选择草图的左边缘；锁定对齐，见图 10-7-66；选择 Front 参照平面，然后选择草图的右表面；锁定对齐锁定对齐，见图 10-7-67；单击“创建拉伸”选项卡 →“注释”面板 →“尺寸标注”下拉菜单 →“对齐尺寸标注”，然后放置两个尺寸标注，确保对 Front 参照平面中约束线的厚度进行尺寸标注，见图 10-7-68；在“选择”面板上，单击“修改”；按住 Ctrl 键的同时，选择两个尺寸标注；在选项栏上，选择 panel _ thickness 作为“标签”，见图 10-7-69；单击“创建拉伸”选项卡 →“注释”面板 →“尺寸标注”下拉菜单 →“对齐尺寸标注”；放置尺寸标注，以将草图顶部定位在距 Top 参照平面 50mm 处，并将约束线底部定位在草图顶部的侧下方的 75mm 处，要编辑尺寸标注可选择已标注尺寸的草图线，选择尺寸标注值，然后输入修改的值，见图 10-7-70。⑨在“拉伸”面板上，单击“完成拉伸”，见图 10-7-71。⑩在项目浏览器中的“楼层平面”下双击 Ref. Level；拉伸起始于 Left 参照平面，但尚未约束；草图将始终随参照平面一起移动，但用户可以调整拉伸的起点和终点；可以编辑拉伸属性或使用表面箭头夹点，见图 10-7-72。

(3) 选择顶部实心形状并将边缘约束到侧嵌板的内部

其过程依次为以下几步：①选择拉伸（图 10-7-73）；为了能够更轻松地将拉伸边缘与嵌板对齐，必须先将边缘移离嵌板。②选择拉伸右侧的夹点，然后将其拖曳到 Center（Left/Right）参照平面。③对左夹点重复该操作，直到显示实心形状，如图 10-7-74 所示。④将拉伸两端对齐并锁定到侧面嵌板的内部，可进行以下操作：单击“修改”选项卡 →“编辑”面板 →“对齐”；选择左嵌板的内表面；选择拉伸的左侧，并锁定对齐，见图 10-7-75；选择右嵌板的内表面；选择拉伸的右侧，并锁定对齐，见图 10-7-76。⑤在快速访问工具栏上，单击【三维视图】图标（三维视图）。⑥在视图控制栏上，单击“模型图形样式”→“带边框着色”，见图 10-7-77。

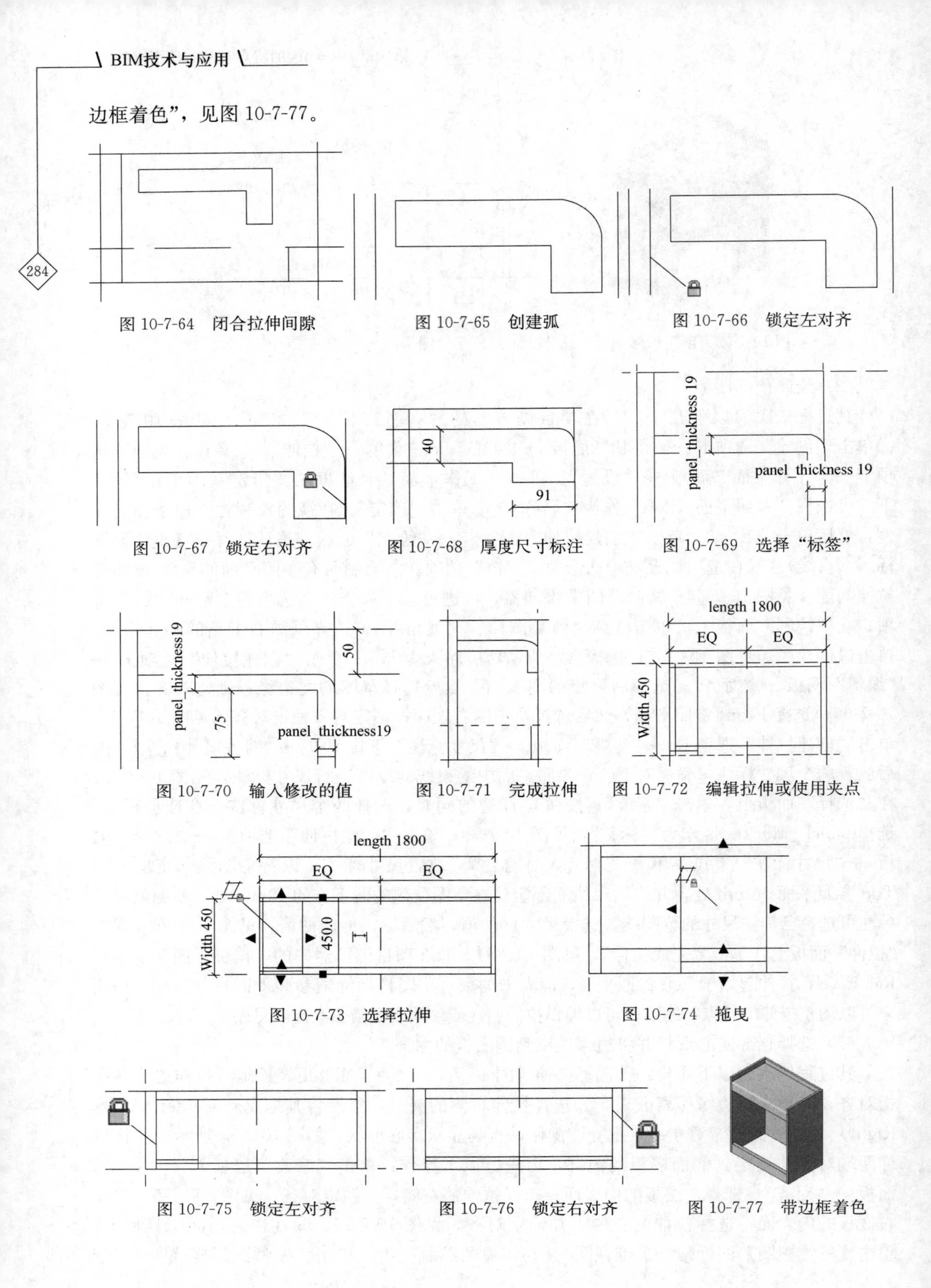

图 10-7-64　闭合拉伸间隙

图 10-7-65　创建弧

图 10-7-66　锁定左对齐

图 10-7-67　锁定右对齐

图 10-7-68　厚度尺寸标注

图 10-7-69　选择“标签”

图 10-7-70　输入修改的值

图 10-7-71　完成拉伸

图 10-7-72　编辑拉伸或使用夹点

图 10-7-73　选择拉伸

图 10-7-74　拖曳

图 10-7-75　锁定左对齐

图 10-7-76　锁定右对齐

图 10-7-77　带边框着色

（4）调整族

其过程依次为以下几步：①在“族属性”面板上，单击“类型”。②在“族类型”对话框中，选择“1500×450×1500”作为“名称”。③单击“应用”。④对 900×300×900 和 1800×450×1200 重复该步骤。⑤单击“确定”。

10.7.7 修改侧嵌板的造型

在本训练中，将书架侧面嵌板的形状从矩形修改为圆形（图 10-7-78）。要完成该操作，可编辑嵌板草图。考虑到将来的变化，可在 Ref. Level 视图中创建草图，使侧面嵌板呈现圆形表面。

（1）培训文件

继续使用在上一个练习中使用的族 M _ Bookcase. rfa，或打开培训文件 Metric \ Families \ Furniture \ M _ Bookcase _ 05. rfa。如果正在使用提供的培训文件，可单击【R】图标→“另存为”→“族”。在“另存为”对话框的左侧窗格中，单击 Training Files，然后将文件另存为 Metric \ Families \ Furniture \ M _ Bookcase. rfa。

（2）修改左嵌板

其过程依次为以下几步：①在项目浏览器中的“楼层平面”下，双击 Ref. Level，见图 10-7-79。选择左嵌板，然后单击“修改拉伸”选项卡→“形状”面板→“编辑拉伸”。②选择嵌板草图的左垂直线，然后按 Delete 键，见图 10-7-80。③用圆角嵌板替换所删除的线，可进行以下操作：在“绘制”面板上，单击【起点-终点-半径弧】图标（起点-终点-半径弧）；在删除嵌板线的位置，选择顶部端点；选择底部端点；单击放置该弧；将弧尺寸标注修改为 600mm，见图 10-7-81。④在“选择”面板上，单击“修改”。⑤选择弧，然后在“绘制”面板上，单击“属性”。⑥在“实例属性”对话框的“图形”下，选择“使中心标记可见”，然后单击“确定”；显示中心标记后，可以对圆心进行尺寸标注。⑦单击“修改拉伸>编辑拉伸”选项卡→“注释”面板→“尺寸标注”下拉菜单→“对齐尺寸标注”。⑧对“Left”参照平面和圆心进行尺寸标注；这样可以确保弧心与“Left”参照平面保持固定距离，见图 10-7-82。

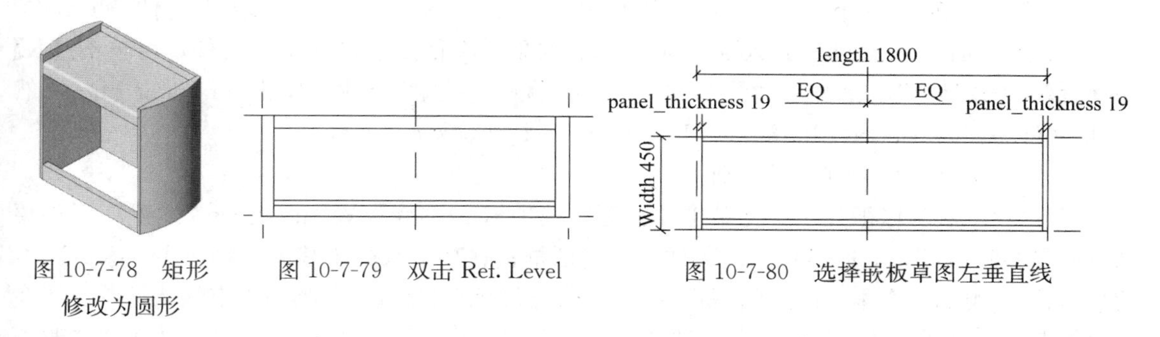

图 10-7-78 矩形修改为圆形　　图 10-7-79 双击 Ref. Level　　图 10-7-80 选择嵌板草图左垂直线

（3）修改右嵌板

其过程依次为以下几步：①使用相同的方法在书架的右侧创建圆形嵌板，见图 10-7-83。②单击“完成拉伸”。③在快速访问工具栏上，单击【三维视图】图标（三维视图），见图 10-7-84。

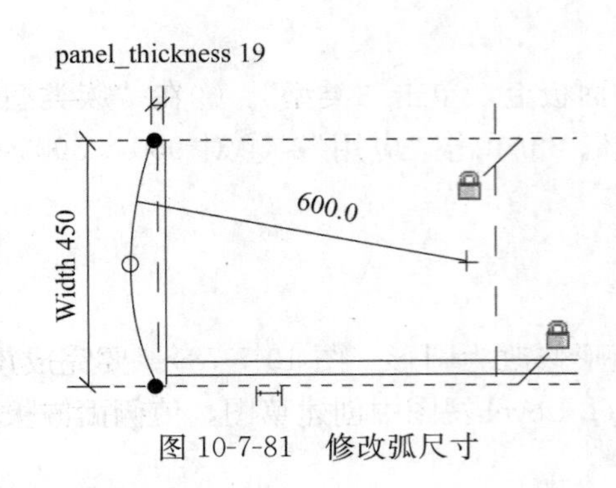

图 10-7-81　修改弧尺寸

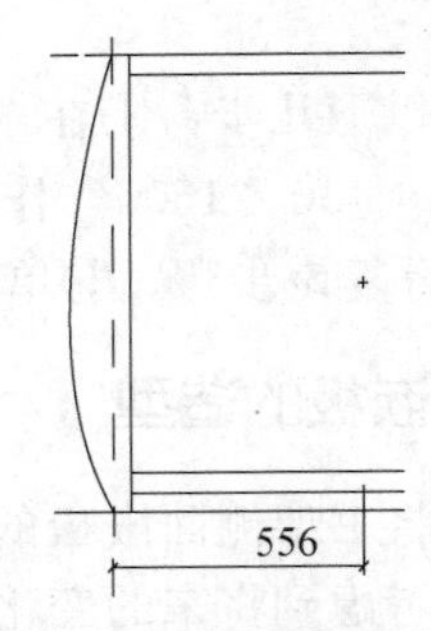

图 10-7-82　标注平面和圆心尺寸

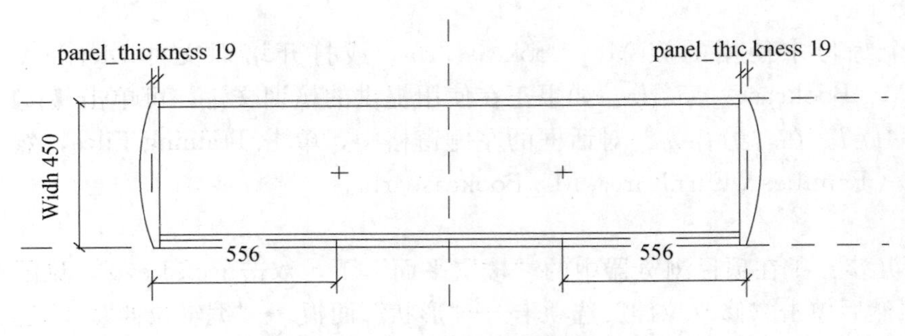

图 10-7-83　右侧创建圆形嵌板

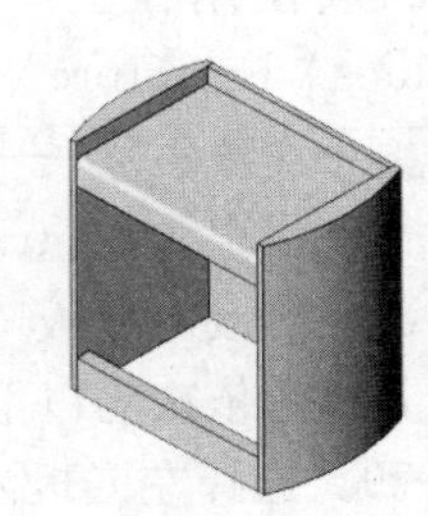
图 10-7-84　完成构建

10.7.8　创建和指定子类别

在本训练中，将向书架族中添加一些子类别，以便可以向其各个构件（如搁板、门、底板、嵌板和顶部）指定材质。创建子类别后，将向其中一个子类别指定书架几何图形的每个部分。在本节的后面，将向每个子类别应用不同的材质，从而能够改变应用于书架每个构件的材质。

（1）培训文件

继续使用在上一个练习中使用的族 M _ Bookcase. rfa，或打开培训文件 Metric \ Families \ Furniture \ M _ Bookcase _06. rfa。如果正在使用提供的培训文件，可单击【R】图标→“另存为”→“族”。在“另存为”对话框的左侧窗格中，单击 Training Files，然后将文件另存为 Metric \ Families \ Furniture \ M _ Bookcase. rfa。

（2）在家具类别中创建子类别

其过程依次为以下几步：①单击“管理”选项卡→“族设置”面板→“设置”下拉菜单→“对象样式”，此时显示“对象样式”对话框；在接下来的步骤中，将在主“家具”类别下添加子类别；在本节的后面，将使用该对话框为创建的每个子类别指定默认材质。②在“对象样式”对话框的“模型对象”选项卡上，在“类别”下，选择“家具”。③在“修改子类别”下，单击“新建”。④在“新建子类别”对话框中，输入 Overhead 作为“名称”，然后单击“确定”。⑤使用相同的方法创建其他子类别，包括顶、嵌板、搁板、门。⑥完成子类别的创建后，单击“确定”。

（3）向相应的子类别指定实心形状（图 10-7-85）

其过程依次为以下几步：①按住 Ctrl 键的同时，选择书架的侧面嵌板和后嵌板。②在

“图元”面板上，单击“图元属性”下拉菜单 →“实例属性”。③在“实例属性”对话框的“标识数据”下，选择“嵌板”作为“子类别”，然后单击“确定”。④按 Esc 键。⑤使用相同的方法向书架的顶部和底部指定相应的子类别；尽管用户创建了“门”和“搁板”类别，但尚未创建门和搁板几何图形；将在随后的练习中创建并指定它们。

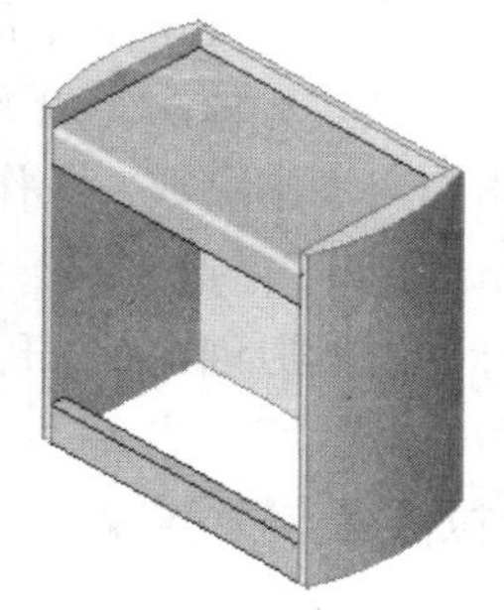

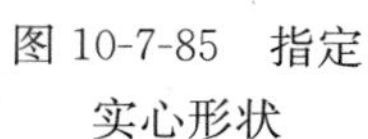

图 10-7-85 指定实心形状

10.7.9 添加搁板（图 10-7-86）

在本训练中，将向书架族中添加 3 个搁板。通过绘制多个闭合环形来创建搁板，然后应用参数以控制搁板间距。

（1）培训文件

继续使用在上一个练习中使用的族 M _ Bookcase. rfa，或打开培训文件 Metric \ Families \ Furniture \ M _ Bookcase _ 07. rfa。如果正在使用提供的培训文件，可单击【R】图标 →“另存为”→“族”。在“另存为”对话框的左侧窗格中，单击 Training Files，然后将文件另存为 Metric \ Families \ Furniture \ M _ Bookcase. rfa。

（2）绘制搁板

其过程依次为以下几步：①在项目浏览器中的“立面”下，双击 Front。②单击“创建”选项卡 →“形状”面板 →“实心”下拉菜单 →“拉伸”。③在“绘制”面板上，单击【矩形】图标 （矩形）。绘制 3 个阶梯式矩形，如图 10-7-87 所示。④对齐并锁定左边缘，可进行以下操作：在“编辑”面板上单击“对齐”；选择底部矩形的左边缘，然后选择上面矩形的左边缘；锁定对齐；选择底部矩形的左边缘，然后选择顶部矩形的左边缘；锁定对齐（图 10-7-88）。⑤对矩形的右边缘重复该过程（图 10-7-89）。⑥将底部搁板边缘对齐并锁定到侧面嵌板的内表面，可进行以下操作：在“编辑”面板上单击“对齐”；选择底板顶部的参照平面，选择最下方矩形的底部边缘，然后锁定对齐（图 10-7-90）。

（3）将 panel _ thickness 参数应用于搁板

其过程依次为以下几步：①在“注释”面板上，单击“尺寸标注”下拉菜单 →“对齐尺寸标注”。②如图 10-7-91 所示，放置各个尺寸标注（而非字符串）以控制搁板厚度和间距。③在“选择”面板上，单击“修改”。④选择控制搁板草图厚度的尺寸标注，并应用 panel _ thickness 参数，见图 10-7-92。

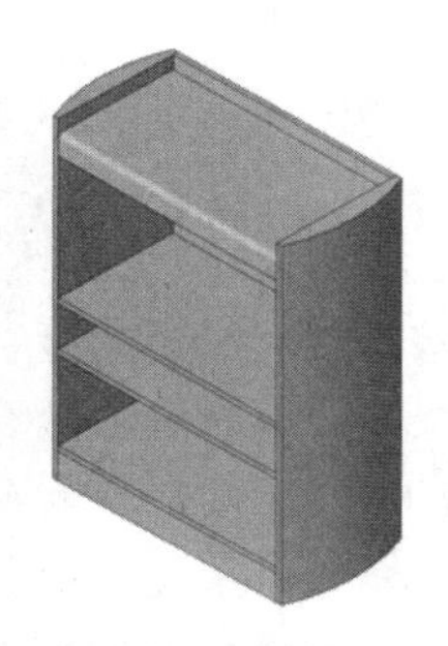

图 10-7-86 添加搁板

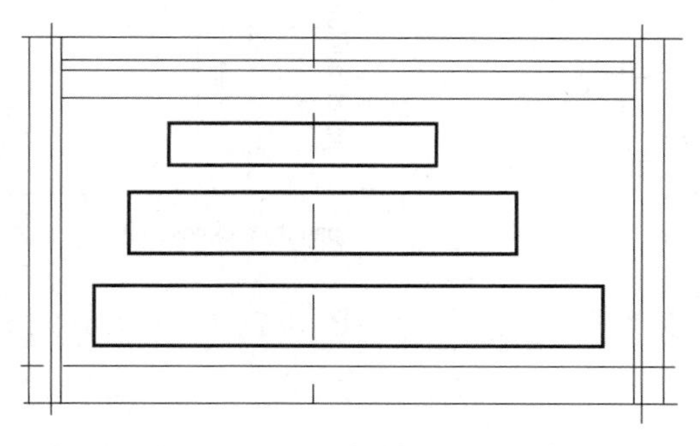

图 10-7-87 绘制 3 个阶梯式矩形

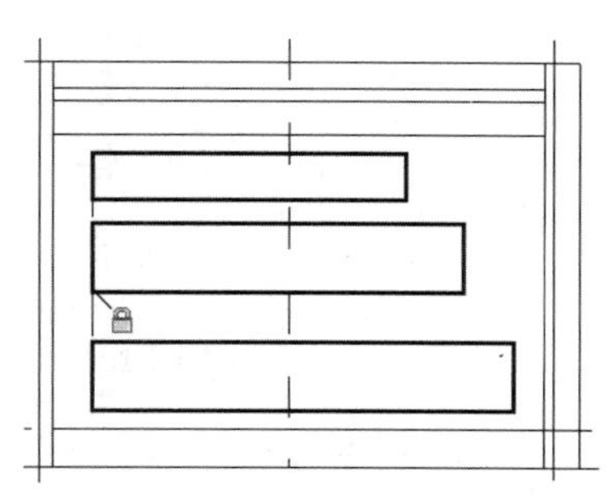

图 10-7-88 左边缘锁定对齐

（4）创建并应用最大和最小搁板间距参数

其过程依次为以下几步：①选择底部搁板和中间搁板之间的尺寸标注。②在选项栏上，单击“〈添加参数〉”作为“标签”。③在“参数属性”对话框的“参数名称”下，输入 shelf _ maximum _ spacing，然后单击“确定”。④按 Esc 键。⑤选择中间搁板与顶部搁板之间的尺寸标注，然后创建 shelf _ minimum _ spacing 参数，见图 10-7-93。⑥在“图元”面板上，单击“拉伸属性”。⑦在“实例属性”对话框中进行以下操作：在“限制条件”下输入 300mm 作为“拉伸终点”，这是一个临时值，因为用户稍后会将搁板约束到后嵌板；单击“确定”。

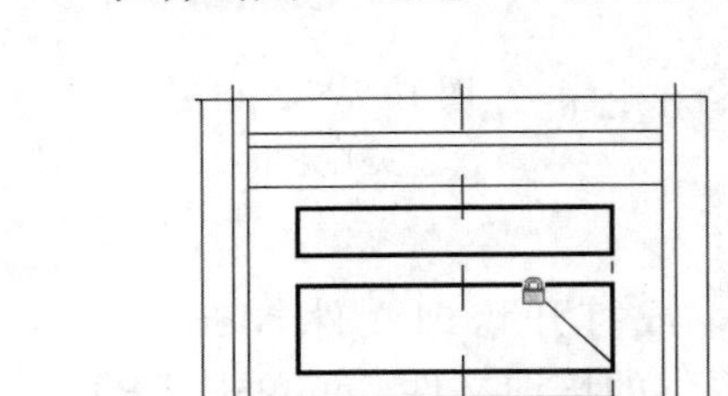

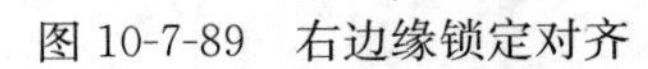
图 10-7-89　右边缘锁定对齐

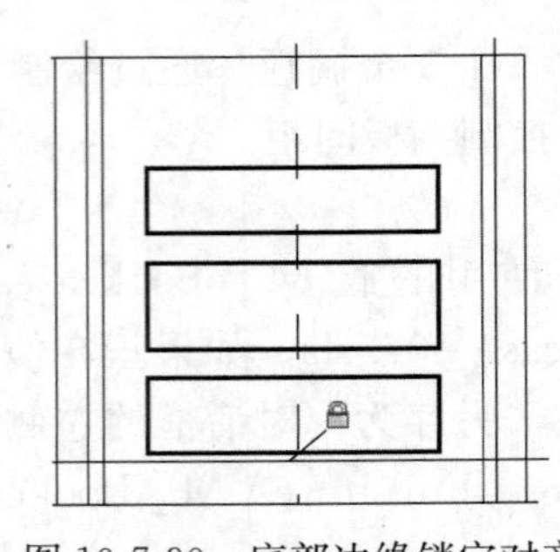

图 10-7-90　底部边缘锁定对齐

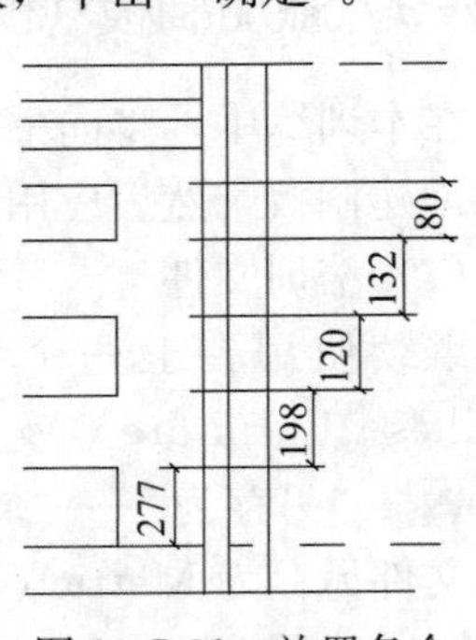

图 10-7-91　放置各个尺寸标注

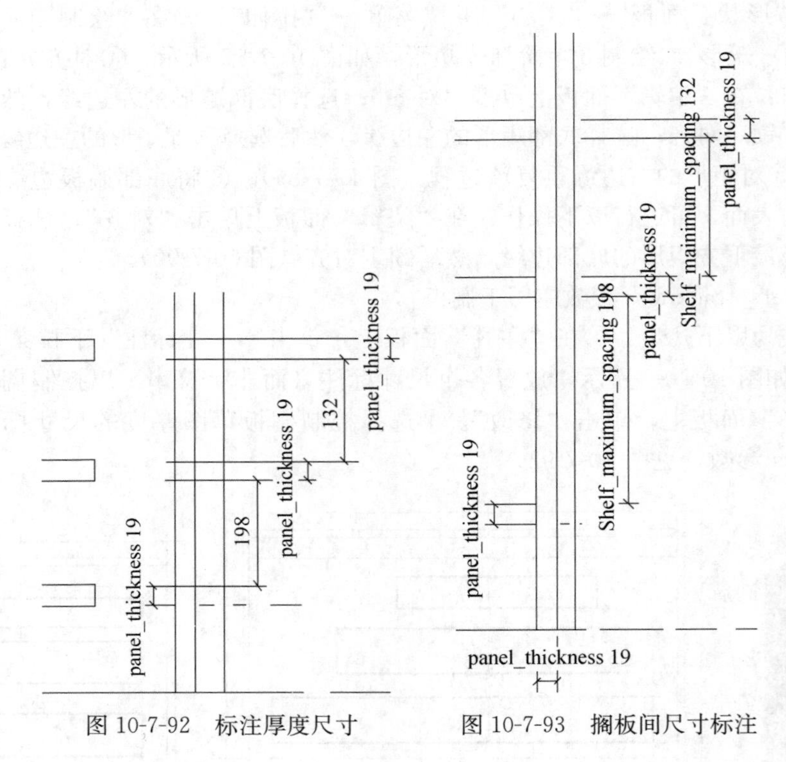

图 10-7-92　标注厚度尺寸

图 10-7-93　搁板间尺寸标注

（5）完成搁板

其过程依次为以下几步：①在“拉伸”面板上，单击“完成拉伸”。②在项目浏览器中的“楼层平面”下双击 Ref. Level，见图 10-7-94。③选择该搁板。④拖曳搁板的两侧并将其锁定到侧面嵌板的内表面。⑤向上拖曳顶部夹点并将搁板边缘锁定到后嵌板的内部，见图

10-7-95。⑥在快速访问工具栏上，单击【三维视图】图标（三维视图），见图 10-7-96。

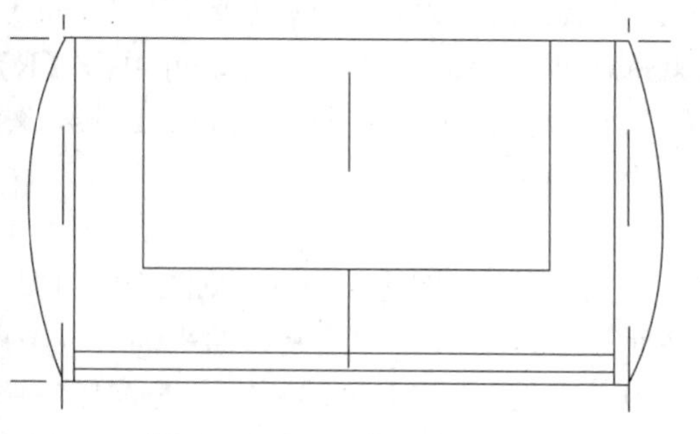

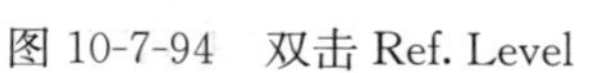

图 10-7-94　双击 Ref. Level

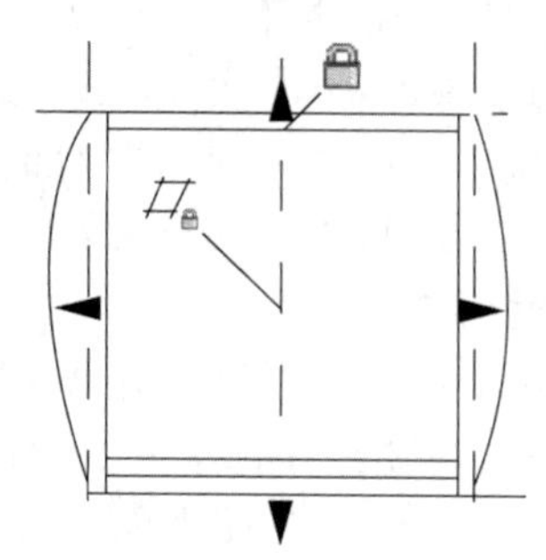

图 10-7-95　搁板边缘锁定

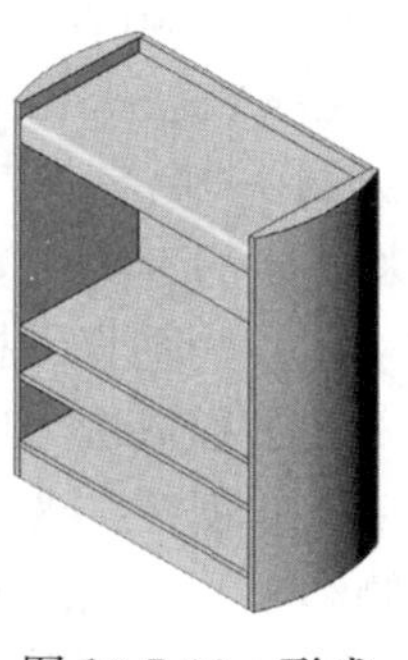

图 10-7-96　形成三维视图

（6）调整族

其过程依次为以下几步：①在“族属性”面板上，单击“类型”。②在“族类型”对话框中，确认已选中“1800×450×1200”作为“名称”。③在“其他”下，输入 150mm 作为 shelf _ minimum _ spacing。④输入 300mm 作为 shelf _ maximum _ spacing。⑤单击“应用”，见图 10-7-97。⑥选择 1500×450×1500 作为“名称”。⑦在“其他”下，输入 150mm 作为 shelf _ minimum _ spacing；可以使用默认值为每个族类型指定搁板间距。⑧输入 300mm 作为“shelf _ maximum _ spacing”。⑨单击“应用”，见图 10-7-98。⑩选择 900×300×900 作为“名称”。⑪在“其他”下，输入 100mm 作为“shelf _ minimum _ spacing”。⑫输入 100mm 作为 shelf _ maximum _ spacing。⑬单击“应用”，见图 10-7-99。⑭选择“1800×450×1200”作为“名称”，然后单击“确定”。

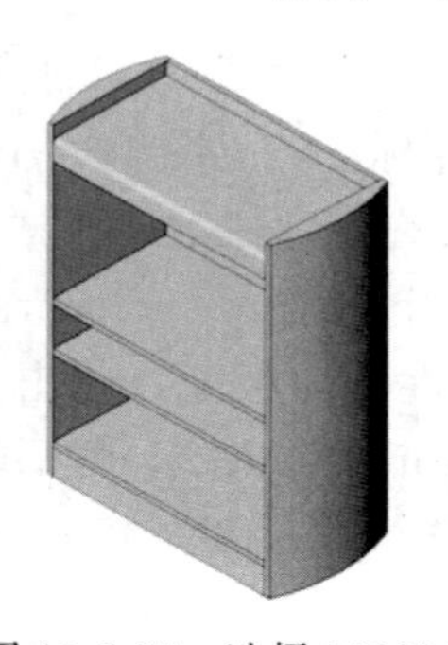

图 10-7-97　选择 1800×450×1200

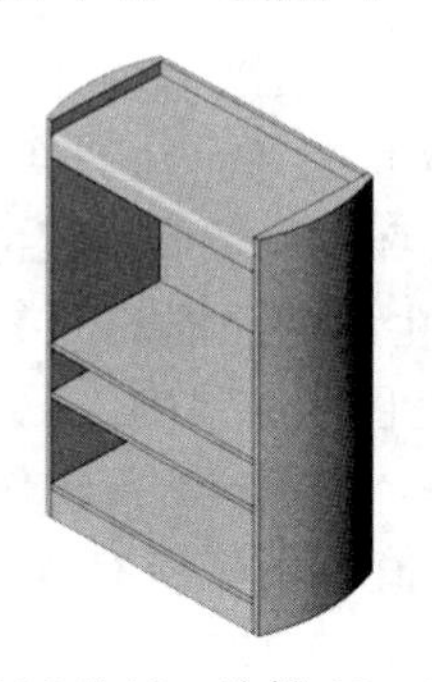

图 10-7-98　选择 1500×450×1500

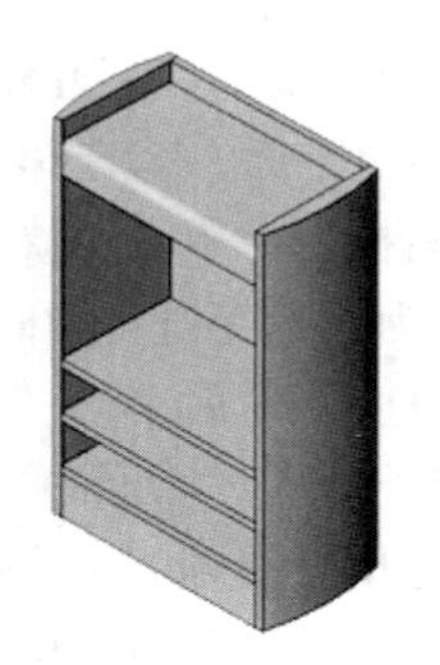

图 10-7-99　选择 900×300×900

（7）指定搁板子类别

其过程依次为以下几步：①选择搁板，然后在“图元”面板上，单击“图元属性”。②在“实例属性”对话框的“标识数据”下，选择 Shelves 作为“子类别”。③单击“确定”。

10.7.10　添加围护嵌板

在本训练中，将向书架的顶部搁板添加一个垂直围护嵌板见图 10-7-100。在下一个练习中将创建门，即可完成围护。

（1）培训文件

继续使用在上一个练习中使用的族 M _ Bookcase. rfa，或打开培训文件 Metric \ Families \ Furniture \ M _ Bookcase _ 08. rfa。如果正在使用提供的培训文件，可单击【R】图标→“另存为”→“族”。在“另存为”对话框的左侧窗格中，单击 Training Files，然后将文件另存为 Metric \ Families \ Furniture \ M _ Bookcase. rfa。

（2）为垂直围护嵌板创建参照平面

其过程依次为以下几步：①在项目浏览器中的“立面”下，双击 Front，见图 10-7-101。②单击“创建”选项卡 →“基准”面板 →“参照平面”下拉菜单 →“绘制参照平面”。③在左侧和中心平面之间绘制一个垂直参照平面，见图 10-7-102。④按 Esc 键两次。⑤选择参照平面，然后在“图元”面板上，单击“图元属性”。⑥在“实例属性”对话框的“标识数据”下，输入 Enclosure 作为“名称”。⑦单击“确定”。

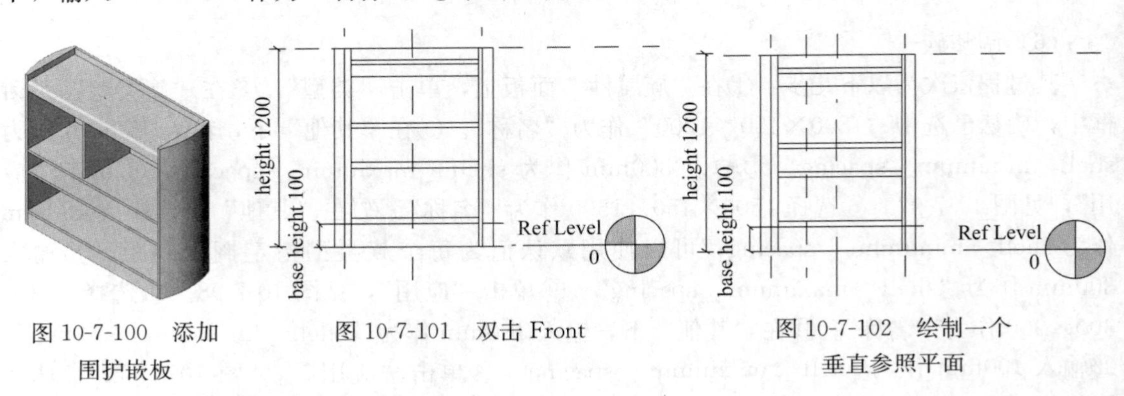

图 10-7-100 添加围护嵌板　　图 10-7-101 双击 Front　　图 10-7-102 绘制一个垂直参照平面

（3）创建控制围护长度的参数

其过程依次为以下几步：①单击“详图”选项卡 →“尺寸标注”面板 →“对齐”。②选择 Left 参照平面。③选择 Enclosure 参照平面。④单击放置尺寸标注，见图 10-7-103。⑤在“选择”面板上，单击“修改”。⑥选择刚刚放置的尺寸标注，并在选项栏上选择“〈添加参数〉”作为“标签”。⑦在“参数属性”对话框的“参数数据”下，输入 enclosure _ length 作为“名称”，然后单击“确定”，见图 10-7-104。⑧在“族属性”面板上，单击“类型”。⑨在“族类型”对话框的“其他”下，输入 600mm 作为 enclosure _ length，然后单击“应用”。⑩将相同的 enclosure _ length 值应用于所有族类型。⑪选择“1800×450×1200”作为“名称”，然后单击“确定”，见图 10-7-105。

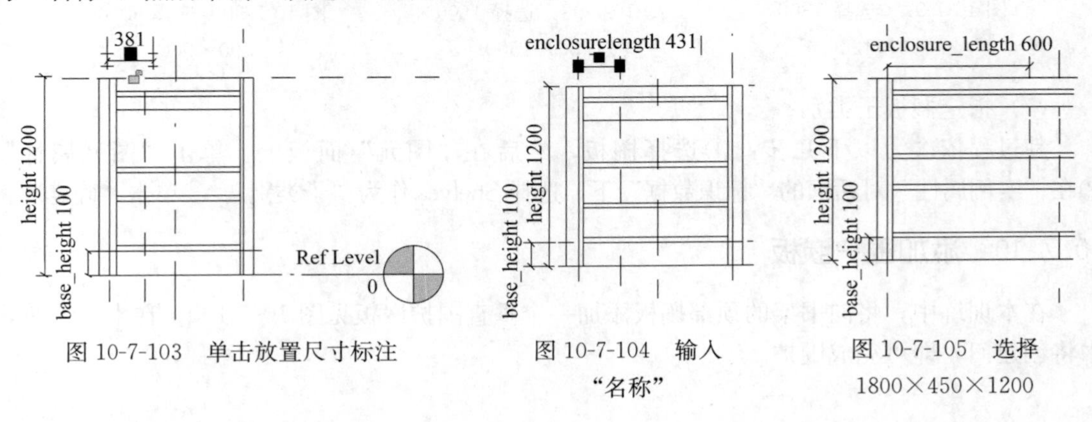

图 10-7-103 单击放置尺寸标注　　图 10-7-104 输入“名称”　　图 10-7-105 选择 1800×450×1200

（4）绘制围护嵌板

其过程依次为以下几步：①单击“创建”选项卡→“形状”面板→“实心”下拉菜单→“拉伸”。②在“绘制”面板上，单击【矩形】图标（矩形）。③在参照平面之外绘制参照平面，见图10-7-106。④在“编辑”面板上，单击“对齐”。⑤选择Enclosure参照平面。⑥选择矩形的左边缘，然后锁定对齐，见图10-7-107。⑦选择书架顶部的底面。⑧选择该矩形的顶部，然后锁定对齐，见图10-7-108。⑨选择顶部搁板的顶面。⑩选择该矩形的底部线，然后锁定对齐，见图10-7-109。⑪在Enclosure参照平面与矩形右边缘之间进行尺寸标注，可进行以下操作：在“注释”面板上单击“尺寸标注”下拉菜单→“对齐尺寸标注”；选择Enclosure参照平面；选择草图的右边缘；单击放置尺寸标注，见图10-7-110。

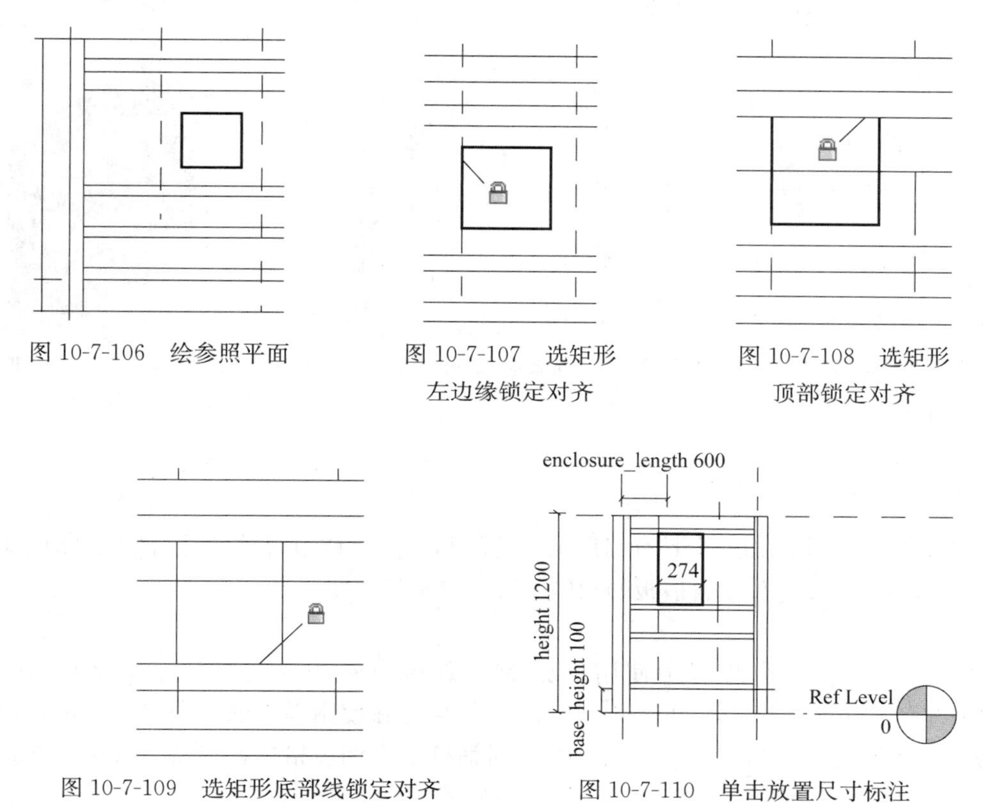

图10-7-106 绘参照平面

图10-7-107 选矩形左边缘锁定对齐

图10-7-108 选矩形顶部锁定对齐

图10-7-109 选矩形底部线锁定对齐

图10-7-110 单击放置尺寸标注

（5）添加panel _ thickness参数

其过程依次为以下几步：①在“选择”面板上，单击“修改”。②选择刚放置的尺寸标注。③在选项栏上，选择panel _ thickness作为“标签”（图10-7-111）。④在“拉伸”面板上，单击“完成拉伸”，见图10-7-112。

（6）对齐嵌板

其过程依次为以下几步：①在项目浏览器中的“楼层平面”下，双击Ref. Level（图10-7-113）。②选择嵌板（图10-7-114）。③拖曳顶部夹点以便与后嵌板的内表面对齐，然后锁定对齐。④拖曳底部夹点以便与顶部搁板的内表面对齐（图10-7-115）。⑤在快速访问工具栏上，单击【三维视图】图标（三维视图），见图10-7-116。⑥为嵌板指定一个子类别，可进行以下操作：选择嵌板，然后在“图元”面板上，单击“图元属性”；在“实例属性”

对话框的“标识数据”下，选择“嵌板”作为“子类别”，然后单击“确定”；按 Esc 键。

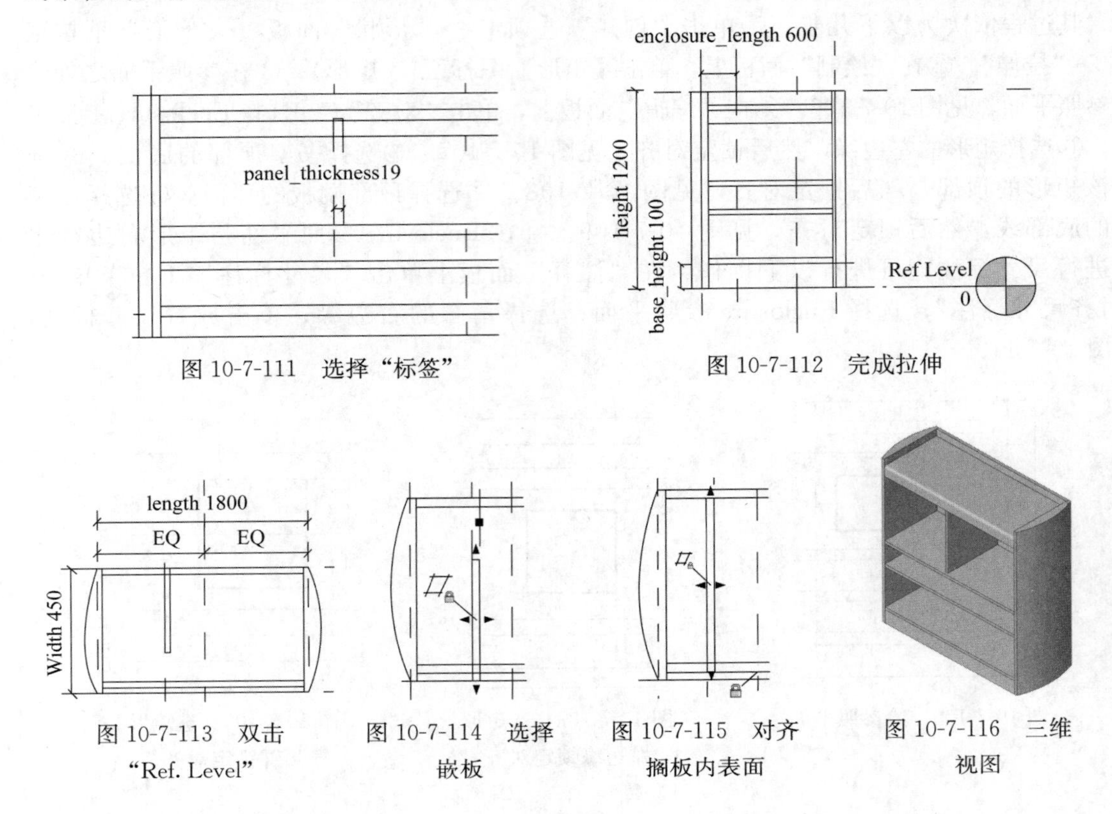

图 10-7-111　选择“标签”

图 10-7-112　完成拉伸

图 10-7-113　双击“Ref. Level”

图 10-7-114　选择嵌板

图 10-7-115　对齐搁板内表面

图 10-7-116　三维视图

10.7.11　添加门

在本训练中，将添加一个具有圆形洞口的门和一个可调节尺寸以适合围护的玻璃嵌板，见图 10-7-117。用于定位垂直嵌板的相同参数可控制门宽度。

（1）培训文件

继续使用在上一个练习中使用的族 M _ Bookcase. rfa，或打开培训文件 Metric \ Families \ Furniture \ M _ Bookcase _ 09. rfa。如果正在使用提供的培训文件，可单击【R】图标→“另存为”→“族”。在“另存为”对话框的左侧窗格中，单击 Training Files，然后将文件另存为 Metric \ Families \ Furniture \ M _ Bookcase. rfa。

（2）使用同心矩形创建门

其过程依次为以下几步：①在项目浏览器中的“立面”下，双击 Front。②单击“创建”选项卡 →“形状”面板 →“实心”下拉菜单 →“拉伸”。③单击“创建”选项卡 →“工作平面”面板 →“设置”。④在“工作平面”对话框的“指定新的工作平面”下，确认已选中“名称”和“参照平面：Front”。⑤单击“确定”。⑥单击“创建拉伸”选项卡 →“绘制”面板 →【矩形】图标（矩形）。⑦绘制两个同心矩形，内部草图将被软件视为空心，见图 10-7-118。⑧在“选择”面板上，单击“修改”。⑨在“编辑”面板上，单击“对齐”。⑩对齐并锁定外部草图的 4 个边缘（图 10-7-119），可进行以下操作：将左边缘对齐并锁定到侧面嵌板的内部；将顶边缘对齐到约束线的底部（顶部搁板）；将右边缘对齐到垂直嵌板的外表面；将底部边缘对齐到搁板的顶面。⑪在视图控制栏上，单击当前比例，然后选择

“1：5”。⑫对门草图进行尺寸标注以定位洞口（图 10-7-120），可进行以下操作：单击“创建拉伸”选项卡→“注释”面板→“尺寸标注”下拉菜单→“对齐尺寸标注”；将光标移到外层草图的某条线上，按 Tab 键直到其高亮显示，然后将其选中；将光标移到内部草图的平行线，选择该线，然后单击放置尺寸标注；使用相同的方法对剩余草图线进行尺寸标注。⑬在“选择”面板上，单击“修改”。⑭分别选择内部草图线，然后将每个偏移距离调整为 75mm（图 10-7-121）。⑮在“图元”面板上，单击“拉伸属性”。⑯在“实例属性”对话框的“限制条件”下，单击“拉伸终点”对应的【白键】图标。⑰在“关联族参数”对话框的“兼容类型的现有族参数”下，选择 panel _ thickness。⑱单击“确定”两次。⑲在“拉伸”面板上，单击“完成拉伸”。

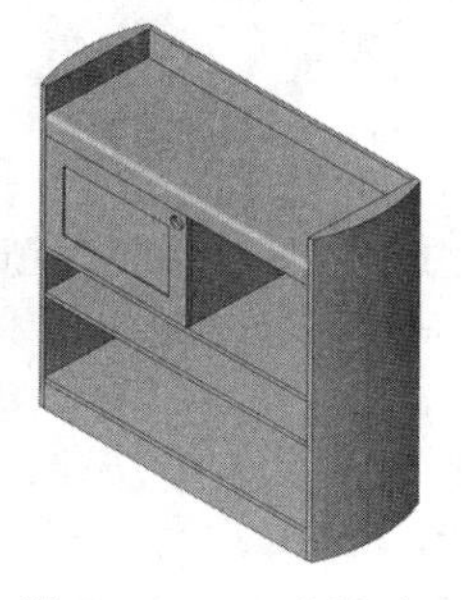

图 10-7-117　添加门

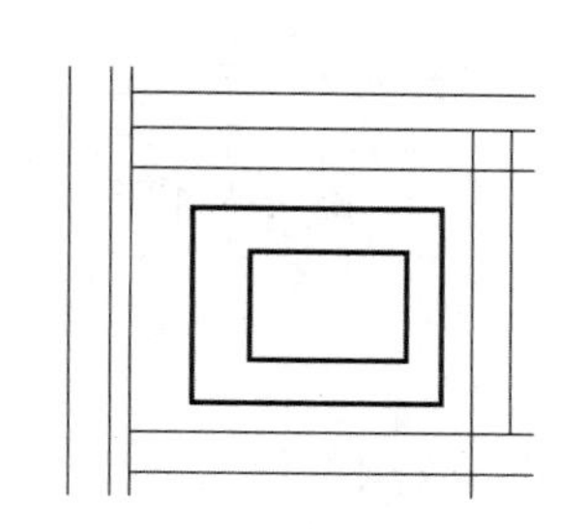

图 10-7-118　视为空心

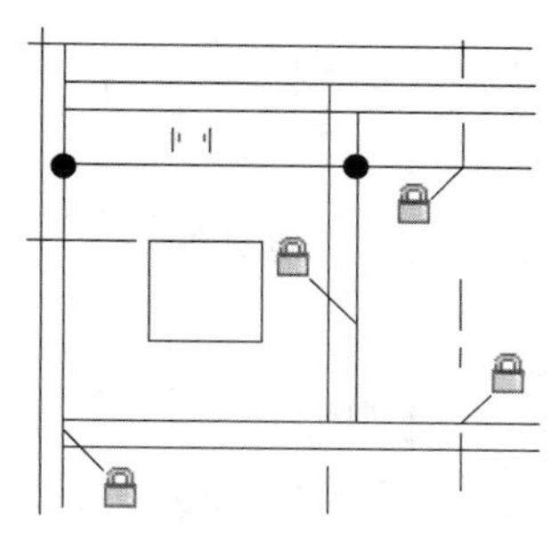

图 10-7-119　锁定外部 4 个边缘

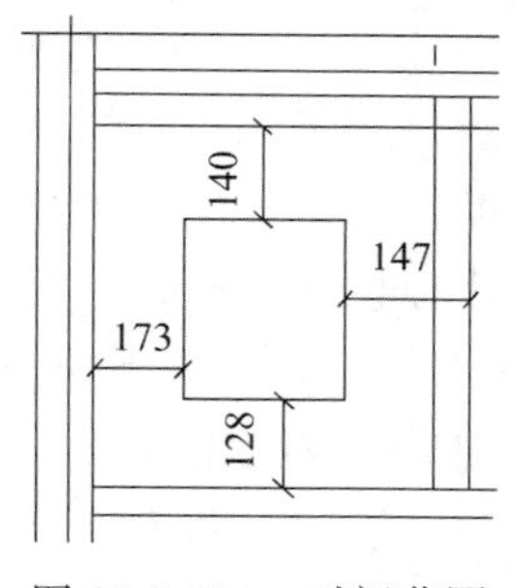

图 10-7-120　对门草图标注尺寸

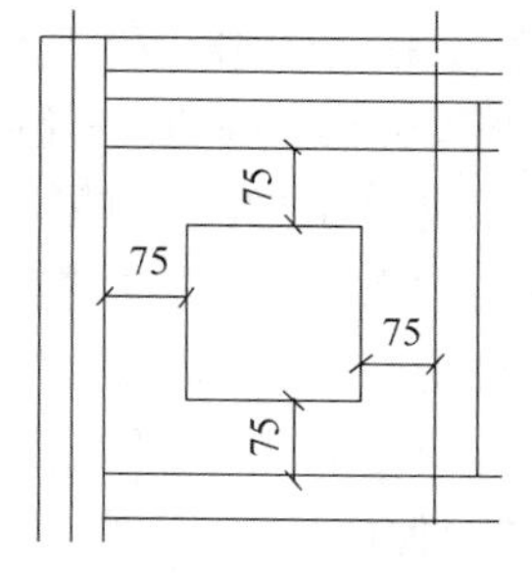

图 10-7-121　偏移距离调整为 75mm

（3）绘制门玻璃的实心形状

其过程依次为以下几步：①单击“创建”选项卡→“形状”面板→“实心”下拉菜单→“拉伸”。②单击“创建”选项卡→“工作平面”面板→“设置”。③在“工作平面”对话框的“指定新的工作平面”下，确认已选中“名称”和“参照平面：Front”。④单击“确定”。⑤单击“创建拉伸”选项卡→“绘制”面板→【矩形】图标（矩形）。⑥直接在表示空心的矩形顶部（内部矩形草图）上绘制一个矩形。⑦锁定每条线（图 10-7-122）；由于已在另一个矩形顶部绘制了矩形，因此假设矩形之间已经对齐；这是对齐图元的快速方法，它仅适合于在没有多个叠合面或参照平面的情况下使用。⑧在玻璃草图仍被选中的情况下，在“图元”面板上，单击“拉伸属性”。⑨在“实例属性”对话框中进行以下操作：在“限制条件”下输入 10mm 作为“拉伸终点”；输入 5mm 作为“拉伸起点”；单击“确定”。⑩在“拉伸”面板上，单击“完成拉伸”。⑪在项目浏览器中的“楼层平面”下双击 Ref. Level。⑫确认玻璃如图 10-7-123 所示，如果需要调整拉伸的起点和终点，可以编辑拉

伸属性。⑬在快速访问工具栏上，单击【三维视图】图标（三维视图）；玻璃现在显示为实心形状；在本节的后面会介绍将玻璃材质应用于该形状（图 10-7-124）。⑭向门指定一个子类别，可进行以下操作：选择门，然后在“图元”面板上，单击“图元属性”；在“实例属性”对话框的“标识数据”下，选择 Door 作为“子类别”，然后单击“确定”；按 Esc 键。

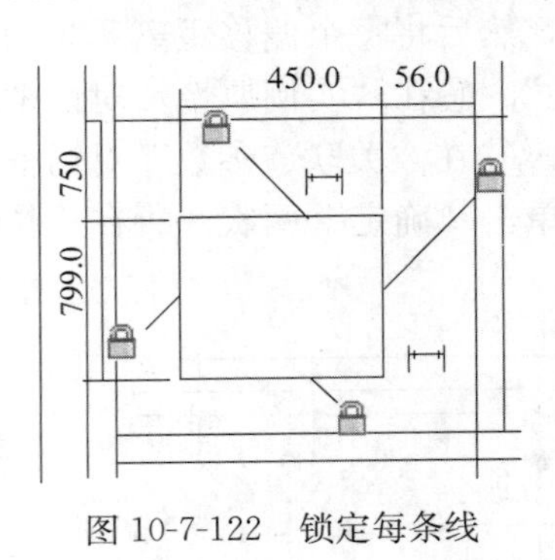

图 10-7-122　锁定每条线

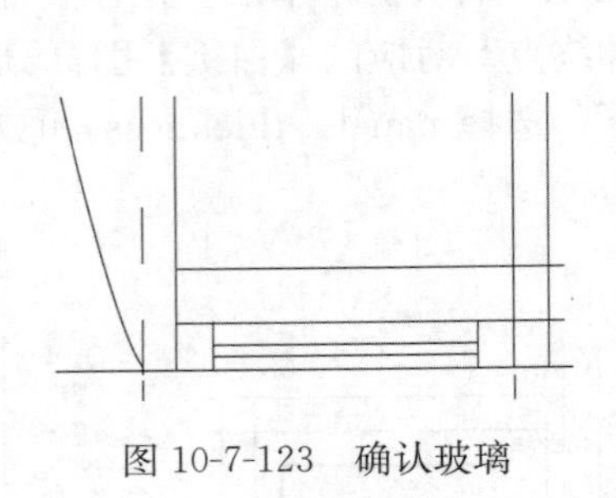
图 10-7-123　确认玻璃

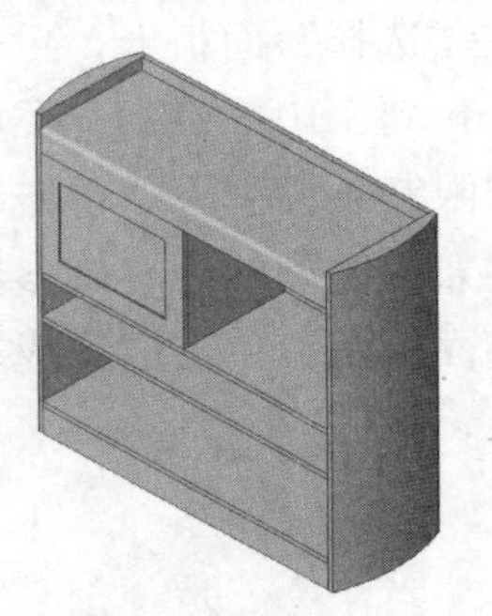
图 10-7-124　将玻璃材质应用于该形状

（4）创建圆形洞口

其过程依次为以下几步：①在项目浏览器中的“立面”下，双击 Front。②在设计栏上进行以下操作：单击“创建”选项卡 →“形状”面板 →“空心”下拉菜单 →“拉伸”；单击“创建”选项卡 →“工作平面”面板 →“设置”。③在“工作平面”对话框的“指定新的工作平面”下，确认已选中“名称”和“参照平面：Front”。④单击“确定”。⑤单击“创建空心拉伸”选项卡 →“绘制”面板 →【圆形】图标（圆形）。⑥在门的右上角绘制一个半径为 25mm 的圆，见图 10-7-125。⑦在“选择”面板上，单击“修改”。⑧选择圆，然后在“绘制”面板上，单击“属性”。⑨在“实例属性”对话框的“图形”下，选择“使中心标记可见”，然后单击“确定”。⑩单击“注释”面板 →“尺寸标注”下拉菜单 →“对齐尺寸标注”。⑪添加两个尺寸标注，并将圆心定位在距玻璃洞口的顶部边缘 35mm 处。⑫在“图元”面板上，单击“拉伸属性”。⑬在“实例属性”对话框中进行以下操作（图 10-7-126）：在“限制条件”下输入 25mm 作为“拉伸终点”；输入 0 作为“拉伸起点”，使用一个大于门厚度的值；单击“确定”。⑭在“拉伸”面板上，单击“完成拉伸”。⑮确认创建了一个起始于 Front 参照平面并终止于门的实心拉伸。⑯在快速访问工具栏上，单击【三维视图】图标（三维视图），见图 10-7-127。

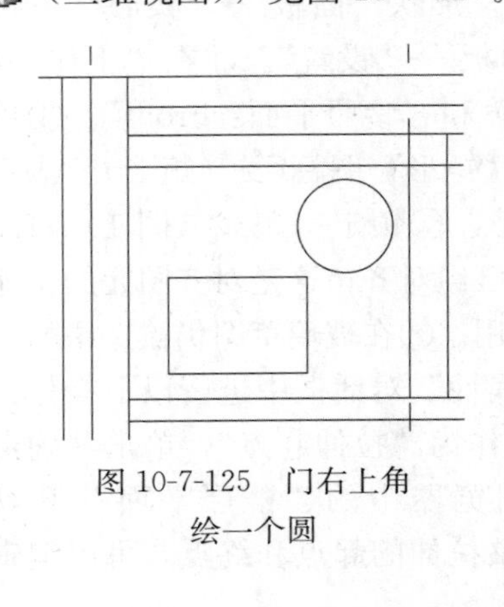
图 10-7-125　门右上角绘一个圆

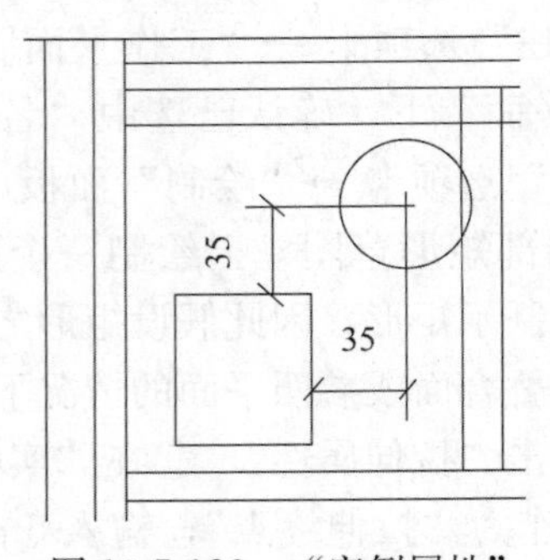

图 10-7-126　“实例属性”对话框中的操作

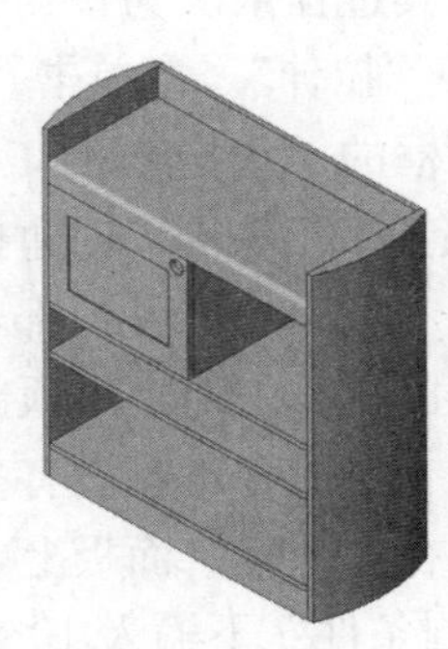
图 10-7-127　三维视图

10.7.12　管理可见性

在本训练中，将介绍在不同的视图中指定书架族的可见性。将书架实例添加到平面视图时，需要确保显示书架的二维符号线处理表示，而不是更复杂的三维书架的隐藏线表示。通过在每个视图中指定相应的可见性设置，可以缩短在项目中重新生成书架图元的时间。

（1）培训文件

继续使用在上一个练习中使用的族 M _ Bookcase. rfa，或打开培训文件 Metric \ Families \ Furniture \ M _ Bookcase _ 10. rfa。如果正在使用提供的培训文件，可单击【R】图标→“另存为”→“族”。在“另存为”对话框的左侧窗格中，单击 Training Files，然后将文件另存为 Metric \ Families \ Furniture \ M _ Bookcase. rfa。

（2）为详细程度创建符号线

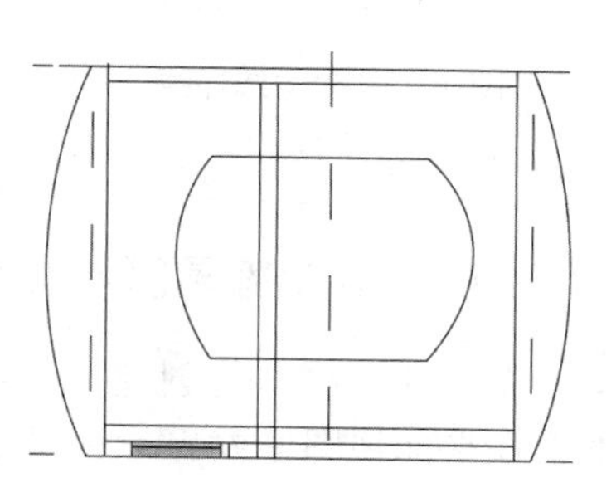

图 10-7-128　创建一闭合草图

其过程依次为以下几步：①在项目浏览器中的“楼层平面”下，双击 Ref. Level。②单击“详图”选项卡→“详图”面板→“符号线”。③在选项栏上，清除“链”（如果其处于被选中状态）。④在“绘制”面板上，单击【起点-终点-半径弧】图标（起点-终点-半径弧）。⑤使用“线”和“弧”工具在现有书架几何图形之外创建一个闭合草图，如图 10-7-128 所示。⑥在“选择”面板上，单击“修改”。⑦单击“修改”选项卡→“编辑”面板→“对齐”。⑧按以下顺序对齐草图：将草图顶部与 Back 参照平面对齐；将两条弧与弧形侧面对齐；将底部线与 Front 参照平面对齐，对齐草图几何图形所采用的顺序是很重要的，因为用户需要在草图的连接侧面之间建立关系。⑨在“选择”面板上单击“修改”，然后选择所有书架几何图形，包括刚刚对齐的草图。⑩在“过滤器”面板上，单击“过滤器”。⑪在“过滤器”对话框中，单击“放弃全部”。⑫选择“线（家具）”，然后单击“确定”，见图 10-7-129。⑬在“可见性”面板上，单击“可见性设置”。⑭在“族图元可见性设置”对话框中的“详细程度”下，确认选中了“粗糙”“中等”和“精细”，然后单击“确定”；将以所有详细程度显示轮廓符号线处理。⑮单击“详图”选项卡→“详图”面板→“符号线”。⑯在后嵌板的内表面以及两个侧面嵌板的内表面上绘制并约束一条符号线（图 10-7-130）。需要强调的是，图中采用红色代表选择颜色，加以区分。⑰按住 Ctrl 键的同时，选择 3 条线。⑱在“可见性”面板上，单击“可见性设置”。⑲在“族图元可见性设置”对话框的“详细程度”下，清除“粗糙”；将以“中等”和“精细”详细程度显示另外 3 条符号线；用户仍需确保三维几何图形不会显示在平面视图中，以免增加重新生成的时间。⑳单击“确定”。㉑在快速访问工具栏上，单击【三维视图】图标（三维视图）。㉒选择该三维几何图形的全部；符号线仅显示为与绘制它们所在的视图平行，这样就不能在三维视图中选择它们。㉓在“形状”面板上，单击“可见性设置”。㉔在“族图元可见性设置”对话框中进行以下操作：在“视图专用显示”下清除“平面/天花板平面视图”，注意不能在“平面/天花板平面”中剪切家具族（窗或门等族将具有该选项）；单击“确定”，三维模型不会显示在平面视图中，仅当在项目中查看族时才会清晰地看到该模型。㉕按 Esc 键。㉖打开 m _ art _ gallery. rvt 项目，再打开 Level 1 楼层平面。㉗单击“视图”选项卡→“窗口”面板→“切换窗口”下拉菜单→M _ Bookcase. rfa。㉘在“族编辑器”面板中，单击“载入到项目中”；

"放置构件"选项卡在项目中处于活动状态，书架构件被选中。㉙放置书架，然后在粗糙、中等以及三维视图中测试它的显示效果；平面视图中显示的符号线处理不会隐藏楼板上的填充图案，因此还必须向书架族中添加一个遮罩区域；在具有材质填充图案的楼板上以中等或精细程度查看时，需要的模型，如图 10-7-131 所示。

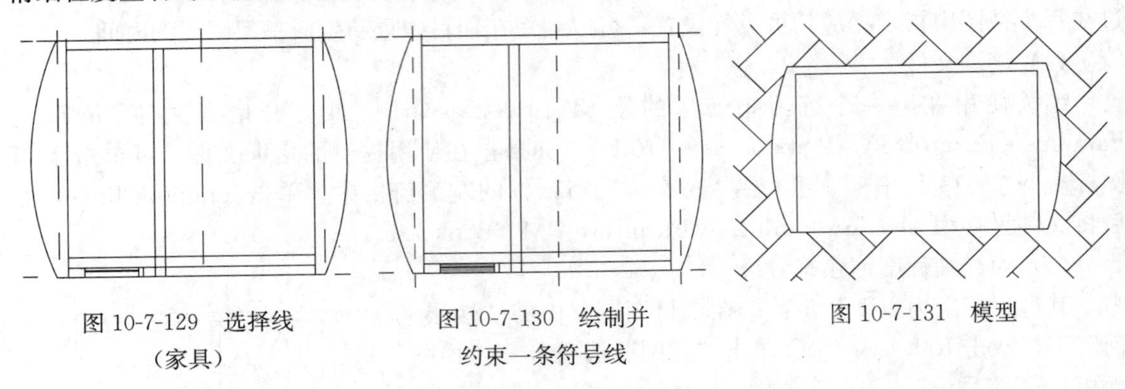

图 10-7-129　选择线（家具）　　图 10-7-130　绘制并约束一条符号线　　图 10-7-131　模型

10.7.13　添加遮罩区域

在本训练中，将创建一个遮罩区域来确保书架在平面视图中隐藏它所放置到的任何楼板材质，见图 10-7-132。

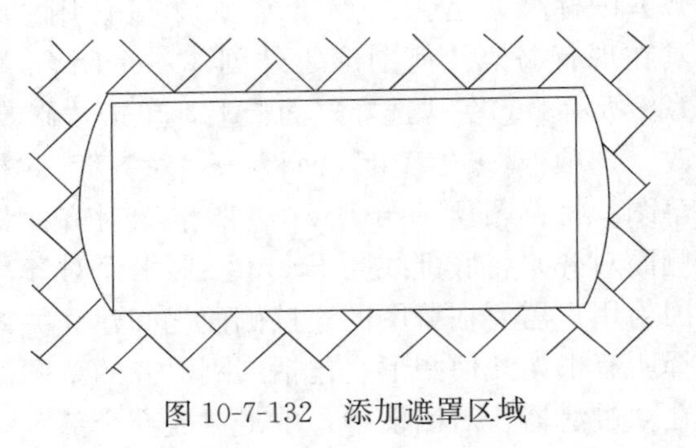

图 10-7-132　添加遮罩区域

（1）培训文件

继续使用在上一个练习中使用的族 M _ Bookcase. rfa，或打开培训文件 Metric \ Families \ Furniture \ M _ Bookcase _ 11. rfa。如果正在使用提供的培训文件，可单击【R】图标→"另存为"→"族"。在"另存为"对话框的左侧窗格中，单击 Training Files，然后将文件另存为 Metric \ Families \ Furniture \ M _ Bookcase. rfa。

（2）创建遮罩区域

其过程依次为以下几步：①在项目浏览器中的"楼层平面"下，双击 Ref. Level。②选择书架几何图形的全部。③在"过滤器"面板上，单击"过滤器"。④在"过滤器"对话框中，单击"放弃全部"。⑤选择"线（家具）"，然后单击"确定"，见图 10-7-133。需要强调的是，图中采用红色代表选择颜色，加以区分。⑥在视图控制栏上，单击"临时隐藏/隔离"→"隐藏类别"，这将从视图中删除线，以便用户可以更轻松地将遮罩区域与几何图形对齐。⑦单击"详图"选项卡→"详图"面板→"遮罩区域"。⑧在"绘制"面板上，单击【起点-终点-半径弧】图标（起点-终点-半径弧），以在现有几何图形之外创建一个闭合的草图，如图 10-7-134 所示。

（3）对齐并约束遮罩区域

其过程依次为以下几步：在"编辑"面板上，单击"对齐"。对齐并锁定遮罩区域，可进行以下三项操作，将顶部线与"Back"参照平面对齐；将两条弧与弧形侧面对齐；将底部线与"Front"参照平面对齐。在"遮罩区域"面板上，单击"完成区域"。在视图控制栏上，单击“临时隐藏/隔离”→“重设临时隐藏/隔离”。

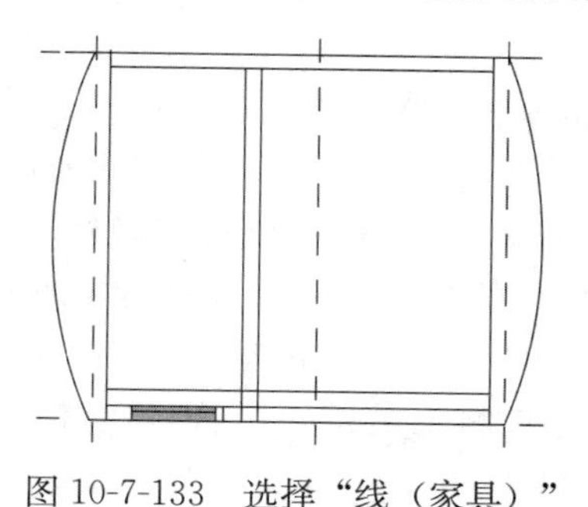

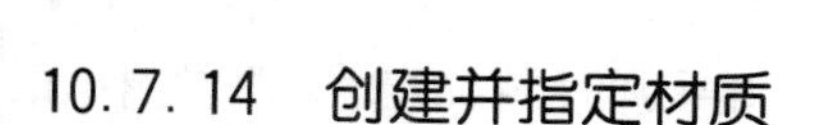

图 10-7-133 选择“线（家具）”

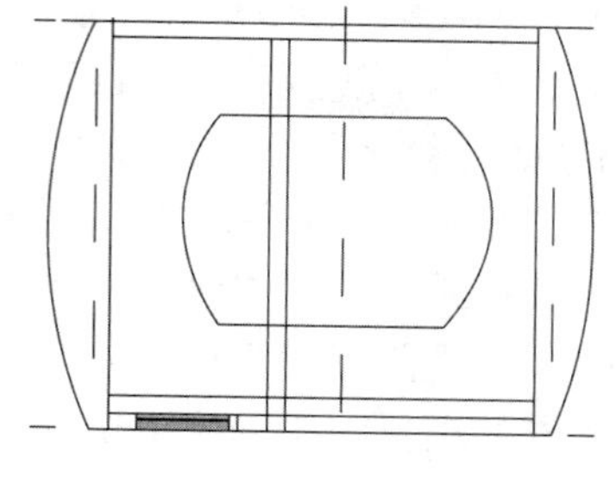

图 10-7-134 创建一个闭合草图

10.7.14 创建并指定材质

在本训练中，将创建材质并将其应用于书架族的构件：底板、门、门中的玻璃嵌板、嵌板、搁板以及书架顶部。要将材质应用于这些不同的构件，可直接按族子类别应用它们。首先将玻璃材质应用于书架门中的嵌板。该嵌板应为玻璃并且不会变化，因此可在其“图元属性”中直接将其应用于嵌板的“材质”参数。应用于书架门的玻璃材质见图 10-7-135。接下来，决定将其他材质应用于书架剩余的各个构件。使用完成的族创建书架时，还需要能够将其他材质应用于各个构件并更新书架的所有实例以反映材质变化。要完成该操作，应将不同材质应用于每个族子类别：底板、门、嵌板、搁板和顶部。改变应用于“搁板”子类别的材质将改变用户使用书架族创建的所有书架的搁板材质。还可以创建族中的材质参数，以提供备用材质列表。该材质在书架中可能是唯一的。下一个练习将涉及材质参数。

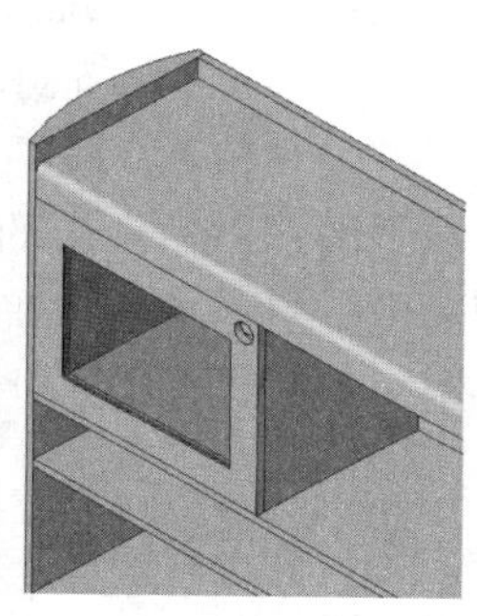

图 10-7-135 应用于书架门的玻璃材质

（1）培训文件

继续使用在上一个练习中使用的族 M _ Bookcase. rfa，或打开培训文件 Metric \ Families \ Furniture \ M _ Bookcase _ 12. rfa。如果正在使用提供的培训文件，可单击【R】图标→“另存为”→“族”。在“另存为”对话框的左侧窗格中，单击 Training Files，然后将文件另存为 Metric \ Families \ Furniture \ M _ Bookcase. rfa。

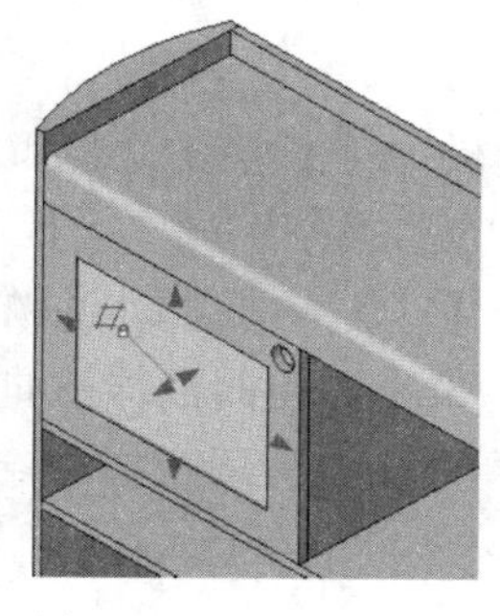

图 10-7-136 选择表示门玻璃的实心形状

（2）将玻璃材质应用于书架门

其过程依次为以下几步：①如有必要，在快速访问工具栏上单击【三维视图】图标（三维视图），然后放大到门。②选择表示门玻璃的实心形状，见图 10-7-136。③在“图元”面板上，单击“图元属性”。④在“实例属性”对话框的“材质和装饰”下，单击“材质”的“值”字段，然后单击【…】图标。⑤在“材质”对话框的“材质”下选择 Glass。⑥在“图形”选项卡上的右侧窗格中，查看“着色”设置；Glass 材质颜色为蓝色，且“透明度”值为 75%。⑦单击“确定”两次。⑧按 Esc 键；书架门玻璃在项目中显示为蓝色和透明；在“图元属性”中应用材质后，只能在族编辑器中修改它；不能在项目中的族实例中修改它；需要强调的是，创建专用家具族时可使用该方法应用所有必要的家具材质，材质在项目中显示为指定图形并且不容易修改。

（3）为书架创建新材质

其过程依次为以下几步：①单击“管理”选项卡→“族设置”面板→“材质”。②在“材质”对话框的“材质”下，选择 Default。③在对话框的左下角，单击【复制】图标（复制）。④在“复制 Revit 材质”对话框中输入 Bookcase _ Base 作为“名称”，然后单击“确定”，此时新材质显示在“材质”列表中。需要强调的是，按照与该命名规则类似的材质命名规则，使用通用前缀对族材质进行分组（在该示例中为 Bookcase），应用于族构件的材质载入使用该族的项目中。⑤使用相同的方法，通过复制 Bookcase _ Base 材质来创建书架材质（完成材质的创建后使“材质”对话框保持打开状态），比如 Bookcase _ Top、Bookcase _ Panels、Bookcase _ Shelves、Bookcase _ Door；接下来，向刚刚创建的各个材质指定显示属性和渲染外观；稍后，在将材质应用于族构件时，显示属性将确定着色视图中的构件颜色，渲染外观决定了构件渲染后的显示效果。

（4）指定材质显示属性和渲染外观

其过程依次为以下几步：①在“材质”对话框的“材质”下，选择 Bookcase _ Base。②在“图形”选项卡的“着色”下，单击颜色样例。③在“颜色”对话框中，为书架底板选择褐色，然后单击“确定”；在颜色上这通常类似于渲染材质，且对于直观区分材质指定很有用。④在“材质”对话框中，单击“渲染外观”选项卡。⑤在“渲染外观基于”下，单击“替换”。⑥在“渲染外观库”中，选择“油漆”作为“种类”。⑦选择“斑点有光泽油漆”渲染外观。⑧单击“确定”。⑨使用相同的方法向其他书架材质指定表 10-7-1 中的颜色和渲染外观。需要强调的是，向搁板指定“天然中光泽桦木”渲染外观时，可注意它包含一个描述木质的位图；仅当在项目中渲染该材质应用的图元时，具有位图图像（如该位图图像）的材质才可见。⑩单击“确定”；接下来，将“书架”材质应用于相应的族子类，以便将其应用于族构件。

表 10-7-1　颜色和渲染外观

材质	颜色	渲染外观
Bookcase _ Door	红色	浅红色有光泽油漆
Bookcase _ Panels	青绿色	深灰蓝色有光泽油漆
Bookcase _ Shelves	浅褐色	天然中光泽桦木
Bookcase _ Top	中褐色	斑点有光泽油漆

（5）将书架材质应用于“家具”子类别

其过程依次为以下几步：①单击“管理”选项卡→“族设置”面板→“设置”下拉菜单→“对象样式”。②在“对象样式”对话框的“模型对象”选项卡的“类别”→“家具”下，选择“基准”。③单击“基准”对应的“材质”字段，然后单击【…】图标。④在“材质”对话框的“材质”下，选择 Bookcase _ Base 并单击“确定”。⑤使用相同的方法向相应的子类别指定剩余书架材质（表 10-7-2）。⑥单击“确定”，书架族将显示为用户指定给它的颜色。

表 10-7-2　剩余书架材质

子类别	门	嵌板	搁板	顶
材质	Bookcase _ Door	Bookcase _ Panels	Bookcase _ Shelves	Bookcase _ Top

10.7.15　创建材质参数

在本训练中，将向书架族中添加材质参数，见图 10-7-137。向项目中添加书架时，该参数将向用户提供修改单个书架或创建的每个书架类型的门材质的选项，这与按族子类别应用于书架的材质无关。

(1) 培训文件

继续使用在上一个练习中使用的族 M _ Bookcase. rfa，或打开培训文件 Metric \ Families \ Furniture \ M _ Bookcase _ 13. rfa。如果正在使用提供的培训文件，可单击【R】图标→"另存为"→"族"。在"另存为"对话框的左侧窗格中，单击 Training Files，然后将文件另存为 Metric \ Families \ Furniture \ M _ Bookcase. rfa。

(2) 向书架族中添加材质参数

其过程依次为以下几步：①在"族属性"面板上，单击"类型"。②在"族类型"对话框的"参数"下单击"添加"。③在"参数类型"对话框中进行以下操作：在"参数"下输入 door _ finish 作为"名称"；在"参数分组方式"下选择"材质和装饰"；在"参数类型"下选择"材质"；选中"实例"；通过将该参数创建为实例参数，将能够为放置到项目中的书架族的各个实例选择不同的门面层。④单击"确定"两次。

(3) 将 door _ finish 参数应用于门

其过程依次为以下几步：①选择门，然后在"图元"面板上，单击"图元属性"。②在"实例属性"对话框中进行以下操作：在"材质和装饰"下单击"材质"对应的【白键】图标；在"关联族参数"对话框中选择 door _ finish 作为"兼容类型的现有族参数"。③单击"确定"两次。④保存书架族。

(4) 将书架族载入新项目中

其过程依次为以下几步：①单击【R】图标→"新建"→"项目"。②命名并保存新项目，但不关闭它。③打开 M _ Bookcase. rfa，然后在"族编辑器"面板上，单击"载入到项目中"，此时将显示新项目。

(5) 放置书架族的 3 个实例

其过程依次为以下几步：①在类型选择器中，选择一个书架类型，然后将 3 个相同类型的书架放置在项目中，见图 10-7-138。②在"选择"面板上，单击"修改"。③在快速访问工具栏上，单击【三维视图】图标（三维视图）；全部 3 个书架按族子类别将材质应用于其构件。④在视图控制栏上，单击"模型图形样式"→"带边框着色"，见图 10-7-137。

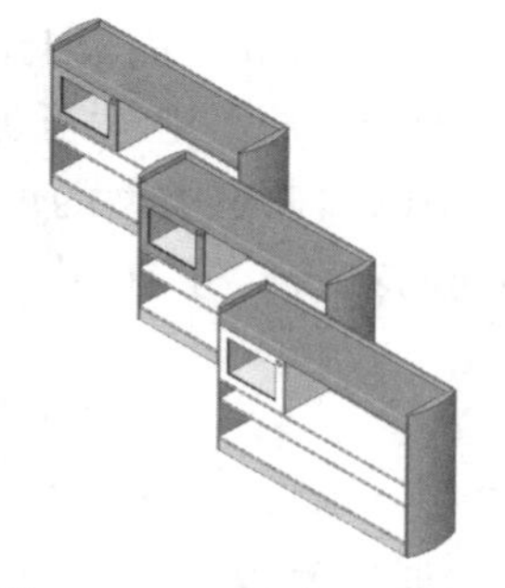

图 10-7-137　添加材质参数

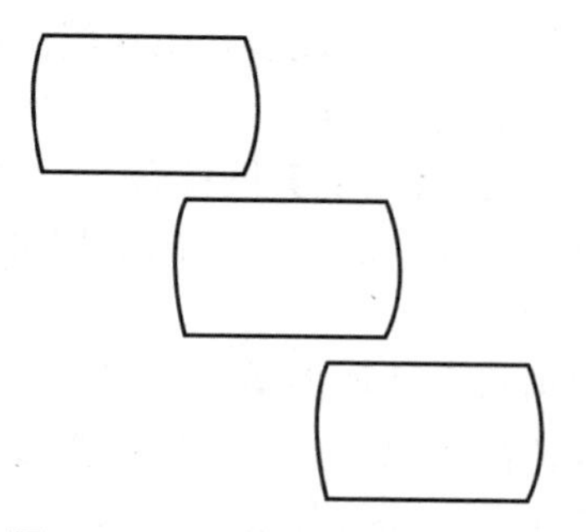

图 10-7-138　书架放置在项目中

(6) 改变应用于书架门的材质

其过程依次为以下几步：①选择中间的书架。②在“图元”面板上，单击“图元属性”。在“实例属性”对话框中进行以下操作：在“材质和装饰”下单击 door _ finish 对应的“值”字段，然后单击【…】图标；在“材质”对话框的“材质”下选择 Bookcase _ Top，应用于书架顶部的相同材质将应用于门。③单击“确定”两次。④选择第三个书架。⑤使用相同的方法将 Bookcase _ Shelves 材质应用于 door _ finish 参数，见图 10-7-137。

10.7.16 控制门的可见性

如图 10-7-139 所示，在本训练中，将向书架族中添加一个可见性参数，该参数可控制放置在项目中的书架是否包含玻璃嵌板门。该参数用于控制书架的各个实例的门和玻璃的可见性。创建该参数时，可将其命名为 door _ included，以清楚地表明它的功能。查看书架门和玻璃的属性时，该参数提供了“是/否”选项。选择“是”将显示门和玻璃，选择“否”将关闭其可见性。

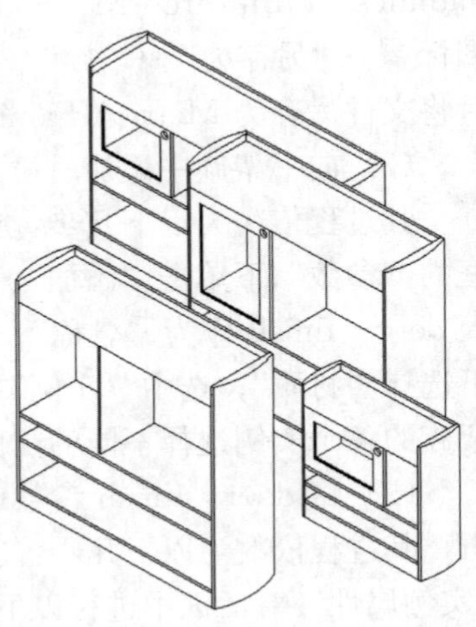

图 10-7-139　控制门的可见性

(1) 培训文件

继续使用在上一个练习中使用的族 M _ Bookcase. rfa，或打开培训文件 Metric \ Families \ Furniture \ M _ Bookcase _ 14. rfa。如果正在使用提供的培训文件，可单击【R】图标→“另存为”→“族”。在“另存为”对话框的左侧窗格中，单击 Training Files，然后将文件另存为 Metric \ Families \ Furniture \ M _ Bookcase. rfa。

(2) 添加参数以控制门的可见性

其过程依次为以下几步：①如有必要，单击“视图”选项卡→“窗口”面板→“切换窗口”下拉菜单→bookcase. rfa。②在“族属性”面板上，单击“类型”。③在“族类型”对话框中进行以下操作：在“参数”下单击“添加”；在“参数属性”对话框的“参数数据”下，输入 door _ included 作为“名称”；在“参数分组方式”下，选择“材质和装饰”；在“参数类型”下选择“是/否”，该参数将有一个用于设置可见性的“是/否”选项。④选择“实例”，这样相同书架即使有多个实例，也可以确定哪个实例与门一起显示。⑤单击“确定”两次。

(3) 将参数与门和门玻璃关联

其过程依次为以下几步：①在绘图区域中选择书架门。②在“图元”面板上，单击“图元属性”。③在“实例属性”对话框中进行以下操作：在“图形”下，在“可见”对应的“=”列中，单击【白键】图标；在“关联族参数”对话框中的“兼容类型的现有族参数”下，选择 door _ included。④单击“确定”两次。⑤使用相同的方法，将 door _ included 参数与门玻璃相关联。

(4) 向项目中添加书架

其过程依次为以下几步：①单击【R】图标→“新建”→“项目”。②命名并保存新项目，但不关闭它。③打开 M _ Bookcase. rfa，然后在“族编辑器”面板上，单击“载入到项目中”，此时将显示新项目。④在类型选择器中，选择 M _ Bookcase：1800×450×1200，然

后将书架添加到项目中。⑤使用相同的方法将“1500×450×1500”和“900×300×900”书架添加到项目中，见图 10-7-140。⑥在“选择”面板上，单击“修改”。

（5）在项目中测试门和玻璃的可见性

其过程依次为以下几步：①在快速访问工具栏上，单击【三维视图】图标（三维视图），见图 10-7-141。②选择 1500×450×1500 书架。③在“修改”面板上，单击“复制”。④单击书架的左下端点，将光标向前拖曳，然后单击创建一个副本。⑤在书架副本被选中的情况下，在“图元”面板上，单击“图元属性”。⑥在“实例属性”对话框中进行以下操作：在“材质和装饰”下清除 door _ included；单击“确定”，此时书架门和玻璃不再显示在书架副本中（图 10-7-139）。

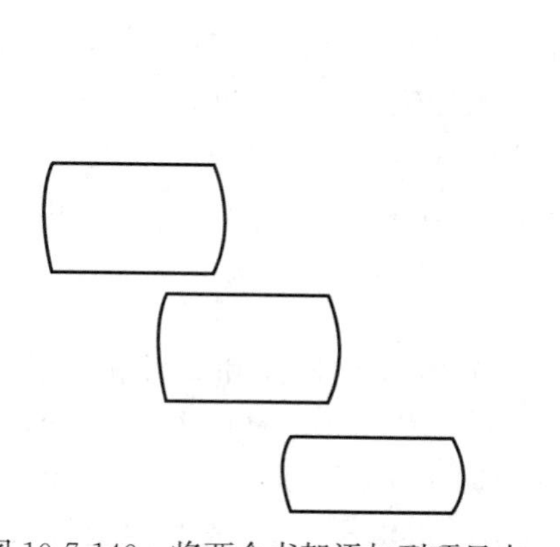

图 10-7-140　将两个书架添加到项目中

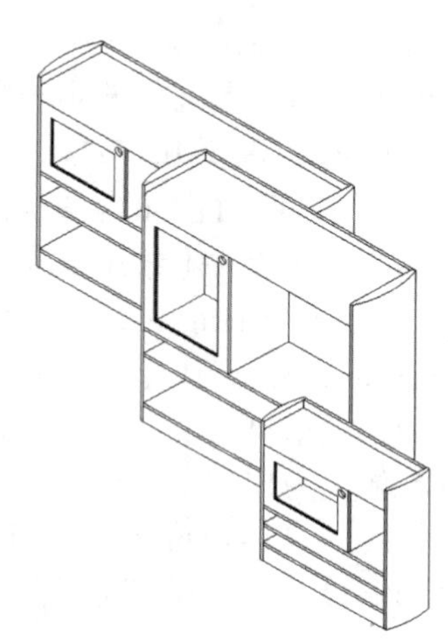

图 10-7-141　三维视图

10.7.17　创建类型目录

如图 10-7-142 所示，在本训练中，将为书架族创建类型目录。类型目录是在用户将族载入项目中时显示的对话框。它列出了族中的所有类型，使用户可以选择并只载入当前项目需要的类型。要创建类型目录，可创建一个外部文本文件，其中包含用于创建族中不同类型的参数和参数值。将该文件放置在族文件的位置中。载入该族时，将显示类型目录。类型目录对于包含许多类型的大型族（如钢剖面）最有用。选择并只载入项目所需的类型可使项目文件更小。最佳经验是为包含 6 个或更多类型的族创建类型目录。

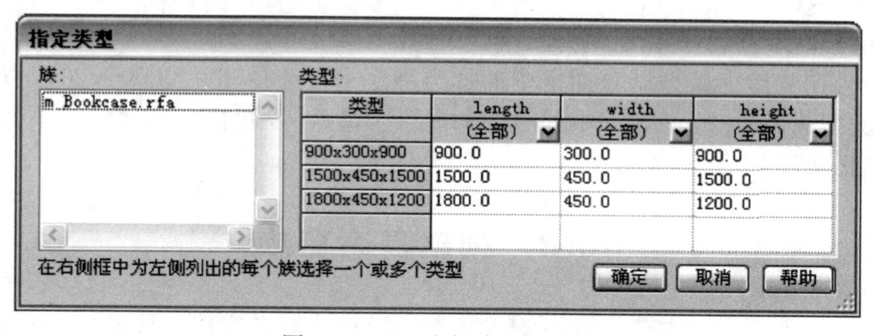

图 10-7-142　书架族类型目录

（1）培训文件

继续使用在上一个练习中使用的族 M _ Bookcase. rfa，或打开培训文件 Metric \ Families \ Furniture \ M _ Bookcase _ 15. rfa。如果正在使用提供的培训文件，可单击【R】图标→“另存为”→“族”。在“另存为”对话框的左侧窗格中，单击 Training Files，然后将文件另存为 Metric \ Families \ Furniture \ M _ Bookcase. rfa。

（2）创建新的类型目录文件

其过程依次为以下几步：①打开 Microsoft 的“记事本”。需要强调的是，尽管在本训练中将使用记事本创建类型目录，但也可以使用其他任何可用的文本编辑器。②单击“文件”菜单 →“另存为”。③将该文件另存为 M _ Bookcase. txt，并与 M _ Bookcase. rfa 保存在同一位置。类型目录的名称必须与族相同。

（3）输入类型目录文件的第一行

其过程依次为以下几步：①在文本文件的第一行上，输入“，length＃＃length＃＃millimeters”。在同一行上的上一段文本结尾处输入“，width＃＃length＃＃millimeters”。在同一行上的上一段文本结尾处输入“，height＃＃length＃＃millimeters”；②第一行现在应为“，length＃＃length＃＃millimeters，width＃＃length＃＃millimeters，height＃＃length＃＃millimeters”。

（4）输入类型目录文件的第二行

其过程依次为以下几步：①指定第一个类型的名称和尺寸标注为“900×300×900，900，300，900”族类型名称将显示为 900×300×900，且由逗号分隔的值按照在该文件第一行的显示顺序显示。②另起行添加两个剩余类型，即“1500×450×1500，1500，450，1500”以及“1800×450×1200，1800，450，1200”。已完成的类型目录应如图 10-7-143 所示。③保存并关闭类型目录。

```
,length##length##millimeters,width##length##millimeters,height##length##millimeters
900x300x900,900,300,900
1500x450x1500,1500,450,1500
1800x450x1200,1800,450,1200
```

图 10-7-143　已完成的类型目录

（5）将书架类型载入具有类型目录的项目中

其过程依次为以下几步：①打开 m _ art _ gallery. rvt，并打开 Level 1 楼层平面。②单击“常用”选项卡 →“构建”面板 →“构件”下拉菜单 →“放置构件”。③在“模型”面板上，单击“载入族”。④在“打开”对话框的“搜索”下，定位到保存 M _ Bookcase. rfa 的位置，选择该文件，然后单击“打开”。此时将显示类型目录（图 10-7-142），其中列出 3 个书架类型。⑤在“指定类型”对话框中的“类型”下，选择 900×300×900，并单击“确定”。⑥在类型选择器中，注意只有已选中的各个类型载入项目中。⑦将 900×300×900 书架添加到艺廊项目中。

10.8　创建复杂窗族

如图 10-8-1 所示，在本节中，将使用基本样板创建复杂窗族。该窗用于空腔墙中，墙构件在墙的内部和外部包络窗框。窗由两种窗类型构成：可操作的平开窗（宽度由用户定义）和固定窗。除了创建三维几何图形外，还要向族中添加符号线，以使其在平面和立面视图中显示得更为清晰。立面中的平开窗打开方向显示见图 10-8-2。最后，将标准窗台族嵌套到要显示和要添加到明细表中的窗内，见图 10-8-3。

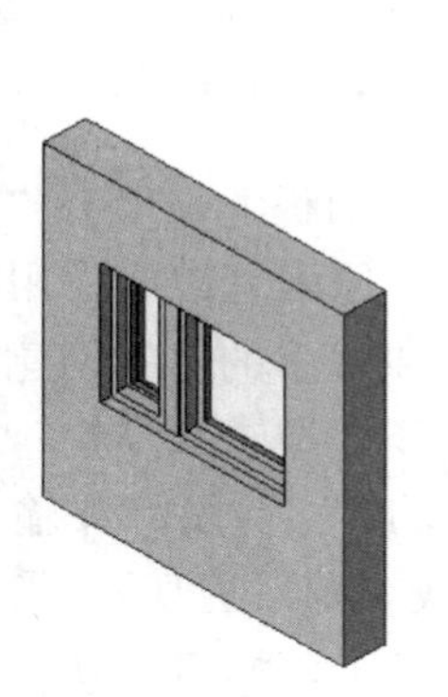

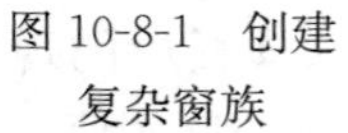

图 10-8-1　创建复杂窗族

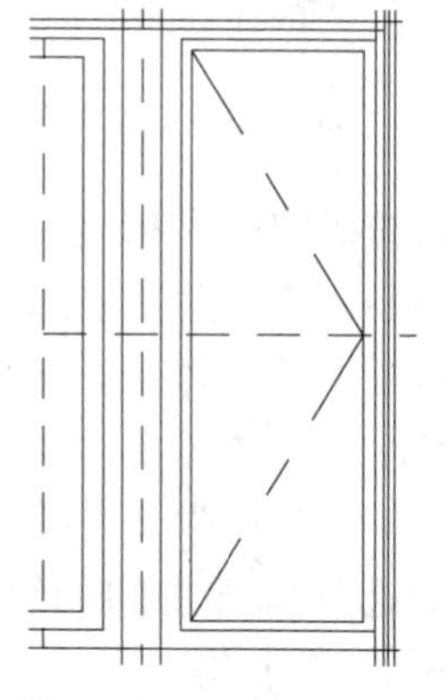

图 10-8-2　平面中平开窗打开方向显示

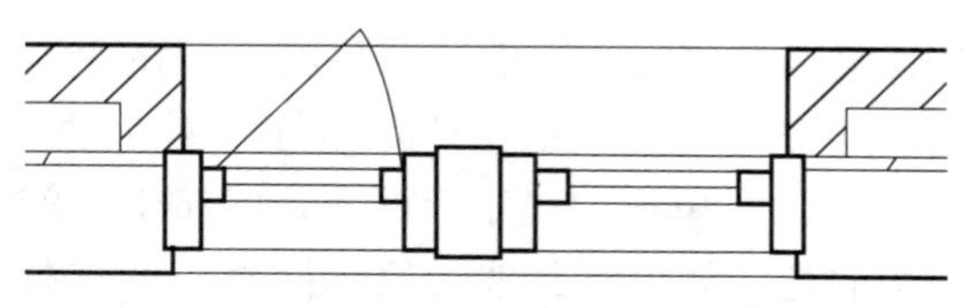

图 10-8-3　标准窗台族嵌套窗内

10.8.1　创建复杂墙洞口

如图 10-8-4 所示，在本节中，将打开一个基于窗样板的文件，并为该窗创建一个复杂洞口。先删除墙中的现有洞口，然后通过剪切一系列空心墙来创建新洞口。使用一系列空心形状而非单个草图，是因为空心尺寸的值不同。具有内部和外部包络的复杂墙洞口见图 10-8-5。本节中使用的技巧主要有以下六个：创建空心几何图形；使用“剪切几何图形”工具；添加参数以控制包络值（墙构件会在包络处重叠）和窗框的深度；添加窗尺寸的族类型；在项目中测试族；修改属性以定义墙闭合和包络选项。

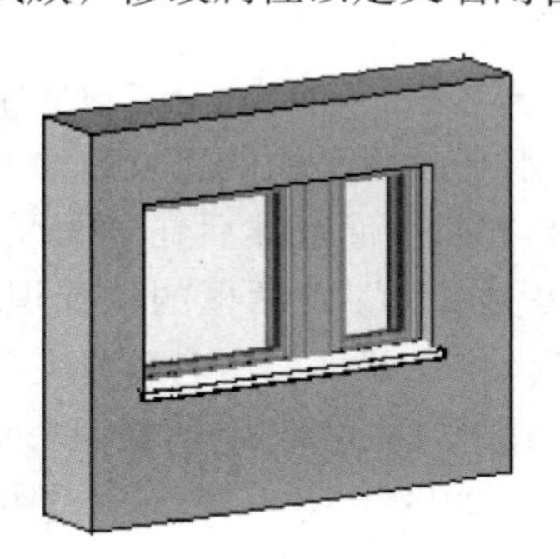

图 10-8-4　创建复杂墙洞口

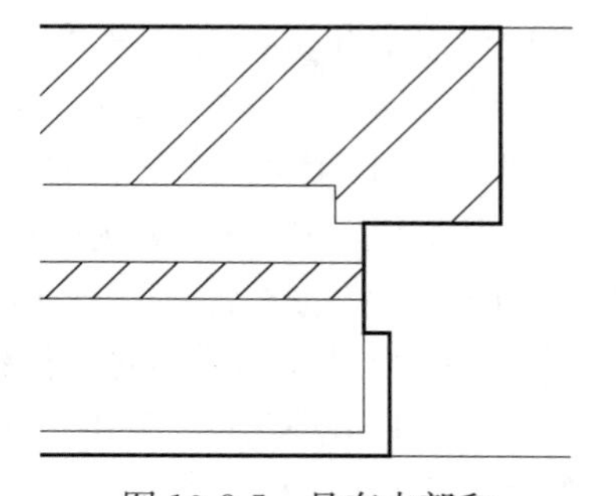

图 10-8-5　具有内部和外部包络的复杂墙洞口

10.8.2　创建空心以剪切外墙面

在本训练中，将创建一个空心拉伸，以便在外墙面中剪切洞口。

(1) 打开族文件

其过程依次为以下几步：①单击【R】图标→“打开”→“族”。②在“打开”对话框的左侧窗格中，单击 Training Files，然后打开 Metric \ Families \ Windows \ M _ Complex _

Window _ Start. rfa，见图 10-8-6。③单击【R】图标→“另存为”→“族”。④在“另存为”对话框的左侧窗格中，单击 Training Files，并将该文件另存为 Metric \ Families \ M _ Complex _ Window. rfa。

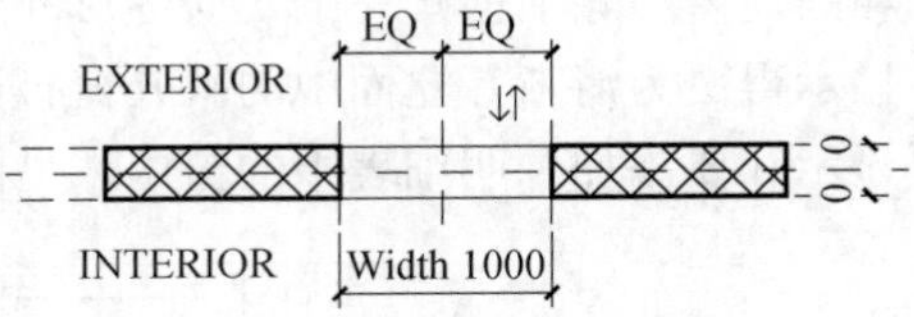

图 10-8-6　左侧窗格中单击 Training Files

（2）修改主体墙的尺寸

其过程依次为以下几步：①在绘图区域中，选择墙，然后在“图元”面板上，单击“图元属性”下拉菜单 →“类型属性”。需要在族样板中修改主体墙的尺寸，原因是该族将用在空腔墙中，空腔墙通常比标准墙厚。通过加厚样板中的主体墙，还可提供更多的空间创建在剪切复杂洞口时需要的参照平面。②在“类型属性”对话框的“构造”下，单击“结构”对应的“编辑”。③在“编辑部件”对话框中，单击“层”2 中的“厚度”字段，并输入 300mm。④单击“确定”两次。⑤按 Esc 键。⑥选择底部中间的绘制线（洞口剪切）。需要强调的是，如果有其他对象干扰用户的选择，可按 Tab 键，直至高亮显示该洞口剪切，见图 10-8-7。⑦按 Delete 键。由于用户要创建更复杂的洞口，因此可以删除样板中的现有洞口。将用一系列空心形状替换该洞口，见图 10-8-8。⑧在视图控制栏上，单击比例值，并选择 1∶5。⑨增大该比例，以调整尺寸标注文字的大小，这样当用户在窗口区域中工作时，文字的可读性更好。

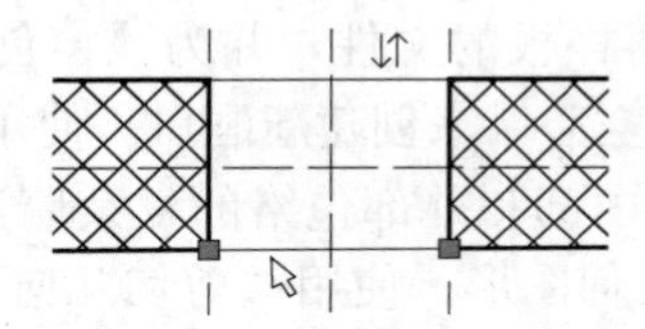

图 10-8-7　选择底部中间的绘制线

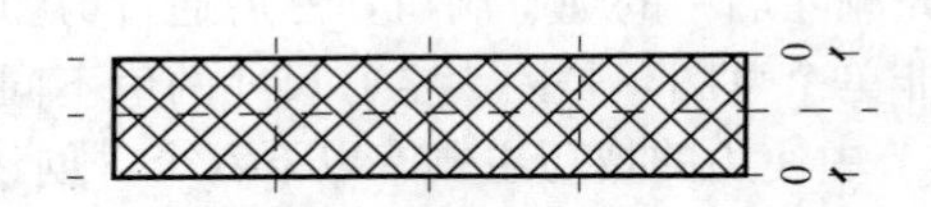

图 10-8-8　按 Delete 键的结果

（3）添加参照平面以定义复杂几何图形的空心形状

其过程依次为以下几步：①单击“创建”选项卡 →“基准”面板 →“参照平面”下拉菜单 →“绘制参照平面”。②在 Center（Front/Back）水平参照平面的正上方绘制一个水平参照平面，见图 10-8-9。③按 Esc 键两次。④选择新的参照平面，然后在“图元”面板上，单击“图元属性”下拉菜单 →“实例属性”。⑤在“实例属性”对话框的“标识数据”下，输入 Ext Wrap Depth 作为“名称”，然后单击“确定”。将参照平面命名后，在项目中放置族时，对参照平面执行尺寸标注和对齐操作会更容易。⑥按 Esc 键。⑦绘制两个垂直参照平面，一个在 Center（Left/Right）左侧，一个在其右侧，如图 10-8-10 所示。⑧按 Esc 键两次。⑨将新参照平面相应地命名为 Ext Wrap Left 和 Ext Wrap Right。

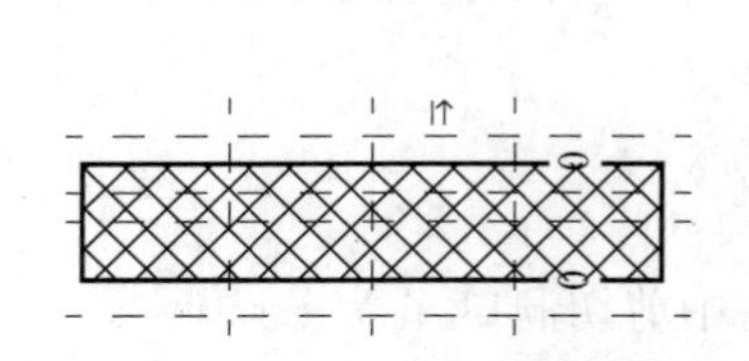

图 10-8-9　绘制一个水平参照平面

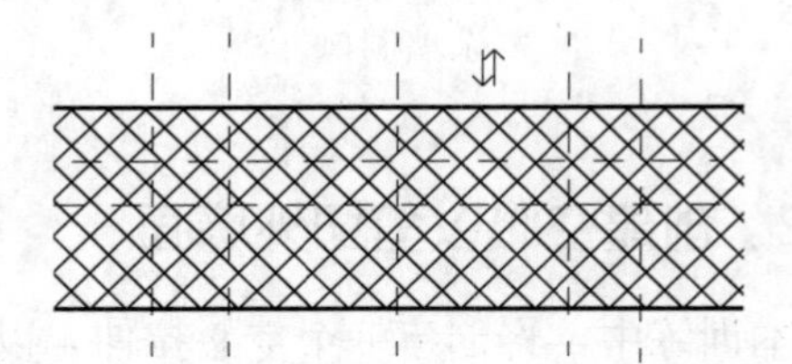

图 10-8-10　绘制两个垂直参照平面

(4) 创建空心拉伸

其过程依次为以下几步：①单击“创建”选项卡→“形状”面板→“空心”下拉菜单→“拉伸”。②单击“创建”选项卡→“工作平面”面板→“设置”。③在“工作平面”对话框中，选择“参照平面：Sill”作为名称；按窗台的高度绘制空心拉伸。④单击“确定”。⑤单击“创建空心拉伸”选项卡→“绘制”面板→

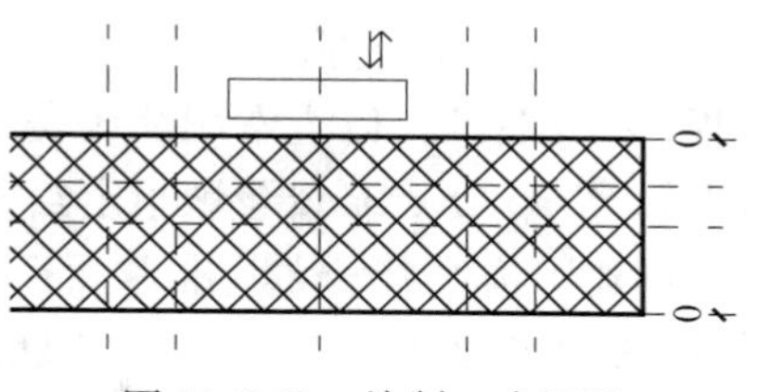

图 10-8-11 绘制一个矩形

【矩形】图标（矩形）。⑥在选项栏上，确认“深度”为 250mm。⑦绘制矩形并将其对齐/锁定到参照平面，需要强调的是，在墙的上方而不是在墙内绘制几何图形以更好地对齐该几何图形并确保不创建隐藏的限制条件，可进行以下操作：在墙的上方、内部垂直参照平面之间绘制一个矩形（图 10-8-11）；在“编辑”面板上单击“对齐”；选择 Ext Wrap Depth 参照平面；选择底部的绘制线并单击【锁定】图标，见图 10-8-12；选择 Ext Wall Face 参照平面，再选择顶部的绘制线，并单击【锁定】图标，见图 10-8-13；选择 Ext Wrap Left 参照平面，再选择左侧的绘制线，并单击【锁定】图标，见图 10-8-14；选择 Ext Wrap Right 参照平面，再选择右侧的绘制线，并单击【锁定】图标，见图 10-8-15。⑧在“拉伸”面板上，单击“完成拉伸”，见图 10-8-16。

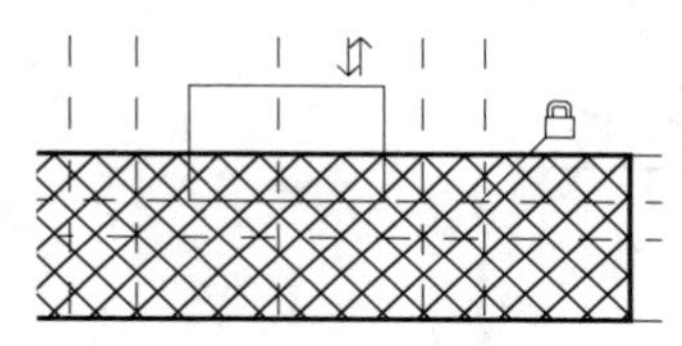

图 10-8-12 选择底部的绘制线

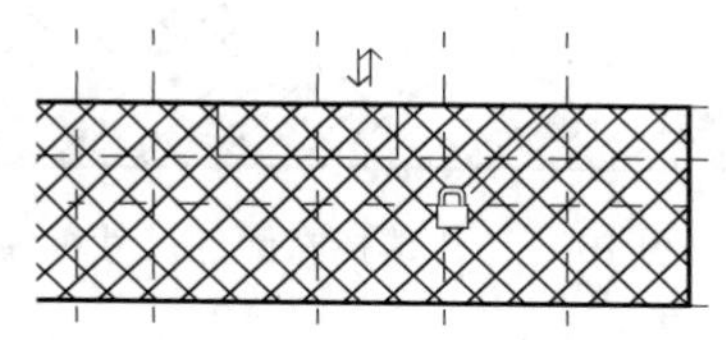

图 10-8-13 选择顶部的绘制线

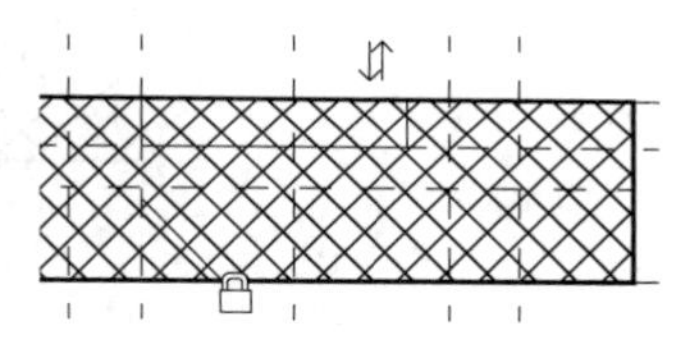

图 10-8-14 选择左侧绘制线

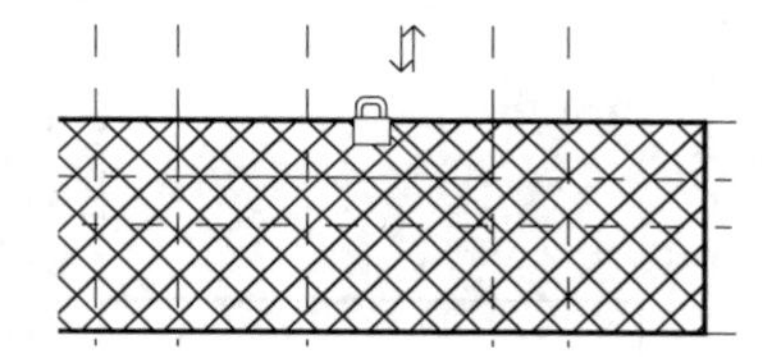

图 10-8-15 选择右侧绘制线

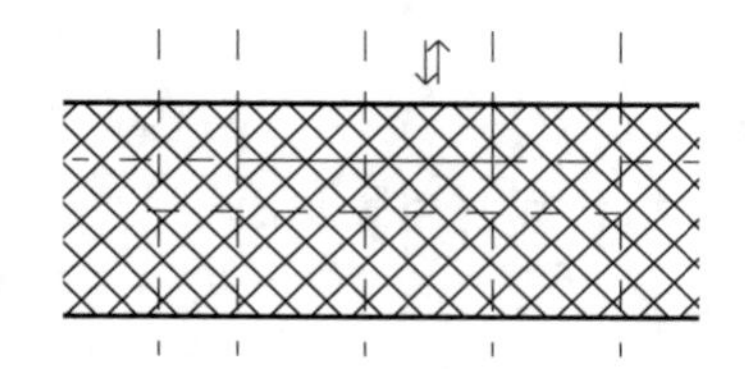

图 10-8-16 完成拉伸

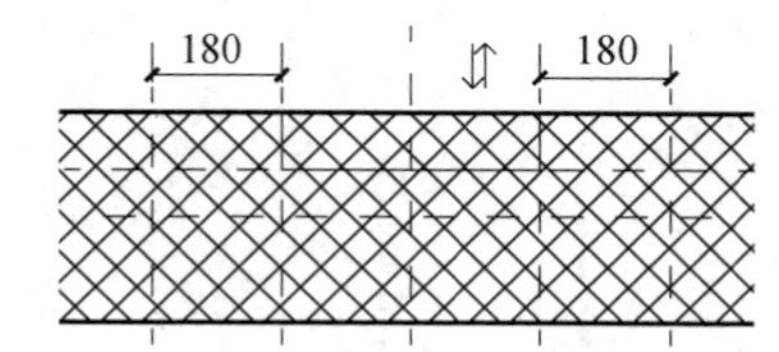

图 10-8-17 对参照平面标注尺寸

(5) 对参照平面标注尺寸（图 10-8-17）

为垂直参照平面标注尺寸可进行以下操作：单击“详图”选项卡→“尺寸标注”面板→“对齐”；对左侧及右侧的各两个参照平面标注尺寸；在“选择”面板上单击“修改”；必要时可以修改尺寸标注，使其均为 75mm（图 10-8-18）。需要强调的是，修改尺寸标注时，选择要在尺寸标注发生变化时移动的线（在本示例中为内部参照平面）。

(6) 添加悬挑参数

其过程依次为以下几步：①选择左侧的尺寸标注，并在选项栏上，选择“〈添加参数〉”作为“标签”。②在“参数属性”对话框中，输入 Ext. Wrap Overhang 作为“名称”，选择“构造”作为“参数分组方式”，并单击“确定”。该参数描述外墙包络与窗框上方悬挑的距离。③选择右侧的尺寸标注，并在选项栏上，选择 Ext. Wrap Overhang 作为“标签”，见图

10-8-19。在项目浏览器中，展开“立面”，然后双击 Exterior，见图 10-8-20。需要强调的是，单击“视图”选项卡 →“图形”面板 →“细线”，以查看用细线表示的拉伸。④添加参照平面并将 Ext. Wrap Overhang 参数指定给窗标头，可进行以下操作：单击“创建”选项卡 →“基准”面板 →“参照平面”下拉菜单 →“绘制参照平面”；在“Head”参照平面下 75mm 处绘制一个水平参照平面，并将其命名为 Ext Wrap Top，见图 10-8-21；单击“详图”选项卡 →“尺寸标注”面板 →“对齐”；对顶部的两个参照平面标注尺寸，见图 10-8-22；选择该尺寸标注，并在选项栏上选择 Ext. Wrap Overhang作为“标签”，见图 10-8-23。

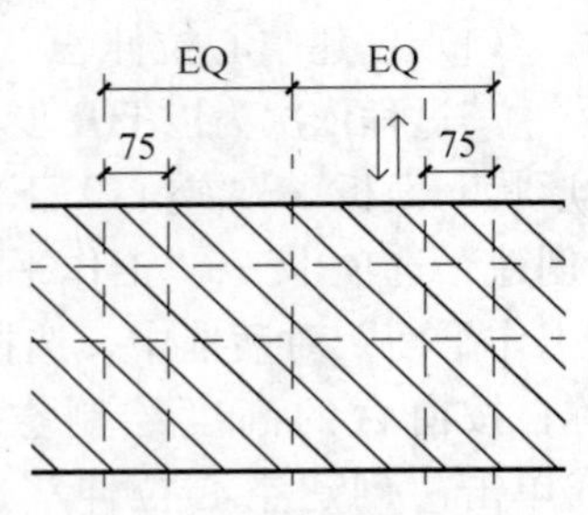

图 10-8-18　修改尺寸标注

需要强调的是，在本示例中，为简便起见，对标头包络和侧柱使用同一参数；可以创建并指定另一个参数，以对标头和侧柱定义不同的宽度。

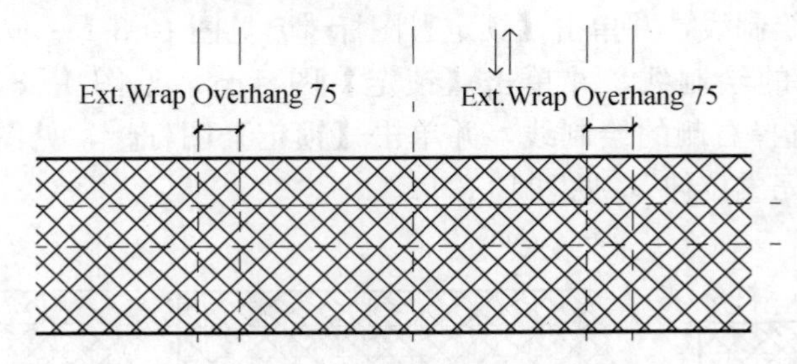

图 10-8-19　选择右侧的尺寸标注

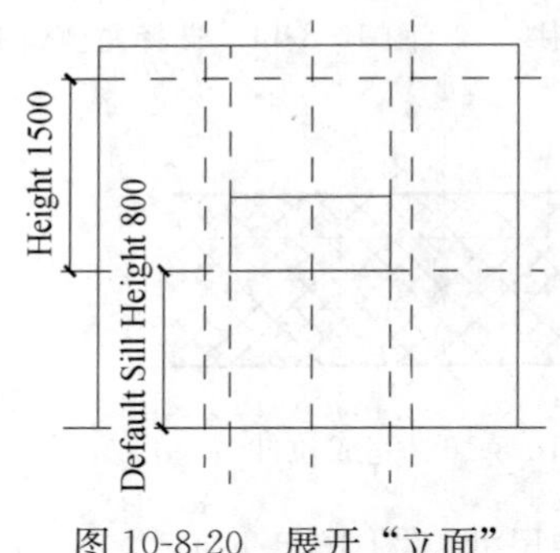

图 10-8-20　展开“立面”

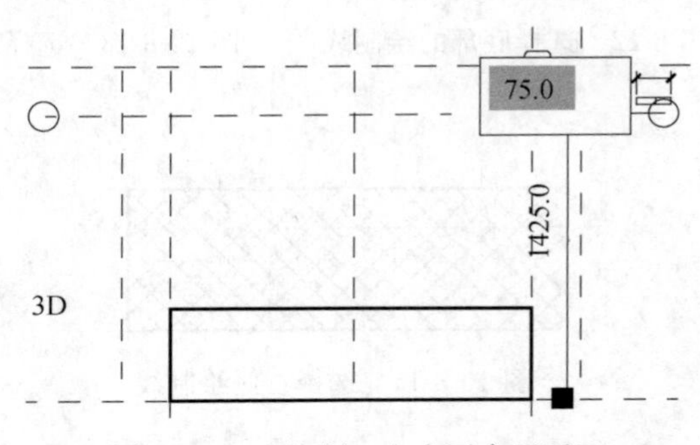

图 10-8-21　绘制一个水平参照平面

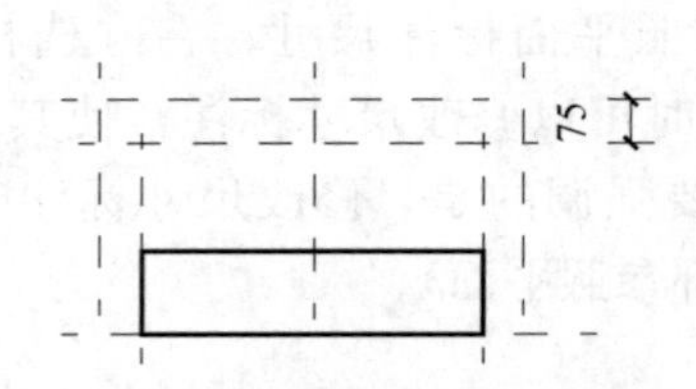

图 10-8-22　在两个参照平面标注尺寸

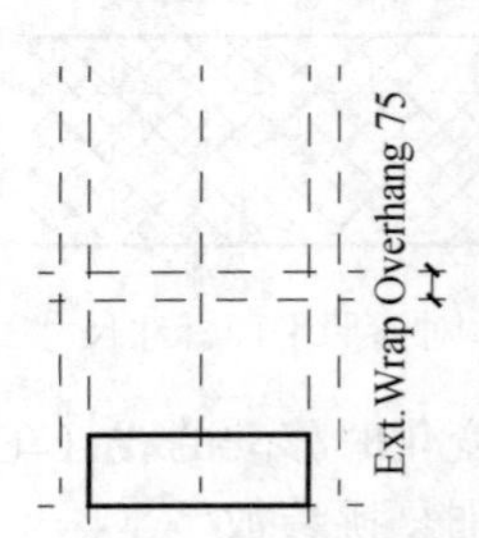

图 10-8-23　选择该尺寸标注

（7）从主体墙剪切空心

其过程依次为以下几步：①单击“修改”选项卡→“编辑”面板→“对齐”。②选择Ext Wrap Top参照平面，选择剪切拉伸的顶部线，然后单击【锁定】图标，见图10-8-24。③在项目浏览器中的“楼层平面”下，双击Ref. Level。④单击“修改”选项卡→“编辑几何图形”面板→“剪切”下拉菜单→“剪切几何图形”。⑤依次选择拉伸和墙，然后在“选择”面板上，单击“修改”，见图10-8-25。

（8）添加深度参数

其过程依次为以下四步：①单击“详图”选项卡→“尺寸标注”面板→“对齐”。②对Ext Wall Face和Ext Wrap Depth参照平面标注尺寸并单击“修改”，尺寸标注值并不重要，见图10-8-26。③选择该尺寸标注，并在选项栏上选择“〈添加参数〉”作为“标签”。④在“参数属性”对话框中，输入Ext. Wrap Depth作为“名称”，选择“构造”作为“参数分组方式”，并单击“确定”。

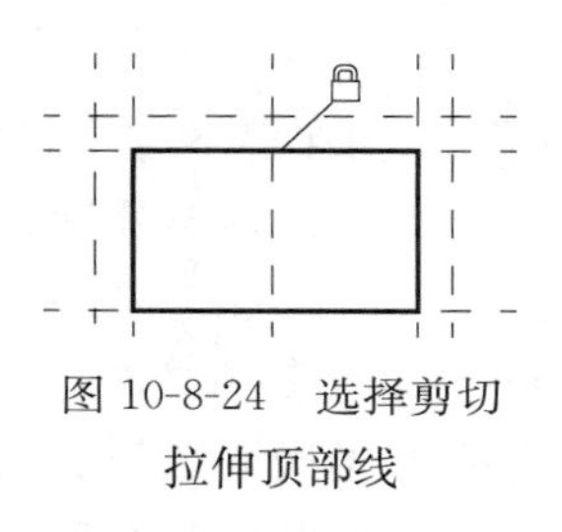
图10-8-24　选择剪切拉伸顶部线

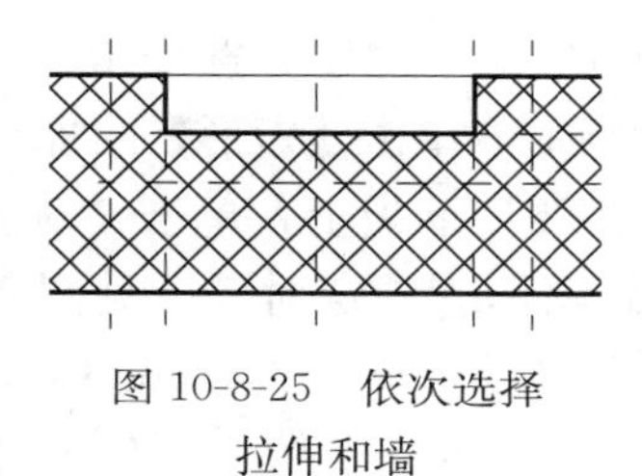
图10-8-25　依次选择拉伸和墙

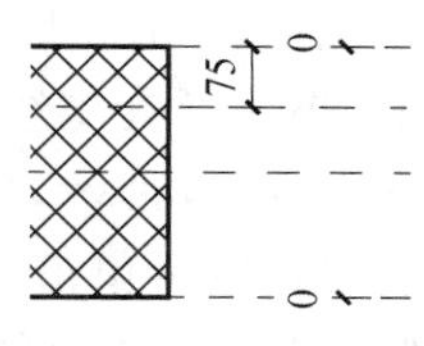

图10-8-26　对参照平面标注尺寸

（9）创建族类型并调整模型几何图形

其过程依次为以下几步：①在项目浏览器的“立面”下，双击Exterior。②在“族属性”面板上，单击“类型”；应在添加几何图形的各个标高后调整族；为了便于调整族，需要添加不同尺寸标注的族类型；然后，应用类型并查看该几何图形。③移动“族类型”对话框，以便在应用新类型时可以查看绘图区域。④在“族类型”对话框的“族类型”下，单击“新建”。⑤在“名称”对话框中，输入“1500mmH×1000mmW _ 450mmCasement”，并单击“确定”。⑥在“族类型”对话框的“族类型”下，单击“新建”。⑦在“名称”对话框中，输入“1200mmH×1500mm W _ 450mm Casement”，并单击“确定”。⑧在“尺寸标注”下，输入1200mm作为“高度”，输入1500mm作为“宽度”，并单击“应用”。⑨使用相同的方法添加第三种族类型，并将其命名为“1650mmH × 1800mmW _ 600mm Casement”。⑩在“尺寸标注”下，输入1650mm作为“高度”，输入1800mm作为“宽度”，并单击“应用”。⑪选择“1500mm H×1000mm W _ 450mm Casement”作为“名称”，然后单击“确定”。⑫单击【R】图标→“保存”。

10.8.3　创建框架几何图形的空心形状

在本训练中，将在复杂洞口中为窗框几何图形创建实体空心。

（1）添加参照平面

其过程依次为以下几步：①在项目浏览器中的“楼层平面”下，双击Ref. Level。②单击“创建”选项卡→“基准”面板→“参照平面”下拉菜单→“绘制参照平面”。③在Center（Front/Back）参照平面下方75mm处绘制参照平面，并将其命名为Int Wrap Depth；墙的内部面与中心参照平面之间的参照平面用来为洞口创建其余两个空心形状，见图10-8-

27。④单击“详图”选项卡 →“尺寸标注”面板 →“对齐”。⑤对 Int Wrap Depth 和 Ext Wrap Depth 参照平面进行尺寸标注，尺寸标注值并不重要，见图 10-8-28。⑥选择尺寸标注，并在选项栏上单击“〈添加参数〉”作为“标签”。⑦在“参数属性”对话框中，输入 Frame Depth 作为“名称”，选择“构造”作为“参数分组方式”，并单击“确定”。

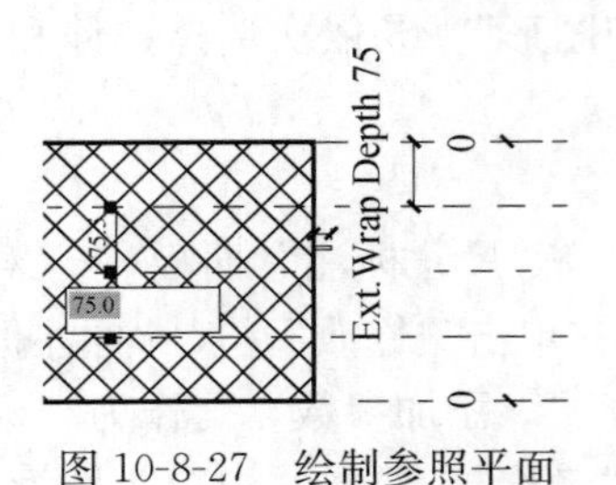

图 10-8-27　绘制参照平面

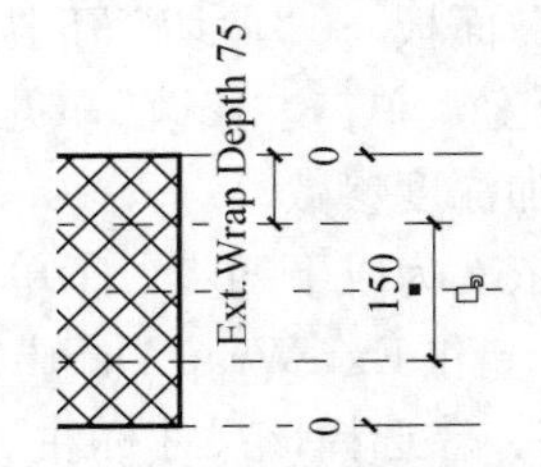

图 10-8-28　对参照平面进行尺寸标注

（2）创建空心

其过程依次为以下几步：①单击“创建”选项卡 →“形状”面板 →“空心”下拉菜单 →“拉伸”。②在“绘制”面板上，单击【矩形】图标（矩形）。③在墙下方绘制矩形，大致如图 10-8-29 所示。④在“编辑”面板上，单击“对齐”。⑤选择 Left 参照平面，选择左侧绘制线，然后单击【锁定】图标锁定对齐，见图 10-8-30。⑥选择 Right 参照平面，选择右侧绘制线，然后锁定对齐，见图 10-8-31。⑦选择 Ext Wrap Depth 参照平面，选择顶部绘制线，然后锁定对齐，见图 10-8-32。⑧选择 Int Wrap Depth 参照平面，选择底部绘制线，然后锁定对齐，见图 10-8-33。⑨在“拉伸”面板上，单击“完成拉伸”。⑩在项目浏览器的“立面”下，双击 Exterior，见图 10-8-34。⑪单击“修改”选项卡 →“编辑”面板 →“对齐”。⑫选择 Head 参照平面，选择剪切拉伸的顶部，然后锁定对齐，见图 10-8-35。⑬使用前面学习的方法，打开“族类型”对话框，并应用族类型来调整几何图形。

（3）从主体墙剪切空心

其过程依次为以下几步：①在项目浏览器中的“楼层平面”下，双击 Ref. Level。②单击“修改”选项卡 →“编辑几何图形”面板 →“剪切”下拉菜单 →“剪切几何图形”。③依次选择空心几何图形和墙，并单击“修改”，见图 10-8-36。④单击【R】图标→“保存”。

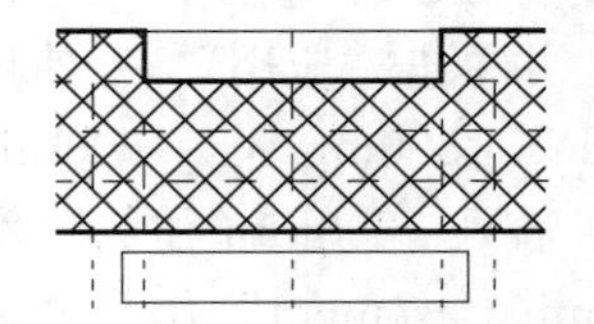
图 10-8-29　墙下方绘制矩形

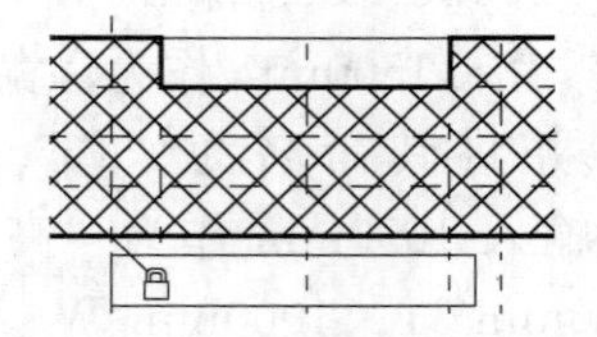
图 10-8-30　选择左侧绘制线锁定

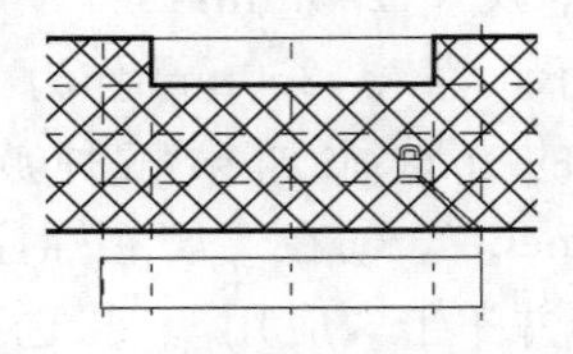
图 10-8-31　选择右侧绘制线锁定

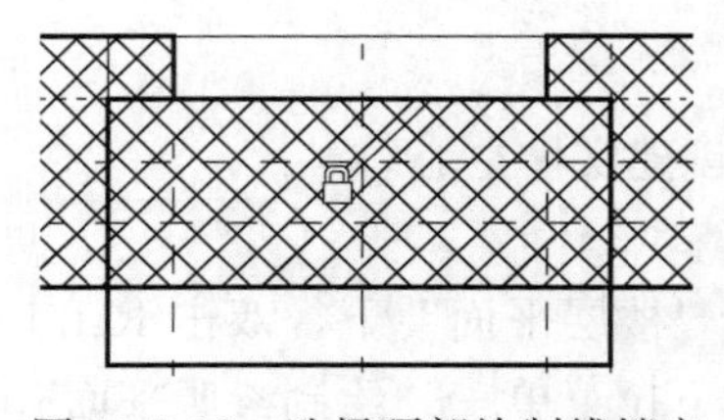
图 10-8-32　选择顶部绘制线锁定

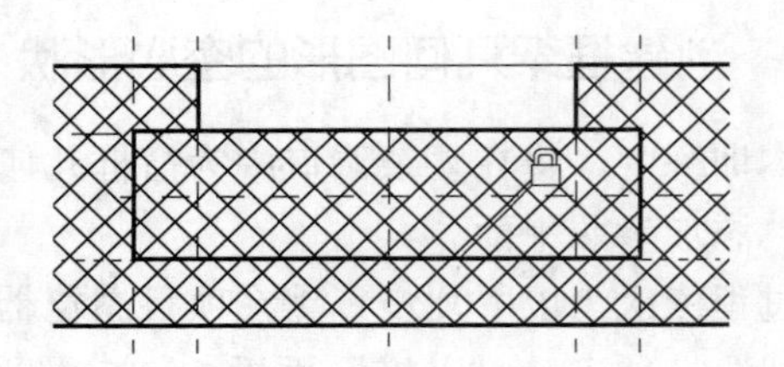
图 10-8-33　选择底部绘制线锁定

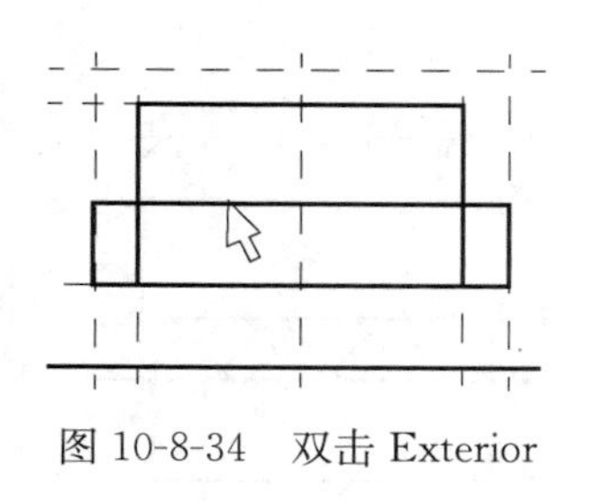

图 10-8-34　双击 Exterior

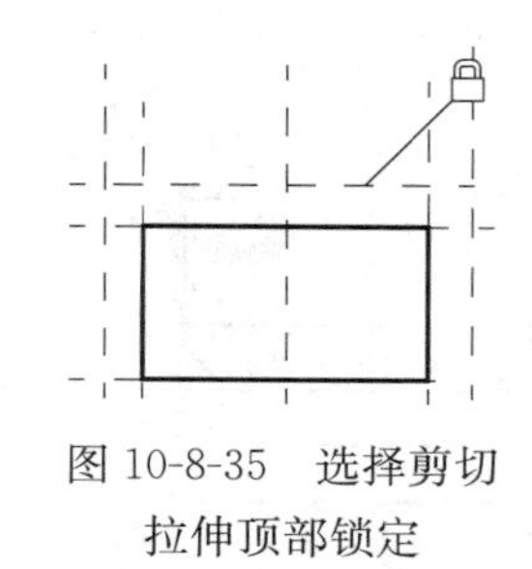

图 10-8-35　选择剪切拉伸顶部锁定

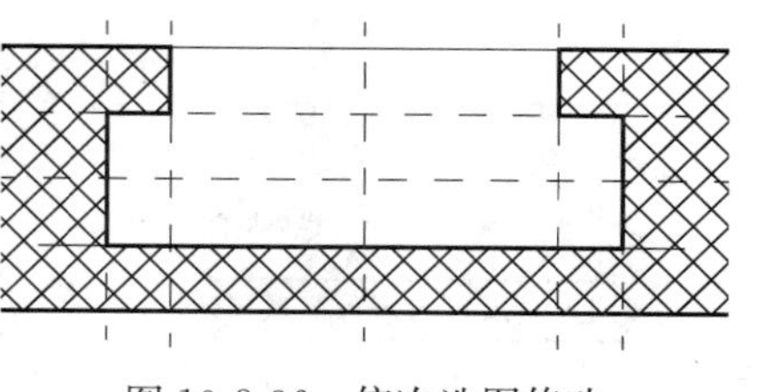

图 10-8-36　依次选图修改

10.8.4　创建空心以剪切内墙面

在本训练中，将为复杂洞口创建第三个空心形状，以剪切墙的内部面；为墙的内部面上的包络放置参照平面；约束这些参照平面，以假定内部面层材质的厚度。可以用参数来定义悬挑值，但在本训练中为简化起见，悬挑值将是受约束的尺寸标注。

（1）添加参照平面以定义空心

其过程依次为以下几步：①单击“创建”选项卡 →“基准”面板 →“参照平面”下拉菜单 →“拾取现有线/边”。②在选项栏上，输入 13mm 作为“偏移量”，然后按 Enter 键。③选择 Right 参照平面，以便将新参照平面放置到窗中心。④选择 Left 参照平面，以便将新参照平面放置到窗中心，见图 10-8-37。⑤将新参照平面相应地命名为 Int Wrap Left 和 Int Wrap Right。⑥单击“详图”选项卡 →“尺寸标注”面板 →“对齐”。⑦对左侧的两个参照平面进行尺寸标注，然后锁定尺寸标注，见图 10-8-38。⑧对右侧的两个参照平面进行尺寸标注，然后锁定尺寸标注，见图 10-8-39。

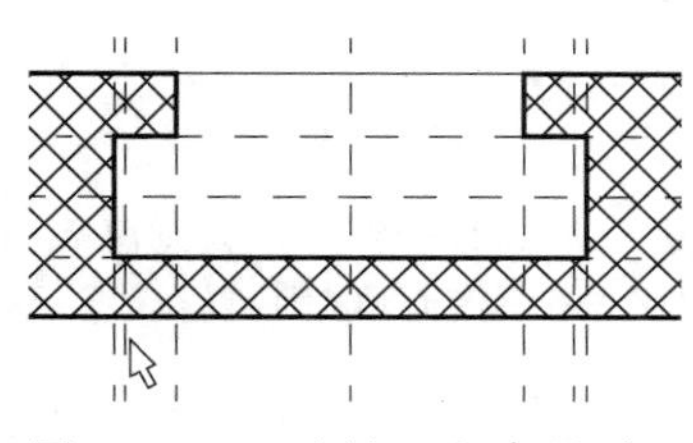

图 10-8-37　选择 Left 参照平面

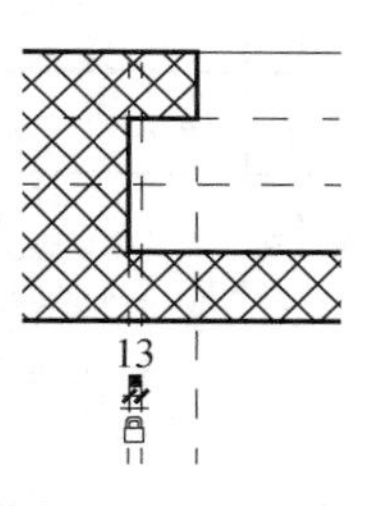

图 10-8-38　左侧标注尺寸并锁定

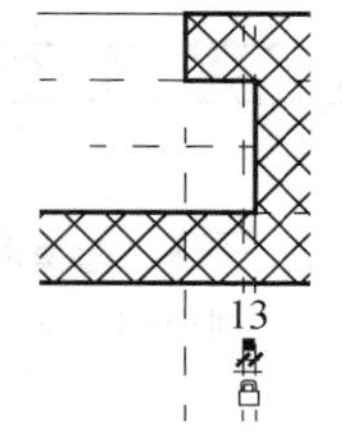

图 10-8-39　右侧标注尺寸并锁定

（2）创建第三个空心几何图形

其过程依次为以下几步：①单击“创建”选项卡 →“形状”面板 →“空心”下拉菜单 →“拉伸”。②在“绘制”面板上，单击【矩形】图标（矩形）。③在墙下方绘制矩形，大致如图 10-8-40 所示。④对齐并锁定绘制线，可进行以下操作：在“编辑”面板上单击“对齐”；选择 Int Wrap Left 参照平面，选择左侧绘制线，然后锁定对齐，见图 10-8-41；选择 Int Wrap Right 参照平面，选择右侧绘制线，然后锁定对齐，见图 10-8-42；选择 Int Wrap Depth 参照平面，选择顶部绘制线，然后锁定对齐，见图 10-8-43；选择 Int Wall Face 参照平面，选择底部绘制线，然后锁定对齐，见图 10-8-44。⑤在“拉伸”面板上，单击“完成拉伸”。

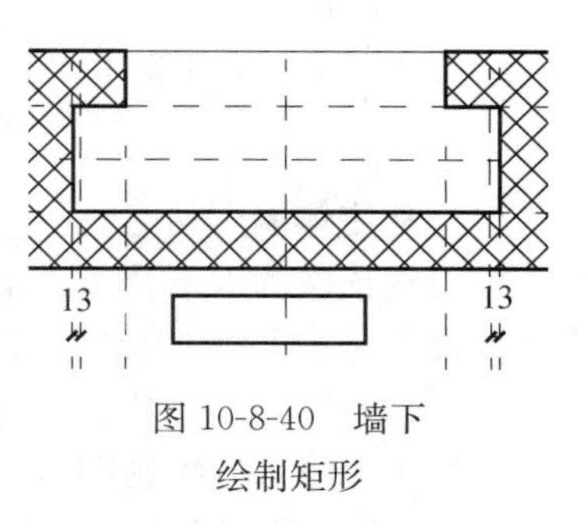

图 10-8-40　墙下绘制矩形

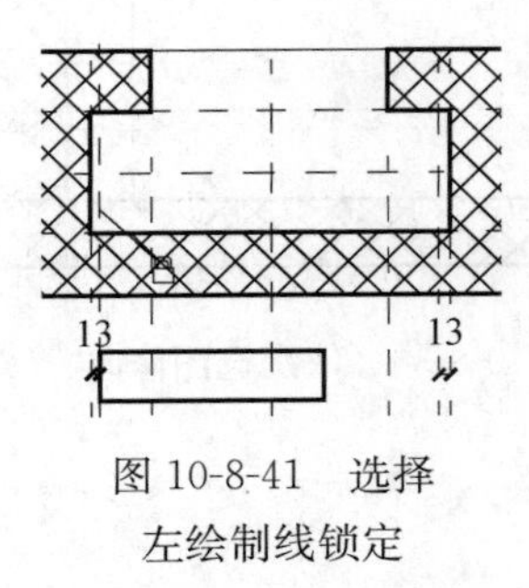

图 10-8-41　选择左绘制线锁定

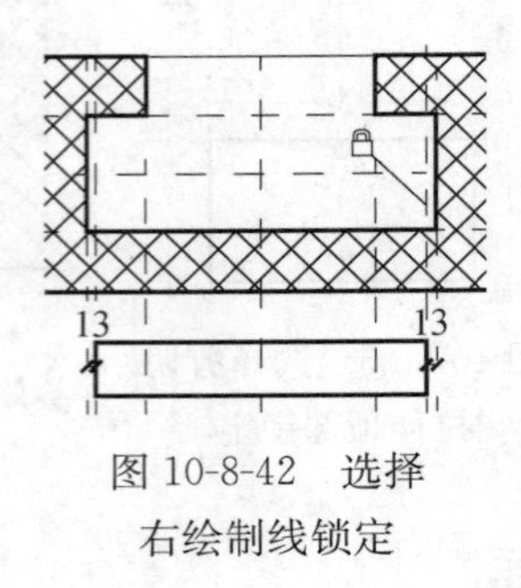

图 10-8-42　选择右绘制线锁定

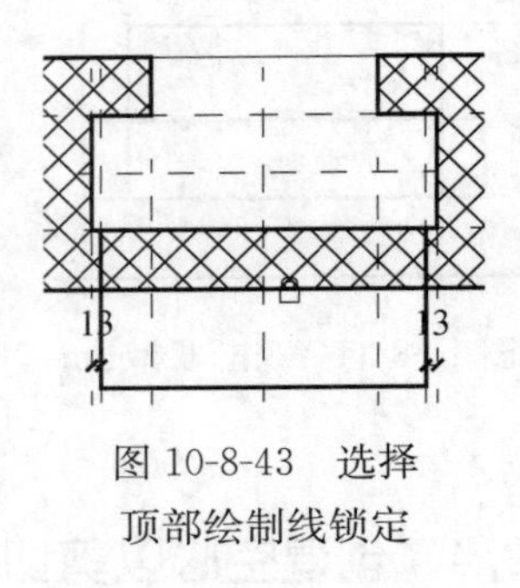

图 10-8-43　选择顶部绘制线锁定

（3）在窗标头处创建参照平面

其过程依次为以下几步：①在项目浏览器的“立面”下，双击 Exterior，见图 10-8-45。②放大到窗洞口的左上角，见图 10-8-46。③单击“创建”选项卡 →“基准”面板 →“参照平面”下拉菜单 →“拾取现有线/边”。④在选项栏上，输入 13mm 作为“偏移量”，然后按 Enter 键。⑤选择 Head 参照平面，以使新参照平面在其下方偏移，并将该参照平面命名为 Int Wrap Top，见图 10-8-47。⑥单击“详图”选项卡 →“尺寸标注”面板 →“对齐”。⑦对这两个水平参照平面标注尺寸，如图 10-8-48 所示。⑧锁定该尺寸标注。⑨缩小视图，然后单击“修改”选项卡 →“编辑”面板 →“对齐”。⑩选择 Int Wrap Top 参照平面，选择剪切拉伸的顶部，然后锁定对齐，见图 10-8-49。

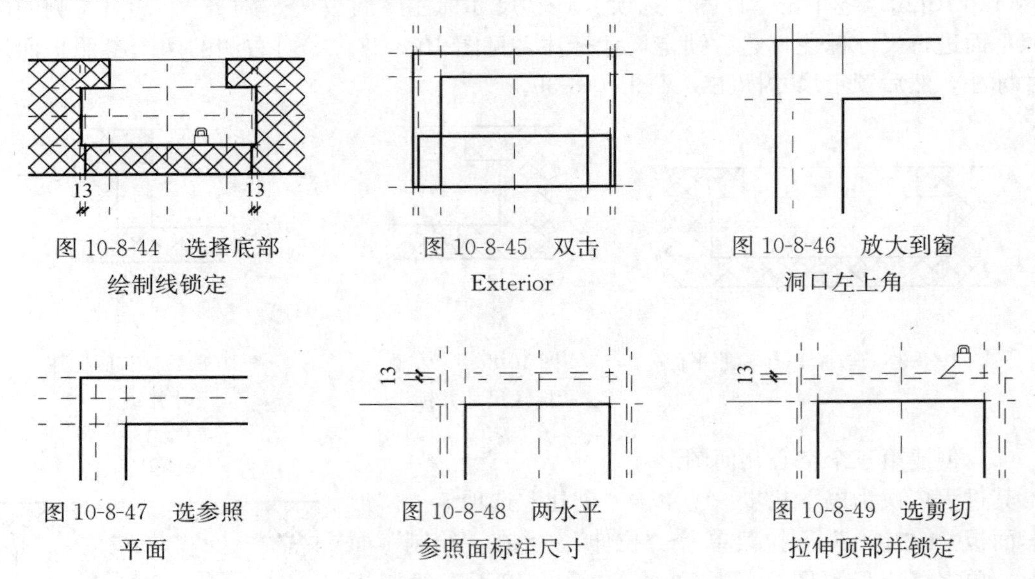

图 10-8-44　选择底部绘制线锁定

图 10-8-45　双击 Exterior

图 10-8-46　放大到窗洞口左上角

图 10-8-47　选参照平面

图 10-8-48　两水平参照面标注尺寸

图 10-8-49　选剪切拉伸顶部并锁定

（4）从主体墙剪切空心

其过程依次为以下几步：①在项目浏览器中的“楼层平面”下，双击 Ref. Level。②单击“修改”选项卡 →“编辑几何图形”面板 →“剪切”下拉菜单 →“剪切几何图形”。③选择剪切拉伸，选择墙，然后单击“修改”，见图 10-8-50。④在快速访问工具栏上，单击【三维视图】图标（三维视图），见图 10-8-51。⑤使用前面学习的方法，打开“族类型”对话框，并应用族类型来调整几何图形。⑥单击【R】图标→“保存”。

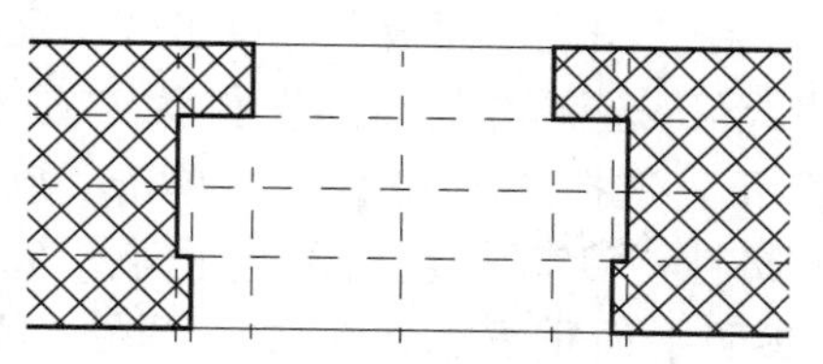

图 10-8-50 选择墙、单击“修改”

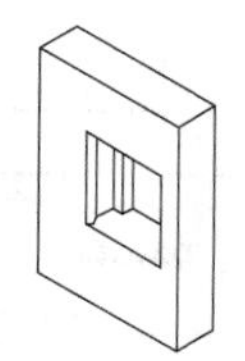

图 10-8-51 三维视图

10.8.5 测试窗族

在本训练中，要将一个复杂窗族载入项目中，在空腔墙中放置窗构件，并测试该族。

（1）在项目中载入并放置族

其过程依次为以下几步：①单击【R】图标→“新建”→“项目”。②在“新建项目”对话框中，单击“确定”以使用默认的样板。③单击“常用”选项卡→“构建”面板→“墙”下拉菜单→“墙”；绘制一个测试墙作为窗的主体。④在类型选择器中，选择“基本墙：外部-金属立柱上的砖”，这是空腔墙类型。⑤在绘图区域的中心从左至右绘制 7200mm 的水平墙；墙的外部是上边缘，见图 10-8-52。⑥在“选择”面板上，单击“修改”。⑦单击“视图”选项卡→“窗口”面板→“切换窗口”下拉菜单→“M _ Complex _ Window. rfa-三维视图：{3D}”。⑧在“族编辑器”面板中，单击“载入到项目中”；复杂窗即载入测试项目中。⑨在类型选择器中，选择“M _ Complex _ Window：1200mm H×1500mm W _ 450mm Casement”。⑩单击上边缘（外部）的墙，以放置窗，见图 10-8-53。⑪单击“修改”。

（2）修改详细程度和比例（图 10-8-54）

其过程依次为以下两步：①在视图控制栏上，单击“详细程度”→“精细”。②在视图控制栏上，选择“1：20”作为“比例”。

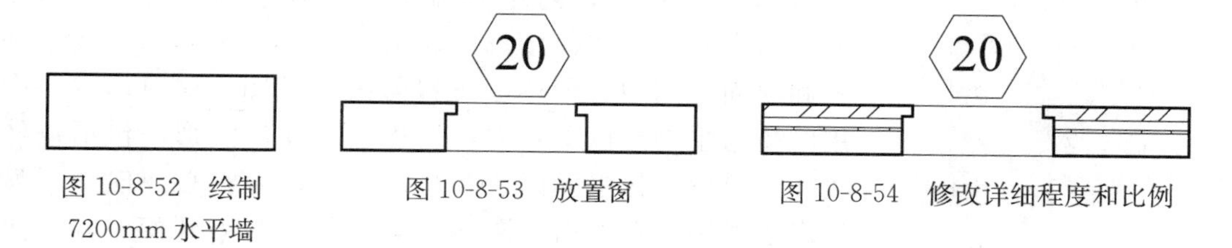

图 10-8-52 绘制 7200mm 水平墙　　图 10-8-53 放置窗　　图 10-8-54 修改详细程度和比例

（3）调整包络深度

其过程依次为以下几步：①在绘图区域中选择窗，见图 10-8-55。②在“图元”面板中，单击“图元属性”下拉菜单→“类型属性”。③“在类型属性”对话框中的“构造”下，输入 166mm 作为 Ext. Wrap Depth。④单击“确定”；调整外部包络的深度，以使其适应外部材质和空腔的深度，在本例中为 166mm。⑤按 Esc 键。洞口显示正确，但墙材质未包络窗洞口；接下来，打开窗族进行修改，以纠正该问题，见图 10-8-56。

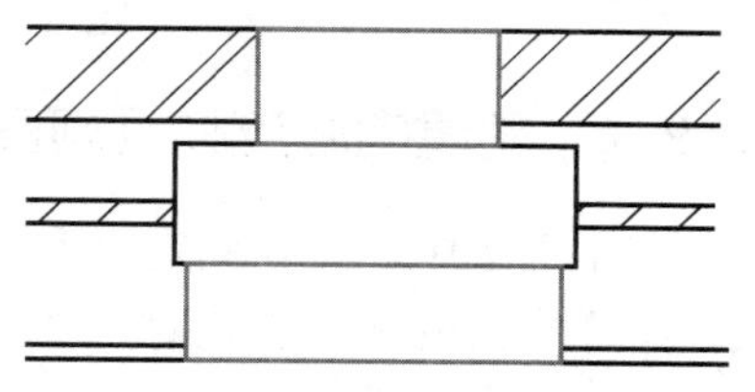

图 10-8-55 在绘图区域中选择窗

（4）在窗族中指定墙闭合属性

其过程依次为以下几步：①单击“视图”选项卡→“窗口”面板→“切换窗口”下拉菜单→“M _ Complex _ Window. rfa-楼层平面：Ref. Level”。②选择 Ext Wrap Depth 参照

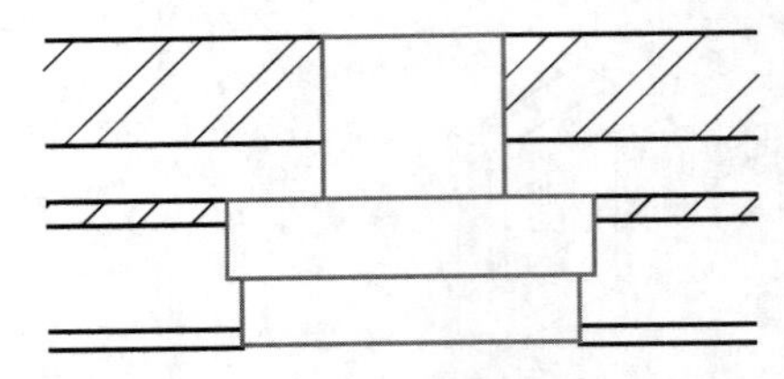

图 10-8-56 打开窗族进行修改

平面。③在“图元”面板上，单击“图元属性”。④在“其他”下，选择“无参照”作为“是参照”。⑤在“构造”下，选择“墙闭合”，并单击“确定”；修改参照平面属性，以定义包络的停止点。⑥对 Int Wrap Depth 参照平面重复上述步骤。⑦在“族属性”面板上，单击“类型”。⑧在“族类型”对话框中的“构造”下，选择“两者”作为“墙闭合”；为墙闭合指定值“两者”可使墙两侧能按预期闭合。⑨对其他两个族类型分别重复上一步。⑩确认已选中“1200mm H×1500mm W _ 450mm Casement”作为“名称”，然后单击“确定”。

（5）重新载入窗族并测试

其过程依次为以下几步：①在“族编辑器”面板中，单击“载入到项目中”。②在“族已存在”对话框中，单击“覆盖现有版本及其参数值”。③选择墙，然后在“图元”面板上，单击“图元属性”下拉菜单→“类型属性”。④在“类型属性”对话框中的“构造”下，选择“两者”作为“在插入点包络”。⑤单击“确定”。⑥按 Esc 键。现在，砖包络在外表面，而石膏板包络在内表面上，见图 10-8-57。⑦单击【R】图标→“保存”。⑧在“另存为”对话框的左侧窗格中，单击 Training Files，并将该项目另存为 Metric \ m _ complex _ window. rvt。

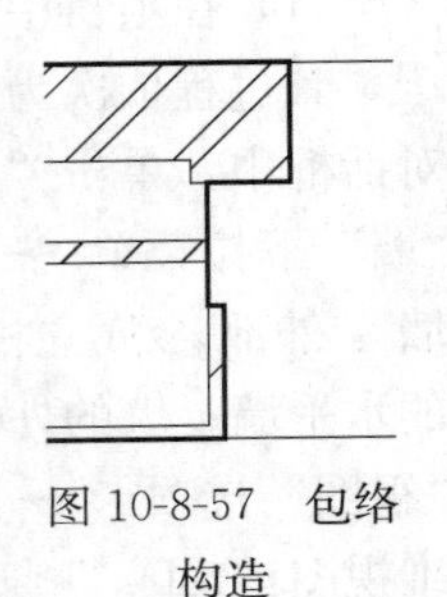

图 10-8-57 包络构造

10.9 创建窗几何图形

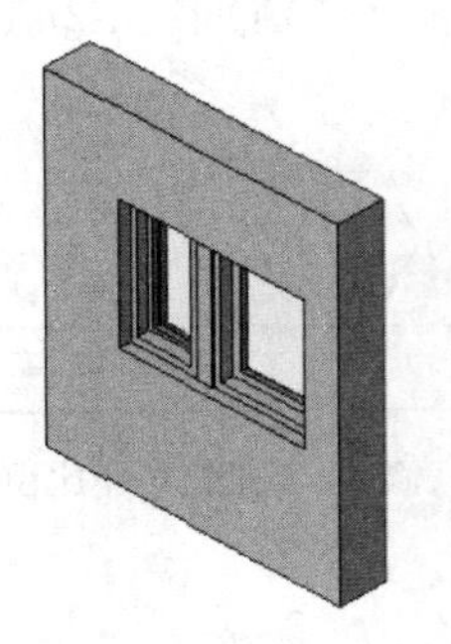

图 10-9-1 创建窗几何图形

现在，已完成洞口，准备添加窗几何图形。首先，在固定窗和平开窗之间创建可调整的中心支柱。其次，添加窗框、窗扇和玻璃几何图形。完成三维几何图形后，在平面视图和立面视图中为窗族添加符号线，见图 10-9-1。本节中使用的技巧主要有以下六类：创建实心几何图形，包括拉伸和放样；设置工作平面以绘制几何图形；为实心几何图形显示指定子类别；在平面视图和立面视图中为平开窗打开方向创建符号线；使用参照线约束到一个角度；添加翻转控件以确定平开窗的位置。

10.9.1 创建中心支柱几何图形

在本训练中，将在固定窗和平开窗之间创建可调整的中心支柱。将该支柱与平开窗关联，这样当窗的宽度变化时，支柱的位置也会变化。该支柱还有一个可调整的宽度参数。

（1）培训文件

继续使用在上一个练习中使用的族 M _ Complex _ Window. rfa，或打开培训文件 Metric \ Families \ Windows \ M _ Complex _ Window _ 01. rfa。

（2）对族文件进行重命名

其过程依次为以下几步：①如果正在使用提供的培训文件，可单击【R】图标→“另存为”→“族”。②在“另存为”对话框的左侧窗格中，单击 Training Files，并将该文件另存为 Metric \ FamiliesM _ Complex _ Window. rfa。

(3) 创建参照平面以定义支柱的边缘

其过程依次为以下几步：①在项目浏览器中的“楼层平面”下，双击 Ref. level。②添加 3 个参照平面，可进行以下操作：单击“创建”选项卡 →“基准”面板 →“参照平面”下拉菜单 →“绘制参照平面”；在 Center (Left/Right) 参照平面左侧绘制 3 个垂直参照平面，如图 10-9-2 所示；按 Esc 键两次。③从左至右命名新参照平面，依次为 Post Left、Post Center、Post Right。④对这些参照平面进行尺寸标注以建立支柱的中心，可进行以下操作：单击“详图”选项卡 →“尺寸标注”面板 →“对齐”；对这 3 个支柱参照平面进行尺寸标注并单击 EQ，EQ 切换将建立支柱的中心点（图 10-9-3）；对 Post Left 和 Post Right 参照平面进行尺寸标注，然后在“选择”面板上单击“修改”（图 10-9-4）。

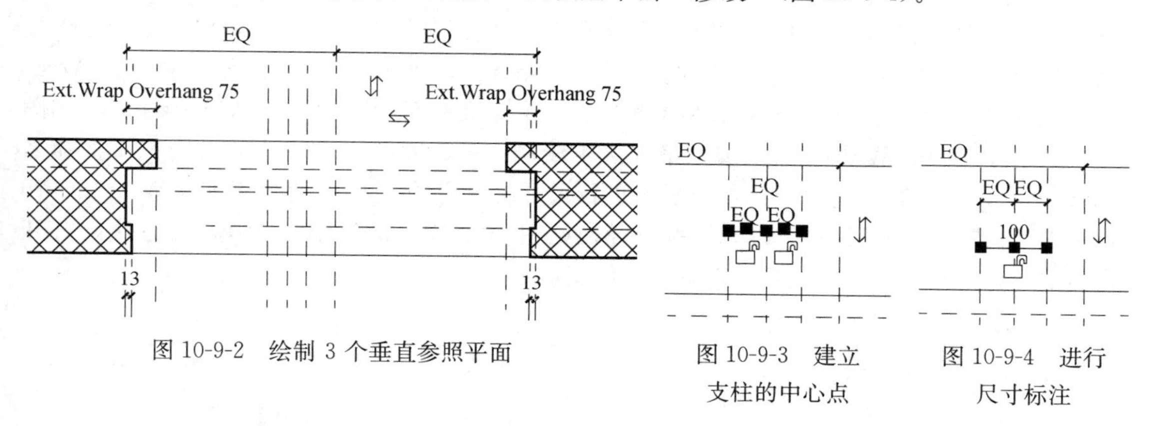

图 10-9-2 绘制 3 个垂直参照平面

图 10-9-3 建立支柱的中心点

图 10-9-4 进行尺寸标注

(4) 为支柱指定参数

其过程依次为以下几步：①为支柱宽度指定参数，可进行以下操作：选择添加的最后一个尺寸标注，并在选项栏上选择“〈添加参数〉”作为“标签”；在“参数属性”对话框中，输入 Post Width 作为“名称”；选择“构造”作为“参数分组方式”；单击“确定”。②单击“详图”选项卡 →“尺寸标注”面板 →“对齐”。③选择窗的 Left 参照平面，再选择 Post Center 参照平面，然后单击以放置尺寸标注（图 10-9-5）。④在“选择”面板上，单击“修改”。⑤选择该尺寸标注，并在选项栏上选择“〈添加参数〉”作为“标签”；指定一个参数以确定支柱中心线的位置；为了以参数方式控制该参数，要添加一个基于支柱宽度和平开窗宽度的公式。⑥在“参数属性”对话框中，输入 Post Location 作为“名称”，选择“构造”作为“参数分组方式”，并单击“确定”（图 10-9-6）。⑦在“族属性”面板上，单击“类型”。⑧在“族类型”对话框的“参数”下单击“添加”。⑨创建一个新参数以确定平开窗宽度，可进行以下几项操作：在“参数属性”对话框中输入 Casement Width 作为“名称”；选择“尺寸标注”作为“参数分组方式”；选择“长度”作为“参数类型”；单击“确定”。⑩在“族类型”对话框中进

775

图 10-9-5 放置尺寸标注

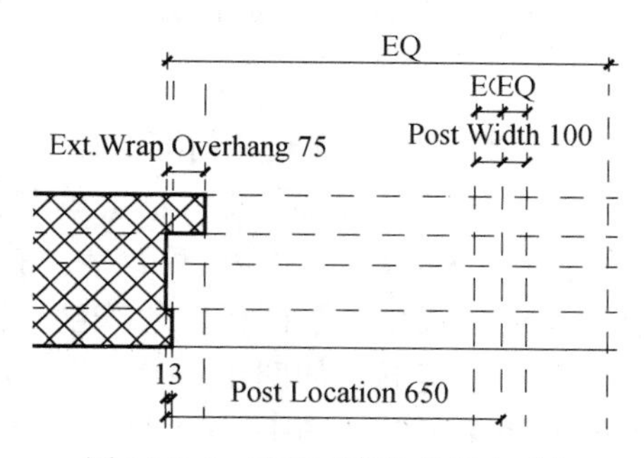

图 10-9-6 选择“参数分组方式”

行以下操作：确认已选中“1200mm H×1500mm W _ 450mm Casement”作为“名称”；在“尺寸标注”下，输入 450mm 作为 Casement Width；在“构造”下，输入 75mm 作为 Post Width；单击“应用”，指定平开窗的宽度，以与类型名称中的宽度匹配。⑪在 Post Location 的“公式”字段中，输入 Casement Width ＋（Post Width/2）。⑫为其他窗类型定义值并调整该族，可进行以下操作：选择“1500mm H×1000mm W _ 450mm Casement”作为“名称”；在“尺寸标注”下，输入 450mm 作为“Casement Width”；在“构造”下，输入 75mm 作为 Post Width；选择“1650mm H×1800mm W _ 600mm Casement”作为“名称”；输入 600mm 作为 Casement Width；输入 100mm 作为 Post Width，单击“应用”，然后单击“确定”。

（5）为中心支柱几何图形添加参照平面

其过程依次为以下几步：①放大到中心支柱区域。②单击“创建”选项卡 →“基准”面板 →“参照平面”下拉菜单 →“绘制参照平面”；创建并约束参照平面，以建立中心支柱的前后边缘；从支柱的框架表面向两侧延伸 10mm。③如图 10-9-7 所示，在 Ext Wrap Depth 参照平面之上绘制一个短水平参照平面，并将该平面命名为 Ext Post Face。④如图 10-9-8 所示，在 Int Wrap Depth 参照平面之下绘制一个短水平参照平面，并将该平面命名为 Int Post Face。⑤对这两个新参照平面进行尺寸标注并将其约束到距离 Ext Wrap Depth 和 Int Wrap Depth 参照平面 10mm 的位置，见图 10-9-9。⑥使用前面学习的方法，打开“族类型”对话框，并应用族类型来调整几何图形。

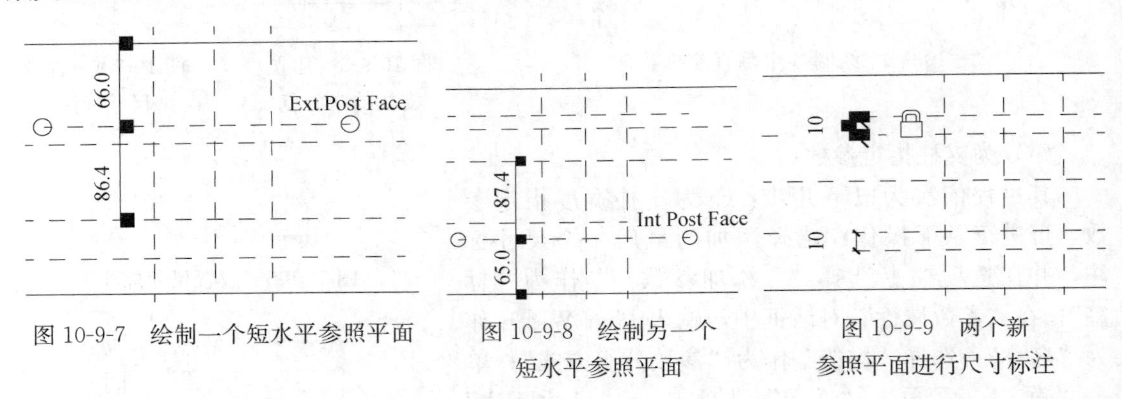

图 10-9-7　绘制一个短水平参照平面　　图 10-9-8　绘制另一个短水平参照平面　　图 10-9-9　两个新参照平面进行尺寸标注

（6）创建中心支柱几何图形

其过程依次为以下几步：①单击“创建”选项卡 →“形状”面板 →“实心”下拉菜单 →“拉伸”。②在“绘制”面板上，单击【矩形】图标（矩形）。③在参照平面内为支柱绘制一个矩形，如图 10-9-10 所示。④如果线显示得过粗，可单击“视图”选项卡 →“图形”面板 →“细线”。⑤单击“创建拉伸”选项卡 →“编辑”面板 →“对齐”。⑥对齐并锁定该草图，如图 10-9-11 所示。⑦在“拉伸”面板上，单击“完成拉伸”。⑧在项目浏览器的“立面”下，双击 Exterior，见图 10-9-12。⑨单击“修改”选项卡 →“编辑”面板 →“对齐”。⑩选择 Head 参照平面，选择支柱拉伸的顶部，然后单击锁形图标来约束对齐，见图 10-9-13。⑪在“选择”面板上，单击“修改”。⑫单击【R】图标→“保存”。

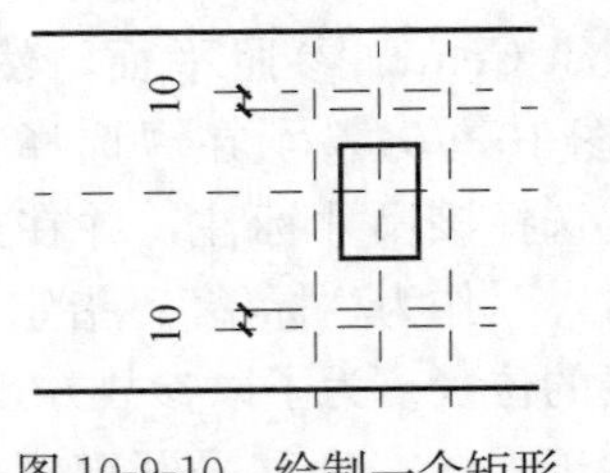

图 10-9-10　绘制一个矩形

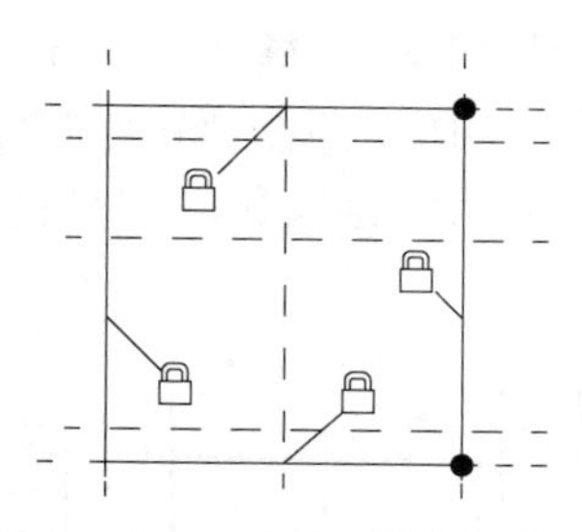

图 10-9-11　对齐并锁定该草图

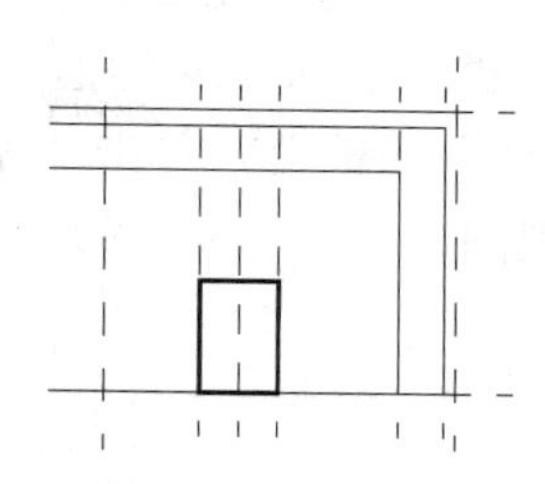

图 10-9-12　双击 Exterior

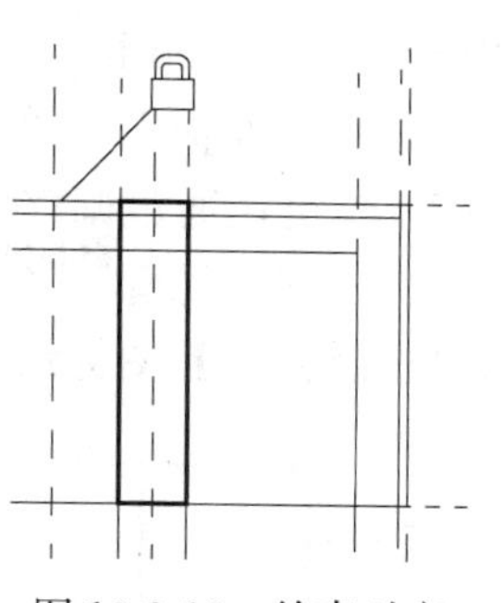

图 10-9-13　约束对齐

10.9.2　创建窗框几何图形

在本训练中，将为窗框创建实心放样。将路径和放样边缘与参照平面对齐，以确保族可按预期进行调整。

（1）为框架放样绘制路径

其过程依次为以下几步：①如果需要，可在项目浏览器中的“立面”下，双击 Exterior。②单击“创建”选项卡→“形状”面板→“实心”下拉菜单→“放样”。③在“模式”面板上，单击“绘制路径”。④单击“创建”选项卡→“工作平面”面板→“设置”。⑤在“工作平面”对话框中，确认已选择“参照平面：Center（Front/Back）”作为“名称”。⑥单击“确定”。⑦单击“放样＞绘制路径”选项卡→“绘制”面板→【矩形】图标（矩形）；需要强调的是，在为放样绘制路径时，将在所绘制路径的第一段上显示轮廓图标。⑧从左下角开始向右上角移动光标，在中心支柱的右侧绘制一个矩形，如图 10-9-14 所示；这样可以确保轮廓位置在草图的底部。⑨将该路径对齐并约束至定义第二个洞口的参照平面，可进行以下操作：在“编辑”面板上单击“对齐”；将草图与参照平面对齐并将其锁定，如图 10-9-15 所示。⑩在“路径”面板上，单击“完成路径”。

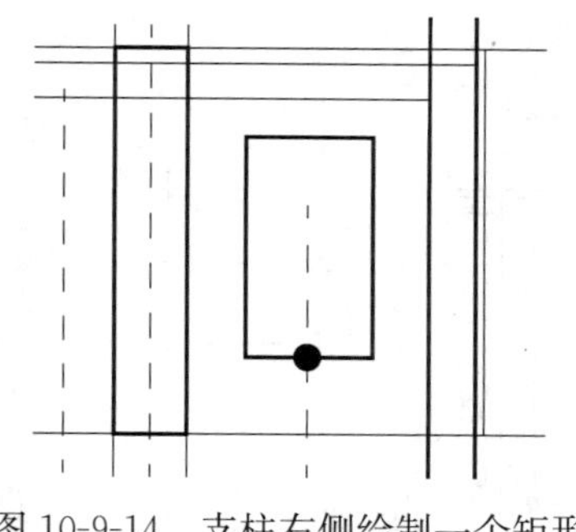

图 10-9-14　支柱右侧绘制一个矩形

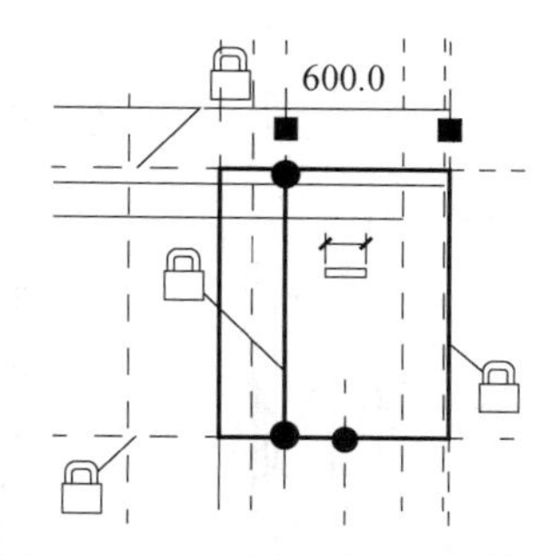

图 10-9-15　与参照平面对齐并锁定

（2）为框架放样绘制轮廓

其过程依次为以下几步：①单击“放样”选项卡→“模式”面板→“选择轮廓”。②单击“修改轮廓”选项卡→“编辑”面板→“编辑轮廓”。③在“转到视图”对话框中，选择“立面：Left”，并单击“打开视图”，见图 10-9-16。④在“绘制”面板上，单击【矩形】图标（矩形）。⑤在窗框底部绘制一个小矩形，如图 10-9-17 所示。⑥在“编辑”面板上，单击“对齐”。⑦选择 Sill 参照平面，再选择轮廓的底部，然后锁定对齐。⑧将轮廓的两侧与“Ext Wrap Depth”和“Int Wrap Depth”参照平面对齐并将其锁定，见图 10-9-18。⑨在“选择”面板上，单击“修改”。⑩选择轮廓的顶部，单击尺寸标注，输入 50mm，然后按 Enter 键；通过调整轮廓将创建一个 50mm 的框架，见图 10-9-19。⑪在“轮廓”面板上，单击“完成轮廓”。⑫在“放样”面板上，单击“完成放样”。⑬在快速访问工具栏上，单击【三维视图】图标（三维视图），见图 10-9-20。

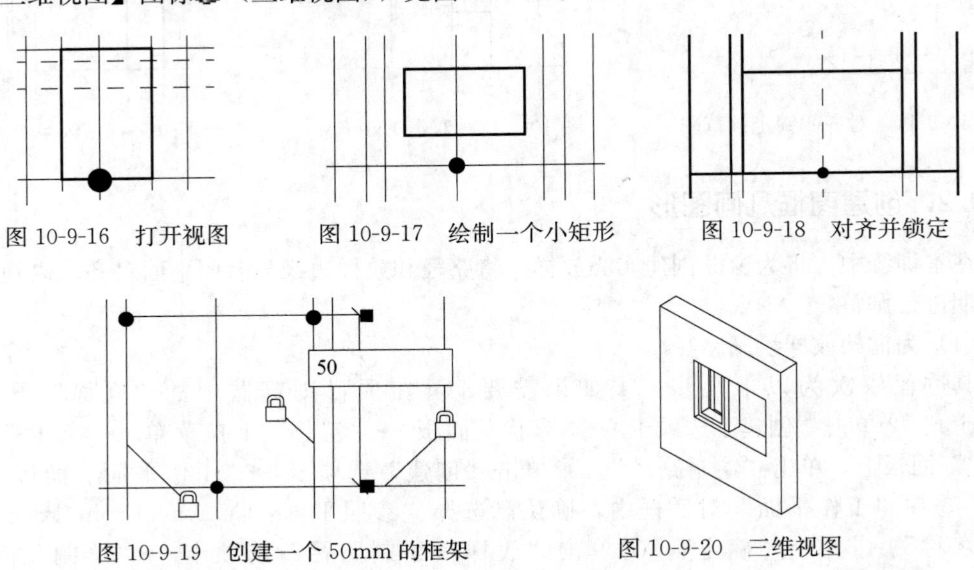

图 10-9-16　打开视图　　图 10-9-17　绘制一个小矩形　　图 10-9-18　对齐并锁定

图 10-9-19　创建一个 50mm 的框架　　图 10-9-20　三维视图

（3）创建第二个框架

使用刚刚学习的方法在支柱另一侧创建框架可进行以下几步操作：①打开 Exterior 立面视图，并为实心放样绘制 2D 路径，见图 10-9-21。②将该路径对齐并约束至洞口参照平面，见图 10-9-22。③为框架放样绘制轮廓。④将该轮廓对齐并约束至参照平面。⑤将该轮廓的最后一个边缘指定为 50mm，见图 10-9-23。完成轮廓和放样，并在三维视图中查看该窗，见图 10-9-24。

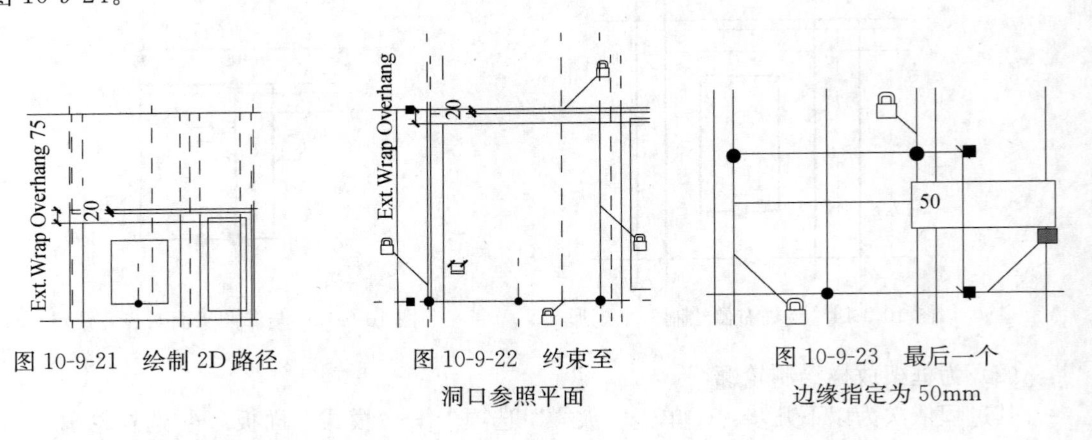

图 10-9-21　绘制 2D 路径　　图 10-9-22　约束至洞口参照平面　　图 10-9-23　最后一个边缘指定为 50mm

（4）指定包络悬挑和框架宽度

其过程依次为以下几步：①在“族属性”面板上，单击“类型”。②确认已选中“1650mm H×1800mm W _ 600mm Casement”作为“名称”。③如图 10-9-25 所示，在“族类型”对话框中进行以下操作：在“构造”下，输入 150mm 作为 Frame Depth；在“其他”

下，输入 25mm 作为 Ext. Wrap Overhang；单击“应用”。④选择“1200mm H×1500mm W _ 450mm Casement”作为“名称”，输入 100mm 作为 Frame Depth，输入 20mm 作为 Ext. Wrap Overhangand，然后单击“应用”，见图 10-9-26。⑤选择“1650mm H×1800mm W _ 600mm Casement”作为“名称”，单击“应用”，然后单击“确定”。⑥单击【R】图标 →“保存”。

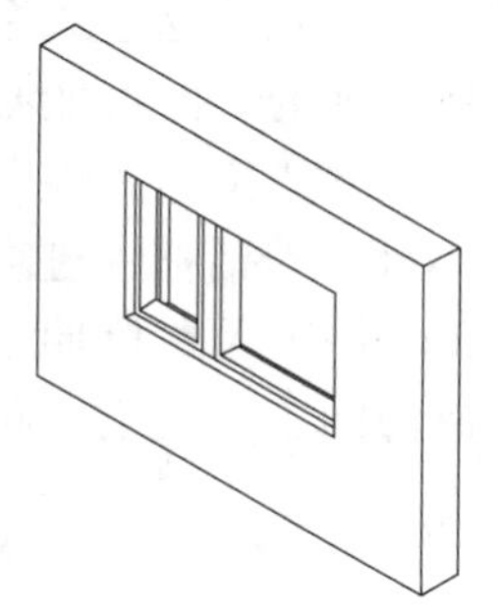

图 10-9-24 查看该窗

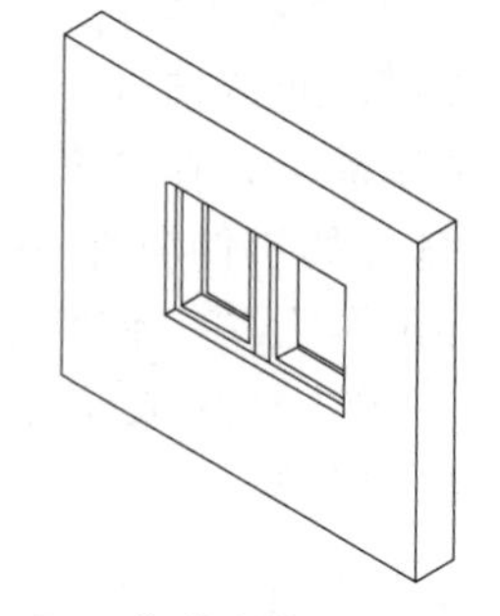

图 10-9-25 指定包络悬挑和框架宽度

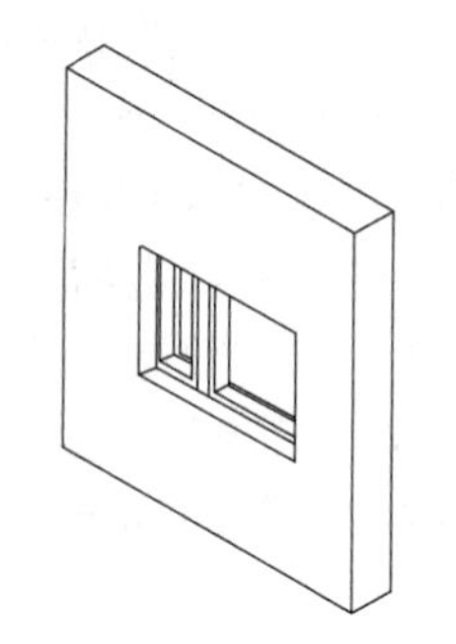

图 10-9-26 再次指定

10.9.3 创建窗扇和玻璃几何图形

在本训练中，将为窗扇和玻璃几何图形创建实心拉伸。还要为该实心几何图形指定子类别，以控制玻璃和框架/竖梃构件的显示。

（1）为玻璃添加参照平面

其过程依次为以下几步：在项目浏览器中的“楼层平面”下，双击 Ref. Level。②单击“创建”选项卡 →“基准”面板 →“参照平面”下拉菜单 →“绘制参照平面”；为了便于创建窗的窗扇和玻璃部分，添加参照平面以建立玻璃的中心轴；将该轴的位置约束到窗框的外部面。③在 Ext Wrap Depth 参照平面下绘制一个水平参照平面，然后将该平面命名为 Glass Axis，见图 10-9-27；在这里为参照平面提供名称，以便于在后续步骤中可以选择该参照平面作为工作平面。④放大到墙的右侧。⑤单击“详图”选项卡 →“尺寸标注”面板 →“对齐”。⑥对 Glass Axis 参照平面进行尺寸标注和约束，可进行以下操作：选择 Glass Axis 参照平面，选择 Ext Wrap Depth 参照平面，然后单击放置尺寸标注；在“选择”面板上，单击“修改”；选择“Glass Axis”参照平面，选择尺寸标注，输入 50mm，然后按 Enter 键（图 10-9-28）；按 Esc 键。选择尺寸标注，然后单击锁形图标。

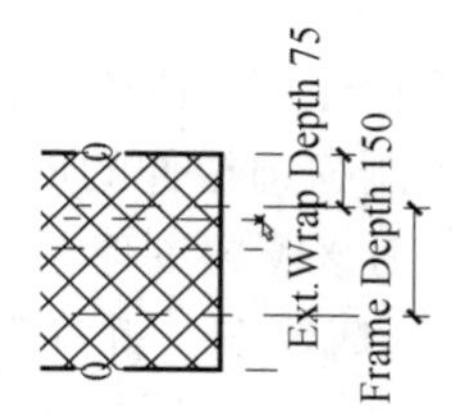

图 10-9-27 绘制一个水平参照平面

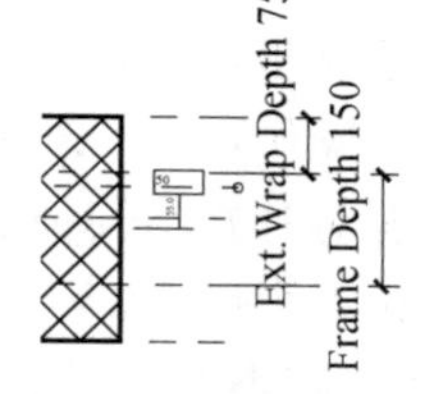

图 10-9-28 选择尺寸标注

（2）为左侧窗扇创建几何图形

其过程依次为以下几步：①在项目浏览器的“立面”下，双击 Exterior。②单击“创建”选项卡 →“形状”面板 →“实心”下拉菜单 →“拉伸”。③单击“创建”选项卡 →“工作平面”面板 →“设置”。④在“工作平面”对话框的“指定新的工作平面”下，选择“参照平面：Glass Axis”，并单击“确定”。⑤单击“创建拉伸”选项卡→“绘制”面板→【矩形】图标（矩形）。⑥在左侧框架内为窗扇拉伸绘制一个矩形，见图10-9-29。⑦在“编辑”面板上，单击“对齐”。⑧将绘制线与窗框的内部面对齐并将其锁定，如图10-9-30所示。⑨在“绘制”面板上，单击【矩形】图标（短形）。⑩在选项栏上，输入−50mm作为“偏移量”。⑪单击窗扇草图的左下方端点，然后单击右上方端点，以创建第二个封闭的环（图10-9-31）。需要强调的是，创建第二个封闭环后，会与第一个环建立关系，这些关系基于Revit Architecture。如何确定设计意图，通常情况下，这些关系是正确的，但可能必须使用尺寸标注或参数更明确地定义这些关系。⑫在“图元”面板上，单击“拉伸属性”；指定要在玻璃轴（当前工作平面）的两侧延伸的拉伸属性。⑬在“实例属性”对话框中进行以下操作：在“限制条件”下输入−20mm作为“拉伸终点”；输入20mm作为“拉伸起点”；单击“确定”。⑭在“拉伸”面板上，单击“完成拉伸”。⑮在快速访问工具栏上，单击【三维视图】图标（三维视图），见图10-9-32。

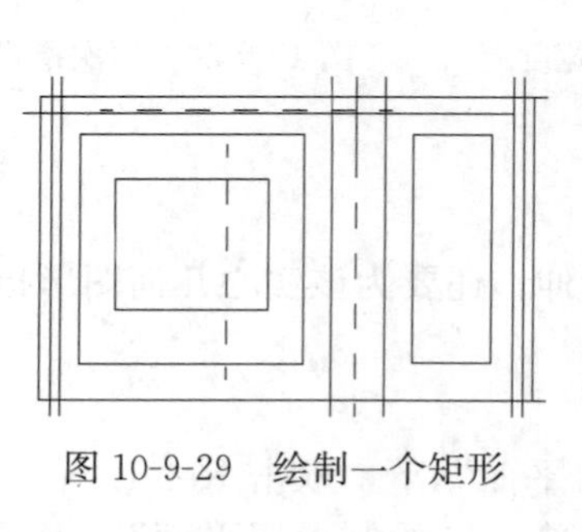

图10-9-29　绘制一个矩形

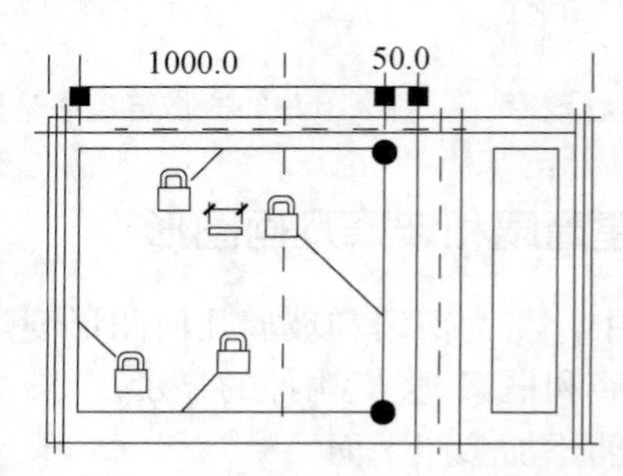

图10-9-30　绘制线与窗框内面对齐并锁定

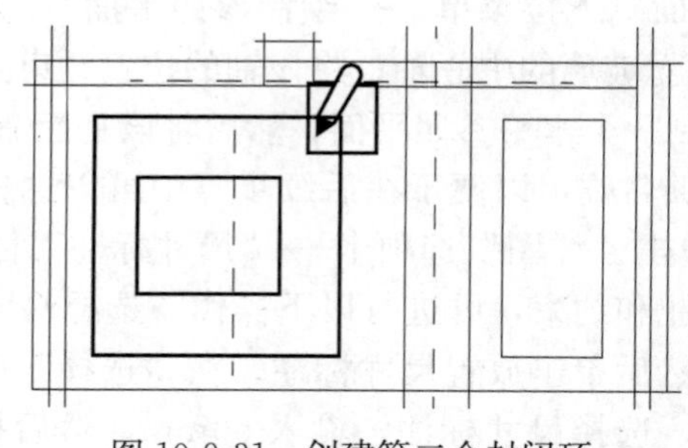

图10-9-31　创建第二个封闭环

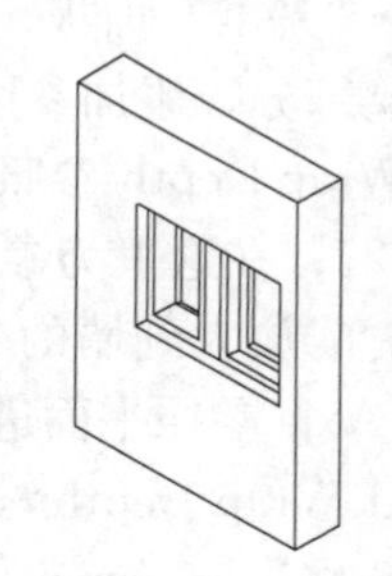

图10-9-32　三维视图

（3）为右侧窗扇创建几何图形

其过程依次为以下几步：①打开Exterior立面视图并使用刚刚学习的方法向窗的另一侧添加窗扇，可进行以下操作：在Exterior立面视图中绘制窗扇拉伸的形状（图10-9-33）；将该拉伸与窗框的内部面对齐并将其锁定（图10-9-34）；为该窗扇创建第二个封闭环草图与第一个草图偏移−25mm（图10-9-35）；指定拉伸属性，完成绘制，并在三维视图中查看该窗（图10-9-36）。②打开“族类型”对话框，并调整模型以测试几何图形的行为。

（4）为窗玻璃创建实心拉伸

其过程依次为以下几步：①在项目浏览器的“立面”下，双击Exterior。②单击“创建”选项卡→“形状”面板→“实心”下拉菜单→“拉伸”。③单击“创建”选项卡→“工作平面”面板→“设置”。④在“工作平面”对话框的“指定新的工作平面”下，确认已选择“名称”和“参照平面：Glass Axis”，然后单击“确定”。⑤单击“创建拉伸”选项卡→

"绘制"面板→【矩形】图标（矩形），然后绘制两个矩形，每个矩形对应一个玻璃窗格，如图10-9-37所示。⑥在"编辑"面板上，单击"对齐"。⑦将拉伸与窗扇面对齐并将其锁定，如图10-9-38所示。⑧在"图元"面板上，单击"拉伸属性"。⑨在"实例属性"对话框中，输入－10mm作为"拉伸终点"，输入10mm作为"拉伸起点"，然后单击"确定"；该方法无须其他参照平面即可建立玻璃厚度。⑩在"拉伸"面板上，单击"完成拉伸"。⑪在快速访问工具栏上，单击【三维视图】图标（三维视图）。⑫打开"族类型"对话框，并调整模型以测试几何图形的行为。

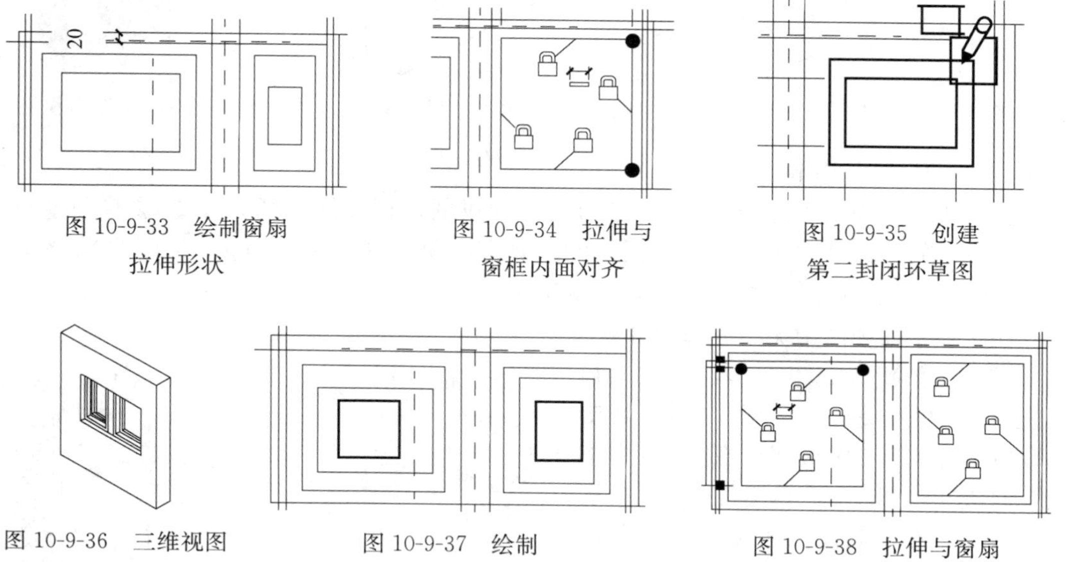

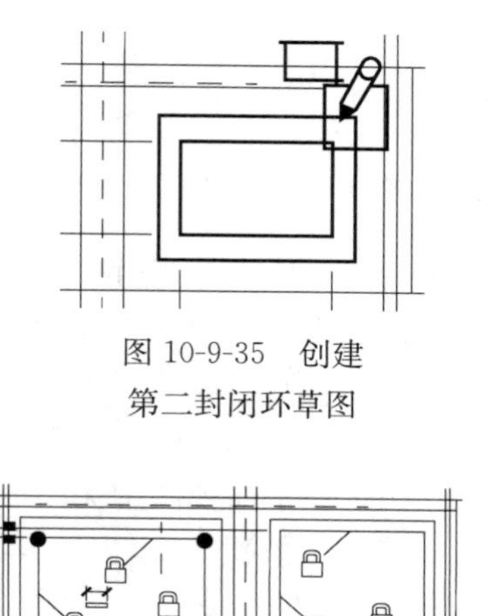

图10-9-33　绘制窗扇拉伸形状

图10-9-34　拉伸与窗框内面对齐

图10-9-35　创建第二封闭环草图

图10-9-36　三维视图中查看该窗

图10-9-37　绘制两个矩形

图10-9-38　拉伸与窗扇面对齐并锁定

（5）为几何图形指定子类别

其过程依次为以下几步：①选择玻璃，然后在"图元"面板上，单击"图元属性"；为在前面的步骤中创建的实心几何图形指定子类别；这样便可在将这些项载入项目中时控制它们的显示，见图10-9-39。②在"实例属性"对话框的"标识数据"下，选择"玻璃"作为"子类别"，然后单击"确定"。③按Esc键。④在按住Ctrl键的同时选择窗框、两个窗扇以及支柱几何图形，然后在"图元"面板上单击"图元属性"，见图10-9-40。⑤在"实例属性"对话框中的"标识数据"下，选择"框架/竖梃"作为"子类别"，然后单击"确定"。⑥按Esc键。⑦在视图控制栏上，单击"模型图形样式"→"带边框着色"，见图10-9-41。⑧单击【R】图标→"保存"。

10.9.4　添加符号线

窗几何图形已完成，接下来，要在平面和立面视图中向窗族中添加表示平开窗打开方向的符号线。还要关闭玻璃的可见性，并将其替换为单符号线，使窗在平面视图中的显示变得更为清晰。当玻璃的拉伸可见时，将创建相对于图形标准而言很粗的双线。

（1）培训文件

继续使用在上一个练习中使用的族M_Complex Window.rfa，或打开培训文件Metric\Families\Windows\M_Complex_Window_02.rfa。

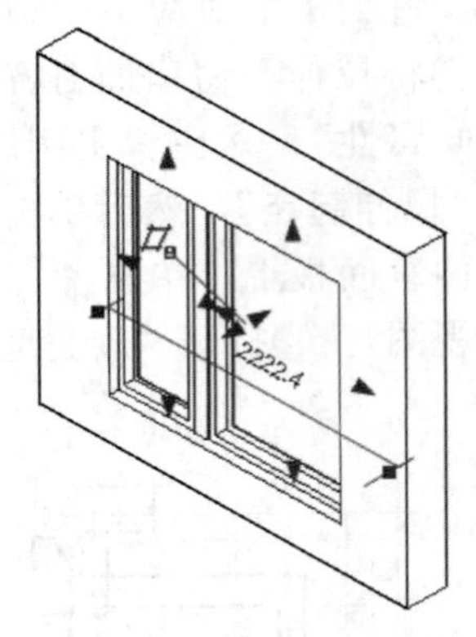

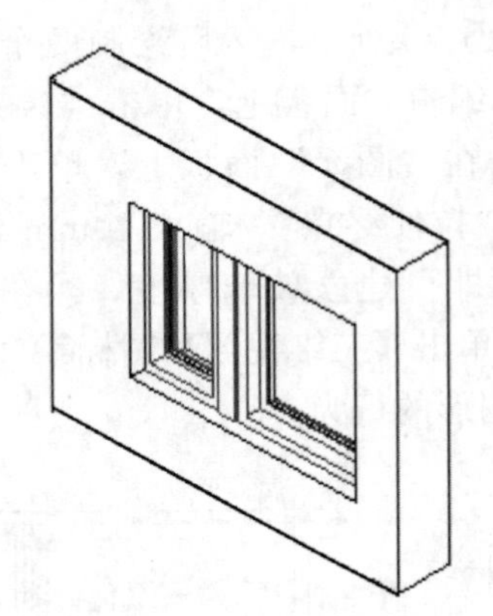

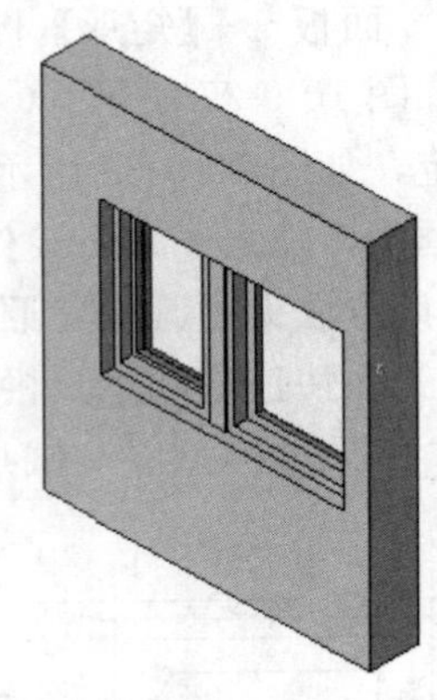

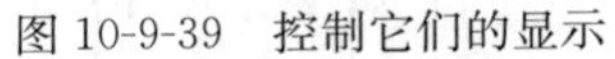

图 10-9-39　控制它们的显示　　图 10-9-40　单击“图元属性”　　图 10-9-41　带边框着色

（2）对族文件进行重命名

其过程依次为以下几步：①如果正在使用提供的培训文件，可单击【R】图标→“另存为”→“族”。②在“另存为”对话框的左侧窗格中，单击 Training Files，并将该文件另存为 Metric \ Families \ M _ Complex _ Window. rfa。

（3）在平面视图中关闭玻璃的可见性

其过程依次为以下几步：①在项目浏览器中的“楼层平面”下，双击 Ref. Level。②选择玻璃，然后在“形状”面板上单击“可见性设置”，见图 10-9-42。③在“族图元可见性设置”对话框中，清除“平面/天花板平面视图”和“当在平面/天花板平面视图中被剖切时（如果类别允许）”。④单击“确定”。

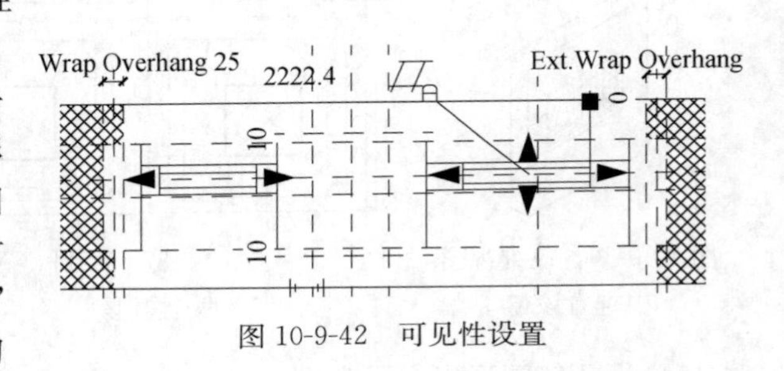

图 10-9-42　可见性设置

（4）在平面视图中添加表示玻璃的符号线

其过程依次为以下几步：①单击“详图”选项卡→“详图”面板→“符号线”。②在类型选择器中，选择“玻璃［截面］”。③放大到左侧的玻璃图元，见图 10-9-43。④沿 Glass Axis 参照平面绘制一条表示玻璃的线，可进行以下操作：选择右侧窗扇的中点（图 10-9-44）；选择左侧窗扇的中点（图 10-9-45）。⑤按 Esc 键两次。⑥选择符号线的左侧端点，然后单击锁形图标以将线约束到窗扇。⑦使用相同的方法，约束符号线的右侧端点（图 10-9-46），该线即约束到与窗扇和玻璃轴。⑧使用相同的方法添加符号线，并将其约束到支柱另一侧的玻璃，见图 10-9-47。

（5）添加参照平面来控制参照线

其过程依次为以下几步：①单击“创建”选项卡→“基准”面板→“参照平面”下拉菜单→“绘制参照平面”。②在洞口左侧靠近框架的内表面绘制一个垂直参照平面。③单击“详图”选项卡→“尺寸标注”面板→“对齐”。④对 Left 参照平面和新参照平面进行尺寸标注。⑤在“选择”面板上，单击“修改”，见图 10-9-48。⑥单击新参照平面，选择刚刚放置的尺寸标注，输入 50mm，然后按 Enter 键；该尺寸标注现在与框架宽度相匹配；窗打开方向符号的窗轴点将位于玻璃线与参照平面在框架内侧的交点上；需要强调的是，最好从参照平面和参照线进行尺寸标注，以便于控制几何图形的位置，在参照线上绘制窗的符号线以便控制洞口的角度。⑦按 Esc 键，选择尺寸标注，然后单击锁形图标。

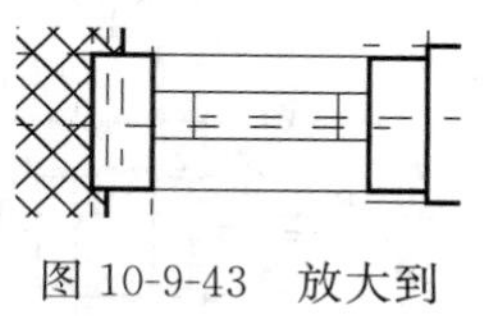

图 10-9-43　放大到左侧玻璃图元

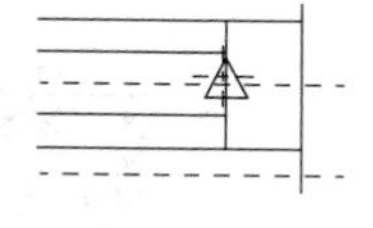

图 10-9-44　选择右侧窗扇中点

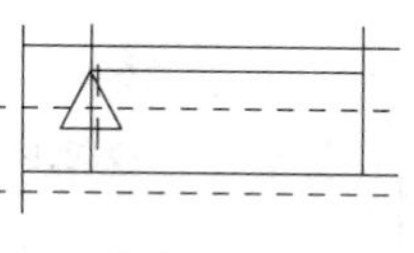

图 10-9-45　选择左侧窗扇中点

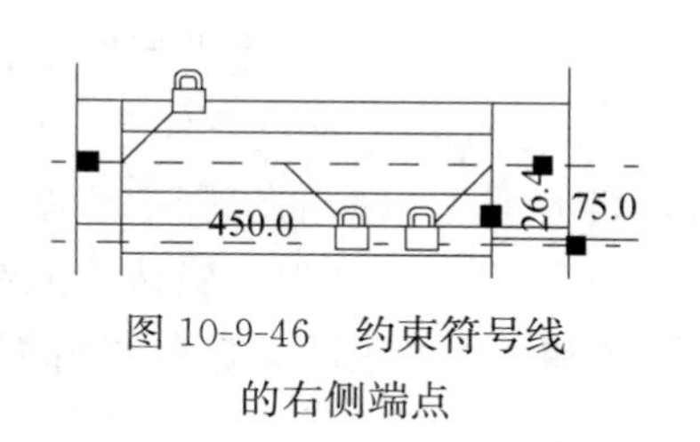

图 10-9-46　约束符号线的右侧端点

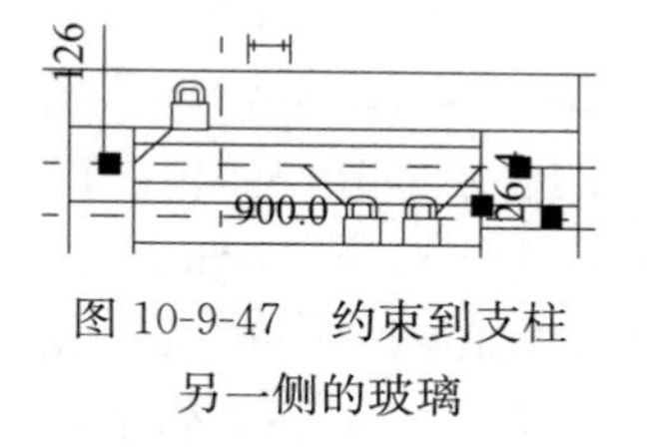

图 10-9-47　约束到支柱另一侧的玻璃

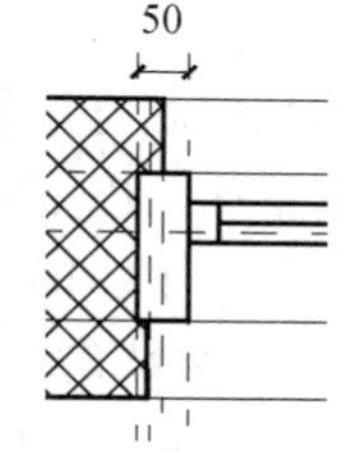

图 10-9-48　单击“修改”

（6）为窗打开方向添加一条参照线

其过程依次为以下几步：①单击“创建”选项卡 →“基准”面板 →“参照线”下拉菜单 →“按线绘制”；使用参照线可确定符号线的位置（与窗成 45°角）；由于参照线有端点（不像参照平面可向所有方向“无限”延伸），因此可用来使用角度创建参数关系。②单击选择玻璃框架左边缘的中点。③将光标沿着 45°角的方向向右上方移动，单击选择端点，长度并不重要。④按 Esc 键两次。⑤选择参照线的左侧端点，然后单击左侧端点下方的锁形图标，见图 10-9-49。⑥单击“详图”选项卡 →“尺寸标注”面板 →“对齐”。⑦使用 Tab 键，选择参照线的每个端点，并放置尺寸标注，见图 10-9-50。⑧单击“修改”，并选择尺寸标注。⑨在选项栏上，单击“〈添加参数〉”作为“标签”；添加控制打开方向线长度的参数。⑩在“参数属性”对话框中，输入 Swing Width 作为“名称”，并单击“确定”，见图 10-9-51。⑪对参照线的角度进行尺寸标注和约束，可进行以下操作：单击“详图”选项卡 →“尺寸标注”面板 →“角度”；选择参照线，再选择 Glass Axis 参照平面，然后单击以放置尺寸标注。⑫在“选择”面板上，单击“修改”（图 10-9-52）。⑬选择角度尺寸标注，并在选项栏上选择“〈添加参数〉”作为“标签”。⑭在“参数属性”对话框中，输入 Swing Angle 作为“名称”，并单击“确定”，见图 10-9-53。

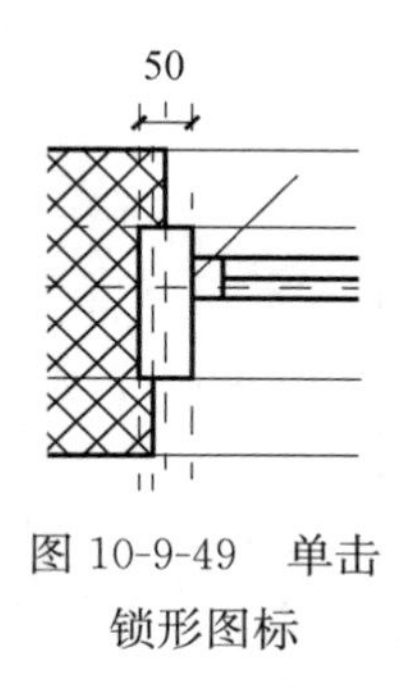

图 10-9-49　单击锁形图标

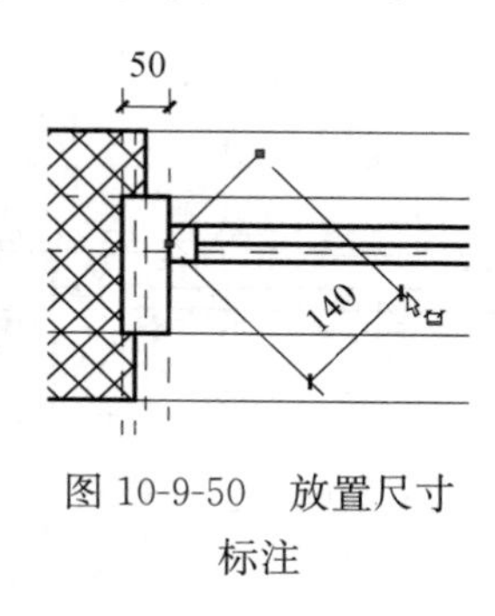

图 10-9-50　放置尺寸标注

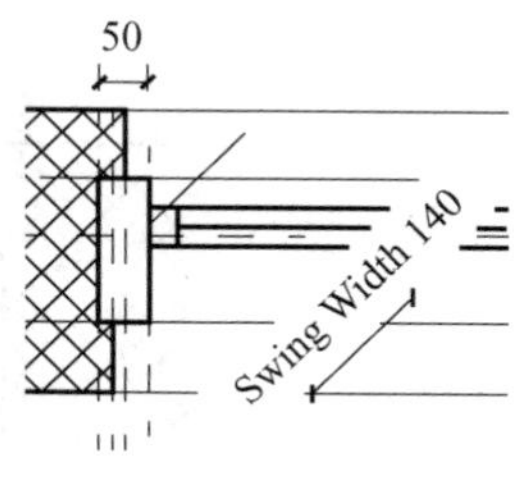

图 10-9-51　名称确定

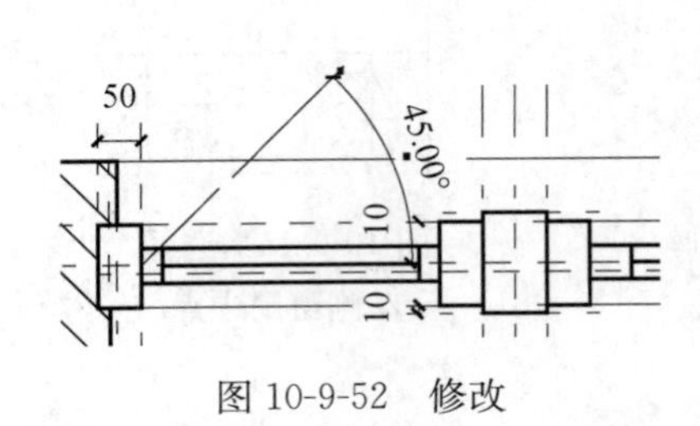

图 10-9-52　修改

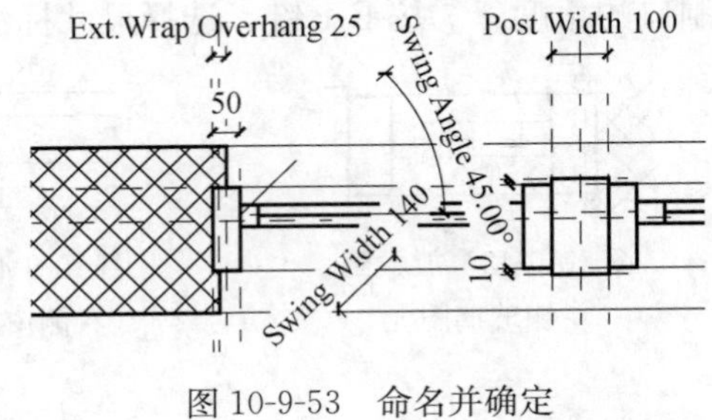

图 10-9-53　命名并确定

（7）添加控制打开方向宽度的公式

其过程依次为以下几步：①在“族属性”面板上，单击“类型”。②在“族类型”对话框中的“其他”下，输入“Casement Width-100mm”作为 Swing Width 的“公式”，并单击“应用”；符号线的长度应与窗的窗扇部分一样长；100mm 测量是在以前的步骤中绘制的框架（两侧）的宽度。③输入 30 作为 Swing Angle，并单击“应用”；这是为了确认参照线可按预期围绕窗轴方向移动。④输入 45 作为 Swing Angle，并单击“应用”。⑤在“名称”下，选择“1200mm H×1500mm W _ 450mm Casement”，并单击“应用”。⑥在“名称”下，选择“1650mm H×1800mm W_ 600mm Casement”，单击“应用”，然后单击“确定”。

（8）为打开方向宽度添加一条符号线

其过程依次为以下几步：①单击“详图”选项卡 →“详图”面板 →“符号线”。②在类型选择器中，选择“Elevation Swing［截面］”，这是画线类型。③使用参照线的端点绘制一条符号线。④单击“修改”。⑤选择该符号线上的一个端点，单击邻近打开方向宽度的锁形图标，以将长度约束到参照线。⑥按 Esc 键。

（9）为打开方向符号显示添加弧

其过程依次为以下几步：①单击“详图”选项卡 →“详图”面板 →“符号线”。②在“绘制”面板上，单击【圆心-端点弧】图标（圆心-端点弧）。③依次单击符号线的下端点、上端点和框架中点，然后单击锁形图标，以将该端约束到玻璃线，见图 10-9-54。④在“选择”面板上，单击“修改”。⑤使用前面学习的方法，打开“族类型”对话框，并应用族类型以调整几何图形。

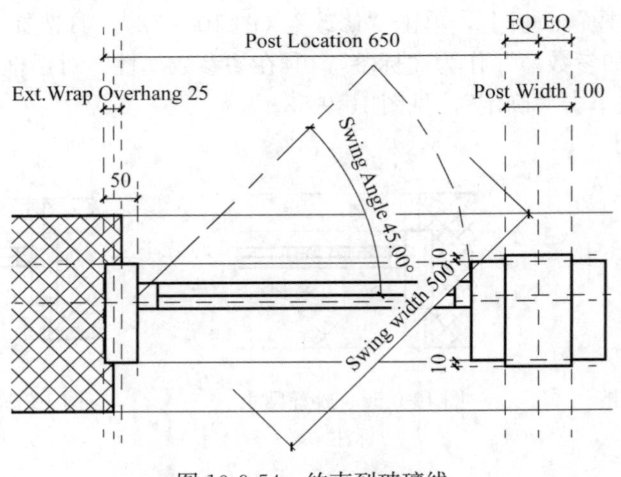

图 10-9-54　约束到玻璃线

（10）向窗的立面中添加打开方向线

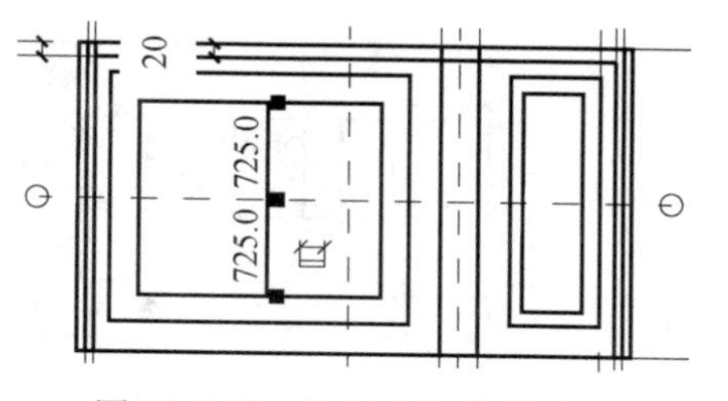

图 10-9-55 绘制水平参照平面

其过程依次为以下几步：①在项目浏览器的“立面”下，双击 Exterior。②单击“创建”选项卡 →“基准”面板 →“参照平面”下拉菜单 →“绘制参照平面”。③绘制穿过窗中间部分的水平参照平面，见图 10-9-55。④单击“详图”选项卡 →“尺寸标注”面板 →“对齐”。⑤对 Head 参照平面、新参照平面和 Sill 参照平面进行尺寸标注，然后单击 EQ，见图 10-9-56。⑥单击“详图”选项卡 →“详图”面板 →“符号线”，然后在选项栏上选择“链”。⑦在类型选择器中选择“Elevation Swing [投影]”。⑧放大到右侧的玻璃窗格。⑨绘制符号线（图 10-9-57），可进行以下操作：选择玻璃的左上角；向右下方移动光标，并选择玻璃和中心参照平面相交的中点；向左下方移动光标，并选择玻璃的左下角；在“选择”面板上，单击“修改”。

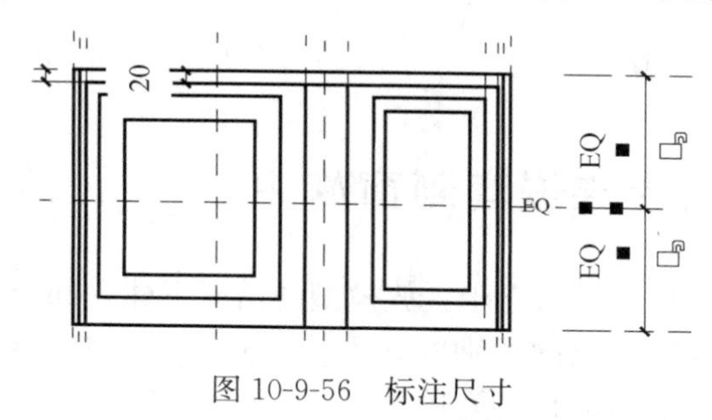

图 10-9-56 标注尺寸

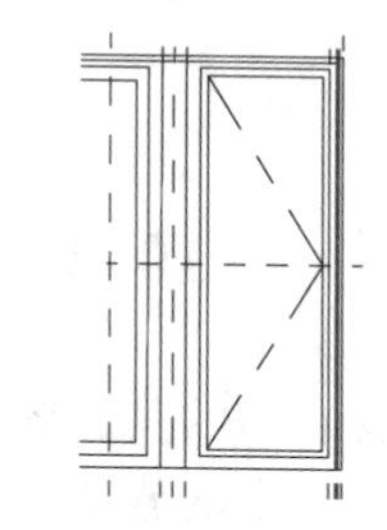
图 10-9-57 绘制符号线

（11）调整窗族

其过程依次为以下几步：①在“族属性”面板上，单击“类型”。②在“族类型”对话框中，选择“1200mm H×1500mm W _ 450mm Casement”作为“名称”，并单击“应用”。③选择“1650mm H×1800mm W _ 600mm Casement”作为“名称”，单击“应用”，然后单击“确定”。

（12）添加水平翻转控件

其过程依次为以下几步：①在项目浏览器中的“楼层平面”下，双击 Ref. Level。②单击“创建”选项卡 →“控件”面板 →“控件”。③在“控制点类型”面板上，单击“双向水平”；添加一个水平翻转控件，这样便可将平开窗放置在左侧或右侧。④单击窗右侧区域的上方，以添加翻转控件，见图 10-9-58。⑤单击【R】图标 →“保存”。

（13）将窗载入项目中

其过程依次为以下几步：①单击【R】图标 →“打开”→“项目”。②在“打开”对话框的左侧窗格中，单击 Training Files，然后打开 Metric \ m _ complex _ window. rvt。③单击“视图”选项卡 →“窗口”面板 →“切换窗口”下拉菜单 →“Complex _ Window. rfa-立面：Exterior”。④在“族编辑器”面板中，单击“载入到项目中”。⑤在“族已存在”对话框中，单击“覆盖现有版本及其参数值”，见图 10-9-59。⑥选择窗，单击图标（翻转实例开门方向），以修改平开窗的位置，见图 10-9-60。⑦在快速访问工具栏上，单击【三维视图】图标（三维视图），见图 10-9-61。⑧单击【R】图标 →“保存”。

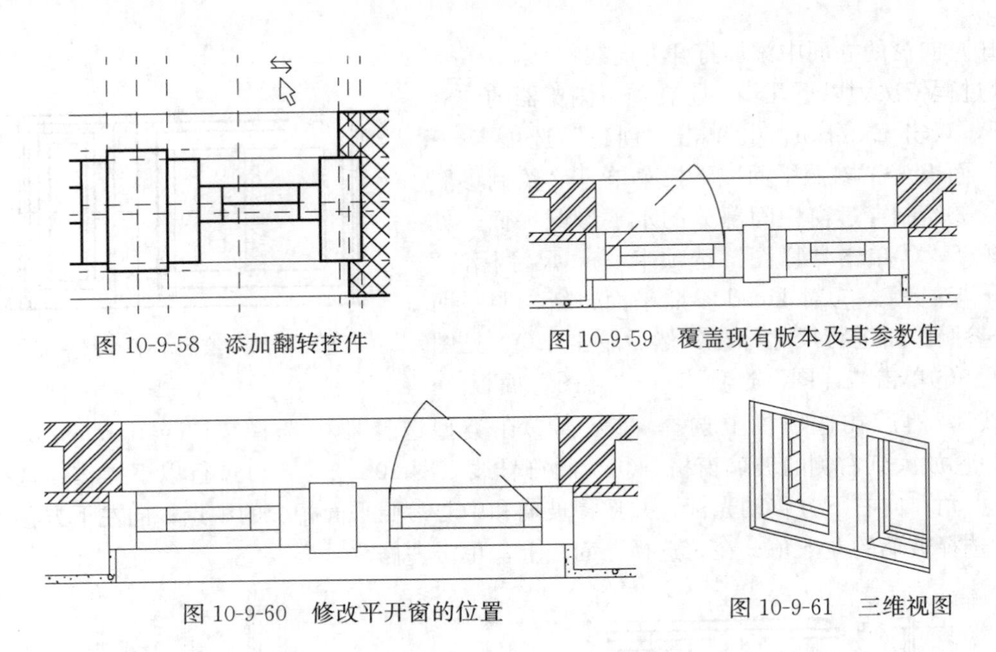

图 10-9-58 添加翻转控件

图 10-9-59 覆盖现有版本及其参数值

图 10-9-60 修改平开窗的位置

图 10-9-61 三维视图

10.10 将窗台族嵌套到窗族中

将族导入嵌套它们的其他族中。然后可以在独立于主族模型的情况下建立部分嵌套族的模型。通过使用主族中的族类型参数，可以在相同类别的导入族之间进行切换。在本节中，介绍将窗台族导入窗族，并将嵌套族的参数与主族相关联。

10.10.1 创建窗台族

练习文件夹中有两个可用的窗台族。在本训练中，将打开族并了解其设计方法。

(1) 打开混凝土窗台族

其过程依次为以下几步：①关闭所有打开的项目或族。②单击【R】图标→"打开"→"族"。③在"打开"对话框的左侧窗格中，单击 Training Files，定位到 Metric \ Families \ Windows \ M _ Concrete Sill. rfa，然后单击"打开"。④如图 10-10-1 所示，在项目浏览器中的"楼层平面"下，双击 Ref. Level；混凝土窗台族由实心拉伸、"宽度"类型参数、"深度"实例参数和窗台悬挑的固定尺寸标注组成；Back 和 Center (Left/Right) 参照平面定义族的原点；窗台未定义为基于工作平面。⑤如图 10-10-2 所示，在项目浏览器的"立面"下，双击 Left；此立面视图显示尺寸标注固定的参照平面；拉伸的绘制线被锁定到所有外部参照平面；"Bottom"参照平面定义族的原点。⑥在项目浏览器中的"三维视图"下，双击 View 1，见图 10-10-3。⑦选择实心几何图形，然后在"图元"面板上，单击"图元属性"下拉菜单 →"实例属性"；该窗台按子类别 Window Sill 放置，被指定了固定的材质 Window Sill Concrete，且只在"详细程度"为"精细"时可见。⑧在"实例属性"对话框中，单击"取消"。⑨在"族属性"面板上，单击"类别和参数"。⑩在"族类别和族参数"对话框的"族类别"下，用户会注意到"窗"已被选中。⑪在"族参数"下，选择"基于工作平面"。⑫与基于标高的窗不同，可以在窗台参照平面上放置窗台，这非常有用。⑬单击"确定"。

（2）打开金属窗台族

其过程依次为以下几步：①保存并关闭 Concrete Sill 文件。②单击【R】图标→“打开”→“族”。③在“打开”对话框的左侧窗格中，单击 Training Files，定位到 Metric \ Families \ Windows \ M _ Metal Sill. rfa，然后单击“打开”，见图 10-10-4。④选择实心几何图形，然后在“图元”面板上，单击“图元属性”；此窗台放置在子类别 Window Sill 上，具有指定的固定材质 Window Sill Metal，且只在“详细程度”为“精细”时可见；参数、参照平面和原点与混凝土窗台族的相同。⑤在“实例属性”对话框中，单击“取消”。⑥在“族属性”面板上，单击“类别和参数”。⑦在“族类别和族参数”对话框的“族类别”下，用户会注意到“窗”已被选中。⑧在“族参数”下，选择“基于工作平面”。⑨单击“确定”；这两个窗台族都是使用“常规模型”族样板创建后，再修改为窗族的；族的类别可以通过单击“族属性”面板→“类别和参数”来修改。⑩单击【R】图标→“保存”。

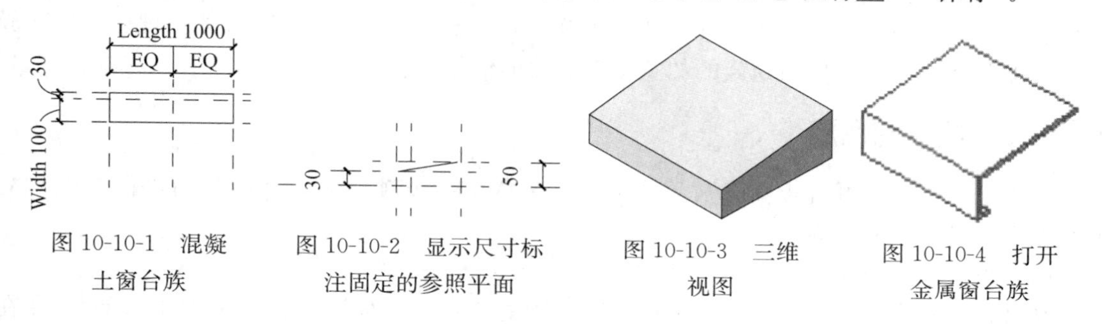

图 10-10-1 混凝土窗台族　图 10-10-2 显示尺寸标注固定的参照平面　图 10-10-3 三维视图　图 10-10-4 打开金属窗台族

10.10.2 将窗台族载入窗族

可以将在族编辑器中打开的族直接载入其他族中。在本训练中，首先打开主族，然后将族载入用户已经创建的复杂窗族中。

（1）培训文件

继续使用在上一个练习中使用的族 M _ Complex _ Window. rfa，或打开培训文件 Metric \ Families \ Windows \ M _ Complex _ Window _ 03. rfa。

（2）对族文件进行重命名

其过程依次为以下几步：①如果正在使用提供的培训文件，可单击【R】图标→“另存为”→“族”。②在“另存为”对话框的左侧窗格中，单击 Training Files，并将该文件另存为 Metric \ Families \ M _ Complex _ Window. rfa。

（3）载入混凝土窗台

其过程依次为以下几步：①单击【R】图标→“打开”→“族”。②在“打开”对话框中，定位到 Metric \ Families \ Windows \ M _ Concrete Sill. rfa，然后单击“打开”。③在“族编辑器”面板中，单击“载入到项目中”。④如果显示“载入到项目中”对话框，可选择 M _ Complex _ Window. rfa，并确认已清除 M _ Metal Sill. rfa。⑤单击“确定”，此时将混凝土窗台族载入窗族中。

（4）载入金属窗台

其过程依次为以下几步：①单击“视图”选项卡→“窗口”面板→“切换窗口”下拉菜单→“M _ Metal Sill. rfa-三维视图：View1”。②将窗台族载入窗族中。③单击“视图”选项卡→“窗口”面板→“平铺”，见图 10-10-5。④关闭 M _ Metal Sill. rfa and M _ Concrete

Sill. rfa。⑤最大化 M _ Complex _ Window. rfa。⑥由于已将这两个窗台族定义为“窗”族，故它们显示在项目浏览器中的“族”→“窗”下。

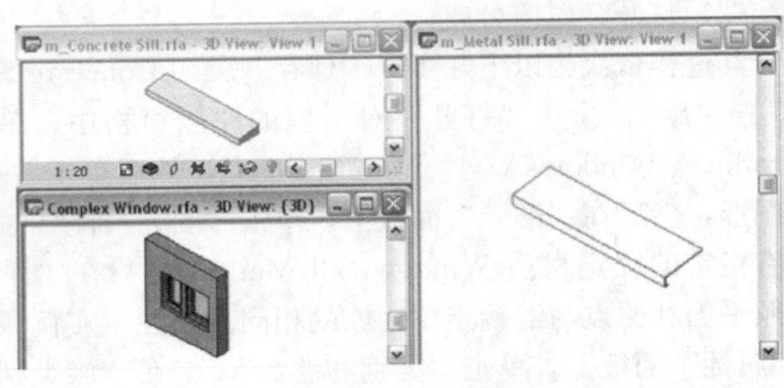

图 10-10-5　平铺

（5）将“宽度”参数与嵌套族关联

其过程依次为以下几步：①在项目浏览器中的“族”→“窗”→M _ Concrete Sill 下，双击 M _ Concrete Sill。②在“类型属性”对话框中，单击“尺寸标注”→“长度”对应的【白键】图标 。③在“相关族参数”对话框中选择“宽度”。④窗台长度需要与窗族的外部宽度相等。⑤单击“确定”两次。⑥使用相同方法，关联 Metal Sill 族的“长度”参数。现在，嵌套族的“长度”类型参数的值与窗族的“宽度”参数的值相同。

10. 10. 3　放置窗台族

在本训练中，将混凝土窗台放置在 Complex Window 项目中，并将其与平面视图和立面视图中的参照平面对齐。

（1）放置族

其过程依次为以下几步：①在项目浏览器中的“楼层平面”下，双击 Ref. Level。②在视图控制栏上，单击“详细程度”→“精细”。③在项目浏览器中，展开“族”→“窗”→M _ Concrete Sill。④将 M _ Concrete Sill 拖放到绘图区域中。⑤在“放置”面板上，单击“放置在工作平面上”。⑥在选项栏上，选择“参照平面：Sill”作为“放置平面”。⑦单击将窗台放置在窗的上方。⑧在“选择”面板上，单击“修改”，见图 10-10-6。

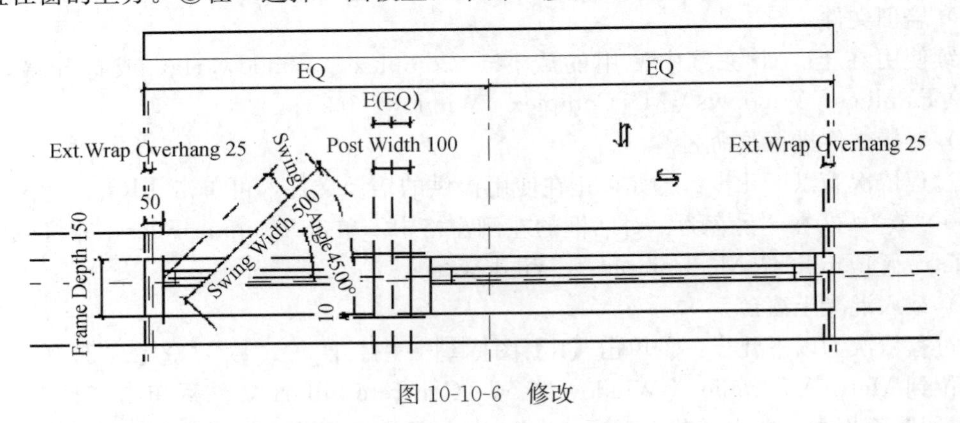

图 10-10-6　修改

（2）关联实例参数

其过程依次为以下几步：①选择混凝土窗台的实心几何图形，然后在“图元”面板上单击“图元属性”。②在“实例属性”对话框中，单击“尺寸标注”→“宽度”对应的【白键】图标 。③在“相关族参数”对话框中，选择 Ext. Wrap Depth。④单击“确定”两次。现在，嵌套窗台族的“宽度”实例参数与窗族的 Ext. Wrap Depth 参数具有相同的值，需要在平面和立面视图中定位和对齐窗台。

（3）对齐窗台

其过程依次为以下几步：①单击“修改”选项卡→“编辑”面板→“对齐”。②选择窗族的Center（Left/Right）参照平面，再选择窗台族隐藏的Center（Left/Right）参照平面，然后锁定对齐，见图10-10-7。③使用相同的方法，将窗台的下水平边缘与Ext. Wrap Depth参照平面（从上往下数第二个）对齐，并锁定对齐，见图10-10-8。④在项目浏览器的“立面”下，双击Left。⑤在视图控制栏上，单击“详细程度”→“精细”。⑥单击“修改”选项卡→“编辑”面板→“对齐”。⑦选择窗族的Sill参照平面，对齐窗台族的底边缘，并锁定对齐，见图10-10-9。⑧在项目浏览器中的“三维视图”下，双击View 1。⑨在视图控制栏上，单击“模型图形样式”→“带边框着色”。⑩在视图控制栏上，单击“详细程度”→“精细”，此时将窗台放置在所需位置（图10-10-10）。⑪需要强调的是，如果窗台未显示出来，则在导航栏上单击【蝌蚪】图标，并使用“动态观察”工具旋转墙。

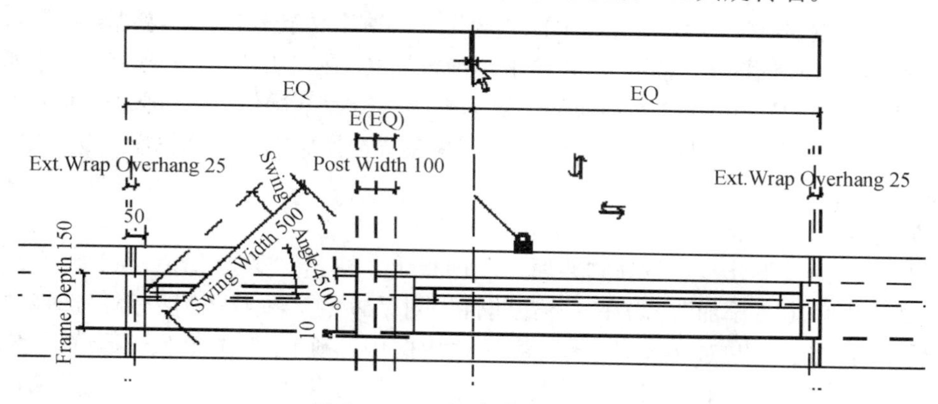

图10-10-7　参照平面锁定对齐

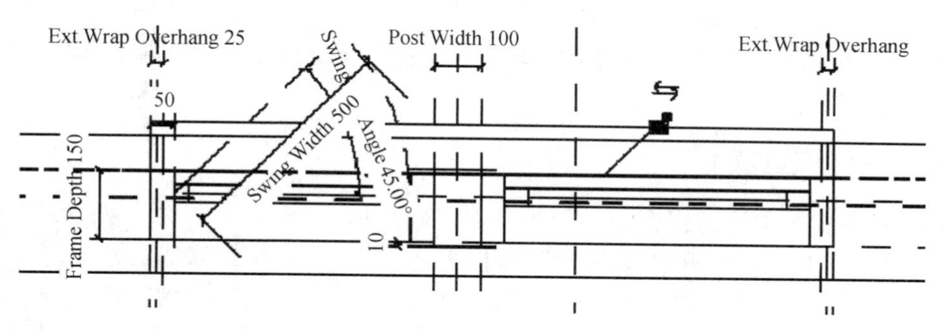

图10-10-8　第二个参照平面锁定对齐

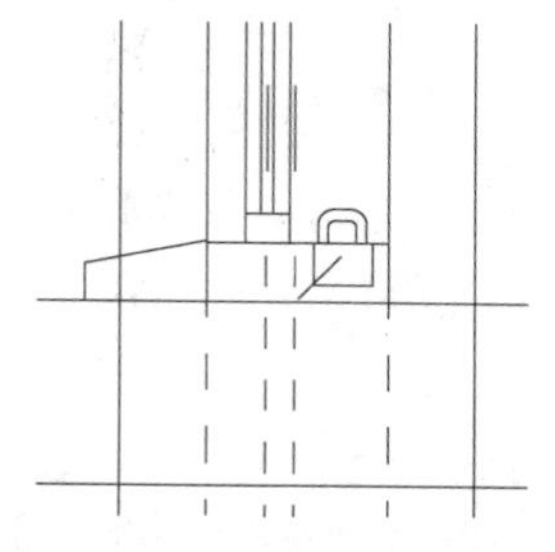

图10-10-9　窗台族底边缘锁定对齐

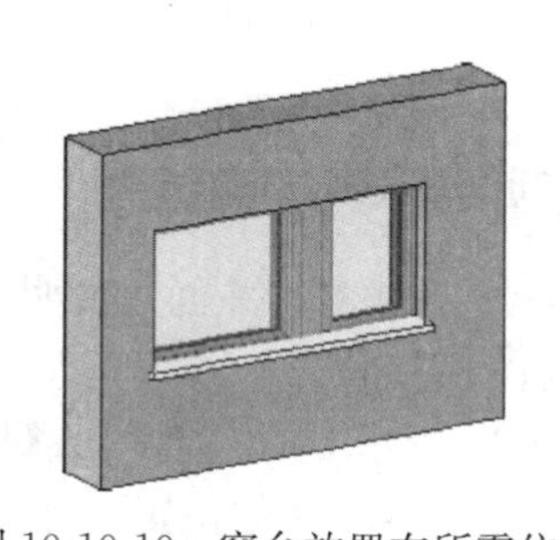

图10-10-10　窗台放置在所需位置

10.10.4 创建共享参数

为了在实例级上将混凝土窗台转换为金属窗台，需要添加 Sill Type 参数。要在明细表中显示自定义参数，必须将该参数定义为共享参数。如果随后将族载入项目中，则该参数将在“明细表属性”对话框的“字段”选项卡上显示为可用字段。需要强调的是，可以创建族参数，以在项目中使用窗族时用来控制窗台类型，但是不能将族参数添加到明细表中。如果要在明细表中包括某个参数，必须将其定义为共享参数。

（1）创建共享参数

其过程依次为以下几步：①单击“管理”选项卡 →“族设置”面板 →“共享参数”。②在“编辑共享参数”对话框中，单击“创建”。③在“创建共享参数文件”对话框的左侧窗格中，单击 Training Files。④在“文件名”下输入 Training Shared Parameter，并单击“保存”。⑤在“编辑共享参数”对话框的“组”下，单击“新建”。⑥在“新参数组”对话框中，输入 Windows 作为“名称”，并单击“确定”。⑦在“编辑共享参数”对话框的“参数”下，单击“新建”。⑧在“参数属性”对话框中进行以下操作：输入 Sill Type 作为“名称”；在“参数类型”下，选择“〈族类型〉”。⑨在“选择类别”对话框中，选择“窗”。⑩单击“确定”三次。

（2）将参数添加到族

其过程依次为以下几步：①在“族属性”面板上，单击“类型”。②在“族类型”对话框的“参数”下单击“添加”。③在“参数属性”对话框的“参数类型”下，选择“共享参数”，然后单击“选择”。④在“共享参数”对话框中，确认已选择 Sill Type，然后单击“确定”。需要强调的是，最后创建的“共享参数”文件已自动打开。⑤在“参数属性”对话框中，选择“构造”作为“参数分组方式”，并选中“实例”。⑥单击“确定”两次。

（3）关联参数与几何图形

其过程依次为以下几步：①在绘图区域中，选择 Concrete Sill 族。②在选项栏上，选择 Sill Type 作为“标签”。

10.10.5 测试嵌套族

可以直接在窗族中测试嵌套族的行为是否正确。其过程依次为以下几步：①在“族属性”面板上，单击“类型”。②在“族类型”对话框中，选择 M _ Metal Sill 作为“构造”→“Sill Type（默认）”。③单击“应用”。此时，金属窗台替换了混泥土窗台，见图 10-10-11。④单击“确定”。

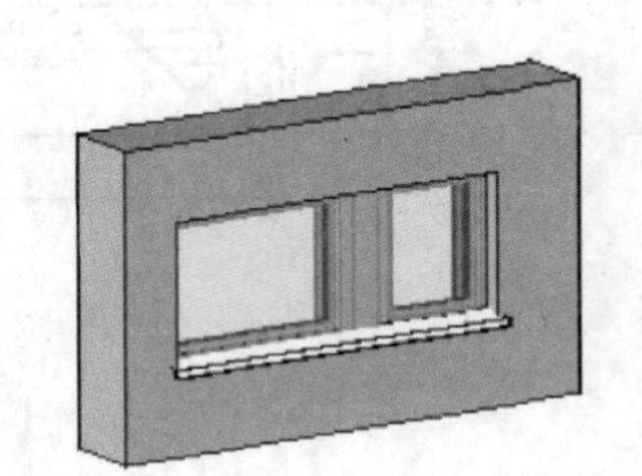

图 10-10-11　替换了混泥土窗台

10.10.6 在项目环境中测试族

在项目环境中测试窗，并创建窗明细表。

（1）测试窗和窗台

其过程依次为以下几步：①单击【R】图标→“打开”→“项目”。②定位到之前保存 m _ complex _ window. rvt 的位置，然后打开该项目。③单击“视图”选项卡 →“窗口”面板 →“切换窗口”下拉菜单 →“M _ Complex _ Window. rfa-三维视图：View 1”。④在“族编辑器”面板中，单击“载入到项目中”。⑤在“族已存在”对话框中，单击“覆盖现有版本及其参数值”。⑥单击“常用”选项卡→“构建”面板→“窗”。⑦在类型选择器中，选择“M _ Complex _ Window：1200mm H x 1500mm W _ 450mm Casement”，并将该窗放置在现有窗左侧的墙中。⑧在“选择”面板上，单击“修改”。⑨在视图控制栏上，单击“模型图形样式”→“带边框着色”。⑩在视图控制栏上，单击“详细程度”→“精细”（图10-10-12）。需要强调的是，如果窗台未显示出来，则在导航栏上单击【蝌蚪】图标，并使用“动态观察”工具旋转墙。⑪选择刚刚添加的窗口，然后在“图元”面板上，单击“图元属性”。⑫在“实例属性”对话框中，选择新的窗台类型作为“构造”→Sill Type，然后单击“确定”；需要强调的是，窗台已修改。

图 10-10-12　精细

（2）创建窗明细表

其过程依次为以下几步：①单击“视图”选项卡→“创建”面板→“明细表”下拉菜单→“明细表/数量”。②在“新明细表”对话框中进行以下操作：在“类别”下选择“窗”；在“名称”下，输入 Window Schedule with Sills；单击“确定”。③在“明细表属性”对话框中，将字段“标记”“宽度”“高度”和 Sill Type 添加到“明细表字段”列表，并单击“确定”。此时 Sill Type 显示在明细表中（图 10-10-13）。④保存并关闭所有项目文件。

Window Schedule with Sills			
标记	宽度	高度	Sill Type
1	1800	1650	m_Metal Si
2	1500	1200	m_Metal Si

图 10-10-13　明细表

第 11 章　BIM 的发展趋向

11.1　BIM 技术的总体发展态势

BIM 不是一种软件，而是一种人类活动，其最终反映的是建设过程中的各种变化。已经有很多业主要求合同条款的变更通过 BIM 进行，BIM 的一些新技能和角色正在不断拓展。BIM 在建筑领域成功的试点经验导致了建设行业内许多开发型承包商的采用，许多建筑承包商正在实施先进的 ERP 系统。目前，欧美发达国家 82%的建筑公司已经在使用 3D 建模和 BIM 工具，但只有 40%的使用者能够将其用于智能建模。人们正在广泛地收集信息推动 BIM 标准的建设，比如美国的国家 BIM 标准。公众对绿色建筑的要求也越来越高，BIM 和 4D CAD 工具在施工现场办公室应用已司空见惯。目前影响 BIM 广泛实施的瓶颈问题不在技术本身而在于缺乏经过适当培训的专业人员。BIM 技术的发展趋势包括使用建筑信息模型开发能自动检查代码一致性和可构建性的工具，一些供应商拓展了他们的 BIM 工具应用范围，一些供应商为 BIM 提供了更多特定的学科功能，比如施工管理功能。建筑产品制造商提供 3D 目录的现象已越来越普遍，BIM 正在帮助制造全球化的制造业拓展舞台以便使日益复杂的建筑子组件更加经济、可行。随着 BIM 技术的发展和使用变得越来越普遍，BIM 不断完善的功能使其对建筑物建造方式的影响程度变得越来越大，因此，BIM 用户应从这些趋势中推断出近期 BIM 的走向，基本 BIM 工具的采用的广泛性会不断增大。BIM 有助于预制技术向更高水平发展，使其具有更大的灵活性并形成更多的构建方法和类型，使其需要的文档更少、错误率更低、浪费更少、生产力更高。采用 BIM 后形成的优良分析功能和对更多替代方案的探索能力可减少索赔、减少预算和工期延误并使建设项目更加优异。

以上都是 BIM 对现有施工工艺的改进。各种社会、技术和经济驱动因素会决定 BIM 在未来 10 年的发展走向，用户对各种驱动因素对 BIM 技术、专业设计、建筑合同性质以及 BIM 精益协同作用的反思可能影响建设、教育和就业以及法规、监管程序。BIM 的最重要作用是能促进项目设计和施工团队的早期整合，从而实现更紧密的合作，这将使整个施工交付过程变得更快、成本更低、工程质量更可靠且不易出现错误和风险。对一名建筑师、工程师或任何其他 AEC 行业专业人员来讲，BIM 是一项令人振奋的技术。

BIM 正在改变建筑物的设计方式、运作方式和建造方式。BIM 是一种活动（即建筑信息建模）而不是一个形体（比如建筑信息模型），即 BIM 不是一种事物或一种软件而是一种人类活动，其最终会反映建设过程中的广泛变化情况。BIM 正在进入 AEC 行业，AEC 行业正在使用 BIM。根据对各种驱动因素的分析，未来 BIM 的硬件和软件技术以及商业实践方面的潜力是无法可靠预测的，未来建筑行业分析师将从事后的反思中发现 BIM 的种种变化。

很可能已很难区分 BIM 对精益建筑和性能驱动设计等的影响，尽管在不依靠 BIM 的情况下精益建筑和性能驱动设计在技术理论上仍可以自行发展，但它们之间紧密的相互影响是相辅相成且实际上是在被同时采用的。

BIM 技术已经越过了研究概念和可行的商业工具之间的界限，它将成为像普通模板、锤子和钉子那样的建筑设计和施工不可或缺的技术。但过渡到 BIM 并不是计算机辅助设计（CAD）的自然发展，它涉及从绘图到建模的范式转换，促进并推动了从传统的竞争性项目交付模式到设计和施工同步集成合作方式的转变。人们在最早的建筑设计软件产品开发时第一次提出了建筑物计算机建模的概念，BIM 的发展首先受到计算能力和成本的制约，后来又被成功的 CAD 技术广泛采纳，学术界和建筑软件行业的执着者通过他们的研究工作不断为 BIM 的实用化不遗余力。面向对象建筑产品建模发端于 20 世纪 90 年代，参数化三维建模是研究机构和软件公司针对特定市场领域（比如钢结构）开发的，许多人已经根据目前的 BIM 工具的状态看到了未来几十年 BIM 的愿景。BIM 技术仍会继续快速发展，就像 BIM 工具应该如何推动其技术发展的概念一样，现在需要重新构建 BIM 的未来框架，即强调其工作流程和施工实践。正在准备采用 BIM 工具的实践者和未来的建筑师、土木工程师、承包商、建筑业主和专业人士都应该了解 BIM 当前的能力，看到 BIM 未来的趋势及其对建筑业的潜在影响。

11.2　BIM 技术的近期发展态势

市场和技术趋势是各个领域预测近期走向的良好因素，BIM 也不例外，观察到的趋势揭示了 BIM 在建筑行业的潜在发展方向和影响。综合性的业主已开始要求改变合同条款通过 BIM 进行。作为一个成熟的业主代表的美国联邦政府的综合服务管理局（the General Services Administration，GSA）要求使用能够支持自动检查的 BIM 模型以确定设计是否符合计划要求。美国国防部要求其所有的民用建筑项目都采用 BIM。许多建设计划积极鼓励提供商将 BIM 作为其精益建设实践的一部分，所有这些业主都受到他们认为的建筑 BIM 固有经济效益的激励。事实上，近 20 年来欧美发达国家的重型工程和加工工厂行业都在依赖 3D 建模完成工程、采购和施工（EPC）工作。BIM 的新功能和角色正在不断拓展，仍处于文档模式的预制和现浇混凝土结构的生产项目在 40%左右，BIM 在建筑设计领域的应用也进展迅速，BIM 的应用使方案设计人员在各种建筑设计实践中可以减少工作量，这些减少的工作量通过建筑师和工程师建模角色的加入在一定程度上可以得到补偿。欧美发达国家的许多建筑公司已经在使用 BIM 工具进行“智能建模”，60%左右的企业使用 3D/BIM 工具，30%左右的企业采用智能建模（即不是简单地将其用于生成 2D 图形和可视化）。BIM 的流行趋势表现在以下几个方面：业主要求在变更合同条款时通过 BIM；新的技能和角色不断涌现；15%的建筑公司在使用 BIM 工具进行“智能建模”；建筑领域成功的试点项目正在引领全球承包商在全公司体系内推广 BIM；BIM 运行综合实践的好处得到广泛认可；建筑承包商正在实施先进的 ERP 系统；标准工作正在收集优化；客户越来越需要绿色建筑；BIM 和 4D CAD 工具正在成为施工现场办公室的常用工具。BIM 的技术发展趋势表现在以下几个方面：使用建筑信息模型自动检查代码一致性和可构造性正在变得可用；主要的 BIM 工具正在增加其他产品的功能和集成功能为使用提供更丰富的平台；供应商正在不断扩大其范围并提供特定学科的 BIM 工具；建筑产品制造商开始提供 3D 目录；具有施工管理功能的

BIM 工具越来越多；BIM 正在鼓励为日益复杂的建筑子装配预制实现全球化。

BIM 在建筑领域成功的试点经验推动领先的开放型承包商通过在企业范围内获得这些早期效益的优势来重新设计其工程建设流程，最早使用尚不完善的 BIM 工具而取得巨大成功的试点项目已经反映了该技术对施工影响的特征。BIM 在精益拉流控制 MEP 系统中可实现高效的预组装作业，可消除结构预制的错误，越来越多的早期 BIM 采用者在制定计划改变他们的组织战略。BIM 技术的近期发展态势可概括为以下十个方面。

1）综合应用 BIM 的好处已得到广泛认可。领先的建筑公司已经意识到未来的建筑工艺将需要整个施工团队的综合协作并将由 BIM 推动。建筑团队的所有成员都可对设计提出宝贵意见，包括工程顾问、承包商和制造商。这样就会导致以下新的景象：新的伙伴关系的形式；更多的项目采用设计-建设模式；更多的建筑公司将拥有自己的设计办公室以及更多的创新和密切协同团队；等等。

2）建筑承包商正在实施先进的 ERP 系统。一个与 BIM 平行但不相关的发展趋势是总承包商越来越多地采用企业资源规划（Enterprise Resource Planning，ERP）系统。这个系统在其他行业很常见但在建设系统中采用则比较罕见，其将公司层面的采购、会计、库存和项目计划连接到多个项目，一旦后台系统实现自动化并且就位后，施工组织将开始将这些系统与他们的 CAD、3D 和 BIM 系统集成。一些欧洲公司已开始将其 3D/BIM 工具与 Oracle ERP 和模型服务器技术相集成。

3）标准化工作正在收集优化。美国国家建筑科学研究院（the National Institute for Building Sciences，NIBS）已经开始推动一套国家 BIM 标准的行业定义，该标准旨在平滑实现特定施工工作流程中的数据交换。像总承包商协会（the Association of General Contractors，AGC）这样的组织已经发布了 BIM 指南，该指南就如何更好地利用 BIM 技术提出了建议。美国钢结构协会修改了其标准实践规范，要求采用 3D 模型（如果存在的话）作为设计信息记录的表示形式。所有主要的 BIM 工具供应商现在都支持某种形式的 IFC 标准交换。

4）公众意识到气候变化的威胁而越来越需要绿色建筑。BIM 通过提供分析能源需求的工具和访问为客户指定具有低环境危害的建筑产品和材料，从而帮助建筑设计师实现环境可持续建设，比如一些现代大型建筑采用自然通风。

5）BIM 和 4D CAD 工具在施工现场办公室变得很普遍。在过去的 20 年中，4D 工具逐渐从研究实验室搬到了施工现场。今天，所有主要的 BIM 工具供应商都提供 4D 功能，一些小公司也在出售 4D 工具。

6）使用建筑信息模型自动检查代码一致性和可构造性已经实用化。在新加坡，建筑许可证所需的建筑规范合规性设计检查的一部分已经实现了自动化。Solibri 和 EPM 之类的创新公司已经开发出了使用 IFC 文件的模型检测软件且在不断扩展其功能，使得使用叠加 3D 模型的复杂建筑系统之间的协调变得更加普遍。

7）供应商正在越来越多地扩大其服务范围并提供具有特定规则的 BIM 工具。主要 BIM 供应商正在为相同的基础参数建模引擎添加特定学科的界面、对象、设计规则和行为，这些供应商还通过收购结构分析应用程序来扩展其软件功能的范围。比如一个这样的供应商购买了建筑系统协调应用程序，另一个开发复杂的承包商购买了网站管理应用程序。

8）建筑产品制造商开始提供 3D 目录。JVI 机械钢筋接头（JVI Mechanical Rebar Splices）、安达信窗户（Andersen Windows）之类的等多种产品可作为 3D 对象下载，并可以参数方式从多个在线网站中插入模型中。

9）施工管理功能正在被集成到BIM工具中。4D CAD的扩展包括成本（即所谓的5D-CAD）以及将额外管理参数纳入nD CAD的进一步扩展，这些扩展已被各种解决方案的提供商采用。这些提供商承诺可以更好地洞察项目可行度以及可靠地构建。虚拟建筑的概念已不再仅仅是研究界所熟悉的，它已被越来越多的实践活动使用并获得赞赏。

10）BIM正在帮助制造工艺日益复杂的建筑子组件提高经济性和全球化水平。比如中国制造的大型幕墙系统模块的成本和质量是欧美发达国家无法匹配的，对运输时间限制的要求意味着其设计交货期很短且模块必须在第一时间正确制造，BIM可提供可靠、无差错的信息并缩短交货时间。

上面介绍的过程和技术趋势只是根据BIM应用现状给出的初步的未来展望，但BIM并非在真空中发展，BIM是一种计算机支持的范式变革，其未来必然会受到互联网文化发展以及其他类似和难以预测的驱动因素的影响。

11.3 BIM对未来行业发展的影响

近年来BIM已经实现了人们的许多愿望，未来将有越来越多的成功应用BIM的项目，建筑行业的变化以及BIM所能实现的新的用途和扩展功能将超越今天使用的BIM，未来人们将会看到BIM从采用早期技术向接受主流实践的过渡，这种过渡将影响所有建筑专业人士和参与者，但是，最大的压力将体现在个体从业者身上，他们需要学习如何使用BIM进行工作、设计、制造或构建。

（1）对设计专业的影响

对设计专业的影响主要体现在转换服务方式和角色上。未来的设计师将体验到BIM对生产力和高质量服务的提升，建筑设计师将继续使用BIM，2/3的公司会在项目建设中充分利用BIM，使用BIM的项目比例可达1∶3。导致BIM广泛采用的主要驱动因素是客户对提高服务质量的需求以及编写文件时的生产率提高。BIM提供的竞争优势将激励单个企业采用BIM，这样做不仅是为了内部改进，更是为了能在市场中获得竞争优势。

设计公司最重要的转变取决于其服务的质量和性质。目前，设计师大多依赖经验和规则对设计的成本、功能性能以及能源和环境影响进行判断。他们大部分的时间和精力都用于制作项目文件和满足业主的明确要求。BIM的早期采用者利用工具更好地表达他们的设计决策。由于客户的推动，现代的设计公司已开始扩大其服务范围，包括详细的能源和环境分析、设施内的运营分析（比如医疗保健）、整个设计过程中的价值分析、基于BIM驱动的成本估计等，而这些仅仅是其中一些可能的服务，最初的这些服务将成为市场差异化的推动者，随后，其中一些服务将成为所有人的常规做法。随着这些公司利用BIM不断开发新的技术环境和专业知识，以后的BIM采用者或非BIM设计公司将发现竞争的激烈程度越来越高，进而导致其被动适应或退出。

建筑公司和工程公司将面临一个角色和活动不断变化的工作场所，预计初级建筑师将以BIM的熟练程度作为就业条件，就像20世纪90年代以来对CAD的熟练程度的要求一样。一些专门负责记录生产活动的工作人员将失业。新角色将出现在诸如建筑模型工程师（Building Modeler）或模型经理（Model Manager）等职位上，这些职位需要相应的设计和技术知识。模型经理将与项目团队合作更新建筑模型以保证原点、方向、命名和格式的一致性，同时还应协调模型部件与内部设计团队以及外部设计师和工程师的交流过程。

随着详细设计和文档生产工序在各个工程领域自动化程度的快速提高，其处理周期将显著缩短，这意味着公司应该能够减少实践中的任何时间以及主动设计中的项目数量，因此，可能减少一些固定的工作时间周期内员工的注意力从一个项目转移到另一个项目所引起的资源浪费。

BIM工具和流程将促进互联网的发展，尤其是形成使用BIM的服务剥离和外包的趋势，从而进一步增强拥有高新技术和BIM技能的员工的小公司的能力。随着建筑系统和材料不断增长的复杂性，将为自由技术或非常专业的设计服务提供更多的机会。专业设计公司的联盟能够围绕共同的建筑模型进行合作，通常可在比使用图纸更短的时间内给出杰出的团队结果，使这些公司能够在初级设计公司的领导下提供既高效又实用的新的设计、性能分析和（或）生产建议，这些公司可能是一家大型创新公司或具有高水平设计和协调技能的小公司。在某些方面可能会出现过去50年来在合同服务领域所出现的设计服务类似的发展局面。签约的设计公司将减少工作量，并会协调和整合多位专家顾问的工作，这些趋势在今天是显而易见的且会逐渐增加以响应设计服务日益复杂化的趋势。

虽然很多情况都会改变，但建筑设计的许多方面仍将以当前的工程实践为根基，短期内的大多数客户、当地监管机构和承包商仍将继续要求项目采用图纸和纸质文件，许多非领先的设计项目仍将仅使用BIM生成一致的图纸用于团队沟通以及与承包商进行交接，只有少数公司会采用将建筑性能与标准通用设计功能集成的方式。

（2）对业主的影响

对业主的影响可用“更好的选择、更好的可靠性”表达。业主将体验到可用服务的质量和性质的变化以及项目预算、计划合规性和交付时间表整体可靠性的提高。目前许多业主已经感受到这种变化。未来的业主可以看到设计专业的变化，他们将为服务提供商提供更多的产品，包括提供建筑信息模型并履行与分析、查看和管理模型相关的服务。

在项目的早期阶段，业主可以期望通过程序化分析来获得更多的3D可视化和概念性建筑信息模型，从建筑信息模型产生的三维模型和4D模拟比技术图纸更具有交流性和信息性且可以为人们提供丰富的信息。随着基于3D的互联网技术（比如地球观众Earth Viewers和虚拟空间Virtual Communities）的日益发展，业主将有更多的选择来查看项目模型并将其用于网站环境中的市场推广、销售和设计评估。建筑信息模型也比使用CAD技术生产的建筑物的计算机渲染更加灵活、直接和翔实，它们使业主和设计人员能够在项目早期就形成更多的设计方案并进行比较，此时的决策对项目和生命周期成本的影响最大。

以上技术发展将对不同的业主产生不同的影响，这些影响取决于他们的业务需要。关注销售的业主会发现他们可以针对概念设计和施工文档提出需求并缩短设计周期。对那些关注建筑物生命周期、成本和能源效率方面经济利益的业主而言，概念设计阶段可为深入研究每种替代建筑设计方案的行为提供机会。明智的业主可能会对设计质量提出更高的要求，并确认概念级模型可以完成快速开发和评估工作，为了优化建筑设计，他们需要在建筑成本、可持续性、能源消耗、照明、声学、维护和运营等方面进行深入探索以获得更多的替代方案。比如一个基于组件的手术室仿真允许业主和设计人员比较不同的设备，设备组件包括参数和行为以确保维持适当的间隙和距离。再比如，法庭的循环路径应在审判室和洗手间之间提供安全访问，BIM可系统检查所有可能的路径的安全区域以及可能跨越的多个楼层。

未来，更多先进的分析和模拟工具将作为特定类型设施的选项出现，比如医疗保健、公共访问区域、体育场馆、交通设施、市民中心和教育中心等。比如一个工具允许医疗保健业主及其设计者比较医院房间与不同设备的不同配置，由于实际占有者和用户是判断、评估各种设计的核心，因此与 BIM 系统集成以提供智能配置功能的工具将变得更加普及。同样，集团化的建筑客户会推动针对不同建筑类型的自动化设计审查软件的开发，这些软件将用于根据不同的预设准则评估在不同发展阶段的特定建筑设计，比如，GSA 已经将其程序区域检查工具扩展到设计和其他建筑类型的各个方面。已经开始实施的一个程序允许在概念设计期间对各种布局选项进行循环评估，其侧重于法院类建筑，其中有重大的流通和安全要求。未来，其他一些公共或私人组织可以为其他建筑类型开发类似的软件，比如针对医院和学校的。

对于第一次或一次性施工采用 BIM 的客户来说可能会出现不太理想的结果，原因在于他们可能并不熟悉 BIM 及其潜在用途，因此没有充分吸引设计团队评估项目在功能、成本和交付时间方面的更细微要求。如果设计师没有遵守规定，他们可以迅速给出相当详细的设计并创建出看起来令人信服和吸引人的建筑模型。如果缺失概念设计的关键阶段，那么过早的生产水平的建模就可能会在后面的过程中导致大量的返工，甚至可能会建造出不符合客户需求的设计不当的建筑。就像任何强大的技术一样，BIM 也会被滥用。不熟悉 BIM 技术所提供功能的客户应该进行自我教育并选择知识渊博的设计顾问以获得利用 BIM 技术实现项目预期目标的专业设计服务。

另外，聪明的业主会要求他们的设计和施工团队提供更快、更可靠的建造过程。由于业主认识到整合团队是从 BIM 技术中获取价值的最佳方式，因此，欧美发达国家私人建筑采用设计-投标模式的比率会继续下降。人们将通过变更订单数量和之前项目的延迟（以第一次计划值为正确值）来衡量 BIM 团队的绩效。随着设计和施工过程的更加高效，索赔数量将会减少，业主与律师和专家证人的接触会大幅度减少，相应的恐惧也会大幅度减轻，因时间和成本问题引发的突发事件会大幅度减少。构建活动繁忙的客户会寻找具有 BIM 经验且知道如何利用这些工具进行精益流程设计和施工的专业人员团队。

随着 4D 和 BIM 的使用，承包商的协调营建方式变得越来越普遍，业主将越来越意识到这些工具的功能，并利用其提高预算和时间表的可靠性以及整体项目的质量。他们会开始要求提供 BIM 格式的状态报告、时间表和竣工时间，更多的业主会寻找模型经理或要求他们的施工经理执行这项任务并构建模型管理网络，这样既可以形成中央模型库，也可以将其散布在项目团队中。因此，业主将越来越多地面临管理和存储建筑信息模型的挑战，如果合作团队的成员能提供专有信息，则他们可能还需要解决相关的知识产权问题。

项目建成后业主会考虑是否利用该模型进行设施管理的问题，如果他们选择这样做，则他们将需要学习如何更新和维护它。在此期间，用户可以期待基于 BIM 的设施管理产品的成熟程度以及更多地使用它。用户可通过第一批与建筑监控系统集成的建筑信息模型案例比较、分析、预测可观察到的建筑性能数据，这将为业主和运营商提供管理其建筑运营过程的更好工具。

（3）对建筑公司的影响

对建筑公司的影响主要体现在施工现场 BIM 的应用上。为了取得竞争优势，建筑公司会努力在现场和办公室开发 BIM 功能，将使用 BIM 进行 4D CAD 的构建、工作协作、碰撞检测、客户沟通、生产管理和采购。在许多方面，它们将比建筑供应链中的大多数其他参与者更能够利用无处不在的准确信息获得短期经济效益。通过 BIM 可以获得更高质量的设计（即错误率更低的设计）并实现预制过程的最大化，进而达到减少建设预算和建设时间的目的。在这个过程的早期阶段加强开发细节设计会产生积极的作用，其通常会导致无法解决的细节和不一致的文档造成的返工基本得以消除。一些机械参数化建模软件公司可能会开发用于不同类型建筑的制造产品，这些产品是为NC制造装备设计并与之集成的，其将允许新的定制产品成为建筑的一部分，包括模塑塑料板、新型管道系统等。这个时期应该能看到从设计模型到建筑模型的过渡会越来越顺畅。软件向导将被用于从设计模型中快速编译构建模型，比如使用嵌入式构造方法的工作包的参数化模板，像Constructor软件中配比这样的思想可看作是这种做法的一个早期迹象，比如后张拉平板的参数化模板将用于模板布置设计，其可根据设计模型中的通用板坯对象确定人工和设备输入、材料数量和交货时间表，由此产生的建筑模型可以分析成本、设备和物流限制以及进度要求且可以进行替代方案比较，因此，建设规划能力将大大增强。参数化模板也可作为企业知识的储存库，只要公司的工作方式嵌入这些软件应用程序中即可。

由于高级职员的角色和一些精细系统的复杂性，建筑模型师的角色将成为承包商和制造商之间争论的焦点，由于预制钢筋混凝土和其他系统的第三方工程服务细节需要熟悉BIM，因此，他们将以与钢铁制造业务相同的方式成为事实上的建筑建模人员。此外，BIM为使用自动化测量和其他数据收集技术设置了平台，比如激光扫描可以产生对现有物理几何体的点云测量数据，其可以用于生成建筑信息模型的有意义建筑物的点云的解释，但这是一项耗时的工作，因而限制了该技术在大多数情况下的使用。如果能与3D模型相匹配，则点云数据可直接用于突出显示已建立几何体与设计几何体的偏差。

（4）对施工合同的影响

对施工合同的影响体现在设计者和承包商之间的更密切合作上。比如激光扫描点云数据可以映射到BIM对象上以显示已建立几何图形与设计几何图形的偏差，可根据图左侧的比例尺、颜色表达与设计（灰色）表面的偏离程度。BIM在设计-建造模式的采购安排方面具有更多的优势，随着设计公司和建筑公司获得的BIM经验积累，对可实现的附加值的认可将推动其将建筑采购从设计-投标-建造转变为合同谈判（Negotiated Contracts）、成本累加（Cost-Plus）、设计-建造（Design-Build）和扩充设计安排（Augmented Design Arrangements）。一些建筑公司将扩大其在模型开发和管理领域的服务，其他公司可以通过协同使用BIM技术为全面交付提供一揽子服务。互联网和BIM工具都将促进建筑全球化程度的提高，这种提高不仅表现在设计和部件供应方面，而且表现在制造日益复杂的按订单设计的组件方面。使用BIM编制的生产数据的准确性和可靠性允许建筑产品和装配体既可采用传统的当地采购方式，也可在世界任何地方生产，幕墙板就是一个例子，大型模块化预制实用系统或完整的浴室设备可能属于另一类设备，建筑制造领域的竞争将在全球范围内展开。

（5）对建筑教育的影响

对建筑教育的影响表现在综合教育上。欧美发达国家建筑和土木工程领先的学校已经开始在本科的第一年向本科生教授BIM，这一趋势可能会随着BIM在设计专业中的应用而迅速蔓延。相关的实践表明学生能够比使用CAD工具更快地掌握BIM的概念并使用BIM工具提高工作效率。目前缺乏训练有素的人员仍然是BIM应用的障碍，迫使许多公司不得不对有经验的CAD操作人员进行新工具的再培训。因为BIM需要以不同的方式思考设计如何开发以及建筑施工管理的问题，所以再培训不仅需要学习，而且需要摆脱旧习惯，这一点做起来很困难。毕业生在整个本科生阶段的经历会受到他们对BIM的熟悉程度及其在全系列学生项目中使用的影响，可能会对各类公司部署BIM的方式产生深远影响，工作实践中的大量创新是不可避免的，也是可以预料的。

（6）对法规体系的影响

对法规体系的影响主要表现为播撒了在线访问和审查的种子。互联网有可能在一个领域发挥作用，即其有能力赋予公众更多地参与法定程序制定的工作，比如批准或拒绝建筑计划。但目前发布建筑设计信息以供公众审查的情况并不多见，其中一个原因可能是普通公民无法获得相关的图纸文件。如果将拟议建筑的可导航 3D 模型置于其背景的现实环境中描述并在网上发布，则更加民主的公众审查过程将得以实现。在 Google Earth® 环境下，相关技术已经可以满足视觉检查要求，因此，不难想象将多个信息源合并以创建一个使用 BIM 进行设计和批准工作的虚拟环境是完全可行的。欧美发达国家，地理信息系统（GIS）的应用在许多市政管辖区和公用事业服务中很常见，其数据包括地形条件、基础设施、现有结构、环境和气候条件以及相关的法规要求，这种 GIS 信息互操作性比交换智能建筑模型简单得多，管辖区可以为单个项目现场提供包装模型并将其交付给建筑设计人员以便在其 BIM 创作工具中直接使用，这对于管理层而言是容易做到的且是经济可行的。BIM 可能会促进绿色建筑或可持续建筑的发展，因为可以分析建筑信息模型是否符合能源消耗标准，是否使用绿色建筑材料以及 LEED 等认证计划中包含的其他因素，客观和自动评估建筑模型的能力将使新法规的执行更具实用性，欧美发达国家一些建筑规范已经要求对所有建筑进行能源分析以符合能源消耗标准。与规范性标准相反，未来使用基于性能的标准可能增加，目前 BIM 工具中集成的首批能量计算工具已经实用化，这意味着 BIM 将推动可持续建筑的发展。

（7）对项目文档的影响

对项目文档的影响主要表现在可以按需供应图纸上。随着 BIM 在建筑工地的普及，预计图纸的重要性会下降，但在数字显示技术在现场日常工作中未达到足够灵活和足够耐用要求时，图纸是不可能消失的。当今建筑行业的图纸功能之一是以建筑合同附件的形式记录商业交易情况，但已有迹象表明 BIM 模型可以更好地满足这一要求，其原因之一是它们可以提高非专业人员的可访问性。由于 BIM 可以使用定制格式按需制作图纸，因此可为工作人员和安装人员提供更好的现场文档并形成新的功能。顺序组装视图和物料清单的等轴测视图将有助于施工人员的操作。必须解决的技术和法律障碍是数字模型的签署问题，甚至包括其单个组件。另一个问题是，随着各种应用程序的开发以及不再支持旧版本的做法，未来是否能够可靠访问模型也是一个值得注意的问题。这些问题都已在其他业务领域得到了解决，只有经济利益驱动因素足够强大时才能确保应用 BIM 建立信息模型时解决上述问题，相应的解决方案可能包括利用先进的加密技术、原始模型文件的第三方存档、中立查看格式和其他技术。在欧美发达国家的土木工程实践中，越来越多的项目参与者已经选择根据模型而不是图纸进行项目施工，相关的法律建设必须跟上商业实践的步伐。

（8）对 BIM 工具的影响

对 BIM 工具的影响主要表现为集成更多、专业化更强、信息更多。建筑信息模型生成工具在建筑施工领域的覆盖范围方面仍然有很大的改进和提高空间，它还可以进一步扩展所支持的参数关系和约束类型，这些工具将包含日益全面的建筑零件和产品系列。现有 BIM 平台的可用性将鼓励在未来出现新插件井喷式的发展并可能形成若干个新产品开发领域，且可能有更好的工具用于架构概念设计，比如将 DProfiler、Trelligence Affinity、Ecotect 整合在一起。BIM 的另一个可能发展的领域是新材料和建筑物表面的布局和制造工具，当然，还有一些其他可能的领域，比如用于商店布局、家具、内部办公室布局的新支持软件以及许

多为建筑物业主或承租人提供服务的相关设计交易详细信息等。在设计建模软件中增加分析界面的集成在技术上是可行和可取的，领先的BIM制作工具供应商之间的竞争非常有助于全面软件产品套件的提供，因为互操作性问题至今仍未得到圆满解决。BIM供应商可以通过购并分析软件提供商或通过形成联盟使分析预处理器能直接借助其接口运行来构建BIM软件套件，这一趋势始于嵌入式结构分析软件的出现，其可能继续服务于能源和声学分析、估算、代码和规划合规性检查。由于BIM项目文件的规模越来越大以及管理模型交换所固有的各种困难，BIM对服务器的需求也越来越大，因此BIM服务器有可能在目标层面管理项目而不是在文件层面，这些功能可能由各种公司提供，包括BIM创作软件公司、现有项目协作Web服务提供商和新创公司。以上交换技术已经存在于现行BIM系统中，其通过锁定单个物体使多个用户可以同时访问模型，有必要将该功能移植到更大、功能更完善的数据库环境中。鉴于BIM事务主要是对象及其参数的增量更新（与完整的模型交换相对），实际需要传输的数据量是相当小的，因此，其比同类CAD文件集小很多。

由于BIM的简单性，DWF查看器、Tekla和Bentley的Web查看器、3DPDF等模型查看器软件已逐渐成为重要的工具，它们提供的信息变得越来越多，这些信息已不仅仅是图形和基本对象的ID及属性。它们可以为信息消费者提供各种各样的应用服务，包括工程量提取、基本碰撞检查甚至采购计划等，而不需要将信息更新到BIM模型中，因此，它们可能能够直接以DWF格式的文件运行，这些简化的文件格式可能会被各种仅适于Web界面输出的第三方插件所利用。

定位和插入建筑产品和装配模型的新工具被称为建筑元素模型（Building Element Models，BEM），其正处于快速发展阶段，其两个关键的发展方向是BEM到多个BIM平台的语义搜索和兼容性。目前只要知道产品名称和（或）标准材料名称，就可以在网络中搜索并根据用户定义的标准查找产品。语义搜索将使接受广泛同义词的搜索成为可能，这些方法可以理解类及其继承关系，且可以处理属性的组合。语义表达的基本特征可在所有行业中找到，由于这些挑战已经跨越了行业界限，因此会有空前规模的大量资金投入语义搜索技术中。AEC从业者希望出现利用BIM语义以多种方式组织内容的工具以便为用户提供开发定制语义搜索的能力，比如找到一个自动控制的百叶窗窗帘遮阳系统使其可以跨越1.8m的中心竖框，或查找在特定前后工序中跨多个项目应用的所有产品。这些功能将变得越来越好用，其更强大的搜索和选择功能有可能使其成为不同商业电子商务网站的市场分析师，这些功能目前还处于研发完善过程中。建筑模型创作工具目前已包含各种参数化建模功能，因此，为一个系统开发参数化规则的对象不能被翻译并被导入另一个系统中而不会丢失参数信息，这一点制约了用于不同BIM工具的有效BEM的开发工作，随着越来越复杂的翻译功能的逐步推出，这些制约因素将逐渐消失。目前人们已经可以使用依赖于固定形状几何体的BEM，比如浴室家具和门的硬件，未来的扩展将支持参数变化的替代形状，比如具有不同布局和形状的组件（基于前后工序的，比如结构组合板或吸声天花板系统等）、拓扑关系各异的形状（比如楼梯和栏杆）等，其最终将提供3D细节的自动嵌入功能，比如用于外墙、屋顶系统等。随着电子信息量的不断增加，建筑信息模型会包含更多的流程注释，信息可视化将成为整个工作流程的核心。多显示环境或交互信息工作空间将在办公室和现场司空见惯，比如通过使用SmartBoard和大型显示器改变办公环境，新环境（比如iRoom）使项目团队能够与建筑信息模型和整个信息空间进行交互，团队成员可以同时查看模型、时间表、规格、任务以及这些视图之间的关系。

（9）对研究工作的影响

对研究工作的影响主要表现在模型分析、模拟和工作过程方面。BIM的发展趋势主要涉及过程和技术领域。研究的需求通常与设计和施工过程以及BIM所依赖的技术有关，它们之间相互依存。新技术会导致过程的变化，过程的变化又会引出新的工具。BIM和互联网以及项目和行业的结合可在建筑信息获得方面占据竞争优势，信息流通常大多具有瞬时性，BIM可使项目中所有相关方之间的协作变得同步，其与传统的异步工作流相比属于一种范例的变化，传统的工作流顺序已不再适用，与这些工作流程相关的专业和法律体系同样不适用于协同设计和施工流程，BIM可缩短周期时间并密切整合信息流。传统的工作流顺序依次为生成、提交和图纸审查，其可能会因变更而产生替换和浪费。尽管学术研究可在促进定义完整性、构建价值信息流新概念和相关措施方面发挥重要作用，但由行业先驱者进行的试验性和纠错性努力（由实际需求推动）很可能成为BIM新主要工作流程的来源。需要综合、测试和改进新的合同表格、工作说明、商业路线和采购安排，这些努力将支持和刺激学术界和工业界对新工具的开发。工业界对新工具的开发体现在以下四个方面。

1）在不同的设计模型之间保持完整性将是必不可少的。例如体系结构与构造和施工，因为不同的学科会对不同的模型做出改变。短期内IFC这样的互操作工具不会支持视觉检查之外的协调以及对几何中物理冲突的识别。管理不同系统间的变化将是一个重要的制约因素，其涉及负载（结构或热力）或其他性能关系。解决这个问题的一种方法依赖于能够在不同模型之间进行比较的人工智能代理，包括跨学科的人工智能。这些专家系统代理将需要跟踪模型内的变化，然后确定对一个模型进行的逻辑变更，这些模型应该传播到其他模型中而不必在设计人员之间进行协商，需要研究确定在不同的学科特定系统中实施的建筑物之间的关系的性质。

2）开发生产建筑物代码检查器和其他类型的可定制设计审查工具的需求将导致新知识的产生。对这些规则进行硬编码并不是定义和实施它们的最佳方式。与其他软件应用程序一样，硬编码生成的代码代价高昂，其既无法编写、调试，也不易进行变更。因此，将出现高级和特殊用途规则的定义语言来促进建筑物规则检查的总体发展，起初其可能只会用于处理最简单的应用领域（比如流通评估），随后的相关改进将允许进行室内布置和评估并最终用于施工组装和详细设计，这些语言将允许非程序员以更直接的方式编写和编辑检查规则，其可以通过两种类型的后端工具来解释和运行相同的语言，即可能在Web服务器上作为独立检查器来实现；直接嵌入BIM设计工具中允许在设计时进行检查。这些语言的开发将有助于在各种领域、各种不同建筑类型的一系列客户以及建筑代码机构中使用设计评估工具。

3）需要研究解决不同类型分析所需的各种几何模型。虽然大多数人都熟悉用于结构分析的鲁棒模型，但很少有人意识到需要通过单个有界面的镶嵌结构来代表建筑物内单独管理的能量区。用于能量分析的预处理模型需要自动镶嵌方法。封闭计算流体动力学的空间体积将需要另一种几何抽象。这些模型通过启发式工具确定捕获基本元流需要的哪些几何特征，如果将这些分析转移到日常使用中则需要进一步开发自动化几何抽象模型。

4）对多种类型分析的整合研究将需要大幅度改进。比如为显示热流与自然对流的相互作用而将空间内能量辐射模拟为内部材料的输出且将其用作计算流体动力学CFD模型的输入。可采用多标准优化方法，比如各种遗传算法，但需要构建能够表达建筑物关于不同功能的综合性能的效用函数。开发这些关系将允许参数模型自动变化以搜索处理诸如质量、太阳能增益、能源使用和其他目标的性能目标，这将实现今天不可能实现的基于性能的综合设

计。与半导体制造工厂采用的方法（集成芯片制造）一样，建筑预制装置可以支持定制数控（CNC）制造，而对预制混凝土、钢焊接系统和几种外部碳纤维增强塑料等很难或无法进行人工输入，制造厂将依靠设计人员提供的模型数据来生成CNC指令且只需要元件制造商进行最小限度的检查即可，这样势必降低与定制加工相关的成本而使其更加接近标准建造成本，还可将其资金投入分散到许多项目中。以下各种研究将成为这种能力开发的基础：数控加工语言和新的自动化生产方法；检查和验证语言以允许验证候选设计指令；制造技术中的生产自动化水平的提高；数控机床将需要适应当前的机床并与物料搬运机和自动装配机集成在一起。

另一个已经受到关注的研究领域涉及如何确定将模型数据直接传递给施工现场工作面的最佳方法问题，这项研究与硬件、软件、数据库体系结构和人机界面有关。虽然掌上电脑、平板电脑和手机都可以广泛使用且对于现场展示BIM信息会变得越来越有用，但纸质文档仍然是当今最常用的技术。

需要强调的是，在进行基本BIM研究和开发的这段时间里，研究团体会给出许多用于构建模型的概念性应用程序，这些应用程序在实践中是无法实现的，因为BIM工具还不够成熟或未被广泛使用。比如自动化控制起重机、机器人摊铺机和混凝土表面处理机之类的施工设备；为性能监测自动收集数据；施工安全规划；电子采购和物流；与其他人员的沟通等。相关的研究障碍包括建筑产品和服务如何建模以用于多种BIM环境、现浇钢筋混凝土的综合建模能力等，尽管仍然存在上述一些障碍需要克服，但一些在商业上可行的应用可能比建筑施工管理的信息模型更为普遍。

（10）主要的制约因素

鉴于建筑行业存在的相对惯性问题及其分散的结构类型，BIM的推广在短期内是不会完成的。纸质图纸仍然难以摆脱，因为其至少可以传达2D图纸格式。电子格式将仍然是施工文件的常用形式，其建设成本只会出现小幅度的变化。事实上，在任何公司中全面采用BIM至少需要2～3年的时间才能见效，因此，目前BIM使全行业的生产力得到大幅度提升是不太可能出现的。由于技术或预算限制，一旦BIM被认为是不切实际的建造模式，就会使其使用受到很大影响，这种现象可能具有一定的普遍性。在设计和施工方面获得成功的早期BIM使用者将因他们的远见而获益，并会带动行业的其他部门迎头赶上。

11.4 推动BIM发展变化的各种因素

参与建筑施工的人员和组织以及他们可能面临的困难是BIM变革的驱动因素。用户期望将BIM评估技术、建筑信息交付方式、设计服务、建筑产品规格、代码检查、施工管理业务、业务分工、专业角色以及各种集成信息构建到业务系统中。

（1）经济、技术和社会因素

各种经济、技术和社会因素可能推动BIM工具及其工作流程的未来发展，这些因素包括全球化、专业化、工程和建筑服务的商品化；精益施工方法的采用；越来越多使用设计-建造模式的快速项目；对设施管理信息的需求；等等。

全球化是消除国际贸易壁垒的结果。在建筑领域将建筑部件的生产转移到更具成本效益的地点的可能性会增加对高度精确和可靠的设计信息的需求，因此可以非常安心地运输部件使各种部件在安装时能够正确就位。设计服务的专业化和商品化是另一个有利于BIM发展的经济驱动因素，由于 BIM 在生产效果图或执行一系列结构分析等特殊技能方面得到了更好的开发和定义以及远程协作得到了更多人的接受，BIM 将获得能够提供特殊服务的广阔的舞台。

设计施工模式和快速施工项目均需要设计和施工功能之间的紧密合作，这种合作将推动 BIM 的采用和发展。当然，软件供应商的商业利益和他们之间的竞争也是推动 BIM 系统功能增强和发展的根本动力。也许 BIM 系统的最重要的经济驱动因素及其采用取决于其信息的质量以及能为建筑客户提供的内在价值，信息质量、建筑产品、可视化工具、成本估算和分析的改进将会有利于优良设计决策的形成，各种建立维护和运营模型的工作都可能引发雪球效应，从而使客户要求在项目中使用 BIM，这种现象已经在 GSA 中显现。

计算能力、遥感技术、计算机控制的生产机械、分布式计算、信息交换技术和其他技术的技术进步将为 BIM 软件供应商开发新的功能提供可能，这些技术有助于 BIM 自身竞争优势的保持。另一个可能影响 BIM 系统进一步发展的技术领域就是人工智能。BIM 工具是基于各种目的的专家系统开发的集成化便利平台，比如代码检查、质量评估、用于比较设计版本的智能工具、设计指南和设计向导等。许多这样的技术都已经在 BIM 系统中得到应用，但还需要若干年的时间磨合才能成为标准做法。信息标准化是 BIM 进步的另一个驱动因素，建筑类型、空间类型、建筑元素和其他术语的一致定义将促进电子商务和日益复杂的自动化工作流程的发展。BIM 还可以驱动内容创建并帮助管理和使用参数化建筑组件库，私有或公共项目都可以使用。无处不在的信息访问（包括组件库）使可计算模型的使用对各种目的和要求更具吸引力。在社会和文化驱动因素中，可持续建筑的需求可能是最重要的因素。建筑师和工程师将负责提供更多利用可回收材料的高能效建筑，这意味着需要 BIM 具有更准确和更广泛的分析能力，BIM 系统将需要支持这些功能。计算机和全球定位系统（GPS）技术的日益增强将允许在现场更多地使用建筑信息模型，这将使建造过程更快、更准确。GPS 导航已经是自动化土木设备控制系统的重要组成部分，其在施工中可能也有类似的发展。

（2）模式改变的障碍

与上述驱动因素对应的是 BIM 进步所面临的各种障碍，其中包括技术壁垒、法律和责任问题、监管、不适当的商业模式、就业模式的变化以及对教育大量专业人员的要求。工程建设是一项协作工作过程，BIM 使 CAD 的合作更加紧密，但这将要求工作流程和商业关系支持负债共享并增加激励措施。BIM 工具和 IFC 文件格式尚未充分解决对管理和跟踪模型变更的支持问题，合同条款也不足以处理这些集体性的责任问题。设计师和承包商的经济利益是另一个明显的可能存在的障碍，在建筑商业模式中只有 BIM 的一小部分经济效益可以给设计师带来好处，BIM 的主要受益者是承包商和业主。目前，尚没有一种机制奖励提供丰富信息模型的设计人员。尽管如此，BIM 开发人员仍然热衷于迎合设计专业的要求。虽然 BIM 软件的开发具有资金密集型特点，但软件供应商必须承担为建筑承包商开发复杂工具而带来的商业方面的风险。BIM 的主要技术障碍是需要成熟的互操作性工具，虽然摩尔定律（Moore's Law）在实践中表明硬件不会成为 BIM 的障碍，但相关标准的发展速度仍慢于预期，缺乏有效的互操作性仍然是 BIM 合作设计的严重障碍。

（3）BIM 工具的开发

许多问题都会对 BIM 工具的未来发展产生影响。除了对各种软件可预期的人机界面的改进之外，BIM 工具还将在以下领域实现重大改进。

1）使用IFC等协议改进导入和导出功能。建筑市场要求BIM做到这一点，软件供应商将遵守相关的协议，但考虑到他们的商业利益，他们也会追求另外的选择。

2）每个BIM创作工具都将扩展其应用程序库，从而可以使用构建在同一平台上的相关工具系列来设计和构建日益复杂的建筑，而无须进行数据转换和交换。

3）针对特定建筑类型的"精简"BIM工具已经发展到了一个相当的阶段，比如针对单户住宅的，如果他们的数据可以导入专业的BIM工具中，则它们就可能达到期望的程度，即业主能够虚拟"建造"他们梦想中的建筑或公寓，然后将其转交给专业人士进行实际设计和施工。

4）将从桌面应用程序转向使用BIM的基于互联网的交互方式，且会整合基于Web的内容，其工作范围从服务到构建元素模型和分析工具。构造BIM库管理器和QTO插件是基于支持此模式的高级软件体系结构的早期AEC的服务模式。

5）BIM工具支持涉及复杂布局和详细设计的产品也有望出现，这与20世纪80年代HVAC设备公司开发软件以选择系统组件（比如Carrier、Trane）的方式大致相同。这些专用工具将得到广泛使用，因为它们可能携带特殊的产品保证功能，只有在使用这些工具详细说明产品时才会受到关注。这些应用程序的成功或影响程度目前尚不明显。

（4）图纸的作用

图纸基本上是以纸张为基础的格式，绘图符号和格式约定的规则主要基于以下两点：纸张是一种二维介质，正交投影是测量图纸距离的关键。如果数字显示器能够足够便宜和灵活以适应现场工作条件，则图纸的打印输出可能消失。一旦绘图不再被打印，就没有充分的理由来维护它们的格式约定了，面对3D建筑信息模型的优越媒体特征，它们可能最终完全消失。

未来的设计领域可视化格式将取代图纸形式并为每个相关方制定不同的表达方式，比如业主、顾问、银行家、投资者以及潜在的居住者，这些表达方式可能包括标准模拟视图并将音频和触觉反馈添加到视觉内容中，用户控制的模拟将支持对模型进行更进一步的审查，比如，客户可能需要空间数据或者开发人员可能想要查询租赁费率，将这些服务纳入费用结构会增加建筑服务的价值。

（5）设计专业的变化

设计专业的变化主要体现在提供新服务方面。越来越多的架构师（结构师）会为客户提供现代实践所需的集成环境，包括多屏幕会议室、支持物理设计的平行投影、时间表、采购跟踪以及项目规划的其他内容。承包商也可提供这些服务。竞争将决定哪些公司会在未来提供这些服务。大多数项目的服务都是由两者共同提供的，即首先由建筑师领导设计协调，然后转变为承包商进行施工协调。大多数项目都将在BIM服务器上以联合方式进行管理，其中不同的模型处理不同行业相应专业知识范围内的问题，更好的协调工具可用于保持联合模型集之间的一致性，但模型管理者的角色与任何其他专业服务同等重要。模型将支持越来越多的对能量、结构、声学、照明、环境影响和制造的派生视图进行分析。它们还将通过对建筑规范、材料设计手册、产品保证书、结构内组织运作的功能分析以及运营和维护程序的响应来支持各种自动检查工作。

（6）集成设计/构建服务和协议

未来的项目交付机制会有许多创新。人们会探讨新的合同形式，比如基于有限责任公司（Limited Liability Corporations，LCC）的或澳大利亚（the Australian）关系的合同形式。

风险和回报的平衡将成为与客户间股权关系的一部分，并且计划中将明确说明利益分配和处罚规则。另一个可能的创新领域是对支持项目开发和完成的工作流程的更明确的定义。美国国家BIM标准定义了工作流程交换所提供的一个选项，即它们将在合同中提及基于工作过程在合同谈判期间达成的一致，比如描述将使用哪些信息流，在项目的哪些阶段交换以及将在哪些阶段交换什么东西。工作计划纲要将明确协作模式并确定工程顾问、制造商和其他人何时参与其中。反过来，这样的协议也将影响项目持续时间以及每个参与方的人员配备要求并提供项目的工作流程，还可以实施追踪并最终由额外的自动化技术支持上述工作。

（7）建筑产品制造商的转变

建筑产品制造商的转变主要体现在智能产品规格方面。随着BIM的无处不在，设计者更愿意指定能够以电子形式直接插入模型中的信息建筑产品，包括对供应商目录、价目表等的超链接参照。目前可用的基本电子建筑产品目录将演变为复杂和智能的产品规格，除了现在用于指定和采购产品的数据之外，还包括能够进行结构、热学、照明、LEED合规性和其他分析的信息。目前人们已经解决了实现高水平语义基本搜索的难题，且允许基于颜色、纹理和形状进行搜索，这些新功能将变得更加适用。参数化对象的导入和交换将仍然是一个待解决的老问题，一些细节性的增强工作仍在探索中。

（8）施工规则的转变

施工规则的转变主要表现在自动代码检查方面。检查建筑设计模型是否符合法规要求和规划限制是未来BIM将进一步发展的一个领域，可以通过以下两种方式之一提供此功能。

1）应用服务提供商出售/租用的代码检查嵌入BIM软件工具中的软件插件，插件从服务提供商维护的在线数据库中提取本地需求数据作为服务提供给当地司法管辖机构，设计人员在不间断工作的同时不断检查设计中的问题。

2）通过外部软件直接检查一个中性模型文件（比如IFC文件）使其符合代码要求，设计师输出模型并在IFC模型上运行检查。

尽管前者对用户有利，但两种方式都可能得到发展。直接向模型提供反馈信息会使修复问题更容易，因其不需在接受编辑之前接收需要解释的外部报告。设计是一个反复的过程，设计师需要获得反馈进行变更并再次检查，因此，这可能是一种首选方式。后一种情况需要保证最终设计符合代码要求，外部软件通过适当的XML链接也可以为源BIM工具提供输入。在以上两种情况下，包含编码规划和代码要求规则的文件都应该是容易维护的小型的和一般化的格式文件。

（9）精益建设和BIM

未来的精益建设可能和BIM携手并进，因为它们在几个重要方面具有互补性。在应用于建筑设计时精益思想意味着通过BIM消除不为客户提供直接价值的不必要的过程阶段（比如制作图纸）来减少浪费，并行设计能尽可能多地消除错误和返工，还可缩短周期时间。BIM实现了以上所有这些目标。有效地为精明的消费者生产高度定制的产品是精益生产的关键驱动力，其中一个重要的组成部分是减少单个产品的周期时间，因为它可以帮助设计师和生产者更好地响应客户经常变化的各种需求。BIM技术可在缩短设计和施工时间方面发挥关键作用，但当设计阶段的持续时间被有效地压缩时它的主要影响就会受到削弱。概念设计的快速发展产生了良好的效果，比如能通过可视化和成本估算与客户进行有效沟通，实现并行设计开发以及与工程顾问的协调，减少错误并实现生产文档的自动化，方便预制并有助于实现相应的效果。因此，未来的BIM将成为建筑业不可缺少的工具，这不仅因为它能够

产生直接利益，而且它还可以实现精益设计和建造。

（10）建筑公司的转变

建筑公司的转变主要体现在信息集成方面。未来的建设将是专业化企业资源规划（ERP）软件与建筑信息模型的整合。模型将成为大量工作和材料、施工方法、资源利用的核心信息来源，它们将在为建筑控制收集自动化数据方面发挥关键作用，这些集成系统的初级版本已以插件软件的形式出现并添加到面向架构的 BIM 创作工具中。由于设计和施工所需的对象类别、关系和聚合之间存在根本性差异，以这种方式添加的施工管理应用程序在功能上可能受到影响，因此，必须在未来将完全专用的应用程序成熟开发出来，可以通过以下三种方式进行开发工作。

1）生产详细系统供应商将添加对象到工作包和资源模型中，其具有内置的参数化功能，还可根据公司实践进行快速详细注释。建立在这些系统中的将是施工计划（包括调度、估算、预算和采购）和施工管理（包括采购、生产计划和控制、质量控制）的应用，其结果将是高度详细的施工管理模型。多个项目会在多个模型的公司范围内进行管理。

2）作为标准 ERP 系统的扩展，在 BIM 模型中添加了特定的“实时”链接。这些应用程序将具有透明的 BIM 工具界面，但仍然属于外部资源。

3）作为为施工而构建的全新 ERP 应用程序，其具有紧密集成的特定于施工的建筑模型功能以及相关的业务和生产管理功能，比如会计、账单和订单跟踪。

无论采用什么方式都会产生更为复杂的施工管理工具，即能够在公司的各个项目中集成各种功能。其可在多个项目之间平衡劳动力和设备分配，协调小批量交付的能力就是可以实现各种收益的例证。当建立与 ERP 系统集成的信息模型司空见惯后，LADAR（激光扫描）、GPS 定位和 RFID 标签等自动化数据收集技术的使用也将变得非常普遍，这种场景在施工和工作监控以及物流方面随处可见，这些工具将取代现有的大型建筑物施工测量方法，建立的模型将成为标准实践的反映。

全球化趋势与 BIM 集成的高度开发的设计和商业信息（比如推动预制和预装配方式）结合将使建筑行业与其他制造行业实现更紧密的协调一致，且使现场作业活动大幅度减少。这并不意味着形成了大规模生产，而是属于高度定制产品的精益生产。每座建筑将继续保持独特的设计特色，BIM 将以确保所有部件交付时的兼容性实现预制的模式的实施，因此，基础工程可能成为仍需要进行现场工作的主要组成部分。

（11）BIM 技能和就业的关系

BIM 技能和就业的关系主要表现在其新角色方面。由于 BIM 是一个从绘图生产转变的革命，其所需的一系列技能与传统绘图完全不同。鉴于草图设计工作需要熟悉建筑和施工图纸的语言和符号，BIM 要求对建筑物的特点非常了解。草图是在二维媒体上表达想法的困难性工作，无论是纸质的还是屏幕显示的，建模则类似于实际建造建筑物，因此，熟练的建筑师和工程师喜欢直接进行建模是有道理的，他们的建模不是为了指导他人而仅仅是为了记录。当 BIM 被管理的好像只是一个更复杂的 CAD 版本时，就会忽略了对其设计方案进行快速探索和评估的能力。欧美发达国家早期对本科土木工程专业的学生进行 BIM 教学的经验表明，与学习准备正交工程制图和操作 CAD 工具相结合的技能比，学习 BIM 要容易得多。BIM 对学生来说看起来相当直观，且它更接近学生们对世界的看法。如果本科的工程和建筑专业在专业培训的第一年内就开始教授 BIM 技能，那么设计专业人员能够创建和管理他们自己的 BIM 模型只是一个时间问题。如果今天开始普及这样的教育，要让精通 BIM 的专

业人员在设计办公室和建筑公司中司空见惯至少需要5～10年的时间，这个过程就像在一些学校进行培育一样。在这种情况发生之前，BIM运营商的进步很可能来自能够进行概念转变的起草者、细部设计师和制造师，初级员工更有可能成功转型，因此，大多数设计公司将维持设计师和记录员之间的分工。只有当设计师能直接操纵模型时，传统的专业分工才会被打破。与各种最先进的技术一样，早期采用这些技术的技术人员将从供需失衡中受益，他们将获得高额回报，当然，这种现象会随着时间的推移而逐渐消失，从长远看，通过BIM提高生产力将导致建筑设计人员平均工资的提高。

不难理解，随着时间的推移，BIM的界面会变得更加直观，使用SimCity®和其他游戏环境成长起来的专业用户将更好地配置BIM系统，设计师直接建模在那时将变得非常流行。虽然这些角色都直接集中于当前的BIM工具，但通过将可持续性、成本估算、制造和其他技术与BIM工具集成在一起所实现的工作台环境将导致新专业角色的诞生。设计团队内的专家通常已经能够处理与能源有关的设计问题，还可以通过利用新材料进行工程设计。在这些情况下，用户会看到设计和制造中出现的许多新角色，他们将解决通用设计师或承包商无法解决的专业问题以及日益多样化的其他问题，进而导致设计和制造服务的进一步分化。

11.5 BIM的归宿

BIM的归宿是与人工智能结合实现设计、施工、运营、退役的自动化集成运作与管理。

11.5.1 机械制造业领域的MSD解决方案是BIM的重要借鉴

应关注设计流程。MSD解决方案（图11-5-1）的构成产品包括Autodesk Inventor、AutoCAD Mechanical、AutoCAD Electrical、Autodesk Data Management、AutodeskIntent、Autodesk Alias Studio等。AutoCAD Mechanical是其核心。

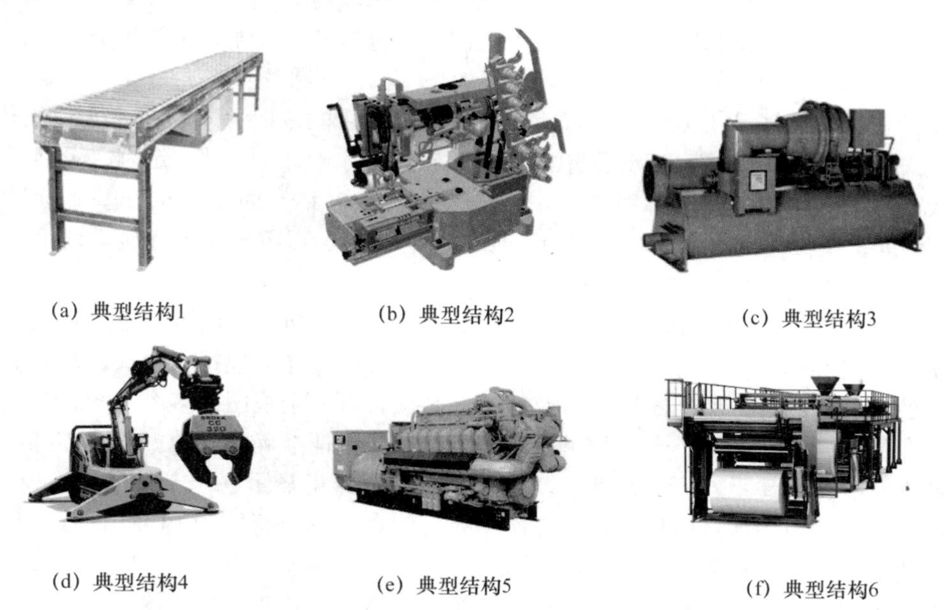

(a) 典型结构1　(b) 典型结构2　(c) 典型结构3

(d) 典型结构4　(e) 典型结构5　(f) 典型结构6

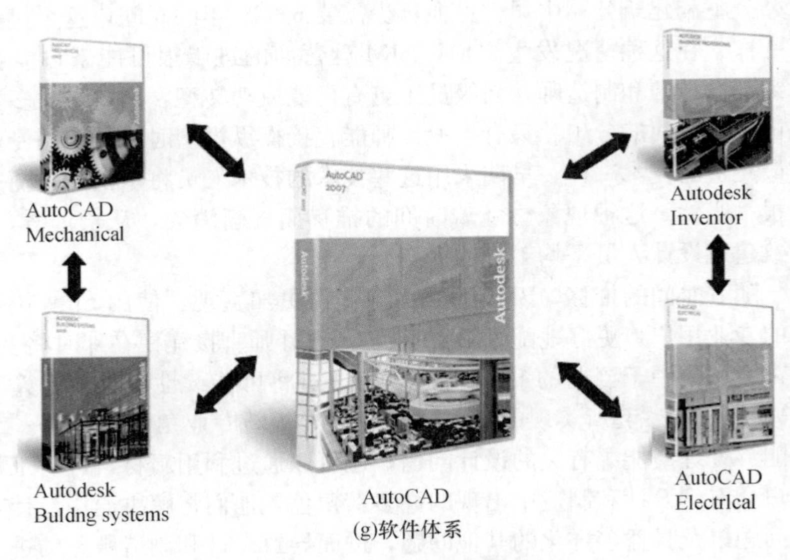

(g)软件体系

图 11-5-1　MSD 解决方案

AutoCAD Mechanical 包括用户界面、核心绘图功能、设置机械标准、使用预览，涉及辅助绘图、图框标题栏、快速标注、标注修改、特殊符号、零件序号、明细表、标准件等若干问题。二维机械设计的唯一选择用户界面是基于 AutoCAD 的，包括集成 CAD 命令的工具面板、设计中心、布局、命令行、2D 浏览器等命令，帮助界面包括机械帮助、IGES 帮助。带有核心给图特征及命令、绘图效率增强工具、增强命令，涉及引线标注、机械符号、孔表及公差配合等问题。二维机械结构包括文件夹、部件、零件、视图、装配、BOM、注释视图、消隐等问题。产品图纸生成涉及引出序号及 BOM、注释视图、局部放大图、边框、明细表、孔表、配合列表等。标准内容涉及标准件问题，内含 17 个国家的 18 种标准，包括标准特征、标准孔、标准型钢等元素。通用机械系统包括轴生成器、弹簧生成器、链条与链轮、凸轮生成器、工程计算、计算工具等，见图 11-5-2。

相关的机械标准涉及机械标准位置问题，其选项对话框包括 AM 标准、AM 结构、AM 标准件、AM 轴、AM 计算、AM 系统配置，由标准控制自动、预设、定制、灵活、一致等要求。AM 标准的特点是在名称栏里单击、输入新标准名称、回车后选择基础标准、选择 OK 创建标准。机械标准可保存用户设置、图纸特殊设置、以 DWG 图标显示、可以在模板中保存、系统设置。

自顶向下的工作流依次为装配、零部件、几何实体、分析工作流等问题。自底向上的工作流依次为几何实体、零部件、装配、分析工作流。分析工作流包括自由式、混合的、灵活的、开放的、首选的等。使用零部件涉及定义、必须含有一个视图或多个视图、提供灵活的设计方式、编辑开放、引用、在装配里嵌套等问题，应保证准确的计数。创建零部件涉及名称、零部件及视图、父系、可选择性、基点、可在浏览器里显示、定义等问题。BOM 零部件中控制零部件的引用涉及引用工具、多次插入、信息共享、智能的 BOM 计数、独立、显示信息、装配消隐信息等问题。BOM、明细表及引出序号应合规定。

附加的机械生成器及计算工具预览包括弹簧生成器、链条及链生成器、凸轮生成器，可进行相关的自动计算，包括转动惯量及挠度、二维有限元、压缩、拉伸、扭转、弹簧计算、受力、长度、位移、载荷、应力、凸轮计算、压力角、曲率半径、加速度、速率、扭矩、旋

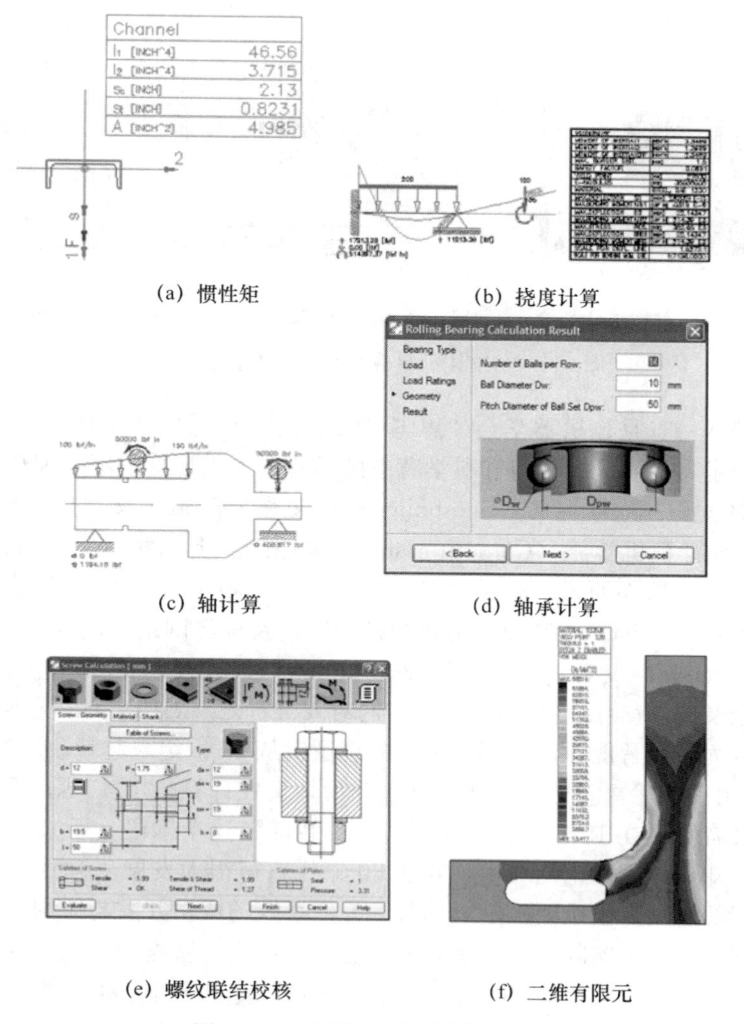

(a) 惯性矩　(b) 挠度计算

(c) 轴计算　(d) 轴承计算

(e) 螺纹联结校核　(f) 二维有限元

图 11-5-2　MSD 的典型计算工具

转角、轴向压力、支承力、张力、安全系数、梁计算、转动惯量、屈服点、模数 E、最大偏移、最大挠度、最大力矩。弯矩是指作用于截面左侧部件（需要计算弯矩的部件上的点）上的所有力的力矩，作用于截面的水平轴。挠度线表示部件上不同点的垂直位移的曲线，取决于载荷。均布载荷是指作用在某段长度上的载荷或力。固定支撑是指防止平移和绕所有轴旋转的支撑。载荷是指作用在成员或实体上的力或力矩。实体和区域是一个重要特性量。惯性矩的标准公式是面元质量乘以它们与参考轴距离的平方。因此惯性矩的大小与参考轴的位置有关。有限元计算自动用图表表示结果见图 11-5-3。

11.5.2　人工智能是 BIM 腾飞的法宝

（1）人工智能的特点

人工智能（Artificial Intelligence）的英文缩写为 AI，是一门由计算机科学、控制论、信息论、语言学、神经生理学、心理学、数学、哲学等多种学科相互渗透而发展起来的综合性的新学科。人工智能的研究课题涵盖面很广，包括许多不同的研究领域。在这些研究领域

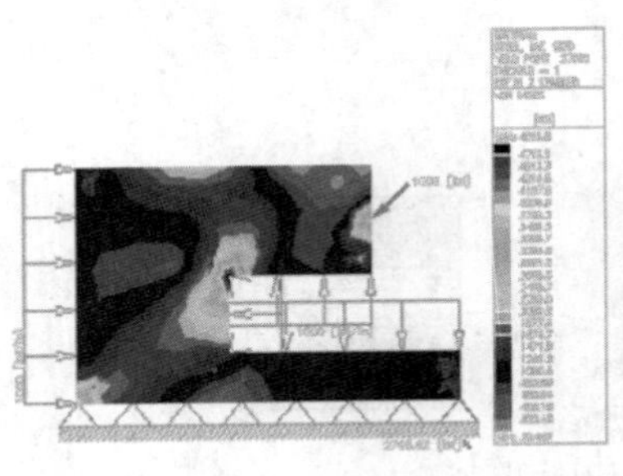
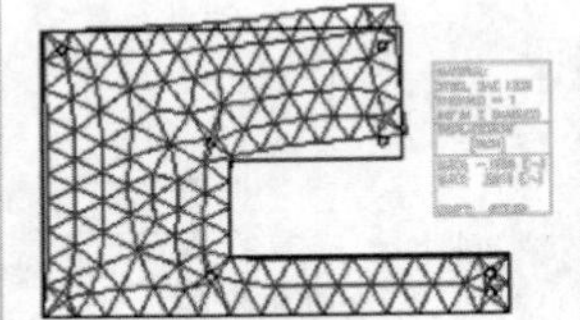
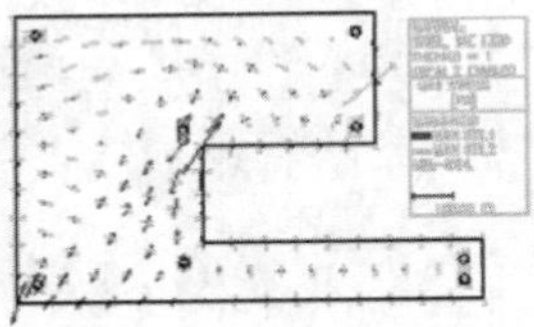

(a) Max.Stresses（最大应力）　(b) Deformation（变形）　(c) Main Stress Lines（主应力线）

图 11-5-3　有限元计算自动用图表表示的结果

中，其共同的基本特点是让机器学会“思考”，成为智能机器（Intelligenc Machine）。人工智能尚无确切的定义，不同的学科和科学背景的学者对人工智能的不同理解，提出不同的观点，并有不同的学派。符号主义（Symbolicism）又称为逻辑主义（Logicism）、心理学派（Psychlogism）或计算机学派（Computerism），其原理主要为物理符号系统（即符号操作系统）假设和有限合理性原理。联结主义（Connectionism）又称为仿生学派（Bionicsism）或生理学派（Physiologism），其原理主要为神经网络及神经网络间的连接机制与学习算法。行为主义（Actionism）又称进化主义（Evolutionism）或控制论学派（Cyberneticsism），其原理为控制论及感知-动作型控制系统。它们对人工智能发展历史具有不同的看法。

符号主义认为人工智能源于数理逻辑。数理逻辑从 19 世纪末起就获迅速发展；到 20 世纪 30 年代开始用于描述智能行为。计算机出现后，又在计算机上实现了逻辑演绎系统。正是这些符号主义者，早在 1956 年首先采用“人工智能”这个术语。后来又发展了启发式算法→专家系统→知识工程理论与技术，并在 80 年代取得很大发展。符号主义曾长期一枝独秀，为人工智能的发展作出重要贡献，尤其是专家系统的成功开发与应用，为人工智能走向工程应用和实现理论联系实际具有特别重要的意义。在人工智能的其他学派出现之后，符号主义仍然是人工智能的主流派。这个学派的代表有纽厄尔、肖、西蒙和尼尔逊（Nilsson）等。

联结主义认为人工智能源于仿生学，特别是人脑模型的研究。它的代表性成果是 1943 年由生理学家麦卡洛克（McCulloch）和数理逻辑学家皮茨（Pitts）创立的脑模型，即 MP 模型。20 世纪六七十年代，联结主义尤其是对以感知机（perceptron）为代表的脑模型的研究曾出现过热潮，由于当时的理论模型、生物原型和技术条件的限制，脑模型研究在 70 年代后期至 80 年代初期落入低潮。直到 Hopfield 教授在 1982 年和 1984 年发表两篇重要论文，提出用硬件模拟神经网络时，联结主义又重新抬头。1986 年，鲁梅尔哈特（Rumelhart）等人提出多层网络中的反向传播（BP）算法。此后，联结主义势头大振，从模型到算法，从理论分析到工程实现，为神经网络计算机走向市场打下基础。现在，对 ANN 的研究热情仍然不减。

行为主义认为人工智能源于控制论。控制论思想早在 20 世纪四五十年代就成为时代思潮的重要部分，影响了早期的人工智能工作者。到 20 世纪六七十年代，控制论系统的研究取得一定进展，播下智能控制和智能机器人的种子，并在 20 世纪 80 年代诞生了智能控制和智能机器人系统。行为主义是近年来才以人工智能新学派的面孔出现的，引起许多人的兴趣与研究。

不同人工智能学派对人工智能的研究方法问题也有不同的看法。这些问题涉及人工智能是否一定采用模拟人的智能的方法。若要模拟又该如何模拟？对结构模拟和行为模拟、感知思维和行为、对认知与学习以及逻辑思维和形象思维等问题是否应分离研究？是否有必要建立人工智能的统一理论系统？若有，又应以什么方法为基础？如何在技术上实现人工智能系统、研制智能机器和开发智能产品，即沿着什么技术路线和策略来发展人工智能，也存在不同的派别，即不同的技术路线。不同的学派对人工智能基本理论、技术路线的看法也是有争论的。

智能机器是指能够在各类环境中自主地或交互地执行各种拟人任务的机器。机器是否会“思考”（thinking），究竟“会思考”到什么程度才叫智能机器？有人认为：如果机器能够模拟人类的智力活动，完成人的智能才能完成的任务，该机器就有智能。衡量机器智能程度的最好的标准是英国计算机科学家阿伦·图灵的试验。图灵测试原理如下：游戏由一男（A）、一女（B）和一名询问者（C）进行；C与A、B被隔离，通过电传打字机与A、B对话。询问者只知道二人的称呼是X、Y，通过提问以及回答来判断，最终作出“X是A，Y是B”或者“X是B，Y是A”的结论。游戏中，A必须尽力使C判断错误，而B的任务是帮助C。当一台机器代替了游戏中的A，并且机器将试图使C相信它是一个人。如果机器通过了图灵测试，就认为它是“智慧”的。阿伦·图灵认为，如果一台计算机能骗过人，使人相信它是人而不是机器，那么它就应当被称作有智能。

人工智能是从学科的界定来定义的。人工智能（学科）是计算机科学中涉及研究、设计和应用智能机器的一个分支。它的近期主要目标在于研究用机器来模仿和执行人脑的某些智能功能，并开发相关理论和技术。可从人工智能所实现的功能来定义，即人工智能（能力）是智能机器所执行的通常与人类智能有关的功能，如判断、推理、证明、识别、感知、理解、设计、思考、规划、学习和问题求解等思维活动。现在，人工智能专家们面临的最大挑战之一是如何构造一个系统，可以模仿人脑的行为，去思考宇宙中最复杂的问题。对于自然学习过程、自然语言和感官知觉的研究为科学家构建智能机器提供了帮助。这种系统在解决复杂的问题时，需要具备对事物能够进行感知、学习、推理、联想、概括和发现等能力。

对人工智能机器持相反观点的人认为人类智能是一个发生、发展的过程。人类在解决各种问题时，存在非智力因素与智力因素的相互作用。机器能够模拟的人类智能是极其有限的。例如，计算机的全部计算行为仅仅是0、1选择。只要当人脑将人类的各种信息处理方法成功地转换为0、1选择之后，0、1选择才具有了功能意义。计算机对人脑功能的模拟能力，实际上是人脑将自身的信息处理方法转换为0、1选择的能力。当乐器发出悦耳的音响时，并不是乐器在歌唱。从方法论上讲，根据计算机能够在功能意义上模拟人脑，就认为计算机具有智能，是一种拟人化移情性思维。用这种方法推销产品可以，但用这种方法定义“人工智能”概念，显然违背科学定义的基本常识。

（2）人工智能的起源和历史

人工智能的传说可以追溯到古埃及人工智能的思想萌芽，也可以追溯到17世纪的巴斯卡和莱布尼茨，他们较早萌生了有智能的机器的想法。19世纪，英国数学家布尔和德·摩尔根提出了“思维定律”，这些可谓是人工智能的开端。19世纪20年代，英国科学家巴贝奇设计了第一架“计算机器”，它被认为是计算机硬件，也是人工智能硬件的前身。但随着1941年以来电子计算机的发展，技术已最终可以创造出机器智能。虽然计算机为AI提供了必要的技术基础，但直到50年代早期人们才注意到人类智能与机器之间的联系。Norbert

Wiener是较早研究反馈理论的美国人之一。最熟悉的反馈控制的例子是自动调温器。它将收集到的房间温度与希望的温度比较，并做出反应将加热器开大或关小，从而控制环境温度。这项对反馈回路的研究重要性在于：维纳（Wiener）从理论上指出，所有的智能活动都是反馈机制的结果，而反馈机制是有可能用机器模拟的。这项发现对早期AI的发展影响很大。

“人工智能”（Artificial Intelligence）一词最初是在1956年（Dartmouth）达特茅斯学会上提出的。1956年，被认为是人工智能之父的美国学者麦卡锡（John McCarthy）组织了一次学会，将许多对机器智能感兴趣的一批数学家、信息学家、心理学家、神经生理学家、计算机科学家和专家学者聚集在一起进行了长达两个月的讨论，邀请他们参加“达特茅斯（Dartmouth）人工智能夏季研究会”。从那时起，这个领域被命名为“人工智能”。虽然达特茅斯（Dartmouth）学会不是非常成功，但它确实集中了AI的创立者们，并为以后的AI研究奠定了基础。从那以后，研究者们发展了众多理论和原理，人工智能的概念也随之扩展。在它还不长的历史中，人工智能的发展比预想的要慢，但一直在前进。

达特茅斯（Dartmouth）会议后的7年中，AI研究开始快速发展。虽然这个领域还没明确定义，会议中的一些思想已被重新考虑和使用了。卡内基梅隆（Carnegie Mellon）大学和MIT开始组建AI研究中心。研究面临新的挑战：下一步需要建立能够更有效解决问题的系统，例如在“逻辑专家”中减少搜索，还有就是建立可以自我学习的系统。

1957年，一个新程序——“通用解题机”（GPS）的第一个版本进行了测试。这个程序是由制作“逻辑专家”的同一个组开发的。GPS扩展了Wiener的反馈原理，可以解决很多常识问题。两年以后，IBM成立了一个AI研究组。赫伯特（Herbert Gelerneter）花费3年时间制作了一个解几何定理的程序。

1963年，MIT从美国政府得到一笔220万美元的资助，用于研究机器辅助识别。这笔资助来自国防部高级研究计划署（ARPA），以保证美国在技术进步上领先于苏联。这个计划吸引了来自全世界的计算机科学家，加快了AI研究的发展步伐。

1958年，McCarthy宣布了他的新成果——LISP语言。LISP到今天还在用。LISP的意思是“表处理”（List Processing），它很快就为大多数AI开发者采纳。以后几年出现了大量程序。其中一个是著名的SHRDLU。SHRDLU是“微型世界”项目的一部分，包括在微型世界（例如只有有限数量的几何形体）中的研究与编程。在MIT由Marvin Minsky领导的研究人员发现，面对小规模的对象，计算机程序可以解决空间和逻辑问题。其他如在60年代末出现的STUDENT可以解决代数问题，SIR可以理解简单的英语句子。这些程序的结果对处理语言理解和逻辑有所帮助。

20世纪70年代，许多新方法被用于AI开发，著名的如Minsky的构造理论。另外，David Marr提出了机器视觉方面的新理论，例如，如何通过一副图像的阴影、形状、颜色、边界和纹理等基本信息辨别图像。通过分析这些信息，可以推断出图像可能是什么。同时期另一项成果是PROLOGE语言，于1972年提出。

20世纪70年代，另一个进展是专家系统。专家系统可以预测在一定条件下某种解的概率。由于当时计算机已有巨大容量，专家系统有可能从数据中得出规律。专家系统的市场应用很广。十年间，专家系统被用于股市预测，帮助医生诊断疾病，以及指示矿工确定矿藏位置等。这一切都因为专家系统存储规律和信息的能力而成为可能。

20世纪80年代，AI发展更为迅速，并更多地进入商业领域。1986年，美国AI相关软

硬件销售高达 4.25 亿美元。专家系统因其效用大而广受欢迎，如数字电气公司这样的公司用 XCON 专家系统为 VAX 大型机编程，杜邦、通用汽车公司和波音公司也大量依赖专家系统。为满足计算机专家的需要，一些生产专家系统辅助制作软件的公司，如 Teknowledge 和 Intellicorp 成立了。为了查找和改正专家系统中的错误，又有另外一些专家系统被设计出来。其他一些 AI 领域也在 80 年代进入市场，其中一项就是机器视觉。Minsky 和 Marr 的成果现在用到了生产线上的相机和计算机中，进行质量控制。尽管还很简陋，这些系统已能够通过黑白区别分辨出物件形状的不同。到 1985 年美国有一百多家公司生产机器视觉系统，销售额共达 8 千万美元。

日本 1982 年开始了“第五代计算机研制计划”，即“知识信息处理计算机系统 KIPS”，其目的是使逻辑推理达到数值运算那么快。虽然此计划最终失败，但它的开展形成了一股研究人工智能的热潮。

但 20 世纪 80 年代对 AI 工业来说也不全是好年景。1986—1987 年对 AI 系统的需求下降，业界损失了近 5 亿美元，Teknowledge 和 Intellicorp 两家共损失超过 600 万美元，大约占利润的三分之一。巨大的损失迫使许多研究领导者削减经费。另一个令人失望的是国防部高级研究计划署支持的所谓“智能卡车”。这个项目目的是研制一种能完成许多战地任务的机器人。由于项目缺陷和成功无望，Pentagon 停止了项目的经费。尽管经历了这些受挫的事件，AI 仍在慢慢恢复发展。新的技术在日本被开发出来。

1987 年，美国召开第一次神经网络国际会议，宣告了这一新学科的诞生。此后，各国在神经网络方面的投资逐渐增加，神经网络迅速发展起来。美国首创的模糊逻辑，可以从不确定的条件作出决策；还有神经网络，被视为实现人工智能的可能途径。

总之，20 世纪 80 年代 AI 被引入了市场，显示出实用价值，并接受了检验。在“沙漠风暴”行动中，军方的智能设备经受了战争的检验，人工智能技术被用于导弹系统和预警显示以及其他先进武器。

AI 技术也进入了家庭，智能计算机的增加吸引了公众兴趣；一些面向苹果机和 IBM 兼容机的应用软件例如语音和文字识别已可买到。使用模糊逻辑，AI 技术简化了摄像设备。对人工智能相关技术更大的需求促使新的进步不断出现。人工智能已经改变了我们的生活。

1982 年，日本发起了为期 10 年的第五代计算机计划，率先向人工智能发起“进攻”，令美国、欧洲等大吃一惊，生怕日本抢占了制高点。然而日本太低估了人工智能的难度，日本的第五代计算机计划在扔了上 10 亿美元之后不得不不了了之。不过，美国、欧洲和日本以及一些发展中国家仍把人工智能作为重中之重。当时，科学家已在研制模糊计算机和神经网络计算机，并把希望寄托于光芯片和生物芯片上。专家认为，一个以人工智能为龙头、以各种高新技术产业为主体的“智能时代”将彻底改变人类社会。智能时代将是成熟的知识经济时代。

在人工智能领域，美国仍在绝大多数方面领先世界，但是在个别方面已被日本和欧洲超过。据 1995 年 6 月美国商业部的一份调查报告《对美国在人工智能领域关键技术的评估》，美国在人工智能领域的领先地位正在下降。美国在人工智能领域地位的下降主要是因为国防预算中用于研究开发的费用被削减，以及人工智能技术成果迟迟不能投入商业应用。美国国防部是人工智能研究的主要资助者，国防方面的研究经费减少将大大影响人工智能的基础研究、应用研究和技术开发。商用部门难以弥补国防研究开发费用的减少，由此可能降低美国的长期竞争力。

20 世纪 90 年代，人工智能出现新的研究高潮，由于网络技术特别是国际互联网技术的发展，人工智能开始由单个智能主体研究转向基于网络环境下的分布式人工智能研究。不仅研究基于同一目标的分布式问题求解，而且研究多个智能主体的多目标问题求解，使人工智能更面向实用。另外，由于 Hopfield 多层神经网络模型的提出，使人工神经网络研究与应用出现了欣欣向荣的景象。人工智能已深入社会生活的各个领域。

IBM 公司"深蓝"计算机击败了人类的世界国际象棋冠军。美国制定了以多 Agent 系统应用为重要研究内容的信息高速公路计划，基于 Agent 技术的 Softbot（软机器人）在软件领域和网络搜索引擎中得到了充分应用，同时，美国 Sandia 实验室建立了国际上最庞大的"虚拟现实"实验室，拟通过数据头盔和数据手套实现更友好的人机交互，建立更好的智能用户接口。图像处理和图像识别，声音处理和声音识别取得了较好的发展，IBM 公司推出了 Via Voice 声音识别软件，以使声音作为重要的信息输入媒体。国际各大计算机公司又开始将"人工智能"作为其研究内容。人们普遍认为，计算机将向网络化、智能化、并行化方向发展。

人工智能研究与应用虽取得了不少成果，但离全面推广应用还有很大的距离，还有许多问题有待解决，且需要多学科的研究专家共同合作。未来人工智能的研究方向主要有人工智能理论、机器学习模型和理论、不精确知识表示及其推理、常识知识及其推理、人工思维模型、智能人机接口、多智能主体系统、知识发现与知识获取、人工智能应用基础等。

1998 年 8 月 21 日，英国大学的一位电子学教授凯万·沃威克（Kevin Warwick）成为世界上第一个将芯片植入体内的人。这个植入胳膊的芯片长 23mm、宽 3mm，外层裹有一层玻璃，它可以接收外界传来的信号，能探测体内信号，并能向外发射信号。它可存储有关植入者的个人信息，在设有电子保护系统的地方，计算机可以根据体内芯片发出无线电波查明植入者的身份，决定是否放行。机器可能与人体结合在一起，有未来学家预测，未来将微型超级计算机植入人脑也可能变成现实，那时人到底是机器还是人，是一个非常难以回答的问题。

21 世纪在分布式人工智能与多智能主体系统、人工思维模型、知识系统（包括专家系统、知识库系统和智能决策系统）、知识发现与数据挖掘（从大量的、不完全的、模糊的、有噪声的数据中挖掘出对我们有用的知识）、遗传与演化计算（通过对生物遗传与进化理论的模拟，揭示出人的智能进化规律）、人工生命[通过构造简单的人工生命系统（如机器虫）并观察其行为，探讨初级智能的奥秘]、人工智能应用（如模糊控制、智能大厦、智能人机接口、智能机器人等）等方面有重大的突破。

（3）人类智能的计算机模拟

人类的知识认知过程至今未能被完全解释，需要从认知生理学、认知心理学和认知工程学等相关学科来研究，涉及思维策略、初级信息处理、生理过程、计算机语言、计算机硬件、计算机程序、人类计算机、大脑、中枢神经、中层/低层/高层神经元等问题。心理活动的最高层级是思维策略，中间一层是初级信息处理，最低层级是生理过程，即中枢神经系统、神经元和大脑的活动，与此相应的是计算机程序、语言和硬件。研究认知过程的主要任务是探求高层次思维决策与初级信息处理的关系，并用计算机程序来模拟人的思维策略水平，而用计算机语言模拟人的初级信息处理过程。

智能信息处理的假设：对于任何一个系统，如果它能表现出智能，那么它就必定能够执行一个完善的物理符号系统的 6 种基本功能，即输入符号、输出符号、存储符号、复制符号、建立符号结构（其通过找出各符号之间的关系，在符号系统中形成符号结构）、条件性迁移（根据已有符号，继续完成信息处理活动的过程）。由此可得出三个推论：①人具有智能，那么人是一个物理符号系统；②计算机是一个物理符号系统，那么它能够表现出智能；③人与计算机是一个物理符号系统，那么我们就能够用计算机来模拟人类活动。

我们认为计算机模拟人类智能的目的是通过赋予计算机推理、识别、理解、表达和适应人的感知的能力来建立更为和谐的人机环境，在一定的环境范围中，使计算机系统具有更高的、全面的智能。

1997 年，世界科技界发生了两件令人深思的事情：①1997 年 2 月，英国科学家宣布培养出世界第一只克隆动物小羊多利；②1997 年 5 月 11 日，在国际象棋“人机大战”最后一局较量中，IBM 超级计算机“深蓝”仅用了一个小时便轻松战胜国际象棋特级大师卡斯帕罗夫，并以 3.5：2.5 的总比分赢得胜利和 70 万美元的奖金。

实际上，1985 年，美国卡内基-梅隆（Carnegie-Mellon）大学的博士生（Feng-hsiung Hsu）着手研制一个国际象棋的计算机程序——Chiptest。1989 年，Hsu 与 Murray Campbell 加入了 IBM 的深蓝研究项目，最初研究目的是检验计算机的并行处理能力。几年后，研制小组开发了专用处理器，可以在每秒中计算 2000～3000 步棋局。经历了数百次的失利，在科研人员的不断完善下，1997 年，深蓝的硬件系统采用了 32 节点的大规模并行结构，每个节点由 8 片专用的处理器同时工作，这样，系统由 256 个处理器组成了一个高速并行计算机系统；研究小组又不断完善了博弈的程序。深蓝发展为高水平的博弈大师，在国际象棋比赛规定的每步棋限时 3 分钟里，可以推演 1000～2000 亿步棋局。卡斯帕罗夫的思考速度是 200 步/分钟。

（4）人工智能的研究范围与应用

人工智能的研究范围包括问题求解、逻辑推理与定理证明、自然语言理解、自动程序设计、专家系统、机器学习、人工神经网络、机器人学、模式识别、机器视觉、智能控制、智能检索、智能调度与指挥、系统与语言工具。

人工智能的研究领域非常广泛。人工智能的三大分支分别为知识工程、模式识别以及机器人学。其中最革命而最活跃的是知识工程。因为，我们常说“知识就是力量”。而由机器以其高速度、高精确性地利用知识去解决问题，就使人类更有力量。机器人学在人工智能研究中，由于只是一种在相对固定环境中工作的一种工具，配备智能较少，所以在人工智能中所占比重也较少。机器在既定的知识库中，针对问题能快速收敛到应该作为问题最佳解决的知识上去。第二大分支则有着完全不同的目的，即利用外延规则使机器在既定知识库上对其中知识进行外延操作，借以高速创造新知识。所以，虽然都是用机器在处理知识，但其目的是很不相同的。前者的典型为“专家系统”，后者的典型为“机器发明系统”。

人工智能的目的是通过计算机技术模拟人脑智能，替代人类解决生产、生活中的具体问题；通过计算机技术延伸人类智力，提高人类解决生产、生活中的具体问题的能力；通过计算机技术研究和推动人类智力发展。

人工智能的方法是将对象信息转换为计算机内码（数字化信息）；建立相关知识库和知识应用模型（包括各种算法和知识推理的逻辑运算方法）；通过计算机程序语言实现对象信息的加工处理。无论是替代、延伸，还是研究和推动人脑智能，我们必须首先明确：人工智能是对机器智能的发现科学，还是一种实用工程技术？从人工智能的定义看，人工智能只是一种实用工程技术。既然是一种实用工程技术，就必须建立人工智能技术开发的规范性方

法。借鉴工程技术开发的一般原理，人工智能应用技术研究，至少应包括系统方案设计方法论和可行性分析方法研究。其具体工作至少应该包括以下四个方面。

1）分析处理对象与工具的关系。在问题解决过程中，哪些知识需要并且可能数字化？规则化？模型化？逻辑运算化？何种计算机程序语言可以实现所选择的信息处理方案？

2）人工智能与人脑智能的效率比较。计算机和人脑各具优势是一个基本常识。虽然计算机对可建立信息处理规则的数字化信息的计算、搜索、模式识别既快又准，但由于人类知识普遍具有或然性和可变性，从应用价值角度分析，"全自动的并不就是最好的"。因此，必须根据相关公认知识系统的或然性、可变性等参数，与人脑的处理水平进行价值比较。比较的内容包括精确性（可靠性）、灵敏性、完整性。

3）选择人工智能系统的人机互助方案。凡是不可能建立完整的计算机信息处理规则的信息系统，信息处理过程中的人工参与将不可避免。因此，在运用人工智能技术的实用系统开发中，计算机能力和人脑能力如何优化组合是一个关键性问题。人机能力组合技术的科学性、功能完整性、普遍适用性水平，决定了一个人工智能系统的实用价值。

4）人工智能系统的成本效益分析。任何实用工程技术，必须考虑其开发成本和使用价值之比。因此，对人工智能技术的价值（效率）评价、人工智能系统的人机互助方案选择，必须进行开发成本和市场效益分析。

以下是机构人工智能的三个典型应用。

1）智能、便携式个人身体保健与监护系统。这是一个典型的可穿戴式计算机系统。除了计算机外，还包括接触式情感信号采集装置。通过测量穿戴者的呼吸、心率、血压、出汗、体温、肌肉反应、皮肤电等信号，判断出穿戴者的情感状态，为穿戴者记录状态数据，提出保健建议，或发出健康报警。该系统穿戴者可以包括食物或环境过敏者、糖尿病病人等。情感状态具有个人属性，根据个人情感的动态特征，使计算机能够"对症下药"，作出最适宜的反应。

2）司机安全行车的智能监控系统。该系统可以采用非接触式情感信号采集装置，如图像与语音信号。图像信号用于监测司机面部表情的乏意（Sleeping Mood）如每分钟眨眼次数，而语音信号用于识别司机回答问题的语言迟钝性（Slow-Reaction Mood）如语音速度、音调变化、音量强度、嗓音质量、发音清晰度等，以司机的"主动式或被动式反应性（Activity Or Reactivity）"为特定考察情感状态，可以提醒司机安全行车。

3）计算机游戏与娱乐系统。这是计算机需求情感表达功能的主要应用之一。目前的计算机棋类机不具备如此能力。这大大降低了人们的娱乐兴趣，因为下棋者面对的是一台没有个性、没有情感的机器。未来的计算机棋类机应该可以模拟各种情感类型棋手，如进攻型或防御型棋手的情感行为。如果人工智能取得突破，那么它应用最多的领域恐怕就是机器人了。

1997年8月，在日本东京举行的"纪念日本机械学会创立100周年国际研讨会"上，著名美国未来学家阿尔文·托夫勒和人工智能方面的专家等22位世界知名人士学者预测说，20年内人与机器人自由交谈将成为可能，在发达国家三分之一以上的重劳动将由机器人来完成。"家庭用机器人"将在10～20年内开始上市销售。他们中有人还预测，"凭自己的判断采取行动的机器人"将问世，"用蛋白质等生物体组织制成的机器人"也将诞生。托夫勒等人对机器人为人类服务前景作出乐观预测的同时，对于"高智能机器人"的出现可能导致有人利用其犯罪的前景表示了忧虑。

1998 年 8 月，日本东京大学工学院宣布研制出了一种能够捕捉高速运动物体的机器人，它完全有可能灵巧地抓住苍蝇。目前的工业机器人只能根据计算机程序的安排完成固定作业，对静止物体进行操作。有些智能机器人装备了图像处理系统，但它以电视技术为基础，每秒只能处理 30 个画面，每个画面的处理时间很难降到 33ms 以下，因此只能操作速度缓慢的物体。

东京大学研制的新型机器人装备有一套特殊摄像机，它只有 256 个像素，清晰度仅为普通摄像机的千分之一。但其图像处理速度比普通摄像机高 30 倍以上，单个画面处理时间仅 1ms，因而能紧密追踪高速运动的物体。

机器人内部的中央处理芯片对图像信息进行实时处理，迅速驱动机器人的手臂，使其能够捕捉到高速运动的目标。机器人的手掌和手指关节也采用了新技术，十分灵活。这项技术可使机器人灵巧到能抓住飞舞的苍蝇、接住飞过来的棒球。更重要的是，它将从事更加复杂的工作，减轻工人劳动强度、降低生产成本。

日本制造科学技术中心、本田技研工业、法兰克、川崎重工、富士通公司、松下公司、日立公司和东京大学、早稻田大学等已组成了集科研、生产和教学于一体的集团，申请承担这个“与人协调及共存型机器人系统研究开发计划”。

我国科技工作者在人工智能领域的研究近年取得了突破性进展，例如，在人工智能的理论方法研究方面，提出了机器定理证明的吴氏方法、广义智能信息系统论、信息-知识-智能转换理论、全信息论、泛逻辑学等具有创新特色的理论和方法，为人工智能理论的发展提供了新的理论体系。在人工智能的应用技术开发方面，开发了中医专家系统、农业专家系统、汉字识别系统、汉英识别系统、汉英机译系统等具有中国特色的人工智能应用技术和产品。例如，中国科学院院士、清华大学李衍达教授提出的“知识表达的情感适应模型”独创了“信息建模”的新方法，由计算机提供候选模型，由人进行情感选择，人机合作，可以在复杂情况下通过学习有效建立满意的信息模型。我国科技工作者还阐明了“广义人工智能”，建构了广义人工智能的体系结构；创建了信息科学方法论的“智能论”和由信息提炼知识、由知识创建智能的信息转换机制；创建了泛逻辑学。

人工智能技术可能的发展趋势：从独立进行的过程仿真走向与相关技术进行组合的功能仿真；从机器替代走向机器参与；从机器思维走向机器辅助人脑思维；从机器学习走向机器帮助人学习。在机器翻译技术的发展过程中，几乎涉及人工智能技术发展中的所有上述问题。应该说，如果机器翻译界（乃至人工智能界）能够克服在没有确立基本方法论的状态下急于进行实际应用课题的盲目探索，而是更广泛地听取科学界的不同意见，投入更多的精力不断进行人工智能基本方法论的探讨，将不会经历如此漫长的艰苦探索。机器翻译技术目前的处境，值得整个人工智能界思考。克隆技术、转基因技术等的巨大突破却可能使人们设计创造出具有生命甚至具有智能的东西。现在的生物技术已使人们相信，将来人们完全可以把不同的基因加以组合，然后在生物工厂中利用这些基因繁殖细胞，生长出一个具有生命的东西，那么这个东西就具有了智能。更让人担忧的是，有机体完全可以同无机体结合在一起，在动物身上植入芯片已不稀奇。

21 世纪是信息化在全球普遍发展的时代，作为现代信息技术的精髓，人工智能技术必然成为新世纪科学技术的前沿和焦点。21 世纪，人工智能会涉及人性化智能机器人、生命科学和脑科学等领域的研究。目前的人工智能已经与大数据、云计算有机集成并达到了很高的水平。大数据、云计算也是 BIM 可以依托的平台。

参 考 文 献

[1] AECbytes. Around the world with BIM [M]. AEC，2012.

[2] AIA California Council. Integrated project delivery—An updated working definition [M]. AIA，Washington DC，2014.

[3] AIA. Integrated project delivery：A guide：Version 1 [M]. AIA，Washington DC，2007.

[4] East B. Construction-operations building information exchange [M]. COBie，2014.

[5] ARUP. Future cities：UK capabilities for urban innovation，Future Cities Catapult Team [M]. ARUP，London，2014.

[6] BCA. BCA's BIM roadmap [M]. BCA，Singapore，2011.

[7] BCA. BIM essential guide for MEP consultants [M]. BCA，Singapore，2013.

[8] BCA. Singapore BIM guide：version 2 [M]. BCA，Singapore，2013.

[9] Bew M. BIM is for infrastructure as well as buildings [M]. Springer，2013.

[10] BIM Forum. Level of development specification [M]. Springer，2013.

[11] BIM Journal. BIM around the world [M]. Springer，2011.

[12] BIM Working Party. A report for the government construction client group [M]. Springer，2011.

[13] BSI. ISO 29481-1：2010（E）Building information modelling-Information delivery manual：Part 1：Methodology and format [M]. BSI，London，2010.

[14] BSI. PAS 1192-2：2013，Specification for information management for the capital/delivery phase of construction projects using building information modeling [M]. BSI，London，2013.

[15] BuildingSMART Australasia. National building information modelling initiative. Volume 1：strategy [M]. Building SMART，Melbourne，2012.

[16] BuildingSMART. BSI standards and solutions [M]. BSI，2014.

[17] CHENG TAI Fatt，BCA. Singapore BIM roadmap [M]. Singapore，2012.

[18] CHOLAKIS P. A snapshot of international BIM status and goals [M]. Springer，2013.

[19] CONE K. Sustainability + BIM + integration，a symbiotic relationship [M]. AIA，Washington DC，2008.

[20] Construction Industry Council. Building information model（BIM）protocol（1st edition） [M]. CIC，London，2013.

[21] DAVE B，et al. Implementing lean in construction：Lean construction and BIM [M]. CIRIA，London，2013.

[22] Designing Buildings Wiki. Building information modeling [M]. DBW，2014.

[23] DOBBS R，et al. Infrastructure productivity：How to save $1 trillion a year [M]. McKinsey Global Institute，2013.

[24] DOHERTY P. Smart cities [M]. RICS，London，2012.

[25] EASTMAN C，et al. BIM handbook：A guide to building information modeling for owners，managers，designers，engineers and contractors（2nd edition）[M]. John Wiley and Sons，London，2011.

[26] EASTMAN C. What is BIM? [M]. Springer，2009.

[27] EDGAR A. Message from the national BIM standard executive committee，article in Journal of Building Information Modeling [M]. National BIM Standard and the National Institute of Building Sciences，2007.

[28] EGAN J. Rethinking construction，Department of the Environment [M]. Transport and the Regions，

[56] THIRY M. From PMO to PBO：The PMO as a vehicle for organizational change，article in PM World Today，XIII/I [M]. Ashgate，Farnham，2011.

[57] UK BIM Task Group. Newsletter [M]. UKBTG，2014.

[58] UK BIM Task Group. What is BIM? [M]. UKBTG，2013.

[59] US Department of Veteran Affairs. The VA BIM guide，US Department of Veteran Affairs [M]. Washington DC，2010.

[60] US National BIM Standards Committee（NBIMS）. National BIM standard：version 2-FAQs [M]. US-NBSC，2014.

[61] VARKONYI V. Debunking the myths about BIM in the "cloud" [M]. AEC bytes，2011.

[62] VOKES C，et al. Technology and skills in the construction industry：Evidence report 74 [M]. UKCES，2013.

London，1998.

[29] EAST B. Construction-operations building information exchange [M]. COBie，2014.

[30] GALLAHER M P，et al. Cost analysis of inadequate interoperability in the US capital facilities industry [M]. NIST GCR 04-867，NIST，Gaithersburg，2004.

[31] Geospatial World. Hong Kong to promote adoption of BIM [M]. GW，2013.

[32] GREEN A. NRM 3：Order of cost estimating and cost planning for building maintenance works [M]. RICS，London，2014.

[33] HM Government. GSL soft landings：an overview [M]. HM，2013.

[34] ICE. Leveraging the relationship between BIM and asset management [M]. ICE，2014.

[35] ISO. ISO 55000：2014 Asset management-Overview，principles and terminology [S]. ISO，Geneva，2014.

[36] KHEMLANI L. The IFC building model：A look under the hood [M]. AECbytes，2004.

[37] McGraw Hill Construction. SmartMarket report：The business value of BIM：Getting building information modeling to the bottom line [M]. McGraw Hill，New York，2009.

[38] McGraw Hill Construction. SmartMarket report：The business value of BIM for construction in major global markets：How contractors around the world are driving innovation with building information modelling [M]. McGraw Hill，New York，2014.

[39] McGraw Hill Construction. SmartMarket report：The business value of BIM for infrastructure-addressing America's infrastructure challenge with collaboration and technology [M]. McGraw Hill，New York，2012.

[40] RICS. Measured surveys of land，buildings and utilities (3rd edition) [M]. RICS guidance note，RICS，London，2014.

[41] Michigan State University. The Construction Industry Research and Education Center (CIREC) [M]. MSU，2006.

[42] National Institute of Building Sciences. United States national building information modeling standard：Version 1-part 1：Overview，principles and methodologies [M]. NIBS，Washington DC，2007.

[43] NBS. National BIM report 2012 [M]. NBS，Newcastle，2012.

[44] PELSMAKERS S. BIM and its potential to support sustainable building [M]. NBS，Newcastle，2013.

[45] Penn State University. BIM execution planning guide version 2. 0 [M]. PSU，2013.

[46] Project Management Institute. Project management body of knowledge (5th edition) [M]. Project Management Institute，2013.

[47] RICHARDS M. Building information management：A standard framework and guide to BS 1192 [S]. BSI Standards，London，2010.

[48] RICS. How can building information modelling (BIM) support the new rules of measurement (NRM1)? [M]. RICS Research report，2014.

[49] SACKEY E，et al. BIM implementation：from capability maturity models to implementation strategy [M]. Sustainable Building Conference，Coventry University，2013.

[50] SAWHNEY A. Modelling value in construction processes using value stream mapping [M]. Masterbuilder，2014.

[51] SAWHNEY A. Status of BIM adoption and outlook in India，Research report，RICS School of Built Environment [M]. Amity University，2014.

[52] SAXON R G. Growth through BIM [M]. Construction Industry Council，London，2013.

[53] SINCLAIR D. BIM overlay to the RIBA outline plan of work [M]. RIBA Publishing，London，2012.

[54] SINGH V. BIM for lean [M]. Springer，2013.

[55] The Construction Users Roundtable. BIM implementation：an owner's guide to getting started [M]. Springer，2010.